普通高校"十三五"规划教材

自动控制原理

(第3版)

主　编　姜素霞　冯巧玲
副主编　丁莉芬　娄泰山　孙军伟

北京航空航天大学出版社

内容简介

本书系统全面地介绍了经典控制理论和现代控制理论中线性系统的状态空间分析方法。全书共分9章：第1章～第6章为线性连续系统，讲述建立系统数学模型、分析系统性能的方法以及系统校正与设计等内容；第7章为线性离散系统的分析与校正；第8章为非线性控制系统；第9章为线性系统的状态空间分析。本书增加了利用MATLAB进行辅助分析与设计部分，通过实例介绍了MATLAB仿真软件在各个章节的基本应用。

本书既可作为各高等院校自动化、电气、轨道交通、电子信息、机电、计算机等本科专业的教材，也可作为从事自动控制技术工作的工程人员的参考用书。

图书在版编目(CIP)数据

自动控制原理 / 姜素霞，冯巧玲主编. -- 3版. -- 北京：北京航空航天大学出版社，2018.7
 ISBN 978 - 7 - 5124 - 2707 - 5

Ⅰ.①自… Ⅱ.①姜… ②冯… Ⅲ.①自动控制理论—高等学校—教材 Ⅳ.①TP13

中国版本图书馆CIP数据核字(2018)第090759号

版权所有，侵权必究。

自动控制原理(第3版)
主　编　姜素霞　冯巧玲
副主编　丁莉芬　娄泰山　孙军伟
责任编辑　董　瑞
*
北京航空航天大学出版社出版发行

北京市海淀区学院路37号（邮编100191）　http://www.buaapress.com.cn
发行部电话：(010)82317024　传真：(010)82328026
读者信箱：goodtextbook@126.com　邮购电话：(010)82316936
北京建宏印刷有限公司印装　各地书店经销
*
开本：787×1 092　1/16　印张：25　字数：656千字
2018年8月第3版　2024年8月第5次印刷　印数：7 501～8 100册
ISBN 978 - 7 - 5124 - 2707 - 5　定价：58.00元

若本书有倒页、脱页、缺页等印装质量问题，请与本社发行部联系调换。联系电话：(010)82317024

前　言

在现代科学技术的众多领域中，自动控制技术在工业、农业、医疗服务、国防、军事及航空航天领域等方面均发挥着重要作用，是一门涉及学科较多、应用广泛的综合性科学技术，其发展水平是一个国家科学技术现代化的重要标志。自动控制技术以控制理论为基础，结合计算机技术和信息技术，研究相关行业和领域中某些系统的控制问题，解决一系列高科技、高精度控制难题。

"自动控制原理"是高等院校自动化类相关专业的一门专业基础课，主要任务是研究自动控制系统的控制方式，了解与自动控制相关的基本概念，掌握控制系统性能的分析和计算方法，进行控制系统的综合设计与校正等，为学习专业课程及工程应用提供必要的理论基础，培养必备的技术能力。

本书第 2 版（《自动控制原理》（第 2 版），冯巧玲主编）被评为"普通高等教育'十一五'国家级规划教材"。为适应新形势下高等教育对自动化专业人才的培养需求和全国工程教育专业认证对自动化专业的课程设置要求，培养新时代、世界性竞争格局下需要的，具有扎实的专业基础、宽口径、高素质、能力强的高级工程技术人才，本书在第 2 版的基础上，对各章内容进行了全面修订。由多年从事自动控制原理课程教学的一线教师精心修改，注重理论联系实际，努力拓宽专业适用面，使内容达到系统性、先进性、创新性与适用性的高度统一。

此次重新出版，增加了实际控制系统的案例分析，加强了对基本概念和基本理论的理解和阐述。同时，力求通过精确、简明的语言描述，由浅入深、循序渐进地讲述了各章的重点内容、突出难点内容。增加的内容有：在各章内容开头增加了本章内容提要；在各章内容结尾增加了本章小节；在各章最后增加了一节新内容"MATLAB 在本章中的应用"，通过列举新实例或借助章节中的例题，简要介绍了 MATLAB 仿真软件在控制系统中的辅助分析与设计方法；在本书最后增加了附录 2 拉普拉斯变换和附录 3 常用函数的拉氏变换和 Z 变换表。

本书主要特色如下：

（1）内容全面。对经典控制理论的全部内容进行了详细的阐述，对现代控制理论的部分内容进行选讲，主要包括线性状态空间分析方法等，符合一般本科院校教学大纲的要求。

（2）编排合理，方便适用。经典控制理论与现代控制理论安排在不同的章节，适用于以培养应用型人才为目标的一般本科院校。不同学校可以根据各自课程教学大纲的要求，合理分配课时和授课内容，也可以按照必修课和选修课两部分安排教学内容。

（3）详略得当。本书对第 2 版各章节的所有内容进行了全面重构和重组，删除了一些繁琐、复杂的数学公式或证明推导过程，力求以精炼且通俗易懂的语言阐述需要说明的问题。

（4）例题、思考题和练习题丰富，难度适中。各章节都配有适量的例题、思考题和练习题，以帮助读者加深对基本概念和知识点的理解。每道例题和练习题的选择，都具有代表性，并综合考虑了教师讲授的方便性和学生自主学习的渐进性和理解能力。

（5）软件辅助控制系统设计。每章最后一节加入 MATLAB 仿真软件在本章所涉及领域中的实用性介绍，既可以帮助学生理解章节中讲述的理论知识、辅助分析和设计控制系统，又为学生课下自主操作软件提供了便利，易于掌握一门辅助学习工具。

(6) 附参考答案。附录中给出了大部分课后思考与练习题的参考答案,既具有教材的作用,又具有习题集的功能,可满足学生课外练习和考研需求。

教学安排与课时分配建议如下:

(1) 全书共 9 章:前 8 章主要介绍经典控制理论内容,可用于"自动控制原理""自动控制理论""自动控制基础"等课程的教学;第 9 章主要介绍现代控制理论的状态空间分析方法,可用于"现代控制理论""现代控制理论基础"等选修课程的教学,或者必修课程的教学参考。

(2) 本教材可用于 80 课时及以上相关课程的教学,讲授本书的全部内容;对于不开设"现代控制理论"内容的学校,可以安排 72 课时左右的教学内容,讲授第 1~8 章经典控制理论的内容;对于部分本科院校的自动化类专业,讲授第 1~7 章线性连续系统的全部内容,可以安排 58~64 课时左右的教学内容;对于部分学校的非自动化类专业,可以分配 32~48 课时,也可以根据各自的专业需要和课时安排,选讲本书的部分内容。

本书由郑州轻工业大学自动控制原理课程教学团队的教师编写修订。姜素霞、冯巧玲任主编,丁莉芬、娄泰山、孙军伟任副主编。全书共分 9 章:第 1 章、第 2 章和第 9 章 9.1~9.5 节由姜素霞执笔,第 3 章由丁莉芬执笔,第 4 章和第 9 章 9.6~9.7 节由娄泰山执笔,第 5 章由毋媛媛执笔,第 6 章由孙军伟执笔,第 7 章和第 8 章由陈虎执笔,全书由冯巧玲统稿、定稿。本书的再次出版是课程组全体教师对内容的不断完善、提高和创新的过程,感谢在这个过程中郑州轻工业大学教务处和电气信息工程学院的领导给予的多方面的支持和帮助,以及之前版本所有作者。

本书改版虽然经过认真、仔细修改和校对,但由于时间仓促、编者水平有限和写作过程中的疏漏,难免会存在不足和错误,敬请使用本书的教师和读者谅解,并提出宝贵意见,以便再次印刷时作出改正,电子邮箱地址:goodtextbook@126.com。

编 者
2018 年 4 月

源程序

本书所有程序的源代码均可通过 UC 浏览器扫描二维码免费下载(建议安装百度网盘,以便保存下载资料)。读者也可通过以下网址下载全部资料:https://pan.baidu.com/s/1PJaHCWEkRmkAi00hUVhfYQ。若有与配套资料下载或本书相关的其他问题,请咨询北京航空航天大学出版社理工图书分社,电话:(010)82317037,邮箱:goodtextbook@126.com。

目　　录

第 1 章　自动控制概论 ……………………………………………………………… 1
1.1　引　言 ……………………………………………………………………… 1
1.1.1　自动控制的基本概念 …………………………………………………… 1
1.1.2　自动控制理论的发展历程 ……………………………………………… 2
1.1.3　自动控制系统的应用实例 ……………………………………………… 3
1.2　自动控制系统的组成和原理方框图 ……………………………………… 5
1.2.1　自动控制系统的组成 …………………………………………………… 5
1.2.2　自动控制系统的原理方框图 …………………………………………… 6
1.3　自动控制系统的分类 ……………………………………………………… 7
1.3.1　按系统的控制方式分类 ………………………………………………… 7
1.3.2　按系统的输入-输出特性分类 ………………………………………… 10
1.3.3　按输入信号的变化规律分类 …………………………………………… 10
1.4　控制系统的基本性能要求 ………………………………………………… 11
1.4.1　稳定性 …………………………………………………………………… 11
1.4.2　动态性能 ………………………………………………………………… 12
1.4.3　稳态性能 ………………………………………………………………… 12
本章小结 …………………………………………………………………………… 12
思考与练习 ………………………………………………………………………… 12

第 2 章　自动控制系统的数学模型 …………………………………………… 14
2.1　引　言 ……………………………………………………………………… 14
2.2　控制系统的时域数学模型 ………………………………………………… 15
2.2.1　线性元部件、线性系统微分方程的建立 ……………………………… 15
2.2.2　线性系统微分方程的一般形式 ………………………………………… 18
2.2.3　非线性系统微分方程的线性化 ………………………………………… 18
2.3　控制系统的复数域数学模型 ……………………………………………… 20
2.3.1　传递函数 ………………………………………………………………… 20
2.3.2　典型环节的传递函数 …………………………………………………… 23
2.4　控制系统结构图 …………………………………………………………… 26
2.4.1　结构图的基本组成及连接形式 ………………………………………… 26
2.4.2　结构图等效变换 ………………………………………………………… 29
2.5　控制系统信号流图 ………………………………………………………… 36
2.5.1　信号流图 ………………………………………………………………… 37
2.5.2　信号流图的绘制 ………………………………………………………… 38
2.5.3　梅森增益公式及应用 …………………………………………………… 40
2.6　闭环系统的传递函数 ……………………………………………………… 42
2.6.1　闭环系统的开环传递函数 ……………………………………………… 42
2.6.2　闭环系统的闭环传递函数 ……………………………………………… 42
2.6.3　闭环系统的误差传递函数 ……………………………………………… 43

2.7 MATLAB 在控制系统数学模型中的应用 … 44
2.7.1 利用 MATLAB 表示线性系统的传递函数 … 44
2.7.2 利用 MATLAB 求解线性微分方程 … 47
2.7.3 利用 MATLAB 简化系统结构图及求解传递函数 … 49
本章小结 … 51
思考与练习 … 51

第3章 控制系统的时域分析 … 55
3.1 控制系统的时域性能指标 … 55
3.1.1 典型输入信号 … 55
3.1.2 控制系统的时域性能指标 … 55
3.2 一阶系统的时域分析 … 57
3.2.1 一阶系统的数学模型 … 57
3.2.2 一阶系统的单位阶跃响应 … 57
3.2.3 一阶系统的单位脉冲响应 … 59
3.2.4 一阶系统的单位斜坡响应 … 59
3.2.5 一阶系统的单位加速度响应 … 60
3.3 二阶系统的时域分析 … 61
3.3.1 二阶系统的数学模型 … 61
3.3.2 二阶系统的单位阶跃响应 … 62
3.3.3 欠阻尼二阶系统的动态过程分析 … 64
3.3.4 过阻尼二阶系统的动态性能指标 … 67
3.3.5 二阶系统的单位脉冲响应 … 69
3.3.6 二阶系统的单位斜坡响应 … 70
3.3.7 改善二阶系统运动性能的措施 … 71
3.4 高阶系统的时域分析 … 73
3.4.1 高阶系统的阶跃响应 … 73
3.4.2 闭环主导极点 … 74
3.5 控制系统的稳定性 … 75
3.5.1 稳定的基本概念 … 75
3.5.2 线性系统稳定的充分必要条件 … 75
3.5.3 线性系统稳定的代数判据 … 76
3.6 控制系统的稳态误差 … 79
3.6.1 误差的定义 … 79
3.6.2 参考输入作用下的稳态误差(e_{ssr}) … 80
3.6.3 扰动输入作用下的稳态误差(e_{ssn}) … 85
3.6.4 改善控制系统稳态性能的措施 … 86
3.7 MATLAB 在控制系统的时域分析中的应用 … 87
3.7.1 一阶系统仿真模型的建立及时域响应分析 … 87
3.7.2 二阶系统仿真模型的建立及动态性能指标求取 … 88
3.7.3 利用 MATLAB 求取控制系统的稳态性能指标 … 91
3.7.4 利用 MATLAB 判断系统的稳定性 … 92
本章小结 … 92
思考与练习 … 93

第4章 控制系统的复数域分析 97
4.1 根轨迹的基本概念 97
4.1.1 根轨迹概念 97
4.1.2 根轨迹方程 98
4.2 绘制根轨迹的基本法则 100
4.2.1 绘制根轨迹的基本法则 100
4.2.2 闭环极点的确定 109
4.3 广义根轨迹 110
4.3.1 参数根轨迹 110
4.3.2 零度根轨迹 112
4.4 利用根轨迹分析系统性能 115
4.4.1 主导极点、偶极子及时间响应 115
4.4.2 附加开环零点对系统性能的影响 117
4.5 MATLAB在绘制根轨迹中的应用 121
4.5.1 绘制常规根轨迹和零度根轨迹 121
4.5.2 利用根轨迹分析系统性能 123
4.5.3 利用根轨迹求解系统的闭环极点 124
本章小结 124
思考与练习 125

第5章 控制系统的频域分析 128
5.1 频率特性的基本概念 128
5.1.1 频率特性的定义 128
5.1.2 频率特性的几何表示 130
5.2 典型环节的频率特性分析 132
5.2.1 比例环节 132
5.2.2 积分环节 133
5.2.3 微分环节 134
5.2.4 惯性环节 134
5.2.5 一阶微分环节 136
5.2.6 振荡环节 137
5.2.7 二阶微分环节 140
5.2.8 延时环节 141
5.3 控制系统开环频率特性曲线的绘制 141
5.3.1 开环幅相特性曲线的绘制 142
5.3.2 开环对数频率特性曲线的绘制 144
5.3.3 最小相位系统和非最小相位系统 147
5.4 频域稳定判据 148
5.4.1 奈奎斯特稳定判据 149
5.4.2 奈奎斯特稳定判据的应用 153
5.4.3 对数频率稳定判据 156
5.5 稳定裕度 159
5.5.1 幅值裕度和相位裕度 159
5.5.2 稳定裕度的计算及应用举例 161

5.6 控制系统的闭环频率特性 ································ 165
　　5.6.1 开环频率特性与闭环频率特性的关系 ············· 165
　　5.6.2 尼科尔斯图线 ································· 166
　　5.6.3 频域性能指标和时域性能指标的关系 ············· 169
5.7 MATLAB在控制系统频域分析中的应用 ················· 171
　　5.7.1 利用MATLAB绘制频率特性曲线图 ··············· 171
　　5.7.2 利用MATLAB结合频率特性分析系统性能 ········· 174
本章小结 ·· 175
思考与练习 ·· 176

第6章　线性系统的校正方法 ···························· 180

6.1 控制系统校正 ····································· 180
　　6.1.1 校正的概念与校正方案 ························ 180
　　6.1.2 校正的设计步骤 ······························ 182
　　6.1.3 校正方法 ···································· 184
6.2 频率法串联校正 ··································· 184
　　6.2.1 串联超前校正 ································ 185
　　6.2.2 串联滞后校正 ································ 190
　　6.2.3 串联滞后-超前校正 ··························· 194
　　6.2.4 校正装置的实现 ······························ 198
　　6.2.5 串联综合法校正 ······························ 199
　　6.2.6 串联工程设计方法 ···························· 204
6.3 频率法反馈校正 ··································· 207
　　6.3.1 反馈校正的原理与功能 ························ 207
　　6.3.2 综合法反馈校正 ······························ 209
6.4 控制系统的复合校正 ······························· 212
　　6.4.1 按扰动补偿的复合校正 ························ 213
　　6.4.2 按输入补偿的复合校正 ························ 214
6.5 PID控制器特性分析及应用 ·························· 218
　　6.5.1 比例控制 ···································· 218
　　6.5.2 比例-微分控制 ······························· 220
　　6.5.3 积分控制 ···································· 223
　　6.5.4 比例-积分控制 ······························· 223
　　6.5.5 比例-积分-微分控制 ·························· 226
　　6.5.6 试凑法确定PID参数 ·························· 229
6.6 MATLAB在线性系统校正中的应用 ····················· 230
　　6.6.1 利用MATLAB设计超前校正环节 ················· 230
　　6.6.2 利用MATLAB设计滞后校正环节 ················· 231
　　6.6.3 利用MATLAB设计滞后-超前校正环节 ············ 235
本章小结 ·· 239
思考与练习 ·· 239

第7章　线性离散系统 ·································· 244

7.1 离散系统的基本概念 ······························· 244
7.2 采样过程及采样定理 ······························· 244

- 7.2.1 采样过程及数学描述 …… 244
- 7.2.2 采样定理 …… 245
- 7.2.3 采样周期的选择 …… 245
- 7.3 信号恢复与信号保持 …… 246
- 7.4 采样系统的数学模型 …… 247
  - 7.4.1 Z 变换理论 …… 247
  - 7.4.2 差分方程 …… 252
  - 7.4.3 线性离散系统的脉冲传递函数 …… 253
- 7.5 线性离散系统的稳定性与稳态误差 …… 258
  - 7.5.1 离散系统的稳定条件 …… 258
  - 7.5.2 离散系统的稳定性判据 …… 258
  - 7.5.3 线性离散系统的稳态误差 …… 261
- 7.6 动态响应与闭环零极点分布的关系 …… 264
- 7.7 线性离散系统的校正 …… 266
  - 7.7.1 数字控制器的模拟化设计 …… 266
  - 7.7.2 数字 PID 算式 …… 268
- 7.8 MATLAB 在线性离散系统中的应用 …… 269
  - 7.8.1 利用 Simulink 求解离散系统单位阶跃响应 …… 269
  - 7.8.2 利用控制系统工具箱求解离散系统单位阶跃响应 …… 269
  - 7.8.3 利用 SISO 求解离散系统稳定性 …… 270
- 本章小结 …… 272
- 思考与练习 …… 273

第 8 章 非线性控制系统 …… 276

- 8.1 非线性系统概述 …… 276
  - 8.1.1 非线性典型特性 …… 276
  - 8.1.2 非线性现象的普遍性 …… 277
  - 8.1.3 非线性控制系统的特点 …… 278
  - 8.1.4 非线性控制系统的研究方法 …… 278
- 8.2 描述函数法 …… 279
  - 8.2.1 描述函数法的概念 …… 279
  - 8.2.2 典型非线性特性的描述函数 …… 280
  - 8.2.3 非线性系统的稳定性 …… 282
- 8.3 相平面法 …… 286
  - 8.3.1 相平面法的概念 …… 286
  - 8.3.2 相轨迹的性质 …… 286
  - 8.3.3 相平面图的绘制方法 …… 287
  - 8.3.4 由相平面图确定响应时间 …… 289
  - 8.3.5 二阶线性系统的相平面分析 …… 291
  - 8.3.6 非线性系统的相平面分析 …… 295
- 8.4 MATLAB 在非线性控制系统中的应用 …… 297
  - 8.4.1 利用 MATLAB 绘制非线性系统的相轨迹 …… 297
  - 8.4.2 基于 Simulink 的非线性系统建模及仿真实例 …… 298
- 本章小结 …… 299

思考与练习 …… 300

第9章 线性系统的状态空间分析 …… 303
9.1 状态空间表达式 …… 303
9.1.1 基本概念 …… 303
9.1.2 状态空间表达式的建立 …… 306
9.1.3 状态向量的线性变换 …… 310
9.1.4 传递函数矩阵 …… 314
9.2 状态空间表达式的解 …… 317
9.2.1 线性定常连续系统齐次状态方程的解 …… 317
9.2.2 线性定常连续系统非齐次状态方程的解 …… 320
9.2.3 线性定常离散系统状态方程的解 …… 322
9.3 线性系统的能控性与能观性 …… 325
9.3.1 能控性与能观性问题的提出 …… 325
9.3.2 线性系统的能控性及判别准则 …… 325
9.3.3 线性系统能观性定义及判据 …… 330
9.3.4 对偶原理 …… 332
9.3.5 能控标准型和能观标准型 …… 333
9.4 李雅普诺夫稳定性分析 …… 335
9.4.1 李雅普诺夫稳定性的定义 …… 336
9.4.2 李雅普诺夫第一法(间接法) …… 337
9.4.3 李雅普诺夫第二法(直接法) …… 339
9.5 状态反馈与系统镇定 …… 342
9.5.1 状态反馈及其设计 …… 343
9.5.2 输出到输入的反馈 …… 344
9.5.3 输出到状态向量导数的反馈 …… 345
9.5.4 系统镇定问题 …… 346
9.6 状态观测器与闭环控制系统 …… 348
9.6.1 全维状态观测器 …… 348
9.6.2 降维状态观测器 …… 349
9.7 MATLAB在状态空间分析中的应用 …… 353
9.7.1 利用MATLAB建立状态空间模型 …… 354
9.7.2 利用MATLAB判断系统的可控性、可观性和稳定性 …… 355
9.7.3 利用MATLAB配置极点和设计观测器 …… 357

本章小结 …… 359

思考与练习 …… 360

附录1 部分思考与练习参考答案 …… 364

附录2 拉普拉斯变换 …… 381

附录3 常用函数的拉氏变换和Z变换表 …… 386

参考文献 …… 389

第1章 自动控制概论

随着人类社会的不断进步、科技水平的不断提高,工业自动化已进入4.0时代。自动控制技术作为一门涉及学科较多、应用广泛的综合性科学技术,其核心是"控制"。自动控制技术的发展程度和水平是一个国家工业、农业、国防和科学技术现代化的重要条件和显著标志。在现代科学技术的众多领域中,自动控制技术在工农业生产、军事及航空航天等领域,都得到了充分的应用。例如,在工业领域,电力、化工、机械制造等生产过程中控制各种物理量的自动控制系统(如各种机床的速度控制和锅炉的温度和压力控制);在军事领域,雷达和火炮的自动跟踪目标控制系统和导弹自动制导系统;在航空航天领域,控制人造卫星及宇宙飞船准确地进入预定轨道并返回地面的远程控制系统,都是自动控制技术的具体应用。正是有了自动控制技术,人类才能从繁重的体力劳动、部分脑力劳动以及恶劣、危险的工作环境中解放出来。自动控制技术还可以极大地提高劳动生产效率,不断增强人类认识世界和改造世界的能力。

控制理论是一门综合性交叉学科,它包括工程控制论、生物控制论、经济控制论和社会控制论等。自动控制原理属于工程控制论范畴,也是信息控制学科的基础理论,它的主要任务是通过研究自动控制技术中的一般规律、各种分析系统性能的方法、判定系统稳定性以及设计校正装置等内容,使自动控制系统具有符合预期要求的精度和性能,从而满足生产和工程上的需要。

1.1 引 言

1.1.1 自动控制的基本概念

控制是指某个主体使某个客体按照一定的目的进行有规律的动作。其中,主体可以是人(人工控制),也可以是机器或装置(自动控制)。客体可以是一件物体,一套装置,一个物化过程或者一套特定系统,例如,烤箱、电炉、汽机、锅炉;燃烧、传动;电力、化工、冶金等。

自动控制是指在无人直接参与的情况下,利用外加的设备或者装置,自动地操纵机器或生产过程的某一个(多个)工作状态或参数,使其按照预定的规律或功能运行。在自动控制的概念中隐含一些常用术语,例如,被操纵的机器或生产过程称为被控对象;外加的设备或者装置称为控制装置或控制器;被控对象中需要控制的某一个(多个)工作状态或参数称为被控量,在控制系统分析与设计时,常把系统的被控量作为输出量;按照预定的状态、规律或功能运行的物理量称为给定量,通常指从系统外部施加的与系统内部其他信号无关的物理量,在控制系统分析与设计时,常把给定量作为输入量。另外,有一类特殊的输入量被称为干扰量或扰动量,通常指妨碍被控量按控制器要求进行正常动作的外部信号。

自动控制系统是指为实现某一控制目标,由所需的物理部件按一定规律组成的、能够完成特定功能的整体。例如:温度控制系统、速度控制系统、压力控制系统、无人机控制系统等。图1-1所示是两种恒值水位控制系统的工作示意图。图1-1(a)中的人工控制是指测量实际水位高度,根据要求水位高度求偏差,再手动操作阀门强制性地改变进水量,从而纠正偏差,是检测偏差、纠正偏差的人工控制系统。对于上述人工控制系统,如果能设计一套自动控制装置(控制器)来代替人的职能,就可以变成一个自动控制系统,如图1-1(b)所示。

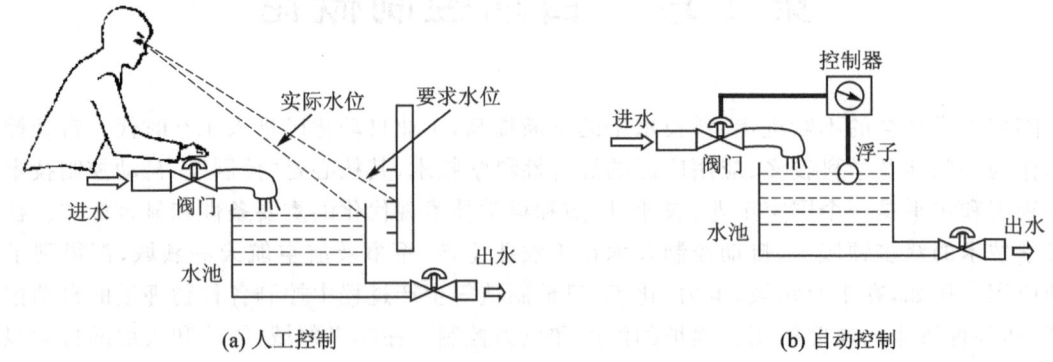

图 1-1 恒值水位控制系统

1.1.2 自动控制理论的发展历程

控制理论的发展从18世纪到今天已有几百年的历史,这其中有很多数学家、物理学家和工程技术人员做出了卓越的贡献。回顾历史,主要是想说明科学理论和工程实践是相辅相成的。

控制理论的核心内容是反馈。所谓反馈就是把系统的输出量反送到输入端,与系统的给定量比较产生偏差量,再利用偏差量控制系统,使系统最终消除偏差。在控制理论形成之前,人们对反馈就有了认识,并利用它制造了一些装置和机器,例如,1765年瓦特(J·Watt)发明的蒸汽机离心调速器。但他在使用过程中发现某些条件下,蒸汽机转速可以自发地产生剧烈振荡。当时,有人认为系统振荡是因为调节器的制造精度不够,从而努力改进调节器的制造工艺,这种盲目的探索持续了大约一个世纪之久。直到1868年,英国物理学家麦克斯韦尔(J.C.MaxWell)发表了论文《论调速器》,第一次指出不应该单独讨论一个离心锤,必须从整个控制系统出发推导出微分方程,然后讨论微分方程的稳定性,从而分析实际控制系统是否会出现不稳定现象。麦克斯韦尔的这篇论文被公认为是自动控制理论的开端,离心调速器使用的也是最古老的自动控制系统及反馈系统。离心调速器开启了近代自动化控制的先河,标志着近代自动化控制技术的诞生,对第一次工业革命产生了巨大而深远的影响。

对于根据控制系统建立的高阶微分方程,求特征方程的根是困难的,因此在1877年和1895年两位数学家罗斯(Routh)和赫尔维茨(Hurwitz)分别提出了对于高阶微分方程的代数判据,并该判据沿用至今。1892年俄罗斯数学家李雅甫诺夫(Lyapunov)发表了《论运动稳定性的一般问题》,他用严格的数学分析方法全面地论述了线性系统稳定性理论及方法,为控制理论的进一步发展奠定了坚实的基础。到20世纪30年代,美国贝尔实验室建设了一条长距离电话网,使用了高增益的负反馈放大器,但是在使用中,放大器有时会变成振荡器。针对这个问题,1932年奈奎斯特(H.Nyquist)提出了放大器的稳定性判据,与前面不同的是,这是一个频域判据,它不但能判断系统的稳定性,而且能给出稳定裕量。1940年伯德(H.W.Bode)引入对数坐标,使其更适合工程应用。

第二次世界大战的爆发加快了对先进武器的研究,从而使自动控制理论得到了空前的发展。1942年哈里斯(Harris)提出了传递函数的概念,并把它应用到了控制领域。传递函数可以把高阶微分方程变成代数方程,为高阶微分方程的求解提供了实用方法。1948 年依万斯(W. R. Evans)提出了根轨迹法,该方法指出如何靠改变系统中的某些参数来改变控制系统的特性。计算机出现后,雷加基尼(Ragazzini)和查德(Zadeh)研究了线性采样系统。至此,对于单输入、单输出为主要研究对象,以传递函数作为系统的基本描述,以频率法和根轨迹法作为系统分析和设计方法的自动控制理论建立起来,通常称为经典控制理论。有了理论的指导,工业得到了很快的发展。军事上如飞机的自动导航、反情报雷达、炮位跟踪系统等均应用了反馈控制理论。

随着工业过程控制和空间宇航技术的发展,控制系统逐渐复杂起来,出现了信号多、回路多、变量多并且相互之间有耦合的多输入、多输出系统。这时,古典控制理论就显示出了它的局限性。因此,1956 年苏联数学家庞德里亚金(L. S. Pontryagin)提出了极大值原理,1957 年美国学者贝尔曼(Bellman)提出了动态规划,1960 年卡尔曼(Kalman)提出了状态空间分析技术。这些理论当时被称为现代控制理论,开创了控制理论研究的新篇章。线性系统理论、最优控制、最优滤波、系统辨识、自适应控制等理论都是这一领域研究的主要课题。与古典控制理论不同的是,现代控制理论用一阶微分方程组描述系统,它可以反映系统内部变量的全部信息,是研究多变量系统、非线性系统、时变系统的强有力工具。有了现代控制理论的指导,宇宙飞船飞上了太空。从 1980 年到现在,现代控制理论的研究主要集中于鲁棒(Robust)控制、人工智能控制等方面。

1.1.3 自动控制系统的应用实例

自动控制理论研究的对象是一个系统,通过分析其工作原理、了解系统性能特点及要求、选择合适的控制装置、设计控制器,从而实现对系统的自动控制目的。一个实际的自动控制系统可以是一个大的复杂系统,如航空航天中的火箭发射和远程操控系统、工业中的各类生产线、大型发电厂发电机组控制系统、农业生产自动化系统等,也可以是一个小的简单系统,如液位自动控制系统、温度自动控制系统、电机速度控制系统等。下面通过具体应用实例进一步了解自动控制系统。

例 1 - 1 储水池液位控制。

图 1 - 2 所示为一个储水池液位自动控制系统。该系统的控制目标是使水池内的水位高度保持恒定。被控对象是储水池;被控量是实际水位高度;给定量是预定水位高度;干扰量是出水量和进水量;控制装置包括电动机、减速器、阀门、放大器。该系统通过浮子和连杆组成的测量装置,实时检测实际水位高度,通过电位器与预定水位高度比较并产生偏差量,然后利用放大器、电动机、减速器等装置调节进水端的阀门,使进水量发生变化,从而使水池内水位高度维持恒定。

例 1 - 2 加热炉温度控制。

加热炉广泛应用于化工、冶金等行业。图 1 - 3 所示的加热炉温度控制系统的控制目标是使加热炉内温度保持恒定。被控对象是加热炉;被控量是炉内实际温度;给定量是电位器端预定温度;控制装置包括放大器、电动机、阀门、混合器;测量装置是热电偶。该系统利用热电偶测量装置,实时检测加热炉内温度,通过给定电位器与预定温度比较产生偏差量,通过电动机带动阀门调节煤气进入量,改变混合器中供给燃烧的能量,从而使加热炉内部保持一定的温度。

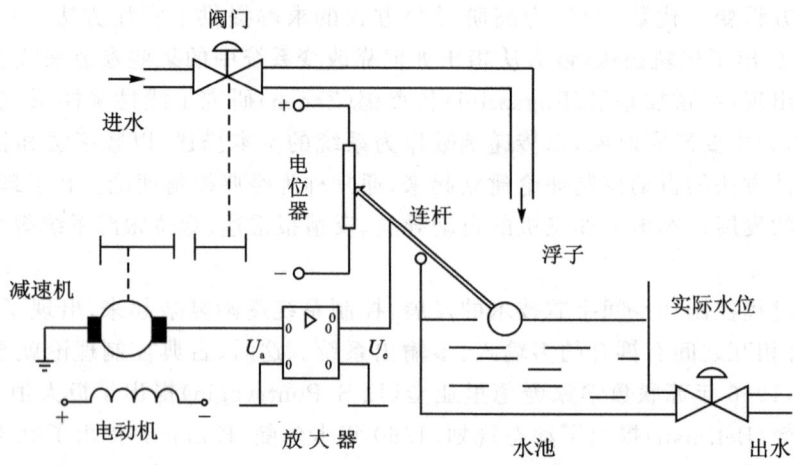

图 1-2 液位控制系统

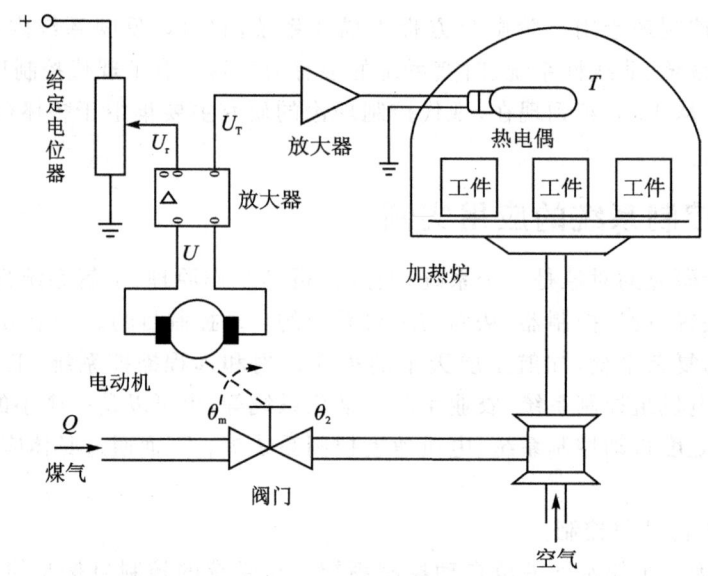

图 1-3 温度控制系统

例 1-3 火炮跟踪控制。

图 1-4 所示为火炮自动跟踪控制系统。该系统的控制目标是使炮身的输出角度 θ_o 跟踪输入角度 θ_i 的变化而变化。被控对象是火炮;被控量是炮身的输出角度 θ_o;给定量是输入角度 θ_i;控制装置包括放大器和电动机。当系统的输出角度与输入角度不同时,同位仪输出一个偏差信号,然后通过校正放大装置输出一个相应的电压,使直流电动机带动炮架发生转动;同

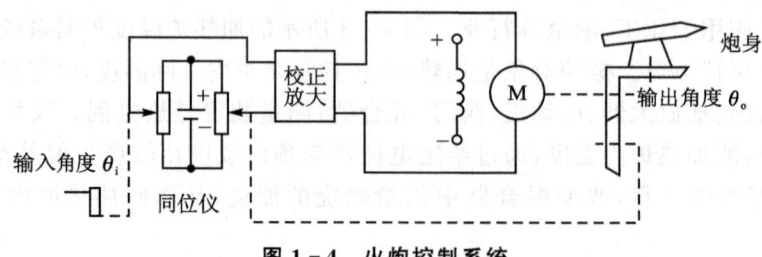

图 1-4 火炮控制系统

时,炮架的位置被测量装置检测并返回到同位仪端,直至输出角度与输入角度相等,放大器的输入、输出为零,电动机停止旋转。因此,炮身的输出角度 θ。总是自动跟踪输入角度 θ_i。

1.2 自动控制系统的组成和原理方框图

由图 1-1 可以看出,自动控制的实现,实际上是由自动控制装置来代替人的基本功能,从而实现自动控制。因此,利用自动控制代替人工控制时,就需要 3 种基本元件:控制装置或控制器(代替大脑),测量元件与变送器(代替眼睛),执行元件(代替手)。这些基本元件与被控对象按照一定规律进行组合,一起构成了一套完整的自动控制系统。

1.2.1 自动控制系统的组成

一个自动控制系统主要由被控对象、控制装置(控制器)、比较元件、测量元件和执行元件等部分组成。其中,比较元件是指把实际输出与给定输入比较,用于产生偏差信号;放大元件是指放大微弱信号,用于推动执行机构;执行元件是指直接作用于被控对象,使被控量发生相应的变化;测量元件是指检测被测量,并转换成需要的物理量;校正装置又称补偿装置,用串联或反馈的方式接入系统,用于改善和提高系统性。下面通过一个具体实例来分析。图 1-5 所示是一个电加热温度控制系统。该控制系统的控制目标是通过调整调压器滑动端的位置来改变电阻炉的温度,并使其恒定不变。

(1) 系统必须有被控对象(电阻炉),被控对象的输出(电阻炉的温度 T)是被控量或输出量。

(2) 根据工艺要求要有一个给定温度,给定电压对应给定温度,称为给定量或输入量。

(3) 系统必须有控制装置。电阻炉温度通过改变调压器滑动端的位置进行控制。

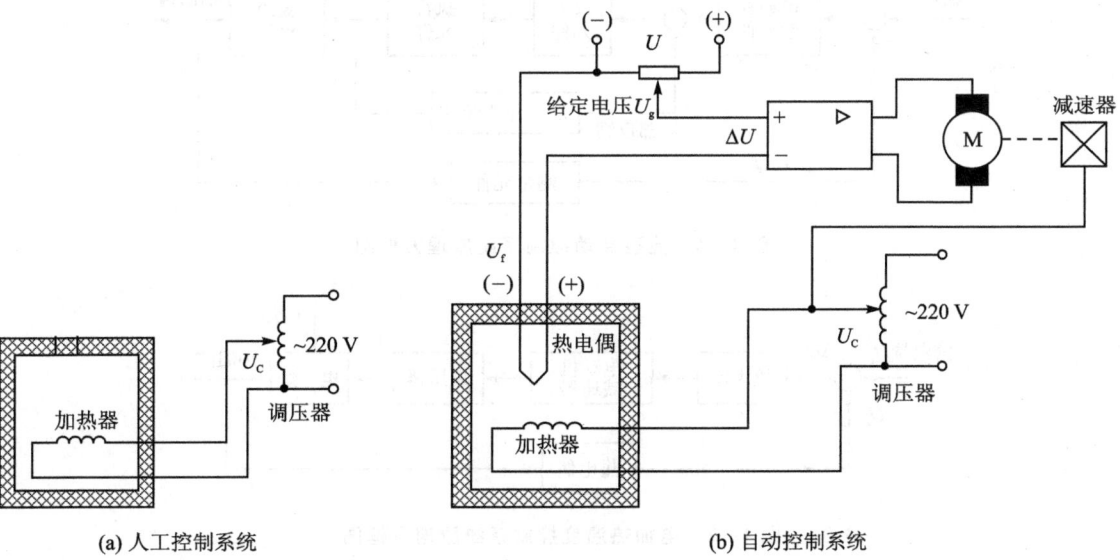

图 1-5 电加热温度控制系统

图 1-5(a)所示为人工控制系统。当控制精度要求较高时,该控制系统不能满足要求。这是因为当系统出现扰动时,例如环境温度变化、电源电压波动等,都将使电炉温度偏离给定

值。为了使系统在各种扰动作用下温度都能保持恒定,必须采用图 1-5(b)所示的温度自动控制系统。因此,还必须增加下列装置:

(4) 必须有一个温度测量装置(如一个热电偶温度计),用来测出电阻炉的实际温度,并转化成相应的电压 U_f,再把 U_f 反馈到系统的输入端与给定电压 U_g 相比较(通过二者极性反接实现),两电压之差 ΔU 称为偏差电压(或误差信号),此电压作为控制器(本例为运算放大器)的输出电压。例如,当系统出现扰动使炉温升高时,U_f 增加,ΔU 减小;反之 ΔU 增加。

(5) 必须有一个控制装置,将偏差电压 ΔU 按照一定的控制规律或算法进行运算和放大,发出相应的控制信号。

(6) 必须有一个执行调节装置(本例为可逆伺服电动机 M 加上变速装置),根据控制器输出电压的大小,带动自耦变压器的滑动端向左或向右运动,使炉温保持在给定值上。

1.2.2 自动控制系统的原理方框图

为了分析研究自动控制系统的工作原理及其控制过程中的一些共性规律进行,常用自动控制原理方框图或系统结构图来表示一个系统。原理方框图用一个方框表示系统中的各个组成部分,把各组成部分对应的实物标注在方框内,称之为"环节";环节之间通过一条带箭头的线连接,称之为"信号线",用于表示两个相连的环节之间信号的相互作用和传递关系;用"┬"表示引出点(也叫分支点),同一个引出点上的信号线表示同一个信号;用"○"作为信号的比较点,当指向比较点的信号之间的关系是相加时为"+"(也可表示正反馈),相减时为"-"(也可表示负反馈)。图 1-6 所示为典型自动控制系统的原理方框图。图 1-7 即为图 1-5 所示的温度自动控制系统的原理方框图。

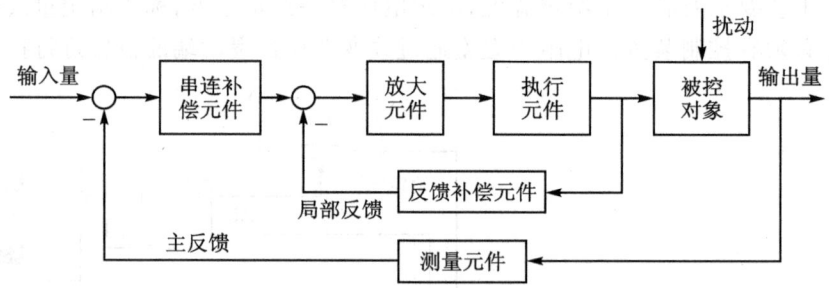

图 1-6 典型自动控制系统原理方框图

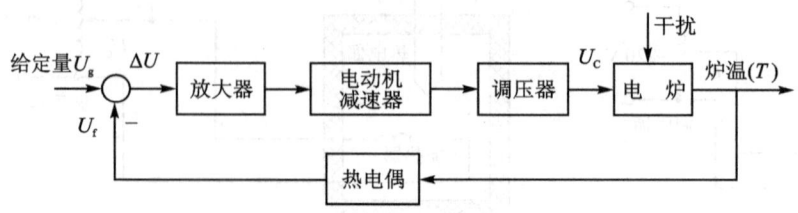

图 1-7 电加热温度控制系统原理方框图

当然,一个自动控制系统的组成元素不同,自动控制原理方框图的画法也不是唯一的。这是因为,按照不同的研究目的,可以对系统内部环节进行任意划分,但各个环节之间的相互关系必须符合实际情况。

1.3 自动控制系统的分类

自动控制系统根据分类的目的不同,可以有多种分类方法。下面介绍控制系统中比较常见的几种分类方式及对应类别,并通过实例讲解每一种控制系统对应的原理方框图。

1.3.1 按系统的控制方式分类

控制系统按其控制方式可分为开环控制、闭环控制和复合控制系统。

1. 开环控制系统

典型开环控制系统的原理方框图如图1-8所示。开环控制系统是一种最简单的控制方式,主要指控制装置(控制器)与被控对象之间只有顺向通路而没有反向联系,即控制信号的传递路径不是闭合的,例如图1-9所示的开环温度控制系统。

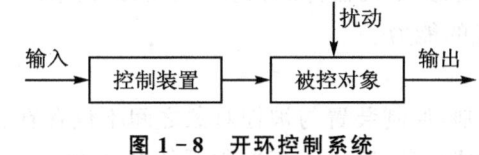

图1-8 开环控制系统

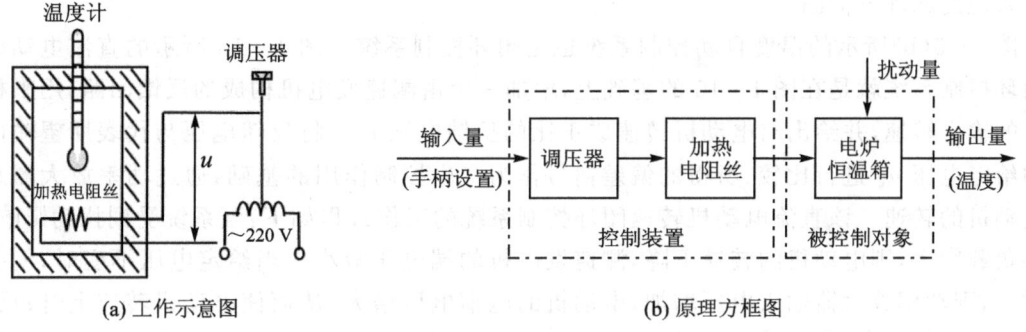

图1-9 开环温度控制系统

根据系统输入信号的不同,开环控制系统又可以分为:① 按给定值输入的开环控制系统,如图1-10所示的直流电动机转速调节系统。② 按干扰补偿的开环控制系统,如图1-11所示的直流电动机转速调节系统。在两种开环电机调速系统中,如果没有任何扰动,电动机将按照提前设定好的速度运行。但是,当系统受到干扰时,例如负载、电网电压或内部参数发生变化时,电动机的转速会受到影响而偏离期望值。开环控制系统没有抑制内、外干扰的能力,因此也就不具有纠正实际偏差的能力。

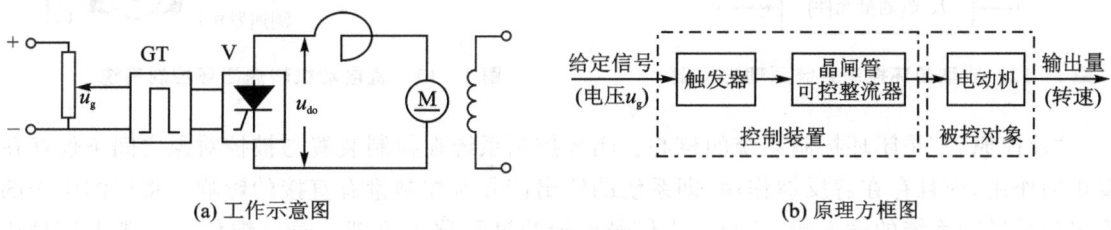

图1-10 按给定值输入的开环控制系统

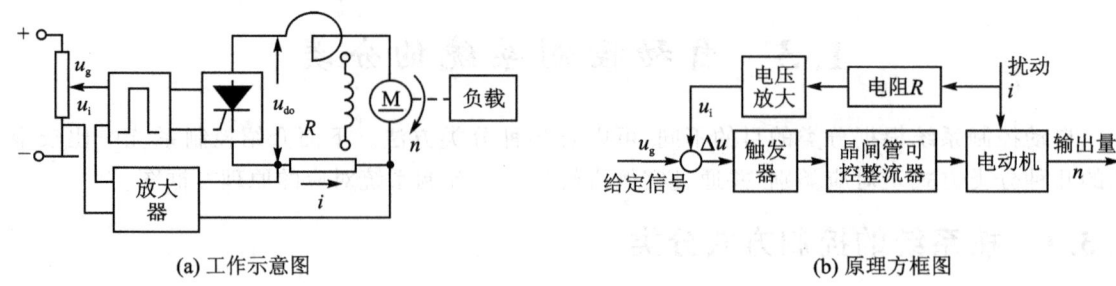

图 1-11 按干扰补偿的开环控制系统

由此可见,开环控制系统具有如下特点:
(1) 结构简单、调试方便、容易维护、成本低;
(2) 控制装置与被控对象之间只有正向作用,没有反向联系;
(3) 控制精度不高,主要取决于元器件的精度和系统调整精度;
(4) 没有抑制内、外干扰的能力。

2. 闭环控制系统

闭环控制又称为反馈控制,控制装置与被控对象之间不仅存在正向作用,而且存在反馈校正作用。正因为引入了"反馈"信息,所以闭环控制系统是闭合的。图 1-12 所示为典型闭环控制系统的原理方框图。

图 1-5(b)所示的温度自动控制系统也是闭环控制系统。图 1-13 所示的直流电动机转速闭环控制系统就是在图 1-10 的基础上,增加一个由测速发电机构成的反馈回路,用来检测实际的输出转速,并给出与电动机转速成正比的反馈电压 u_i。将反馈电压与代表期望输出转速的给定电压 u_g 进行比较,所得的偏差信号作为产生控制作用的基础,通过功率放大器来控制电动机的转速。该直流电动机转速闭环控制系统的工作过程如下:当系统受到扰动影响时,譬如负载增大,则电动机的转速下降,测速发电机的端电压减小。当给定电压不变时,偏差电压增大,则功率放大器输入电压增加,电动机的电枢电压增大,从而使电动机转速上升;反之,如果负载突然减小,则电动机的转速调节过程与上述相反。因此,该闭环控制系统能够抑制负载扰动对电动机转速的影响。

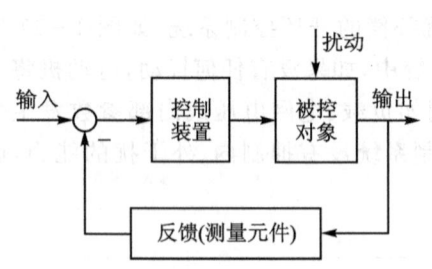

图 1-12 典型闭环控制系统原理方框图

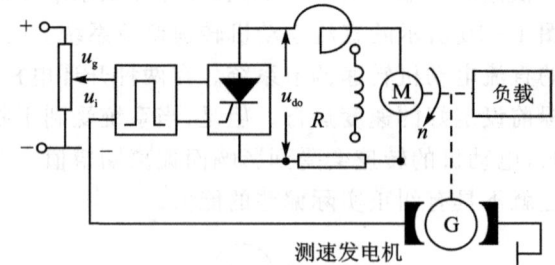

图 1-13 直电动机转速闭环控制系统

"反馈原理"是闭环控制系统的核心。闭环控制系统在控制装置与被控对象之间不仅存在着正向作用,而且存在着反馈作用,即系统的输出信号对控制量有直接的影响。将检测出来的输出信号送回系统的输入端,并与输入信号比较的过程称为反馈。若反馈信号与输入信号相减则称为"负反馈",若相加,则称为"正反馈"。输入信号与反馈信号之差称为误差(或偏差)信号。误差信号作用于控制器上,使系统的输出信号趋向于希望的数值。闭环控制的实质是:"基于误差,又消除误差"。因此,闭环控制系统具有纠正实际偏差的能力,控制精度较高。

由此可见,闭环控制系统具有如下特点:
(1) 既有正向作用,又有反馈作用;
(2) 控制精度与元器件精度、控制方法、检测校正精度都有关系,控制精度较高;
(3) 有抑制干扰的能力;
(4) 结构复杂,成本相对较高。

3. 复合控制系统

当生产机构对自动控制系统提出很高的要求时,单独采用开环控制或者闭环控制都是有困难的。这时,可以设计一种开环控制和闭环控制相结合的复合控制系统,如图1-14所示。在这种系统中,带有负反馈的闭环主要起调节作用。开环系统可以按输入量进行控制或按扰动量进行控制(当扰动量可测量时)。

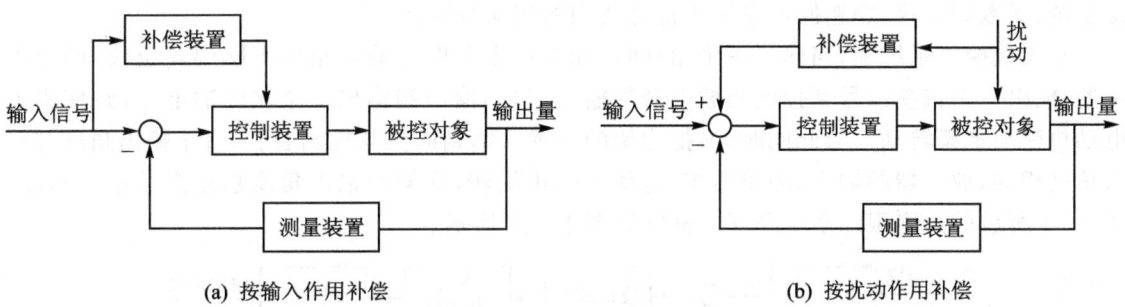

图 1-14 复合控制典型方框图

直流电动机转速复合控制系统如图 1-15 所示,该系统是在其按干扰补偿的开环控制系统(见图 1-11)的基础上,增加了一个测速发电机的反馈回路,从而构成复合控制系统。其中,测速发电机检测实际的输出转速,并给出一个与电动机转速成正比的电压信号 u_t。

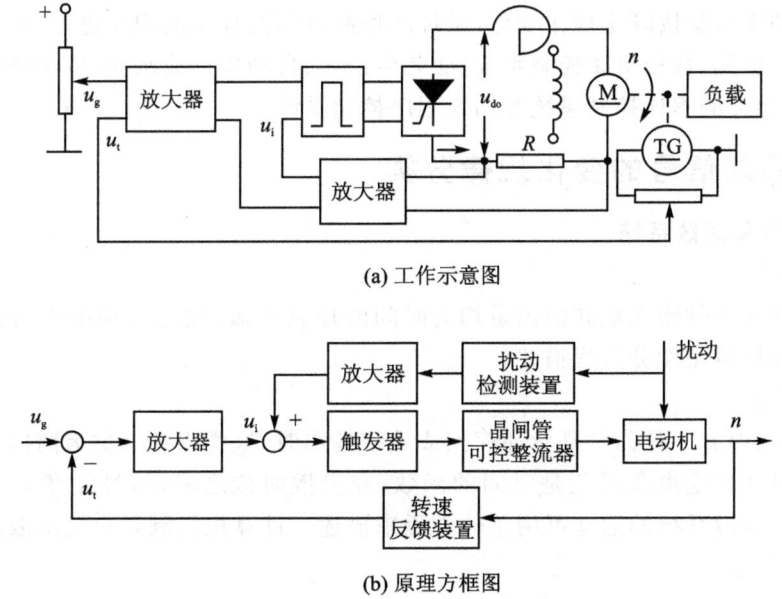

图 1-15 直流电动机转速复合控制系统

1.3.2 按系统的输入-输出特性分类

1. 恒值控制系统

恒值控制系统的任务是当输入量为给定量时,能克服扰动量对系统的影响,使输出量为对应于输入量的恒定值。如图1-1和图1-2所示的液位控制系统,图1-3和图1-5所示的温度控制系统,以及图1-13和图1-15所示的电动机转速控制系统都属于恒值控制系统。

2. 随动系统

如果输入信号为预先未知的随时间任意变化的函数,要求输出量精确地、快速地跟随输入信号,则这类系统称为随动系统。随动系统的特点是系统给定值的变化规律是事先不能确定的随机信号。随动系统的主要任务是使输出快速地、准确地随输入信号的变化而变化。这类系统在工业生产和国防建设中有着极为广泛的应用,例如火炮控制系统(见图1-4)、雷达跟踪系统、函数记录仪、舰船操舵系统等都是典型的随动系统。

在火炮控制系统中,当输入一个角度时,如果输出角度与输入角度不同则同位仪(两个电位器)输出一个偏差信号到控制与放大器的输入端,其输出端输出一个相应的电压,致使直流电动机带动炮架转动。与此同时,又把炮架的位置反馈到同位仪检测装置,直至输出角度与输入角度相等,放大器的输入、输出为零,电动机停止旋转,炮架的输出角度总是跟踪输入角度。图1-4所示的火炮跟踪系统原理方框图如图1-16所示。

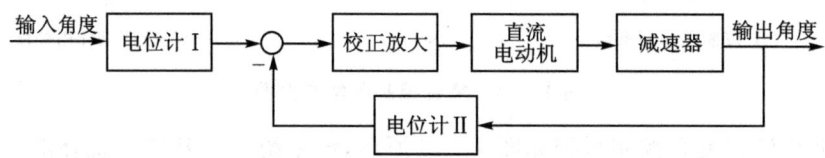

图1-16 火炮跟踪系统方框图

3. 程序控制系统

如果系统的输入量按既定规律变化,系统的控制过程按预定的程序进行,则这类系统称为程序控制系统。例如,数控机床控制系统、灌装生产线、自动生产流水线、炼钢炉中的微机控制系统,洲际弹道导弹的程序控制系统等均为程序控制系统。

1.3.3 按输入信号的变化规律分类

1. 连续系统和离散系统

(1) 连续系统

若系统中各元件的输入量和输出量均为时间的连续函数,则这类系统称为连续系统。连续系统的运动规律可用微分方程描述。

(2) 离散系统

在系统中,只要有一处信号是脉冲序列或数字编码时,这类系统就称为离散系统。离散系统的特点是信号在特定离散时刻是时间的函数,在离散时刻之间,信号无意义。离散信号如图1-17所示。离散系统的运动可用差分方程来描述。计算机控制系统是离散控制系统的一种,如图1-18所示。

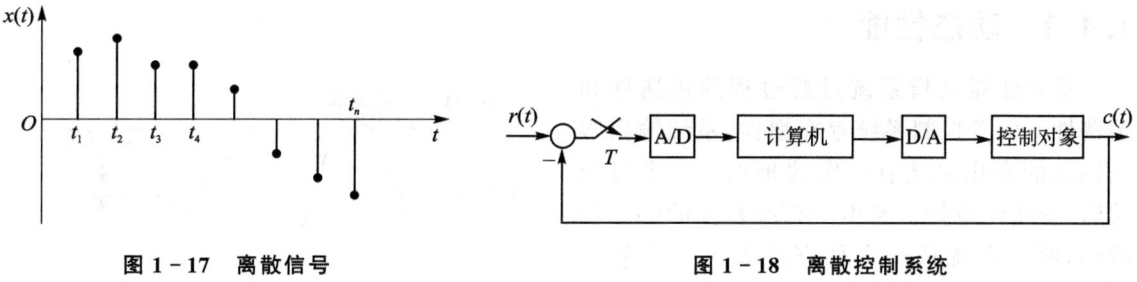

图 1-17 离散信号　　　　　　图 1-18 离散控制系统

2. 线性系统和非线性系统

（1）线性系统

如果系统的动态方程用线性微分方程或差分方程来描述，则这类系统称为线性系统。线性系统满足叠加原理。

叠加原理包括两方面：叠加性和齐次性。

叠加性是说如果系统同时有 n 个输入量 $x_i(t)(i=1,2,\cdots,n)$，每个 $x_i(t)$ 对应的输出为 $y_i(t)$，则由 n 个输入共同产生的输出 $y(t)$ 等于各个输入单独产生的输出之和，即

$$y(t) = \sum_{i=1}^{n} y_i(t)$$

齐次性是指当系统的输入 $x(t)$ 增大或减小 k（k 为实数）倍时，系统的输出 $y(t)$ 也增大或减小相同的倍数。

（2）非线性系统

当系统中有一个元件的输入、输出特性为非线性函数时，则称该系统为非线性系统，其动态方程用非线性微分方程（或差分方程）来描述。非线性方程的特点是，方程中含有变量及其导数的高次幂或乘积项，并且不满足叠加原理，例如：

$$y'' - 2(1-2y')y + y = 0, \quad y' - y^2 + y = 0$$

通常遇到的放大器的饱和特性，运动部件的死区、间隙和摩擦特性等都为非线性特性。

3. 定常系统和时变系统

若微分方程的系统是常数时，称为定常系统。在定常系统中，系统的结构和参数不随时间变化。反之，若微分方程的系数随时间变化，则将其称为时变系统。例如，带钢卷筒或运载火箭，由于卷径变化或燃料消耗，它们的质量和惯性均随时间而变化，这类系统就是时变系统。

1.4　控制系统的基本性能要求

实际的控制系统可能千差万别，对每个控制系统都有不同的特殊要求，但对所有的控制系统来说，都有一个最基本的要求，那就是稳、准、快。分析和设计满足性能指标的控制系统是本门课程的根本任务。

1.4.1　稳定性

如果系统受到干扰后偏离原来的工作状态，但扰动消失后，能自动回到原工作状态，则称这样的系统是稳定的。反之，在干扰消除后，系统的输出趋于无穷或进入振荡状态，则称系统是不稳定的。稳定性是保证系统能正常工作的前提。

1.4.2 动态性能

动态性能是指系统过渡过程的快速性和振荡性。由于控制系统存在惯性，系统输出跟随输入的变化总是有一定的延迟。这个时间越短，快速性越好。又由于有些系统的阻尼比较小，所以系统从一个稳态进入另一个稳态时，要经过若干次衰减振荡（见图 1-19），而且在振荡过程中会出现超调现象。一般的控制系统对超调量是有限制的。

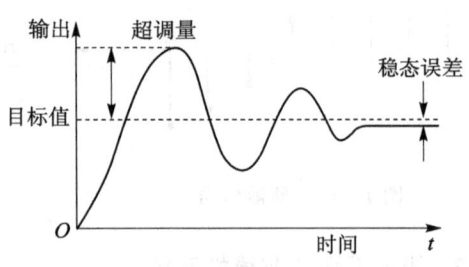

图 1-19 控制量输出举例（阶跃输入）

1.4.3 稳态性能

稳态性能是指系统的控制精度。当系统由一个稳态过渡到另一个稳态时，总是希望系统的输出尽可能地接近给定值。但由于干扰或输入信号的不同，有些系统就可能产生误差，所以，系统的稳态性能用稳态误差来衡量。

本章小结

1. 自动控制系统的基本概念：控制、自动控制、自动控制系统、被控对象、被控量、输入量、干扰量、控制器、反馈原理、负反馈控制等。

2. 自动控制系统的组成：给定环节、比较元件、放大元件、控制装置、执行元件、被控对象、测量反馈元件等部件。系统内部信号量主要有给定量（输入量）、被控量（输出量）、反馈量、干扰量和各种中间变量。

3. 自动控制系统方框图：可以直观地表达系统内部各环节（或各个元器件）之间的因果关系，并能够显示出系统的输入量、输出量和各种中间变量的信号传递情况。

4. 自动控制系统的类型：从不同的角度可以有不同的分类方法，开环系统与闭环系统，恒值系统与随动系统，线性系统与非线性系统，连续系统与离散系统，定常系统与时变系统等。

5. 自动控制系统的基本性能要求：稳、准、快。

　　稳——稳定性，也是最基本要求。稳定是系统能够正常工作的基本前提。

　　准——准确性，也是控制精度要求，属于稳态性能。通常用稳定误差来衡量。

　　快——快速性，也是响应速度要求，属于动态性能。通常指系统的过渡过程的快速性和振荡性。

思考与练习

1-1 什么是开环控制系统？什么是闭环控制系统？试比较开环控制系统和闭环控制系统的优缺点。

1-2 试列举几个日常生活中的开环控制系统和闭环控制系统的实际例子，画出它们的原理方框图，并分析其工作原理。

1-3 判断下列微分方程代表的系统，哪些是线性定常系统，哪些是线性时变系统，哪些是非线性系统。

(1) $c(t)=r(t)\sin \omega t+1$

(2) $c(t)\dfrac{d^2 c(t)}{d^2 t}+c(t)=3\dfrac{dr(t)}{dt}+r(t)$

(3) $T_1 T_2 \dfrac{d^2 c(t)}{dt^2}+T_2 \dfrac{dc(t)}{dt}+c(t)=r(t)$

(4) $x(t)\dfrac{d^3 c(t)}{dt^3}+3\dfrac{d^2 c(t)}{dt^2}+2\dfrac{dc(t)}{dt}+c(t)=r(t)$

1-4 图 1-20 所示是船舶驾驶角位置跟踪系统的原理图。θ_r 表示输入角,被控量 θ_c 为船舵角位置。说明系统的工作原理,并画出系统方框图。

1-5 图 1-21 所示为轧钢机钢板厚度控制系统原理图。轧钢机的轧辊间隙由油压缸操纵。改变油压缸位置就可改变轧辊间隙,从而改变钢板厚度。说明系统的工作原理。

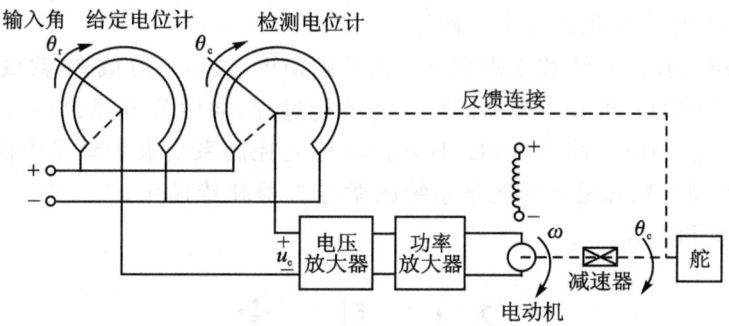

图 1-20 船舶驾驶角位置跟踪系统

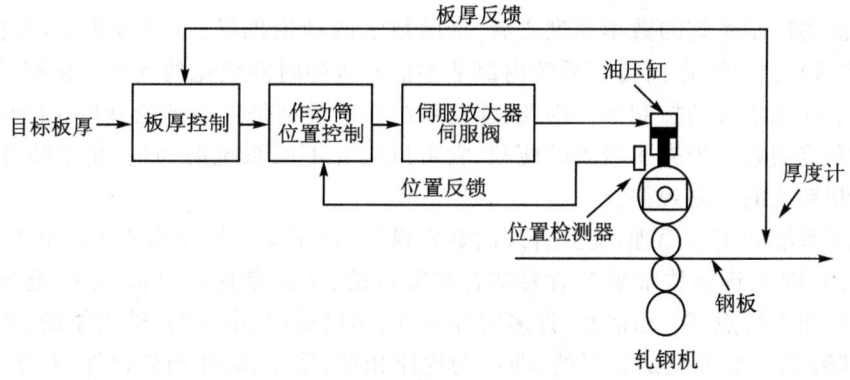

图 1-21 板厚控制系统

第 2 章　自动控制系统的数学模型

　　自动控制理论研究的是控制系统的分析与设计方法。针对一个实际的系统,我们通过观察系统的结构组成、绘制系统的原理方框图、描述系统的工作过程等,对系统有了初步了解。为了使所设计的自动控制系统满足需求,首先必须从理论上分析系统的基本性能,如稳态性能和动态性能,掌握其内在规律。然而,一个完整的自动控制系统不仅仅是各种元件的简单连接,还包含信号之间的传递、转换、处理过程。为了便于分析与设计,首先把它们的内在规律和因果关系等用数学语言进行描述,即建立系统的数学模型。在自动控制系统中,数学模型的表现形式有很多,时域中常用的有微分方程、差分方程、状态方程,复数域常用的有传递函数、结构图和信号流图,频域中常用的有率特性等。

　　本章首先介绍与控制系统数学模型有关的基础知识,然后从时域、复数域和频域分别介绍经典控制理论中常用的几种数学模型的设计与分析过程,如微分方程、传递函数、结构图及等效变换和信号流图。同时介绍 MATLAB 软件在建立控制系统数学模型中的应用,以及利用 MATLAB 求解不同参数和输入情况下系统的微分方程和传递函数,使学生熟练掌握运用计算机进行辅助分析和设计。

2.1　引　言

　　控制系统的数学模型是描述系统输入变量、输出变量以及内部各变量之间关系的数学表达式。建立描述控制系统的数学模型之后,借助数学的理论推导、计算方法等,分析系统整体的动态性能和稳态性能,进而得到系统内部某些信号量随时间变化的规律。根据系统要求,设计出满足一定性能指标的控制器。因此,建立系统数学模型是控制理论分析与设计的基础,数学模型为研究控制系统带来了极大的便利,它可以避开不同系统的物理、化学特性,只研究一般意义下控制系统的普遍规律。

　　根据实际系统的工作原理,建立合理的数学模型,对于深入研究系统十分重要。实际系统是复杂多样的,因此建立数学模型时要结合研究目的、实际条件和目标需求,进行合理建模。数学模型具有如下特点：① 相似性,许多实际系统,如机械的、电气的、热力学的、生物学的、经济学的等,其数学模型可能是相同的,即运动规律相似；② 准确性和简化性,对于同一个物理系统而言,其数学模型可以不唯一。在准确描述系统原理的基础上,可以根据系统所处的环境、复杂程度、精度要求等条件,用不同的数学模型来描述。

　　数学模型分为静态模型和动态模型。在静态条件下(变量的各阶导数为零),描述各变量间关系的数学方程称为静态模型；在动态过程中(变量的各阶导数不为零),各变量间关系采用微分方程或差分方程描述。通常静态模型为动态模型在某些时间点的特例,所以本章重点研究动态模型。

　　建立控制系统的数学模型,一般采用实验法和解析法两种。实验法是人为地给系统施加某种测试信号,记录输出响应,然后用适当的数学模型去逼近。这种方法又称为系统辨识。解析法是对系统各部分的运动机理进行分析,根据所依据的物理规律或化学规律(例如,电学中有基尔霍夫定律,力学中有牛顿定律,热力学中有热力学定律等)分析列写相应的运动方程。解析法是本章研究的重点。

对数学模型的要求是,既能准确地反映系统的动态本质,又便于系统的分析和计算。在建立数学模型的过程中,根据系统结构、参数及要求的精度,找到影响系统的主要因素,忽略次要因素。所以,一个好的系统数学模型往往是在广泛的理论知识和足够的经验基础上获得的。

目前,根据数学模型的结构形式不同可将其分为外部描述型和内部描述型。如果模型描述的是系统输入量与输出量之间的数学关系,则称为外部描述型;如果模型描述的是系统输入量与内部状态之间以及内部状态和输出量之间的数学模型,则称为内部描述型,而且这两种模型在一定意义下可以转化。

时域中常用的数学模型有微分方程、差分方程和状态方程;复域中有传递函数、结构图;频域中有频率特性等。本章只研究微分方程、传递函数和结构图等数学模型的建立及应用。

2.2 控制系统的时域数学模型

2.2.1 线性元部件、线性系统微分方程的建立

如果组成系统的元部件的输入、输出特性都是线性的,并能用线性微分方程描述其输入、输出关系,则称该系统为线性系统。大多数控制系统在一定的限制条件下,都可以用线性微分方程来描述,因此,线性系统的研究具有重要的实用价值。

一个控制系统无论结构多么简单或多么复杂,用解析法建立系统或元部件微分方程通常遵循以下几个步骤:

（1）分析系统运动的因果关系,确定系统或元部件的输入、输出及中间变量,搞清各变量间的关系。

（2）从输入端开始,按照信号的传递顺序,依据各变量所遵循的物理（或化学）定律,列写出各元部件的动态方程（同时要考虑相邻元件间的负载效应）,列写的方程数目应与所设的变量（除输入量）数目相同。

（3）消去中间变量,写出输入、输出变量的微分方程。

（4）将微分方程标准化。即将与输入有关的各项放在等号右侧,与输出有关的各项放在等号左侧,并按降幂排列。如果有必要,可将各项导数前的系数化成有物理意义的形式。

下面举例说明建立微分方程的方法。

例 2-1 图 2-1 所示为一个 RLC 串联电路,试求该系统的数学模型。

解 这是一个电学系统,可根据基尔霍夫定律写出。按照列写数学模型的一般步骤,设输入量为 $u_i(t)$,输出量为 $u_o(t)$,中间变量为 $i(t)$,忽略输出端负载效应后,得

$$L\frac{\mathrm{d}i}{\mathrm{d}t} + Ri + u_o = u_i \tag{2-1}$$

$$i = C\frac{\mathrm{d}u_o}{\mathrm{d}t} \tag{2-2}$$

消去上两式的中间变量 $i(t)$,得系统的微分方程为

$$LC\frac{\mathrm{d}^2 u_o}{\mathrm{d}t^2} + RC\frac{\mathrm{d}u_o}{\mathrm{d}t} + u_o = u_i \tag{2-3}$$

式(2-3)为图 2-1 所示 RLC 串联网络的数学模型,是一个线性定常二阶微分方程。

例 2-2 图 2-2 所示为弹簧、质量和阻尼器组成的机械平移系统,其中 m 为质量,k 为弹簧的弹性系数,f 为阻尼器的阻尼系数。试列写出在外力 F 作用下的系统运动方程。

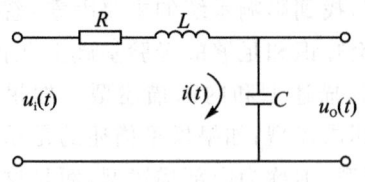
图 2-1 RLC 电路

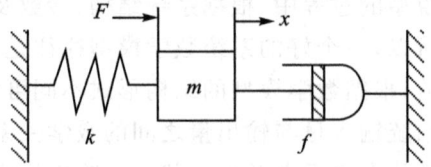
图 2-2 机械运动系统

解 系统的输入量为外力 F,输出量为质量的位移 x。应用牛顿第二定律可写出

$$F = F_m + F_f + F_k \tag{2-4}$$

式中,F_m 为质量力,F_f 为阻尼力,F_k 为弹性力。它们分别为

$$F_m = m\frac{d^2 x}{dt^2}, \quad F_f = f\frac{dx}{dt}, \quad F_k = kx$$

将以上三式代入式(2-4)后得到该系统在外力作用下的数学模型

$$m\frac{d^2 x}{dt^2} + f\frac{dx}{dt} + kx = F$$

为线性定常二阶微分方程。

例 2-3 试列写图 2-3 所示电枢控制式直流电动机的微分方程。图中,电枢电压 $u_a(t)$ 为输入量,电动机转角 θ_m 为输出量,R_a,L_a 分别是电枢电路的电阻和电感,设激磁电流 i_f 为常值。

解 这是一个电学-力学系统。电枢控制式直流电动机是将输入的电能转换为机械能,其工作原理是,电枢电压 $u_a(t)$ 在电枢回路中产生电枢电流 $i_a(t)$,再由电流 $i_a(t)$ 与激磁磁通相互作用对电动机转子产生电磁转矩 M,从而拖动负载运动。电动机的微分方程可由以下三部分组成。

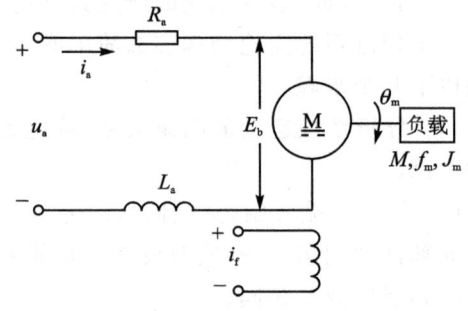
图 2-3 电枢控制式直流电动机原理图

(1) 电枢回路电压平衡方程为

$$u_a = L_a\frac{di_a}{dt} + R_a i_a + E_b \tag{2-5}$$

式中,E_b 是电枢旋转时产生的反电势,其大小与转速成正比,即 $E_b = K_b\dfrac{d\theta_m}{dt}$,$K_b$ 是反电势系数。

(2) 电磁转矩方程为

$$M = K_a i_a \tag{2-6}$$

式中,K_a 是力矩常数;M 是电枢电流产生的电磁转矩。

(3) 根据刚体转动的牛顿定律,得电枢力矩平衡微分方程为

$$J_m \frac{d^2 \theta_m}{dt^2} + f_m \frac{d\theta_m}{dt} = M \quad (2-7)$$

式中,f_m 是电动机和负载折合到电动机轴上的黏性摩擦系数;J_m 是电动机和负载折合到电动机轴上的转动惯量。

消去式(2-5)~式(2-7)的中间变量 i_a, E_a, M,得到以 θ_m 为输出量,u_a 为输入量的电动机微分方程

$$L_a J_m \frac{d^3 \theta_m}{dt^3} + (L_a f_m + R_a J_m) \frac{d^2 \theta_m}{dt^2} + (R_a f_m + K_a K_b) \frac{d\theta_m}{dt} = K_a u_a \quad (2-8)$$

在工程应用中,由于电枢电路电感 L_a 较小,通常可忽略不计,因而式(2-8)简化成如下形式:

$$J_m \frac{d^2 \theta_m}{dt^2} + \left(f_m + \frac{K_a K_b}{R_a}\right) \frac{d\theta_m}{dt} = \frac{K_a}{R_a} u_a \quad (2-9)$$

令电动机机电时间常数 $T_m = \dfrac{R_a J_m}{R_a f_m + K_a K_b}$(单位:s),电动机增益系数 $K_m = \dfrac{K_a}{R_a f_m + K_a K_b}$,式(2-9)简化为

$$T_m \frac{d^2 \theta_m}{dt^2} + \frac{d\theta_m}{dt} = K_m u_a \quad (2-10)$$

式(2-10)为二阶常系数线性微分方程。

如果以电动机转速 $\omega(t)$ 作为输出量,将 $\theta_m = \int \omega(t) dt$ 代入式(2-10),有

$$T_m \frac{d\omega}{dt} + \omega = K_m u_a \quad (2-11)$$

式(2-11)为一阶常系数线性微分方程。

例 2-4 某位置随动系统的原理如图 2-4 所示。系统输入轴角位移为 r,输出轴角位移为 c。列写系统的微分方程。

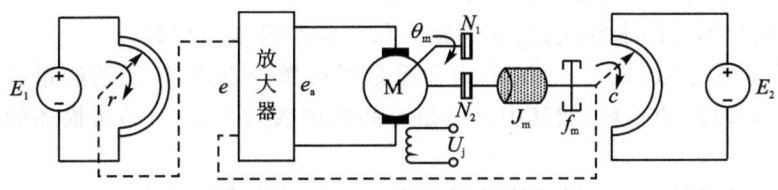

图 2-4 位置随动系统原理图

解 (1)误差检测器的输出电压正比于输入轴与输出轴的角偏差,即

$$e = K_e(r - c) \quad (2-12)$$

式(2-12)中的 K_e 为检测器的比例系数。

(2)放大器的输出电压正比于输入电压

$$e_a = K_f e \quad (2-13)$$

式(2-13)中的 K_f 为放大器的比例系数。

(3)根据例 2-3 中式(2-9)的结果,电枢电压控制直流电动机转角的运动方程式为

$$J_m \frac{d^2 \theta_m}{dt^2} + \left(f_m + \frac{K_a K_b}{R_a}\right) \frac{d\theta_m}{dt} = \frac{K_a}{R_a} e_a \quad (2-14)$$

(4) 减速器的运动方程式为

$$c = \frac{N_1}{N_2}\theta_m = n\theta_m \quad (2-15)$$

消去式(2-12)~式(2-15)的中间变量 e, e_a, θ_m，得

$$J_m \frac{d^2 c}{dt^2} + \left(f_m + \frac{K_a K_b}{R_a}\right)\frac{dc}{dt} + \frac{K_a K_e K_f n}{R_a} c = \frac{K_a K_e K_f n}{R_a} r \quad (2-16)$$

令 $T_1 = \dfrac{J_m R_a}{f_m R_a + K_a K_b}$, $T_2 = \dfrac{f_m R_a + K_a K_b}{K_a K_e K_f n}$ 为时间常数，式(2-16)改写为

$$T_1 T_2 \frac{d^2 c}{dt^2} + T_2 \frac{dc}{dt} + c = r \quad (2-17)$$

从上述系统或元部件的微分方程可以看出，不同类型的元件或系统可具有形式相同的数学模型，则称这些系统为相似系统。相似系统揭示了不同物理现象间的相似关系，也为控制系统的计算机仿真提供了基础。相似系统具有以下特点：

(1) 不同系统的物理、化学过程不同，系统的结构形式不同，但数学模型的推导过程和建立的数学模型却很相似。

(2) 工程上，微分方程的阶次只与系统中储能元件的个数和要求的精度有关，方程中的系数与系统的结构和参数有关，是个常数，具有一定的物理意义。

2.2.2 线性系统微分方程的一般形式

对于一般线性系统，其动态微分方程的通用形式为

$$a_n \frac{d^n c(t)}{dt^n} + a_{n-1} \frac{d^{n-1} c(t)}{dt^{n-1}} + \cdots + a_1 \frac{dc(t)}{dt} + a_0 c(t) =$$
$$b_m \frac{d^m r(t)}{dt^m} + b_{m-1} \frac{d^{m-1} r(t)}{dt^{m-1}} + \cdots + b_1 \frac{dr(t)}{dt} + b_0 r(t) \quad (2-18)$$

式中，$r(t), c(t)$ 分别为系统的输入量和输出量；$a_i (i = 0,1,2,\cdots,n), b_j (j = 0,1,2,\cdots,m)$ 为系数；n 为输出信号的最高求导次数；m 为输入信号的最高求导次数。

若 a_i, b_j 均为常系数，式(2-18)称为常系数线性微分方程，所描述的系统称为线性定常系统。若 a_i, b_j 是时间的函数(或其中之一是时间的函数)，式(2-18)所描述的系统称为线性时变系统。

式(2-18)两边同除以 a_0，得到线性系统微分方程的标准形式为

$$T_n \frac{d^n c(t)}{dt^n} + T_{n-1} \frac{d^{n-1} c(t)}{dt^{n-1}} + \cdots + T_1 \frac{dc(t)}{dt} + c(t) =$$
$$K_m \frac{d^m r(t)}{dt^m} + K_{m-1} \frac{d^{m-1} r(t)}{dt^{m-1}} + \cdots + K_1 \frac{dr(t)}{dt} + K_0 r(t) \quad (2-19)$$

式中，$T_n = \dfrac{a_n}{a_0}, T_{n-1} = \dfrac{a_{n-1}}{a_0}, \cdots, T_1 = \dfrac{a_1}{a_0}, K_m = \dfrac{b_m}{a_0}, K_{m-1} = \dfrac{b_{m-1}}{a_0}, \cdots, K_1 = \dfrac{b_1}{a_0}, K_0 = \dfrac{b_0}{a_0}$。

2.2.3 非线性系统微分方程的线性化

上述讨论的元件和系统都是在线性条件下进行的，因而其数学模型也是线性微分方程。然而实际的系统或元件都具有不同程度的非线性。例如，弹簧的刚度与形变有关，不一定是常数；电阻 R、电感 L、电容 C 等参数值与周围环境(温度、湿度、压力等)及流经它们的电流有关，

也不一定是常数；电动机本身的摩擦、死区等因素使运动方程复杂化而成为非线性方程。严格地说，实际系统的数学模型一般都是非线性的，而非线性微分方程没有通用的求解方法。因此，在合理、可能的条件下，总是力图将非线性问题简化为线性问题处理。如果做某些近似或缩小研究问题的范围，可以将许多非线性方程在一定范围内近似用线性方程来代替，这样就可以用线性理论来分析和设计系统。这种方法虽然是近似的，但在一定的范围内却能反映系统的特性，在工程实践中具有实际意义。非线性系统微分方程线性化的基本方法如下：

设元件的输入量 $x(t)$ 和输出量 $y(t)$ 的非线性函数为

$$y = f(x) \tag{2-20}$$

在系统工作点 (x_0, y_0) 的邻域内，式(2-19)可表示成泰勒级数，即

$$y = f(x_0) + \frac{\mathrm{d}f(x_0)}{\mathrm{d}x}\Delta x + \frac{1}{2!}\frac{\mathrm{d}^2 f(x_0)}{\mathrm{d}x^2}(\Delta x)^2 + \cdots \tag{2-21}$$

式中

$$\frac{\mathrm{d}f(x_0)}{\mathrm{d}x} = \frac{\mathrm{d}f(x)}{\mathrm{d}x}\bigg|_{x=x_0}, \quad \frac{\mathrm{d}^2 f(x_0)}{\mathrm{d}x^2} = \frac{\mathrm{d}^2 f(x)}{\mathrm{d}x^2}\bigg|_{x=x_0}, \quad \Delta x = x - x_0$$

因为变量 x 偏离工作点 x_0 的范围很小，所以增量 $(x-x_0)$ 的高次项可以忽略不计，近似得到

$$y \approx f(x_0) + \frac{\mathrm{d}f(x_0)}{\mathrm{d}x}\Delta x$$

即

$$y - y_0 = \Delta y \approx K\Delta x \tag{2-22}$$

式中

$$y_0 = f(x_0), \quad K = \frac{\mathrm{d}f(x_0)}{\mathrm{d}x}$$

式(2-22)表达了非线性元件在工作点处进行小偏差线性化的基本方法。

多变量非线性系统在工作点处进行小偏差线性化的方法在此不再描述。

例 2-5 铁芯线圈如图 2-5(a)所示。试列写以电压 u_r 为输入量，电流 i 为输出量的铁芯线圈的微分方程。

解 根据基尔霍夫定律

$$u_r = u_1 + Ri \tag{2-23}$$

式中，u_1 为线圈的感应电势，它正比于线圈中磁通变化率，即

$$u_1 = K_1 \frac{\mathrm{d}\Phi(i)}{\mathrm{d}t} \tag{2-24}$$

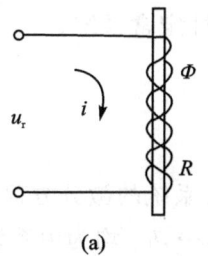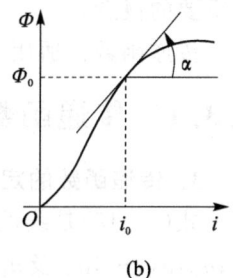

图 2-5 铁芯线圈及磁通 $\Phi(i)$ 曲线

式中，K_1 为比例常数。铁芯线圈的磁通是线圈中电流 i 的非线性函数，如图 2-5(b)所示。将式(2-24)代入式(2-23)得

$$K_1 \frac{\mathrm{d}\Phi(i)}{\mathrm{d}i}\frac{\mathrm{d}i}{\mathrm{d}t} + Ri = u_r \tag{2-25}$$

这是一个非线性微分方程。

设线圈的电压、电流只在平衡工作点 (u_0, i_0) 附近作微小的变化，$\Phi(i)$ 在 i_0 的邻域内连续可导，则在平衡点 i_0 邻域内，磁通 Φ 可表示成泰勒级数，即

$$\Phi = \Phi_0 + \frac{\mathrm{d}\Phi}{\mathrm{d}i}\bigg|_{i_0} \Delta i + \frac{1}{2!}\frac{\mathrm{d}^2\Phi}{\mathrm{d}i^2}\bigg|_{i_0}(\Delta i)^2 + \cdots$$

式中 $\Delta i = i - i_0$，当 Δi "足够小"时，略去高阶项，取一次近似，有

$$\Phi \approx \Phi_0 + \frac{\mathrm{d}\Phi}{\mathrm{d}i}\bigg|_{i_0}\Delta i$$

式中，$\dfrac{\mathrm{d}\Phi}{\mathrm{d}i}\bigg|_{i_0}$ 为平衡点 i_0 处 $\Phi(i)$ 的导数值，令它为 C_1，则有

$$\Phi \approx \Phi_0 + C_1 \Delta i$$

$$\Phi - \Phi_0 = \Delta\Phi \approx C_1 \Delta i \tag{2-26}$$

经小扰动线性化处理后，线圈中电流增量与磁通增量之间已经近似为线性关系了。由式(2-26)求得 $\mathrm{d}\Phi(i)/\mathrm{d}i = C_1$，并将其代入式(2-25)，有

$$K_1 C_1 \frac{\mathrm{d}i}{\mathrm{d}t} + Ri = u_r \tag{2-27}$$

必须明确，u_r 和 i 均为相对于平衡工作点的增量（小变化量），而不是本身的真正值。

2.3 控制系统的复数域数学模型

控制系统的微分方程是在时间域描述系统动态性能的数学模型，在给定输入及初始条件后，通过求解微分方程可以得到系统的输出响应，这种方法直观、准确。但由前述分析可知，系统的数学模型越精确，微分方程的阶次越高，如果系统参数或结构变化，就要重新列写并求解微分方程。因此，微分方程不便于系统分析和设计。

传递函数是基于拉氏变换获得的复数域数学模型。它不仅可以表征系统的动态特性，还可以用来研究系统的结构或参数变化对系统性能的影响。经典控制理论中广泛应用的根轨迹法和频域法，就是在传递函数基础上建立起来的，因此传递函数是经典控制理论中最基本也是最重要的概念。

传递函数仅适用于线性定常系统。

2.3.1 传递函数

1. 传递函数的定义

式(2-18)是线性定常系统的微分方程一般表达式，式中，$c(t)$ 为输出信号；$r(t)$ 为输入信号；$a_0, a_1, \cdots, a_n$ 及 $b_0, b_1, \cdots, b_m$ 均为由系统结构、参数决定的常系数。

在零初始条件下，对式(2-18)两端进行拉氏变换，得相应的代数方程

$$(a_0 s^n + a_1 s^{n-1} + \cdots + a_{n-1} s + a_n) C(s) = (b_0 s^m + b_1 s^{m-1} + \cdots + b_{m-1} s + b_m) R(s)$$

令

$$N(s) = a_0 s^n + a_1 s^{n-1} + \cdots + a_{n-1} s + a_n$$
$$M(s) = b_0 s^m + b_1 s^{m-1} + \cdots + b_{m-1} s + b_m$$

则

$$N(s)C(s) = M(s)R(s)$$

传递函数定义为：在零初始条件下，线性定常系统输出信号 $c(t)$ 的拉氏变换 $C(s)$ 与输入信号 $r(t)$ 的拉氏变换 $R(s)$ 之比，记为 $G(s)$，即

$$G(s)=\frac{\mathscr{L}[c(t)]}{\mathscr{L}[r(t)]}=\frac{C(s)}{R(s)}=\frac{M(s)}{N(s)}=\frac{b_0 s^m+b_1 s^{m-1}+\cdots+b_{m-1}s+b_m}{a_0 s^n+a_1 s^{n-1}+\cdots+a_{n-1}s+a_n} \quad (2-28)$$

传递函数是在零初始条件下定义的。零初始条件有两方面含义：一是指输入作用，即在 $t=0$ 以后才作用于系统，因此，系统输入量及其各阶导数在 $t \leqslant 0$ 时均为零；二是指输入作用于系统之前，系统是"相对静止"的，即系统输出量及各阶导数在 $t \leqslant 0$ 时的值也为零。大多数实际工程系统都满足这样的条件。零初始条件的规定不仅能简化运算，而且有利于在同等条件下比较系统性能，所以这样规定是必要的。

在零初始条件下，若线性定常系统输入信号的拉氏变换为 $R(s)$，系统传递函数为 $G(s)$，则系统输出的拉氏变换为

$$C(s)=G(s)R(s) \quad (2-29)$$

输出响应 $c(t)$ 为 $C(s)$ 的拉氏反变换，即

$$c(t)=\mathscr{L}^{-1}[C(s)]=\mathscr{L}^{-1}[G(s)R(s)] \quad (2-30)$$

式中，$\mathscr{L}^{-1}[\ ]$ 为拉氏反变换的符号。

式(2-28)为线性系统传递函数的一般表达式，如果将它的分子、分母多项式分解后，可进一步化为以下两种标准形式：

(1) 首1标准型，又称为零、极点式，即

$$G(s)=\frac{b_m}{a_n}\cdot\frac{s^m+d_1 s^{m-1}+\cdots+d_{m-1}s+d_m}{s^n+c_1 s^{n-1}+\cdots+c_{n-1}s+c_n}=\frac{K^*\prod_{i=1}^{m}(s-z_i)}{\prod_{j=1}^{n}(s-p_j)} \quad (2-31)$$

式中，$z_i(i=1,2,\cdots,m)$ 为分子多项式 $M(s)$ 的根，称为传递函数的零点；$p_j(j=1,2,\cdots,n)$ 为分母多项式 $N(s)$ 的根，称为传递函数的极点；$K^*=\dfrac{b_m}{a_n}$ 为系统根轨迹增益，该表达式在第4章的根轨迹方程中比较常用。

将传递函数 $G(s)$ 的零点、极点标注在复数 s 平面上，称为传递函数的零极点分布图，零点通常用"○"表示，极点用"×"表示。例如一个系统传递函数为

$$G(s)=\frac{(s+2)^2(s+3)}{s(s+5)(s+1-\mathrm{j})(s+1+\mathrm{j})}$$

则该传递函数的零、极点分布图如图2-6所示。

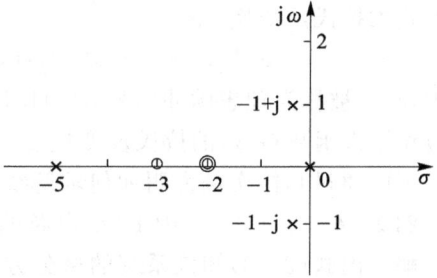

图2-6 传递函数的零、极点图

(2) 尾1标准型，又称为时间常数式，即

$$G(s)=\frac{b_0}{a_0}\cdot\frac{d'_0 s^m+d'_1 s^{m-1}+\cdots+d'_m s+1}{c'_0 s^n+c'_1 s^{n-1}+\cdots+c'_n s+1}=\frac{K\prod_{i=1}^{m}(\tau_i s+1)}{s^v \prod_{j=1}^{n}(T_j s+1)} \quad (2-32)$$

式中，$\tau_i(i=1,2,\cdots,m)$，$T_j(j=1,2,\cdots,n)$ 称为时间常数；v 为积分环节的个数，也表示系统型别；$K=\dfrac{b_0}{a_0}$ 称为系统增益或传递系数。该表达式在判断系统型别、分析系统性能时比较常用。

2. 传递函数的特点

从数学变化关系上看，传递函数是由系统的微分方程经过拉氏变换后得到的，而拉氏变换只是一种线性积分变换，是将实数从时间 t 域变换到复数 S 域。因此，求出系统（或环节）的微分方程之后，只要把方程中各阶导数用相应阶次的变量 s 代替，就可以得到对应系统（或环节）的传递函数。两者的转换关系如图 2-7 所示。

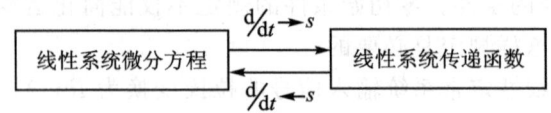

图 2-7 微分方程与传递函数的关系

根据式(2-28)可知，线性系统的传递函数具有如下特点：

(1) 传递函数是复变量 s 的有理真分式，分子多项式 $M(s)$ 和分母多项式 $N(s)$ 的各项系数均为实数。它具有复变函数的所有性质。因为实际物理系统总是存在惯性，并且能源功率有限，所以实际系统传递函数的分母阶次 n 总是大于或等于分子阶次 m，即 $n \geqslant m$。

(2) 传递函数的分母多项式等于零，即为系统的特征方程。

(3) 传递函数只取决于系统的结构和参数，与外作用无关。

(4) 传递函数是描述系统动态特征的数学表达式，与系统的微分方程一一对应，当确定了系统时域内的数学模型——微分方程后，复域内的传递函数可唯一确定。

(5) 传递函数的拉氏反变换即系统的脉冲响应（或称脉冲过渡）函数，因此传递函数能反映系统的运动特性。

因为单位脉冲函数的拉氏变换式为 $1(r(t)=\delta(t),R(s)=\mathscr{L}[\delta(t)]=1)$，因此系统输出量的拉氏变换等于系统的传递函数，即

$$C(s)=G(s)R(s)=G(s)$$

对上式求拉氏反变换，得

$$\mathscr{L}^{-1}[C(s)]=\mathscr{L}^{-1}[G(s)R(s)]=\mathscr{L}^{-1}[G(s)]=g(t)=c(t)$$

式中，$c(t)$ 被称为理想脉冲信号 $\delta(t)$ 作用下的脉冲响应，这说明系统在 $\delta(t)$ 作用下，脉冲响应 $c(t)$ 和传递函数 $G(s)$ 的拉氏反变换 $g(t)$ 相等。

下面通过具体实例说明如何求解线性系统的传递函数。

例 2-6 求图 2-1 中 RLC 电路的传递函数。

解 由式(2-3)知该系统的微分方程为

$$LC\frac{d^2 u_o}{dt^2}+RC\frac{du_o}{dt}+u_o=u_i$$

设初始条件为零，对上式进行拉氏变换得

$$(LCs^2+RCs+1)U_o(s)=U_i(s)$$

由传递函数定义得

$$G(s)=\frac{U_o(s)}{U_i(s)}=\frac{1}{LCs^2+RCs+1}$$

例 2-7 求图 2-3 所示电枢控制式直流电动机的传递函数。

解 由式(2-10)知该系统的微分方程为

$$T_m\frac{d^2\theta_m}{dt^2}+\frac{d\theta_m}{dt}=K_m u_a$$

设初始条件为零,对上式进行拉氏变换得

$$(T_m s^2 + s)\Theta_m = K_m U_a(s)$$

传递函数为

$$G(s) = \frac{\Theta_m}{U_a(s)} = \frac{K_m}{s(T_m s + 1)}$$

如果以电动机的转速 $\omega(t)$ 作为输出量,由式(2-11)知系统的微分方程为

$$T_m \frac{d\omega}{dt} + \omega = K_m u_a$$

传递函数为

$$G(s) = \frac{\Omega(s)}{U_a(s)} = \frac{K_m}{T_m s + 1}$$

2.3.2 典型环节的传递函数

控制系统是由工作机理互不相同的元部件连接而成。如果将各元部件的传递函数抽象出来,根据其形式不同可以分为几类。由传递函数的性质知,无论组成系统的元部件如何相异,只要传递函数相同,动态特性就必然相同。

按照传递函数形式来分类的元部件称为环节,而组成控制系统并具有代表性的基本环节称为典型环节。

1. 比例环节

比例环节(又称放大环节)的输出量等于输入量乘以比例系数,即

$$c(t) = Kr(t)$$

传递函数为

$$G(s) = \frac{C(s)}{R(s)} = K \tag{2-33}$$

图 2-8(a)所示为比例环节的结构图,图 2-8(b)所示为通过理想运算放大器构成的比例环节,其传递函数为

$$G(s) = \frac{U_o(s)}{U_i(s)} = -\frac{R_2}{R_1}$$

其他如电子放大器、电路分压器,齿轮传动变速箱、机械杠杆等物理学系统,也可以用比例环节描述。

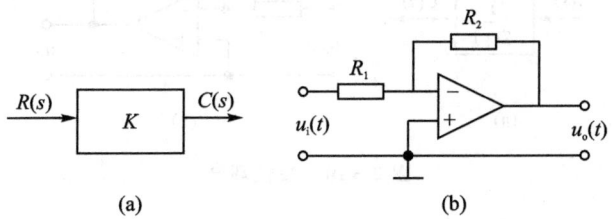

图 2-8 比例环节

2. 积分环节

积分环节(又称无差环节)的微分方程为

$$T\frac{dc(t)}{dt} = r(t)$$

设初始条件为零，上式的解为

$$c(t) = \frac{1}{T}\int_0^t r(t)\,\mathrm{d}t$$

式中，T 为时间常数，其传递函数为

$$G(s) = \frac{C(s)}{R(s)} = \frac{1}{Ts} \tag{2-34}$$

图 2-9(a)为积分环节结构图，图 2-9(b)是由运算放大器构成的积分环节，其传递函数为

$$G(s) = \frac{U_o(s)}{U_i(s)} = -\frac{1}{RCs} = -\frac{1}{Ts}$$

式中，时间常数 $T=RC$。实际工程中的电子积分器、水槽液位、电动机转速等系统都属于积分环节。

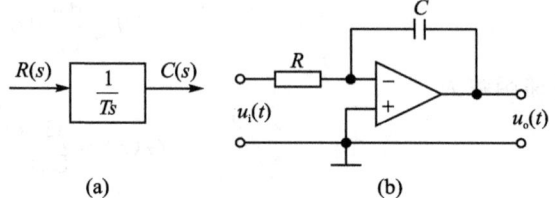

图 2-9 积分环节

3. 惯性环节

惯性环节（又称周期环节）因含有储能元件，所以对突变的输入信号不能立即复现，其微分方程为

$$T\frac{\mathrm{d}c(t)}{\mathrm{d}t} + c(t) = r(t)$$

式中 T 为时间常数，其传递函数为

$$G(s) = \frac{C(s)}{R(s)} = \frac{1}{Ts+1} \tag{2-35}$$

图 2-10(a)为惯性环节结构图，图 2-10(b)是由运算放大器构成的惯性环节，其传递函数为

$$G(s) = \frac{U_o(s)}{U_i(s)} = -\frac{1}{RCs+1} = -\frac{1}{Ts+1}$$

式中，$T=RC$。此外，如单容液位系统，电热炉温度随电压变化系统和单容充放气系统也可视为惯性环节。

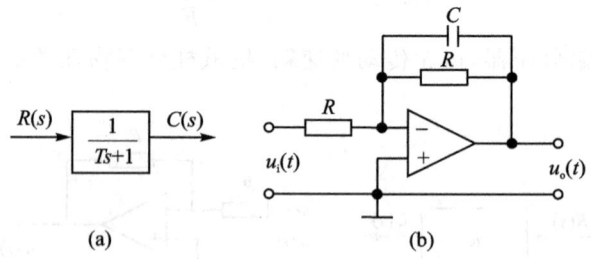

图 2-10 惯性环节

4. 微分环节

微分环节（又称超前环节）分为两种基本形式，即理论微分环节和实际微分环节。

(1) 理论微分环节：指仅在理论上存在，而实际工程中不能单独实现的环节，包括纯微分环节、一阶微分环节和二阶微分环节。

纯微分环节的微分方程式为

$$c(t) = T\frac{dr(t)}{dt}$$

式中,T 为时间常数。其传递函数为

$$G(s) = \frac{C(s)}{R(s)} = Ts \tag{2-36}$$

图 2-11(a)为纯微分环节的结构图。若输入信号为单位阶跃信号,即 $R(s) = \frac{1}{s}$,由式(2-36)得纯微分环节输出量的拉氏变换为

$$C(s) = T$$

上式的拉氏反变换为

$$c(t) = T\delta(t)$$

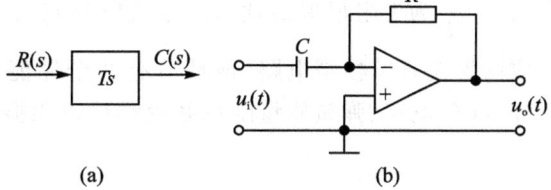

图 2-11 纯微分环节

由于单位脉冲信号 $\delta(t)$ 在实际工程中不存在,所以图 2-11(a)所示的纯微分环节不能单独存在。图 2-11(b)是由运算放大器构成的纯微分环节,其传递函数为

$$G(s) = \frac{U_o(s)}{U_i(s)} = -RCs = -Ts$$

式中,$T = RC$。一阶微分环节和二阶微分环节的传递函数分别为

$$G(s) = Ts + 1$$
$$G(s) = T^2 s^2 + 2\zeta Ts + 1$$

由于它们都不满足线性系统传递函数 $n \geqslant m$ 的条件,所以在实际工程中不能单独存在。

(2) 实际微分环节(也称复合微分环节):图 2-12(a)所示 RC 电路的传递函数为

$$G(s) = \frac{Ts}{Ts + 1}$$

式中 $T = RC$。图 2-12(b)所示 RC 电路的传递函数为

$$G(s) = \frac{K(T_1 s + 1)}{T_2 s + 1} \tag{2-37}$$

式中,$K = \frac{R_2}{R_1 + R_2}$ 为放大系数,时间常数 $T_1 = R_1 C_1$,$T_2 = \frac{R_1 R_2}{R_1 + R_2} C_1$。显然,它们均满足 $n \geqslant m$ 的基本条件,可以付诸实际使用。

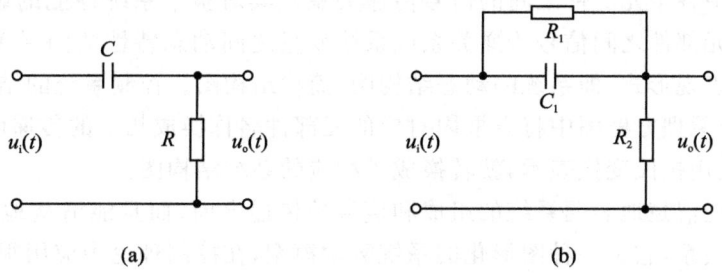

图 2-12 实际微分环节

5. 振荡环节

振荡环节的微分方程为

$$T^2 \frac{d^2 c(t)}{dt^2} + 2\zeta T \frac{dc(t)}{dt} + c(t) = r(t)$$

式中，T 为时间常数，ζ 为阻尼比。其传递函数为

$$G(s) = \frac{C(s)}{R(s)} = \frac{1}{T^2 s^2 + 2\zeta T s + 1} = \frac{\omega_n^2}{s + 2\zeta\omega_n s + \omega_n^2} \quad (2-38)$$

式中，$\omega_n = \frac{1}{T}$ 为无阻尼振荡频率。振荡环节如图 2-13(a)所示，图 2-13(b)所示是由两组运放构成的振荡环节模拟电路，该环节有两个储能元件，因此振荡环节表示的系统属于二阶系统。如 RLC 电路、弹簧质量阻尼系统都可以用振荡环节描述。

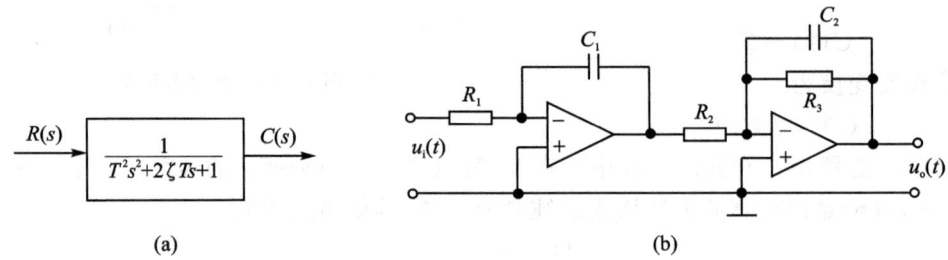

图 2-13 振荡环节

6. 滞后环节

滞后环节（又称延迟环节）的微分方程为

$$c(t) = r(t - \tau)$$

式中，τ 为滞后时间，其传递函数为

$$G(s) = \frac{C(s)}{R(s)} = e^{-\tau s} \quad (2-39)$$

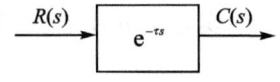

图 2-14 滞后环节

滞后环节的结构如图 2-14 所示。实际工程中的晶闸管整流装置、流体管道的传输热交换系统等都属于滞后环节。

2.4 控制系统结构图

微分方程和传递函数都是用纯数学公式来表示系统的数学模型，相对来说比较抽象，不能够直观反映系统中各个元部件之间的信号传递关系及其对整个系统性能的影响。因此，为了便于描述系统各元部件之间信号传递关系或系统变量之间动态特性的因果关系，我们采用另一种数学模型的表现形式，即系统的动态结构图，简称结构图。控制系统的结构图是一种数学图形，它是在系统原理方框图中将方框内对应的元部件名称换成相应的传递函数，并将环节的输入量、输出量改用拉氏变换表示，就转换成了相应的系统结构图。

结构图不仅能清楚地表明系统的组成和信号的传递方向，而且能清楚地表示系统信号传递过程中的数学关系，它是一种图形化的系统数学模型，在控制理论中应用很广。

2.4.1 结构图的基本组成及连接形式

1. 结构图的基本组成

结构图由信号线、引出点和函数方程组成。

(1) 信号线：如图 2-15(a)所示,信号线为带箭头的直线段,箭头表示信号的流向,线上字母标记信号的时间函数或象函数。

(2) 引出点（又称分支点）：如图 2-15(b)所示,它表示信号引出或测量的位置,同一分支引出的信号,其信号和数值完全相同。

(3) 比较点（又称综合点）：如图 2-15(c)所示,图中圆圈表示两个或两个以上信号进行加减运算,"＋"号表示信号相加,"—"号表示信号相减。"＋"号可以省略。

(4) 函数方框（又称环节方框）：如图 2-15(d)所示,它表示对信号进行的数字变换。方框中写入系统（或元件）的传递函数。方框的输出变量等于方框的输入变量与传递函数之积,即

$$C(s) = G(s)R(s)$$

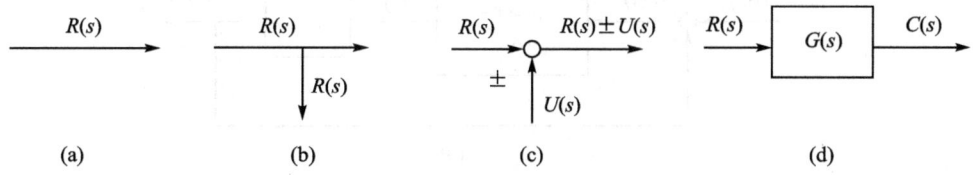

图 2-15 结构图的基本组成单元

用结构图表示的运算都是单向的,这一点和元部件不相同,因为元部件具有负载效应,而环节没有负载效应。如果传递函数描述的元部件可以用一个单向的方框表示,说明这个元部件的负载效应很小,或者在推导传递函数时已经考虑了负载效应。这样,整个控制系统的结构图就可以按照系统中信号传递的顺序,用信号线依次将各个方框连接起来。

2. 结构图的基本联结形式

控制系统是由许多种元件（或环节）组成的,每一种元件（或环节）的传递函数都是由典型环节中的一种或多种环节根据特定关系组合在一起,当每一个元件（或环节）的传递函数确定之后,根据元件（或环节）之间的基本联结关系与信号传递的方向,用带箭头的线段将它们连接起来,就可以构成了一个完整的控制系统结构图。结构图的基本连接形式有三种：串联、并联和反馈,如图 2-16 所示。图中,$G_1(s)$,$G_2(s)$ 分别表示两种元件或环节的传递函数。

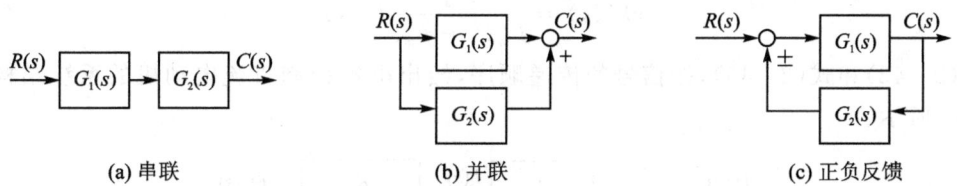

图 2-16 结构图的基本连接形式

下面通过具体实例说明如何绘制系统结构图。

例 2-8 图 2-17 中的 u_i,u_o 分别是 RC 电路的输入、输出电压,试建立相应的电路结构图。

解 根据基尔霍夫定律,可写出以下方程

$$U_i(s) - U_o(s) = U_1(s)$$

$$I(s) = \dfrac{U_1(s)}{\dfrac{R_1/Cs}{R_1 + (1/Cs)}} = \dfrac{1 + R_1 Cs}{R_1} U_1(s)$$

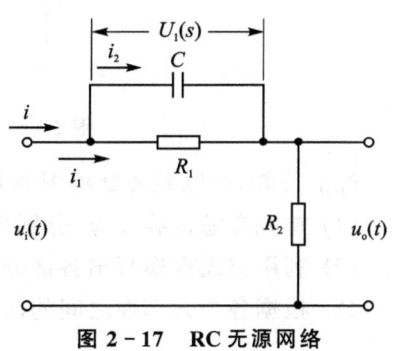

图 2-17 RC 无源网络

$$U_o(s) = R_2 I(s)$$

根据各方程绘出相应的子结构分别如图 2-18(a)、(b)和(c)所示。按信号的传递顺序,将各子结构图依次连接起来,便得到无源网络的结构图,如图 2-18(d)所示。

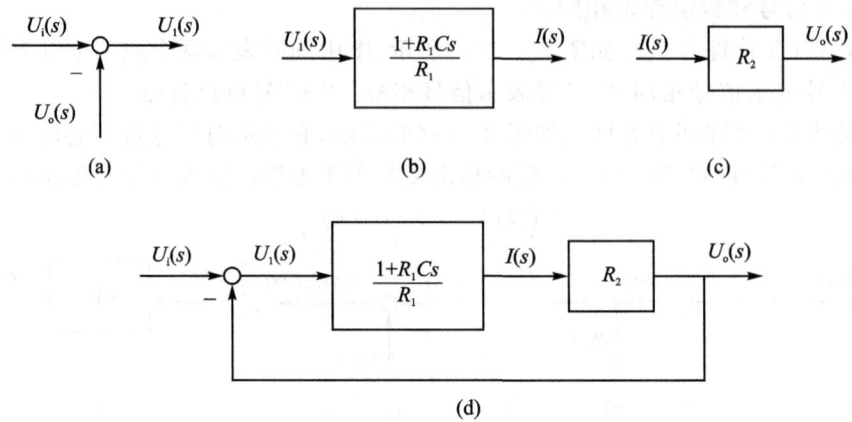

图 2-18 RC 无源网络结构图

例 2-9 试绘制例 2-3 所示电枢控制式直流电动机系统的结构图。

解 根据例 2-3 可知,电枢控制式直流电动机的微分方程主要由电枢回路的电压平衡方程和电动机轴上的转矩平衡方程所组成,表示如下:

$$u_a(t) = L_a \frac{di_a(t)}{dt} + R_a i_a(t) + K_a \frac{d\theta_m(t)}{dt} \tag{2-40}$$

$$J_m \frac{d^2\theta_m(t)}{dt^2} + f_m \frac{d\theta_m(t)}{dt} = K_a i_a(t) \tag{2-41}$$

在零初始条件下分别对式(2-40)和式(2-41)两端进行拉氏变换,整理得

$$[U_a(s) - K_a s \Theta_m(s)] \frac{1}{L_a s + R_a} = I_a(s) \tag{2-42}$$

$$\Theta_m(s) = \frac{K_a}{J_m s^2 + f_m s} I_a(s) \tag{2-43}$$

根据式(2-42)和式(2-43),按信号的传递顺序,绘出电枢控制直流电动机的系统结构图,如图 2-19 所示。

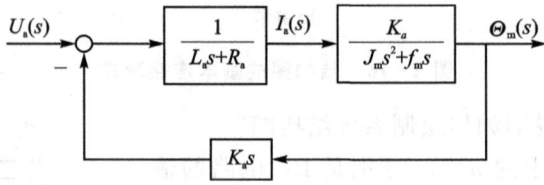

图 2-19 电枢控制式直流电动机系统结构图

综上可知,绘制系统结构图的基本步骤如下:
(1) 首先考虑负载效应,分别列写各个元器件的原始微分方程;
(2) 利用拉氏变换写出各部分的传递函数,并用方框图的形式表示;
(3) 根据各个元部件之间的信号流向,把所有的传递函数用信号线连接起来。

3. 结构图的特性

系统的结构图，实质上是系统原理图与数学方程两者的结合，主要特性如下：

(1) 结构图是反映系统动态特性的一种数学模型，它可以清楚地表示原理图上各变量间的信息传递关系及元部件的数学模型。

(2) 系统结构图只能用来描述加减乘除运算，所以它可以描述一组代数方程。如果系统的动态特性是微分方程，往往要将微分方程通过拉氏变换变成代数方程后，才可以用系统结构图表示。

(3) 系统结构图可将复杂原理图简化，这样既可直观地了解每个元部件对系统性能的影响，又可以通过同一种形式的结构图了解各种系统的特性，从而简化了研究工作。复杂的系统结构图通过等效变换后，可以简化为一个等效结构图，从而方便地确定系统的传递函数。

2.4.2 结构图等效变换

结构图是从具体系统中抽象出来的数学结构图形，当只讨论系统的输入、输出特性，而不考虑其具体结构时，可以对它进行变换。当然，变换的原则是将多环节的、互相交叉的结构图变换为单环节形式，而变换前后输入量与输出量之间的传递函数保持不变。结构图的等效变换最常使用如下5种典型情况。

1. 串联环节的等效变换

图 2-20(a) 所示为三个环节串联的结构。由图可得

$$C_1(s) = G_1(s)R(s), \quad C_2(s) = G_2(s)C_1(s)$$
$$C(s) = G_3(s)C_2(s) = G_1(s)G_2(s)G_3(s)R(s)$$

所以

$$G(s) = \frac{C(s)}{R(s)} = G_1(s)G_2(s)G_3(s) \tag{2-44}$$

式(2-44)是三个方框串联的等效传递函数，其等效结构图如图 2-20(b) 所示。

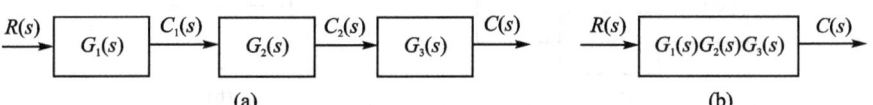

图 2-20 串联方框图及其简化

上述结论可以推广到任意个环节串联的情况，即环节串联后的总传递函数等于各个串联环节传递函数的乘积。

2. 并联环节的等效变换

图 2-21(a) 所示为三个环节并联的结构。由图可得

$$C_1(s) = G_1(s)R(s), \quad C_2(s) = G_2(s)R(s), \quad C_3(s) = G_3(s)R(s)$$
$$C(s) = C_1(s) \pm C_2(s) \pm C_3(s) = [G_1(s) \pm G_2(s) \pm G_3(s)]R(s)$$

所以

$$G(s) = \frac{C(s)}{R(s)} = G_1(s) \pm G_2(s) \pm G_3(s) \tag{2-45}$$

式(2-45)是三个方框并联的等效传递函数，其等效结构图如图 2-21(b) 所示。

上述结论可以推广到任意个环节并联的情况，即环节并联后的总传递函数等于各个并联环节传递函数的代数和。

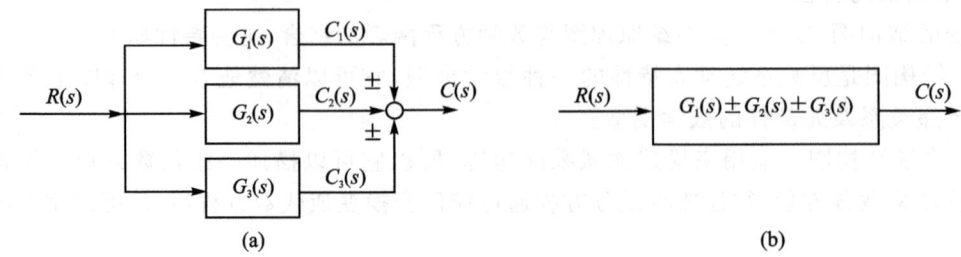

图 2-21 并联方框图及其变化

3. 反馈连接的等效变换

如果系统或环节的输出量反馈到输入端，与输入量进行比较，就构成了反馈连接，图 2-22(a) 所示为反馈连接的一般形式。图中"＋"号表示反馈与输入量极性相同，为正反馈连接；"－"号表示反馈与输入量极性相反，为负反馈连接。由图可得

$$E(s) = R(s) \pm H(s)C(s) \tag{2-46}$$

$$C(s) = G(s)E(s) \tag{2-47}$$

将式(2-46)带入式(2-47)，得

$$C(s) = G(s)[R(s) \pm H(s)C(s)] = G(s)R(s) \pm G(s)H(s)C(s)$$

整理上式得

$$\Phi(s) = \frac{C(s)}{R(s)} = \frac{G(s)}{1 \mp G(s)H(s)} \tag{2-48}$$

式中，$\Phi(s)$ 为反馈连接后的等效闭环传递函数。其等效结构图如图 2-22(b) 所示，式中分母中的"－"号对应负反馈，"＋"号对应正反馈。

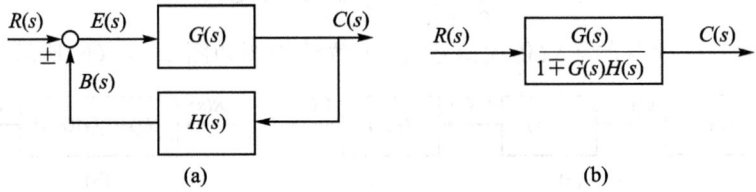

图 2-22 反馈连接图及其简化

当反馈通道的传递函数 $H(s) = 1$ 时，称相应系统为单位反馈系统，此时闭环传递函数为

$$\Phi(s) = \frac{G(s)}{1 \mp G(s)} \tag{2-49}$$

4. 比较点移动

比较点移动是指将比较点从函数方框前(后)移到函数方框后(前)。

(1) 图 2-23(a) 所示为比较点移动到函数方框前，由图可得

移动前
$$C(s) = G(s)R_1(s) \pm R_2(s)$$

移动后
$$C(s) = G(s)\left[R_1(s) \pm \frac{1}{G(s)}R_2(s)\right] = G(s)R_1(s) \pm R_2(s)$$

显然，比较点移动前后输出完全相同。

(2) 图 2-23(b) 所示为比较点移动到函数方框后，由图可得

移动前
$$C(s) = G(s)[R_1(s) \pm R_2(s)] = G(s)R_1(s) \pm G(s)R_2(s)$$

移动后 $$C(s)=G(s)R_1(s)\pm G(s)R_2(s)$$
显然，比较点移动前后输出完全相同。

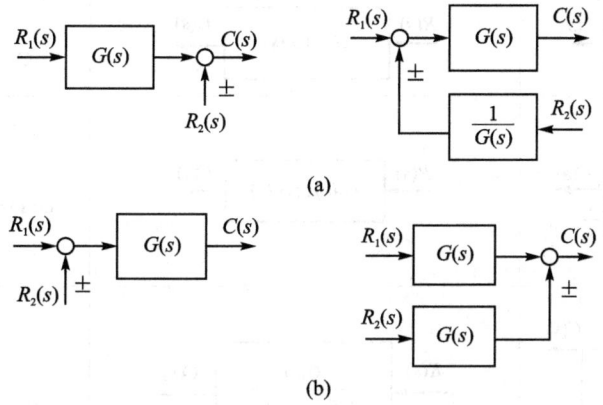

图 2-23 比较点的等效移动

5. 引出点移动

引出点（或称分支点）移动是指将引出点由函数方框前（后）移到函数方框后（前）。

（1）图 2-24(a)为引出点移动到函数方框前，由图可得

移动前 $\quad C_1(s)=G(s)R(s), \quad C_2(s)=G(s)R(s)$

移动后 $\quad C_1(s)=G(s)R(s), \quad C_2(s)=G(s)R(s)$

显然，移动前后输出是等效的。

（2）图 2-24(b)为引出点移动到函数方框后，由图可得

移动前 $\quad C_1(s)=G(s)R(s), \quad C_2(s)=R(s)$

移动后 $\quad C_1(s)=G(s)R(s), \quad C_2(s)=\dfrac{1}{G(s)}G(s)R(s)$

显然，移动前后输出是等效的。

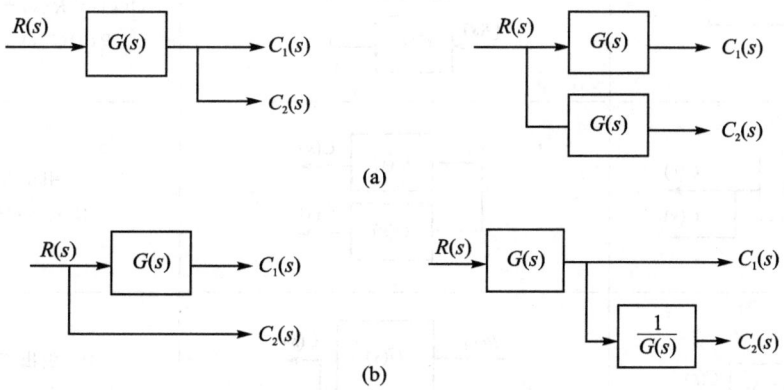

图 2-24 引出点的等效移动

表 2-1 汇集了结构图等效变换的基本规则，供读者查阅。在结构图化简的过程中，比较点和分支点之间应避免相互移动。

表 2-1 系统结构图等效变换基本规则

原结构图	等效结构图	说　明
$R(s) \to G_1(s) \to G_2(s) \to C(s)$	$R(s) \to G_1(s)G_2(s) \to C(s)$	串联等效 $C(s)=G_1(s)G_2(s)R(s)$
$R(s)$ 分别经 $G_1(s)$、$G_2(s)$ 相加（±）得 $C(s)$	$R(s) \to G_1(s)\pm G_2(s) \to C(s)$	并联等效 $C(s)=[G_1(s)\pm G_2(s)]R(s)$
$R(s)\to \pm \to G(s) \to C(s)$，反馈 $H(s)$	$R(s) \to \dfrac{G(s)}{1\mp G(s)H(s)} \to C(s)$	反馈等效 $C(s)=\dfrac{G(s)}{1\mp G(s)H(s)}R(s)$
$R(s)\to - \to G_1(s) \to C(s)$，反馈 $G_2(s)$	$R(s)\to \dfrac{1}{G_2(s)} \to - \to G_1(s) \to G_2(s) \to C(s)$	单位负反馈等效 $C(s)=\dfrac{G_1(s)}{1+G_1(s)G_2(s)}R(s)=$ $\dfrac{1}{G_2(s)}\cdot\dfrac{G_1(s)G_2(s)}{1+G_1(s)G_2(s)}R(s)$
$R(s)\to G(s) \to \pm \to C(s)$，$Q(s)$ 进入比较点	$R(s)\to \pm \to G(s) \to C(s)$，$Q(s)\to \dfrac{1}{G(s)}$	比较点前移 $C(s)=R(s)G(s)\pm Q(s)=$ $\left[R(s)+\dfrac{Q(s)}{G(s)}\right]G(s)$
$R(s)\to \pm \to G(s) \to C(s)$，$Q(s)$ 进入比较点	$R(s)\to G(s) \to \pm \to C(s)$，$Q(s)\to G(s)$	比较点后移 $C(s)=[R(s)\pm Q(s)]G(s)=$ $R(s)G(s)\pm Q(s)G(s)$
$R(s)\to G(s) \to C(s)$，引出 $C(s)$	$R(s)\to G(s) \to C(s)$，$R(s)\to G(s) \to C(s)$	引出点前移 $C(s)=G(s)R(s)$
$R(s)\to G(s) \to C(s)$，引出 $R(s)$	$R(s)\to G(s) \to C(s)$，$\to \dfrac{1}{G(s)} \to R(s)$	引出点后移 $C(s)=R(s)G(s)$ $R(s)=R(s)G(s)\cdot\dfrac{1}{G(s)}$

续表 2-1

原结构图	等效结构图	说 明
(图)	(图)	交换或合并比较点 $C(s)=E(s)\pm R_3(s)=R_1(s)\pm R_2(s)\pm R_3(s)$
(图)	(图)	交换比较点或引出点 $C(s)=R_1(s)-R_2(s)$
(图)	(图)	负号在支路上移动 $E(s)=R(s)-H(s)C(s)=R(s)+H(s)(-1)C(s)$

结构图等效变换与化简的过程就是利用上述 5 种基本变换原则,将有着复杂连接关系的系统结构图简化成只有一个方框,从而得到系统的总传递函数。除此之外,在进行结构图等效变换时,还需要注意以下几点:

(1) 如果是三种典型的连接形式,如串联、并联、反馈,可以直接套用公式并化简;
(2) 相邻的比较点或相邻的引出点之间可以相互交换位置或者合并;
(3) 相邻的引出点和比较点,不允许出现交叉移动的现象;
(4) 把相互交叉的支路拉开,可使比较点和引出点都向着同类点移动;
(5) 把重叠的支路分开,可对比较点或引出点进行作用分解。

下面通过例题介绍如何利用结构图等效变换原则进行系统结构图简化,并求取系统的总传递函数。

例 2-10 简化图 2-25 所示系统的结构图,求系统的传递函数 $\dfrac{C(c)}{R(s)}$。

解 在图 2-25 中,可以首先将包含 $H_1(s)$ 通路上的引出点右移(见图 2-26(a)),然后简化 $G_1(s)$ 和 $H_2(s)$ 反馈回路和并联电路,得到图 2-26(b);进一步简化图 2-26(b) 的前向通道,得到图 2-26(c);最后得到图 2-26(d)。系统的传递函数为

$$\frac{C(s)}{R(s)}=\frac{G_1(s)+H_1(s)}{1+G_1(s)H_2(s)+G_1(s)H_3(s)+H_1(s)H_3(s)}$$

例 2-11 简化图 2-27 所示系统的结构图,求系统的传递函数 $\dfrac{C(s)}{R(s)}$。

解 可以先将包含 $H_2(s)$ 的反馈回路的比较点左移到包含 $H_1(s)$ 的反馈回路外面,得到图 2-28(a);化简图 2-28(a) 包含 $G_1(s),G_2(s),H_1(s)$ 的反馈回路,得到图 2-28(b);再化简包含 $\dfrac{H_2(s)}{G_1(s)}$ 的回路,得到图 2-28(c);最后消去 2-28(c) 中的反馈回路,得到图 2-28(d)。

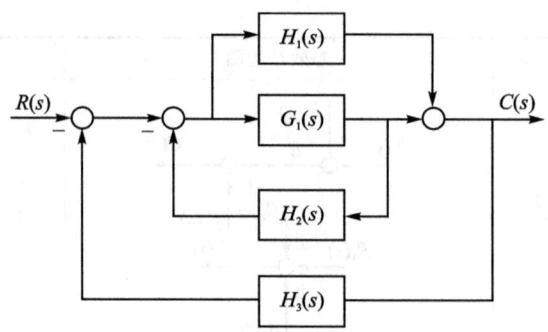

图 2-25 例 2-10 系统结构图

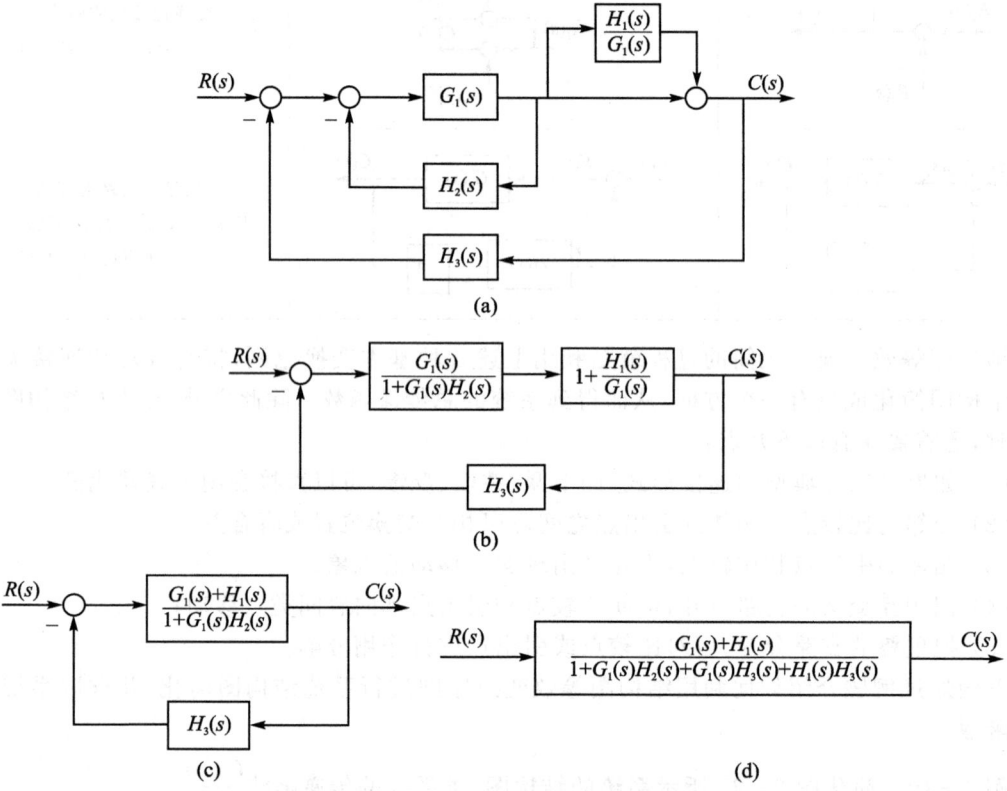

图 2-26 例 2-10 系统结构图简化

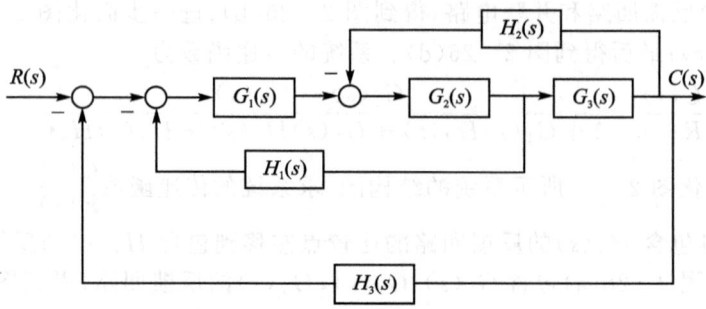

图 2-27 例 2-11 系统结构图

系统的传递函数为

$$G(s)=\frac{C(s)}{R(s)}=\frac{G_1(s)G_2(s)G_3(s)}{1+G_1(s)G_2(s)H_1(s)+G_2(s)G_3(s)H_2(s)+G_1(s)G_2(s)G_3(s)H_3(s)}$$

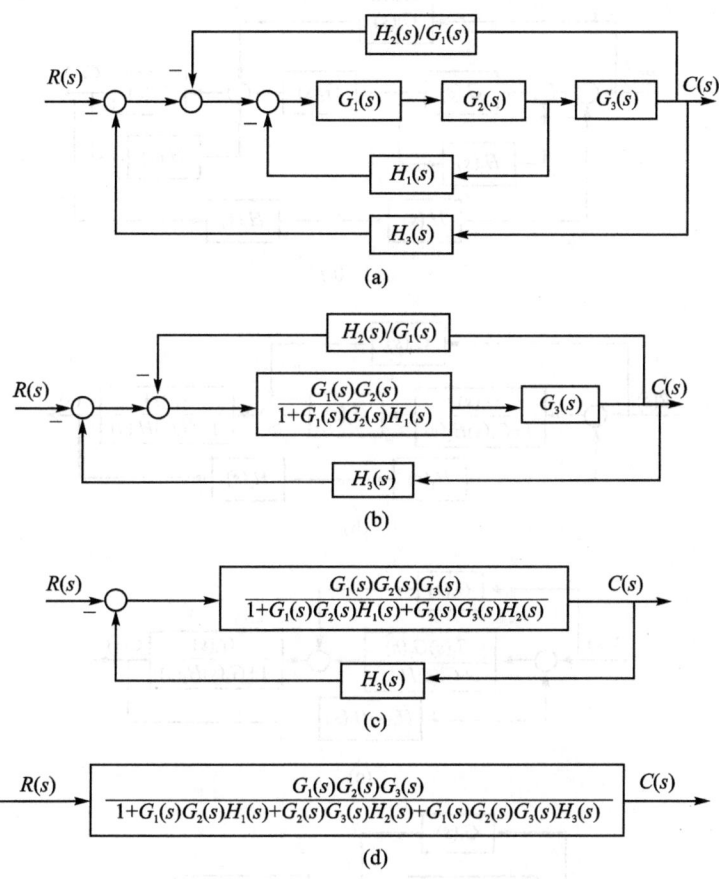

图 2-28 例 2-11 系统结构图化简

例 2-12 简化图 2-29 所示的系统结构图，求系统的传递函数 $\dfrac{C(s)}{R(s)}$。

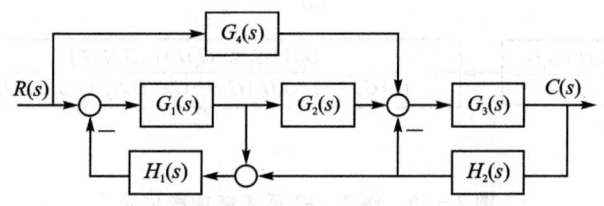

图 2-29 例 2-12 系统结构图

解 可以先将包含 $H_1(s)$ 的反馈回路的比较点和包含 $H_2(s)$ 的引出点分解开，变成三条支路，得到图 2-30(a)；化简图 2-30(a)包含 $G_1(s)$，$H_1(s)$ 和 $G_3(s)$，$H_2(s)$ 的反馈回路，得到图 2-30(b)；把包含 $\dfrac{G_1(s)}{1+G_1(s)H_1(s)}$ 和 $G_1(s)$，$H_1(s)$ 和 $H_2(s)$ 的串联环节合并，得到图 2-30(c)；再把第一个比较点后移，与第二个比较点合并，得到图 2-30(d)；最后消去

图 2-30(d)中的并联支路和反馈回路,得到图 2-30(e)。因此,系统的总传递函数为

$$\frac{C(s)}{R(s)} = \frac{G_3(G_4 + G_1G_4H_1 + G_1G_2)(1 + G_3H_2 + G_1H_1 + G_1G_3H_1H_2)}{(1+G_1H_1)(1+G_3H_2)(1+G_3H_2+G_1H_1+G_1G_3H_1H_2+G_1G_2G_3H_1H_2)}$$

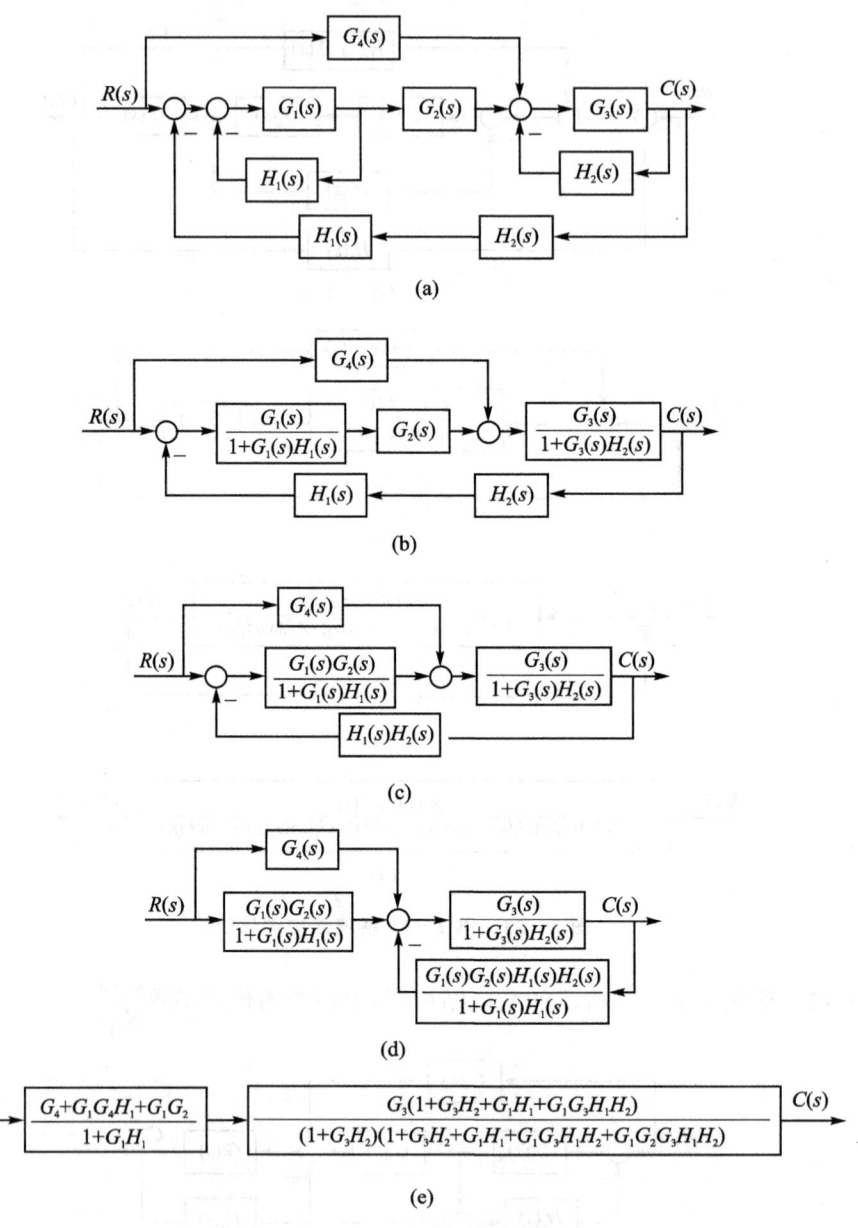

图 2-30 例 2-12 系统结构图化简

2.5 控制系统信号流图

信号流图也是一种表示线性代数方程组的示图。信号流图和结构图一样,可以表示系统的结构及变量传递过程中的数学关系。由于它的符号简单,便于绘制,而且可以通过梅森增益公式(不必经过图形简化)直接求得系统的传递函数,因此特别适合复杂结构系统的分析。

2.5.1 信号流图

信号流图由节点、支路和支路增益三种基本图形符号组成。
(1) 节点:用符号"○"表示,节点代表系统中的一个变量(信号)。
(2) 支路:用符号"→"表示,支路是连接两个节点的有向线段,箭头表示信号的传递方向。支路相当于信号乘法器,支路增益表示在支路上,信号只能沿箭头单方向传递,经支路传递的信号应乘以支路增益。
(3) 支路增益:用标在支路旁边的传递函数"$G(s)$"表示支路增益。支路增益定量描述信号从支路一端沿箭头方向传送到另一端的函数关系,相当于结构图中环节的传递函数。

信号流图的有关术语如下:
(1) 源节点:只有输出支路而无输入支路的节点称为源节点或输入节点。图 2-31 中的 X_1,X_4 节点均为源节点,相当于输入信号。
(2) 阱节点:只有输入支路而无输出支路的节点称为阱节点或输出节点。图 2-31 中的节点 X_7 就属于阱节点,对应系统的输出信号。
(3) 混合节点:既有输入支路又有输出支路的节点称为混合节点。图 2-31 中的 X_2,X_3,X_5,X_6 就是混合节点,相当于比较点或引出点。
(4) 前向通路:从源节点开始并且终止于阱节点,与其他节点相交不多于一次的通路称为前向通路。图 2-31 中共有三条前向通道,第一条是 $X_1 \to X_2 \to X_3 \to X_5 \to X_6 \to X_7$,第二条是 $X_1 \to X_3 \to X_5 \to X_6 \to X_7$,第三条是 $X_4 \to X_2 \to X_3 \to X_5 \to X_6 \to X_7$。
(5) 回路:如果通路的起点和终点是同一节点,并且与其他任何节点相交不多于一次的闭合路径称为回路。图 2-27 中有两个单独回路,一个是 $X_5 \to X_6 \to X_5$,另一个是起点、终点为 X_3 的自回路。
(6) 不接触回路:信号流图中两个或两个以上回路之间没有任何公共节点的回路称为不接触回路。图 2-31 中的单独回路 $X_5 \to X_6 \to X_5$ 和 X_3 自回路之间无公共节点,是不接触回路。

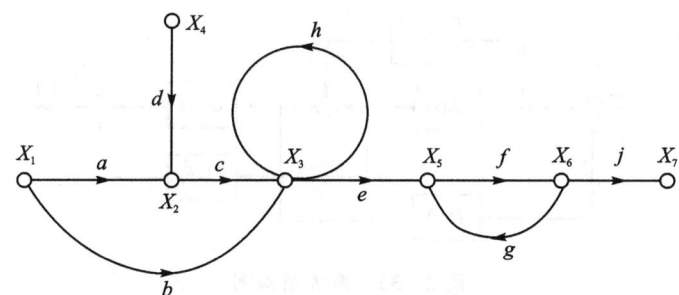

图 2-31 信号流图

(7) 回路增益:回路中各支路增益的乘积称为回路增益。图 2-31 中的回路 $X_5 \to X_6 \to X_5$ 的回路增益为 fg;X_3 自回路的回路增益为 h。
(8) 前向通路增益:前向通路中各支路增益的乘积称为前向通路增益。图 2-27 中前向通路 $X_1 \to X_2 \to X_3 \to X_5 \to X_6 \to X_7$ 的增益为 $acefj$;前向通路 $X_1 \to X_3 \to X_5 \to X_6 \to X_7$ 的增益为 $befj$;前向通路 $X_4 \to X_2 \to X_3 \to X_5 \to X_6 \to X_7$ 的增益为 $dcefj$。

注意:对于确定的控制系统,其信号流图不是唯一的。

2.5.2 信号流图的绘制

信号流图可以根据系统结构图绘制，也可以根据数学表达式绘制。

1. 根据系统结构图绘制

将结构图中比较点和引出点分别作为信号流图的节点，结构图中的方框变为信号流图中标有传递函数的线段，便得到支路。

从系统结构图绘制信号流图时应尽量减少节点数目。若在结构图的比较点之前没有引出点，但在比较点之后有引出点时，只需在比较点之后设置一个节点即可，如图 2-32(a)所示；若结构图的比较点之前有引出点，就需要在比较点和引出点处各设一个节点，分别表示两个变量，两个节点之间的增益是 1，如图 2-32(b)所示。

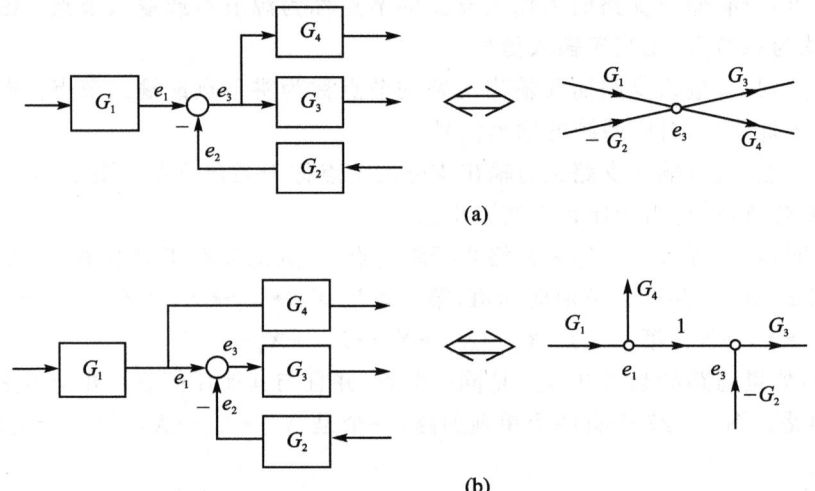

图 2-32 比较点、引出点与节点的对应关系

系统结构图如图 2-33 所示，其对应的信号流图如图 2-34 所示。

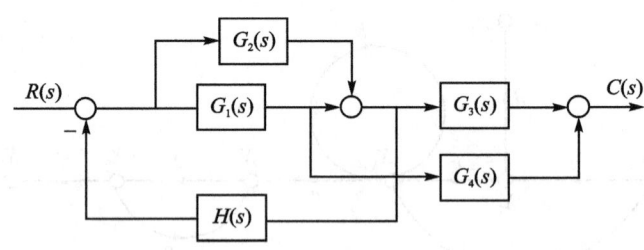

图 2-33 系统结构图

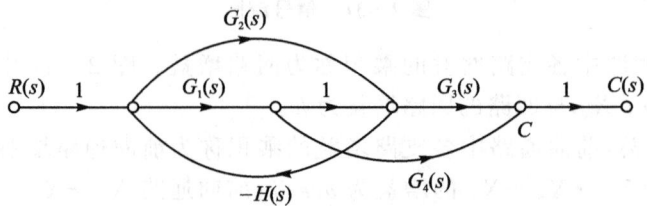

图 2-34 系统信号流图

2. 根据系统方程绘制信号流图

某线性系统由式(2-50)方程组描述

$$\left.\begin{array}{r}X_2=aX_1\\X_3=bX_2+eX_4\\X_4=cX_2+dX_3+fX_4\end{array}\right\} \quad (2-50)$$

式(2-50)中各方程的信号流图分别如图 2-35(a)、(b)、(c)所示,将各个图连接起来,即得到如图 2-35(d)所示的系统信号流图,图中 X_1 为输入变量,X_4 为输出变量。

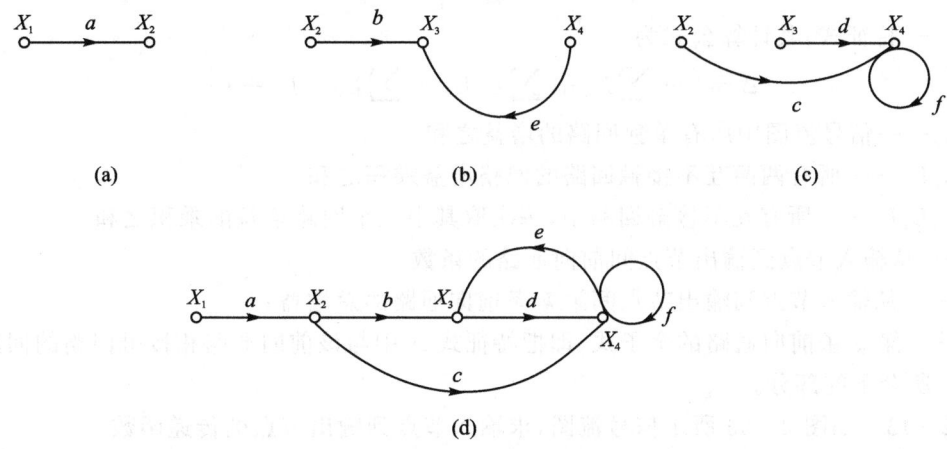

图 2-35 系统信号流图

如果采用克莱姆法则求解,将式(2-41)输入变量 X_1 置于方程右侧,其余移到方程左侧,整理后得

$$\left.\begin{array}{r}X_2=aX_1\\-bX_2+X_3-eX_4=0\\-cX_2-dX_3+(1-f)X_4=0\end{array}\right\}$$

上述方程组的系数行列式为

$$\Delta=\begin{vmatrix}1 & 0 & 0\\-b & 1 & -e\\-c & -d & 1-f\end{vmatrix}=-de+1-f$$

$$\Delta_4=\begin{vmatrix}1 & 0 & aX_1\\-b & 1 & 0\\-c & -d & 0\end{vmatrix}=abdX_1+acX_1$$

则有

$$X_4=\frac{\Delta_4}{\Delta}=\frac{a(c+db)}{1-de-f}X_1$$

从上式求解过程可知,系数行列式与信号流图之间有一种巧妙的关系。传递函数分母的系数行列式 Δ 中的两项与信号流图中的两回路增益之和对应,即 $(f+de)$;传递函数分子系数行列式 Δ_4 的系数与信号流图中的两个前向通道总增益之和对应,即 $abd+ac$。这种对应关系,为直接从信号流图求取系统的传递函数提供了一般规律,这就是梅森公式的基本指导思想。

2.5.3 梅森增益公式及应用

对一些结构复杂的系统,采用结构图化简方法求系统的传递函数还是比较麻烦的。而用梅逊(Mason)公式,则可以不作任何结构变换,只要通过对信号流图或动态结构图的观察和分析,就可以直接写出系统的传递函数。

任意两个节点之间传递函数的梅森增益公式为

$$G(s) = \frac{1}{\Delta} \sum_{k=1}^{n} P_k \Delta_k \qquad (2-51)$$

式中,Δ——特征式,其计算公式为

$$\Delta = 1 - \sum L_a + \sum L_b L_c - \sum L_d L_e L_f + \cdots$$

$\sum L_a$——信号流图中所有单独回路的增益之和;

$\sum L_b L_c$——所有两两互不接触回路的回路增益乘积之和;

$\sum L_d L_e L_f$——所有互不接触回路中,每次取其中三个回路增益的乘积之和;

n——从输入节点到输出节点间前向通路的条数;

P_k——从输入节点到输出节点间第 k 条前向通路的总增益;

Δ_k——第 k 条前向通路的余子式,即把特征式 Δ 中与该前向通路相接触回路的回路增益置为零后所余下的部分。

例 2 - 13 如图 2 - 36 所示信号流图,求输入节点到输出节点的传递函数。

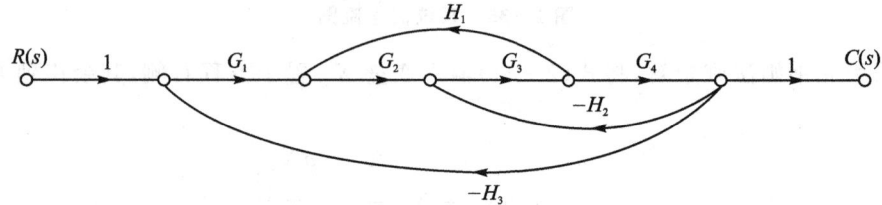

图 2 - 36 例 2 - 13 的系统信号流图

解 根据梅森增益公式,从输入节点到输出节点之间,只有一条前向通道,其增益为

$$P_1 = G_1 G_2 G_3 G_4$$

有 3 个单独回路,即

$$L_1 = -G_2 G_3 H_1, \quad L_2 = -G_3 G_4 H_2, \quad L_2 = -G_1 G_2 G_3 G_4 H_3$$

回路增益之和为

$$\sum L_a = -G_1 G_2 H_1 - G_3 G_4 H_2 - G_1 G_2 G_3 G_4 H_3$$

这 3 个回路都有公共点,所以不存在互不接触电路。于是系统特征式为

$$\Delta = 1 - \sum L_a = 1 + G_1 G_2 H_1 + G_3 G_3 H_2 + G_1 G_2 G_3 G_4 H_3$$

因为前向通道和这三个回路接触,所以其余因子式为 $\Delta_1 = 1$,最后得到输入节点到输出节点的总增益 P(系统传递函数)为

$$P = \frac{P_1 \Delta_1}{\Delta} = \frac{G_1 G_2 G_3 G_4}{1 + G_1 G_2 H_1 + G_3 G_3 H_2 + G_1 G_2 G_3 G_4 H_3}$$

例 2 - 14 求图 2 - 37 所示信号流图的传递函数。

解 由图 2 - 37 知,系统有 4 个单独回路,分别为

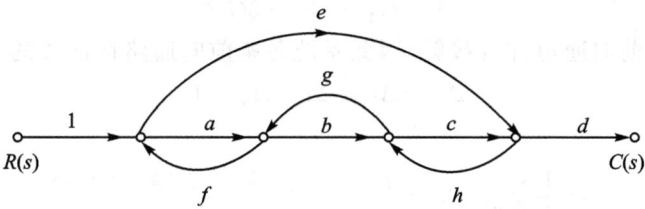

图 2-37 例 2-14 的系统信号流图

$$L_1 = af, \quad L_2 = bg, \quad L_3 = ch, \quad L_4 = ehgf$$

其回路之和为

$$\sum L_a = L_1 + L_2 + L_3 + L_4 = af + bg + ch + ehgf$$

L_1 与 L_3 回路互不接触，所以两两互不接触回路增益乘积为

$$L_1 L_3 = afch$$

于是特征式为

$$\Delta = 1 - af - bg - ch - ehgf + afch$$

有两条前向通路，分别为

$$P_1 = abcd, \quad P_2 = ed$$

第一条前向通路与所有回路都接触，第二条前向通路与回路 $L_2 = bg$ 不接触，因此

$$\Delta_1 = 1, \quad \Delta_2 = 1 - bg$$

系统的总增益（传递函数）为

$$P = \frac{1}{\Delta}(P_1 \Delta_1 + P_2 \Delta_2) = \frac{abcd + ed(1 - bg)}{1 - af - bg - ch - ehgf + afch}$$

求取系统的增益，梅森公式是比结构图更简便更有效的工具，特别是复杂的多环系统和多输入、多输出系统，效果更为明显。

例 2-15 一个系统的结构图如图 2-38 所示，利用信号流图和梅森增益公式求系统的总传递函数。

解 该系统存在内部交叉反馈回路，因此识别存在的所有前向通路和回路个数是关键。首先，根据系统结构图绘制系统的信号流图，得到图 2-39，共 8 个节点。

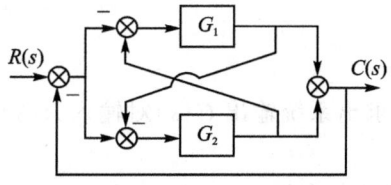
图 2-38 系统结构图

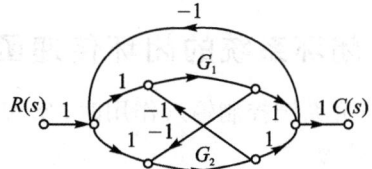
图 2-39 图 2-38 对应的信号流图

由图 2-39 可知，系统有 4 条前向通路，即 $n = 4$，分别为

$$p_1 = G_1, \quad p_2 = G_2, \quad p_3 = -G_1 G_2, \quad p_4 = -G_2 G_1$$

系统有 5 条单独回路，分别为

$$L_1 = -G_1, \quad L_2 = -G_2, \quad L_3 = G_1 G_2, \quad L_4 = G_1 G_2, \quad L_5 = G_1 G_2$$

5 条单独回路均互相接触，因此可得系统的特征式为

$$\Delta = 1 - \sum L = 1 - (L_1 + L_2 + L_3 + L_4 + L_5)$$

$$=1+G_1+G_2-3G_1G_2$$

5条单独回路与4条前向通道都有接触,因此系统各条前向通路特征式的余子式为

$$\Delta_1=\Delta_2=\Delta_3=\Delta_4=1$$

系统的总传递函数为

$$P=\frac{1}{\Delta}\sum_{k=1}^{4}p_k\Delta_k=\frac{p_1\Delta_1+p_2\Delta_2+p_3\Delta_3+p_4\Delta_4}{\Delta}$$

$$=\frac{G_1+G_2-2G_1G_2}{1+G_1+G_2-3G_1G_2}$$

2.6 闭环系统的传递函数

实际的控制系统不仅会受到控制输入信号的作用,还会受到干扰信号的作用。图 2-40 所示为一个具有扰动作用的闭环控制系统的典型结构图,图中 $R(s)$ 表示控制输入信号, $N(s)$ 表示干扰信号, $C(s)$ 代表系统的输出, $E(s)$ 代表误差信号。若将 $R(s)$ 和 $N(s)$ 分别看作系统的外作用, $C(s)$ 和 $E(s)$ 看做系统的输出,图 2-40

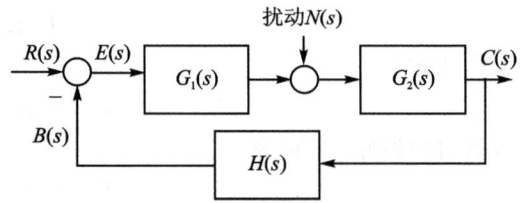

图 2-40 闭环控制系统的典型结构图

的闭环系统就成为一个双输入、双输出系统。当两个输入量同时作用于线性系统时,可以分别考虑各外作用的影响,然后应用叠加原理,得到闭环系统的总输出响应。

2.6.1 闭环系统的开环传递函数

如图 2-40 所示,"人为"地断开系统的主反馈通路,将前向通路传递函数与反馈通路传递函数相乘,即系统的开环传递函数,用 $G(s)H(s)$ 表示。它等于系统的反馈信号 $B(s)$ 与偏差信号 $E(s)$ 之比,即

$$G(s)H(s)=\frac{B(s)}{E(s)}=G_1(s)G_2(s)H(s) \qquad (2-52)$$

这里的开环传递函数是针对闭环系统而言的,而不是指开环系统的传递函数。

2.6.2 闭环系统的闭环传递函数

当只研究系统控制输入作用时,令 $N(s)=0$,可求出系统输出 $C(s)$ 对输入 $R(s)$ 的闭环传递函数 $\Phi(s)$ 为

$$\Phi(s)=\frac{C(s)}{R(s)}=\frac{G_1(s)G_2(s)}{1+G_1(s)G_2(s)H(s)} \qquad (2-53)$$

当只研究系统在扰动输入作用时,令 $R(s)=0$,可求得输出对扰动作用的传递函数

$$\Phi_n(s)=\frac{C(s)}{N(s)}=\frac{G_2(s)}{1+G_1(s)G_2(s)H(s)} \qquad (2-54)$$

根据线性系统的叠加原理,系统的总输出等于各输入单独作用所引起的输出分量的代数和。图 2-40 所示系统的总输出可依据式(2-53)和式(2-54)求得,即

$$C(s)=\frac{G_1(s)G_2(s)R(s)}{1+G_1(s)G_2(s)H(s)}+\frac{G_2(s)N(s)}{1+G_1(s)G_2(s)H(s)} \qquad (2-55)$$

2.6.3 闭环系统的误差传递函数

令 $N(s)=0$，求得系统的误差传递函数为

$$\Phi_e(s)=\frac{E(s)}{R(s)}=\frac{1}{1+G_1(s)G_2(s)H(s)} \quad (2-56)$$

令 $R(s)=0$，求得误差对扰动作用的闭环传递函数，简称扰动误差传递函数，即

$$\Phi_{en}(s)=\frac{E(s)}{N(s)}=\frac{-G_2(s)H(s)}{1+G_1(s)G_2(s)H(s)} \quad (2-57)$$

根据式(2-56)和式(2-57)，得系统在控制和扰动同时作用下系统的总误差为

$$E(s)=\frac{R(s)}{1+G_1(s)G_2(s)H(s)}+\frac{-G_2(s)H(s)N(s)}{1+G_1(s)G_2(s)H(s)} \quad (2-58)$$

显然，4 种闭环传递函数 $\Phi(s)$，$\Phi_n(s)$，$\Phi_e(s)$ 和 $\Phi_{en}(s)$ 具有相同的分母，即

$$1+G_1(s)G_2(s)H(s)=1+G(s)H(s) \quad (2-59)$$

式(2-59)表示出了闭环控制系统的本质特征，该分母多项式被称为闭环系统的特征多项式。闭环系统的特征方程为

$$1+G(s)H(s)=0 \quad (2-60)$$

例 2-16 已知系统结构图如图 2-41 所示，试求传递函数 $\Phi(s)$ 和 $\Phi_n(s)$ 的表达式。

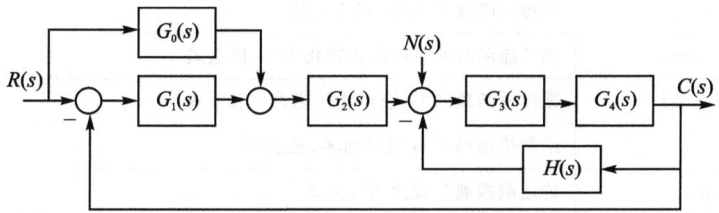

图 2-41　例 2-16 系统结构图

解　由系统结构图绘出信号流图如图 2-42 所示。令干扰信号 $N(s)=0$，求系统的闭环传递函数 $\Phi(s)$。由图 2-42 信号流图知，从输入端到输出端有两条前向通路、两个单独回路；没有互不接触回路，所有回路均与前向通路相接触。因此有

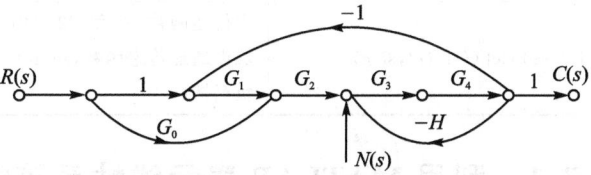

图 2-42　例 2-16 系统信号流图

$$P_1=G_1G_2G_3G_4, \quad P_2=G_0G_2G_3G_4,$$
$$\Delta_1=1, \quad \Delta_2=1$$
$$L_1=-G_3G_4H, \quad L_2=-G_1G_2G_3G_4$$

系统的闭环传递函数为

$$\Phi(s)=\frac{C(s)}{R(s)}=\frac{P_1\Delta_1+P_2\Delta_2}{\Delta}=\frac{G_2G_3G_4(G_1+G_0)}{1+G_3G_4H+G_1G_2G_3G_4}$$

令输入信号 $R(s)=0$，求干扰作用下系统的闭环传递函数 $\Phi_n(s)$。由图 2-42 所示信号流图可知，从干扰信号端到输出端只有一条前向通路，回路不变，即

$$P_1=G_3G_4, \quad \Delta_1=1$$

因此干扰作用下系统的闭环传递函数为

$$\Phi_n(s) = \frac{C(s)}{N(s)} = \frac{P_1 \Delta_1}{\Delta} = \frac{G_3 G_4}{1 + G_3 G_4 H + G_1 G_2 G_3 G_4}$$

2.7 MATLAB在控制系统数学模型中的应用

MATLAB软件以其丰富的内容和强大的功能,被各个领域所熟知并广泛使用。本书在讲述自动控制的理论分析与设计方法的基础上,增加介绍了MATLAB在控制系统分析与设计中的应用,以加深读者对理论知识的理解和掌握。

本节内容主要介绍MATLAB在控制系统数学模型中的应用,为后面章节中利用MATLAB分析与设计系统奠定基础。常用的函数及指令见表2-2。

表2-2 常用的函数及指令

函数指令	功能介绍
C=conv(A,B)	求两个多项式的乘积
num[ ],den[ ] G=tf(num,den)	表示由分子多项式num和分母多项式den组成的传递函数G
G=zpk(z,p,k)	求传递函数G的零、极点表达式
[z,p,k]=tf2zp(num,den)	把传递函数的一般形式转化为零、极点式
[num,den]=zp2tf(z,p,k)	把传递函数的零、极点式转化为一般形式
pzmap(G)	绘制传递函数G表示的零、极点图
[r,p,k]=residue(num,den)	传递函数展开成为部分分式
G=series(G1,G2)	求传递函数G1和G2串联后的传递函数
G=parallel(G1,G2)	求传递函数G1和G2并联后的传递函数
G=feedback(G1,G2,sign)	求传递函数G1和G2反馈连接后的传递函数。G1为前向通道传递函数,G2为反馈通道传递函数,sign=1表示正反馈,sign=-1表示负反馈,缺省时默认为负反馈

2.7.1 利用MATLAB表示线性系统的传递函数

传递函数是由分子多项式和分母多项式组成的有理真分式。MATLAB中的多项式是用行向量表示的,行向量元素为多项式降幂排列的系数。例如,表示多项式$D(s)=3s^3+2s+5$,在MATLAB工作空间中输入

```
D=[3 0 2 5]
```

式中,第2个元素0表示s^2项的系数为0,不能空缺。

要求两个多项式的乘积,可在MATLAB下调用多项式乘法处理函数

```
C=conv(A,B)
```

式中,A,B分别表示一个多项式,C即表示A和B多项式乘积后得到的多项式。

如果要求三个及以上多项式的乘积,可调用conv()函数的多级嵌套功能,例如,表示多项

式 $E(s)=5(s+2)(s+3)(s^2+2s+1)$，在 MATLAB 工作空间中输入

```
E = 5 * conv(conv([1,2],[1,3]),[1,2,1])
```

运行结果为

```
E =
    5    35    85    85    30
```

由此可知，多项式 $E(s)=5s^4+35s^3+85s^2+85s+30$。

例 2-17 已知多项式 $A(s)=s+1$, $B(s)=5s^2+2s+1$，求 $C(s)=A(s) \cdot B(s)=(s+1)(5s^2+2s+1)$。

解 在 MATLAB 工作空间中输入

```
A = [1 1];
B = [5 2 1];
C = conv(A,B)     % 求两个多项式的乘积
```

运行结果为

```
C =
    5    7    3    1
```

由此可知，多项式 $C(s)=(s+1)(5s^2+2s+1)=5s^3+7s^2+3s+1$。

1. 传递函数一般形式的表示方法

系统传递函数在 MATLAB 中的表达式由其分子和分母多项式唯一确定，可调用函数 tf(num,den)，例如，表示以下传递函数：

$$G(s)=\frac{b_m s^m + b_{m-1} s^{m-1} + \cdots + b_1 s + b_0}{a_n s^n + a_{n-1} s^{n-1} + \cdots + a_1 s + a_0}=\frac{\text{num}(s)}{\text{den}(s)}$$

在 MATLAB 工作空间中输入

```
num = [b_m, b_{m-1}, ···, b_1, b_0];
den = [a_n, a_{n-1}, ···, a_1, a_0];
G = tf(num,den)
```

例 2-18 用 MATLAB 求传递函数 $G(s)=\dfrac{(s+1)(s^2+2s+6)^2}{s^2(s+3)(s^3+2s^2+3s+4)}$ 的一般形式。

解 在 MATLAB 工作空间中输入

```
num = conv([1,1],conv([1,2,6],[1,2,6]));
den = conv([1,0,0],conv([1,3],[1,2,3,4]));
G = tf(num,den)     % 求两个多项式组成的传递函数的一般形式
```

运行结果为

```
G =
    s^5 + 5 s^4 + 20 s^3 + 40 s^2 + 60 s + 36
    ─────────────────────────────────────────
    s^6 + 5 s^5 + 9 s^4 + 13 s^3 + 12 s^2
```

2. 传递函数零、极点式的表示方法

零、极点式传递函数表达式 $G(s) = \dfrac{K^* \prod\limits_{i=1}^{m}(s-z_i)}{\prod\limits_{j=1}^{n}(s-p_j)}$ 在 MATLAB 中用 zpk(z,p,k) 矢量组表示。

在 MATLAB 工作空间中输入

```
z = [z₁,z₂,…,zm];
p = [p₁,p₂,…,pn];
k = [K];
G = zpk(z,p,k)
```

例 2-19   在 MATLAB 中表示传递函数 $G(s) = \dfrac{4(s+5)^2}{(s+1)(s+2)(s+2+2j)(s+2-2j)}$。

解   在 MATLAB 工作空间中输入

```
z = [-5,-5];
p = [-1,-2,-2+2*j,-2-2*j];
k = [4];
G = zpk(z,p,k)     % 求传递函数的零极点表达式
```

运行结果为

```
G =
           4 (s+5)^2
     ---------------------
     (s+1) (s+2) (s^2+4s+8)
```

3. 绘制系统的零、极点分布图

已知传递函数的一般形式，在 MATLAB 中求取其零、极点表达式时，可调用函数 [z,p,k] = tf2zp(num,den)。

已知传递函数的零、极点表达式，在 MATLAB 中求一般表达式时，可调用函数 [num, den] = zp2tf(z,p,k), G = tf(num,den)。

绘制系统的零、极点分布图，可调用函数 pzmap(G)。

例 2-20   求传递函数 $G(s) = \dfrac{s^2+4s+11}{(s+1)(s+2)(s^2+6s+3)}$ 的零、极点及增益，并绘制系统零、极点分布图。

解   在 MATLAB 工作空间中输入

```
num = [1,4,11];
den = conv(conv([1,1],[1,2]),[1,6,3]);
[z,p,k] = tf2zp(num,den)   % 把传递函数的一般形式转化为零、极点式
```

运行结果为

```
z =
   -2.0000 + 2.6458i
   -2.0000 - 2.6458i
```

```
p =
    -5.4495
    -2.0000
    -1.0000
    -0.5505
k =
    1
```

继续输入

```
G = tf(num,den);
pzmap(G)        % 绘制传递函数的零、极点图
```

运行结果如图 2-43 所示。

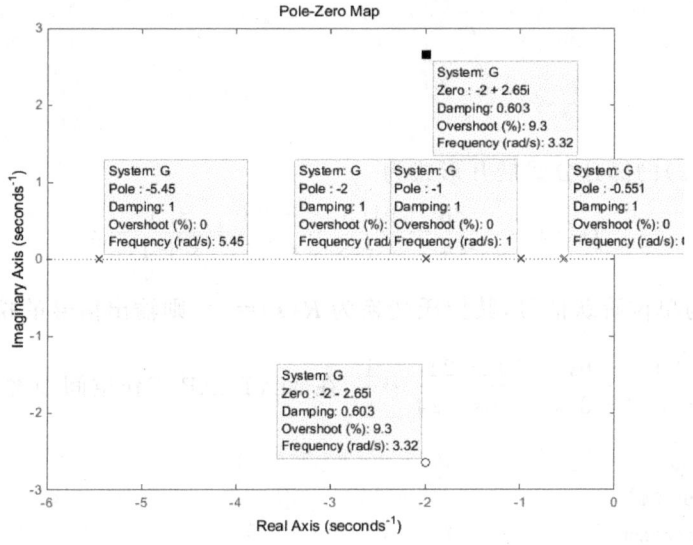

图 2-43 零、极点分布图

2.7.2 利用 MATLAB 求解线性微分方程

求解线性系统微分方程可以利用拉氏反变换法，但是对于具有较高阶次的复杂传递函数，利用拉氏反变换比较麻烦。传递函数是由分子、分母多项式构成的函数，在 MATLAB 中可以方便地表示出来。进一步利用 MATLAB 进行部分分式展开，直接求出展开式中的留数、极点和整数项，可以方便地求解线性微分方程。其调用函数为

```
[r,p,k] = residue(num,den)
```

式中，r,p 分别表示各个展开部分分式的留数、极点，k 为整数项。

例 2-21 已知系统的传递函数为 $G(s) = \dfrac{2s^4 + s^3 + 6s^2 + 10s + 24}{s^4 + 10s^3 + 35s^2 + 50s + 24}$，求单位阶跃信号下系统的输出响应。

解 在 MATLAB 工作空间中输入

```
num = [2 1 6 10 24];
den = [1 10 35 50 24];
[r,p,k] = residue(num,den)     % 把传递函数展开成为部分分式
```

运行结果为

```
r =
   -88.0000
    91.5000
   -26.0000
     3.5000
p =
    -4.0000
    -3.0000
    -2.0000
    -1.0000
k =
     2
```

由此可知，$G(s)$ 的部分分式展开形式为

$$G(s) = \frac{-88}{s+4} + \frac{91.5}{s+3} + \frac{-26}{s+2} + \frac{3.5}{s+1} + 2$$

当输入信号为单位阶跃信号，其拉氏变换为 $R(s) = \frac{1}{s}$，则输出信号的拉氏变换为 $C(s) = G(s) \cdot R(s) = \frac{2s^4 + s^3 + 6s^2 + 10s + 24}{s^4 + 10s^3 + 35s^2 + 50s + 24} \cdot \frac{1}{s}$，在 MATLAB 工作空间中输入

```
num = [2 1 6 10 24];
den = [1 10 35 50 24];
[r,p,k] = residue(num,[den 0])
```

运行结果为

```
r =
    22.0000
   -30.5000
    13.0000
    -3.5000
     1.0000
p =
    -4.0000
    -3.0000
    -2.0000
    -1.0000
         0
k =
    []
```

由此可知，系统的输出表达式为

$$c(t) = 22e^{-4t} - 30.5e^{-3t} + 13e^{-2t} - 3.5e^{-t} + 1$$

2.7.3 利用 MATLAB 简化系统结构图及求解传递函数

系统结构图通常由三种典型连接形式（串联、并联和反馈）按照一定的规律相互连接构成。简化复杂结构图通常采用等效化简原则一步步简化，或者采用信号流图与梅森公式求解整个系统的传递函数。其实，这些工作在 MATLAB 中也可以方便进行，且步骤简单。

1. 求系统结构图对应的传递函数

求图 2-16 所示的三种典型连接形式的传递函数，在 MATLAB 中可分别调用串联函数 series()、并联函数 parallel() 和反馈函数 feedback() 来实现，其调用格式分别为

```
[num,den] = series(num1,den1,num2,den2)
```

其中，$G_1(s) = \dfrac{\text{num1}}{\text{den1}}$，$G_2(s) = \dfrac{\text{num2}}{\text{den2}}$，$\dfrac{\text{num}}{\text{den}} = G_1(s) \cdot G_2(s)$。

```
[num,den] = parallel(num1,den1,num2,den2)
```

其中，$G_1(s) = \dfrac{\text{num1}}{\text{den1}}$，$G_2(s) = \dfrac{\text{num2}}{\text{den2}}$，$\dfrac{\text{num}}{\text{den}} = G_1(s) + G_2(s)$。

```
[num,den] = feedback(num1,den1,num2,den2,sign)
```

式中，$\dfrac{\text{num}}{\text{den}} = \dfrac{G_1(s)}{1 \pm G_1(s)G_2(s)}$，$G_1(s) = \dfrac{\text{num1}}{\text{den1}}$，$G_2(s) = \dfrac{\text{num2}}{\text{den2}}$，sign 用来标记正负反馈，"1"为正反馈，"-1"为负反馈，缺省时默认为负反馈。

例 2-22 已知两个系统传递函数分别为 $G_1(s) = \dfrac{1}{s^2 + 5s + 23}$，$G_2(s) = \dfrac{1}{s+4}$，求 $G_1(s)$ 和 $G_2(s)$ 分别进行串联、并联和反馈连接后的系统模型。

解 （1）$G_1(s)$ 和 $G_2(s)$ 串联

在 MATLAB 工作空间中输入

```
num1 = [1];
den1 = [1,5,23];
num2 = [1];
den2 = [1,4];
G1 = tf(num1,den1);
G2 = tf(num2,den2);
GS = series(G1,G2)    % 求两个传递函数的串联
```

运行结果为

```
GS =
              1
    -------------------
    s^3 + 9 s^2 + 43 s + 92
```

（2）$G_1(s)$ 和 $G_2(s)$ 并联

在 MATLAB 工作空间中继续输入

```
GP = parallel(G1,G2)    % 求两个传递函数的并联
```

运行结果为

```
GP =
      s^2 + 6 s + 27
  ------------------------
  s^3 + 9 s^2 + 43 s + 92
```

(3) $G_1(s)$ 和 $G_2(s)$ 负反馈连接

在 MATLAB 工作空间中继续输入

```
GF = feedback(G1,G2)    % 求两个传递函数的反馈
```

运行结果为

```
GF =
           s + 4
  ------------------------
  s^3 + 9 s^2 + 43 s + 93
```

2. 系统结构图的等效化简

在 MATLAB 中，函数 series()，parallel() 和 feedback() 还可以用来化简复杂结构图，求系统的总传递函数。

例 2-23 化简如图 2-44 所示的系统结构，求系统传递函数 $\dfrac{C(s)}{R(s)}$。

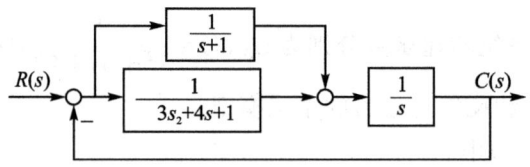

图 2-44 系统结构图

解 在 MATLAB 工作空间中输入

```
G1 = tf([1],[1,1]);
G2 = tf([1],[3,4,1]);
G3 = tf([1],[1,0]);
GP = parallel(G1,G2);
GS = series(G3,GP);
GH = 1;
GF = feedback(GS,GH)
```

运行结果为

```
GF =
          3 s^2 + 5 s + 2
  --------------------------------
  3 s^4 + 7 s^3 + 8 s^2 + 6 s + 2
```

因此,系统传递函数 $\dfrac{C(s)}{R(s)} = \dfrac{3s^2+5s+2}{3s^4+7s^3+8s^2+6s+2}$。

综上所述,在进行结构图化简时需正确使用不同的 MATLAB 化简函数。如果系统连接比较复杂,不能直接套用函数,则需要先进行比较点或引出点的前移或后移,然后再进行系统化简。

本章小结

1. 系统数学模型的基本概念:用来描述系统中输入、输出变量以及内部各种信号(变量)之间传递和转换关系的数学表达式。它是对系统进行理论分析研究的主要依据。

2. 几种常用的数学模型:时域中有微分方程、差分方程、状态方程,复数域有传递函数、结构图和信号流图,频域中有频率特性。

3. 系统微分方程的定义:系统输出量及其各阶导数与系统输入量及其各阶导数之间的关系式。它是描述系统最基本的数学模型,适用于线性系统、非线性系统和连续时间系统。

4. 列写系统微分方程的一般步骤:
(1) 分析系统,确定输入、输出变量;
(2) 做出合理假设,忽略次要变量,简化系统;
(3) 从输入端开始,按照信号的传递顺序,根据各变量所遵循的物理定理,列写各元部件的原始微分方程;
(4) 列写涉及中间变量和其他变量的因果式,即列写辅助方程;
(5) 联立方程,消去中间变量,写出只包含输入变量、输出变量的系统微分方程;
(6) 将系统的微分方程转换成标准形式。

5. 传递函数的定义:系统输出信号的拉氏变换与输入信号的拉氏变换的比值。传递函数仅适用于线性定常系统,既可以表征系统的动态特性,还可以研究系统结构或参数变化对系统性能的影响。

6. 系统结构图:是原理方框图与传递函数的完美结合,是一种图解化的数学模型。它能够直观形象地表示出系统中信号的传递变换特性,有助于求解系统任意处的传递函数,更利于分析和研究系统。

7. 信号流图与梅森增益公式:信号流图是一种用图线表示系统中信号流向的数学模型。通过运用梅森增益公式,能够更简便、快速地求解系统的总传递函数。

8. 几种常用的系统传递函数:前向通道传递函数、反向通道传递函数、开环传递函数、闭环传递函数、误差传递函数。

9. 建立系统的数学模型后,就可以对控制系统的动态性能和稳态性能进行分析与设计了。

思考与练习

2-1 什么是系统的数学模型?简要说明数学模型的特点及分类?在自动控制系统中数学模型有哪些表现形式?

2-2 什么是传递函数?列出传递函数常用的几种表现形式?传递函数有什么特点?

2-3 列出几种典型环节及其传递函数的表达式。

2-4 系统结构图有哪几种基本连接形式？结构图的等效化简原则是什么？

2-5 系统传递函数主要包括哪几种类型？列出每一种类型的基本表达式。

2-6 试求下列函数的拉氏变换，假设 $t<0$ 时，函数 $f(t)=0$。
(1) $f(t)=2(1-\cos t)$，(2) $f(t)=t^n e^{at}$。

2-7 试建立图 2-45 所示各系统的微分方程，其中外力 $F(t)$、位移 $x(t)$ 和电压 $u_r(t)$ 为输入量；位移 $y(t)$ 和电压 $u_C(t)$ 为输出量；k 为弹性系数，f 为阻尼系数，m 为质量，R 为电阻，C 为电容，其值均为常数。

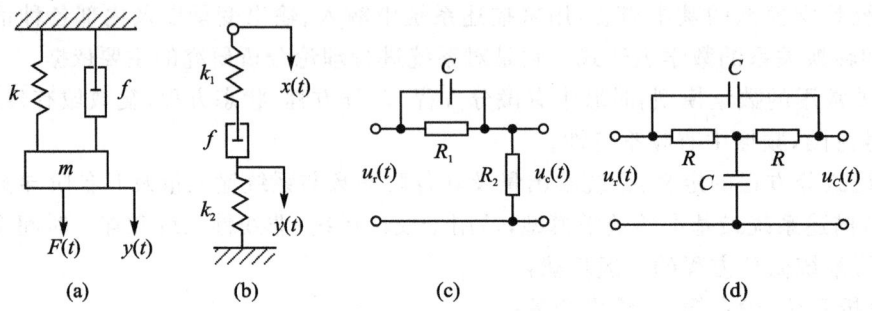

图 2-45 题 2-7 系统原理图

2-8 试求图 2-46 所示各信号 $x(t)$ 的象函数 $X(s)$。

2-9 求下列各拉氏变换式的原函数。
(1) $F(s)=\dfrac{e^{-s}}{s-1}$，(2) $F(s)=\dfrac{1}{s(s+2)^3(s+3)}$。

2-10 已知在零初始条件下，系统的单位阶跃响应 $c(t)=1-2e^{-2t}+e^{-t}$，试求系统的传递函数和脉冲响应。

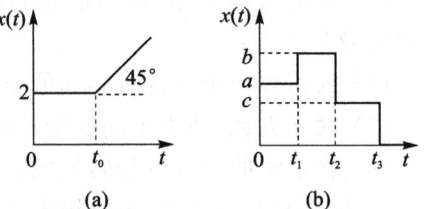

图 2-46 题 2-8 图

2-11 已知系统传递函数 $\dfrac{C(s)}{R(s)}=\dfrac{2}{s^2+3s+2}$，且初始条件 $c(0)=-1$，$\dot{c}(0)=0$，试求系统在输入 $r(t)=1(t)$ 作用下的输出 $c(t)$。

2-12 求图 2-47 所示各有源网络的传递函数 $\dfrac{U_c(s)}{U_r(s)}$。

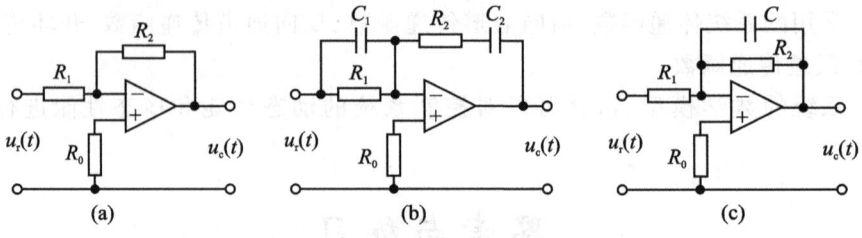

图 2-47 题 2-12 有源网络

2-13 设直流电流反馈式发电机-电动机组如图 2-48 所示，图中 $u_f(t)$ 为发电机激磁电压，$n(t)$ 为电动机转速，其他电气参数如图中所示，信号源内阻阻抗设为零。试列出以 $u_f(t)$ 为输入量，以 $n(t)$ 为输出量的机组微分方程。

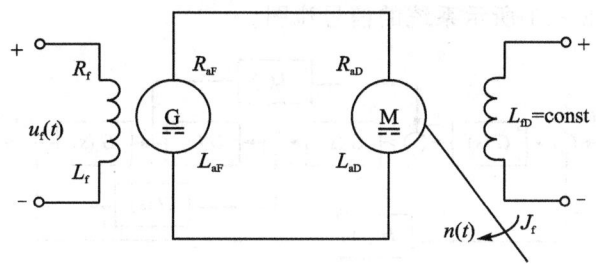

图 2-48 题 2-13 发电机-电动机组

2-14 某位置随动系统原理如图 2-49 所示,已知电位器的最大工作角度 $\theta_m = 330°$,功率放大器放大系数为 k_3。

(1) 分别求出电位器的传递函数 k_0,第一级和第二级放大器的放大系数 k_1, k_2;
(2) 画出系统的结构图;
(3) 求系统的闭环传递函数 $Q_c(s)/Q_r(s)$。

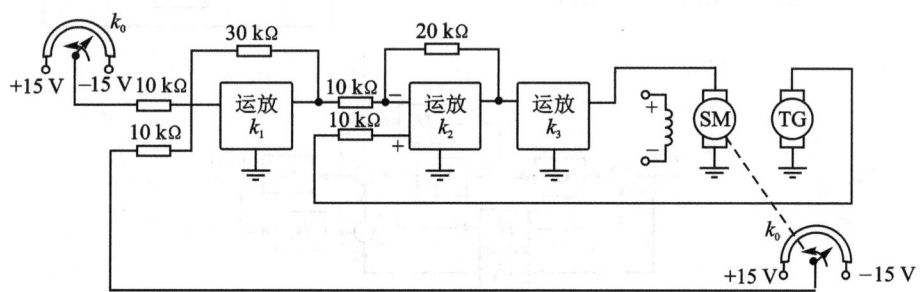

图 2-49 题 2-14 位置随动系统原理图

2-15 试用结构图等效化简法求图 2-50 所示各系统的传递函数 $\dfrac{C(s)}{R(s)}$。

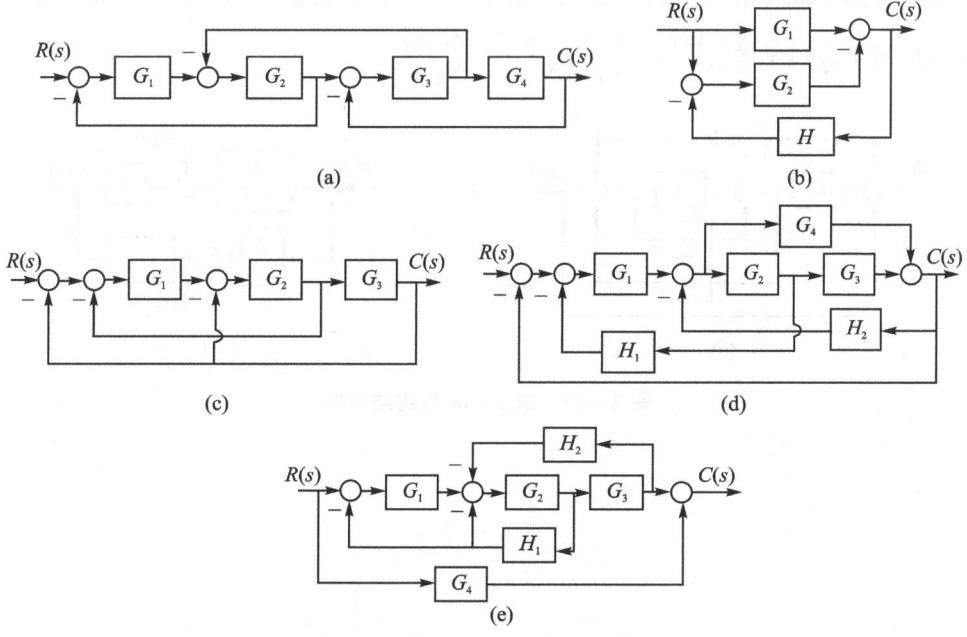

图 2-50 题 2-15 系统结构图

2-16 试绘制图 2-51 所示系统的信号流图。

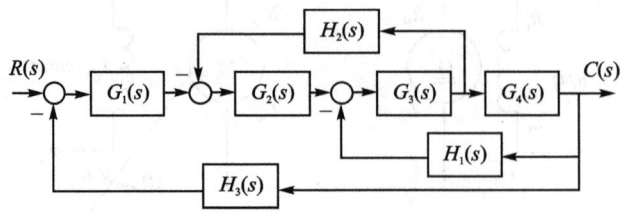

图 2-51 题 2-16 系统结构图

2-17 试用梅森增益公式求图 2-52 中各系统的闭环传递函数。

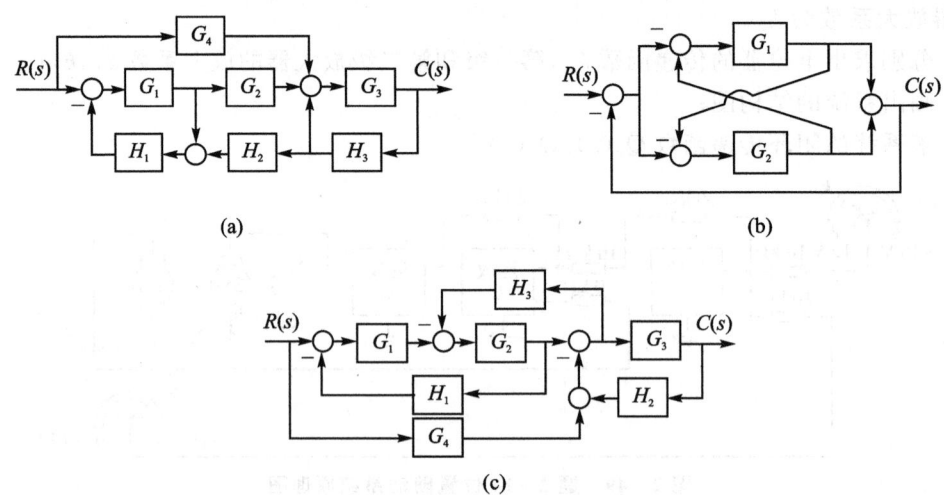

图 2-52 题 2-17 系统结构图

2-18 已知系统的结构图如图 2-53 所示,图中 $R(s)$ 为输入信号,$N(s)$,$N_1(s)$,$N_2(s)$ 为干扰信号,试求传递函数 $\dfrac{C(s)}{R(s)}$,$\dfrac{C(s)}{N(s)}$,$\dfrac{C(s)}{N_1(s)}$,$\dfrac{C(s)}{N_2(s)}$。

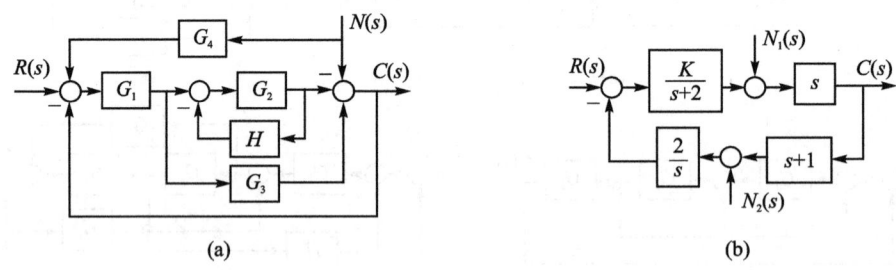

图 2-53 题 2-18 系统结构图

第3章 控制系统的时域分析

建立了系统数学模型后,就可以对系统进行分析和校正。系统分析是由已知的数学模型确定系统的性能指标;校正则是根据需要在系统中加入校正装置,用以改善系统的性能,使其满足所要求的性能指标。

经典控制理论中,系统的分析校正方法有时域法、根轨迹法和频域法。本章介绍时域法。时域法是直接在时间域中对系统进行分析校正的方法,具有直观、准确的优点,可以提供系统时间响应的全部信息。时域法是最基本的方法。该方法引出的概念、方法和结论是以后学习复域法、频域法的基础。

3.1 控制系统的时域性能指标

3.1.1 典型输入信号

系统的动态性能是通过系统的动态响应过程来评价的,而系统的动态响应不仅与系统本身的结构有关,还与外加输入信号的形式有关。由于控制系统的输入信号具有随机性,要想在瞬时输入信号作用下得到系统的解析表达式有一定的难度,所以在分析和设计控制系统时,一般选用一些典型的输入信号作为实验信号,如表 3-1 所列的单位阶跃函数、单位脉冲函数、单位斜坡函数、单位加速度函数等。

3.1.2 控制系统的时域性能指标

控制系统的响应过程包括动态过程和稳态过程两个阶段。针对这两个阶段,分别定义了一些反映系统稳定性、准确性、快速性 3 个方面的性能指标。稳定性是系统工作的首要条件,在此基础上再讨论系统的准确性和快速性。系统的性能指标包括动态性能指标和稳态性能指标。常用的性能指标是根据典型系统的单位阶跃响应定义的,如图 3-1 所示。

1. 动态性能指标

(1) 上升时间 t_r:对有振荡的系统,一般指系统输出响应从 0 到第一次上升到稳态值所需的时间;对于无振荡的系统,一般指系统输出响应从稳态值的 10% 上升到稳态值的 90% 所需的时间。上升时间越短,系统响应越快。

(2) 峰值时间 t_p:系统的输出响应从 0 开始越过稳态值 $c(\infty)$ 达到第一个峰值所需的时间。

(3) 调节时间 t_s:系统的输出响应到达并保持在稳态值 $c(\infty)$ 的 ±5%(或±2%)误差带内所需的最短时间。当系统的输出响应完全进入其新稳态值的 ±5%(或±2%)误差范围内并且不再超出,认为过渡过程结束。本书以后所说的调节时间均以 ±5% 误差带定义,调节时间越短,系统响应越快。

(4) 超调量 σ:系统输出响应曲线上,输出的峰值 $c(t_p)$ 超出稳态值 $c(\infty)$ 的百分比,即

$$\sigma = \frac{c(t_p) - c(\infty)}{c(\infty)} \times 100\% \qquad (3-1)$$

若系统输出响应单调变化,则无超调量。

表 3-1 典型输入信号

名 称	时域表达式 $r(t)$	时域关系（正弦除外）	时域图形	象函数	复域关系（正弦除外）	举 例
单位脉冲函数	$\delta(t) = \begin{cases} \infty & (t=0) \\ 0 & (t \neq 0) \end{cases}$ $\int \delta(t)dt = 1$			1		撞击、电脉冲
单位阶跃函数	$1(t) = \begin{cases} 1 & (t \geq 0) \\ 0 & (t < 0) \end{cases}$	$\dfrac{d}{dt}$		$\dfrac{1}{s}$	$\times s$	开关量输入
单位斜坡函数	$f(t) = \begin{cases} t & (t \geq 0) \\ 0 & (t < 0) \end{cases}$			$\dfrac{1}{s^2}$		等速度跟踪信号
单位加速度函数	$f(t) = \begin{cases} \dfrac{1}{2}t^2 & (t \geq 0) \\ 0 & (t<0) \end{cases}$			$\dfrac{1}{s^3}$		
正弦函数	$f(t) = A\sin\omega t$			$\dfrac{A\omega}{s^2+\omega^2}$		海浪信号

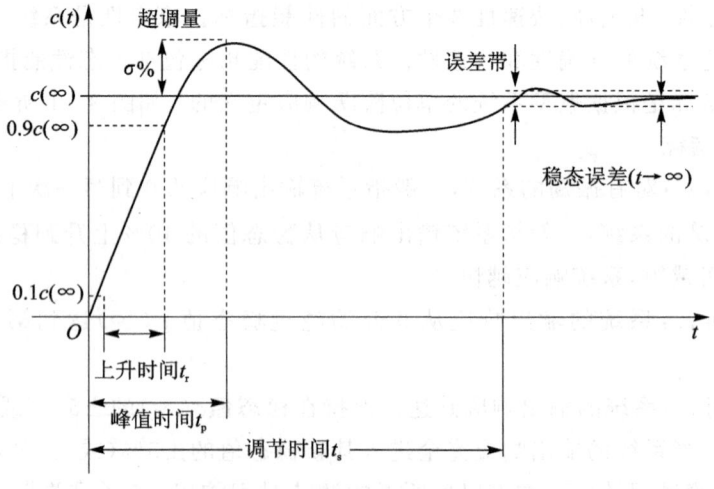

图 3-1 单位响应曲线及动态性能指标

2. 稳态性能指标

稳态误差是时间趋于无穷时系统实际输出与理想输出之间的误差,是系统控制精度或抗干扰能力的一种度量。稳态误差通常在阶跃函数、斜坡函数、加速度函数作用下测定或计算。稳态误差越小,系统准确性越高。

3.2 一阶系统的时域分析

用一阶微分方程描述的系统称为一阶系统。下面分析一阶系统对单位阶跃函数、单位脉冲函数、单位斜坡函数、单位加速度函数的响应。在分析过程中,设初始条件等于零。

3.2.1 一阶系统的数学模型

图 3-2 所示 RC 滤波电路是一阶系统,其微分方程为

$$RC \frac{\mathrm{d}c(t)}{\mathrm{d}t} + c(t) = r(t) \quad (3-2)$$

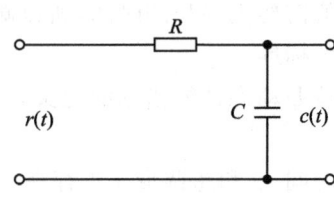

图 3-2 RC 滤波电路

式中,$c(t)$ 为输出电压,$r(t)$ 为输入电压。令 $T=RC$,则一阶系统运动方程为

$$T \frac{\mathrm{d}c(t)}{\mathrm{d}t} + c(t) = r(t) \quad (3-3)$$

式(3-3)是一阶系统的一般表达式,式中 T 为时间常数,$r(t)$ 和 $c(t)$ 分别是系统的输入、输出信号。若图 3-2 滤波电路的初始条件为零,一阶系统的传递函数为

$$\Phi(s) = \frac{C(s)}{R(s)} = \frac{1}{Ts+1} \quad (3-4)$$

其方框图如图 3-3 或图 3-4 所示。

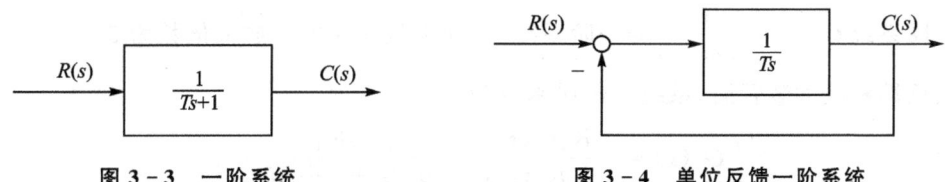

图 3-3 一阶系统　　　　图 3-4 单位反馈一阶系统

下面就一阶系统对某些典型输入信号的响应进行分析。在分析过程中,设初始条件为零。

3.2.2 一阶系统的单位阶跃响应

输入信号 $r(t)=1(t)$ 时,系统响应 $c(t)$ 为单位阶跃响应。将输入信号 $r(t)$ 的拉氏变换 $R(s)=1/s$ 代入式(3-4),得

$$C(s) = \Phi(s)R(s) = \frac{1}{Ts+1} \cdot \frac{1}{s} \quad (3-5)$$

对式(3-5)进行拉氏反变换,得一阶系统的单位阶跃响应为

$$c(t) = 1 - \mathrm{e}^{-t/T} \quad (t \geqslant 0) \quad (3-6)$$

由式(3-6)可以看出,一阶系统单位阶跃响应的初始值为零,终值为 1。根据式(3-6)绘出的响应曲线如图 3-5 所示,其响应为非周期曲线,具有如下两个特点:

(1) 当时间 t 等于时间常数 T 的整数倍，即 $t=T, 2T, 3T, 4T$ 时，响应 $c(t)$ 的数值分别为总变化量的 0.632、0.865、0.95、0.982，根据这个特点可以判断系统是否为一阶系统。

(2) 初始时间 $t=0$ 时，系统具有最大的运动变化率 $1/T$，因为

$$\frac{dc(t)}{dt} = \frac{1}{T} e^{-t/T} \Big|_{t=0} = \frac{1}{T}$$

如果系统始终保持初始速度不变，在 $t=T$ 时，输出量即可达到稳定值。然而响应曲线

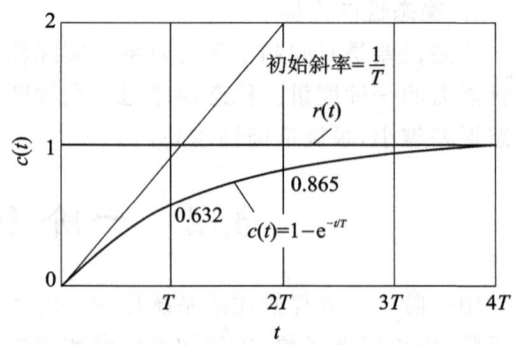

图 3-5 一阶系统单位阶跃响应曲线

$c(t)$ 的响应速度是单调下降的，即从 $t=0$ 时的 $1/T$ 下降到 $t=\infty$ 时的零。由于输出响应达到稳态值需要无限长的时间，所以响应曲线通常以达到稳定值的 5% 的误差范围，作为评价响应曲线的标准。

按照动态性能指标的定义，一阶系统的动态性能指标为

$$t_r = 2.20T, \quad t_s = 3T$$

峰值时间 t_p 和超调量 σ 不存在。

T 值的大小反映系统的惯性。T 值小，惯性就小，响应速度快；T 值大，惯性就大，响应速度慢。这一结论也适用于一阶系统以外的其他系统。

例 3-1 系统的传递函数 $G(s) = \dfrac{5}{0.2s+1}$，对系统加装负反馈和放大装置，所得新系统的结构图如图 3-6 所示。欲使调节时间 t_s 减小为原来的 $\dfrac{1}{5}$，总的放大倍数（闭环增益）不变，试确定参数 K_1, K_2 的值。

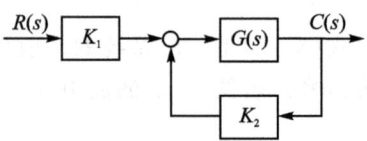

图 3-6 例 3-1 系统结构图

解 原系统 $G(s) = \dfrac{5}{0.2s+1}$ 为一阶系统，时间常数 $T=0.2$，放大倍数为 5。

加装反馈和放大装置后，系统的传递函数为

$$G'(s) = \frac{K_1 G(s)}{1 + K_2 G(s)} = \frac{5K_1}{0.2s + 1 + 5K_2}$$

将传递函数标准化得

$$G'(s) = \frac{\dfrac{5K_1}{1+5K_2}}{\dfrac{0.2}{1+5K_2} s + 1}$$

与一阶系统的标准型比较可知系统的时间常数 $T' = \dfrac{0.2}{1+5K_2}$，放大倍数为 $\dfrac{5K_1}{1+5K_2}$，也即

$$T' = \frac{0.2}{1+5K_2} = \frac{T}{5} = 0.04, \qquad \frac{5K_1}{1+5K_2} = 5$$

从而求得 $K_1 = 5, K_2 = 0.8$。

例 3-2 某一系统的传递函数为 $G(s) = \dfrac{1}{as+b+1}$，求

(1) 该系统的单位阶跃响应的稳态值为多少？

(2) 过渡过程的调节时间 t_s 为多少？

解 （1）利用拉氏变换终值定理求单位阶跃响应的稳态值，得

$$c(\infty) = \lim_{s \to 0} sc(\infty) = \lim_{s \to 0} \frac{1}{s} \frac{1}{as+b+1} = \frac{1}{b+1}$$

（2）将系统的传递函数化为一阶系统的标准型，得

$$G(s) = \frac{1}{as+b+1} = \frac{\frac{1}{b+1}}{\frac{a}{b+1}s+1}$$

该系统的时间常数 $T = \dfrac{a}{b+1}$，因此系统的过渡时间为

$$t_s = 3T = \frac{3a}{b+1}$$

3.2.3 一阶系统的单位脉冲响应

输入信号 $r(t) = \delta(t)$ 时，系统响应 $c(t)$ 为单位脉冲响应。由于理想单位脉冲函数的拉氏变换为 1，所以单位脉冲响应的拉氏变换与系统的传递函数相同。图 3-3 所示一阶系统的输出为

$$C(s) = \Phi(s)R(s) = \frac{1}{Ts+1}$$

其单位脉冲响应为

$$c(t) = \frac{1}{T}e^{-t/T} \qquad (t \geqslant 0) \tag{3-7}$$

一阶系统的单位脉冲响应曲线如图 3-7 所示。响应曲线为单调下降指数曲线，在初始时刻 $t=0$ 时，响应幅值为最大值 $1/T$；$t \to \infty$ 时，幅值衰减到零。

一阶系统单位脉冲响应的调节时间按指数曲线衰减到初值的 5% 求取，得 $t_s = 3T$。时间常数小的系统，响应速度好。

零初始条件时，一阶系统的闭环传递函数与脉冲响应的拉氏变换相同，这也适用于其他各阶线性定常系统。因此，测出系统的单位脉冲响应就可以得到系统的闭环传递函数。由于

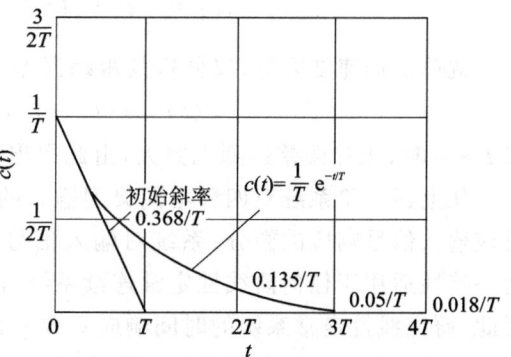

图 3-7 一阶系统单位脉冲响应曲线

理想单位脉冲函数是无法获取的，故而往往以脉宽为 b、幅值有限的脉动函数代替理想单位脉冲函数 $\delta(t)$，且要求脉宽 $b < 0.1T$。

3.2.4 一阶系统的单位斜坡响应

输入信号 $r(t) = t$ 时，系统响应 $c(t)$ 为单位斜坡响应。因为 $R(s) = 1/s^2$，图 3-3 所示一阶系统的输出为

$$C(s) = \Phi(s) \cdot R(s) = \frac{1}{Ts+1} \cdot \frac{1}{s^2} \quad (3-8)$$

其单位斜坡响应为

$$c(t) = t - T + Te^{-t/T} \quad (t \geqslant 0) \quad (3-9)$$

式(3-9)中的$(t-T)$为稳态分量，$Te^{-t/T}$为瞬态分量。稳态分量与斜坡输入函数的斜率相同，但在时间上滞后一个T值，所以存在位置误差，误差值即时间常数T；瞬态分量则随时间单调衰减。图3-8所示为一阶系统的单位斜坡响应曲线。

由图3-8可以看出，系统的输出量和输入量之间的位置误差随时间推移逐渐增大，但最后趋于常值T。系统的惯性越小，位置误差越小，跟踪准确度就越高。在$t=0$时，初始斜率为零，即

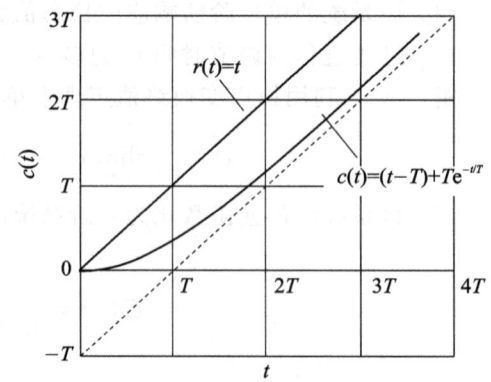

图 3-8 一阶系统单位斜坡响应曲线

$$\left.\frac{dc(t)}{dt} = 1 - e^{-t/T}\right|_{t=0} = 0$$

所以初始状态时输出速度和输入速度之间误差最大。

3.2.5　一阶系统的单位加速度响应

输入信号$r(t) = t^2/2$时，系统响应$c(t)$为单位加速度响应。因为$R(s) = 1/s^3$，图3-3所示系统的输出为

$$C(s) = \Phi(s) \cdot R(s) = \frac{1}{Ts+1} \cdot \frac{1}{s^3}$$

其单位加速度响应为

$$c(t) = \frac{1}{2}t^2 - Tt + T^2(1 - e^{-t/T}) \quad (t \geqslant 0) \quad (3-10)$$

就单位加速度响应，仅分析其跟踪误差$e(t)$即可。$e(t)$的表达式为

$$e(t) = r(t) - c(t) = Tt - T^2(1 - e^{-t/T})$$

当$t \to \infty$时，跟踪误差达到无穷大，由此得出一阶系统无法跟踪加速度信号的结论。

从上述一阶系统对四种不同典型输入的响应可得：系统对输入信号微分的响应等于系统对该输入信号响应的微分；系统对输入信号积分的响应等于系统对该输入信号响应的积分。这一特性适用于任何阶线性定常连续系统，而非线性系统以及线性时变系统不具有这种特性。因此，研究线性定常系统的时间响应只取一种典型形式进行测定即可。

上述四种典型输入信号的响应表达式列于表3-2中。

表 3-2 一阶系统对典型输入信号的响应式

输入信号	输出信号
$1(t)$	$1 - e^{-t/T}, \quad t \geqslant 0$
$\delta(t)$	$e^{-t/T}/T, \quad t \geqslant 0$
t	$t - T + Te^{-t/T}, \quad t \geqslant 0$
$t^2/2$	$t^2/2 - Tt + T2(1 - e^{-t/T}), \quad t \geqslant 0$

3.3 二阶系统的时域分析

用二阶微分方程描述的系统称为二阶系统。二阶系统在控制理论研究中占有非常重要的位置。它应用广泛,而且许多高阶系统在一定条件下往往可以用二阶系统表示。因此,在控制理论的学习中掌握二阶系统的基本性能非常重要。

3.3.1 二阶系统的数学模型

图 3-9 所示为 RLC 振荡电路,其运动方程为

$$LC\frac{d^2c(t)}{dt^2} + RC\frac{dc(t)}{dt} + c(t) = r(t) \tag{3-11}$$

式(3-11)为线性二阶微分方程,所以图 3-9 所示系统为二阶系统。对式(3-11)求拉氏变换,得系统传递函数为

$$\Phi(s) = \frac{C(s)}{R(s)} = \frac{1}{LCs^2 + RCs + 1} \tag{3-12}$$

为了研究具有普遍意义的二阶系统,将式(3-12)写成如下形式:

$$\Phi(s) = \frac{C(s)}{R(s)} = \frac{\omega_n^2}{s^2 + 2\zeta\omega_n s + \omega_n^2} \tag{3-13}$$

式中,$\omega_n = \frac{1}{\sqrt{LC}}$——自然频率(或无阻尼振荡频率),单位 rad/s;

$\zeta = \frac{R}{2}\sqrt{\frac{C}{L}}$——二阶系统的阻尼比(或相对阻尼因数),量纲为 1。

式(3-13)为典型二阶系统的闭环传递函数,其结构如图 3-10 所示,而对应的开环传递函数为

$$C(s) = \frac{\omega_n^2}{s(s + 2\zeta\omega_n)} \tag{3-14}$$

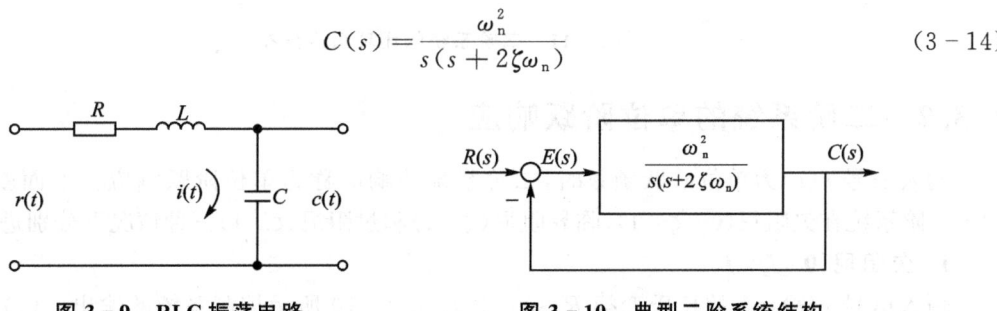

图 3-9　RLC 振荡电路　　　　图 3-10　典型二阶系统结构

令式(3-13)的分母多项式为零,得二阶系统的闭环特征方程表达式为

$$s^2 + 2\zeta\omega_n s + \omega_n^2 = 0 \tag{3-15}$$

闭环特征方程的两个根 $s_{1,2}$ 称为闭环特征根(或闭环极点),可表示为

$$s_{1,2} = -\zeta\omega_n \pm \omega_n\sqrt{\zeta^2 - 1} \tag{3-16}$$

特征参数 ζ 和 ω_n 是描述特征根的两个重要参数,特别是 ζ 取值不同,特征根 s_1 和 s_2 就具有不同的类型,即 s_1 和 s_2 在 s 平面的分布就不同。

(1) $\zeta = 0$(无阻尼):$s_{1,2} = \pm j\omega_n$,特征方程有一对纯虚根,其根对应 s 平面虚轴上的一对共

轭极点,如图 3-11(a)所示。

(2) $0<\zeta<1$(欠阻尼):$s_{1,2}=-\zeta\omega_n\pm j\omega_n\sqrt{1-\zeta^2}$,特征方程有一对具有负实部的共轭复根,其根对应 s 平面左半部的一对共轭复数极点,如图 3-11(b)所示。

(3) $\zeta=1$(临界阻尼):$s_{1,2}=-\omega_n$,特征方程有两个相等的负实根,其根对应 s 平面负实轴上两个相等的实极点,如图 3-11(c)所示。

(4) $\zeta>1$(过阻尼):$s_{1,2}=-\zeta\omega_n\pm\omega_n\sqrt{\zeta^2-1}$,特征方程有两个不相等的负实根,其根对应 s 平面负实轴上两个不相等的实极点,如图 3-11(d)所示。

(5) $\zeta<0$(负阻尼):特征根位于 s 平面的右半平面,如图 3-11(e)和(f)所示,此时系统将不稳定,不作讨论。

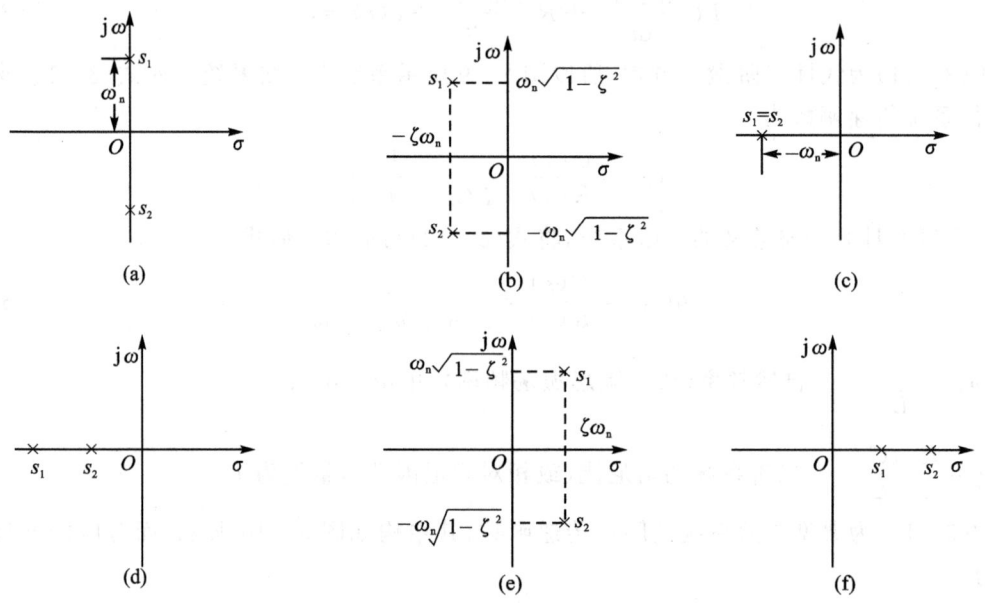

图 3-11 二阶系统的闭环极点分布

3.3.2 二阶系统的单位阶跃响应

输入信号 $r(t)$ 为单位阶跃函数时,二阶系统的响应称为单位阶跃响应。下面就图 3-10 所示二阶系统在欠阻尼($0<\zeta<1$)、临界阻尼($\zeta=1$)和过阻尼($\zeta>1$)三种情况下分别进行研究。

1. 欠阻尼($0<\zeta<1$)

输入信号 $r(t)=1$ 的拉氏变换 $R(s)=1/s$,图 3-10 所示控制系统的输出 $C(s)$ 为

$$C(s)=\frac{\omega_n^2}{(s^2+2\zeta\omega_n s+\omega_n^2)s}=\frac{1}{s}-\frac{s+\zeta\omega_n}{(s+\zeta\omega_n)^2+\omega_d^2}-\frac{\zeta\omega_n}{(s+\zeta\omega_n)^2+\omega_d^2} \quad (3-17)$$

其中,$\omega_d=\omega_n\sqrt{1-\zeta^2}$ 为阻尼振荡频率。为了求式(3-13)的拉氏反变换,式(3-17)可表示为如下形式:

$$C(s)=\frac{1}{s}-\frac{s+2\zeta\omega_n}{s^2+2\zeta\omega_n s+\omega_n^2}=\frac{1}{s}-\frac{s+\zeta\omega_n}{(s+\zeta\omega_n)^2+\omega_d^2}-\frac{\zeta\omega_n}{(s+\zeta\omega_n)^2+\omega_d^2} \quad (3-18)$$

对式(3-18)求拉氏反变换,得系统的单位阶跃响应为

$$c(t) = 1 - e^{-\zeta\omega_n t}\left(\cos\omega_d t + \frac{\zeta}{\sqrt{1-\zeta^2}}\sin\omega_d t\right) =$$
$$1 - \frac{e^{-\zeta\omega_n t}}{\sqrt{1-\zeta^2}}\sin(\omega_d t + \beta) \quad (t \geq 0) \tag{3-19}$$

式中，$\beta = \arctan\left(\sqrt{1-\zeta^2}/\zeta\right)$，或 $\beta = \arccos\zeta$。

由式(3-19)可以看出，欠阻尼二阶系统的单位阶跃响应由稳态分量和瞬态分量两部分组成。稳态分量为1，说明图3-10所示系统在单位阶跃函数作用下不存在稳态误差；瞬态分量为阻尼正弦项，振荡频率为 ω_d，ω_d 随阻尼比 ζ 变化而变化；瞬态分量衰减的快慢取决于包络线 $1 \pm e^{-\zeta\omega_n t}/\sqrt{1-\zeta^2}$ 的收敛速度。当 ζ 一定时，包络线的收敛速度则取决于 $e^{-\zeta\omega_n t}$，所以 $\sigma = \zeta\omega_n$ 被称为衰减系数。

如果阻尼比 $\zeta = 0$，系统响应 $c(t)$ 为无阻尼等幅振荡。将 $\zeta = 0$ 值代入式(3-19)，得无阻尼状态下的输出响应 $c(t)$ 为

$$c(t) = 1 - \cos\omega_n t \quad (t \geq 0) \tag{3-20}$$

由此可见，阻尼系数减小到零，系统就以自然频率 ω_n 振荡，这时 ω_n 等于阻尼振荡频率 ω_d。由于实际线性控制系统都多少存在一定的阻尼比，所以无法通过实验获得 ω_n 值，而只能得到阻尼振荡频率 ω_d。由于 $\omega_d = \omega_n\sqrt{1-\zeta^2}$，只要 $\zeta > 0$，ω_d 总小于 ω_n；当 $\zeta \geq 1$ 时，ω_d 就不复存在，系统响应也就不再振荡。

2. 临界阻尼($\zeta = 1$)

当二阶系统的两个极点相等或接近相等，系统处于临界阻尼状态。在输入信号 $R(s) = 1/s$ 作用下，图3-10所示控制系统的输出为

$$C(s) = \frac{\omega_n^2}{(s+\omega_n)^2 s} = \frac{1}{s} - \frac{\omega_n}{(s+\omega_n)^2} - \frac{1}{s+\omega_n} \tag{3-21}$$

对式(3-21)求拉氏反变换，得二阶系统的临界阻尼单位阶跃响应为

$$c(t) = 1 - e^{-\omega_n t}(1 + \omega_n t) \quad (t \geq 0) \tag{3-22}$$

由式(3-22)可以看出，当 $t \to \infty$ 时，二阶系统的临界阻尼单位阶跃响应趋于常值1。响应过程的变化率为

$$\frac{dc(t)}{dt} = \omega_n^2 t e^{-\omega_n t}$$

当 $t = 0$ 时，变化率为0；$t > 0$ 时，变化率为正。所以响应过程呈指数规律单调增加。

3. 过阻尼($\zeta > 1$)

过阻尼情况下，二阶系统有两个不相等的负实根。在输入信号 $R(s) = 1/s$ 作用下，图3-10所示控制系统的输出为

$$C(s) = \frac{\omega_n^2}{\left(s + \zeta\omega_n - \omega_n\sqrt{\zeta^2-1}\right)\left(s + \zeta\omega_n + \omega_n\sqrt{\zeta^2-1}\right)s} \tag{3-23}$$

式中，$s_1 = -\zeta\omega_n + \omega_n\sqrt{\zeta^2-1}$，$s_2 = -\zeta\omega_n - \omega_n\sqrt{\zeta^2-1}$ 为闭环极点。

对上式求拉氏反变换，得

$$c(t) = 1 - \frac{1}{2\sqrt{\zeta^2-1}\left(\zeta - \sqrt{\zeta^2-1}\right)}e^{-\left(\zeta-\sqrt{\zeta^2-1}\right)\omega_n t} +$$

$$\frac{1}{2\sqrt{\zeta^2-1}\left(\zeta+\sqrt{\zeta^2-1}\right)}e^{-\left(\zeta+\sqrt{\zeta^2-1}\right)\omega_n t}=$$

$$1+\frac{e^{-t/T_1}}{T_2/T_1-1}+\frac{e^{-t/T_2}}{T_1/T_2-1} \quad (t \geqslant 0) \tag{3-24}$$

式中
$$T_1=\frac{1}{\omega_n\left(\zeta-\sqrt{\zeta^2-1}\right)}, \quad T_2=\frac{1}{\omega_n\left(\zeta+\sqrt{\zeta^2-1}\right)}$$

T_1, T_2 被称为过阻尼二阶系统的时间常数,且 $T_1 > T_2$。

显然,$\zeta > 1$ 时,二阶系统的单位阶跃响应含有两个单调衰减的指数项,其代数和不会超过稳态值1,响应是非振荡的。$\zeta > 1$ 的响应被称为过阻尼响应。

如果 $\zeta \gg 1$,两个衰减指数项中的一个比另一个衰减快很多,而衰减较快的指数项(相应时间常数较小的指数项)可以忽略不计。也就是说,如果第二个闭环极点 $-1/T_2$ 距虚轴的距离与第一个闭环极点 $-1/T_1$ 相比远很多($|-1/T_1| \ll |-1/T_2|$),可以将含 $-1/T_2$ 指数项的分量忽略,这样过阻尼二阶系统的响应类似一阶系统的响应。

以上三种情况的单位阶跃响应曲线如图3-12所示,其横坐标为无因次时间 $\omega_n t$,因此曲线只是 ζ 的函数。

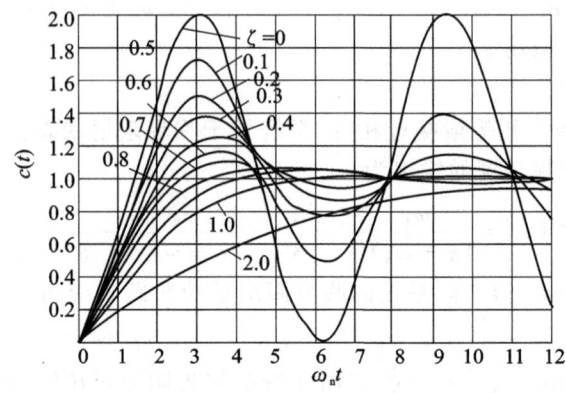

图 3-12 二阶系统单位阶跃响应曲线

由图3-12所示二阶系统响应曲线得出如下结论:

临界阻尼比过阻尼响应速度快,过阻尼情况对任何输入信号的响应都比较迟缓。

在欠阻尼响应曲线中,ζ 越小,超调量越大,响应速度越快。如果两个系统有相同的 ζ 值,但 ω_n 值不同,则响应曲线会有相同的超调量和振荡形式,但响应速度不同。ω_n 越大,响应速度越快。

欠阻尼、过阻尼(含临界阻尼)响应曲线不同,所以动态性能指标的测算方法也不相同。下面分别进行讨论。

3.3.3 欠阻尼二阶系统的动态过程分析

在控制工程中,一般都希望系统的动态过程既有充分的快速性,又有一定的阻尼。为了获得满意的动态性能指标,希望阻尼比 $\zeta = 0.4 \sim 0.8$。ζ 过小($\zeta < 0.4$),会使超调量较大;ζ 过大($\zeta > 0.8$),又会使响应迟缓。

第 3 章 控制系统的时域分析

下面推导由式(3-19)描述的典型二阶系统在欠阻尼状态下的上升时间、峰值时间、超调量、调节时间的计算公式。为了便于说明问题,由图 3-13 表示欠阻尼二阶系统各特征参量之间的关系。图中衰减系数 σ 指闭环极点到虚轴之间的距离;阻尼振荡频率 ω_d 为闭环极点到实轴的距离;自然频率 ω_n 是闭环极点到坐标原点之间的距离;ω_n 与负实轴夹角的余弦是阻尼比,即

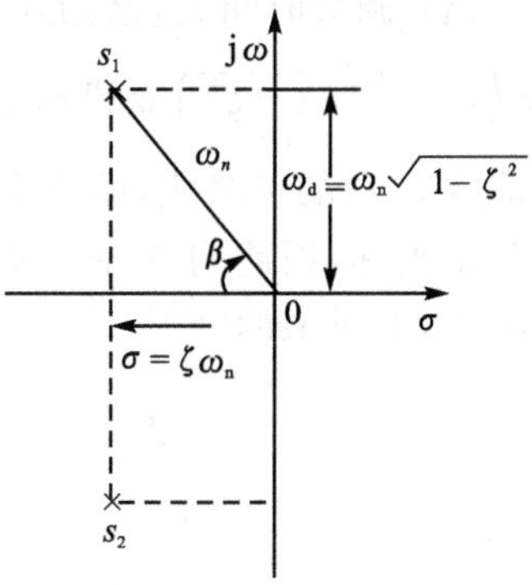

$$\zeta = \cos\beta \tag{3-25}$$

(1) 上升时间 t_r:根据上升时间的定义,令式(3-19)中的 $c(t)=1$,得

图 3-13 欠阻尼二阶系统的特征参量

$$\frac{e^{-\zeta\omega_n t_r}}{\sqrt{1-\zeta^2}}\sin(\omega_d t_r + \beta) = 0$$

因为 $e^{-\zeta\omega_n t_r} \neq 0$,所以必然有

$$\sin(\omega_d t_r + \beta) = 0 \tag{3-26}$$

解式(3-26)得 $\omega_d t_r + \beta = k\pi(k=0,1,\cdots)$,取 $k=1$,则上升时间为

$$t_r = \frac{\pi - \beta}{\omega_d} = \frac{\pi - \arccos\zeta}{\omega_n\sqrt{1-\zeta^2}} \tag{3-27}$$

由式(3-27)知,当 ζ 一定时,阻尼角 β 不变,系统的响应速度与 ω_n 成正比;当阻尼振荡频率 ω_d 一定时,ζ 越小,上升时间越短。

(2) 峰值时间 t_p:根据峰值时间的定义,对式(3-19)求导,并令其为零,得

$$\zeta\omega_n e^{-\zeta\omega_n t_p}\sin(\omega_d t_p + \beta) - \omega_d e^{-\zeta\omega_n t_p}\cos(\omega_d t_p + \beta) = 0$$

整理后得

$$\tan(\omega_d t_p + \beta) = \sqrt{1-\zeta^2}/\zeta$$

因为 $\tan\beta = \sqrt{1-\zeta^2}/\zeta$,解得 $\omega_d t_p = 0, \pi, 2\pi, 3\pi, \cdots$ 由于峰值时间 t_p 对应系统响应的第一次峰值,得 $\omega_d t_p = \pi$,所以

$$t_p = \frac{\pi}{\omega_d} = \frac{\pi}{\omega_n\sqrt{1-\zeta^2}} \tag{3-28}$$

式(3-28)说明峰值时间 t_p 等于阻尼振荡周期的一半。当阻尼比 ζ 一定时,闭环极点距负实轴越远,峰值时间越短。

(3) 超调量 σ:最大超调量发生在峰值时间 $t=t_p=\pi/\omega_d$ 时。将式(3-28)代入式(3-19),得输出量最大值为

$$c(t_p) = 1 - \frac{1}{\sqrt{1-\zeta^2}}e^{-\pi\zeta/\sqrt{1-\zeta^2}}\sin(\pi + \beta)$$

因为 $\sin(\pi+\beta) = -\sqrt{1-\zeta^2}$,故上式可写为 $c(t_p) = 1 + e^{-\pi\zeta/\sqrt{1-\zeta^2}}$,根据超调量的定义,且 $c(\infty)=1$,得最大超调量百分比为

$$\sigma = e^{-\pi\zeta/\sqrt{1-\zeta^2}} \times 100\% \tag{3-29}$$

显然,超调量 σ 仅是阻尼比 ζ 的函数,与自然频率 ω_n 无关。阻尼比越大,超调量越小;阻尼比越小,超调量越大。当选取 $\zeta=0.4\sim0.8$ 时,σ 值在 $1.5\%\sim25.4\%$ 之间。

(4) 调节时间 t_s:已知式(3-19)为欠阻尼二阶系统的单位阶跃响应。图 3-14 所示是 $1\pm\left(e^{-\zeta\omega_n t}\big/\sqrt{1-\zeta^2}\right)$ 曲线和 $c(t)$ 响应曲线,其中,$1\pm\left(e^{-\zeta\omega_n t}\big/\sqrt{1-\zeta^2}\right)$ 曲线是系统单位阶跃响应曲线 $c(t)$ 的包络线,而响应曲线 $c(t)$ 总是在这一对包络线之内。图中采用无因次时间 $\omega_n t$ 作为横坐标,因此响应特性仅是阻尼比 ζ 的函数。图中的 $\zeta=0.707$,对于其他 ζ 值的阶跃响应特性,有类似的情况。

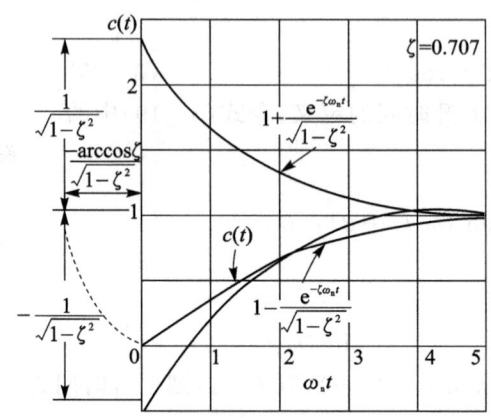

图 3-14 二阶系统欠阻尼响应曲线及一对包络线

用包络线代替实际响应曲线估算调节时间 t_s,得到的结果虽略微保守,但简化了计算。图 3-14 中的虚线部分是阻尼正弦函数的滞后角 $-\beta/\sqrt{1-\zeta^2}$,其响应是 $\omega_n t<0$ 的延续部分。

根据上述分析,令 Δ 等于实际响应与稳态输出之间的误差,有

$$\Delta = \left|\frac{e^{-\zeta\omega_n t_s}}{\sqrt{1-\zeta^2}}\sin(\omega_d t_s+\beta)\right| \leqslant \frac{e^{-\zeta\omega_n t_s}}{\sqrt{1-\zeta^2}} \quad (3-30)$$

当 $0.1<\zeta<0.9$ 时,通常用

$$t_s = \frac{3.5}{\zeta\omega_n} \quad (\Delta=0.05) \quad (3-31)$$

计算调节时间。式(3-31)说明调节时间与闭环极点的实部数值成反比。闭环极点距虚轴距离越远,调节时间越短。

由式(3-29)和式(3-31)知,阻尼比 ζ 的值主要根据超调量要求确定;自然频率 ω_n 的值主要根据调节时间要求确定。

例 3-3 单位负反馈控制系统如图 3-15 所示。
(1) 确定系统特征参数 ω_n,ζ 与其实际参数的关系;
(2) 若 $K=16$,$T=0.25$ s,计算系统的各动态性能指标。

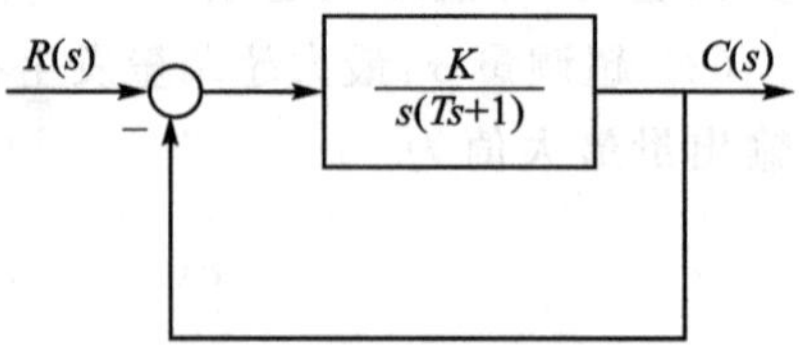

解 (1) 系统闭环传递函数为

$$\Phi(s) = \frac{K}{Ts^2+s+K} = \frac{K/T}{s^2+s/T+K/T}$$

图 3-15 例 3-3 控制系统

与典型二阶系统比较得

$$K/T = \omega_n^2, \quad 1/T = 2\zeta\omega_n$$

所以特征参数与实际参数的关系为

$$\omega_n = \sqrt{K/T}, \qquad \zeta = \frac{1}{2\sqrt{KT}}$$

(2) 已知 $K=16, T=0.25$ s,得

$$\omega_n = 8 \text{ rad/s}, \qquad \zeta = 0.25$$

将 ω_n, ζ 的值代入各动态性能指标计算公式,得

$$t_r = \frac{\pi - \beta}{\omega_d} = 0.24 \text{ s}, \qquad t_p = \frac{\pi}{\omega_d} = 0.41 \text{ s},$$

$$\sigma = e^{-\pi\zeta/\sqrt{1-\zeta^2}} \times 100\% = 44\%, \qquad t_s = \frac{3.5}{\zeta\omega_n} = 1.75 \text{ s} \qquad (\Delta = 0.05)$$

例 3-4 图 3-16(a)所示控制系统的单位阶跃响应曲线如图 3-16(b)所示,试确定 K_1, K_2 和 a 的数值。

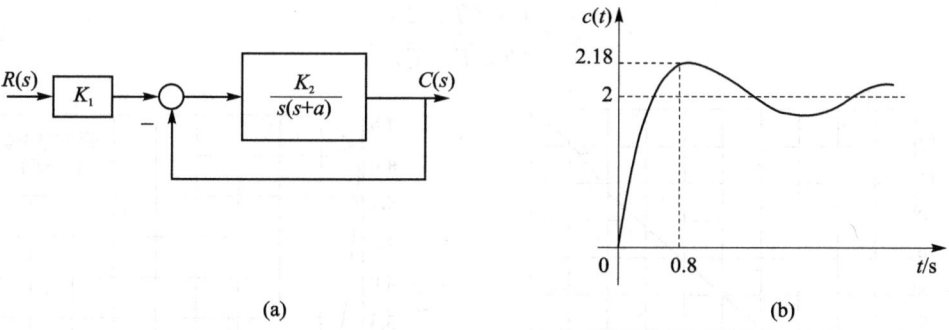

图 3-16 例 3-4 控制系统及单位阶跃响应

解 由图 3-16(b)得

$$c(\infty) = 2, \qquad \sigma = \frac{2.18 - 2}{2} \times 100\% = 9\%, \qquad t_p = 0.8 \text{ s}$$

闭环传递函数

$$\Phi(s) = \frac{K_1 K_2}{s^2 + as + K_2}$$

系统输出

$$C(s) = \Phi(s) \cdot R(s) = \frac{K_1 K_2}{(s^2 + as + K_2)s}$$

因为 $c(\infty) = \lim_{s \to 0} sC(s) = K_1 = \Phi(0)$,因此得 $K_1 = 2$。该值是闭环传递函数在 $s=0$ 时的值,即阶跃响应的稳态输出值。利用超调量和峰值时间公式算得

$$\zeta = \sqrt{\frac{(\ln\sigma)^2}{\pi^2 + (\ln\sigma)^2}} = 0.608, \qquad \omega_n = \frac{\pi}{t_p\sqrt{1-\zeta^2}} = 4.946 \text{ rad/s}$$

因为 $\omega_n^2 = K_2, 2\zeta\omega_n = a$,故求得两个参数 $K_2 = 24.46, a = 6.01$。

3.3.4 过阻尼二阶系统的动态性能指标

过阻尼系统响应缓慢,故许多系统不希望采用过阻尼系统。然而在大惯性、低增益的温度控制系统中,则需要采用过阻尼系统;此外对一些不允许出现超调量,又希望响应速度较快时,可采用临界阻尼系统。研究过阻尼二阶系统性能指标具有一定的实际意义。

式(3-24)是过阻尼二阶系统的单位阶跃响应,过阻尼情况下不存在峰值时间 t_p 和超调

量 σ,仅上升时间 t_r 和调节时间 t_s 具有研究意义。由于式(3-24)是一个超越方程,无法根据动态性能指标的定义得到计算公式,因此可利用工程上使用的数值解法求不同 ζ 值下的无因次时间,制成曲线以备查用;或者利用曲线拟合法得出近似计算公式求取 t_r 和 t_s。

(1) 上升时间 t_r:根据上升时间 t_r 的定义,过阻尼状态下无因次时间 $\omega_n t_r$ 和阻尼比 ζ 的关系曲线,如图 3-17 所示,图中曲线用下式近似描述:

$$t_r \approx \frac{1+1.5\zeta+\zeta^2}{\omega} \tag{3-32}$$

(2) 调节时间 t_s:由式(3-24),令 T_1/T_2 取不同的值,可以解出相应的无因次调节时间 T_1/T_2,t_s/T_1 与 t_s/T_2 之间关系值,绘成的曲线如图 3-18 所示,由于

$$s^2+2\zeta\omega_n s+\omega_n^2=(s+1/T_1)(s+1/T_2)$$

得 ζ 和 T_1/T_2 的关系为

$$\zeta=\frac{1+(T_1/T_2)}{2\sqrt{T_1/T_2}} \tag{3-33}$$

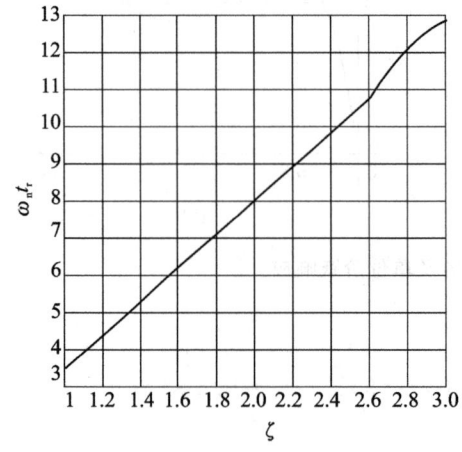
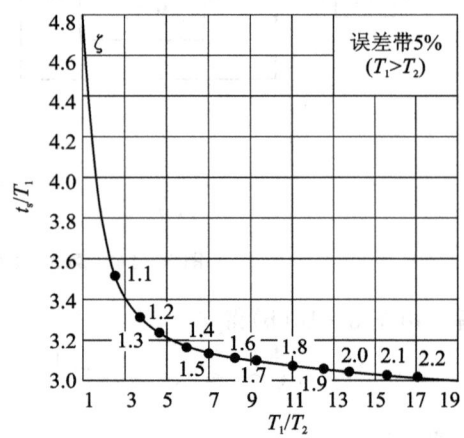

图 3-17 过阻尼二阶系统 $\omega_n \zeta$ 与 ζ 的关系曲线　　图 3-18 过阻尼二阶系统调节时间特性

根据上述分析及图 3-18 知,若知道 T_1,T_2 的数值,查图 3-18 即可求出 t_s 值。当 $T_1>4T_2$ 时,系统可等效为只有一个闭环极点 $-1/T_1$,这时二阶系统可视为一阶系统,调节时间 $t_s=3T$,而由此产生的相对误差不超过 10%。当 $T_1/T_2=1$ 时,由图 3-18 得

$$t_s=4.75T_1 \tag{3-34}$$

例 3-5　单位负反馈控制系统如图 3-19 所示。图中 K 为开环增益,时间常数 $T=0.2$ s。若要求系统的单位阶跃响应无超调,且 $t_s\leq 2$ s,求 K 和 t_r 的值。

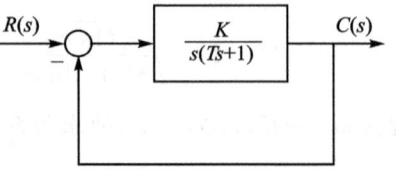

图 3-19 例 3-5 控制系统

解　根据题意,应取 $\zeta=1$。系统闭环传递函数为

$$\Phi(s)=\frac{K/T}{s^2+s/T+K/T}$$

将 $T=0.2$ s 代入上式,且 $\zeta=1$,得 $\omega_n=2.5$。由系统的传递函数知 $\omega_n=\sqrt{K/T}=\sqrt{5K}=2.5$,可求得 $K=1.25$。

当 $\zeta=1$ 时,系统有两个相同的实数根,又因为 $\omega_n^2=1/(T_1 T_2)$,所以 $T_1=T_2=0.4$ s。由式(3-34),求得调节时间为

$$t_s = 4.75T_1 = 1.9 \text{ s}$$

将 $\zeta=1, \omega_n=2.5$ 代入式(3-32),得上升时间为

$$t_r = \frac{1+1.5\zeta+\zeta^2}{\omega_n} = 1.4 \text{ s}$$

3.3.5 二阶系统的单位脉冲响应

输入信号 $r(t)=\delta(t)$,则 $R(s)=1$,图 3-10 所示系统的输出为

$$C(s) = \Phi(s)R(s) = \frac{\omega_n^2}{s^2+2\zeta\omega_n s+\omega_n^2}$$

对上式取拉氏反变换,得不同 ζ 值的单位脉冲响应如下:

(1) 无阻尼($\zeta=0$)

$$c(t) = \omega_n \sin \omega_n t \quad (t \geqslant 0) \tag{3-35}$$

(2) 欠阻尼($0<\zeta<1$)

$$c(t) = \frac{\omega_n}{\sqrt{1-\zeta^2}} e^{-\zeta\omega_n t} \sin \omega_d t \quad (t \geqslant 0) \tag{3-36}$$

(3) 临界阻尼($\zeta=1$)

$$c(t) = \omega_n^2 t e^{-\omega_n t} \quad (t \geqslant 0) \tag{3-37}$$

(4) 过阻尼($\zeta>1$)

$$c(t) = \frac{\omega_n}{2\sqrt{\zeta^2-1}} \left[e^{-(\zeta-\sqrt{\zeta^2-1})\omega_n t} - e^{-(\zeta+\sqrt{\zeta^2-1})\omega_n t} \right] \quad (t \geqslant 0) \tag{3-38}$$

图 3-20 是根据不同 ζ 值给出的一组相应的单位脉冲响应曲线,横坐标是无因次变量 $\omega_n t$,因此曲线仅是 ζ 的函数。由图知,临界阻尼和过阻尼时,单位脉冲响应 $c(t)$ 为正值或等于零,这从式(3-37)和式(3-38)也可以看出来;欠阻尼时,$c(t)$ 围绕零值产生振荡,可能是正,也可能是负;无阻尼时,$c(t)$ 是不衰减的振荡曲线。

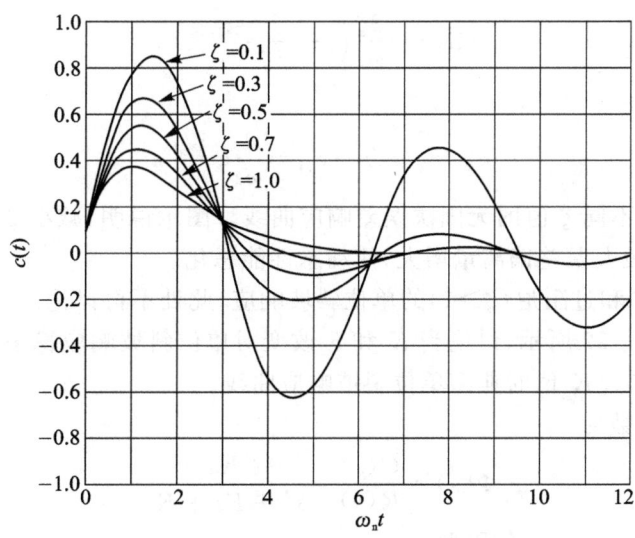

图 3-20 二阶系统单位脉冲响应曲线

3.3.6 二阶系统的单位斜坡响应

输入信号 $r(t)=t$，则 $R(s)=1/s^2$，图 3-10 所示控制系统的输出为

$$C(s)=\Phi(s)R(s)=\frac{\omega_n^2}{(s^2+2\zeta\omega_n s+\omega_n^2)s^2} \tag{3-39}$$

这里只讨论欠阻尼情况下的单位斜坡响应 $(0<\zeta<1)$。

对式(3-39)求拉氏反变换，二阶系统欠阻尼单位斜坡响应为

$$c(t)=t-\frac{2\zeta}{\omega_n}+\frac{1}{\omega_d}e^{-\zeta\omega_n t}\sin(\omega_d t+2\beta) \quad (t\geqslant 0) \tag{3-40}$$

输出响应的稳态分量为

$$c_{ss}=t-\frac{2\zeta}{\omega_n}$$

输出响应的瞬态分量为

$$c_{tt}=\frac{1}{\omega_d}e^{-\zeta\omega_n t}\sin(\omega_d t+2\beta)$$

图 3-10 所示系统的误差响应为

$$e(t)=r(t)-c(t)=\frac{2\zeta}{\omega_n}-\frac{1}{\omega_d}e^{-\zeta\omega_n t}\sin(\omega_d t+2\beta) \quad (t\geqslant 0) \tag{3-41}$$

误差响应 $e(t)$ 的稳态值为稳态误差，用 e_{ss} 表示，即

$$e_{ss}=t-c_{ss}=\frac{2\zeta}{\omega_n} \tag{3-42}$$

对式(3-41)求导并令其为零，得误差响应的峰值时间为

$$t_p=\frac{\pi-\beta}{\omega_d} \tag{3-43}$$

式(3-43)与单位阶跃响应上升时间的公式完全相同。将式(3-43)代入式(3-41)得误差响应的峰值为

$$e(t_p)=\frac{2\zeta}{\omega_n}\left(1+\frac{1}{2\zeta}e^{-\zeta\omega_n t_p}\right)$$

误差最大偏差为

$$e_m=e(t_p)-e_{ss}=\frac{1}{\omega_n}e^{-\zeta\omega_n t_p} \tag{3-44}$$

图 3-21 是几种不同 ζ 值的无因次误差响应曲线。图示说明，减小 ζ 值，可以减小稳态误差及其峰值时间，但最大误差偏离量增大，使动态性能恶化。

临界阻尼 $(\zeta=1)$ 和过阻尼 $(\zeta>1)$ 的单位斜坡响应，此处不再讨论。

例 3-6 如图 3-22 所示，讨论当 K 和 F 改变对单位斜坡响应稳态误差的影响，并画出小 K 值、中等 K 值和大 K 值时典型单位斜坡响应曲线。

解 闭环传递函数为

$$\Phi(s)=\frac{C(s)}{R(s)}=\frac{K}{s^2+Fs+K}$$

对于单位斜坡输入，$R(s)=1/s^2$，因此

$$\frac{E(s)}{R(s)}=\frac{R(s)-C(s)}{R(s)}=\frac{s^2+Fs}{s^2+Fs+K}$$

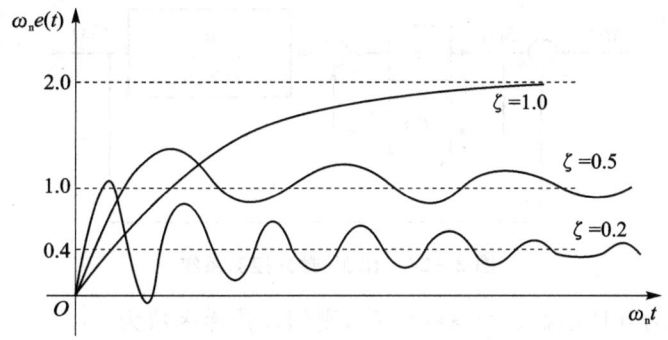

图 3-21 二阶系统单位斜坡误差响应曲线

则
$$E(s) = \frac{s^2 + Fs}{s^2 + Fs + K} \cdot \frac{1}{s^2}$$

由拉氏变换终值定理求得稳态误差：

$$e_{ss} = e(\infty) = \lim_{s \to 0} sE(s) = F/K$$

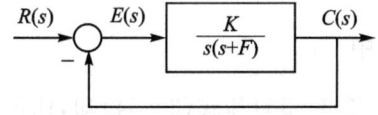

图 3-22 例 3-6 控制系统

从 $e_{ss} = F/K$ 的结论知，增大 K 或减小 F 值，可以减小 e_{ss}。但是由于 $\omega_n = \sqrt{K}$，$\zeta = F/2\omega_n = F/2\sqrt{K}$，增大 K 或减小 F 会使 ζ 减小，导致最大误差偏离量增大，动态性能变坏。若 K 增大一倍，则 e_{ss} 减小到原来数值的一半，而 ζ 值减小到原来数值的 0.707 倍，这是因为 ζ 与 K 值的平方根成反比；若 F 值减小到原来数值的一半，则 e_{ss} 和 ζ 分别减小到原来数值一半。因此增大 K 值比减小 F 值较为合适。

单位斜坡响应在瞬态响应结束而达到稳态时，系统输出速度与输入速度相同，但是输出量与输入量之间存在一个固定的位置误差。三种不同 K 值的典型单位斜坡响应曲线如图 3-23 所示。

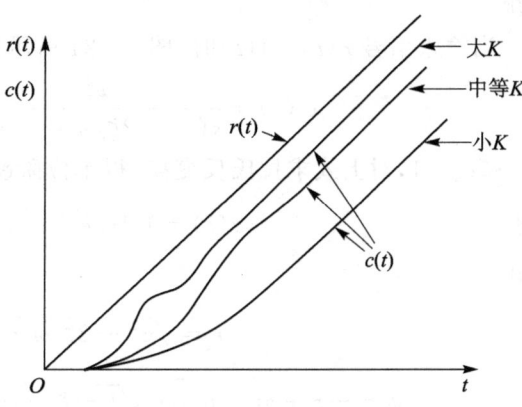

图 3-23 二阶系统单位斜坡响应曲线

3.3.7 改善二阶系统运动性能的措施

调整典型二阶系统的两个特征参数 ζ 和 ω_n 可以改善系统性能，但这种改善功能有限。例如，为了减小阶跃响应的超调量，应增大阻尼比 ζ，但是却降低了响应的初始快速性，即上升时间、峰值时间延长。当系统为了增大阻尼比 ζ 必须以减小自然频率 ω_n 为代价时，系统的快速性降低，稳态误差也会增大。所以，要研究改善系统性能的其他控制方法。

采用比例-微分和测速反馈控制方式可以有效改善二阶系统的动态性能。

1. 比例-微分控制

具有比例-微分控制的二阶系统结构如图 3-24 所示。其中，T_d 为微分时间常数，比例因子是 1，$E(s)$ 为误差信号。其开环传递函数为

$$G(s) = \frac{C(s)}{E(s)} = \frac{\omega_n^2(T_d s + 1)}{s(s + 2\zeta\omega_n)} = \frac{K(T_d s + 1)}{s(s/(2\zeta\omega_n) + 1)} \tag{3-45}$$

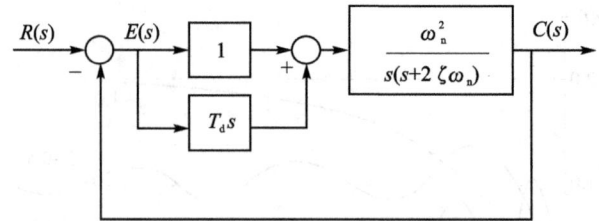

图 3-24 比例-微分控制系统

式中，$K=\omega_n/2\zeta$ 称为开环增益。令 $z=1/T_d$，则闭环传递函数为

$$\Phi(s)=\frac{C(s)}{R(s)}=\frac{\omega_n^2}{z} \cdot \frac{s+z}{s^2+2\zeta_d\omega_n s+\omega_n^2} \tag{3-46}$$

式中

$$\zeta_d=\zeta+\frac{\omega_n}{2z} \tag{3-47}$$

由式(3-53)和式(3-54)知，比例-微分控制不改变自然频率 ω_n，但却增大了阻尼比。适当选择微分时间常数 T_d 的数值，可以使控制系统既有较好的平稳性，又有满意的快速性。

工业上一般将这种控制称为 PD 控制。由于 PD 控制给系统增加了一个闭环零点 $-z=-1/T_d$，所以又被称为有零点的二阶系统，而前述的典型二阶系统被称为无零点的二阶系统。

当输入信号 $r(t)=1(t)$ 时，图 3-24 所示控制系统的输出为

$$C(s)=\frac{\omega_n^2}{s(s^2+2\zeta_d\omega_n s+\omega_n^2)}+\frac{1}{z} \cdot \frac{\omega_n^2}{s^2+2\zeta_d\omega_n s+\omega_n^2}$$

设 $0<\zeta_d<1$，对上式求拉氏反变换，得单位阶跃响应

$$c(t)=1+re^{-\zeta_d\omega_n t}\sin\left(\omega_n\sqrt{1-\zeta_d^2}\,t+\psi\right) \tag{3-48}$$

式中

$$r=\sqrt{z^2-2\zeta_d\omega_n z+\omega_n^2}\Big/\left(z\sqrt{1-\zeta_d^2}\right) \tag{3-49}$$

$$\psi=-\pi+\arctan\left[\omega_n\sqrt{1-\zeta_d^2}\Big/(z-\zeta_d\omega_n)\right]+\arctan\left(\sqrt{1-\zeta_d^2}\Big/\zeta_d\right) \tag{3-50}$$

2. 测速反馈控制

图 3-25 所示结构被称为测速反馈系统。将输出量的速度信号反馈到输入端，并与误差信号 $E(s)$ 比较后，可以用来改善系统的动态性能。

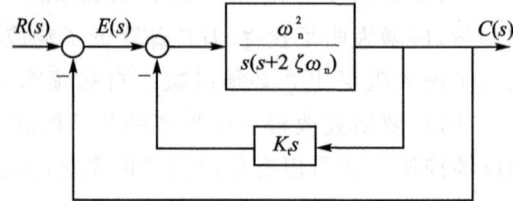

图 3-25 测速反馈控制的二阶系统

图 3-25 所示系统的开环传递函数为

$$G(s)=\frac{\omega_n^2}{s^2+(2\zeta\omega_n+K_t\omega_n^2)s}=\frac{K}{s[s/(2\zeta\omega_n+K_t\omega_n^2)+1]}$$

式中,开环增益 K 为

$$K = \frac{\omega_n}{2\zeta + K_t \omega_n} \qquad (3-51)$$

闭环传递函数

$$\Phi(s) = \frac{\omega_n^2}{s^2 + 2\zeta_t \omega_n s + \omega_n^2} \qquad (3-52)$$

式中

$$\zeta_t = \zeta + \frac{1}{2}K_t \omega_n \qquad (3-53)$$

显然测速反馈控制和比例-微分控制一样不改变自然频率 ω_n,但增大了阻尼比。两种系统的响应如图 3-26 所示。

两种控制系统比较如下:

(1) 测速反馈控制降低了系统的开环增益 K,而比例-微分控制不改变开环增益。

(2) 两种控制方法都不影响自然频率,但增大系统的阻尼比。

(3) 比例-微分控制附加的阻尼作用产生于输入端误差信号的变化;而测速反馈控制的附加阻尼取自系统输出量的变化。比例-微分控制提供了一个实零点,可缩短系统的初始响应,但是在相同的阻尼比时,超调量也大于速度反馈控制。

(4) 比例-微分控制对输入噪声有放大作用,当输入端高频噪声严重时,不宜选用此方法。另外,微分器的输入信号是低能量的误差信号,须选用高质量的前置放大器;而测速反馈控制无须设置放大器,适合任何输出可测的控制系统。

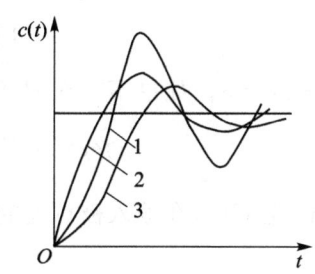

1—原系统;2—微分控制;3—测速反馈控制

图 3-26 不同控制对二阶系统性能改善

3.4 高阶系统的时域分析

由三阶和三阶以上微分方程描述的系统为高阶系统。实际控制系统中多为高阶系统,然而要精确求取高阶系统的动态性能指标却很困难,所以分析高阶系统常采用闭环主导极点的概念。

3.4.1 高阶系统的阶跃响应

系统结构如图 3-27 所示,其闭环传递函数为

$$\Phi(s) = \frac{C(s)}{R(s)} = \frac{G(s)}{1+G(s)H(s)} \qquad (3-54)$$

一般情况下,$G(s),H(s)$ 都是复变量 s 的多项式之比,所以式(3-54)又可以表示为

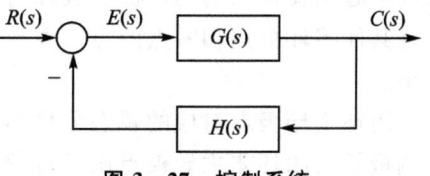

图 3-27 控制系统

$$\Phi(s) = \frac{M(s)}{N(s)} = \frac{b_0 s^m + b_1 s^{m-1} + \cdots + b_{m-1} s + b_m}{a_0 s^n + a_1 s^{n-1} + \cdots + a_{n-1} s + a_n} \qquad (m \leqslant n) \qquad (3-55)$$

将式(3-55)分解成因式,则

$$\Phi(s)=\frac{C(s)}{R(s)}=\frac{M(s)}{N(s)}=K\frac{\prod_{i=1}^{m}(s-z_i)}{\prod_{i=1}^{n}(s-s_i)} \qquad (3-56)$$

式中,$K=b_0/a_0$;z_i 是 $M(s)=0$ 的根,称为闭环零点;s_i 是 $N(s)=0$ 的根,称为闭环极点。因为 $M(s)$,$N(s)$ 都是实系数多项式,所以 z_i,s_i 只能是实数或共轭复数。当输入为单位阶跃函数时,图 3-27 的输出可表示为

$$C(s)=\frac{K\prod_{i=1}^{m}(s-z_i)}{\prod_{j=1}^{q}(s-s_j)\prod_{k=1}^{r}(s^2+2\zeta_k\omega_k s+\omega_k^2)}\cdot\frac{1}{s} \qquad (3-57)$$

式中 $q+2r=n$。如果不存在闭环重极点,则上式按部分分式展开

$$C(s)=\frac{A_0}{s}+\sum_{j=1}^{q}\frac{A_j}{s-s_j}+\sum_{k=1}^{r}\frac{B_k s+C_k}{s^2+2\zeta_k\omega_k s+\omega_k^2} \qquad (3-58)$$

式中,A_0 是 $C(s)$ 在输入极点处的留数,其值为

$$A_0=\lim_{s\to 0}sC(s)=\frac{b_m}{a_n} \qquad (3-59)$$

A_j 是 $C(s)$ 在闭环实极点 s_j 处的留数,其值为

$$A_j=\lim_{s\to s_j}(s-s_j)C(s) \qquad (j=1,2,\cdots,q) \qquad (3-60)$$

B_k,C_k 是 $C(s)$ 在闭环复数极点 $s=-\zeta_k\omega_k\pm j\omega_k\sqrt{1-\zeta_k^2}$ 处的留数有关的常系数。

由式(3-58)知,高阶系统的响应由一阶系统、二阶系统的响应分量组成。对式(3-58)求拉氏反变换,得单位阶跃响应为

$$c(t)=A_0+\sum_{j=1}^{q}A_j e^{s_j t}+\sum_{k=1}^{r}B_k e^{-\zeta_k\omega_k t}\cos\left(\omega_k\sqrt{1-\zeta_k^2}\right)t+$$

$$\sum_{k=1}^{r}\frac{C_k-B_k\zeta_k\omega_k}{\omega_k\sqrt{1-\zeta_k^2}}e^{-\zeta_k\omega_k t}\sin\left(\omega_k\sqrt{1-\zeta_k^2}\right)t \qquad (t\geqslant 0) \qquad (3-61)$$

若所有闭环极点都位于 s 平面左半部,当 $t\to\infty$ 时,式(3-73)中的指数项和阻尼正弦、阻尼余弦项都为零,系统的稳态输出为 A_0。

3.4.2 闭环主导极点

在稳定的高阶系统中,对输出响应起主导作用的闭环极点被称为闭环主导极点,而在输出响应中起次要作用的闭环极点被称为闭环非主导极点。闭环主导极点是距虚轴较近,周围又没有其他闭环极点和零点的点。主导极点的实部值仅为其他闭环极点的实部值的 1/5,甚至更小。

闭环主导极点对应的瞬态分量不仅衰减缓慢,而且对应的幅值较大(附近没有闭环零点构成偶极子);闭环非主导极点由于有较大的负实部,对应的瞬态分量快速衰减到零。因此,闭环主导极点主导系统响应的变化过程。

人们总是希望实际控制系统既有较快的响应速度,又有一定的阻尼程度,还要求减少死区、间隙、库仑摩擦等。因此,往往将高阶系统调整到具有一对闭环主导极点的状态,这样就可以用二阶系统的动态性能估算高阶系统的动态性能,从而将复杂问题简单化。

3.5 控制系统的稳定性

控制系统的稳定性是系统能否正常工作的最基本条件,因此研究系统的稳定性、稳定条件和稳定措施,是控制系统的重要内容。

3.5.1 稳定的基本概念

稳定性概念由俄国学者李雅普诺夫于 1892 年首先提出,并沿用至今。根据该稳定性理论,线性控制系统的稳定性定义为:线性控制系统在初始扰动影响下,其动态过程随时间推移逐渐衰减并趋于零(或原平衡工作点),则称系统渐近稳定,简称稳定;若在初始扰动影响下,其动态过程随时间推移而发散,则称系统不稳定;若在初始扰动影响下,其动态过程随时间的推移虽不能回到原平衡点,但可以保持在原工作点附近的某一有限区域内运动,则称系统临界稳定。

3.5.2 线性系统稳定的充分必要条件

线性系统的稳定性取决于系统自身的结构和参数,与外界条件无关。

理想单位脉冲信号 $\delta(t)$ 作用到初始条件为零的线性系统中,其输出量为脉冲响应 $c(t)$。这相当于系统在扰动作用下,输出信号偏离原工作点的问题。若 $t \to \infty$,则脉冲响应

$$\lim_{t \to \infty} c(t) = 0 \tag{3-62}$$

式(3-62)说明输出增量收敛于原平衡点,线性系统稳定。

n 阶系统的闭环传递函数如式(3-54)所示,设 $s_i(i=1,2,\cdots,n)$ 为特征方程 $D(s)=0$ 的 n 个互不相等的根,由于 $\delta(t)$ 的拉氏变换为 1,故系统输出量的拉氏变换为

$$C(s) = \Phi(s)R(s) = \sum_{i=1}^{n} \frac{A_i}{(s-s_i)} = \frac{K \prod_{i=1}^{m}(s-z_i)}{\prod_{j=1}^{q}(s-s_j) \prod_{k=1}^{r}(s^2 + 2\zeta_k \omega_k s + \omega_k^2)} \tag{3-63}$$

式中,$0 < \zeta_k < 1, q + 2\gamma = n$,$z_i$ 是系统的闭环零点。对式(3-63)求拉氏反变换,得系统的脉冲响应为

$$c(t) = \sum_{j=1}^{q} A_j e^{s_j t} + \sum_{k=1}^{r} B_k e^{-\zeta_k \omega_k t} \cos\left(\omega_k \sqrt{1-\zeta_k^2}\right)t +$$

$$\sum_{k=1}^{r} \frac{C_k - B_k \zeta_k \omega_k}{\omega_k \sqrt{1-\zeta_k^2}} e^{-\zeta_k \omega_k t} \sin\left(\omega_k \sqrt{1-\zeta_k^2}\right)t \qquad (t \geqslant 0) \tag{3-64}$$

式(3-64)说明,若系统的特征根全部具有负实部,则式(3-62)成立,系统稳定;若系统有一个或一个以上正实根或实部为正的共轭复根,则 $\lim_{t \to \infty}(t) \to \infty$,系统不稳定;若系统特征根有一个或一个以上是零实部根,其余的特征根为负实部,则脉冲响应 $c(t)$ 趋于常数,或趋于等幅正弦振荡,依照稳定性定义,此时系统不属于渐进稳定,在这种情况下,系统处于稳定和不稳定的临界状态,通常称之为临界稳定。在经典控制理论中,只有渐进稳定的系统才属于稳定系统,临界稳定状态属于不稳定。

综上所述,线性系统稳定的充分必要条件是:闭环系统特征方程的所有根均具有负实部。或者说,闭环传递函数的极点均严格位于左半 s 平面。

3.5.3 线性系统稳定的代数判据

根据系统稳定的充要条件判断线性系统的稳定性，必须求出系统的全部特征根。由于求高阶系统根的工作量很大，因此总希望有一种不用求解特征方程的根，就可以判断出系统是否稳定的方法。而劳思判据、赫尔维茨判据就是根据闭环特征方程各项的系数，判断分析系统稳定性的代数判据。由于这些判据的原理相同，因此在此仅介绍劳思稳定判据。

1. 劳思稳定判据

闭环系统的稳定性可以由劳思判据给出。设线性系统的闭环特性方程为

$$D(s) = a_0 s^n + a_1 s^{n-1} + \cdots + a_{n-1} s + a_n = 0 \tag{3-65}$$

将式(3-65)的各项系数构造劳思表3-3。从表的结构知，劳思表有$(n+1)$行，第一、二行各元素是特征方程各项的系数，以后各元素按表3-3所列规律逐行进行，运算中空位置为零。

表 3-3 劳思表

s^n	a_0	a_2	a_4	a_6	…
s^{n-1}	a_1	a_3	a_5	a_7	…
s^{n-2}	$c_{13}=\dfrac{a_1 a_2 - a_0 a_3}{a_1}$	$c_{23}=\dfrac{a_1 a_4 - a_0 a_5}{a_1}$	$c_{33}=\dfrac{a_1 a_6 - a_0 a_7}{a_1}$	c_{43}	…
s^{n-3}	$c_{14}=\dfrac{c_{13} a_3 - a_1 c_{23}}{c_{13}}$	$c_{24}=\dfrac{c_{13} a_5 - a_1 c_{33}}{c_{13}}$	$c_{34}=\dfrac{c_{13} a_7 - a_1 c_{43}}{c_{13}}$	c_{44}	…
…	…	…	…	…	
s^2	$c_{1,n-1}$	$c_{2,n-1}$			
s^1	$c_{1,n}$				
s^0	$c_{1,n+1}$				

劳思稳定判据为：特征方程(3-65)所表征线性系统稳定的充分必要条件是，劳思表中第一列各元素严格为正。如果劳思表第一列中出现小于零的数值，则系统不稳定，且第一列各元素符号改变的次数，代表特征方程(3-65)正实根的数目。

例3-7 已知线性系统的闭环特征方程为 $D(s) = s^4 + 2s^3 + 3s^2 + 4s + 5 = 0$，试用劳思稳定判据判断系统的稳定性。

解 按表3-3所列规律，得劳思表如下：

$$
\begin{array}{llll}
s^4 & 1 & 3 & 5 \\
s^3 & 2 & 4 & \\
s^2 & 1 & 5 & \\
s^1 & -6 & 0 & \\
s^0 & 5 & & \\
\end{array}
$$

由于劳思表第一列元素符号变化两次，系统有两个正实部根，该系统不稳定。

2. 劳思稳定判据的特殊情况

应用劳思判据建立的劳思表，有时会遇到两种情况，使计算无法进行。因此需要进行数学处理，而处理的原则是不影响劳思稳定判据的判断结果。

（1）劳思表中某行第一列元素等于零而其余各元素不为零，或不全为零：如果出现这种情

况，则计算劳思表下一行第一元素时，会出现无穷现象，使劳思稳定判据无法使用。例如，闭环系统特征方程为

$$D(s) = s^4 + 3s^3 + s^2 + 3s + 1 = 0 \tag{3-66}$$

列劳思表为

s^4	1	1	1
s^3	3	3	
s^2	0	1	
s^1	∞		

有两种方法可以解决这种情况。第一种是用因子$(s+a)$乘原特征方程，a是正实数，再对新特征方程应用劳思判据判断。如用$(s+3)$乘式(3-66)，得新特征方程为

$$D(s) = s^5 + 6s^4 + 10s^3 + 6s^2 + 10s + 3 = 0$$

列劳思表为

s^5	1	10	10
s^4	6	6	3
s^3	9	9.5	
s^2	-0.33	3	
s^1	91.4	0	
s^0	3		

可见第一列元素符号改变两次，所以有两个正实部根，系统不稳定。

第二种方法是用一个小正数ε代替第一列中等于零的元素，继续劳思表的列写，最后取$\varepsilon \to 0$即可。如式(3-66)的劳思表为

s^4	1	1	1
s^3	3	3	
s^2	ε	1	
s^1	$3-3/\varepsilon$		
s^0	1		

因为$\varepsilon \to 0$，所以$3-3/\varepsilon < 0$，劳思表第一列变符号两次，系统有两个正实部根，系统不稳定。显然两种处理方法判断结果相同。

(2) 劳思表中出现全零行：若系统中存在对称坐标原点的极点时会出现全零行。如果劳思表中出现全零行，可用全零行上面一行的系数构造一个辅助方程$F(s)=0$，并对辅助方程的s求导，其导数方程的系数代替全零行的各元素，就可按劳思稳定判据的要求继续运算下去。辅助方程的次数通常为偶数，它表明数值相同符号相反的根数，而且这些根可由辅助方程求出。

例 3-8 闭环系统特征方程如下，试用劳思稳定判据判别系统的稳定性：

$$D(s) = s^3 + 10s^2 + 16s + 160 = 0$$

解 列劳思表为

s^3	1	16	
s^2	10	160	←辅助方程$F(s)=0$的系数
s^1	0	0	←出现全零行

由 s^2 行系数构造辅助方程为
$$F(s) = 10s^2 + 160$$
对辅助方程 $F(s)$ 的变量 s 求导数,得导数方程
$$\frac{dF(s)}{ds} = 20s + 0$$
用导数方程的系数代替全零行相应的元素,得新劳思表为

s^3	1	16
s^2	10	160
s^1	20	0 ←构成新行
s^0	160	

第一列不变号,故系统无正实部根;但因出现全零行,解辅助方程 $F(s)$ 得一对共轭复根 $s_{1,2} = \pm j4$,所以系统属临界稳定。

3. 劳思稳定判据的应用

劳思稳定判据虽然可以判断系统的稳定性,但不能表明系统特征根在 s 平面上相对虚轴的距离。当需要知道系统的相对稳定性时,可以移动 s 平面的坐标轴线,然后再使用劳思判据。其方法是将 $s = z - a$(a = 常数)代入系统的特征方程,写出 z 变量的新多项式,并根据此新多项式应用劳思判据。由新多项式构成的劳思表中,第一列符号变化的次数,就等于位于垂线 $s = -a$ 右边根的数目。该法可以检验系统的相对稳定性。

例 3-9 已知单位负反馈系统的开环传递函数
$$G(s)H(s) = \frac{650(s + K_1)}{s^2(s + 20)}$$
(1) 用劳思稳定判据确定使系统稳定 K_1 的取值范围;
(2) 如果要求闭环极点全部位于 $s = -1$ 垂线之左,求 K_1 的取值范围。

解 (1) 系统的闭环传递函数为
$$\Phi(s) = \frac{650(s + k_1)}{s^3 + 20s^2 + 650s + 650K_1}$$
闭环特征方程为
$$D(s) = s^3 + 20s^2 + 650s + 650K_1 = 0 \tag{3-67}$$
相应的劳思表为

s^3	1	650
s^2	20	$650K_1$
s^1	$\dfrac{20 \times 650 - 650K_1}{20}$	
s^0	$650K_1$	

根据劳思稳定判据,使系统稳定的 K_1 取值范围是 $0 < K_1 < 20$。

(2) 根据题意,将 $s = z - 1$ 代入式(3-67),得如下新特征方程:
$$D(z) = z^3 + 17z^2 + 613z + (650K_1 - 631) = 0$$
相应的劳思表为

z^3	1	613
z^2	17	$650K_1 - 631$
z^1	$\dfrac{17 \times 613 - 650K_1 + 631}{17}$	
z^0	$650K_1 - 631$	

根据劳思判据,得全部闭环极点位于 $s=-1$ 垂线之左的 K_1 取值范围是 $0.97 < K_1 < 17$。

3.6　控制系统的稳态误差

控制系统的稳态误差是系统控制精度的一种度量,是系统的稳态性能指标。由于系统的自身结构、输入信号的类型(控制量还是扰动量)、输入函数的形式(阶跃、斜坡、加速度信号)不同,控制系统的稳态输出不可能在任意情况下都与输入量(希望输出)一致,因而会产生原理性稳态误差。此外,组成系统元件存在的不灵敏区、间隙、零漂等非线性因素也会造成附加稳态误差。尽可能减小系统的稳态误差是控制系统设计中非常重要的任务。

稳定的系统研究稳态误差才有意义,所以计算稳态误差应以系统稳定为前提。

3.6.1　误差的定义

控制系统的输入信号一般包括参考输入信号和扰动输入信号,这些信号均会引入相应的误差。典型的多输入控制系统结构如图 3-28 所示。输入信号 $R(s)$ 为参考输入,为希望的控制规律,$N(s)$ 为扰动输入,是干扰信号。

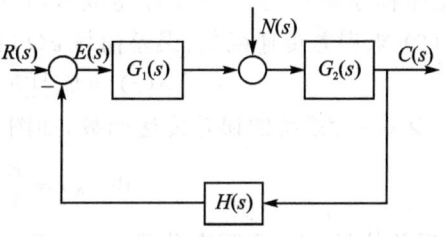

图 3-28　多输入控制系统结构图

系统的误差通常有两种定义方法:按输入端定义和按输出端定义。为了说明两种定义的关系,先不考虑扰动信号 $N(s)$,只考虑参考输入信号 $R(s)$,图 3-28 可以简化为图 3-29(a),图 3-29(b)为图 3-29(a)等效变换后转化成的形式。

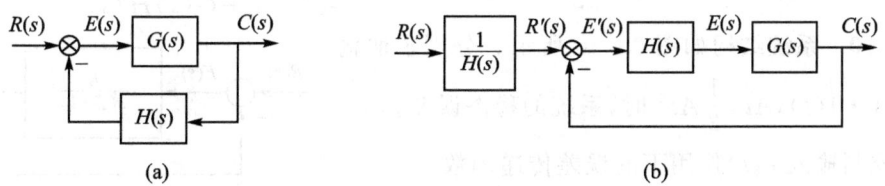

图 3-29　控制系统结构图及误差定义

(1) 按输入端定义误差,即把偏差定义为误差

$$E(s) = R(s) - H(s)C(s) \tag{3-68}$$

(2) 按输出端定义误差

$$E'(s) = \frac{R(s)}{H(s)} - C(s) \tag{3-69}$$

按输入端定义的误差 $E(s)$(偏差)通常在实际系统中可以测量,具有一定的物理意义,但误差的理论含义不十分明显;按系统输出端定义误差 $E'(s)$ 是希望输出 $R'(s)$ 与实际输出

$C(s)$ 之差,比较接近误差的理论意义,但通常不可测量,只有数学意义。两种误差定义之间的关系是

$$E'(s) = E(s)/H(s) \qquad (3-70)$$

对单位反馈系统而言,上述两种定义是一致的。若不特别说明,以后讨论的误差都是按输入端定义的误差(偏差),如果需要求输出端误差 $E'(s)$,则可以通过式(3-70)换算。

对于线性系统而言,可以分别计算参考输入信号和扰动信号作用下的稳态误差,再利用叠加原理计算综合的稳态误差。下面分别介绍输入信号下的稳态误差和扰动信号下的稳态误差。

3.6.2 参考输入作用下的稳态误差(e_{ssr})

计算参考输入作用下稳态误差的方法通常有两种,一种是终值定理法,另一种是静态误差系数法。

1. 终值定理法

计算稳态误差最常用的方法是终值定理法。此方法适合各种情况下的稳态误差计算,具体计算分三步。

(1) 判定系统的稳定性:稳定是系统正常工作的前提条件,否则求稳态误差没有意义。终值定理应用的条件是 $sE(s)$ 在右半 s 平面及虚轴上解析,即 $sE(s)$ 的极点均位于 s 平面左半部(包括坐标原点)。当系统不稳定或 $R(s)$ 的极点位于虚轴上以及虚轴右边时,该条件不满足。

(2) 求误差传递函数:误差信号 $e(t)$ 也是时间的函数,为 $E(s)$ 的拉氏反变换,即

$$e(t) = \mathscr{L}^{-1}[E(s)] = \mathscr{L}^{-1}[\Phi_e(s)R(s)]$$

式中,$\Phi_e(s)$ 为系统的误差传递函数,如图 3-29(a)所示,$\Phi_e(s)$ 为

$$\Phi_e(s) = \frac{E(s)}{R(s)} = \frac{1}{1+G(s)H(s)} \qquad (3-71)$$

误差信号 $e(t)$ 由瞬态分量 $e_{tt}(t)$ 和稳态分量 $e_{ss}(t)$ 两部分组成。由于系统必须稳定,当 $t \to \infty$ 时,$e_{tt}(t)$ 等于零,因此,稳态误差 $e(t)$ 的稳态分量 $e_{ssr}(t)$ 常以 e_{ssr} 表示。

(3) 用终值定理求稳态误差:由图 3-29(a)所示结构图,稳态误差为

$$e_{ssr} = \lim_{s \to 0} sE(s) = \lim_{s \to 0} s \cdot \Phi_e(s)R(s) = \lim_{s \to 0} s \cdot \frac{R(s)}{1+G(s)H(s)} \qquad (3-72)$$

例 3-10 系统结构如图 3-30 所示。分别求取输入 $r(t) = A \cdot 1(t), At, \frac{1}{2}At^2$ 时,系统的稳态误差。

解 控制输入 $r(t)$ 作用下的误差传递函数

$$\Phi_e(s) = \frac{E(s)}{R(s)} = \frac{1}{1+\dfrac{K}{s(Ts+1)}} = \frac{s(Ts+1)}{s(Ts+1)+K}$$

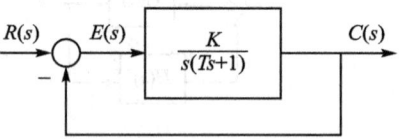

图 3-30 例 3-10 系统结构图

系统特征方程

$$D(s) = Ts^2 + s + K = 0$$

设 $T > 0, K > 0$,保证系统稳定。控制输入下的稳态误差为

$$e_{ssr} = \lim_{s \to 0} s\Phi_e(s)R(s)$$

$r(t) = A \cdot 1(t)$ 时 $\qquad e_{ssr} = \lim_{s \to 0} s \dfrac{s(Ts+1)}{s(Ts+1)+K} \cdot \dfrac{A}{s} = 0$

$r(t)=At$ 时 $\qquad e_{ssr}=\lim\limits_{s\to 0} s\,\dfrac{s(Ts+1)}{s(Ts+1)+K}\cdot\dfrac{A}{s^2}=\dfrac{A}{K}$

$r(t)=\dfrac{1}{2}At^2$ 时 $\qquad e_{ssr}=\lim\limits_{s\to 0} s\,\dfrac{s(Ts+1)}{s(Ts+1)+K}\cdot\dfrac{A}{s^3}=\infty$

例 3-11 设单位负反馈系统的开环传递函数为 $G(s)=1/(Ts)$，求系统在输入信号为 $r(t)=\sin\omega t$ 时的稳态误差。

解 $r(t)=\sin\omega t$，拉氏变换得 $R(s)=\dfrac{\omega}{s^2+\omega^2}$，系统的误差为

$$E(s)=R(s)\Phi_e(s)=\dfrac{\omega}{s^2+\omega^2}\cdot\dfrac{Ts}{Ts+1}$$

$$=-\dfrac{T\omega}{T^2\omega^2+1}\cdot\dfrac{1}{s+1/T}+\dfrac{T\omega}{T^2\omega^2+1}\cdot\dfrac{s}{s^2+\omega^2}+\dfrac{T^2\omega^3}{T^2\omega^2+1}\cdot\dfrac{1}{s^2+\omega^2}$$

拉氏反变换得

$$e_{ssr}=\dfrac{T\omega}{T^2\omega^2+1}\cos\omega t+\dfrac{T^2\omega^3}{T^2\omega^2+1}\sin\omega t$$

显然，稳态误差不为 0。

若用终值定理求解正弦输入下的稳态误差，得

$$e_{ssr}=\lim\limits_{s\to 0} sE(s)=\lim\limits_{s\to 0} s\,\dfrac{\omega}{s^2+\omega^2}\cdot\dfrac{Ts}{Ts+1}=0$$

显然，由于正弦函数的拉氏变换在虚轴上不解析，不符合使用终值定理的条件，因此用终值定理求出的稳态误差也是错误的。

2. 静态误差系数法

(1) 系统型别

由式(3-72)知，控制系统的稳态误差与开环传递函数 $G(s)H(s)$ 的结构、输入信号 $R(s)$ 的形式有关。输入信号的形式确定后，稳态误差就取决于开环传递函数的结构。下面按系统跟踪不同输入信号的能力进行分类。

根据图 3-29(a)所示系统结构图，系统的开环传递函数为

$$G(s)H(s)=\dfrac{K\prod\limits_{i=1}^{m}(\tau_i s+1)}{s^\upsilon \prod\limits_{j=1}^{n-\upsilon}(T_j s+1)} \qquad (3-73)$$

式中，K 为开环增益；τ_i 和 T_j 为时间常数；υ 为开环积分环节的数目，称为系统的型别，或无差度。按 υ 的数值不同，系统分类如下：

$\upsilon=0$，称为 0 型系统，或有差系统；

$\upsilon=1$，称为 Ⅰ 型系统，或一阶无差系统；

$\upsilon=2$，称为 Ⅱ 型系统，或二阶无差系统；

$\upsilon>2$，除复合控制外，系统难以稳定，在此不作讨论。

令 $\qquad G_0(s)H_0(s)=\dfrac{\prod\limits_{i=1}^{m}(\tau_i s+1)}{\prod\limits_{j=1}^{n-\upsilon}(T_j s+1)} \qquad (3-74)$

当 $s \to 0$ 时,有 $G_0(s)H_0(s) \to 1$,式(3-73)可表示为

$$G(s)H(s) = \frac{K}{s^v}G_0(s)H_0(s) \tag{3-75}$$

控制输入 $r(t)$ 作用下的误差传递函数可表示为

$$\Phi_e(s) = \frac{E(s)}{R(s)} = \frac{1}{1 + \frac{K}{s^v}G_0(s)H_0(s)} \tag{3-76}$$

稳态误差计算式可表示为

$$e_{ssr} = \frac{\lim_{s \to 0}[s^{v+1}R(s)]}{K + \lim_{s \to 0} s^v} \tag{3-77}$$

式(3-77)说明系统的型别、开环增益、输入信号的形式和幅值决定稳态误差的数值。下面分析不同型别的系统在阶跃、斜坡和加速度函数作用下的稳态误差。

(2) 利用静态误差系数求取典型输入信号下系统的稳态误差

① 利用静态位置误差系数求阶跃输入下系统的稳态误差

设输入 $r(t) = A \cdot 1(t)$,则 $R(s) = A/s$,A 是阶跃函数的幅值。由式(3-72)得系统的稳态误差为

$$e_{ssr} = \lim_{s \to 0} s\Phi_e(s)R(s) = \lim_{s \to 0} s \cdot \frac{1}{1 + G(s)H(s)} \cdot \frac{A}{s} = \frac{A}{1 + \lim_{s \to 0} G(s)H(s)} \tag{3-78}$$

定义静态位置误差系数

$$K_p = \lim_{s \to 0} G(s)H(s) = \lim_{s \to 0} \frac{K}{s^v} \tag{3-79}$$

则阶跃输入下的稳态误差为

$$e_{ssr} = \frac{A}{1+K_p} = \begin{cases} A/(1+K) = 常数 & (v=0) \\ 0 & (v \geqslant 1) \end{cases} \tag{3-80}$$

要使系统在阶跃输入下稳态误差 e_{ssr} 为零,必须选用 I 型或 I 型以上的系统,而 0 型系统在阶跃输入下存在非零的稳态误差。

② 利用静态速度误差系数求斜坡输入下系统的稳态误差

设输入 $r(t) = At$,A 为斜坡输入函数的斜率,由式(3-72)得系统的稳态误差为

$$e_{ssr} = \lim_{s \to 0} s\Phi_e(s)R(s) = \lim_{s \to 0} s \cdot \frac{1}{1 + G(s)H(s)} \cdot \frac{A}{s^2} = \frac{A}{\lim_{s \to 0} sG(s)H(s)} \tag{3-81}$$

定义静态速度误差系数

$$K_v = \lim_{s \to 0} sG(s)H(s) = \lim_{s \to 0} \frac{K}{s^{v-1}} \tag{3-82}$$

则斜坡输入下的稳态误差为

$$e_{ssr} = \frac{A}{K_v} = \begin{cases} \infty & (v=0) \\ A/K = 常数 & (v=1) \\ 0 & (v \geqslant 2) \end{cases} \tag{3-83}$$

由式(3-83)知,0 型系统不能跟踪斜坡输入;I 型系统存在有限误差值,表明稳态输出时的速度和输入速度相同;选用 II 型以上系统可以保证在斜坡输入下不存在稳态误差。

③ 利用静态加速度误差系数求加速度输入下系统的稳态误差

设输入 $r(t)=A\dfrac{t^2}{2}$,A 是加速度输入函数的速度变化率,由式(3-72)得系统的稳态误差为

$$e_{ssr}=\lim_{s\to 0}s\Phi_e(s)R(s)=\lim_{s\to 0}s\cdot\frac{1}{1+G(s)H(s)}\cdot\frac{A}{s^3}=\frac{A}{\lim_{s\to 0}s^2G(s)H(s)} \quad (3-84)$$

定义静态加速度误差系数

$$K_a=\lim_{s\to 0}s^2G(s)H(s)=\lim_{s\to 0}\frac{K}{s^{\nu-2}} \quad (3-85)$$

则加速度输入下的稳态误差为

$$e_{ssr}=\frac{A}{K_a}=\begin{cases}\infty & (\nu=0,1)\\ A/K=常数 & (\nu=2)\\ 0 & (\nu\geqslant 3)\end{cases} \quad (3-86)$$

由式(3-86)知,0 型、Ⅰ型系统不能跟踪加速度输入信号;Ⅱ型系统稳态时输出、输入加速度相同;Ⅲ型以上系统在加速度输入时不存在稳态误差,但是对Ⅲ型系统,只有复合控制系统才可能使其稳定。

系统的型别、静态误差系数、输入信号形式之间的关系汇总于表 3-4 中。

表 3-4 输入信号作用下的稳态误差

系统型别	静态误差系数			阶跃输入 $r(t)=A\cdot 1(t)$	斜坡输入 $r(t)=At$	加速度输入 $r(t)=At^2/2$
	K_p	K_v	K_a	位置误差 $e_{ssr}=A/(1+K_p)$	速度误差 $e_{ssr}=A/K_v$	加速度误差 $e_{ssr}=A/K_a$
0	K	0	0	$A/(1+K)$	∞	∞
Ⅰ	∞	K	0	0	A/K	∞
Ⅱ	∞	∞	K	0	0	A/K

假如系统的输入信号是多种典型函数的组合,如 $r(t)=(A+Bt+Ct^2/2)\cdot 1(t)$,可根据线性迭加原理求稳态误差,即

$$e_{ssr}=\frac{A}{1+K_p}+\frac{B}{K_v}+\frac{C}{K_a}$$

表 3-4 揭示了控制输入作用下系统稳态误差随系统结构、参数及输入形式变化的规律。即在输入一定时,增大开环增益 K,可以减小稳态误差;增加开环传递函数中的积分环节数,可以消除稳态误差。

静态误差系数 K_p、K_v、K_a 定量描述了系统跟踪不同输入信号的能力。当确定了输出希望值、容许的稳态误差以及输入信号形式后,就可以根据静态误差系数选择系统型别及开环增益。

应用静态误差系数法要注意其适用条件:① 系统必须稳定;② 误差是按输入端定义的;③ 只能用于计算典型输入时的终值误差,并且输入信号不能有其他的前馈通道。

对任意形式输入作用下的稳态误差可用动态误差系数描述,动态误差系数还可以测查误差随时间的变化过程。如果需要了解相关知识,可以在有关书籍中查找,本书在此不予讨论。

例 3-12 系统结构如图 3-31 所示。已知输入 $r(t)=2t+4t^2$,求系统的稳态误差。

解 系统开环传递函数为

$$G(s)H(s) = \frac{K_1(Ts+1)}{s^2(s+a)}$$

开环增益 $K = \dfrac{K_1}{a}$，系统型别 $v=2$。

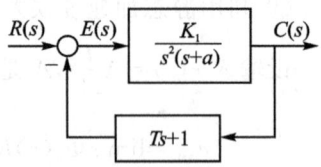

图 3-31 例 3-12 系统结构图

系统闭环传递函数

$$\Phi(s) = \frac{K_1}{s^2(s+a) + K_1(Ts+1)}$$

特征方程 $\quad D(s) = s^3 + as^2 + K_1 Ts + K_1 = 0$

列劳思表判定系统稳定性

s^3	1	$K_1 T$	
s^2	a	K_1	$a > 0$
s^1	$\dfrac{(aT-1)K_1}{a}$	0	$aT > 1$
s^0	K_1		$K_1 > 0$

设参数满足稳定性要求，利用表 3-4 计算系统的稳态误差。

当 $r_1(t) = 2t$ 时 $\quad e_{ssr1} = 0$

当 $r_2(t) = 4t^2 = 8 \times \dfrac{1}{2} t^2$ 时 $\quad e_{ssr2} = \dfrac{A}{K} = \dfrac{8a}{K_1}$

故得 $\quad e_{ssr} = e_{ssr1} + e_{ssr2} = \dfrac{8a}{K_1}$

例 3-13 系统的结构图及单位阶跃响应分别如图 3-32 的(a)、(b)所示，系统的稳态误差 $e_{ssr} = 0$，试确定 K, T 和 v 的值。

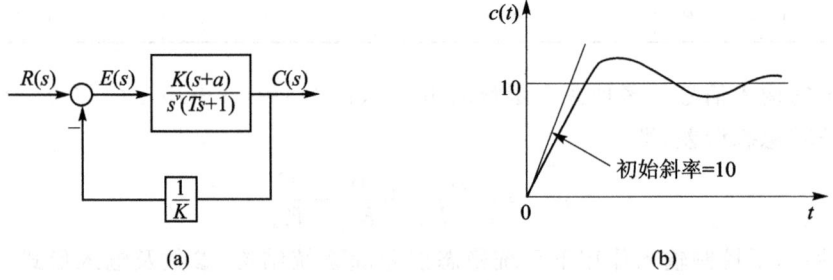

图 3-32 例 3-13 系统结构图和阶跃响应

解 依题意

$$G(s) = \frac{s+a}{s^v(Ts+1)}, \quad \Phi(s) = \frac{K(s+a)}{s^v(Ts+1)+s+a} = \frac{K(s+a)}{Ts^{v+1}+s^v+s+a}$$

因为 $r(t) = 1(t)$，$e_{ssr} = 0$，所以 $G(s)$ 应是 I 型及 I 型以上系统，即 $v \geq 1$。由图 3-32(b) 收敛，说明系统是稳定的，则特征式 $D = Ts^{v+1} + s^v + s + a = 0$ 中不能缺项，应有 $v \leq 2$。

$v = 2$ 时，$\Phi(s)$ 分母、分子多项式的最高次幂的差为 $3-1=2$，此时系统单位阶跃响应的初始斜率由下式算得

$$c(0) = \lim_{s \to \infty} sC(s)$$

$$c'(0) = \lim_{s \to \infty} s[sC(s) - c(0)] = \lim_{s \to \infty} s\left[s \cdot \Phi(s) \cdot \frac{1}{s} - c(0)\right] = \lim_{s \to \infty} s\Phi(s) - 0 = 0$$

显然与题意不符,因为图 3-32(b)中,$c'(0)=10$,故 υ 只能是 1。

依图 3-32(b)所示,可得

$$c(\infty)=10=\lim_{s\to\infty} s\cdot\Phi(s)\cdot R(s)=\lim_{s\to\infty} s\cdot\frac{K(s+a)}{Ts^2+2s+a}\cdot\frac{1}{s}=K$$

即 $K=10$, $c'(0)=10=\lim_{s\to\infty} s\cdot\Phi(s)=\lim_{s\to\infty}\cdot\frac{K+a/s}{T+2/s+a/s^2}=\frac{K}{T}$

得 $T=K/10=1$

因此求得 $K=10$, $T=1$, $\upsilon=1$

例 3-14 设控制系统如图 3-33 所示,其中 K_1, K_2 为正常数,β 为非负常数。试分析:

(1) β 值对系统稳定性的影响;

(2) β 值对系统阶跃响应动态性能的影响;

(3) β 值对系统单位斜坡响应稳态误差的影响。

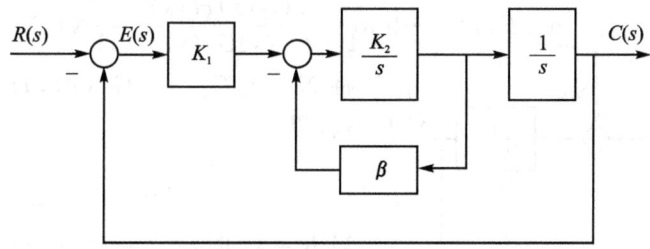

图 3-33 例 3-14 控制系统结构图

解 $\Phi(s)=\dfrac{C(s)}{R(s)}=\dfrac{K_1K_2/s^2}{1+K_2\beta/s+K_1K_2/s^2}=\dfrac{K_1K_2}{s^2+K_2\beta s+K_1K_2}$

(1) 系统特征方程为 $D(s)=s^2+K_2\beta s+K_1K_2=0$,可见 $\beta>0$ 时,系统稳定;$\beta=0$ 时,系统临界稳定。

(2) $\omega_n=\sqrt{K_1K_2}$,$\zeta=\dfrac{\beta}{2}\cdot\sqrt{\dfrac{K_2}{K_1}}$,当 β 增大时,阻尼比 ζ 增大,超调量 σ 减小。

(3) 系统的开环传递函数

$$G(s)=\frac{K_1K_2}{s(s+K_2\beta)}=\frac{K_1/\beta}{s(s/K_2\beta+1)}$$

开环增益 $K=K_1/\beta$,当 $r(t)=t$ 时,$e_{ssr}=1/K=\beta/K_1$,所以稳态误差会随 β 的增大而增大。

3.6.3 扰动输入作用下的稳态误差(e_{ssn})

控制系统不仅承受输入信号的作用,还会受到各种扰动的影响。讨论干扰引起的稳态误差与系统结构参数的关系,可为合理设计系统结构、确定参数、提高系统抗干扰能力提供参考。在系统稳定的前提下,扰动作用下稳态误差的计算只能用终值定理法。

设控制系统结构如图 3-28 所示,现分析干扰作用产生的稳态误差。

$$e_{ssn}=\lim_{s\to 0}s\Phi_{en}(s)N(s)=\lim_{s\to 0}s\frac{-G_2(s)H(s)}{1+G_1(s)G_2(s)H(s)}N(s)$$

当 $|G_1(s)G_2(s)H(s)|\gg 1$ 时,有

$$e_{ssn}\approx\lim_{s\to 0}s\frac{-1}{G_1(S)}N(s)$$

即在深度反馈条件下,e_{ssn} 主要与 $N(s)$ 和 $G_1(s)$ 有关,而 $G_1(s)$ 是主反馈口到干扰作用点之间前向通道的传递函数。

由于扰动作用在系统的不同位置,当系统对输入信号作用时的稳态误差为零时,对同一形式的扰动作用,其稳态误差未必一定是零。

扰动单独作用时系统的输出为 $C_n(s) = -E_n(s)/H(s)$。

例 3-15 控制系统的结构如图 3-34 所示,扰动作用 $N(s)=2/s$。求 $K=40,K=20$ 时系统在扰动作用下稳态误差。

解 由图 3-34 知,$G_1(s)=\dfrac{K}{0.05s+1}$,$G_2(s)=\dfrac{1}{s+5}$,$H(s)=2.5$,令 $R(s)=0$,在 $N(s)$ 作用下,误差表达式为

$$E(s) = -\frac{G_2(s)H(s)}{1+G_1(s)G_2(s)H(s)} \cdot N(s)$$

稳态误差

$$e_{ssn} = \lim_{s \to 0} sE(s) = -\lim_{s \to 0} \frac{sG_2(s)H(s)}{1+G_1(s)G_2(s)H(s)} N(s)$$

将 $N(s),G_1(s),G_2(s),H(s)$ 表达式代入上式,得

$$e_{ssn} = -\frac{1}{1+0.5K}$$

当 $K=40$ 时,$e_{ssn}=-0.048$;当 $K=20$ 时,$e_{ssn}=-0.091$。

可见,开环增益减小将使扰动作用下系统稳态误差的绝对值增大。

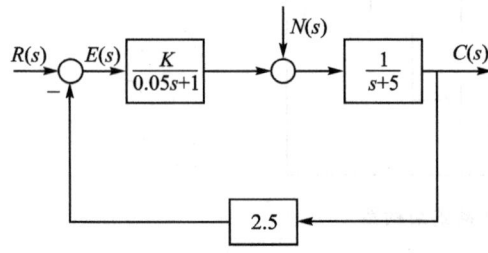

图 3-34 例 3-15 控制系统结构图

3.6.4 改善控制系统稳态性能的措施

为了减小和消除系统的稳态误差,改善系统的稳态性能,通常有增大比例环节增益和增加积分环节两种方法。

例 3-16 系统结构如图 3-35 所示。在扰动点之前的前向通道中引入比例积分环节 K_1/s_1,在扰动点之后的前向通道中引入比例积分环节 K_2/s_2(为区分之,分别注以不同的下标),讨论增益和积分环节分别对控制输入 $r(t)=t^2/2$ 和干扰输入 $n(t)=At$ 作用下产生稳态误差的作用。

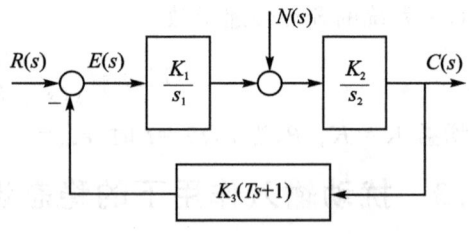

图 3-35 例 3-16 控制系统结构图

解 系统开环传递函数为

$$G(s) = \frac{K_1 K_2 K_3 (Ts+1)}{s_1 s_2}, \quad \begin{cases} K=K_1 K_2 K_3 \\ v=2 \end{cases}$$

(1) $r(t)$ 作用下系统的误差传递函数为

$$\Phi_e(s) = \frac{E(s)}{R(s)} = \frac{s_1 s_2}{s_1 s_2 + K_1 K_2 K_3 (Ts+1)}$$

系统特征多项式 $\quad D(s) = s_1 s_2 + K_1 K_2 K_3 Ts + K_1 K_2 K_3 = 0$

当 $\begin{cases} K_1K_2K_3>0 \\ T>0 \end{cases}$ 时系统稳定。当 $r(t)=t^2/2$ 时,系统稳态误差为

$$e_{\text{ssr}} = \lim_{s\to 0} s\Phi_e(s)\frac{1}{s^3} = \lim_{s\to 0}\frac{s_1s_2}{s_1s_2+K_1K_2K_3Ts+K_1K_2K_3}\cdot\frac{1}{s^2} = \frac{1}{K_1K_2K_3}$$

可见,开环增益和积分环节分布在回路的任何位置,对于减小或消除 $r(t)$ 作用下的稳态误差均有效。

(2) $n(t)=At$ 作用下系统的误差传递函数为

$$\Phi_{\text{en}}(s)=\frac{E(s)}{N(s)}=\frac{-K_2K_3s_1(Ts+1)}{s_1s_2+K_1K_2K_3Ts+K_1K_2K_3}$$

$$e_{\text{ssn}}=\lim_{s\to 0} s\Phi_{\text{en}}(s)\frac{A}{s^2}=-A/K_1$$

可见,只有分布在前向通道的主反馈口到干扰作用点之间的增益和积分环节才对减小或消除干扰作用下的稳态误差有效。但是设置的积分环节不能超过两个,开环增益也不能很大,否则系统的动态性能变差,甚至造成系统不稳定。当增加串联积分环节个数或增大开环增益 K 仍然不能满足精度要求时,通常在系统中引入与给定作用或扰动作用有关的附加控制作用,以减小或消除稳态误差。

3.7 MATLAB在控制系统的时域分析中的应用

控制系统的时域响应可以用 MATLAB 进行仿真。MATLAB 控制系统工具箱提供了若干函数,因此可以在 MATLAB 函数的指令方式下完成线性系统的仿真,包括线性系统在典型输入下的响应、性能指标的求取及稳定性的判别等。本节用到的指令函数如表 3-5 所列。下面分别举例说明。

表 3-5 常用的函数表

函数指令	功能介绍	函数指令	功能介绍
step()	求取系统的阶跃响应	dcgain()	求取系统增益
impulse()	求取系统的脉冲响应	length()	求取向量的长度
lsim()	求取系统的斜坡响应	roots()	求解特征方程的根

3.7.1 一阶系统仿真模型的建立及时域响应分析

利用 MATLAB 仿真工具,调用 step()函数、impulse()函数、lsim()函数可以求取一阶系统的阶跃响应、脉冲响应、斜坡响应,观察曲线的变化趋势,深入理解时间常数对系统快速性的影响。

例 3-17 求一阶系统 $G(s)=\dfrac{1}{Ts+1}$ 的单位阶跃响应曲线,观察 $T=1,2,3$ 时系统性能的变化。

MATLAB 程序如下:

```
t=[0:0.1:10];T=1.0;
for i=1:3
```

```
num = [0 1];den = [i * T 1];    % 输入系统的分子分母多项式系数向量
step(num,den,t);                % 求取阶跃响应
holdon;
gridon
end
```

仿真结果如图 3-36 所示。

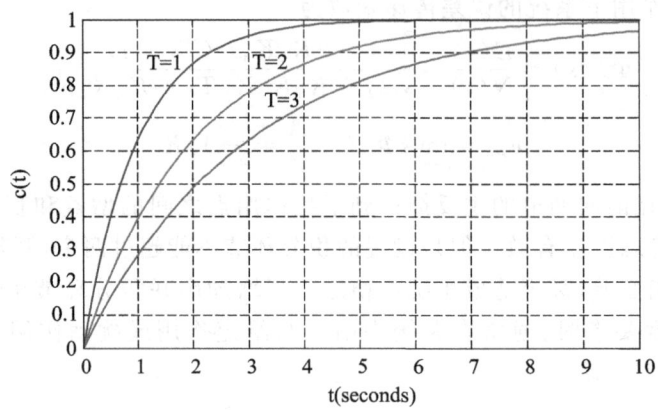

图 3-36 例 3-17 的仿真结果

例 3-18 求一阶系统 $G(s) = \dfrac{1}{Ts+1}$ 的单位脉冲、单位阶跃、单位斜坡响应曲线。

MATLAB 程序如下：

```
t = 0:0.1:5;
num = [1];den = [1 1];figure;c1 = impulse(num,den,t);plot(t,c1);gridon;
xlabel('t/s'),ylabel('c(t)');
c2 = step(num,den,t);figure;plot(t,ones(size(t)),t,c2);
xlabel('t/s'),ylabel('c(t)');hold on;grid on;
c3 = lsim(num,den,t',t);figure;plot(t,t,t,c3);
xlabel('t/s'),ylabel('c(t)');
holdon;
gridon
```

仿真结果如图 3-37 所示。

3.7.2 二阶系统仿真模型的建立及动态性能指标求取

对二阶系统进行 MATLAB 仿真，建立系统模型，进行时域分析，可以得到系统的单位阶跃响应曲线上的时间和幅值向量，进而按照性能指标的定义求取系统的超调量、上升时间、调节时间等动态性能指标。

例 3-19 设单位负反馈系统的开环传递函数为 $G(s) = \dfrac{0.3s+1}{s(s+0.5)}$，试求系统的单位阶跃响应。

MATLAB 程序如下：

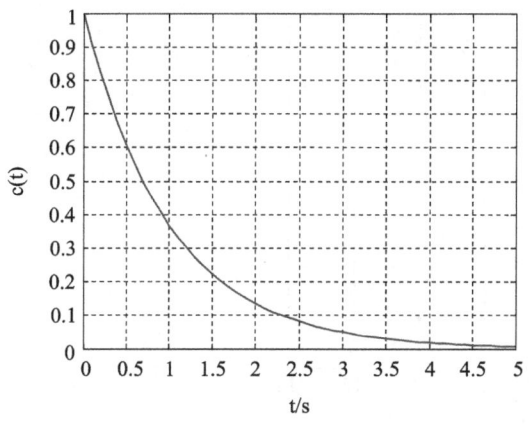

(a) 单位脉冲响应曲线

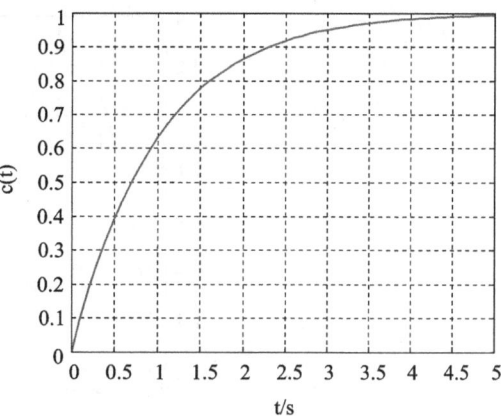

(b) 单位阶跃响应曲线

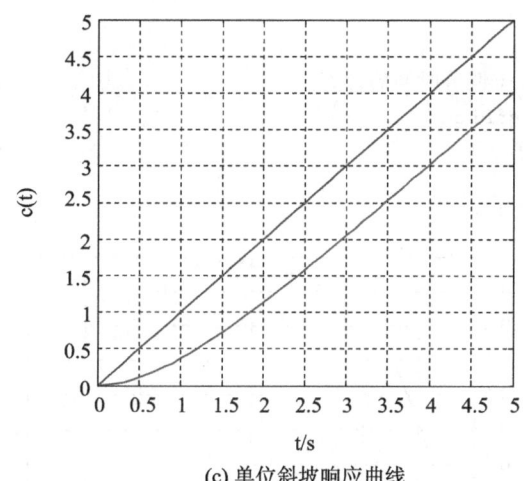

(c) 单位斜坡响应曲线

图 3-37 例 3-18 的仿真结果

```
num = [0.3 1];den = [1 0.5 0];
G = tf(num,den);G0 = feedback(G,1);
[y,t] = step(G0);        % 求阶跃响应
plot(t,y);gridon;
xlabel('t/s'),ylabel('c(t)')
```

仿真结果如图 3-38 所示。

例 3-20 某系统的开环传递函数为 $G(s) = \dfrac{16}{s(s+10)}$,计算系统的调节时间。

MATLAB 程序如下:

```
t = [0:0.05:4];r = ones(size(t));
num = [16];den = [1 10 0];
G0 = tf(num,den);G = feedback(G0,1);    % 求取闭环传递函数
[y,t] = step(G,t);C = dcgain(G);
k = length(t);
while y(k)>0.95 * C&&y(k)<1.05 * C
k = k-1;
```

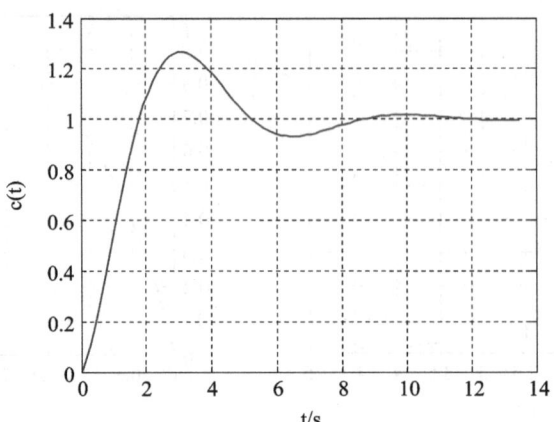

图 3-38 例 3-19 的仿真结果

```
end
settling_time = t(k);      % 调节时间的计算
plot(t,r,'-.',t,y,'-');grid on
xlabel('t/s'),ylabel('c(t)')
```

仿真结果如图 3-39 所示。

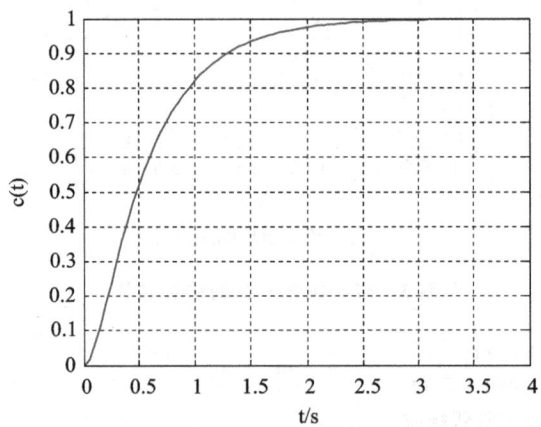

图 3-39 例 3-20 的仿真结果

例 3-21 某系统的开环传递函数为 $G(s) = \dfrac{7}{s(s+1)}$，试求系统的动态性能指标。

MATLAB 程序如下：

```
t = [0:0.05:10];r = ones(size(t));
num = [7];den = [1 1 0];
G0 = tf(num,den);G = feedback(G0,1);
[y,t] = step(G,t);C = dcgain(G);
[max_y,k] = max(y);tp = t(k)      % 峰值时间的计算
delta = 100 * (max_y - C)/C;      % 超调量的计算
r1 = 1;while(y(r1)<C)
    r1 = r1 + 1;
```

```
end                    % 上升时间的计算
tr = t(r1);            % 调节时间的计算
k = length(t);
while y(k)>0.95 * C&&y(k)<1.05 * C
k = k - 1;
end
ts = t(k);plot(t,r,'-.',t,y,'-');grid on
xlabel('t/s'),ylabel('c(t)');
```

运行结果如下：

```
tp = 1.2; delta = 54.6; tr = 0.7; ts = 5.2;
```

仿真结果如图 3-40 所示。

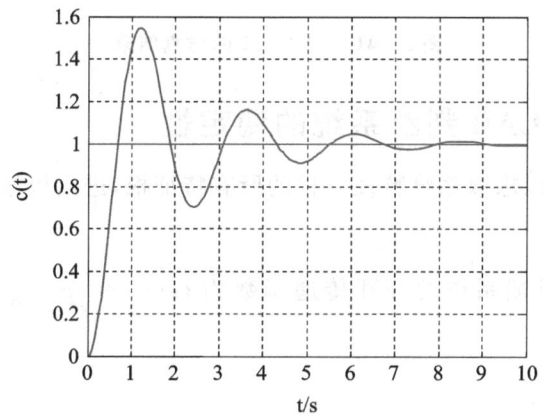

图 3-40 例 3-21 的仿真结果

3.7.3 利用 MATLAB 求取控制系统的稳态性能指标

调用 dcgain() 函数可以求取系统的稳态值，利用稳态误差的定义可以求取系统的稳态误差。

例 3-22 单位负反馈系统的开环传递函数为 $G(s) = \dfrac{10}{(0.1s+1)(0.5s+1)}$，试求单位阶跃输入下的稳态误差。

MATLAB 程序如下：

```
s = tf('s');
G0 = 10/(0.1 * s + 1)/(0.5 * s + 1);   % 输入开环传递函数
G = feedback(G0,1);                    % 单位负反馈系统
step(G);                               % 求取阶跃响应
xlabel('t/s'),ylabel('c(t)');
ess = 1 - dcgain(G)                    % 求取稳态误差
```

仿真结果如图 3-41 所示。

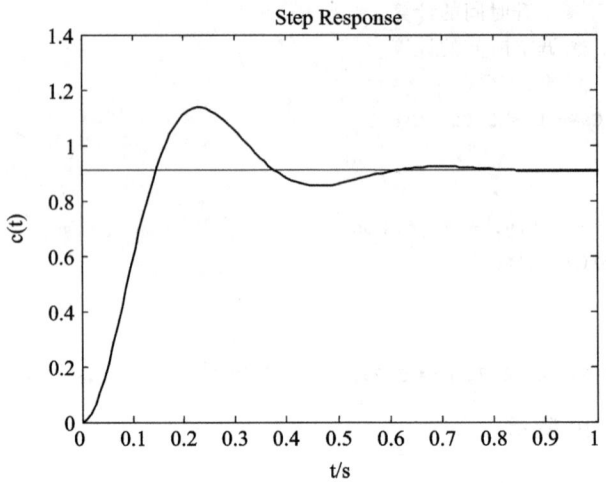

图 3-41　例 3-22 的仿真结果

3.7.4　利用 MATLAB 判断系统的稳定性

调用 roots() 函数可以求取系统特征方程的所有特征根,进而根据系统的稳定性的充要条件判断系统的稳定性。

例 3-23　单位负反馈系统的开环传递函数为 $G(s) = \dfrac{s+1}{s^2(0.2s+1)}$,试判断系统的稳定性。

MATLAB 程序如下:

```
s = tf('s');
G0 = 1/s * (s + 1)/(0.2 * s^2 + s);
G = feedback(G0,1);
[num,den] = tfdata(G,'v');
Roots = roots(den);
```

运行结果如下:

```
roots =
    - 4.0739
    - 0.4630 + 1.0064i
    - 0.4630 - 1.0064i
```

可见系统稳定。

本章小结

1. 自动控制系统的时域分析法是根据控制系统的传递函数直接分析系统性能的一种方法

2. 自动控制系统的动态性能指标主要是指系统阶跃响应的峰值时间、超调量和调节时间。典型一阶、二阶系统的动态性能指标与系统参数有严格的对应关系。高阶系统的时间响应分析比较繁琐,借助主导极点,可以用一个二阶系统近似,并以此估算高阶系统的动态性能。

3. 稳定是自动控制系统正常工作的首要条件。系统的稳定性由系统自身的结构参数决定,与外作用的大小和形式无关。线性系统稳定的充要条件是其特征方程的根均位于左半 s 平面(系统的特征方程根全部具有负实部)。利用劳思判据可以通过系统特征多项式的系数间接判定系统是否稳定,还可以确定使系统稳定时有关参数的取值范围。

4. 稳态误差是控制系统的稳态性能指标,与系统的结构参数以及外作用的形式、类型有关。计算稳态误差可用终值定理,也可用静态误差系数法。

5. 利用 MATLAB 仿真工具可以对控制系统进行仿真分析,观察系统的响应曲线,求取系统的性能指标,判断系统的稳定性。

思考与练习

3-1 已知系统脉冲响应为 $c(t)=0.0125\mathrm{e}^{-1.25t}$,试求系统闭环传递函数 $\varPhi(s)$。

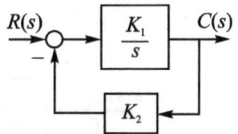

3-2 一阶系统结构如图 3-42 所示。要求系统闭环增益 $K_\varPhi=2$,调节时间 $t_s \leqslant 0.4$ s,试确定参数 K_1,K_2 的值。

图 3-42 题 3-2 系统结构图

3-3 在许多化学过程中,反应槽内的温度要保持恒定,图 3-43(a)和(b)分别为开环和闭环温度控制系统结构图,两种系统正常的 K 值为 1。

(1) 若 $r(t)=1(t)$,$n(t)=0$,两种系统从开始达到稳态温度值的 63.2% 各需要多长时间?

(2) 当有阶跃扰动 $n(t)=0.1$ 时,求扰动对两种系统温度的影响。

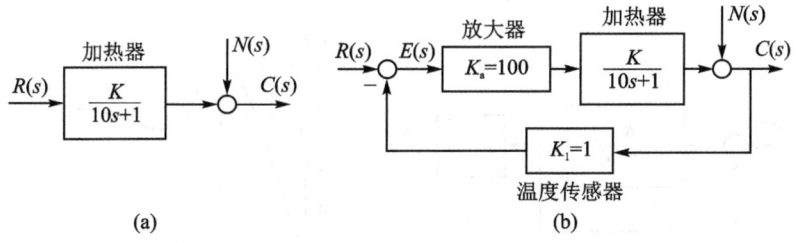

图 3-43 题 3-3 系统结构图

3-4 一种测定直流电动机传递函数的方法是给电枢加一定的电压,保持励磁电流不变,测出电动机的稳态转速;另外要记录电动机从静止到速度为稳态值的 50% 或 63.2% 所需的时间,利用转速时间曲线(见图 3-44)和所测数据,并假设传递函数为

$$G(s)=\frac{\varTheta(s)}{V(s)}=\frac{K}{s(s+a)}$$

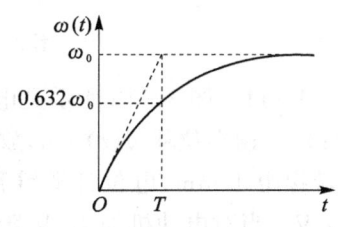

图 3-44 题 3-4 时间曲线

求 K 和 a 的值。

若实测结果是:加 10 V 电压可得 1 200 r/min 的稳态转速,而达到该值 50% 的时间为 1.2 s,试求电动机传递函数。

提示：注意 $\dfrac{\Omega(s)}{V(s)} = \dfrac{K}{s+a}$，其中 $\omega(t) = \dfrac{\mathrm{d}\theta}{\mathrm{d}t}$，单位是 rad/s。

3-5 单位反馈系统的开环传递函数 $G(s) = \dfrac{4}{s(s+5)}$，求单位阶跃响应 $c(t)$ 和调节时间 t_s。

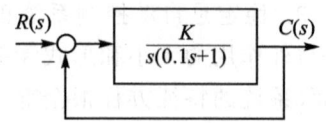

图 3-45　题 3-6 系统结构图

3-6 设角速度指示随动系统结构如图 3-45 所示。若要求系统单位阶跃响应无超调，且调节时间尽可能短，问开环增益 K 应取何值，调节时间 t_s 是多少？

3-7 给定典型二阶系统的设计指标：超调量 $\sigma \leqslant 5\%$，调节时间 $t_s < 3$ s，峰值时间 $t_p < 1$ s，试确定系统极点配置的区域，以获得预期的响应特性。

3-8 机器人控制系统结构如图 3-46 所示。试确定参数 K_1, K_2 值，使系统阶跃响应的峰值时间 $t_p = 0.5$ s，超调量 $\sigma = 2\%$。

3-9 某典型二阶系统的单位阶跃响应如图 3-47 所示。试确定系统的闭环传递函数。

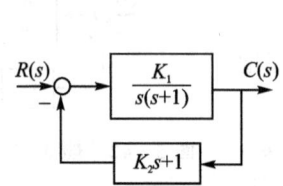

图 3-46　题 3-8 系统结构图

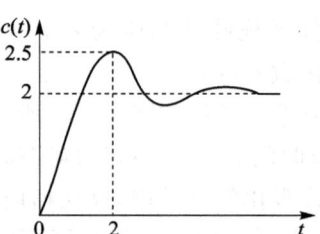

图 3-47　题 3-9 系统单位阶跃响应

3-10 设图 3-48(a) 所示系统的单位阶跃响应如图 3-48(b) 所示。试确定系统参数 K_1, K_2 和 a。

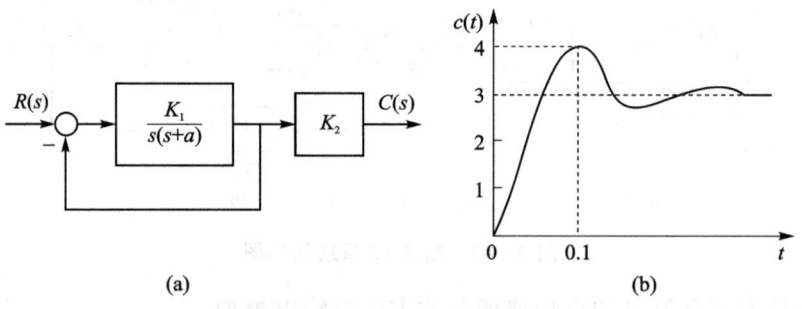

图 3-48　题 3-10 系统结构图和单位阶跃响应

3-11 图 3-49 所示是电压测量系统，输入电压 $e_t(t)$ V，输出位移 $y(t)$ cm，放大器增益 $K = 10$，丝杠每转螺距 1 mm，电位计滑臂移动 1 cm，电压增量为 0.4 V。当对电动机加 10 V 阶跃电压时（带负载），稳态转速为 1000 转/min，达到该值 63.2% 需要 0.5 s。画出系统方框图，求出传递函数 $Y(s)/E_t(s)$，并求系统单位阶跃响应的峰值时间 t_p、超调量 σ、调节时间 t_s 和稳态值 $c(\infty)$。

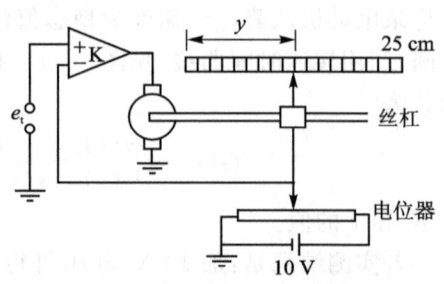

图 3-49　题 3-11 电压测量系统

3-12 已知系统的特征方程,试判别系统的稳定性,并确定在右半 s 平面根的个数及纯虚根。

(1) $D(s) = s^5 + 2s^4 + 2s^3 + 4s^2 + 11s + 10 = 0$

(2) $D(s) = s^5 + 3s^4 + 12s^3 + 24s^2 + 32s + 48 = 0$

(3) $D(s) = s^5 + 2s^4 - s - 2 = 0$

(4) $D(s) = s^5 + 2s^4 + 24s^3 + 48s^2 - 25s - 50 = 0$

3-13 单位反馈系统的开环传递函数为

$$G(s) = \frac{K}{s(s+3)(s+5)}$$

为使系统特征根的实部不大于 -1,试确定开环增益的取值范围。

3-14 单位反馈系统的开环传递函数为

$$G(s) = \frac{K(s+1)}{s(Ts+1)(2s+1)}$$

在满足 $T > 0, K > 1$ 的条件下,确定使系统稳定的 T 和 K 的取值范围,并以 T 和 K 为坐标画出使系统稳定的参数区域图。

3-15 图 3-50 是船舶横摇镇定系统结构图,引入内环速度反馈是为了增加船只的阻尼。

(1) 求海浪扰动力矩对船只倾斜角的传递函数 $\dfrac{\Theta(s)}{M_d(s)}$;

(2) 为保证 M_d 为单位阶跃时倾斜角 θ 的值不超过 $0.1°$,且系统的阻尼比为 0.5,求 K_a、K_1 和 K_g 应满足的方程;

(3) 取 $K_a = 1$ 时,确定满足(2)中指标的 K_1 和 K_g 值。

3-16 温度计的传递函数为 $\dfrac{1}{Ts+1}$,用其测量容器内的水温,1 min 才能显示出该温度的 98% 的数值。若加热容器使水温按 10 ℃/min 的速度匀速上升,问温度计的稳态指示误差有多大?

3-17 系统结构图如图 3-51 所示。试求局部反馈加入前后系统的静态位置误差系数、静态速度误差系数和静态加速度误差系数。

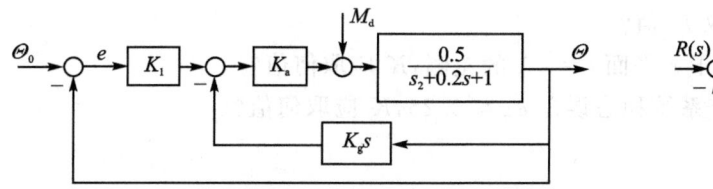

图 3-50 题 3-15 系统结构图

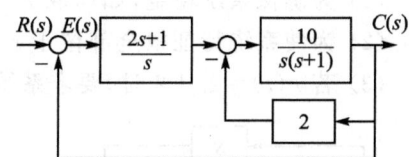

图 3-51 题 3-17 系统结构图

3-18 已知单位反馈系统的开环传递函数为

$$G(s) = \frac{7(s+1)}{s(s+4)(s^2+2s+2)}$$

试分别求出当输入信号 $r(t) = 1(t)$,t 和 t^2 时系统的稳态误差 $[e(t) = r(t) - c(t)]$。

3-19 系统结构如图 3-52 所示。已知 $r(t) = n_1(t) = n_2(t) = 1(t)$,试分别计算 $r(t)$,$n_1(t)$ 和 $n_2(t)$ 作用时的稳态误差,并说明积分环节设置位置对减小输入和干扰作用下的稳态误差的影响。

3-20 系统结构如图 3-53 所示,要使系统对 $r(t)$ 而言是 II 型的,试确定参数 K_0 和 τ 的值。

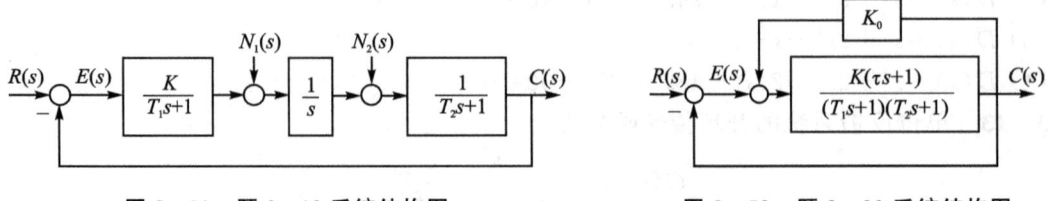

图 3-52　题 3-19 系统结构图　　　图 3-53　题 3-20 系统结构图

3-21 设控制系统结构如图 3-54 所示。确定 K_C,使系统在 $r(t)=t$ 作用下无稳态误差。

3-22 系统结构如图 3-55 所示。

(1) 设计 $G_b(s)$,使输入 $r(t)=At$ 作用下系统的稳态误差为零。

(2) 在以上讨论确定了 $G_b(s)$ 的基础上,若被控对象开环增益增加了 ΔK,试说明相应的稳态误差是否还能为零。

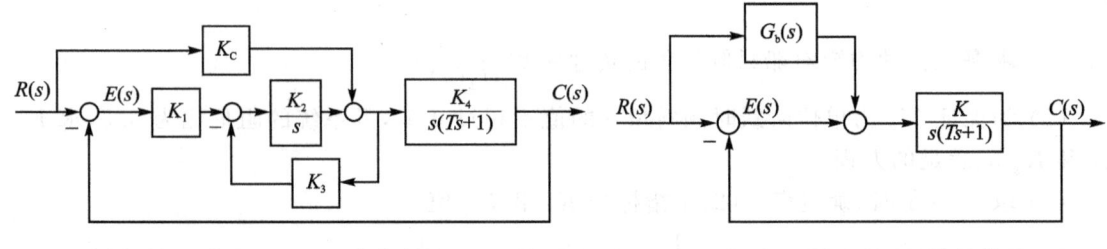

图 3-54　题 3-21 系统结构图　　　图 3-55　题 3-22 系统结构图

3-23 已知系统结构如图 3-56 所示。求:

(1) 引起闭环系统临界稳定的 K 值和对应的振荡频率 ω;

(2) $r(t)=t^2$ 时,要使系统稳态误差 $e_{ssr} \leqslant 0.5$,试确定满足要求的 K 值范围。

3-24 系统结构如图 3-57 所示。

(1) 为确保系统稳定,如何取 K 值?

(2) 为使系统特征根全部位于 s 平面 $s=-1$ 的左侧,K 应取何值?

(3) 若 $r(t)=2t+2$ 时,要求系统稳态误差 $e_{ssr} \leqslant 0.25$,K 应取何值?

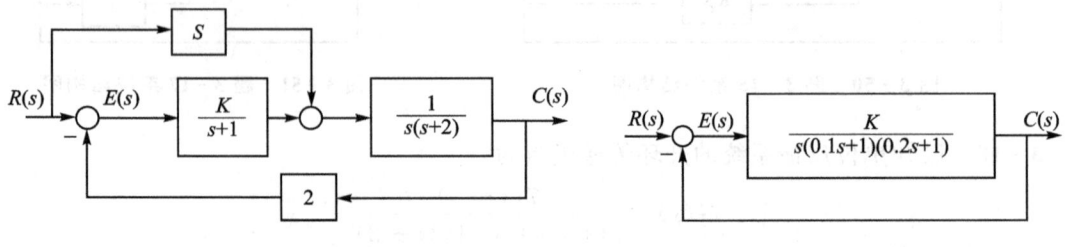

图 3-56　题 3-23 系统结构图　　　图 3-57　题 3-24 系统结构图

第 4 章 控制系统的复数域分析

通过第 3 章控制系统的时域分析可知,系统性能(包括动态性能和稳定性能)主要取决于系统闭环传递函数的零、极点分布情况,特别是闭环极点对系统稳定性的影响尤其重要。利用解析法求解系统的闭环极点(闭环特征方程的根)时,必须将特征多项式进行因式分解,这对低阶系统比较有效。对于高阶系统,采用解析法求解系统闭环特征方程的根比较困难,尤其当系统的参数(如开环增益)发生变化时,需重新计算该系统的闭环特征方程,不便于分析系统的性能变化。1948 年,美国人伊万思(W. R. Evans)提出了一种求解闭环特征方程根的简易图解方法——根轨迹法,这种方法主要是根据反馈控制系统中开环传递函数和闭环传递函数之间的内在联系,遵循一定准则,直接由开环传递函数的零、极点求闭环传递函数的极点。根轨迹法直观形象,给系统的分析设计带来了极大的便利性,在控制工程领域获得了广泛应用。但是,根轨迹法的基础是控制系统的传递函数,所以此方法仅适用于线性系统。

本章主要介绍根轨迹法的基本概念,绘制根轨迹的基本法则,广义根轨迹的绘制和利用根轨迹分析系统性能等方面的内容,以及如何利用 MATLAB 绘制根轨迹并对系统性能进行分析。

4.1 根轨迹的基本概念

4.1.1 根轨迹概念

所谓根轨迹是指开环系统的某一参数(如根轨迹增益 K^*)从零变化到无穷大时,闭环特征方程的根在 s 平面上运行的轨迹。根轨迹增益 K^* 是指开环传递函数形式为首 1 标准型时对应的系数。

根据开环传递函数的零、极点及增益的数值,通过作图可以得到增益 K^* 从零变化到无穷大时对应的全部闭环极点,进而可以分析系统动态性能随系统参数(开环增益 K 或根轨迹增益 K^*)增大时的变化趋势。

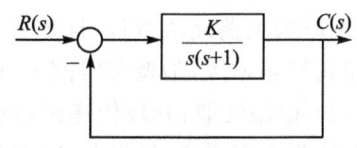

图 4-1 控制系统结构图

下面以单位负反馈二阶系统直接求根的方法为例来说明根轨迹的含义。控制系统如图 4-1 所示,其开环传递函数为

$$G(s) = \frac{K}{s(s+1)} = \frac{K^*}{s(s+1)}$$

根轨迹增益 $K^* = K$。其闭环传递函数为

$$\Phi(s) = \frac{C(s)}{R(s)} = \frac{K^*}{s^2 + s + K^*}$$

闭环特征方程为

$$s^2 + s + K^* = 0$$

特征根为

$$s_{1,2} = -\frac{1}{2} \pm \frac{1}{2}\sqrt{1-4K^*}$$

当根轨迹增益 K^*（或开环增益 K）从零变化到无穷大时，用解析法求出闭环极点的变化情况，如表 4-1 所列。将这些数值标注在 s 平面上，并用光滑实线连接起来，即得到相应的根轨迹，如图 4-2 所示。图中，粗实线即系统的根轨迹，箭头表示 K（或 K^*）增大时根轨迹的变化趋势，标注的数值代表与闭环极点位置相应的开环增益 K 的数值。

表 4-1 闭环极点的变化情况

K（或 K^*）	s_1	s_2
0	0	-1
0.25	-0.5	-0.5
0.5	$-0.5+0.5j$	$-0.5-0.5j$
1.25	$-0.5+j$	$-0.5-j$
$\vdots$	$\vdots$	$\vdots$
∞	$-0.5+\infty j$	$-0.5-\infty j$

根据根轨迹图 4-2，可以分析系统性能随参数变化的规律。

(1) 稳定性：当开环增益 K（或 K^*）在大于零的范围内变化时，闭环特征根全部位于左半 s 平面，这表明图 4-1 所示的系统是稳定的。

(2) 动态性能：由图 4-2 可知，当 $0<K<0.25$ 时，闭环极点位于负实轴上，系统呈现为过阻尼状态，阶跃响应为非周期过程；当 $K=0.25$ 时，两个闭环极点相等，系统处于临界阻尼状态，阶跃响应仍为非周期过程；当 $K>0.25$ 时，闭环极点为共轭复数，系统呈现为欠阻尼状态，阶跃响应为振荡衰减过程，且随着 K 的增大，阻尼比 ζ 减小，超调量 σ 增大，但调节时间 t_s 基本不变。

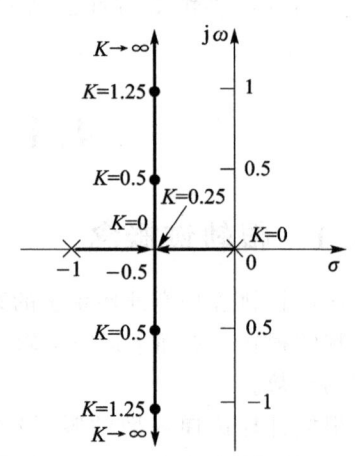

图 4-2 控制系统的根轨迹

(3) 稳态性能：开环传递函数有一个极点位于坐标原点，系统为 I 型系统，阶跃作用下的稳态误差为零（$e_{ssr}=0$），根轨迹上的开环增益 K 值即静态速度误差系数 K_v。也就是说，一旦设定了系统的稳态误差，也就限定了根轨迹图上闭环极点的位置。

由此可见，根轨迹可以全面描述系统参数对闭环极点分布的影响，进而分析系统性能随参数增大时的变化趋势。根轨迹法还可以指明开环极点、零点如何变化，以及如何才能获得满意的性能指标。

4.1.2 根轨迹方程

如图 4-3 所示的闭环控制系统，其闭环传递函数为

$$\Phi(s) = \frac{G(s)}{1+G(s)H(s)} \tag{4-1}$$

式中,前向通道的传递函数 $G(s)$ 可表示为

$$G(s) = K_G \frac{(\tau_1 s + 1)(\tau_2^2 s^2 + 2\zeta_1 \tau_2 s + 1)\cdots}{(T_1 s + 1)(T_2^2 s^2 + 2\zeta_2 T_2 s + 1)\cdots} = K_G^* \frac{\prod\limits_{i=1}^{f}(s - z_i)}{\prod\limits_{i=1}^{q}(s - p_i)} \quad (4-2)$$

式中,K_G 为前向通道增益,K_G^* 为前向通道根轨迹增益,它们满足如下关系:

$$K_G^* = K_G \frac{\tau_1 \tau_2^2 \cdots}{T_1 T_2^2 \cdots} \quad (4-3)$$

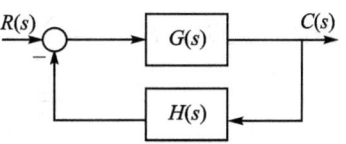

图 4-3 控制系统结构图

反馈通道的传递函数 $H(s)$ 可表示为

$$H(s) = K_H^* \frac{\prod\limits_{j=1}^{l}(s - z_j)}{\prod\limits_{j=1}^{h}(s - p_j)} \quad (4-4)$$

式中,K_H^* 为反馈通道根轨迹增益,则相应的开环传递函数 $G(s)H(s)$ 可表示为

$$G(s)H(s) = K^* \frac{\prod\limits_{i=1}^{f}(s - z_i)}{\prod\limits_{i=1}^{q}(s - p_i)} \frac{\prod\limits_{j=f+1}^{l+f}(s - z_j)}{\prod\limits_{j=q+1}^{h+q}(s - p_j)} = K^* \frac{\prod\limits_{j=1}^{m}(s - z_j)}{\prod\limits_{i=1}^{n}(s - p_i)} \quad (4-5)$$

式中,$K^* = K_G^* K_H^*$ 为开环系统的根轨迹增益,z_j 和 p_i 分别表示开环零点和开环极点,m 和 n 分别为开环系统的零点数和极点数,且 $m = f + l, n = q + h$。

闭环传递函数 $\Phi(s)$ 可表示为

$$\Phi(s) = K_G^* \frac{\prod\limits_{i=1}^{f}(s - z_i) \prod\limits_{j=q+1}^{n}(s - p_j)}{\prod\limits_{i=1}^{n}(s - p_i) + K^* \prod\limits_{j=1}^{m}(s - z_j)} \quad (4-6)$$

根据式(4-5)和式(4-6),可以看出:

(1) 闭环系统的零点由开环前向通道传递函数 $G(s)$ 的零点及反馈通道传递函数 $H(s)$ 的极点组成;

(2) 闭环系统的极点与开环零点、开环极点和根轨迹增益 K^* 都有关,极点个数为开环系统中的零点数 m、极点数 n 中的最大者。

根轨迹法是根据已知的开环系统零、极点分布及根轨迹增益 K^*,采用图解的方式确定闭环系统的极点在 s 平面上的分布,进而结合闭环零点,便可以分析系统性能。

由式(4-1)得闭环系统的特征方程

$$1 + G(s)H(s) = 0 \quad (4-7)$$

由式(4-5)和式(4-7)得

$$G(s)H(s) = K^* \frac{\prod\limits_{j=1}^{m}(s - z_j)}{\prod\limits_{i=1}^{n}(s - p_i)} = -1 \quad (4-8)$$

显然,在 s 平面上凡是满足式(4-8)的点都是根轨迹上的点,由于式(4-8)被称为根轨迹方程。

$-1 = 1 \cdot e^{j(2k+1)\pi} (k=0,\pm1,\pm2,\cdots)$,则根轨迹方程可以用幅值条件和相角条件来表示,即

幅值条件
$$K^* = \frac{\prod_{i=1}^{n}|s-p_i|}{\prod_{j=1}^{m}|s-z_j|} \tag{4-9}$$

相角条件 $\angle G(s)H(s) = \sum_{j=1}^{m}\angle(s-z_j) - \sum_{i=1}^{n}\angle(s-p_i) =$
$$\sum_{j=1}^{m}\varphi_j - \sum_{i=1}^{n}\theta_i = (2k+1)\pi \quad (k=0,\pm1,\pm2,\cdots) \tag{4-10}$$

式中,$\sum\varphi_j$,$\sum\theta_i$ 分别表示所有开环零点、开环极点到根轨迹上某一点的向量相角之和。

幅值条件式(4-9)与根轨迹增益 K^* 有关,而相角条件式(4-10)与 K^* 无关。所以,s 平面上的某个点只要满足相角条件,则该点必在根轨迹上。相应的根轨迹增益 K^* 可由幅值条件得出。也就是说,s 平面上满足相角条件的点,必定也同时满足幅值条件。因此,相角条件是确定根轨迹 s 平面上点是否在根轨迹上的充分必要条件。

4.2 绘制根轨迹的基本法则

本节讨论根轨迹增益 K^* 从零增大到无穷大时绘制控制系统根轨迹的一些基本法则,熟练地掌握这些法则,可以方便快速地绘制系统的根轨迹。

4.2.1 绘制根轨迹的基本法则

法则1 根轨迹的起点和终点:根轨迹起始于开环极点,终止于开环零点。

证明 根轨迹的起点和终点分别是指根轨迹增益 $K^*=0$ 和 $K^*\to\infty$ 时的根轨迹点。将幅值条件式(4-9)改写为

$$K^* = \frac{\prod_{i=1}^{n}|(s-p_i)|}{\prod_{j=1}^{m}|(s-z_j)|} = \frac{s^{n-m}\prod_{i=1}^{n}\left|1-\frac{p_i}{s}\right|}{\prod_{j=1}^{m}\left|1-\frac{z_j}{s}\right|} \tag{4-11}$$

可见当 $s=p_i$ 时,$K^*=0$,对应开环极点;当 $s=z_j$ 时,$K^*\to\infty$,对应开环零点。

当 $n>m$ 时,有 n 条根轨迹始于开环极点 p_i,其中 m 条终于开环有限零点,$n-m$ 条终点在无穷远零点。当 $n<m$ 时,有 n 条根轨迹始于开环极点 p_i,另有 $m-n$ 条根轨迹始于无穷远极点。根轨迹的起点、终点表示图如图4-4所示。证毕。

法则2 根轨迹的分支数和对称性:根轨迹的分支数与开环零点数 m 和开环极点数 n 中的大者相同。即等于系统的阶数,它们是连续的,并对称于实轴。

证明 根轨迹是开环系统某一参数从零变到无穷时,闭环极点在 s 平面上的运动轨迹。

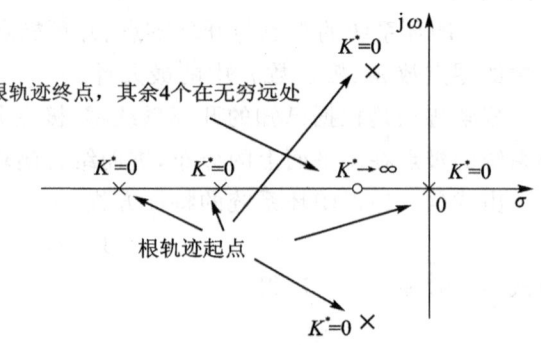

图4-4 根轨迹起点和终点表示图

因此,根轨迹的分支数必与闭环特征方程根的数目一致,即根轨迹分支数等于系统的阶数。实际系统都存在惯性,反映在传递函数上有 $n \geqslant m$。所以一般情况,根轨迹分支数就等于开环极点数。

闭环特征方程中的某些系数是根轨迹增益 K^* 的函数,K^* 从零连续变到无穷时,特征方程的系数也是连续变化的,特征根的变化也必然是连续的,故根轨迹具有连续性。

系统的特征方程都是实系数方程,所以闭环特征方程的根只有实数和复数。如果是实数,则位于实轴上;如果是复数,必共轭,所以 s 平面上的根轨迹对称于实轴。利用对称性,只需要画出 s 平面上半部和实轴上的根轨迹,下半部的根轨迹可由对称性绘出。证毕。

法则 3　根轨迹的渐近线:当系统的开环极点数 n 大于开环零点数 m 时,有 $n-m$ 条根轨迹分支沿着与 s 平面正实轴的夹角为 φ_a、交点为 σ_a 的一组渐近线趋向无穷远处,有

$$\begin{cases} \sigma_a = \dfrac{\sum\limits_{i=1}^{n} p_i - \sum\limits_{j=1}^{m} z_j}{n-m} \\ \varphi_a = \dfrac{(2k+1)\pi}{n-m} \end{cases} \quad (k=0,1,2,\cdots,n-m-1) \qquad (4-12)$$

证明　渐近线就是 s 值很大时的根轨迹。假设系统在无穷远处有闭环极点 s^*,则 s 平面上所有开环零点 z_j 和开环极点 p_i 到 s^* 的向量长度都近似相等。对无穷远闭环极点 s^* 来说,可以认为所有开环零点和开环极点都集中于一点 σ_a。也即是说,当 K^* 和 s^* 都趋于无穷大时,则有 $z_j = \sigma_a$ 和 $p_i = \sigma_a$。由式(4-8)可得

$$-K^* = \frac{\prod\limits_{i=1}^{n}(s-p_i)}{\prod\limits_{j=1}^{m}(s-z_j)} = (s-\sigma_a)^{n-m} \qquad (4-13)$$

展开式(4-13)右端可得

$$(s-\sigma_a)^{n-m} = s^{n-m} - (n-m)\sigma_a s^{n-m-1} + \cdots$$

对式(4-13)中的分式采用长除法可得

$$\frac{\prod\limits_{i=1}^{n}(s-p_i)}{\prod\limits_{j=1}^{m}(s-z_j)} = s^{n-m} - \left(\sum_{i=1}^{n} p_i - \sum_{j=1}^{m} z_j\right) s^{n-m-1} + \cdots$$

当 s^* 都趋于无穷大时,比较前两项的系数有

$$\sigma_a = \frac{\sum\limits_{i=1}^{n} p_i - \sum\limits_{j=1}^{m} z_j}{n-m}$$

同时,假设系统在无穷远处有闭环极点 s^* 时,s 平面上所有开环零点 z_j 和开环极点 p_i 到 s^* 的向量相角都近似相等,也即是 $\angle(s-z_j) = \angle(s-p_i) = \varphi_a$,将其带入相角条件式(4-10),可得

$$\sum_{j=1}^{m} \angle(s-z_j) - \sum_{i=1}^{n} \angle(s-p_i) = m\varphi_a - n\varphi_a = (2k+1)\pi$$

则渐近线与正实轴的夹角为

$$\varphi_a = \frac{(2k+1)\pi}{n-m} \quad (k=0,1,\cdots,n-m-1)$$

当 k 取不同值时,可以得到 $n-m$ 个 φ_a 角,而 σ_a 始终不变。证毕。

法则 4 实轴上的根轨迹:实轴上某一区域的右侧,若开环实极点和开环实零点的个数和为奇数,则该区域必是根轨迹。

证明 图 4-5 是系统开环零、极点分布图,共有 6 个开环极点 $\theta_i(i=1,2,\cdots,6)$ 和 2 个开环零点 $\varphi_i(i=1,2)$,其中实轴上共有 6 个开环实零、极点。在实轴上任取一个测试点 s_0,由图示知,s_0 左侧每个开环实极点 (θ_3,θ_6) 和开环实零点 (φ_2) 到 s_0 点向量相角均为零;开环复数共轭极点 (θ_4,θ_5) 到实轴上任意一点(包括 s_0)的相量相角和为 2π;而 s_0 右侧的开环实极点 (θ_1,θ_2) 和开环实零点 (φ_1) 到 s_0 点的向量相角均为 π。令 $\sum\varphi_j,\sum\theta_i$ 分别代表 s_0 右侧所有开环零点和开环极点到 s_0 点的向量相角和。s_0 点位于根轨迹上的充分必要条件为

$$\sum\varphi_j - \sum\theta_i = (2k+1)\pi$$

式中,$(2k+1)\pi$ 为奇数。在上述条件中,每个相角都是 π,而 π 与 $-\pi$ 表示相同的相角,即减去 π 等于加上 π,所以 s_0 位于根轨迹上的充分必要条件等效为

$$\sum\varphi_j + \sum\theta_i = (2k+1)\pi$$

证毕。

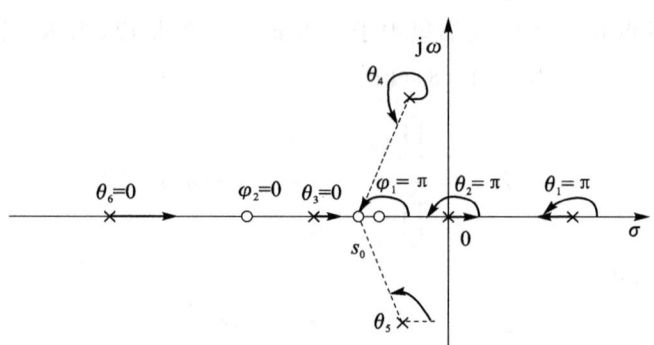

图 4-5 实轴上的根轨迹

法则 5 根轨迹上的分离点:两条或两条以上根轨迹在 s 平面相遇又分开的点被称为根轨迹的分离点。分离点坐标 d 是式(4-14)的解。

$$\sum_{j=1}^{m}\frac{1}{d-z_j} = \sum_{i=1}^{n}\frac{1}{d-p_i} \quad (4-14)$$

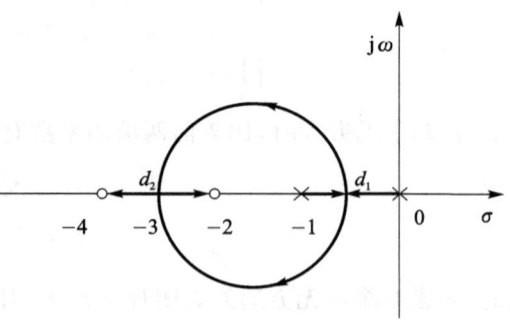

图 4-6 实轴上根轨迹的分离点

根轨迹对称于实轴,分离点要么位于实轴,要么以共轭复数对形式出现。如果根轨迹位于实轴上相邻的两个极点之间或两个零点(一个零点可能位于无穷远处)之间,在这两个极点或两个零点之间必然存在分离点,如图 4-6 所示。

证明 由闭环特征方程为

$$D(s) = \prod_{i=1}^{n}(s-p_i) + K^* \prod_{j=1}^{m}(s-z_j) = 0$$

根轨迹在 s 平面上相遇,说明上述闭环特征方程出现了重根。设重根为 d,出现重根的条件为

$$\begin{cases} D(s) = \prod_{i=1}^{n}(s-p_i) + K^* \prod_{j=1}^{m}(s-z_j) = 0 \\ D'(s) = \dfrac{\mathrm{d}}{\mathrm{d}s}\left[\prod_{i=1}^{n}(s-p_i) + K^* \prod_{j=1}^{m}(s-z_j)\right] = 0 \end{cases}$$

或整理为

$$\begin{cases} \prod_{i=1}^{n}(s-p_i) = -K^* \prod_{j=1}^{m}(s-z_j) & (4-15) \\ \dfrac{\mathrm{d}}{\mathrm{d}s}\prod_{i=1}^{n}(s-p_i) = -K^* \dfrac{\mathrm{d}}{\mathrm{d}s}\prod_{j=1}^{m}(s-z_j) & (4-16) \end{cases}$$

式(4-16)左右两端分别除以式(4-15)左右两端得

$$\frac{\dfrac{\mathrm{d}}{\mathrm{d}s}\prod_{i=1}^{n}(s-p_i)}{\prod_{i=1}^{n}(s-p_i)} = \frac{\dfrac{\mathrm{d}}{\mathrm{d}s}\prod_{j=1}^{m}(s-z_j)}{\prod_{j=1}^{m}(s-z_j)} \quad (4-17)$$

式(4-17)可写为

$$\frac{\mathrm{d}}{\mathrm{d}s}\left[\ln\prod_{i=1}^{n}(s-p_i)\right] = \frac{\mathrm{d}}{\mathrm{d}s}\left[\ln\prod_{j=1}^{m}(s-z_j)\right]$$

或

$$\sum_{i=1}^{n}\frac{\mathrm{d}}{\mathrm{d}s}[\ln(s-p_i)] = \sum_{j=1}^{m}\frac{\mathrm{d}}{\mathrm{d}s}[\ln(s-z_j)]$$

得

$$\sum_{i=1}^{n}\frac{1}{s-p_i} = \sum_{j=1}^{m}\frac{1}{s-z_j} \quad (4-18)$$

从式(4-18)解出 s,即分离点 d。证毕。

例 4-1 单位负反馈系统的开环传递函数为

$$G(s) = \frac{K^*}{s(s+1)(s+5)}$$

试求开环系统实轴上的根轨迹、渐近线和分离点。

解 系统开环极点为 $p_1=0, p_2=-1, p_3=-5$,系统无开环零点;

(1) 实轴上的根轨迹区间为 $(-\infty, -5], [-1, 0]$;

(2) 渐近线的条数为 3,渐近线与实轴的交点和交角分别为

$$\sigma_a = \frac{\sum_{i=1}^{n}p_i - \sum_{j=1}^{m}z_j}{n-m} = \frac{0-1-5}{3-0} = -2$$

$$\varphi_a = \frac{(2k+1)\pi}{3} \quad (k=0,1,2)$$

(3) 分离点方程为

$$\frac{1}{d} + \frac{1}{d+1} + \frac{1}{d+5} = 0$$

解上式可得分离点 $d=-0.472$。

法则 6 根轨迹与虚轴的交点:若系统的根轨迹与虚轴有交点,则表明闭环特征方程有纯

虚根。可令闭环特征方程中的 $s=j\omega$，然后分别令虚部和实部为零即可；此时，系统处于临界稳定状态，可用劳思判据来确定交点处的 K^* 值和 ω 值。

证明 当根轨迹与虚轴有交点时，表明存在纯虚根，此时 K^* 值使系统处于临界稳定状态。根据劳思判据，令表中第一列含 K^* 行为零，即可求出根轨迹与虚轴交点的 K^* 值；将劳思表中 s^2 行的系数构成辅助方程，可求解一对纯虚根的 ω 值。假如根轨迹与正虚轴有一个以上的交点，将劳思表中幂大于 2 的偶次方行构成辅助方程，进行求解即可。证毕。

例 4-2 概略绘制例 4-1 所示闭环系统的根轨迹。

解 概略绘制根轨迹的步骤如下：

(1) 系统开环极点为 $p_1=0, p_2=-1, p_3=-5$，系统无开环零点；

(2) 实轴上的根轨迹区间为 $(-\infty,-5]$，$[-1,0]$；

(3) 渐近线的条数为 3，渐近线与实轴的交点和交角分别为 $\sigma_a=-2$ 和 $\varphi_a=\dfrac{\pi}{3}, \pi, \dfrac{5\pi}{3}$；

(4) 分离点为 $d=-0.472$；

(5) 求与虚轴的交点：

方法 1 系统闭环特征方程为

$$D(s)=s^3+6s^2+5s+K^*=0$$

令 $s=j\omega$，代入上式，则有

$$D(j\omega)=(j\omega)^3+6(j\omega)^2+5(j\omega)+K^*=-j\omega^3-6\omega^2+j5\omega+K^*=0$$

令实部、虚部分别为零，有

$$\begin{cases} K^*-6\omega^2=0 \\ 5\omega-\omega^3=0 \end{cases}$$

解之得

$$\begin{cases} \omega=0 \\ K^*=0 \end{cases}, \quad \begin{cases} \omega=\pm\sqrt{5} \\ K^*=30 \end{cases}$$

显然，第一组解是根轨迹的起点，舍去。则根轨迹与虚轴的交点为 $s=\pm j\sqrt{5}$，对应的根轨迹增益 $K^*=30$。

方法 2 用劳思判据求根轨迹与虚轴的交点。列劳思表：

$$\begin{array}{ccc} s^3 & 1 & 5 \\ s^2 & 6 & K^* \\ s^1 & (30-K^*)/6 & 0 \\ s^0 & K^* & \end{array}$$

当 $K^*=30$ 时，s^1 行元素全为零，系统存在共轭虚根。建立 s^2 行的辅助方程：

$$F(s)=6s^2+K^*\Big|_{K^*=30}=0$$

解之得 $s=\pm j\sqrt{5}$，即为根轨迹与虚轴的交点。

由上述讨论，可概略绘制闭环系统的根轨迹，如图 4-7 所示。

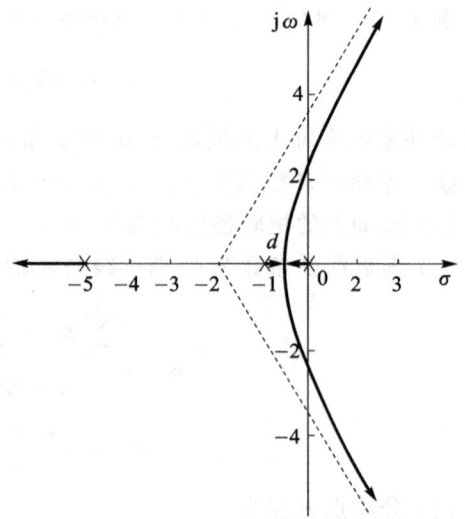

图 4-7 例 4-1 系统根轨迹图

法则 7 **根轨迹的起始角与终止角**：当系统存在共轭开环复数极点和(或)共轭开环复数

零点时,存在起始角和终止角。根轨迹离开开环复数极点处的切线与正实轴的夹角为起始角,以 θ_{p_i} 表示;根轨迹进入开环复数零点处切线与正实轴的夹角为终止角,以 φ_{z_i} 表示。θ_{p_i} 和 φ_{z_i} 可用相角条件表示:

$$\theta_{p_i} = 180° + \left(\sum_{j=1}^{m} \varphi_{z_j p_i} - \sum_{\substack{j=1 \\ (j \neq i)}}^{n} \theta_{p_j p_i} \right) \tag{4-19}$$

和

$$\varphi_{z_i} = 180° + \left(\sum_{j=1}^{n} \theta_{p_j z_i} - \sum_{\substack{j=1 \\ (j \neq i)}}^{m} \varphi_{z_j z_i} \right) \tag{4-20}$$

证明 设系统存在 m 个开环零点,n 个开环极点,其中 p_i, p_{i+1} 为共轭复数极点。在无限接近 p_i 点附近取一点 s_1,因此除了 p_i 点外,所有开环零点、开环极点到 s_1 点的向量相角为 $\varphi_{z_j s_1}, \theta_{p_j s_1}$,它们可以用到 p_i 点的向量相角 $\varphi_{z_j p_i}, \theta_{p_j p_i}$ 近似代替,而 p_i 到 s_1 的向量相角即起始角 θ_{pi}。s_1 满足的相角条件为

$$\sum_{j=1}^{m} \varphi_{z_j p_i} - \sum_{\substack{j=1 \\ (j \neq i)}}^{n} \theta_{p_j p_i} - \theta_{p_i} = -180° \tag{4-21}$$

移项后,即可得式(4-19)。同理可以证明终止角满足式(4-20)。应当指出,在根轨迹相角条件中,$180°$ 和 $-180°$ 是等价的;为了计算方便,式(4-21)右端用 $-180°$ 表示。证毕。

法则 8　闭环极点之和:当开环极点的个数 n 与开环零点的个数 m 之差大于等于 2 时,即 $n - m \geq 2$ 时,系统闭环极点之和等于系统开环极点之和,即

$$\sum_{i=1}^{n} s_i = \sum_{i=1}^{n} p_i \tag{4-22}$$

式中,s_i 为闭环极点,p_i 为开环极点。

证明 设 $n > m$,并设闭环极点为 $s_i (i=1,2,\cdots,n)$,闭环特征方程为

$$D(s) = \prod_{i=1}^{n}(s - p_i) + K^* \prod_{j=1}^{m}(s - z_i) = \prod_{i=1}^{n}(s - s_i)$$
$$= s^n + a_1 s^{n-1} + \cdots + a_{n-1} s + a_n = 0$$

可以看出,当 $n - m \geq 2$ 时

$$\prod_{i=1}^{n}(s - p_i) + K^* \prod_{j=1}^{m}(s - z_i) = s^n - \left(\sum_{i=1}^{n} p_i\right) s^{n-1} + \left(\sum_{i=1}^{n} p_i + K^*\right) s^{n-2} + \cdots$$

$$\prod_{i=1}^{n}(s - s_i) = s^n - \left(\sum_{i=1}^{n} s_i\right) s^{n-1} + \cdots$$

通过对比可以发现,闭环极点之和 $\sum_{i=1}^{n} s_i = -a_1$ 和 K^* 无关,并等于开环极点之和 $\sum_{i=1}^{n} p_i$,即式(4-22)。式(4-22)表明 K^* 变化时,一些特征根增大,必导致另一些特征根减小,极点的重心不变。证毕。

在绘制系统的根轨迹或利用根轨迹分析系统性能时,闭环极点之和是一个比较有用的法则。

上述 8 项绘图法则归纳于表 4-2 中。

例 4-3 设单位负反馈控制系统的开环传递函数为

$$G(s) = \frac{K^*}{s(s+1)(s+3.5)(s^2+6s+13)}$$

试概略绘制系统的根轨迹。

表 4-2 根轨迹图绘制法则

序号	内容	法则
1	根轨迹的起点和终点	根轨迹起始于开环极点,终止于开环零点
2	根轨迹的分支数、连续性和对称性	根轨迹的分支数等于开环极点数 $n(n>m)$,或开环零点数 $m(m>n)$ 根轨迹是连续的,对称于实轴
3	根轨迹的渐近线	渐近线与实轴的交点 $\sigma_a = \dfrac{\sum\limits_{i=1}^{n} p_i - \sum\limits_{j=1}^{m} z_j}{n-m}$ 渐近线与实轴的夹角 $\varphi_a = \dfrac{(2k+1)\pi}{n-m}$ $(k=0,1,2,\cdots,n-m-1)$
4	实轴上的根轨迹	实轴上的某一区域,若其右端开环实数零、极点个数之和为奇数,则该区域必是根轨迹
5	根轨迹的分离点	分离点坐标由 $\sum\limits_{j=1}^{m} \dfrac{1}{d-z_j} = \sum\limits_{i=1}^{n} \dfrac{1}{d-p_i}$ 确定
6	根轨迹与虚轴的交点	根轨迹与虚轴交点的 K^* 值和 ω 值,可利用劳思判据确定,也可令闭环特征方程中的 $s=j\omega$,然后分别令虚部和实部为零求得
7	根轨迹的起始角和终止角	起始角 $\theta_{p_i} = 180° + \left(\sum\limits_{j=1}^{m}\varphi_{z_j p_i} - \sum\limits_{\substack{j=1\\(j\neq i)}}^{n}\theta_{p_i p_j}\right)$ 终止角 $\varphi_{z_i} = 180° + \left(\sum\limits_{j=1}^{m}\theta_{p_j z_i} - \sum\limits_{\substack{j=1\\(j\neq i)}}^{m}\varphi_{z_j z_i}\right)$
8	根之和	$\sum\limits_{i=1}^{n} s_i = \left(\sum\limits_{i=1}^{n} p_i\right)$ $(n-m \geq 2)$

解 根据绘制根轨迹法则:

(1) 系统的开环有限极点为 $p_1=0$,$p_2=-1$,$p_3=-3.5$,$p_{4,5}=-3\pm j2$;没有开环零点。

(2) 实轴上根轨迹区间为 $(-\infty,-3.5]$,$[-1,0]$。

(3) 渐近线条数为 $n-m=5$,渐近线与实轴的交点以及与正实轴的夹角为

$$\sigma_a = \frac{\sum\limits_{i=1}^{5} p_i}{5} = \frac{0-1-3.5-3+j2-3-j2}{5} = -2.1, \quad \varphi_a = \pm 36°, \pm 108°, 180°$$

(4) 由分离点方程

$$\frac{1}{d} + \frac{1}{d+1} + \frac{1}{d+3.5} + \frac{2(d+3)}{d^2+6d+13} = 0$$

用试探法求得 $d \approx -0.4$。

(5) 根轨迹中共轭复极点的起始角为

$$\theta_{p_4} = 180° + \left[-\sum_{\substack{j=1\\(j\neq 4)}}^{5}\angle(p_4 - p_i)\right] = 180° - 146° - 136° - 90° - 76° = -268°$$

$$\theta_{p_5} = 268°$$

(6) 根轨迹与虚轴的交点可以通过将 $s = j\omega$ 代入特征方程求解。特征方程为
$$D(s) = s^5 + 10.5s^4 + 43.5s^3 + 79.5s^2 + 45.5s + K^* = 0$$

将 $s = j\omega$ 代入特征方程,并令 $\text{Im}[D(j\omega)] = 0, \text{Re}[D(j\omega)] = 0$ 得
$$\omega(\omega^4 - 43.5\omega^2 + 45.5) = 0, \quad 10.5\omega^4 - 79.5\omega^2 + K^* = 0$$

由虚部为零解得
$$\omega_1 = 0, \quad \omega_{2,3} = \pm 1.034, \quad \omega_{4,5} = \pm 6.514$$

将结果代入实部,解得

$\omega_{2,3} = \pm 1.034$ 时, $K^* = 73.04$

$\omega_{4,5} = \pm 6.514$ 时, $K^* = -15\,505$

显然,$K^* < 0$ 不满足要求,舍去。于是根轨迹与虚轴的交点为 ω_1 和 $\omega_{2,3}$。由上述讨论,可概略绘制闭环系统的根轨迹,如图 4-8 所示。

例 4-4 设单位负反馈控制系统的开环传递函数为
$$G(s) = \frac{K}{s(0.05s + 1)(0.05s^2 + 0.2s + 1)}$$
试概略绘制系统的根轨迹。

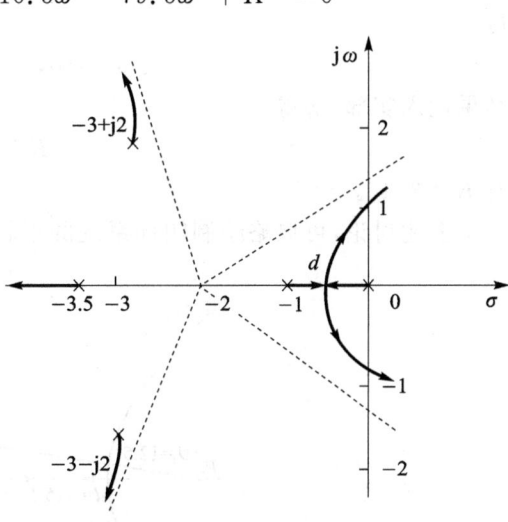

图 4-8 例 4-3 系统概略根轨迹

解 系统的开环传递函数可化为
$$G(s) = \frac{400K}{s(s+20)(s^2 + 4s + 20)} = \frac{K^*}{s(s+20)(s+2+j4)(s+2-j4)}$$

其中,$K^* = 400K$。

根据根轨迹绘制法则

(1) 系统的开环极点为 $p_1 = 0, p_2 = -20, p_{3,4} = -2 \pm j4$,没有开环零点。

(2) 实轴上根轨迹区间为 $(0, -20)$。

(3) 渐近线为 4 条,渐近线与实轴的交点以及与正实轴的夹角为
$$\sigma_a = \frac{\sum_{j=1}^{n}p_j - \sum_{i=1}^{m}z_i}{n-m} = \frac{0 + (-20) + (-2+j4) + (-2-j4)}{4} = -6$$

$$\varphi_a = \frac{(2k+1)\pi}{4} = 45°, 135°, -45°, -135°$$

(4) 由分离点方程
$$\frac{1}{d-p_1} + \frac{1}{d-p_2} + \frac{1}{d-p_3} + \frac{1}{d-p_4} = 0$$
用试探法解得分离点 $d_1 = -15.1$,舍去 $d_{2,3} = -1.45 \pm j2.07$。

(5) 根轨迹中共轭复极点的起始角为

$$\theta_{p_3} = 180° + \sum_{j=1}^{m}\varphi_{j_3} - \sum_{\substack{j=1\\j\neq 3}}^{n}\theta_{j_3} = 180° - 116.6° - 12.5° - 90° = -39°$$

$$\theta_{p_4} = 39°$$

(6) 根轨迹与虚轴的交点通过将 $s=j\omega$ 代入特征方程求得。特征方程为

$$D(s) = s^4 + 24s^3 + 100s^2 + 400s + K^* = 0$$

将 $s=j\omega$ 代入特征方程,并令 $\text{Im}[D(j\omega)]=0, \text{Re}[D(j\omega)]=0$,得

$$\omega^4 - 100\omega^2 + K^* = 0, \quad -24\omega^3 + 400\omega = 0$$

解得

$$\omega_1 = 0, \quad \omega_{2,3} = \pm 4.1$$

将结果代入实部,解得

$$K^* = 1390$$

则有 $K = 3.47$。

由上述讨论,可概略绘制闭环系统的根轨迹,如图 4-9 所示。

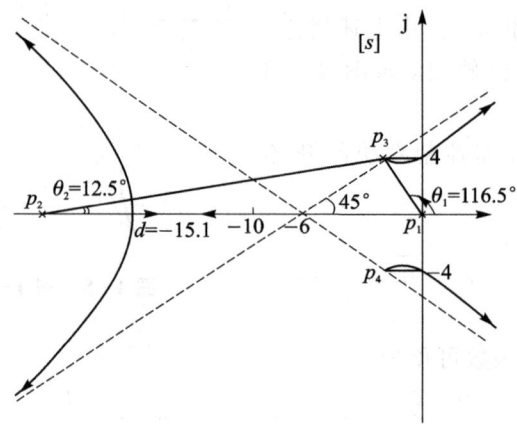

图 4-9 例 4-4 系统根轨迹

例 4-5 负反馈控制系统的开环传递函数为

$$G(s)H(s) = \frac{K^*(s+1)}{s(s-1)(s^2+4s+16)}$$

试概略绘制系统的根轨迹,并确定使系统稳定的 K^* 值范围。

解 根据绘制法则:

(1) 系统开环有限极点为 $p_1=0, p_2=1, p_{3,4}=-2\pm j3.46$,开环有限零点 $z_1=-1$。

(2) 实轴上根轨迹区间为 $(-\infty,-1]$ 和 $[0,1]$。

(3) 渐近线有 3 条,与实轴的交点和夹角为

$$\sigma_a = \frac{\sum_{i=1}^{4} p_i - \sum_{j=1}^{1} z_j}{n-m} = \frac{(0+1-2+j3.46-2-j3.46)-(-1)}{3} = -\frac{2}{3}$$

$$\varphi_a = \frac{\pi}{3}, \pi, \frac{5\pi}{3}$$

(4) 由分离点方程

$$\frac{1}{d} + \frac{1}{d-1} + \frac{1}{d+2+j3.46} + \frac{1}{d+2-j3.46} = \frac{1}{d+1}$$

利用试探法求得分离点 $d_1 = 0.46$，$d_2 = -2.22$。

(5) 求根轨迹与虚轴交点的 K^* 值，系统特征方程为

$$D(s) = s^4 + 3s^3 + 12s^2 + (K^* - 16)s + K^* = 0$$

列劳思表为

s^4	1	12	K^*
s^3	3	$K^* - 16$	
s^2	$\dfrac{52 - K^*}{3}$	K^*	
s^1	$\dfrac{-(K^*)^2 + 59K^* - 832}{52 - K^*}$	0	
s^0	K^*		

令 s^1 行第 1 列的值为零，即

$$\frac{-(K^*)^2 + 59K^* - 832}{52 - K^*} = 0$$

解得 $K_1^* = 35.7$，$K_2^* = 23.3$

根据 s^2 行列出对应 K^* 值的辅助方程

$$\frac{52 - K^*}{3} s^2 + K^* = 0$$

得 $K^* = 35.7$ 时，$s = \pm j2.56$；

$K^* = 23.3$ 时，$s = \pm j1.56$

所以根轨迹与虚轴交点处频率为 $\omega = \pm 2.56$ rad/s 和 $\omega = \pm 1.56$ rad/s。

(6) 共轭复极点的起始角

$$\theta_{p_3} = 180° + 106° - 120° - 130.5° - 90° = -54.5°$$

$$\theta_{p_4} = 54.5°$$

由上述讨论，可概略绘制闭环系统的根轨迹，如图 4-10 所示。

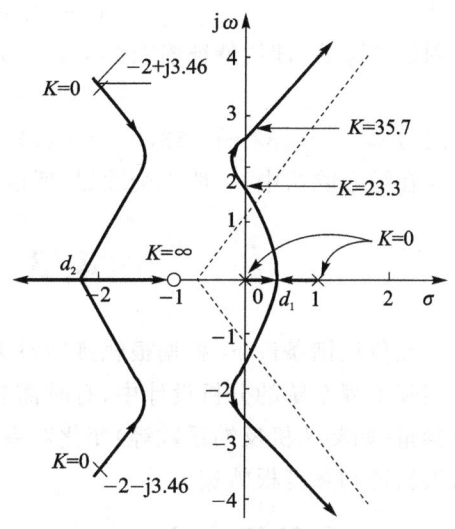

图 4-10 例 4-5 系统根轨迹

4.2.2 闭环极点的确定

利用幅值条件可求特定 K^* 值的闭环极点。对于高阶系统一般常用试探法先求闭环实数极点的数值，然后再用综合除法得到其余的闭环极点。

例 4-6 设单位负反馈控制系统的开环传递函数为

$$G(s) = \frac{0.525}{s(s+1)(0.5s+1)}$$

应用根轨迹法求系统的闭环极点。

解 应用根轨迹法，先求出给定增益下系统闭环零、极点对应的根轨迹增益 K^*，即

$$G(s) = \frac{K}{s(s+1)(0.5s+1)} =$$

$$\frac{2K}{s(s+1)(s+2)} = \frac{K^*}{s(s+1)(s+2)}$$

绘根轨迹如图 4-11 所示。图中根轨迹分离点 $d=-0.423$，对应 $K^*=0.385$；根轨迹与虚轴的交点为 $s=\pm j1.14$，对应 $K^*=6$。

由于 $K=0.525$，即 $K^*=2K=1.05\in(0.385,6)$，因此系统有一对共轭复根。由幅值条件

$$K^* = \prod_{i=1}^{3}|s-p_i|=1.05$$

即 $K^*=|s-0|\cdot|s-(-1)|\cdot|s-(-2)|=1.05$。

在 $s=-2$ 的左侧任选 s 点，利用试探法，找出满足上式的闭环实数极点为 $s_1=-2.34$。系统的特征方程为

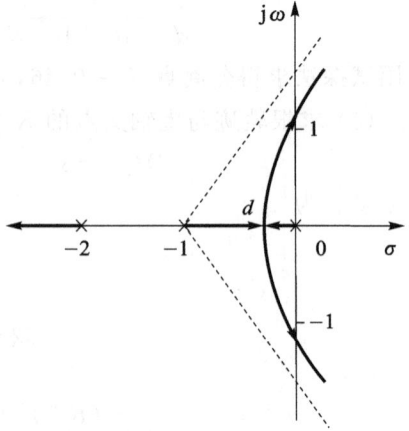

图 4-11 例 4-6 系统根轨迹

$$(s+2.34)(s-s_2)(s-s_3)=0$$

应用综合除法，即用特征多项式 $s(s+1)(s+2)+1.05$ 除以多项式 $s+2.34$，得

$$s^2+0.66s+0.456=0$$

解之得 $s_2=-0.33+j0.58$，$s_3=-0.33-j0.58$。

在综合除法中，一般不会除尽，所以图解也免不了要引入一些误差。

4.3 广义根轨迹

在负反馈条件下，根据根轨迹增益 K^* 的取值变化绘制的根轨迹通常被称为常规根轨迹。在实际工程系统的分析设计中，有时需要分析正反馈条件下或者除根轨迹增益 K^* 以外的其他参量（如测速机反馈系数等）变化对系统性能的影响。此种根轨迹称为广义根轨迹，包括参数根轨迹和零度根轨迹。

4.3.1 参数根轨迹

参数根轨迹是指除根轨迹增益 K^*（或开环增益 K）以外的其他参量从零变化到无穷大时绘制的根轨迹。绘制参数根轨迹的法则与绘制常规根轨迹的法则完全相同。区别在于绘制参数根轨迹之前，需要引入"等效开环传递函数"，将其转化为绘制根轨迹增益 K^* 变化时的根轨迹。

设系统的闭环特征方程为

$$1+G(s)H(s)=0 \qquad (4-23)$$

对式(4-23)进行等效变换为

$$1+A\frac{P(s)}{Q(s)}=0 \qquad (4-24)$$

其中，A 为除 K^* 以外，系统任意的变化参数，而 $P(s)$，$Q(s)$ 为不含参数 A 的多项式。显然式(4-23)和式(4-24)相等，即

$$1+G(s)H(s)=Q(s)+AP(s)=0 \qquad (4-25)$$

由式(4-25)得等效开环传递函数为

$$G_1(s)H_1(s) = A\frac{P(s)}{Q(s)} \qquad (4-26)$$

根据式(4-25)中等效开环传递函数 $G_1(s)H_1(s)$ 的零点、极点分布,可绘出参量 A 变化时等效系统的根轨迹。

需要注意的是,这里"等效"的含义仅限于闭环极点的相同,闭环零点一般不同。如果通过闭环零点、极点分析系统性能时,可采用参数根轨迹上的闭环极点,但闭环零点则必须采用原来的闭环系统。

例 4 - 7 两个系统的结构图分别如图 4-12(a)、(b)所示,要求:

(1) 画出 $K^*(0 \to \infty)$ 变动时,图 4-12(a)所示系统的根轨迹;

(2) 画出 $A(0 \to \infty)$ 变动时,图 4-12(b)所示系统的根轨迹;

(3) 试确定 K^*, A 值,使两个系统的闭环极点相同。

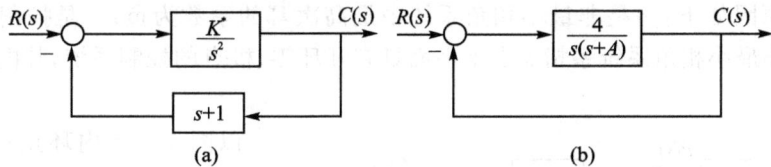

图 4-12 例 4-7 控制系统结构图

解 (1) 系统的开环传递函数为

$$G_a(s) = \frac{K^*(s+1)}{s^2}$$

系统两个开环极点为 $p_1=0, p_2=0$;一个开环零点为 $z=-1$,两条根轨迹分别终止于 -1 和无穷远处。

在 $(-\infty, -1]$ 之间必有一个分离点,分离点方程为

$$\frac{1}{d+1} = \frac{1}{d} + \frac{1}{d}$$

解得 $d=-2$。

由上述讨论,可概略绘制闭环系统的根轨迹,如图 4-13 中的虚线所示。

(2) 系统的开环传递函数为

$$G_b(s) = \frac{4}{s(s+A)}$$

得闭环特征方程

$$D_b(s) = s^2 + sA + 4 = 0$$

等效开环传递函数为

$$G_b^*(s) = \frac{As}{s^2+4}$$

等效开环传递函数有两个开环极点和一个开环零点,分别为 $p_1=j2, p_2=-j2, z=0$,两条根轨迹分别趋于 0 和无穷远处。

在 $(-\infty, 0]$ 之间必有一个分离点,分离点方程为

$$\frac{1}{d} = \frac{1}{d+j2} + \frac{1}{d-j2}$$

解得 $d=-2$。

由上述讨论，可概略绘制闭环系统的根轨迹，如图 4-13 中的实线所示。

(3) 由图 4-12 可见，两条根轨迹公共交点对应重极点 $s_{1,2}=-2$。

令 $D_a(s)=D_b(s)=(s+2)^2$

即 $s^2+K^*s+K^*=s^2+As+4=s^2+4s+4=0$。比较系数得 $K^*=A=4$ 时，两个系统具有相同的闭环极点 $s_{1,2}=-2$。

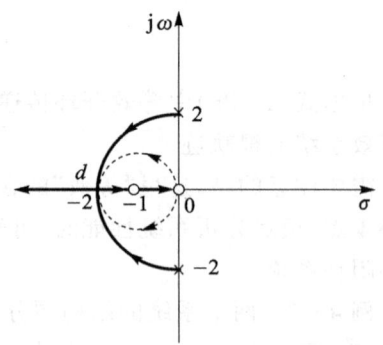

图 4-13 例 4-7 控制系统根轨迹图

4.3.2 零度根轨迹

当相角不遵循 $180°+2k\pi$ 的条件，而遵循 $0°+2k\pi$ 的条件时，应绘制零度根轨迹图。出现零度根轨迹的原因如下：一是非最小相角系统中最高次幂的系数为负；二是控制统中包含正反馈回路。所谓非最小相角系统系指 s 右半平面具有开环零、极点的控制系统，其内容将在第 5 章介绍。

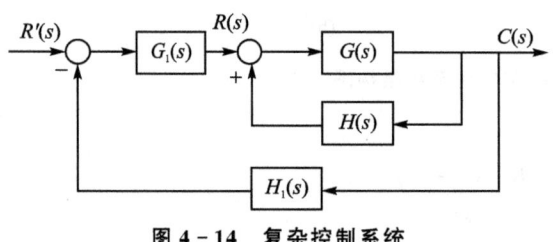

图 4-14 复杂控制系统

以图 4-14 内环正反馈为例，正反馈回路的闭环传递函数为

$$\frac{C(s)}{R(s)}=\frac{G(s)}{1-G(s)H(s)}$$

则正反馈回路根轨迹方程为

$$G(s)H(s)=1$$

幅值条件为

$$K^*=\frac{\prod_{i=1}^{n}|s-p_i|}{\prod_{j=1}^{m}|s-z_j|} \tag{4-27}$$

相角条件为

$$\sum_{j=1}^{m}\angle(s-z_j)-\sum_{i=1}^{n}\angle(s-p_i)=0+2k\pi \quad (k=0,\pm 1,\pm 2,\cdots) \tag{4-28}$$

将式(4-27)、式(4-28)与式(4-9)、式(4-10)进行比较，可见零度根轨迹的幅值条件与常规根轨迹相同，但相角条件相差一个 $180°$。绘制零度根轨迹图时，与相角条件有关的绘图法则，需要进行相应的修改。绘制零度根轨迹需修改的法则包括法则 3、法则 4 和法则 7。

法则 3 渐近线与正实轴的夹角公式修改为：

$$\varphi_a=\frac{2k\pi}{n-m} \quad (k=0,1,2,\cdots,n-m-1) \tag{4-29}$$

法则 4 实轴上的根轨迹修改为：实轴某一区域，其右侧开环实数零、极点个数之和为偶数，则该区域必是根轨迹。

法则 7 根轨迹的起始角和终止角修改为：起始角等于其他零、极点到所求起始角复数极点的诸向量相角之差，即

$$\theta_{p_i}=\sum_{j=1}^{m}\varphi_{z_j p_i}-\sum_{\substack{j=1\\(j\neq i)}}^{n}\theta_{p_i p_j} \tag{4-30}$$

终止角等于其他零、极点到所求终止角复数零点的各向量相角之差的负值,即

$$\varphi_{z_i} = \sum_{j=1}^{m} \theta_{p_j z_i} - \sum_{\substack{j=1 \\ (j \neq i)}}^{m} \varphi_{z_j z_i} \tag{4-31}$$

表 4-3 列出了零度根轨迹的绘制法则。

表 4-3 零度根轨迹绘制法则

序号	内容	法则
1	根轨迹的起点和终点	根轨迹起始于开环极点,终止于开环零点
2	根轨迹的分支数、连续性和对称性	根轨迹的分支数等于开环极点数 $n(n>m)$,或开环零点数 $m(m>n)$ 根轨迹是连续的,对称于实轴
3	根轨迹的渐近线	渐近线与实轴的交点:$\sigma_a = \dfrac{\sum_{i=1}^{n} p_i - \sum_{j=1}^{m} z_j}{n-m}$ 渐近线与实轴夹角:$\varphi_a = \dfrac{2k\pi}{n-m}$ $(k=0,1,\cdots,n-m-1)$
4	实轴上的根轨迹	实轴上的某一区域,若其右端开环实数零、极点个数之和为偶数,则该区域必是根轨迹
5	根轨迹的分离点	分离点坐标由 $\sum_{j=1}^{m} \dfrac{1}{d-z_j} = \sum_{i=1}^{n} \dfrac{1}{d-p_i}$ 确定
6	根轨迹与虚轴的交点	根轨迹与虚轴交点坐标 K^* 值和 ω 值,可利用劳思判据确定,也可令闭环特征方程中的 $s=j\omega$,然后分别令虚部和实部为零求得
7	根轨迹的起始角和终止角	起始角:$\theta_{p_j} = \sum_{j=1}^{m} \varphi_{z_j p_i} - \sum_{\substack{j=1 \\ (j \neq i)}}^{n} \theta_{p_j p_i}$ 终止角:$\varphi_{z_i} = \sum_{j=1}^{m} \theta_{p_j z_i} - \sum_{\substack{j=1 \\ (j \neq i)}}^{m} \varphi_{z_j z_i}$
8	根之和	$\sum_{i=1}^{n} s_i = \sum_{i=1}^{n} p_i$ $(n-m \geq 2)$

例 4-8 设单位正反馈系统的开环传递函数为

$$G(s) = \frac{K^*(s+1)}{(s+2)(s+4)}$$

概略绘制系统的根轨迹。

解 单位正反馈系统的根轨迹方程为

$$\frac{K^*(s+1)}{(s+2)(s+4)} = 1$$

由零度根轨迹绘制法则可知:

(1) 系统两个开环极点分别为 $p_1=-2, p_2=-4$,一个零点为 $z_1=-1$。

(2) 实轴上根轨迹区间 $[-4,-2]$ 和 $[-1,+\infty)$。

(3) 渐近线为 1 条,其 σ_a, φ_a 分别为

$$\sigma_a = \frac{\sum_{i=1}^{n} p_i - \sum_{j=1}^{m} z_j}{n-m} = \frac{-2-4+1}{2-1} = -5$$

$$\varphi_a = \frac{2k\pi}{n-m} = 0° \quad (k=0)$$

(4) 由分离点方程

$$\frac{1}{d+1} = \frac{1}{d+2} + \frac{1}{d+4}$$

解得两个分离点 $d_1 = -2.732, d_2 = 0.732$。

(5) 求根轨迹与虚轴交点的 K^* 值，系统特征方程为

$$s^2 + (6-K^*)s + 8 - K^* = 0$$

得根轨迹与虚轴的交点和 K^* 值为

$$K^* = 6, \quad s_{1,2} = \pm j1.414$$

由上述讨论，可概略绘制闭环系统的根轨迹，如图 4-15 所示。

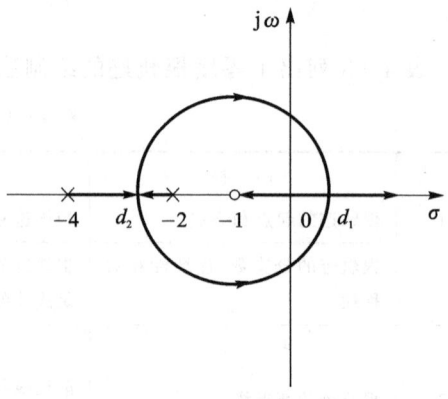

图 4-15 例 4-8 系统根轨迹

例 4-9 已知单位反馈控制系统的开环传递函数为

$$G(s)H(s) = \frac{K^*}{(s^2+2s+2)(s^2+2s+5)} \quad (K^* > 0)$$

但反馈极性未知，欲保持闭环系统稳定，试确定根轨迹增益 K^* 的范围。

解 若反馈极性为负反馈，设使系统闭环稳定的 K^* 范围为 (a,b)；若反馈极性为正反馈，使系统闭环稳定的 K^* 范围为 (c,d)。选择 $K^* \in (e,f)$，且 (e,f) 为 (a,b) 和 (c,d) 的公共区域，即可保证闭环系统稳定。

当系统为负反馈时：

(1) 系统的开环极点为 $p_{1,2} = -1 \pm j2$ 和 $p_{3,4} = -1 \pm j$；

(2) 实轴上无根轨迹；

(3) 渐近线为 3 条，与实轴的交点和夹角为 $\sigma_a = -1, \varphi_a = \pm 45°, \pm 135°$；

(4) 由分离点方程

$$\frac{2(s+1)}{s^2+2s+2} + \frac{2(s+1)}{s^2+2s+5} = 0$$

解得分离点 $d_1 = -1, d_{2,3} = -1 \pm j1.581$。显然，$d_1 = -1$ 不在根轨迹上，故舍去。$d_{2,3}$ 为复数分离点。由根轨迹幅值条件得

$$K^* \big|_{s=d_2} = 2.25$$

(5) 求根轨迹与虚轴交点的 K^* 值，系统闭环特征方程为

$$D(s) = (s^2+2s+2)(s^2+2s+5) + K^* = s^4 + 4s^3 + 11s^2 + 14s + K^* + 10 = 0$$

列劳思表：

s^4	1	11	$10+K^*$
s^3	4	14	
s^2	7.5	$10+K^*$	
s^1	$\dfrac{65-4K^*}{7.5}$	0	
s^0	$10+K^*$		

当 $K^* = 16.25$ 时,劳思表中 s^1 行元素全为零。由辅助方程 $F(s) = 7.5s^2 + 10 + 16.25 = 0$ 解得根轨迹和虚轴的交点 $s_{1,2} = \pm j1.871$。

(6) 共轭复极点的起始角

$$p_{1,2} = -1 \pm j2 \text{ 时}, \theta_{p_1} = 270°, \theta_{p_2} = -270°$$
$$p_{3,4} = -1 \pm j \text{ 时}, \theta_{p_3} = 90°, \theta_{p_4} = -90°$$

由上述讨论,可概略绘制闭环系统的根轨迹,如图 4-16 所示。

当系统为正反馈时:

(1) 系统的开环极点同上;

(2) 实轴上根轨迹区间为 $(-\infty, +\infty)$;

(3) 渐近线为 4 条,与实轴的交点和夹角为 $\sigma_a = -1, \varphi_a = 0°, 90°, 180°, 270°$;

(4) 用与上述相同的办法求得分离点为 $d_1 = -1$;

(5) 求根轨迹与虚轴交点的 K^* 值,系统闭环特征方程为

$$D(s) = s^4 + 4s^3 + 11s^2 + 14s + 10 - K^* = 0$$

由劳思判据,可求得 $K^* = 10$ 时,闭环系统临界稳定。根轨迹与虚轴的交点为 $s = 0$。

由上述讨论,可概略绘制闭环系统的根轨迹,如图 4-17 所示。

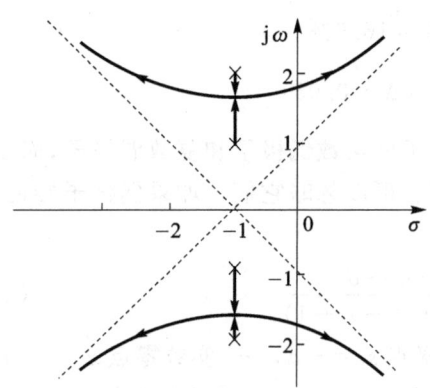
图 4-16 例 4-9 负反馈时系统根轨迹

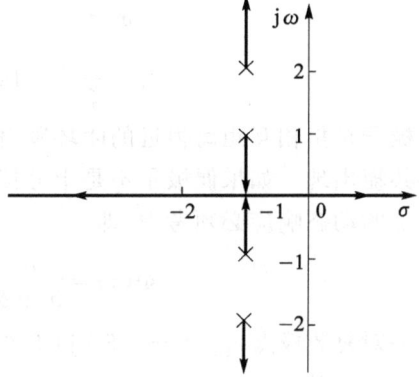
图 4-17 例 4-9 正反馈时系统根轨迹

反馈极性为负反馈时,由图 4-16 可知,使闭环系统稳定的 K^* 范围为 $[0, 16.25)$;反馈极性为正反馈时,由图 4-17 可知,使闭环系统稳定的 K^* 范围为 $[0, 10)$。因此,反馈极性未知时,闭环系统稳定的 K^* 值范围为 $[0, 10)$。

4.4 利用根轨迹分析系统性能

首先,闭环系统的根轨迹图可以定性分析当系统中某一参数发生变化时系统动态性能的变化趋势;其次,当给定某一参数的具体取值时,可以对应系统闭环极点的分布情况;再次,结合确定的闭环极点和已知的闭环零点,可以得到系统的闭环传递函数。

本节内容主要讨论如何利用根轨迹分析、估算系统性能,并分析附加开环零、极点对根轨迹及系统性能的影响。

4.4.1 主导极点、偶极子及时间响应

由已知的系统零、极点写出系统的闭环传递函数,然后利用拉氏反变换法得到系统的动态

响应。工程设计中,可以利用闭环主导极点的概念,简化分析高阶系统,并对系统的性能指标进行估算。

例 4-10 某单位负反馈系统的闭环传递函数为

$$\Phi(s) = \frac{1.58}{(s+3.53)(s+0.33+j0.58)(s+0.33-j0.58)}$$

试利用闭环主导极点的概念估算系统性能。

解 系统存在一对共轭复数极点 $s_{1,2} = -0.33 \pm j0.58$,一个负实数极点 $s_3 = -3.53$。由于 $|s_3| \geqslant 5|\text{Re}(s_{1,2})|$,且 $s_{1,2}$ 没有与其他零点构成偶极子(此例不存在闭环零点),所以 $s_{1,2}$ 可看作闭环主导极点,忽略非主导极点 s_3 后,闭环传递函数变为

$$\Phi(s) = \frac{1.58}{3.53(s+0.33+j0.58)(s+0.33-j0.58)} = \frac{0.448}{s^2+0.66s+0.448}$$

原三阶系统近似为二阶系统,与典型二阶系统相比得

$$\omega_n^2 = 0.448, \quad 2\zeta\omega_n = 0.66$$

则相应的特征参数为 $\omega_n = 0.67$,$\zeta = 0.49$

单位阶跃响应时的超调量和调节时间为

$$\sigma = e^{-\pi\zeta/\sqrt{1-\zeta^2}} \times 100\% = 16.6\%$$

$$t_s = \frac{3.5}{\zeta\omega_n} = 10.66(\text{s}) \quad (\Delta = 0.05)$$

偶极子是指相互距离很近的闭环零、极点。偶极子分实数偶极子和复数偶极子,而复数偶极子必共轭出现。如果偶极子不是十分接近坐标原点,可以忽略它们。如果偶极子接近原点,其对系统的动态响应必须考虑,即

$$\Phi(s) = \frac{a}{a+\delta} \cdot \frac{s+a+\delta}{(s+a)(s^2+s+1)} \qquad (4-32)$$

系统有一对复数极点 $s_{1,2} = -0.5 \pm j0.866$,一个实数极点 $s_3 = -a$,一个实数零点 $z = -(a+\delta)$。

设 $\delta \to 0$,则 $s = -a$ 和 $z = -(a+\delta)$ 构成偶极子,当 $s_3 = -a$ 不是非常接近坐标原点,式(4-32)的单位阶跃响应为

$$c(t) = 1 - \frac{\delta}{(a+\delta)(a^2-a+1)}e^{-at} + 1.15\frac{a}{(a+\delta)}\frac{\sqrt{(a+\delta-0.5)^2+0.75}}{\sqrt{(a-0.5)^2+0.75}}e^{-t/2} \times$$

$$\sin\left(0.866t + \arctan\frac{0.866}{a+\delta-0.5} - \arctan\frac{0.866}{a-0.5} - 120°\right) \qquad (4-33)$$

由于 $\delta \to 0$,式(4-33)可简化为

$$c(t) \approx 1 + 1.15e^{-t/2}\sin(0.866t - 120°)$$

显然,系统的单位阶跃响应主要由主导极点 $s_{1,2}$ 决定。

如果偶极子十分接近原点,式(4-33)应简化为

$$c(t) \approx 1 - \frac{\delta}{a} + 1.15e^{-t/2}\sin(0.866t - 120°)$$

这时 δ 和 a 相比,不能简单略去。

接近原点的偶极子对系统的动态响应必须考虑。对于复数偶极子,性质完全相同。一般闭环零、极点之间的距离比它们自身的模小一个数量级时,这一对闭环零、极点就构成了偶极子。

主导极点法就是留靠近虚轴,又不十分靠近闭环零点的一个或几个极点作为闭环主导极点,略去非主导极点、偶极子,高阶系统就可以大大简化。

特别要注意的是,当需要选留主导零点来改进系统性能时,选留的主导零点数不要多于主导极点数。

4.4.2 附加开环零点对系统性能的影响

开环零、极点的分布决定着系统根轨迹的形状。如果系统的性能欠佳,可以通过调整控制器的结构和参数,改变开环零、极点的分布,调整根轨迹的形状,来改善系统的性能。

1. 增加开环零点对根轨迹的影响

设单位反馈系统的开环传递函数分别为

$$G_1(s) = \frac{K^*}{s(s^2+2s+2)}, \quad G_2(s) = \frac{K^*(s+3)}{s(s^2+2s+2)}, \quad G_3(s) = \frac{K^*(s+2)}{s(s^2+2s+2)}$$

绘制相应的根轨迹如图 4-18(a)~(c)所示。

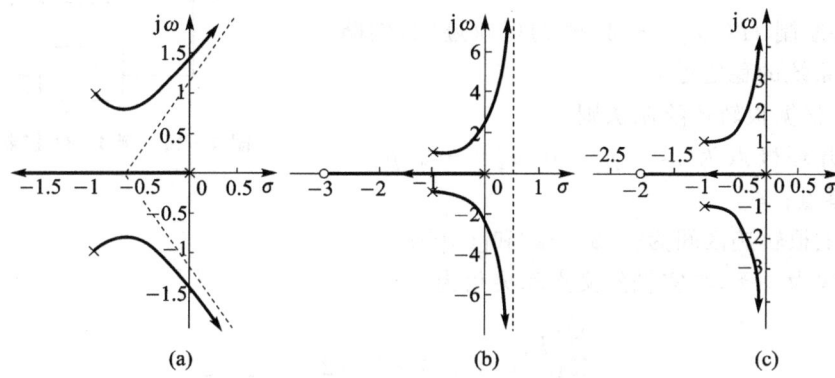

图 4-18 增加零点的系统根轨迹图

显然,当增加的零点 $z<-2$ 时,根轨迹和虚轴有交点;当 $z \geq -2$ 时,根轨迹和虚轴没有交点。

由图 4-18 中可以看出,增加一个开环零点使系统的根轨迹向左偏移,提高了系统的稳定度,有利于改善系统的动态性能,并且开环负实零点离虚轴越近,这种作用越显著。

若增加的开环零点和某个极点重合或距离很近时,构成偶极子,则二者作用相互抵消。因此,加入开环零点可以抵消有损于系统性能的极点。

2. 增加开环极点对根轨迹的影响

设单位反馈系统的开环传递函数为

$$G_1(s) = \frac{K^*}{s(s+1)}, \quad G_2(s) = \frac{K^*}{s(s+1)(s+2)}, \quad G_3(s) = \frac{K^*}{s^2(s+1)}$$

绘制相应的根轨迹如图 4-19(a)~(c)所示。

从图 4-19 中可以看出,增加一个开环极点使系统的根轨迹向右偏移,降低了系统的稳定度,不利于系统的动态性能,并且开环负实极点离虚轴越近,这种作用越显著。

例 4-11 如图 4-20 所示的负反馈控制系统中

$$G(s) = \frac{K^*}{s^2(s+2)(s+5)}$$

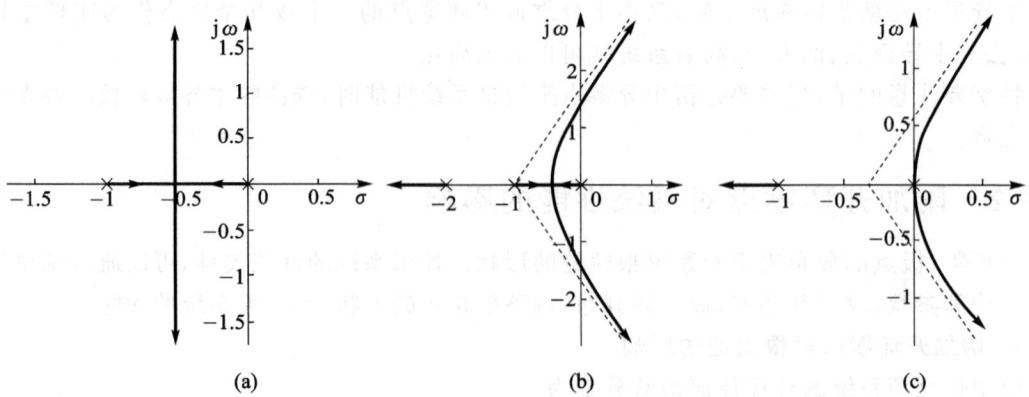

图 4-19 增加极点的系统根轨迹图

要求：(1) 概略绘制 $H(s)=1$ 时的根轨迹图，判断系统的稳定性；

(2) 概略绘制 $H(s)=1+2s$ 时的根轨迹图，判断 $H(s)$ 改变后系统的稳定性。

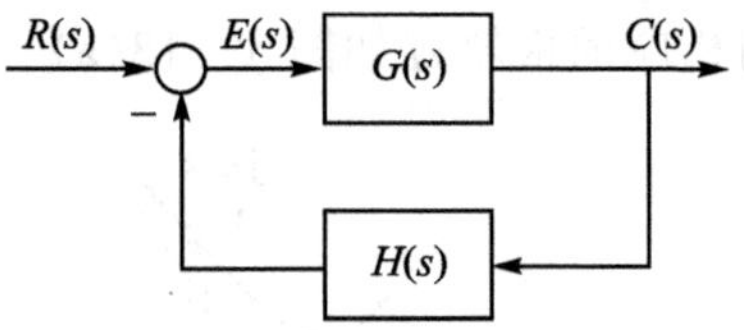

图 4-20 例 4-11 控制系统

解 (1) 根据根轨迹绘制法则

1) 系统开环极点为 $p_1=p_2=0, p_3=-2, p_4=-5$，无开环零点；

2) 实轴上根轨迹区间为 $[-5,-2]$ 和 $[0,0]$；

3) 渐近线为 4 条，与实轴的交点和夹角为

$$\sigma_a = \frac{\sum_{i=1}^{4} P_i}{4} = \frac{0+0-5-2}{4} = -1.75$$

$$\varphi_a = \pm 45°, \pm 135°$$

4) 由分离点方程

$$\frac{1}{d} + \frac{1}{d} + \frac{1}{d+2} + \frac{1}{d+5} = 0$$

解得分离点 $d_1=0, d_2=-4$。

由上述讨论，可概略绘制闭环系统的根轨迹，如图 4-21 所示。由图 4-21 可知，无论 K^* 取何值，闭环系统恒不稳定。

(2) 当 $H(s)=1+2s$ 时，系统的开环传递函数为

$$G(s)H(s) = \frac{K_1^*(s+0.5)}{s^2(s+2)(s+5)}$$

其中，$K_1^* = 2K^*$，$H(s)$ 的改变使系统增加了一个开环零点。

1) 系统开环极点为 $p_1=p_2=0, p_3=-2, p_4=-5$，开环零点为 $z=-0.5$；

2) 实轴上根轨迹区间为 $(-\infty,-5], [-2,-0.5], [0,0]$；

3) 渐近线为 3 条，与实轴的交点和夹角为

$$\sigma_a = -2.17, \quad \varphi_a = \pm 60°, 180°$$

4) 求根轨迹与虚轴交点的 K^* 值，系统特征方程为

$$D(s) = s^4 + 7s^3 + 10s^2 + 2K^*s + K^* = 0$$

列劳思表：

s^4	1	10	K^*
s^3	7	$2K^*$	
s^2	$\dfrac{70-2K^*}{7}$	K^*	
s^1	$\dfrac{K^*(91-4K^*)}{70-2K^*}$	0	
s^0	K^*		

令 s^1 行元素全为零，得 $K^*=22.75$。由辅助方程
$$F(s)=(70-2K^*)s^2+7K^*=24.5s^2+159.25=0$$
解得根轨迹与虚轴的交点为 $s_{1,2}=\pm j2.55$。

由上述讨论，可概略绘制闭环系统的根轨迹，如图 4-22 所示。由此可见，当 $0<K^*<22.75$ 时，闭环系统稳定。

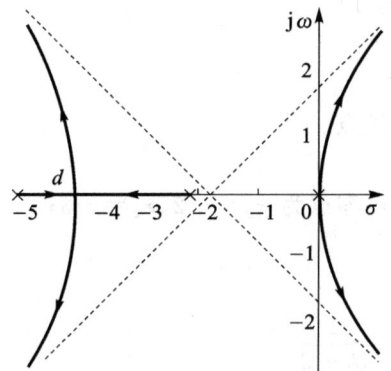

图 4-21 当 $H(s)=1$ 时系统根轨迹

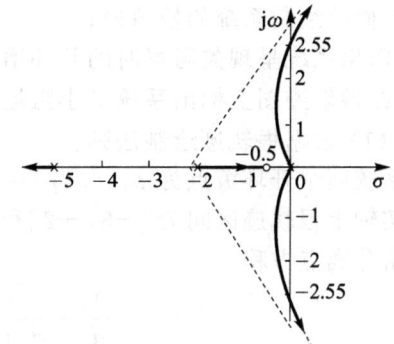

图 4-22 当 $H(s)=1+2s$ 时系统根轨迹

例 4-12 某单位反馈系统的结构图如图 4-23 所示，要求：

(1) 概略绘制系统的根轨迹；

(2) 用根轨迹法确定使系统稳定的 K^* 值范围；

(3) 用根轨迹法确定使系统的阶跃响应不出现超调量的 K^* 最大值。

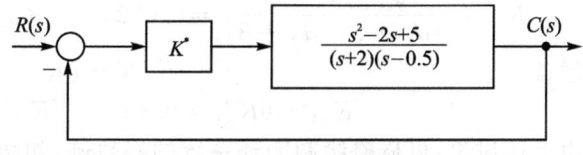

图 4-23 例 4-12 控制系统

解 (1) 单位负反馈控制系统的开环传递函数为
$$G(s)=\frac{K^*(s^2-2s+5)}{(s+2)(s-0.5)}=\frac{K^*(s-1+j2)(s-1-j2)}{(s+2)(s-0.5)}$$

根据根轨迹绘制法则：

1) 系统开环极点为 $p_1=-2$，$p_2=0.5$，开环零点 $z_{1,2}=1\pm j2$；
2) 实轴上根轨迹区间为 $[-2,0.5]$；
3) 由分离点方程
$$\frac{1}{d+2}+\frac{1}{d-0.5}=\frac{1}{d-1+j2}+\frac{1}{d-1-j2}$$

解得分离点 $d=-0.409$。

4) 求根轨迹与虚轴交点的 K^* 值,系统特征方程为
$$D(s)=(1+K^*)s^2+(1.5-2K^*)s+(5K^*-1)=0$$
将 $s=\mathrm{j}\omega$ 代入特征方程式,令 $\mathrm{Im}[D(s)]=0, \mathrm{Re}[D(s)]=0$,得
$$(1.5-2K^*)\omega=0, \quad -(1+K^*)\omega^2+5K^*-1=0$$
即
$$当 \omega_1=0 时,\quad K_1^*=0.2$$
$$当 \omega_2=1.254 时,\quad K_2^*=0.75$$

由上述讨论,可概略绘制闭环系统的根轨迹,如图 4-24 所示。

(2) 由(1)中计算结果及图 4-24 知,K^* 的取值范围为 $0.2<K^*<0.75$ 时,系统稳定。

(3) 不出现超调量的 K^* 最大值出现在分离点 $d=-0.409$ 处,将该值代入幅值条件解得
$$K^*=\frac{|d+2|\cdot|d-0.5|}{|d-1+\mathrm{j}2|\cdot|d-1-\mathrm{j}2|}=0.242$$

例 4-13 负反馈控制系统的开环传递函数为
$$G(s)H(s)=\frac{K^*(s+2)(s+3)}{s(s+1)}$$

要求:(1) 概略绘制系统的根轨迹;
(2) 求出系统呈现欠阻尼时的开环增益范围;
(3) 在根轨迹图上标出系统最小阻尼比时的闭环极点。

解 (1) 根据根轨迹绘制法则:
1) 系统两个开环极点为 $p_1=0, p_2=-1$,两个开环零点为 $z_1=-2, z_2=-3$;
2) 实轴上根轨迹区间为 $[-3,-2]$ 和 $[-1,0]$;
3) 由分离点方程
$$\frac{1}{d}+\frac{1}{d+1}=\frac{1}{d+2}+\frac{1}{d+3}$$
解得分离点 $d_1=-0.634, d_2=-2.366$。

对应 K^* 值为
$$K_{d1}^*=\frac{|d_1||d_1+1|}{|d_1+2||d_1+3|}=0.072, \quad K_{d2}^*=\frac{|d_2||d_2+1|}{|d_2+2||d_2+3|}=13.93$$

开环增益 $K=6K^*$

则 $K_{d1}=6K_{d1}^*=0.43, \quad K_{d2}=6K_{d2}^*=83.57$

由上述讨论,可概略绘制闭环系统的根轨迹,如图 4-25 所示。

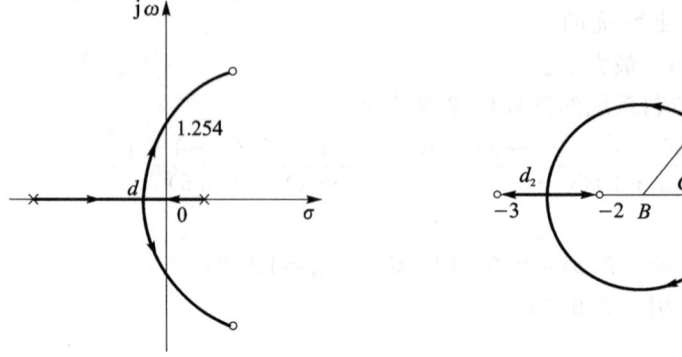

图 4-24 例 4-12 系统根轨迹图　　　　图 4-25 例 4-13 系统根轨迹图

(2) 由图 4-25 知,使系统呈现欠阻尼状态的 K 值范围为
$$0.43 < K < 83.57$$

(3) 复平面上根轨迹是圆,圆心位于 $(d_1+d_2)/2 = -1.5$ 处,半径是 $|(d_2-d_1)/2| = 0.866$。根据 $\zeta = \cos\beta$,最小值 ζ 即在根轨迹上做 $\overline{OA}$ 切圆于点 A,(点 A 即为所求极点位置),由相似三角形关系,有

$$\frac{\overline{AB}}{\overline{BO}} = \frac{\overline{BC}}{\overline{AB}}$$

$$\overline{BC} = \frac{\overline{AB}^2}{\overline{BO}} = \frac{0.866^2}{1.5} = 0.5$$

$$\overline{OC} = \overline{BO} - \overline{BC} = 1.5 - 0.5 = 1$$

$$\overline{AC} = \sqrt{\overline{AB}^2 - \overline{BC}^2} = \sqrt{0.866^2 - 0.5^2} = 0.707$$

对应最小阻尼比的闭环极点为 $s_{1,2} = -1 \pm j0.707$。

4.5 MATLAB 在绘制根轨迹中的应用

根轨迹法是一种直观方便的图解法,MATLAB 专门提供了绘制根轨迹的函数指令,避免了手工绘制根轨迹的繁琐过程,绘制精度也比较高。

本节介绍 MATLAB 根轨迹绘制的函数指令和使用方法。MATLAB 专门提供了绘制闭环系统根轨迹的函数指令,常用的根轨迹函数及指令见表 4-4。

表 4-4 常用的根轨迹函数及指令表

函数指令	功能介绍
rlocus(G) rlocus(num,den)	绘制根轨迹图,并给出开环传递函数的零、极点位置
R= rlocus(G, Ks)	计算根轨迹增益 K^*(Ks)对应的闭环特征根 R
[R,Kg]= rlocus(G) [R,Kg]=rlocus(num,den)	绘制根轨迹图,并自动得到 R 和 K^*
sgrid(z,wn)	绘制等阻尼线 z 和等自然振荡角频率 ω_n 的辐射网格

4.5.1 绘制常规根轨迹和零度根轨迹

例 4-14 利用根轨迹函数指令绘制例 4-1 的根轨迹,并求取相关参数。

解 使用 rlocus(G) 和 R=rlocus(G,Ks) 对闭环系统进行分析。

(1) 绘制根轨迹图

MATLAB 程序如下:

```
clear; close all;
figure(26)
num = [1];                         %分子多项式系数向量
den = conv([1 0],conv([1 1],[1 5]));    %分母多项式系数向量
G = tf(num,den);                   %建立零极点模型
rlocus(G);                         %绘制闭环系统根轨迹图
sgrid;                             %给根轨迹图加辐射网格
```

运行结果如图 4-26 所示。由图可见,开环极点为 $p_1=0, p_2=-1, p_3=-5$,系统无开环零点。由图 4-26 可知,闭环系统在一定范围内是稳定的,现在可以通过鼠标选择根轨迹与虚轴的交点,得到相应的根轨迹增益 K^*,同时还可得到闭环极点值、阻尼比、超调量和自然振荡角频率。

由图 4-26 可以看出,根轨迹与虚轴的交点处的根轨迹增益为 $K^*=30$,极点值为 $s=\pm j2.24$,阻尼比几乎为零,超调量为 100%,自然振荡角频率为 2.24。同时,可以看出极点 $s=-5.34$ 处的根轨迹增益 $K^*=7.87$,阻尼比为 1,超调量为 0,自然振荡角频率为 5.34,说明此时系统稳定。

(2) 精确获取参数

```
Ks = 20.2;R = rlocus(G,Ks)          % 获取 Ks 对应的闭环极点值
```

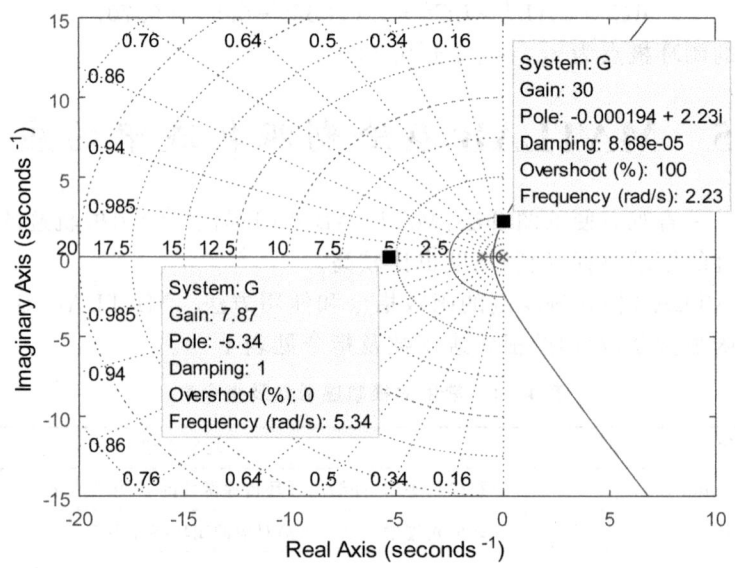

图 4-26　例 4-14 系统根轨迹参数图

例 4-15　利用根轨迹函数指令绘制例 4-9 的 180°根轨迹和 0°根轨迹。

解　MATLAB 程序如下:

```
clear; close all;
figure(31)
num = [1];                          % 分子多项式系数向量
den = conv([1 2 2],[1 2 5]);        % 分母多项式系数向量
G180 = tf(num,den);                 % 建立 180°根轨迹零极点模型
G0 = tf(-num,den);                  % 建立 0°根轨迹零极点模型
rlocus(G180,'r');hold on            % 绘制闭环系统 180°根轨迹图
rlocus(G0,'b--');                   % 绘制闭环系统 0°根轨迹图
sgrid;                              % 给根轨迹图加辐射网格
```

由图 4-27 可以近似看出二者同时稳定时根轨迹增益 K^* 的范围。

注:当分子多项式系数向量 num 为负时,rlocus() 函数画的是 0°根轨迹图。

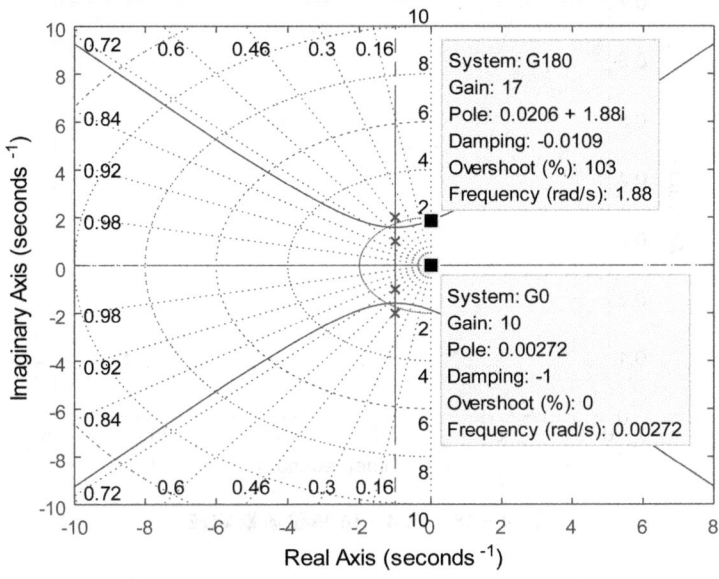

图 4-27 例 4-15 系统根轨迹图

4.5.2 利用根轨迹分析系统性能

例 4-16 分析例 4-10 的系统性能。

解 绘制两个系统单位阶跃响应的程序如下：

```
clear; close all;
% 原系统
num = [1];                              % 分子多项式系数向量
den = conv([1 3.53],[1 0.66 0.4453]);   % 分母多项式系数向量
G = tf(num,den);                        % 建立根轨迹零极点模型
rlocus(G);                              % 绘制闭环系统根轨迹图
sgrid;                                  % 给根轨迹图加辐射网格
% 忽略非主导极点
num = [1];                              % 分子多项式系数向量
den = [1 0.66 0.4453];                  % 分母多项式系数向量
G1 = tf(num,den);                       % 建立根轨迹零极点模型
rlocus(G1);                             % 绘制闭环系统根轨迹图
sgrid;                                  % 给根轨迹图加辐射网格
figure(32)
Gb = feedback(1.58 * G,1);              % 原系统单位负反馈闭环传递函数
step(Gb,'r');hold on;
Gb1 = feedback((1.58/3.53) * G1,1);     % 忽略非主导极点的系统单位负反馈闭环传递函数
step(Gb,'b--');
```

由图 4-28 可以看出，两个系统的单位阶跃响应曲线几乎重合在一起，也即是说，忽略非主导极点可以对系统性能进行近似分析。

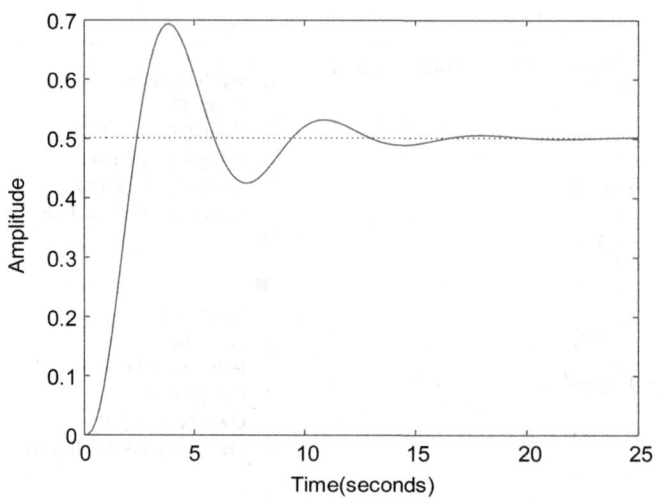

图 4-28　例 4-16 单位阶跃响应

4.5.3　利用根轨迹求解系统的闭环极点

例 4-17　利用根轨迹函数指令绘制例 4-6 的闭环极点。

解　MATLAB 程序如下：

```
clear; close all;
figure(29)
num = [1];                                %分子多项式系数向量
den = conv([1 0],conv([1 1],[0.5 1]));    %分母多项式系数向量
G = tf(num,den);                          %建立零极点模型
rlocus(G);                                %绘制闭环系统根轨迹图
sgrid;                                    %给根轨迹图加辐射网格
Ks = 0.525 * 2;R = rlocus(G,Ks)           %获取 Ks 对应的闭环极点值
```

运行结果如下：

```
R =
   -2.5380 + 0.0000i
   -0.2310 + 0.8798i
   -0.2310 - 0.8798i
```

该系统根轨迹图如图 4-29 所示。

本章小结

本章详细介绍了根轨迹法的基本概念、绘制(常规和广义)根轨迹的基本法则和如何利用根轨迹分析系统性能。根轨迹法是一种简易图解方法，给系统的分析设计带来了极大的便利，在控制工程领域使用非常方便，特别是利用 MATLAB 工具绘制根轨迹更为方便。

1. 绘制根轨迹的基本步骤包括：(1) 确定系统的开环极点和开环零点；(2) 写出实轴上的根轨迹；(3) 确定渐近线的条数、渐近线与实轴的交点以及与正实轴的夹角；(4) 解分离点方

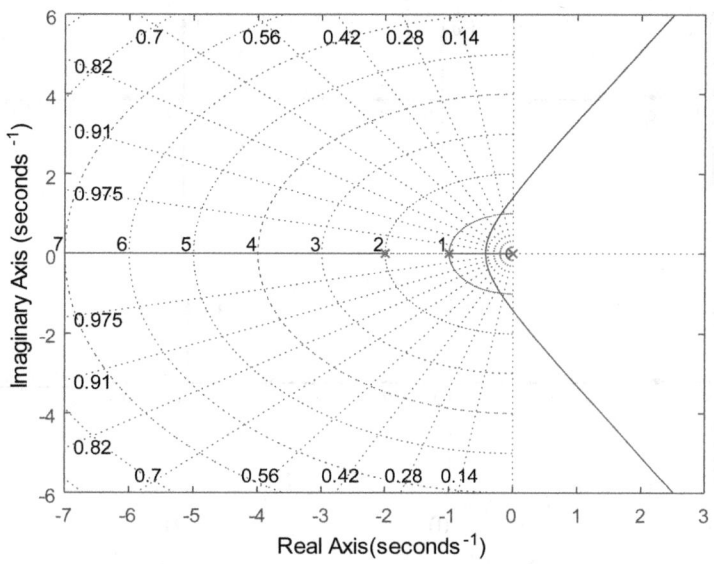

图 4-29 例 4-17 系统根轨迹图

程得到分离点;(5)计算根轨迹的起始角和终止角;(6)计算根轨迹与虚轴的交点;(7)绘制根轨迹。

2. 根轨迹法的主要思路包括:(1)获得开环系统的零、极点分布;(2)根据绘制根轨迹的基本法则绘制根轨迹;(3)分析闭环系统性能随参数变化的趋势;(4)通过添加闭环零、极点,设计系统使其满足性能要求;(5)利用闭环主导极点,对闭环系统进行定性分析并估算系统性能。

思考与练习

4-1 已知开环零、极点如图 4-30 所示,试概略绘制相应的根轨迹。

4-2 单位反馈系统的开环传递函数如下,试概略绘出系统根轨迹。

(1) $G(s)=\dfrac{K}{s(0.2s+1)(0.5s+1)}$;(2) $G(s)=\dfrac{K^*(s+5)}{s(s+2)(s+3)}$;(3) $G(s)=\dfrac{K(s+1)}{s(2s+1)}$。

4-3 单位反馈系统的开环传递函数如下,试概略绘出相应的根轨迹。

(1) $G(s)=\dfrac{K^*(s+2)}{(s+1+j2)(s+1-j2)}$;(2) $G(s)=\dfrac{K^*(s+20)}{s(s+10+j10)(s+10-j10)}$。

4-4 已知单位反馈系统的开环传递函数 $G(s)$,要求:

(1) 确定 $G(s)=\dfrac{K^*(s+z)}{s^2(s+10)(s+20)}$ 产生纯虚根为 $\pm j1$ 的 z 值和 K^* 值;

(2) 概略绘出 $G(s)=\dfrac{K^*}{s(s+1)(s+3.5)(s+3+j2)(s+3-j2)}$ 的闭环根轨迹图(要求确定根轨迹的渐近线、分离点、与虚轴交点和起始角)。

4-5 已知单位负反馈系统的开环传递函数为

$$G(s)H(s)=\dfrac{K^*}{s(s^2+8s+20)}$$

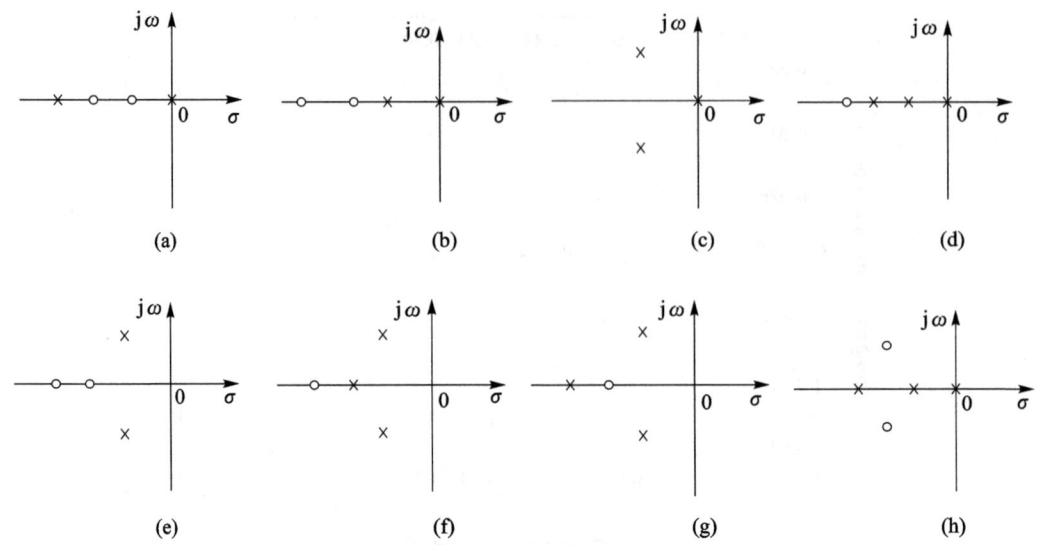

图 4 - 30 开环零、极点分布图

绘制 $K^* = 0 \to \infty$ 时的系统根轨迹,并确定使闭环系统稳定的 K^* 的取值范围。

4 - 6 单位反馈系统的开环传递函数为

$$G(s) = \frac{K(2s+1)}{(s+1)^2 \left(\frac{4}{7}s - 1\right)}$$

试绘制系统根轨迹,并确定使系统稳定的 K 值范围。

4 - 7 单位反馈系统的开环传递函数为

$$G(s) = \frac{K^*}{s(s+3)^2}$$

绘制 $K^* = 0 \to \infty$ 时的系统根轨迹,确定使系统满足 $0 < \xi < 1$ 的开环增益 K 的取值范围。

4 - 8 单位反馈系统的开环传递函数为

$$G(s) = \frac{K^*(s^2 - 2s + 5)}{(s+2)(s-0.5)}$$

试绘制系统根轨迹,确定使系统稳定的 K 值范围。

4 - 9 试绘出下列多项式方程的根轨迹。

(1) $s^3 + 2s^2 + 3s + Ks + 2K = 0$;(2) $s^3 + 3s^2 + (K+2)s + 10K = 0$。

4 - 10 设单位反馈系统的开环传递函数为

$$G(s) = \frac{K^*(1-s)}{s(s+2)}$$

试绘制其根轨迹,并求出使系统产生重实根和纯虚根的 K^* 值。

4 - 11 已知某单位负反馈系统的开环传递函数为

$$G(s) = \frac{K^*(s+4)}{s(s+1)^2}$$

绘制该系统根轨迹,并求出一个闭环极点为 -3 时开环增益 K 的值及另外两个闭环极点。

4 - 12 设单位反馈系统的开环传递函数如下:

(1) $G(s) = \dfrac{20}{(s+4)(s+b)}$

(2) $G(s) = \dfrac{30(s+b)}{s(s+10)}$

试绘制参数 b 从零变到无穷时的根轨迹图,并写出 $b=2$ 时系统的闭环传递函数。

4-13 已知系统结构图如图 4-31 所示,试绘制时间常数 T 变化时系统的根轨迹,并分析参数 T 的变化对系统动态性能的影响。

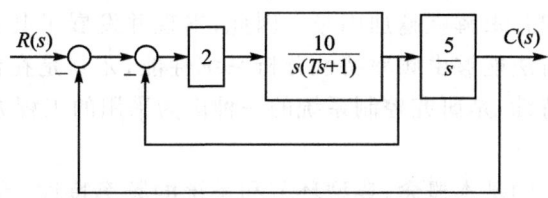

图 4-31 系统结构图

4-14 实系数特征方程为
$$A(s) = s^3 + 5s^2 + (6+a)s + a = 0$$
要使其根全为实数,试确定参数 a 的范围。

4-15 已知单位负反馈系统的闭环传递函数为 $\Phi(s) = \dfrac{as}{s^2 + as + 16}(a>0)$,要求:

(1) 绘出闭环系统的根轨迹$(0 \leqslant a < \infty)$;

(2) 判断点$(-\sqrt{3}, j)$是否在根轨迹上;

(3) 由根轨迹求出使闭环系统阻尼比 $\zeta = 0.5$ 时的 a 值。

4-16 已知 $G(s)H(s) = \dfrac{K*(s+3)}{s(s+2)}$,要求:

(1) 绘制根轨迹并证明复平面上根轨迹部分为圆;

(2) 系统呈现欠阻尼状态时的开环增益范围;

(3) 系统最小阻尼比时的闭环极点。

4-17 若图 4-32 所示控制系统的闭环极点为 $2 \pm \sqrt{10}\,j\,(2 \pm 3.16j)$,试确定增益 K 和速度反馈系数 T;并对求出的 T 值画出根轨迹图;确定使系统稳定的 K 值范围。

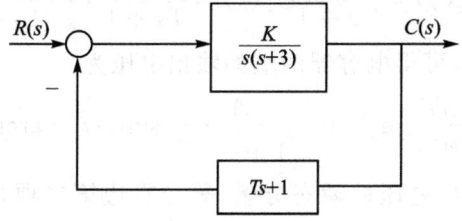

图 4-32 系统结构图

第 5 章 控制系统的频域分析

第 3 章介绍了控制系统的时域分析法。利用微分方程式求解系统时域响应时,可以看出输出量随时间的变化,比较直观。但是用解析方法求解系统的时域响应往往比较麻烦,系统越复杂,微分方程的阶次越高,求解就越加困难。因此,出现并发展了其他一些分析控制系统的方法,其中,频率响应分析法能够由频率特性分析系统性能,尤其是在传递函数难以确定时可以通过实验法得到频率特性,是研究控制系统的一种广为采用的工程方法,也是经典控制理论的重要内容。

本章将介绍频率特性的基本概念、典型环节和系统的频率特性、频域稳定判据、系统性能的频域分析方法以及 MATLAB 仿真在频域分析中的应用。

5.1 频率特性的基本概念

5.1.1 频率特性的定义

首先用一个简单的电路说明频率特性的基本概念。图 5-1 所示电路为一个 RC 网络,其微分方程为

$$T \frac{du_2}{dt} + u_2 = u_1 \quad (5-1)$$

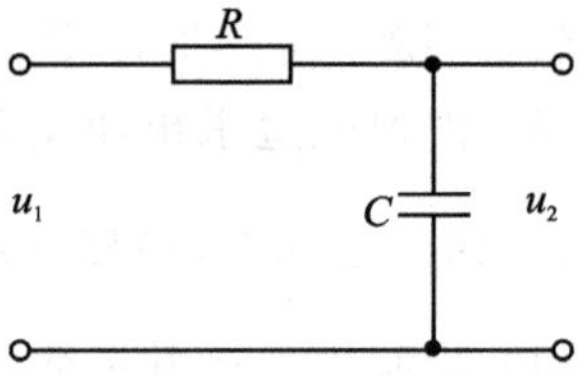

式中,$T=RC$。网络的传递函数为

$$G(s) = \frac{U_2(s)}{U_1(s)} = \frac{1}{Ts+1} \quad (5-2)$$

图 5-1 RC 网络

若电路的输入为正弦电压,即

$$u_1 = A \sin \omega t$$

则由式(5-2)可得

$$U_2(s) = \frac{1}{Ts+1} U_1(s) = \frac{1}{Ts+1} \cdot \frac{A\omega}{s^2 + \omega^2}$$

对上式进行拉普拉斯反变换,可得电容器两端的输出电压为

$$u_2 = \frac{A\omega T}{1+\omega^2 T^2} e^{-\frac{t}{T}} + \frac{A}{\sqrt{1+\omega^2 T^2}} \sin(\omega t - \arctan \omega T)$$

上式中等号右边第一项是输出电压的瞬态分量,等号右边第二项是稳态分量。当时间 $t \to \infty$ 时,第一项趋于零,所以上述网络的稳态响应可以表示为

$$\lim_{t \to \infty} u_2 = \frac{A}{\sqrt{1+\omega^2 T^2}} \sin(\omega t - \arctan \omega T) =$$

$$A \left| \frac{1}{1+j\omega T} \right| \sin\left(\omega t + \angle \frac{1}{1+j\omega T}\right) \quad (5-3)$$

由式(5-3)可知,网络对正弦输入信号的稳态响应仍是一个同频率的正弦信号,但幅值和

相角发生了变化,其变化取决于频率 ω。

若将输出的稳态响应与输入的正弦信号用复数表示,并求它们的复数比,可以得到

$$G(j\omega) = \frac{1}{1+j\omega T} = A(\omega)e^{j\varphi(\omega)} \tag{5-4}$$

式中 $\quad A(\omega) = \dfrac{1}{\sqrt{1+\omega^2 T^2}} = \left|\dfrac{1}{1+j\omega T}\right|, \quad \varphi(\omega) = -\arctan \omega T = \angle \dfrac{1}{1+j\omega T}$

$G(j\omega)$ 完整地描述了网络在正弦输入电压作用下,稳态输出时电压幅值和相角随正弦输入电压频率 ω 变化的规律,该规律称为网络的频率特性。可以看出,网络的频率特性和传递函数的表达式形式是相同的,只须用 $j\omega$ 代替传递函数中的 s。下面讨论一般情形。

对于输入为 $r(t)$,输出为 $c(t)$ 的线性定常系统,其传递函数的一般形式为

$$G(s) = \frac{C(s)}{R(s)} = \frac{b_m s^m + b_{m-1} s^{m-1} + \cdots + b_0}{a_n s^n + a_{n-1} s^{n-1} + \cdots + a_0} = \frac{P(s)}{(s-p_1)(s-p_2)\cdots(s-p_n)} \quad (n \geqslant m)$$

式中,$p_1, p_2, \cdots, p_n$ 为传递函数的极点。设输入正弦信号 $r(t) = A_r \sin \omega t$,其拉氏变换为

$$R(s) = \frac{A_r \omega}{s^2 + \omega^2} = \frac{A_r \omega}{(s+j\omega)(s-j\omega)}$$

系统输出的拉氏变换为

$$C(s) = G(s) \cdot R(s) = \frac{P(s)}{(s-p_1)(s-p_2)\cdots(s-p_n)} \cdot \frac{A_r \omega}{(s+j\omega)(s-j\omega)} =$$

$$\sum_{i=1}^{n} \frac{a_i}{s-p_i} + \frac{b_1}{s+j\omega} + \frac{b_2}{s-j\omega} \tag{5-5}$$

式中,$a_i (i=1,2,\cdots,n)$ 和 b_1, b_2 均为待定系数。对式(5-5)进行拉氏反变换,得到系统的输出量

$$c(t) = \sum_{i=1}^{n} a_i e^{p_i t} + b_1 e^{-j\omega t} + b_2 e^{j\omega t} \tag{5-6}$$

对于稳定系统,极点 $p_i (i=1,2,\cdots,n)$ 都具有负实部。因此,当 $t \to \infty$ 时,$c(t)$ 的第一部分瞬态分量将衰减至零,系统输出的稳态响应为

$$c_{ss}(t) = \lim_{t \to \infty} c(t) = b_1 e^{-j\omega t} + b_2 e^{j\omega t} \tag{5-7}$$

式(5-7)中的系数为

$$b_1 = G(s) \frac{A_r \omega}{s^2 + \omega^2} (s+j\omega) \bigg|_{s=-j\omega} = -\frac{A_r G(-j\omega)}{2j} \tag{5-8}$$

$$b_2 = G(s) \frac{A_r \omega}{s^2 + \omega^2} (s-j\omega) \bigg|_{s=j\omega} = \frac{A_r G(j\omega)}{2j} \tag{5-9}$$

式中,$G(j\omega)$ 是一个复数,记 $G(j\omega) = A(\omega)e^{j\varphi(\omega)}$,其中,模 $|G(j\omega)| = A(\omega)$,相角 $\angle G(j\omega) = \varphi(\omega)$。式(5-7)可进一步化为

$$c_{ss}(t) = A_r A(\omega) \frac{e^{j[\omega t + \varphi(\omega)]} - e^{-j[\omega t + \varphi(\omega)]}}{2j} = A_c \sin[\omega t + \varphi(\omega)] \tag{5-10}$$

式中,$A_c = A_r A(\omega)$ 为输出信号稳态分量的振幅。

对于线性定常系统,频率特性定义为系统的稳态正弦响应与输入正弦信号的复数比,用 $G(j\omega)$ 表示,即

$$G(j\omega) = \frac{C(j\omega)}{R(j\omega)} = A(\omega)e^{j\varphi(\omega)} \quad (5-11)$$

其中，$A(\omega) = |G(j\omega)|$ 称为幅频特性，描述系统对于不同频率的输入信号在稳态情况下的衰减（或放大）特性；$\varphi(\omega) = \angle G(j\omega)$ 称为相频特性，描述系统的稳态输出对于不同频率的正弦输入信号的相位滞后（或超前）特性。

从上述定义可以看出，频率特性与传递函数之间的关系为

$$G(j\omega) = G(s)\Big|_{s=j\omega} \quad (5-12)$$

根据式（5-12），理论上可将频率特性的概念推广到不稳定系统；但是不稳定系统的瞬态分量不会消失，瞬态分量和稳态分量始终同时存在，所以不稳定系统的频率特性是观察不到的。

频率特性和微分方程、传递函数都是描述系统的动态数学模型，频率特性可以表征系统的动态和稳态特性，这就是频率响应分析法能够从频率特性出发研究系统的理论根据。线性系统的三种数学模型之间的关系如图 5-2 所示。

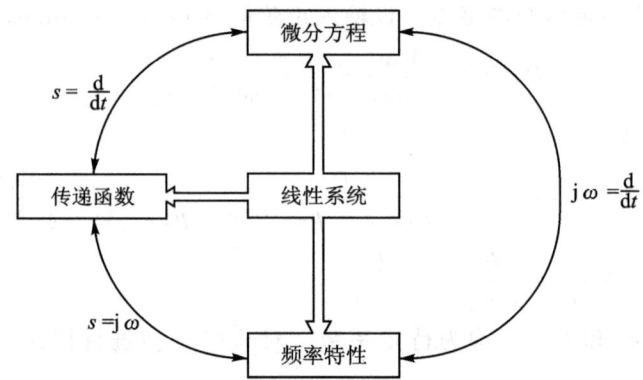

图 5-2　线性系统三种数学模型之间的关系

5.1.2　频率特性的几何表示

在工程分析与设计中，通常将频率特性绘制成一些曲线，根据这些频率特性曲线对系统进行分析和研究。常用的图形表示方法有：幅相频率特性曲线、对数频率特性曲线和对数幅相特性曲线，表 5-1 中列出了 3 种频率特性图示法。

表 5-1　常用频率特性曲线及其坐标

名　称	图形名称	坐标系
幅相频率特性曲线	奈奎斯特图、极坐标图	极坐标
对数频率特性曲线	波德图	半对数坐标
对数幅相特性曲线	尼科尔斯图	对数幅相坐标

1. 幅相频率特性曲线

幅相频率特性曲线又称奈奎斯特（Nyquist）曲线（简称幅相曲线或奈氏曲线），是以频率 ω 为参变量，将频率特性的幅频特性和相频特性以极坐标的形式同时表示在复数平面上。当 ω 从 $0 \to \infty$ 变化时，向量 $G(j\omega)$ 的端点在复数平面上描绘出来的运动轨迹即为 $G(j\omega)$ 的幅相频率

特性曲线。通常把 ω 作为参变量标注在曲线的旁边,并且用箭头表示出 ω 增大时的曲线走向。绘有幅相频率特性曲线的图也称为极坐标图。

频率特性除了式(5-11)所示的向量形式外,还可写成复数形式,即
$$G(j\omega) = A(\omega)e^{j\varphi(\omega)} = U(\omega) + jV(\omega)$$

这里 $U(\omega) = \mathrm{Re}[G(j\omega)]$ 和 $V(\omega) = \mathrm{Im}[G(j\omega)]$ 分别称为系统的实频特性和虚频特性。幅频特性、相频特性和实频特性、虚频特性之间具有下列关系:

$$U(\omega) = A(\omega)\cos\varphi(\omega) \tag{5-13}$$

$$V(\omega) = A(\omega)\sin\varphi(\omega) \tag{5-14}$$

$$A(\omega) = \sqrt{U^2(\omega) + V^2(\omega)} \tag{5-15}$$

$$\varphi(\omega) = \arctan\frac{V(\omega)}{U(\omega)} \tag{5-16}$$

绘制幅相频率特性曲线有两种方法:第一种方法是对每一个 ω 值计算幅值 $A(\omega)$ 和相角 $\varphi(\omega)$,然后将这些点连成光滑曲线;第二种方法是对每一个 ω 值计算 $U(\omega)$ 和 $V(\omega)$,然后逐点连接描绘成光滑曲线。

图 5-3 所示为幅相频率特性曲线图。不难证明,惯性环节的极坐标图是一个半圆。图中实轴正方向为相角零度线,逆时针方向的角度为正角度,顺时针方向的角度为负角度。在幅相频率特性曲线上应标注出 ω 增大的方向。

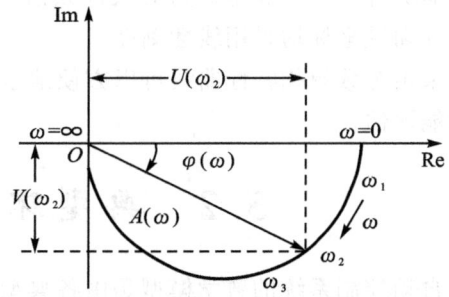

图 5-3 幅相频率特性曲线图

2. 对数频率特性曲线

对数频率特性曲线图又称波德(Bode)图,它包括对数幅频特性和对数相频特性两条曲线,是频域分析中应用最为广泛的一种表示方法。

设系统的频率特性为
$$G(j\omega) = |G(j\omega)| \angle G(j\omega)$$

定义 $L(\omega) = 20\lg|G(j\omega)|$,则 $L(\omega)$-ω 关系曲线为对数幅频特性;$\varphi(\omega) = \angle G(j\omega)$,则 $\varphi(\omega)$-ω 关系曲线为对数相频特性。

波德图是在半对数坐标纸上绘制的。对数频率特性曲线横坐标是频率 ω,采用对数分度,单位是 rad/s(弧度/秒);纵坐标采用线性的均匀刻度,其中对数幅频特性曲线的纵坐标表示对数幅频特值,单位是 dB(分贝),而对数相频特性曲线的纵坐标表示相频特值,单位是度(°)。

图 5-4 给出了波德图的横坐标 ω 和 $\lg\omega$ 的对应关系。频率 ω 每变化一倍,称为一个倍频程。频率 ω 每变化十倍,称为一个十倍频程,又称"旬距",记作 dec。由图 5-4 可知,十倍频程在 ω 轴的间隔距离为一个单位长度,一个倍频程的间隔距离是 0.301 个单位长度。

由于对数频率特性曲线的横坐标采用对数刻度,因而在工程应用上具有突出的优势,主要体现在:① 对数频率特性相对展宽了低频段,压缩了高频段,因此可以在相对较宽的频率范围研究系统频率特性;② 利用对数运算可以将幅值的乘除运算化为加减运算,从而简化了画图过程;③ 所有典型环节乃至系统的对数幅频特性可以用分段直线近似表示,从而使频率特性的绘制过程和系统性能分析大为简化。

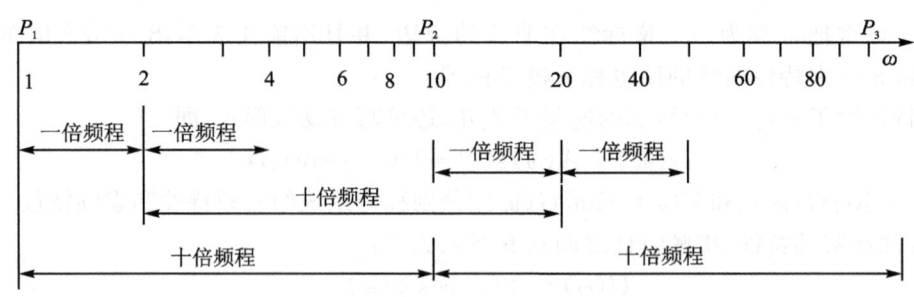

图 5-4 ω 轴的对数分度

3. 对数幅相特性曲线

对数幅相特性曲线又称为尼科尔斯(Nichols)曲线,对应的曲线图称为对数幅相图或尼科尔斯图。它是将对数幅频特性和对数相频特性合起来绘制成一条曲线,其横坐标为相角 $\varphi(\omega)=\angle G(j\omega)$,单位是°,纵坐标为对数幅频值 $L(\omega)=20\lg|G(j\omega)|$,单位是 dB,频率 ω 为参变量。横坐标和纵坐标均采用线性刻度。

采用对数幅相特性曲线可以方便地求出系统闭环频率特性及相关特性参数,并进行系统的性能评估。

5.2 典型环节的频率特性分析

自动控制系统的数学模型是由各典型环节组成的,因此,熟悉和掌握各典型环节的频率特性,对了解整个系统的频率特性和分析系统的动态性能有很大的帮助。下面重点介绍各典型环节的幅相频率特性和对数频率特性。

5.2.1 比例环节

比例环节的传递函数为

$$G(s)=K \tag{5-17}$$

频率特性为

$$G(j\omega)=K=K e^{j0°} \tag{5-18}$$

1. 幅相频率特性

比例环节的幅频特性和相频特性分别为

$$A(\omega)=|G(j\omega)|=K \tag{5-19}$$

$$\varphi(\omega)=\angle G(j\omega)0° \tag{5-20}$$

显然,比例环节的幅频特性和相频特性都与频率 ω 无关。幅相频率特性是[G]平面实轴上的一个定点,其坐标为 $(K,j0)$,如图 5-5 所示。它表明比例环节稳态正弦响应的振幅是输入信号的 K 倍,且响应与输入同相位。

2. 对数频率特性

比例环节的对数幅频特性和对数相频特性分别为

$$L(\omega)=20\lg K \tag{5-21}$$

$$\varphi(\omega)=0° \tag{5-22}$$

比例环节的对数幅频特性是一条平行于 ω 轴,高度为 $20\lg K$(dB)的直线。对数相频特性是一条与 0°线重合的直线,如图 5-6 所示。

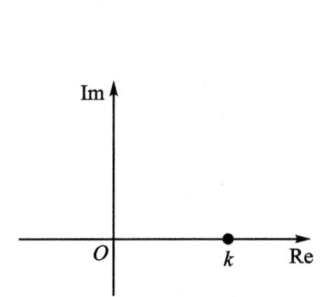

图 5-5 比例环节的幅相特性曲线

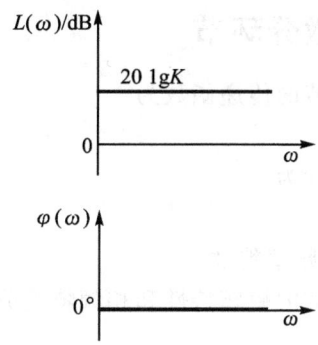

图 5-6 比例环节的波德图

5.2.2 积分环节

积分环节的传递函数为

$$G(s) = \frac{1}{s} \quad (5-23)$$

频率特性为

$$G(j\omega) = \frac{1}{j\omega} = \frac{1}{\omega} e^{-j90°} \quad (5-24)$$

1. 幅相频率特性

积分环节的幅频特性和相频特性分别为

$$A(\omega) = \frac{1}{\omega} \quad (5-25)$$

$$\varphi(\omega) = -90° \quad (5-26)$$

积分环节的幅频特性与 ω 成反比,相频特性恒为 $-90°$,因此,积分环节的幅相频率特性是一条与负虚轴重合的直线,如图 5-7 所示。当 ω 由 $0 \to \infty$ 时,$G(j\omega)$ 向量的端点从负虚轴的无穷远处趋向原点。

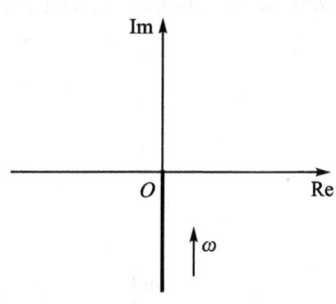

图 5-7 积分环节的幅相特性曲线

2. 对数频率特性

积分环节的对数幅频特性和对数相频特性分别为

$$L(\omega) = 20\lg \frac{1}{\omega} = -20\lg \omega \quad (5-27)$$

$$\varphi(\omega) = -90° \quad (5-28)$$

由式(5-27)可知,积分环节的对数幅频特性是一条直线,斜率为 -20 dB/dec,即横坐标 $\lg \omega$ 每增加一个单位长度(ω 每增加十倍),纵坐标 $L(\omega)$ 减少 20 dB,故斜率是 -20 dB/dec。同时,对于 $\lg \omega = 0$(当 $\omega = 1$ 时)有 $L(\omega) = 0$,说明该直线和零分贝线交于 $\omega = 1$ 的点。对数相频特性是一条平行于横坐标的直线。积分环节的对数频率特性如图 5-8 所示。

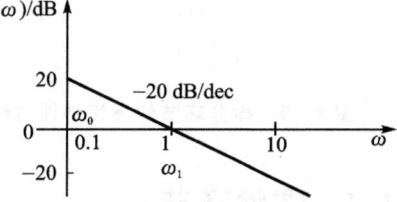

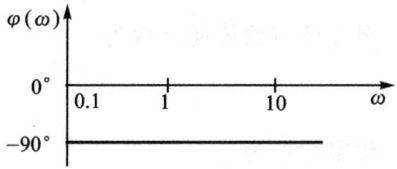

图 5-8 积分环节的波德图

5.2.3 微分环节

微分环节的传递函数为

$$G(s) = s \tag{5-29}$$

频率特性为

$$G(j\omega) = j\omega = \omega e^{j90°} \tag{5-30}$$

1. 幅相频率特性

微分环节的幅频特性和相频特性分别为

$$A(\omega) = \omega \tag{5-31}$$

$$\varphi(\omega) = 90° \tag{5-32}$$

微分环节的幅频特性与 ω 成正比,相频特性恒为 $90°$,因此,微分环节的幅相频率特性是一条沿正虚轴变化的直线,如图 5-9 所示。当 ω 由 $0 \to \infty$ 时,$G(j\omega)$ 向量的端点从原点沿正虚轴趋向无穷远处。

2. 对数频率特性

微分环节的对数幅频特性和对数相频特性分别为

$$L(\omega) = 20\lg\omega \tag{5-33}$$

$$\varphi(\omega) = 90° \tag{5-34}$$

式(5-33)表明,微分环节的对数幅频特性是一条斜率为 20 dB/dec 的直线,并且和零分贝线交于 $\omega = 1$ 的点。对数相频特性是一条与 ω 无关,恒为 $+90°$ 的水平直线,如图 5-10 所示。

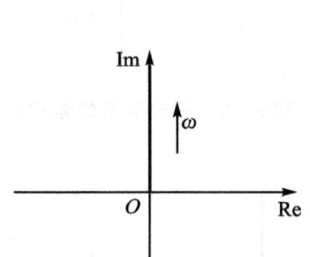

图 5-9 微分环节的幅相特性曲线

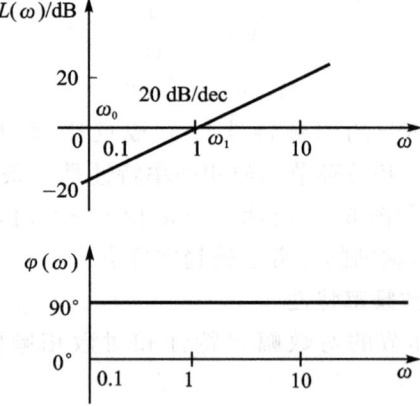

图 5-10 微分环节的波德图

5.2.4 惯性环节

惯性环节的传递函数为

$$G(s) = \frac{1}{Ts+1} \tag{5-35}$$

频率特性为

$$G(j\omega) = \frac{1}{Tj\omega+1} = \frac{1}{\sqrt{(T\omega)^2+1}} e^{-j\arctan(T\omega)} \tag{5-36}$$

1. 幅相频率特性

惯性环节的幅频特性和相频特性分别为

$$A(\omega) = \frac{1}{\sqrt{(T\omega)^2 + 1}} \tag{5-37}$$

$$\varphi(\omega) = -\arctan T\omega \tag{5-38}$$

根据式(5-37)和式(5-38),可用解析法计算幅频特性和相频特性,显然

当 $\omega = 0$ 时: $A(0) = 1$, $\varphi(0) = 0°$

当 $\omega = \dfrac{1}{T}$ 时: $A\left(\dfrac{1}{T}\right) = \dfrac{1}{\sqrt{2}}$, $\varphi\left(\dfrac{1}{T}\right) = -45°$

当 $\omega = \infty$ 时: $A(\infty) = 0$, $\varphi(\infty) = -90°$

下面证明惯性环节幅相频率特性曲线是一个以 $(1/2, j0)$ 为圆心,以 $1/2$ 为半径,位于第四象限的半圆,如图 5-11 所示。

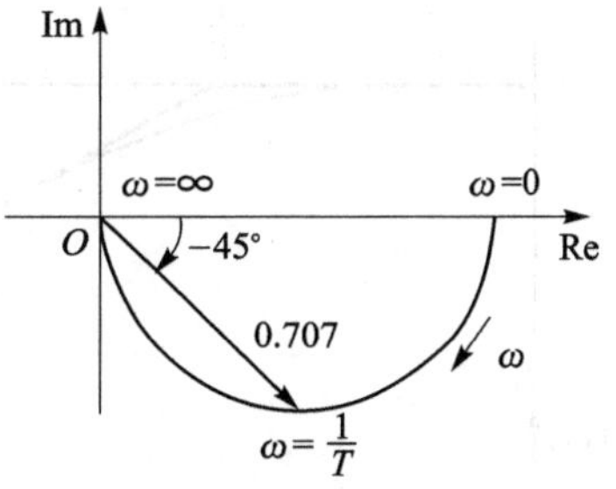

证明:把惯性环节的频率特性分解为实部和虚部的形式,即

$$G(j\omega) = U(\omega) + jV(\omega)$$

式中

$$U(\omega) = \frac{1}{T^2\omega^2 + 1} \tag{5-39}$$

$$V(\omega) = \frac{-T\omega}{T^2\omega^2 + 1} \tag{5-40}$$

图 5-11 惯性环节的幅相曲线

因此

$$\frac{V(\omega)}{U(\omega)} = -T\omega \tag{5-41}$$

将式(5-41)代入式(5-39)并整理得

$$\left(U - \frac{1}{2}\right)^2 + V^2 = \left(\frac{1}{2}\right)^2 \tag{5-42}$$

2. 对数频率特性

惯性环节的对数幅频特性和对数相频特性分别为

$$L(\omega) = 20\lg \frac{1}{\sqrt{T^2\omega^2 + 1}} = -20\lg \sqrt{T^2\omega^2 + 1} \tag{5-43}$$

$$\varphi(\omega) = -\arctan(T\omega) \tag{5-44}$$

根据式(5-43)可以绘制对数幅频特性曲线。但在工程上常采用以下简便的作图方法。

在低频段,当 $T\omega \ll 1$,即 $\omega \ll \dfrac{1}{T}$ 时,其对数幅频特性可近似表示为

$$L(\omega) \approx -20\lg 1 = 0$$

即频率很低时,对数幅频特性曲线可以用零分贝线近似表示,称为低频渐近线。

在高频段,当 $T\omega \gg 1$,即 $\omega \gg \dfrac{1}{T}$ 时,其对数幅频特性可近似表示为

$$L(\omega) \approx -20\lg(T\omega)$$

即频率很高时,对数幅频特性曲线可由斜率为 -20 dB/dec,且在 $\omega = 1/T$ 处相交于零分贝线的直线近似表示,称为高频渐近线。

惯性环节的对数幅频特性曲线可用上述低频渐近线和高频渐近线组成的折线近似表示,

如图 5-12 所示。当 $\omega=1/T$ 时,低频渐近线和高频渐近线相交,且有相同值,即 0 dB。交点频率 $\omega=1/T$ 称为惯性环节的交接频率。

用渐近线近似表示对数幅频特性必然存在误差,越靠近交接频率误差越大。最大误差发生在交接频率处,其值为

$$L\left(\frac{1}{T}\right)=-20\lg\sqrt{2}\approx-3 \text{ dB}$$

图 5-13 所示是惯性环节对数幅频特性渐近线的误差曲线,若需要精确对数幅频特性曲线,可以在近似曲线的基础上,利用误差曲线对近似曲线进行修正。

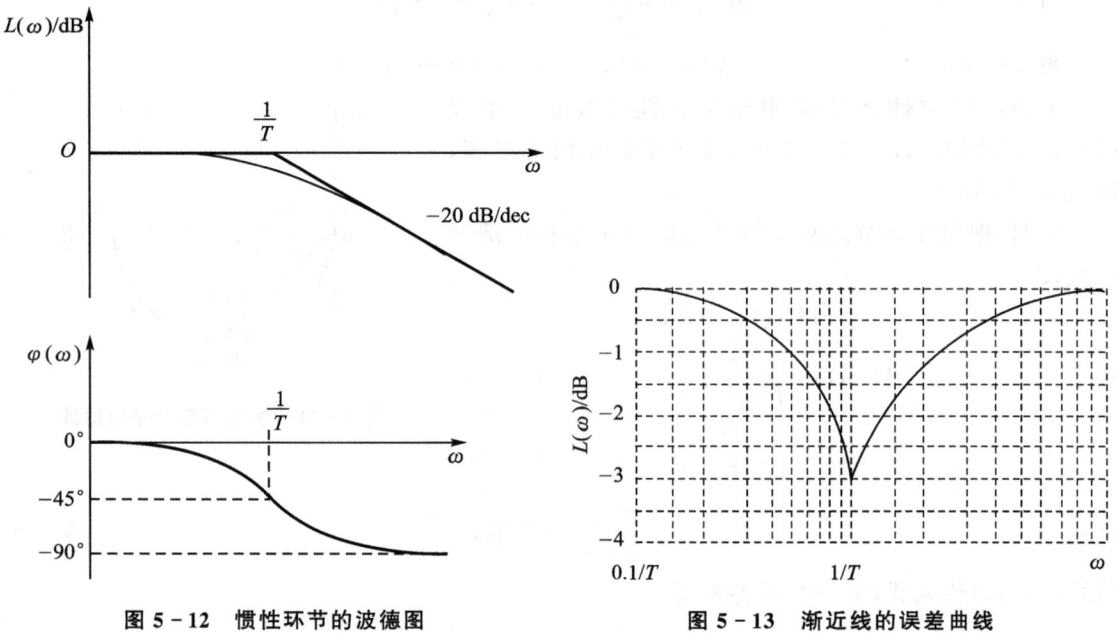

图 5-12 惯性环节的波德图　　　　图 5-13 渐近线的误差曲线

惯性环节对数相频特性曲线可按式(5-44)绘制。由图 5-12 可知,对数相频特性曲线是以点 $(1/T,-45°)$ 为斜对称的。

5.2.5 一阶微分环节

一阶微分环节的传递函数为

$$G(s)=Ts+1 \tag{5-45}$$

频率特性为

$$G(j\omega)=Tj\omega+1=\sqrt{(T\omega)^2+1}\, e^{j\arctan(T\omega)} \tag{5-46}$$

1. 幅相频率特性

一阶微分环节的幅频特性和相频特性分别为

$$A(\omega)=\sqrt{(T\omega)^2+1} \tag{5-47}$$

$$\varphi(\omega)=\arctan(T\omega) \tag{5-48}$$

结合式(5-46),一阶微分环节频率特性实部为常数 1,虚部 $T\omega$ 与 ω 成正比,因此一阶微分环节的幅相频率特性是位于第一象限内过 $(1,j0)$ 点且平行于虚轴的直线,如图 5-14 所示。

2. 对数频率特性

一阶微分环节的对数幅频特性和对数相频特性分别为

$$L(\omega) = 20\lg\sqrt{(T\omega)^2+1} \qquad (5-49)$$

$$\varphi(\omega) = \arctan(T\omega) \qquad (5-50)$$

将式(5-43)、式(5-44)、式(5-49)与式(5-50)进行比较可知,一阶微分环节的对数频率特性是惯性环节对数频率特性的负值,即一阶微分环节与惯性环节的对数幅频特性曲线和对数相频特性曲线以横轴互为镜像对称,其分析方法与惯性环节类似,对数频率特性曲线如图 5-15 所示。

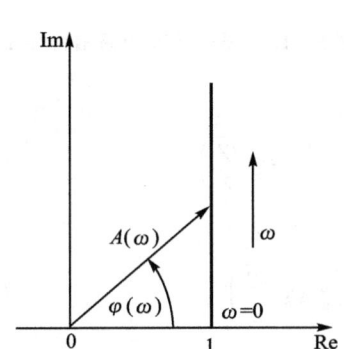

图 5-14 一阶微分环节的幅相特性曲线

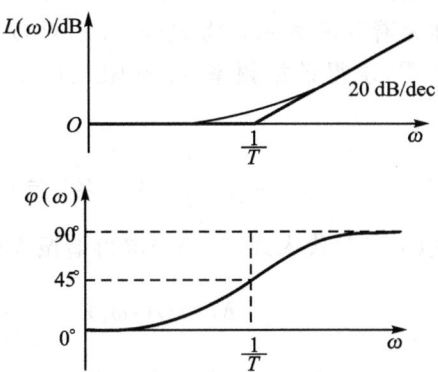

图 5-15 一阶微分环节的波德图

5.2.6 振荡环节

振荡环节的传递函数为

$$G(s) = \frac{\omega_n^2}{s^2+2\zeta\omega_n s+\omega_n^2} = \frac{1}{T^2 s^2+2\zeta T s+1} \qquad (5-51)$$

其中,$T = \dfrac{1}{\omega_n}$,$0 < \zeta < 1$。

频率特性为

$$G(j\omega) = \frac{1}{1-T^2\omega^2+2\zeta T j\omega} \qquad (5-52)$$

1. 幅相频率特性

振荡环节的幅频特性和相频特性分别为

$$A(\omega) = \frac{1}{\sqrt{(1-T^2\omega^2)^2+(2\zeta T\omega)^2}} \qquad (5-53)$$

$$\varphi(\omega) = -\arctan\frac{2\zeta T\omega}{1-T^2\omega^2} \qquad (5-54)$$

根据式(5-53)和式(5-54)可以计算出频率特性,并绘制出幅相频率特性曲线,其中几个特征点是

当 $\omega = 0$ 时: $A(0) = 1$, $\varphi(0) = 0°$

当 $\omega = \dfrac{1}{T}$ 时: $A\left(\dfrac{1}{T}\right) = \dfrac{1}{2\zeta}$, $\varphi\left(\dfrac{1}{T}\right) = -90°$

当 $\omega = \infty$ 时: $A(\infty) = 0$, $\varphi(\infty) = -180°$

振荡环节的幅相频率特性曲线起始于点(1,j0),终止于点(0,j0)。曲线与虚轴的交点坐

标为 $\left(0, -j\dfrac{1}{2\zeta}\right)$，此时的频率为无阻尼自然频率 $\omega_n = \dfrac{1}{T}$，其幅相特性曲线如图 5-16 所示。

当阻尼比 ζ 较小时，振荡环节的幅频特性伴随 ω 由 $0 \to \infty$ 先增加然后再逐渐衰减至零，达到极大值时对应的幅值称为谐振峰值 M_r，谐振峰值 M_r 对应的频率称为谐振频率 ω_r。将式(5-53)对 ω 求导并令其等于零，求得谐振频率 ω_r 和阻尼比 ζ 的关系式为

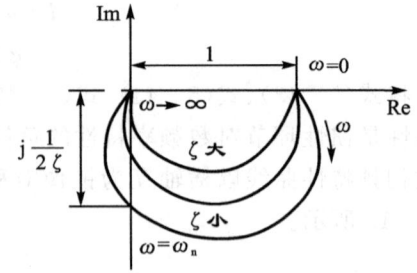

图 5-16 振荡环节的幅相特性曲线

$$\omega_r = \frac{1}{T}\sqrt{1-2\zeta^2} = \omega_n\sqrt{1-2\zeta^2} \quad \left(\zeta \leqslant \frac{\sqrt{2}}{2}\right) \tag{5-55}$$

将式(5-55)代入式(5-53)求得谐振峰值为

$$M_r = A(\omega_r) = \frac{1}{2\zeta\sqrt{1-\zeta^2}} \quad \left(\zeta \leqslant \frac{\sqrt{2}}{2}\right) \tag{5-56}$$

由式(5-55)和式(5-56)可以看出，谐振频率 ω_r 和谐振峰值 M_r 都与阻尼比 ζ 有关，ζ 越小，谐振频率 ω_r 越接近于无阻尼自然频率 ω_n，谐振峰值 M_r 越大。当 $\zeta \to 0$ 时，ω_r 趋于 ω_n，M_r 趋于无穷大。而当 $\zeta > \dfrac{\sqrt{2}}{2}$ 时，振荡环节将不产生谐振，即 $A(\omega)$ 随频率 ω 增大而单调减小。

2. 对数频率特性

振荡环节的对数幅频特性和对数相频特性分别为

$$L(\omega) = -20\lg\sqrt{(1-T^2\omega^2)^2 + (2\zeta T\omega)^2} \tag{5-57}$$

$$\varphi(\omega) = -\arctan\frac{2\zeta T\omega}{1-T^2\omega^2} \tag{5-58}$$

由式(5-57)可知，在低频段，$\omega \ll \dfrac{1}{T}$ 时，其对数幅频特性可近似表示为

$$L(\omega) \approx -20\lg 1 = 0$$

因此，低频段渐近线是零分贝线。

在高频段，$\omega \gg \dfrac{1}{T}$ 时，其对数幅频特性可近似表示为

$$L(\omega) \approx -20\lg(T\omega)^2 = -40\lg(T\omega)$$

因此，高频段渐近线是一条斜率为 -40 dB/dec 的直线，并且与零分贝线交于 $\omega = 1/T = \omega_n$ 处。由于低频渐近线和高频渐近线在 $\omega = \omega_n$ 处相交，故称 ω_n 为振荡环节的交接频率。振荡环节的对数幅频特性曲线可由低频渐近线和高频渐近线衔接所构成的折线来近似表示。

以上所得到的振荡环节的对数幅频特性的近似曲线没有考虑阻尼比 ζ 的影响，而实际上对数幅频特性是与阻尼比 ζ 有关，尤其是在 ω_n 附近。当 ζ 较小时，幅频特性在谐振频率处有谐振峰值这一特点也反映在对数幅频特性曲线上。振荡环节的准确对数幅频特性曲线和近似曲线如图 5-17 所示，由图可见，用渐近线近似表示的对数幅频特性曲线存在误差。图 5-18 所示为误差修正曲线。

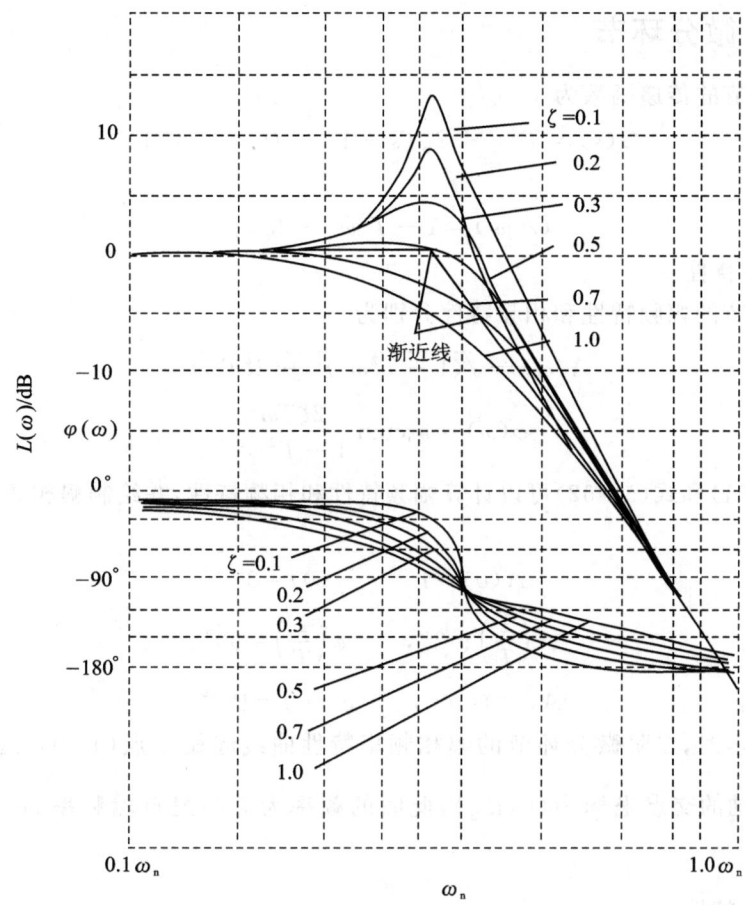

图 5-17 振荡环节的波德图

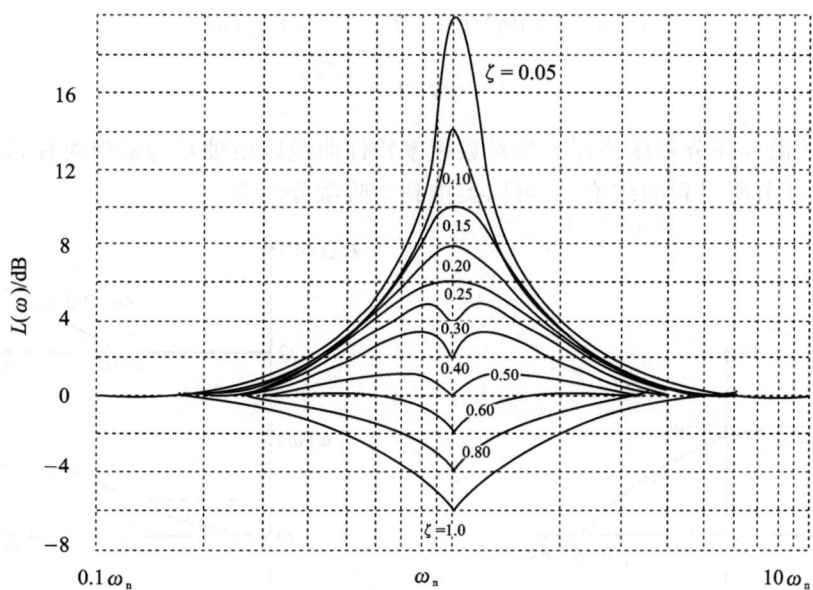

图 5-18 振荡环节的误差修正曲线

5.2.7 二阶微分环节

二阶微分环节的传递函数为

$$G(s) = T^2s^2 + 2\zeta Ts + 1 \quad (0 < \zeta < 1) \tag{5-59}$$

频率特性为

$$G(j\omega) = 1 - T^2\omega^2 + 2\zeta Tj\omega \tag{5-60}$$

1. 幅相频率特性

二阶微分环节的幅频特性和相频特性分别为

$$A(\omega) = \sqrt{(1-T^2\omega^2)^2 + (2\zeta T\omega)^2} \tag{5-61}$$

$$\varphi(\omega) = \arctan\frac{2\zeta T\omega}{1-T^2\omega^2} \tag{5-62}$$

根据式(5-61)和式(5-62)可以计算幅频特性和相频特性,并绘制幅相频率特性曲线,其中几个特征点是

当 $\omega=0$ 时: $A(0)=1,\quad \varphi(0)=0°$

当 $\omega=\dfrac{1}{T}$ 时: $A\left(\dfrac{1}{T}\right)=2\zeta,\quad \varphi\left(\dfrac{1}{T}\right)=90°$

当 $\omega=\infty$ 时: $A(\infty)=\infty,\quad \varphi(\infty)=180°$

当 ω 由 $0\to\infty$ 时,二阶微分环节的幅相频率特性曲线起始于点(1,j0),终止于点$(-\infty, j\infty)$。曲线与虚轴的交点坐标为$(0,j2\zeta)$,此时的频率为无阻尼自然频率 $\omega_n=\dfrac{1}{T}$,其曲线如图5-19所示。

2. 对数频率特性

二阶微分环节的对数幅频特性和对数相频特性分别为

$$L(\omega) = 20\lg\sqrt{(1-T^2\omega^2)^2 + (2\zeta T\omega)^2} \tag{5-63}$$

$$\varphi(\omega) = \arctan\frac{2\zeta T\omega}{1-T^2\omega^2} \tag{5-64}$$

显然,二阶微分环节和振荡环节的对数频率特性曲线以横轴互为镜像对称,如图5-20所示。因而振荡环节所得到的结论,也可以类推到二阶微分环节。

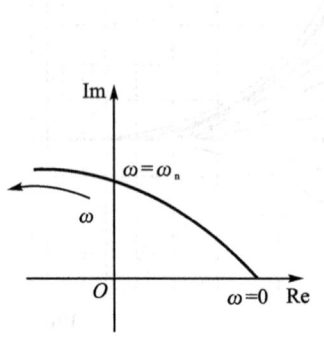

图 5-19 二阶微分环节的幅相特性曲线

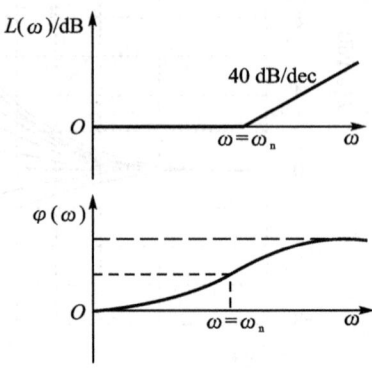

图 5-20 二阶微分环节的波德图

5.2.8 延时环节

延时环节的传递函数为

$$G(s) = e^{-\tau s} \tag{5-65}$$

频率特性为

$$G(j\omega) = e^{-\tau j\omega} \tag{5-66}$$

1. 幅相频率特性

延时环节的幅频特性和相频特性分别为

$$A(\omega) = 1 \tag{5-67}$$
$$\varphi(\omega) = -57.3\tau\omega(°) \tag{5-68}$$

由式(5-67)和式(5-68)可知,延时环节的幅频特性恒为1,与频率 ω 无关;相频特性是 ω 的线性函数,并且 ω 越大,相角滞后量越大。因此,延时环节的幅相频率特性曲线是一个以坐标原点为圆心,以1为半径的圆,如图5-21所示。

2. 对数频率特性

延时环节的对数幅频特性和对数相频特性分别为

$$L(\omega) = 0 \tag{5-69}$$
$$\varphi(\omega) = -57.3\tau\omega(°) \tag{5-70}$$

延时环节的对数频率特性曲线如图5-22所示。由图5-22可知,延时环节的对数幅频特性是零分贝线,对数相频特性在 ω 增大时,相位滞后角 $\varphi(\omega)$ 的数值与 τ 成比例增大。当 $\omega \to \infty$ 时,$\varphi(\omega) \to -\infty$。

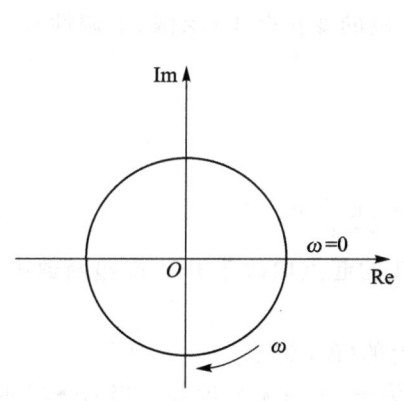

图 5-21 延迟环节的幅相特性曲线

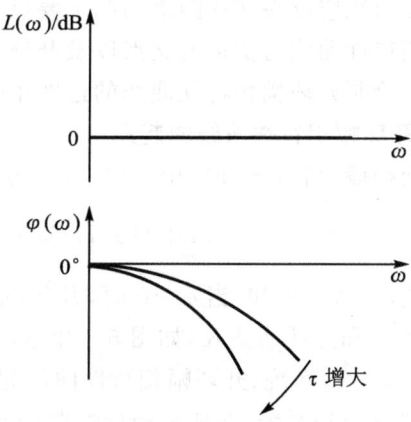

图 5-22 延迟环节的波德图

5.3 控制系统开环频率特性曲线的绘制

对自动控制系统进行频域分析时,通常是根据开环系统的频率特性来判断闭环系统的稳定性和估算闭环系统时域响应的各项性能指标,或者根据开环系统的频率特性绘制闭环系统的频率特性,然后再分析及估算时域性能指标。因此,掌握开环系统的频率特性曲线的绘制和特点是十分重要的。本节重点介绍开环幅相特性曲线和对数频率特性曲线的绘制,以及最小相位系统和非最小相位系统的概念。

5.3.1 开环幅相特性曲线的绘制

开环系统的幅相频率特性曲线简称为开环幅相特性曲线。准确的开环幅相曲线可以根据系统的开环幅频特性和相频特性的表达式,用解析计算法绘制。显然,这种方法比较麻烦。一般情况下,只需要绘制概略开环幅相曲线。概略开环幅相曲线的绘制方法比较简单,但是概略曲线应保持准确曲线的重要特征,并且在要研究的点附近有足够的准确性。

下面首先介绍幅相频率特性曲线的一般规律与特点,然后举例说明概略绘制开环幅相曲线的方法。

设系统开环传递函数的一般形式为

$$G(s)H(s) = \frac{K\prod_{i=1}^{m}(\tau_i s + 1)}{s^v \prod_{j=1}^{n-v}(T_j s + 1)} \quad (n \geqslant m) \tag{5-71}$$

式中,K 为开环增益;v 为系统中积分环节的个数。系统的开环频率特性为

$$G(j\omega)H(j\omega) = \frac{K\prod_{i=1}^{m}(j\omega \tau_i + 1)}{(j\omega)^v \prod_{j=1}^{n-v}(j\omega T_j + 1)} \tag{5-72}$$

式(5-72)表明,只要将组成开环传递函数的各个典型环节的频率特性叠加起来,即可得出开环频率特性。在实际系统分析过程中,往往只需要知道幅相特性的大致图形即可。开环幅相特性曲线应反映开环频率的四个要点:开环幅相特性曲线的起点($\omega \to 0$)和终点($\omega \to \infty$)、开环幅相特性曲线与实轴的交点以及开环幅相特性曲线的变化范围(象限、单调性)。下面将重点介绍绘制开环幅相特性曲线的这四个要点。

1. 开环幅相特性曲线的起点

在低频段,当 $\omega \to 0$ 时,由式(5-72)可得

$$\lim_{\omega \to 0} G(j\omega)H(j\omega) = \lim_{\omega \to 0} \frac{K}{(j\omega)^v} = \lim_{\omega \to 0} \frac{K}{\omega^v} e^{j(-v \cdot 90°)} \tag{5-73}$$

由式(5-73)可知,当 $\omega \to 0$ 时,开环幅相特性曲线的起点取决于开环传递函数中积分环节的个数 v 和开环增益 K,如图 5-23(a)所示。

0 型($v=0$)系统,开环幅相特性曲线起始于实轴上的 $(K, j0)$ 点。

Ⅰ 型($v=1$)系统,开环幅相特性曲线起始于相角为 $-90°$ 的无穷远处。当 $\omega \to 0^+$ 时,曲线渐近于与虚轴平行的直线,其横坐标为

$$V_x = \lim_{\omega \to 0^+} \text{Re}[G(j\omega)H(j\omega)] \tag{5-74}$$

Ⅱ 型($v=2$)系统,开环幅相特性曲线起始于相角为 $-180°$ 的无穷远处。当 $\omega \to 0^+$ 时,曲线渐近于负实轴。

2. 开环幅相特性曲线的终点

在高频段,当 $\omega \to \infty$ 时,由于系统一般有 $n \geqslant m$,故开环幅相特性曲线总是以顺时针方向趋于 $\omega = \infty$ 点。由式(5-72)可得

$$\lim_{\omega \to \infty} G(j\omega)H(j\omega) = 0 e^{-j(n-m)90°} \tag{5-75}$$

即开环幅相特性曲线以$-(n-m)\times 90°$方向终止于坐标原点,如图 5-23(b)所示。

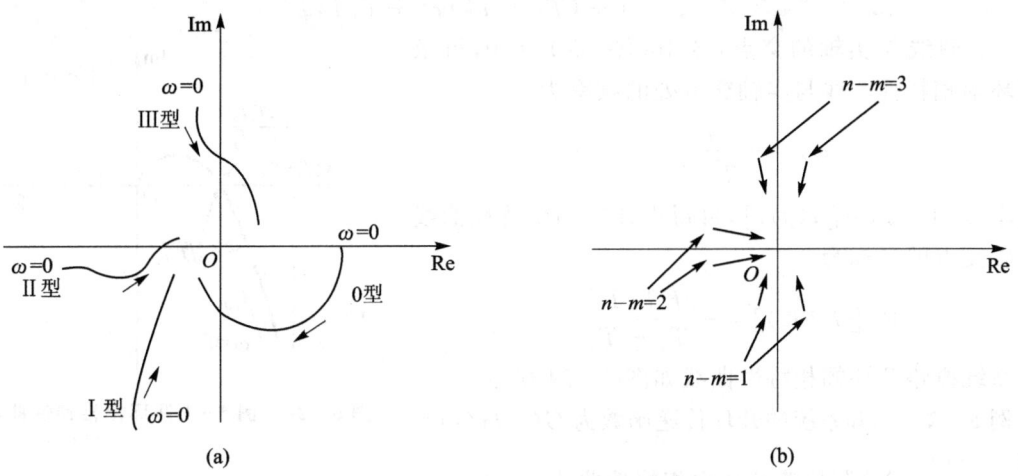

图 5-23 不同类型系统的幅相频率特性曲线

3. 开环幅相特性曲线与实轴的交点

开环幅相特性曲线与实轴的交点频率 ω_x 可由

$$\text{Im}[G(j\omega)H(j\omega)]=0 \tag{5-76}$$

求出,即令式(5-72)的虚部为零,将求出的交点频率 ω_x 代入式(5-72)的实部,即

$$\text{Re}[G(j\omega_x)H(j\omega_x)] \tag{5-77}$$

由式(5-77)可计算出开环幅相特性曲线与实轴的交点坐标值。

4. 开环幅相特性曲线的变化范围(象限、单调性)

在式(5-72)中,如果 $\tau_i=0(i=1,2,\cdots,m)$,即不存在一阶微分环节时,则当 ω 由 $0\to\infty$ 时,开环幅相特性曲线的相角将单调减小,曲线平滑地变化;若式(5-72)中有一阶微分环节,则视这些环节时间常数的数值大小不同,开环幅相特性曲线的相角可能不是以同一方向单调变化,这时曲线上将会出现凹凸现象。

下面举例说明概略开环幅相特性曲线的绘制。

例 5-1 已知某单位反馈系统,其开环传递函数为 $G(s)=\dfrac{K}{s(T_1s+1)(T_2s+1)}$,试绘制概略开环幅相曲线。

解 系统的开环频率特性为

$$G(j\omega)=\frac{K}{j\omega(j\omega T_1+1)(j\omega T_2+1)}=\frac{-K(T_1+T_2)-j\left(\dfrac{K}{\omega}\right)(1-T_1T_2\omega^2)}{1+(T_1^2+T_2^2)\omega^2+T_1^2T_2^2\omega^4}$$

(1) 曲线的起点:该系统是 I 型系统,由式(5-73)可知,系统的幅相特性曲线起始于相角为 $-90°$ 的无穷远处。

(2) 曲线的终点:该系统的 $n=3,m=0$,由式(5-75)可知,系统的幅相特性曲线以 $-(3-0)\times 90°=-270°$ 方向终止于坐标原点。

(3) 曲线的变化范围:该系统不存在一阶微分环节,因此,系统幅相特性曲线的相角将由 $-90°$ 单调减小到 $-270°$,曲线平滑地变化。

(4) 低频渐近线:低频渐近线坐标为

$$V_x = \lim_{\omega \to 0^+} \text{Re}[G(j\omega)] = \lim_{\omega \to 0^+} \frac{-K(T_1+T_2)}{1+(T_1^2+T_2^2)\omega^2+T_1^2T_2^2\omega^4} = -K(T_1+T_2)$$

（5）曲线与实轴的交点：令 $\text{Im}[G(j\omega)] = 0$，可求出开环幅相特性曲线与实轴交点处的频率为

$$\omega_x = \frac{1}{\sqrt{T_1 T_2}}$$

将频率 ω_x 代入 $\text{Re}[G(j\omega)]$，可得出开环幅相特性曲线与实轴交点的坐标为

$$\text{Re}[G(j\omega_x)] = -\frac{KT_1T_2}{T_1+T_2}$$

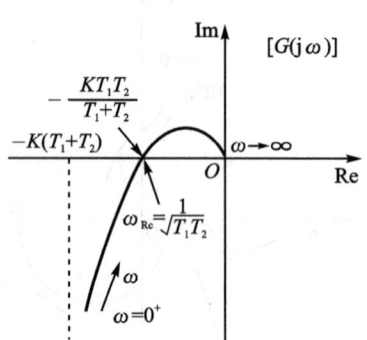

图 5-24 例 5-1 开环幅相特性曲线

系统概略开环幅相特性曲线如图 5-24 所示。

例 5-2 已知系统的开环传递函数为 $G(s)H(s) = \dfrac{K(T_2s+1)}{s^2(T_1s+1)}$，试绘制概略开环幅相特性曲线。

解 系统的开环频率特性为

$$G(j\omega)H(j\omega) = \frac{K(j\omega T_2+1)}{-\omega^2(j\omega T_1+1)} = \frac{K\sqrt{(\omega T_2)^2+1}}{\omega^2\sqrt{(\omega T_1)^2+1}} e^{j[\arctan(T_2\omega)-180°-\arctan(T_1\omega)]}$$

该系统是 II 型 $(v=2)$ 系统。

开环幅相曲线的起点： $A(0^+) = \infty$， $\varphi(0^+) = -180°$

开环幅相曲线的终点： $A(\infty) = 0$， $\varphi(\infty) = -180°$

系统的开环幅相曲线的形状视时间常数 T_1 和 T_2 的数值大小不同而不同，下面讨论两种典型情况。

（1） $T_2 > T_1$：由于 $T_2 > T_1$，因此，当 $0^+ < \omega < \infty$ 时，$\arctan(\omega T_2) > \arctan(\omega T_1)$，开环幅相曲线位于第三象限，如图 5-25(a)所示。

（2） $T_2 < T_1$：由于 $T_2 < T_1$，因此，当 $0^+ < \omega < \infty$ 时，$\arctan(\omega T_2) < \arctan(\omega T_1)$，开环幅相曲线位于第二象限，如图 5-25(b)所示。

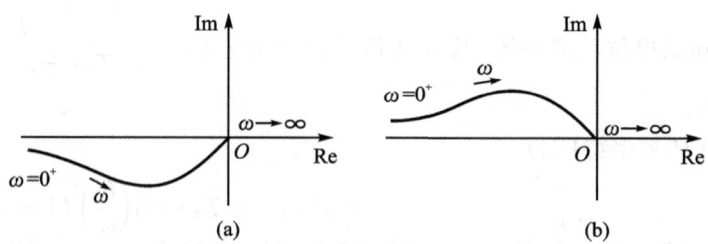

图 5-25 例 5-2 的开环幅相特性曲线

5.3.2 开环对数频率特性曲线的绘制

设系统的开环传递函数由 n 个典型环节串联组成，即

$$G(s)H(s) = G_1(s)G_2(s)\cdots G_n(s) = \prod_{i=1}^{n} G_i(s)$$

系统的开环频率特性为

$$G(\mathrm{j}\omega)H(\mathrm{j}\omega) = \prod_{i=1}^{n} G_i(\mathrm{j}\omega) = \prod_{i=1}^{n} A_i(\omega) \mathrm{e}^{\mathrm{j}\sum_{i=1}^{n}\varphi_i(\omega)} = A(\omega)\mathrm{e}^{\mathrm{j}\varphi(\omega)}$$

故系统的开环对数幅频特性和开环对数相频特性分别为

$$L(\omega) = 20\lg A(\omega) = \sum_{i=1}^{n} 20\lg A_i(\omega) \tag{5-78}$$

$$\varphi(\omega) = \sum_{i=1}^{n} \varphi_i(\omega) \tag{5-79}$$

式(5-78)和式(5-79)表明,若系统开环传递函数由 n 个典型环节串联组成,其对数幅频特性曲线和对数相频特性曲线可由各典型环节的对数频率特性曲线叠加而得。因此,只要能够作出 $G(\mathrm{j}\omega)$ 所包含的各个典型环节的对数幅频特性和对数相频特性曲线,将它们分别进行代数相加,就可以得到开环系统的对数频率特性曲线。绘制对数幅频特性曲线的步骤归纳如下:

(1) 将系统的开环传递函数化成典型环节串联组成的尾1标准形式,并且确定开环增益 K 和型别 v(系统中积分环节的个数);

(2) 在 $\omega=1$ 处,低频段或其延长线(当 $\omega<1$ 的频率范围内有交接频率时)的分贝值是 $20\lg K$,过 $(1, 20\lg K)$ 点绘制斜率为 $-20v$ dB/dec 的低频段,如图 5-26 所示。低频段或其延长线与零分贝线的交点频率为 $\omega_0 = \sqrt[v]{K}$;

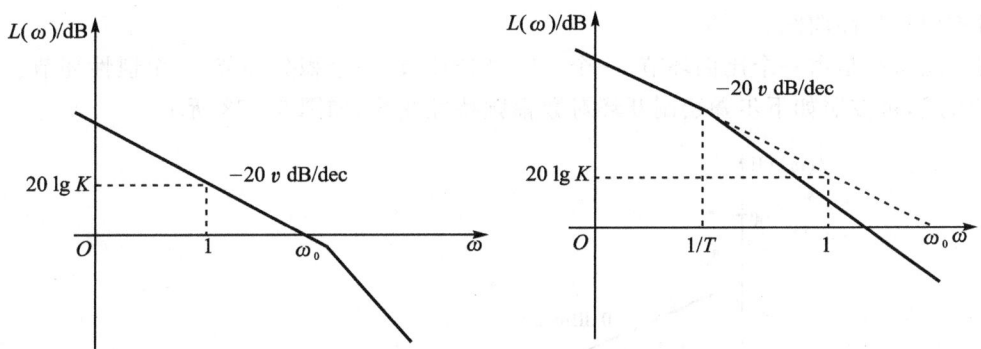

图 5-26 $\omega=1$ 时,近似对数幅频特性曲线低频段或其延长线的纵坐标为 $20\lg K$

(3) 根据交接频率绘制出相应的线段:在典型环节的交接频率处,对数幅频近似特性曲线的斜率要发生变化,变化的情况取决于典型环节的类型。若遇到 $G(s) = (1+Ts)^{\pm 1}$ 的环节,在交接频率处斜率改变 ± 20 dB/dec;当遇到 $G(s) = (T^2 s^2 + 2\zeta Ts + 1)^{\pm 1}$ 的环节时,在交接频率处斜率改变 ± 40 dB/dec;

(4) 绘制对数相频特性曲线,通过分别绘出各个典型环节的对数相频特性曲线,再沿频率增大的方向逐点叠加,并连接成光滑曲线,从而得到系统对数相频特性曲线;

(5) 若有必要,可以利用误差修正曲线,对交接频率附近的曲线进行修正,则可以得到较为精确的对数频率特性曲线。

例 5-3 已知单位反馈系统的开环传递函数为 $G(s) = \dfrac{K}{s(Ts+1)}$,试绘制系统的开环对数频率特性曲线。

解 系统的开环传递函数是由三个典型环节组成的:比例环节 K、积分环节 $1/s$ 和惯性环节 $1/(Ts+1)$。分别做出各典型环节对数频率特性曲线,如图 5-27 所示。

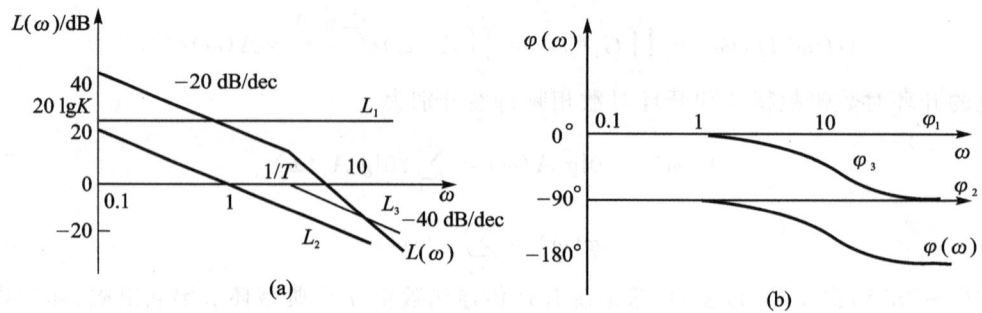

图 5-27 例 5-3 波德图

图 5-27 中，L_1, L_2, L_3 分别为比例环节、积分环节和惯性环节的对数幅频特性曲线；$\varphi_1, \varphi_2, \varphi_3$ 分别为比例环节、积分环节和惯性环节的对数相频特性曲线。将各典型环节的对数幅频特性曲线叠加，即得系统开环对数幅频特性曲线，见图 5-27(a) 中的 $L(\omega)$。在交接频率附近加以修正可得到精确曲线。将各典型环节的对数相频特性曲线叠加，即得系统开环对数相频特性曲线，见图 5-27(b) 中的 $\varphi(\omega)$。

例 5-4 已知某系统的开环传递函数为 $G(s)H(s) = \dfrac{50(s+1)}{s(5s+1)(s^2+2s+25)}$，试绘制其开环对数幅频特性曲线。

解 此系统是由一个比例环节、一个一阶微分环节、一个积分环节、一个惯性环节、一个振荡环节组成，可按照如下步骤绘制开环对数幅频特性曲线，如图 5-28 所示。

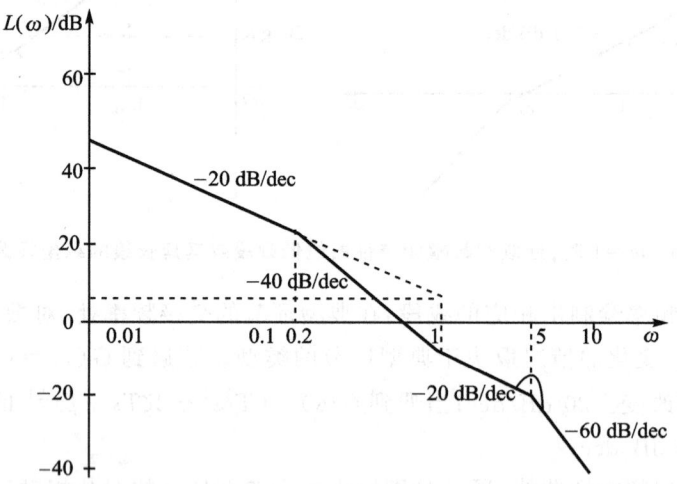

图 5-28 例 5-4 的对数幅频特性曲线

(1) 先将开环传递函数 $G(s)H(s)$ 化成典型环节串联组成的尾 1 标准形式，即

$$G(s)H(s) = \dfrac{2(s+1)}{s(5s+1)\left(\dfrac{s^2}{5^2} + \dfrac{2 \times 0.2}{5}s + 1\right)}$$

显然开环增益 $K=2$，型别 $v=1$，并且计算可得 $20\lg K = 6.02 \text{ dB}$。

(2) 在图 5-28 中 $\omega=1$ 处标出 $L(1)=6.02 \text{ dB}$，过 (6.02, 1) 点画一条斜率为 -20 dB/dec 的直线，它就是低频段的渐近线。

(3) 在横坐标上标出各典型环节的交接频率，即惯性环节的交接频率 $\omega_1=0.2$，一阶微分环节的交接频率 $\omega_2=1$，振荡环节的交接频率 $\omega_3=5$。在各交接频率处依次改变斜率，直接绘制开环对数幅频特性曲线的渐近线。在 $\omega=0.2$ 处，曲线斜率由 -20 dB/dec 变为 -40 dB/dec；在 $\omega=1$ 处，曲线斜率由 -40 dB/dec 变为 -20 dB/dec；在 $\omega=5$ 处，曲线斜率由 -20 dB/dec 变为 -60 dB/dec。

(4) 利用误差修正曲线，对渐近特性曲线进行必要的修正。

5.3.3 最小相位系统和非最小相位系统

在 s 右半平面上既没有极点，又没有零点的传递函数称为最小相位传递函数，对应的系统称为最小相位系统。反之，在 s 右半平面上有极点或零点，或者包含延迟环节的传递函数称为非最小相位传递函数，对应的系统称为非最小相位系统。

对于幅频特性相同的系统，最小相位系统的相角变化范围是最小的。并且对于最小相位系统，其对数幅频特性和相频特性具有一一对应的关系，即根据系统的对数幅频特性，可以唯一地确定系统的相频特性和传递函数，反之亦然。而非最小相位系统就不存在这种关系。举例说明如下。

设最小相位系统和非最小相位系统的传递函数分别为

$$G_1(s) = \frac{1+T_2 s}{1+T_1 s}, \qquad G_2(s) = \frac{1-T_2 s}{1+T_1 s}$$

式中，$T_1 > T_2 > 0$，对应的频率特性为

$$G_1(j\omega) = \frac{1+j\omega T_2}{1+j\omega T_1}, \qquad G_2(j\omega) = \frac{1-j\omega T_2}{1+j\omega T_1}$$

显然，这两个系统的对数幅频特性完全相同，而相频特性却完全不同。最小相位系统的相角 $\varphi_1(\omega)$ 变化范围很小，而非最小相位系统的相角 $\varphi_2(\omega)$ 随着 ω 的增加从 $0°$ 变化到趋于 $-180°$，如图 5-29 所示。

例 5-5 某最小相位系统的近似对数幅频特性曲线如图 5-30 所示，试确定系统的传递函数。

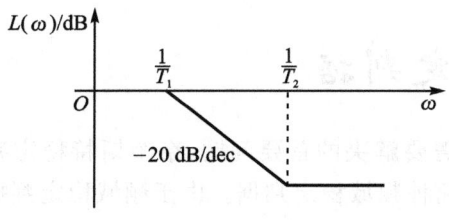

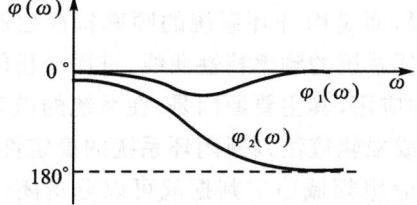

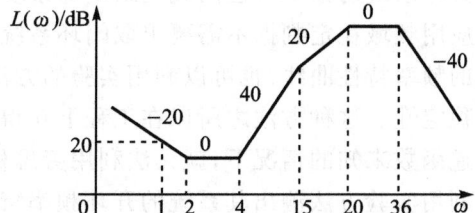

图 5-29　$G_1(j\omega)$ 和 $G_2(j\omega)$ 的波德图　　　图 5-30　例 5-5 近似对数幅频特性

解 由图 5-30 可以看出，由于系统低频段的斜率为 -20 dB/dec，因此该系统有一个积

分环节。由图可知，$20\lg K = 20$ dB，所以系统开环增益 $K = 10$。在各交接频率处，近似曲线的斜率发生如下变化。

在 $\omega = 2$ 处，斜率变化 20 dB/dec，属一阶微分环节；

在 $\omega = 4$ 处，斜率变化 40 dB/dec，属二阶微分环节或两个一阶微分环节；

在 $\omega = 15$ 处，斜率变化 -20 dB/dec，属惯性环节；

在 $\omega = 20$ 处，斜率变化 -20 dB/dec，属惯性环节；

在 $\omega = 36$ 处，斜率变化 -40 dB/dec，属振荡环节或两个惯性环节。

因此，系统的传递函数为

$$G(s) = \frac{10\left(\frac{s}{2}+1\right)\left[\left(\frac{s}{4}\right)^2 + 2\zeta_1 \frac{s}{4} + 1\right]}{s\left(\frac{s}{15}+1\right)\left(\frac{s}{20}+1\right)\left[\left(\frac{s}{36}\right)^2 + 2\zeta_2 \frac{s}{36} + 1\right]}$$

或者表示为

$$G(s) = \frac{10\left(\frac{s}{2}+1\right)\left(\frac{s}{4}+1\right)^2}{s\left(\frac{s}{15}+1\right)\left(\frac{s}{20}+1\right)\left(\frac{s}{36}+1\right)^2}$$

当 $\omega \to \infty$ 时，最小相位系统的相角为 $-90°(n-m)$，这里 n 和 m 分别表示传递函数分母、分子的最高次数。非最小相位系统在 $\omega \to \infty$ 时，相角不等于 $-90°(n-m)$。而这两种系统在 $\omega \to \infty$ 时的对数幅频特性曲线斜率均为 $-20(n-m)$ dB/dec，因此检查控制系统在 $\omega \to \infty$ 时的相角是否等于 $-90°(n-m)$，便可以判断系统是否为最小相位系统。

通常情况下，只包含比例、积分、微分、惯性、振荡、一阶微分和二阶微分环节的系统，一定是最小相位系统，包含有不稳定环节和（或）延迟环节的系统则属于非最小相位系统。

对于最小相位系统，根据对数幅频特性就可以确定相应的对数相频特性和传递函数，反之亦然。因此，在分析最小相位系统时，可只画出对数幅频特性曲线，而对数相频特性一般不需要画。对于非最小相位系统，必须将对数幅频特性曲线和对数相频特性曲线都绘出来，才能完整表达其频率特性。

5.4 频域稳定判据

自动控制系统的闭环稳定性是系统分析和设计需要解决的首要问题，奈奎斯特稳定判据（简称奈氏判据）和对数频率稳定判据是广泛应用的两种频域稳定判据。由于频域稳定判据是根据开环系统的频率特性曲线判断闭环系统的稳定性，因此也可称为几何稳定判据。

应用频域稳定判据不需要求取闭环系统的特征根，而是由开环系统的频率特性绘制开环系统的频率特性曲线，也可以利用实验的方法获得开环系统的频率特性曲线，进而分析闭环系统的稳定性。这种方法之所以在工程上获得了广泛的应用，其主要原因是：在系统的微分方程或传递函数未知的情况下，就无法利用劳思稳定判据或根轨迹法判断闭环系统的稳定性，这时可以利用实验方法测出其系统的开环频率特性曲线，应用频域稳定判据就可以分析闭环系统的稳定性。另外，频域稳定判据不仅能回答闭环系统是否稳定，而且还能指出系统的稳定储备——稳定裕度，以及提高和改善系统动态性能（包括稳定性）的途径。

5.4.1 奈奎斯特稳定判据

奈奎斯特稳定判据是 1932 年由奈奎斯特提出的,是频率响应分析的重要内容。奈奎斯特稳定判据,不但可以判断系统是否稳定及其稳定程度,该判据还能应用于性能分析中。因此,奈奎斯特稳定判据是一种重要的稳定性判据,在工程上应用十分广泛。在介绍奈奎斯特稳定判据之前,有必要先了解它的数学基础——幅角原理,而幅角原理用于控制系统的稳定性分析首先需要选择辅助函数。下面将分别给出辅助函数、幅角原理和奈奎斯特稳定判据的具体内容。

1. 辅助函数 $F(s)$

反馈控制系统的结构图如图 5-31 所示,图中前向通路传递函数和反馈通路传递函数分别为 $G(s)$ 和 $H(s)$。

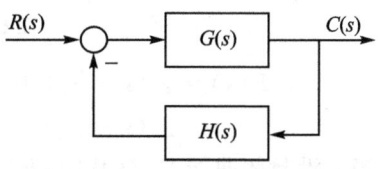

图 5-31 反馈控制系统的结构图

系统的开环传递函数为

$$G(s)H(s) = \frac{M(s)}{N(s)} \tag{5-80}$$

系统的闭环传递函数为

$$\Phi(s) = \frac{G(s)}{1+G(s)H(s)} = \frac{G(s)N(s)}{N(s)+M(s)} \tag{5-81}$$

选择复变函数 $F(s)$ 为闭环特征多项式和开环特征多项式之比,并称之为辅助函数,即

$$F(s) = \frac{M(s)+N(s)}{N(s)} = 1+G(s)H(s) \tag{5-82}$$

在实际系统中,由于开环传递函数分母的阶次 n 大于或等于其分子的阶次 m,因此辅助函数 $F(s)$ 的分子和分母的阶次均等于 n。这样就可以把 $F(s)$ 表示成

$$F(s) = \frac{K \prod_{i=1}^{n}(s-z_i)}{\prod_{i=1}^{n}(s-p_i)} \tag{5-83}$$

式中,K 为常数,z_i 和 p_i 分别为辅助函数 $F(s)$ 的零点和极点。

由式(5-82)和式(5-83)可以看出,辅助函数 $F(s)$ 具有如下特点:

(1) $F(s)$ 的零点 z_i 为闭环传递函数的极点,$F(s)$ 的极点 p_i 为开环传递函数的极点;
(2) $F(s)$ 的零点和极点的数目相同;
(3) $F(s)$ 和 $G(s)H(s)$ 只差常数 1。

2. 幅角原理

在 s 平面任选一点 s,通过复变函数 $F(s)$ 的映射关系,在 $F(s)$ 平面可以找到相应的象。设 $F(s)$ 的零、极点分布如图 5-32(a)所示,如果在 s 平面上任选一条不穿过 $F(s)$ 的任一零点和极点的封闭曲线 Γ_s,通过 $F(s)$ 的映射关系,则在 $F(s)$ 平面上必有对应的一条封闭曲线 Γ_F,如图 5-32(b)所示。当复变量 s 在 s 平面上沿封闭曲线 Γ_s 顺时针运动一周时,在 $F(s)$ 平面上映射的封闭曲线 Γ_F,其运动方向可能是顺时针的,也可能是逆时针的,它完全取决于辅助函数 $F(s)$ 本身的特性。人们感兴趣的不是映射封闭曲线 Γ_F 的具体形状,而是包围 F 平面坐标原点的次数和运动方向,因为这两者与系统的稳定性密切相关。

由式(5-83)可知,辅助函数 $F(s)$ 的相角为

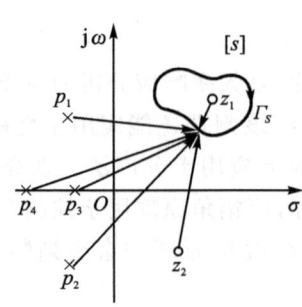
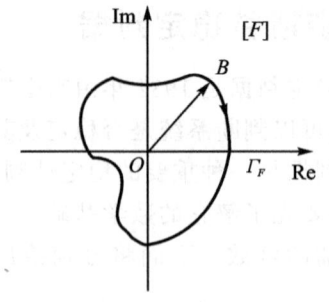

(a) $F(s)$ 的零、极点分布和封闭曲线　　　　(b) $F(s)$ 曲线示意图

图 5-32　s 和 $F(s)$ 的映射关系

$$\angle F(s) = \angle(s-z_1) + \angle(s-z_2) + \cdots + \angle(s-z_n) - \angle(s-p_1) - $$
$$\angle(s-p_2) - \cdots - \angle(s-p_n) \quad (5-84)$$

当 s 沿封闭曲线 Γ_S 变化时，$F(s)$ 的相角变化为

$$\Delta\angle F(s) = \Delta\angle(s-z_1) + \Delta\angle(s-z_2) + \cdots + \Delta\angle(s-z_n) - \Delta\angle(s-p_1) - $$
$$\Delta\angle(s-p_2) - \cdots - \Delta\angle(s-p_n) \quad (5-85)$$

若在 s 平面上的封闭曲线 Γ_S 包围了 $F(s)$ 的一个零点 z_i，而 $F(s)$ 的其他零、极点都位于封闭曲线 Γ_S 之外，则当 s 在 s 平面上沿封闭曲线 Γ_S 顺时针运动一周时，除向量 $s-z_i$ 的相角变化 -2π 外，其他各向量的相角变化都为零，即

$$\Delta\angle F(s) = \Delta\angle(s-z_i) = -2\pi \quad (5-86)$$

$F(s)$ 的相角变化了 -2π，意味着在 $F(s)$ 平面上 $F(s)$ 曲线围绕着坐标原点顺时针旋转一周。

若 s 平面上的封闭曲线 Γ_S 包围了 $F(s)$ 的 Z 个零点，则在 $F(s)$ 平面上，$F(s)$ 曲线将围绕着坐标原点顺时针旋转 Z 周。同理，若 s 平面上的封闭曲线 Γ_S 包围了 $F(s)$ 的 p 个极点，则在 $F(s)$ 平面上，$F(s)$ 曲线将围绕着坐标原点逆时针旋转 p 周。

幅角原理：设 s 平面上的封闭曲线 Γ_S 包围了 $F(s)$ 的 Z 个零点和 p 个极点，则 s 沿 Γ_S 顺时针运动一周时，在 $F(s)$ 平面上，$F(s)$ 沿 Γ_F 曲线按逆时针方向包围坐标原点的周数 R 满足

$$R = P - Z \quad (5-87)$$

式中，$R<0$ 和 $R>0$ 分别表示 Γ_F 曲线顺时针包围和逆时针包围 $F(s)$ 平面上坐标原点的周数，$R=0$ 表示不包围 $F(s)$ 平面上的坐标原点。

3. 奈奎斯特稳定判据

闭环系统的稳定性取决于系统闭环传递函数的极点，即辅助函数 $F(s)$ 零点的位置。为了应用幅角原理确定 s 右半平面上 $F(s)$ 的零点数，选择封闭曲线 Γ_S 按顺时针方向包围了 s 平面的整个右半平面，即封闭曲线 Γ_S 是由图 5-33 所示的虚轴和半径 $R\to\infty$ 的半圆组成。幅角原理表达式(5-87)中的 P 和 Z 则分别表示辅助函数 $F(s)$ 位于右半 s 平面的极点和零点数。

鉴于辅助函数 $F(s)$ 的第三个特点，由图 5-34 可以看出，$F(s)$ 曲线按逆时针方向包围坐标原点的周数 R，就是开环传递函数 $G(s)H(s)$ 曲线按逆时针方向包围 $(-1, j0)$ 点的周数。

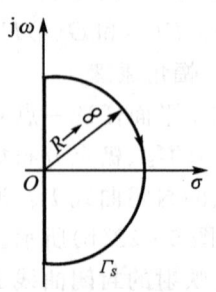

图 5-33　包含全部右半 s 平面的封闭曲线

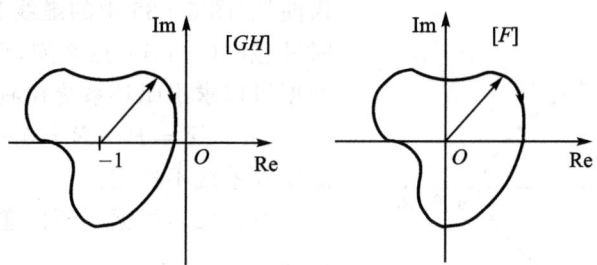

图 5-34 Γ_{GH} 和 Γ_F 的几何关系

由图 5-33 所示的 Γ_S 曲线由三部分组成：第一部分的 Γ_S 是正虚轴，即 $s=j\omega, \omega$ 从 0 变化到 $+\infty$；第二部分的 Γ_S 是半径为无穷大的右半圆；第三部分是负虚轴，即 $s=j\omega, \omega$ 从 $-\infty$ 变化到 0。

当 s 沿 Γ_S 的第一部分（正虚轴）变化时，通过 $G(s)H(s)$ 映射到 $G(s)H(s)$ 平面上正好是开环频率特性的极坐标图；当 s 沿 Γ_S 的第二部分（半径无穷大的半圆）变化时，由于物理系统中，开环传递函数分母的阶次 n 总是大于分子的阶次 m，当 $|s|\to\infty$ 时，$|G(s)H(s)|\to 0$，这样映射到 $G(s)H(s)$ 平面上就是坐标原点；当 s 沿 Γ_S 的第三部分（负虚轴）变化时，在 $G(s)H(s)$ 平面的映射正好是开环频率特性的极坐标图关于实轴的镜像。

在此，式(5-87)中的 R、P 和 Z 分别有如下含义：

R——奈氏曲线（s 沿虚轴 $-j\infty$ 到 $+j\infty$ 取值，频率特性 $G(j\omega)H(j\omega)$ 的幅相曲线）逆时针包围临界点 $(-1, j0)$ 的周数；

P——辅助函数 $F(s)$ 的右半 s 平面极点数；

Z——辅助函数 $F(s)$ 的右半 s 平面零点数。

根据闭环系统稳定的充分必要条件，即 $Z=0$。由式(5-87)可知，应要求 $R=P$。若当闭环系统临界稳定时，奈氏曲线穿过临界点，这时奈氏曲线逆时针包围临界点的周数是不定的。综上所述，奈氏判据可表述如下：

反馈控制系统稳定的充要条件是奈氏曲线逆时针包围临界点 $(-1, j0)$ 的周数 R 等于开环传递函数右半 S 平面极点数 P，即 $R=P$；否则闭环系统不稳定。闭环正实部特征根个数 Z 可按下式确定：

$$Z = P - R \tag{5-88}$$

例 5-6 若两个单位反馈系统的开环传递函数分别为

(1) $G(s) = \dfrac{18}{(3s+1)(2s+1)(s+1)}$， (2) $G(s) = \dfrac{6}{(3s+1)(2s+1)(s+1)}$

试用奈奎斯特稳定判据判别其闭环系统的稳定性。

解 系统(1)：根据开环传递函数可知开环频率特性为

$$G(j\omega) = \dfrac{18}{(3j\omega+1)(2j\omega+1)(j\omega+1)}$$

系统的开环幅相特性曲线起始于实轴上的点 $(18, j0)$，并按 $-(n-m)90°=-270°$ 终于坐标原点。开环幅相特性曲线与负实轴的交点为 -1.8。当 ω 由 $0\to+\infty$ 变化时，开环幅相特性曲线如图 5-35 中的实线所示。以实轴为对称轴，即可绘制出 ω 由 $-\infty\to 0$ 变化时的幅相特性曲线，如图 5-35 中的虚线所示。

根据题意，开环传递函数 $G(s)$ 在右半 s 平面的极点数为 0，即 $P=0$。由图 5-35 可知，奈

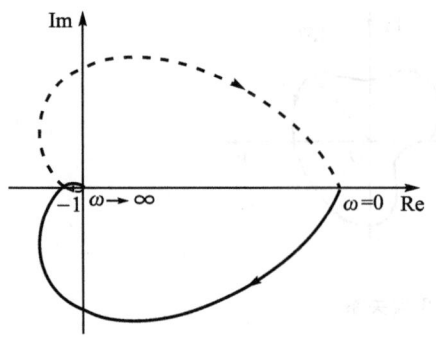

图 5-35 例 5-6 系统(1)的幅相曲线

氏曲线(图 5-35 中的虚线和实线合成的曲线)顺时针包围$(-1,j0)$点 2 周,即 $R=-2$。根据奈氏判据可以求出闭环系统在右半 s 平面的极点数为

$$Z=P-R=0-(-2)=2$$

故闭环系统不稳定。

系统(2):根据开环传递函数可知开环频率特性为

$$G(j\omega)=\frac{6}{(3j\omega+1)(2j\omega+1)(j\omega+1)}$$

系统的开环幅相特性曲线起始于实轴上的点$(6,j0)$,并按$-(n-m)90°=-270°$终于坐标原点。开环幅相特性曲线与负实轴的交点为-0.6。当 ω 由 $0\to+\infty$ 变化时,开环幅相特性曲线如图 5-36 中的实线所示。以实轴为对称轴,即可绘制出 ω 由 $-\infty\to 0$ 变化时的幅相特性曲线,如图 5-36 中的虚线所示。

根据题意,开环传递函数 $G(s)$ 在右半 s 平面的极点数为 0,即 $P=0$。由图 5-36 可知,奈氏曲线(图 5-36 中的虚线和实线合成的曲线)不包围$(-1,j0)$点,即 $R=0$。根据奈氏判据可以求出闭环系统在右半 s 平面的极点数为

$$Z=P-R=0-0=0$$

故闭环系统稳定。

例 5-7 某反馈系统的开环传递函数为 $G(s)H(s)=\dfrac{2}{s-1}$,试用奈氏判据判断闭环系统的稳定性。

解 系统的开环频率特性为

$$G(j\omega)H(j\omega)=\frac{2}{j\omega-1}$$

当 ω 由 $0\to+\infty$ 变化时,开环幅相特性曲线如图 5-37 中的实线所示。以实轴为对称轴,即可绘制出 ω 由 $-\infty\to 0$ 变化时的幅相特性曲线,如图 5-37 中的虚线所示。

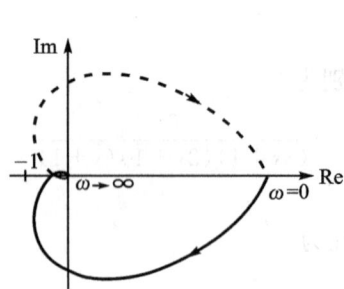

图 5-36 例 5-6 系统(2)的幅相曲线

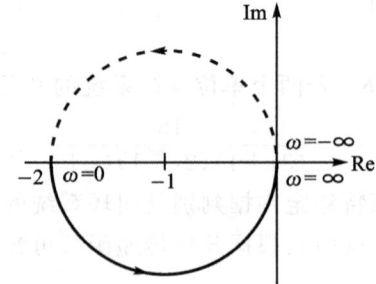

图 5-37 例 5-7 系统的幅相曲线

根据题意,开环传递函数 $G(s)H(s)$ 在右半 s 平面的极点数为 1,即 $P=1$。由图 5-37 可知,奈氏曲线(图 5-37 中的虚线和实线合成的曲线)逆时针包围$(-1,j0)$点 1 周,即 $R=1$。根据奈氏判据可以求出闭环系统在右半 s 平面的极点数为

$$Z=P-R=1-1=0$$

故闭环系统稳定。

5.4.2 奈奎斯特稳定判据的应用

若系统开环传递函数中含有积分环节,即在 s 平面的坐标原点有开环极点,这时就不能直接应用图 5-33 所示的封闭曲线 Γ_s,因为幅角原理要求曲线 Γ_s 不穿过 $F(s)$ 的任一零点和极点。为了在这种情况下应用奈氏判据判断系统稳定性,则封闭曲线 Γ_s 应稍作修改。令曲线 Γ_s 在坐标原点附近以半径 ε 趋于零的半圆从右侧绕过开环极点所在的坐标原点,而其他地方不变,封闭曲线 Γ_s 如图 5-38 所示。

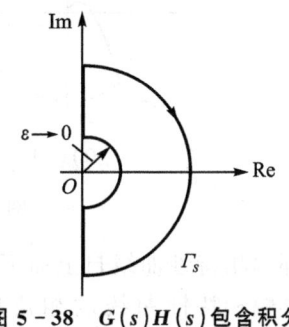

图 5-38 $G(s)H(s)$ 包含积分环节时 Γ_s 曲线

图中小半圆的表达式为

$$s = \lim_{\varepsilon \to 0} \varepsilon e^{j\theta}$$

当 ω 由 0^- 沿小半圆变到 0^+ 时,θ 按逆时针方向从 $-90°$ 变化到 $+90°$,$G(s)H(s)$ 在其平面上的映射为

$$G(s)H(s)\bigg|_{s=\lim_{\varepsilon\to 0}\varepsilon e^{j\theta}} = \frac{K\prod_{i=1}^{m}(\tau_i s+1)}{s^v \prod_{j=1}^{n-v}(T_j s+1)}\bigg|_{s=\lim_{\varepsilon\to 0}\varepsilon e^{j\theta}} = \left(\lim_{\varepsilon\to 0}\frac{K}{\varepsilon^v}\right)e^{-jv\theta} = \infty e^{-jv\theta} \quad (5-89)$$

其中,v 为开环系统中串联积分环节的个数。

由以上分析可知,当 ω 由 0^- 沿小半圆变到 0^+ 时,θ 从 $-90°$ 经 $0°$ 变化到 $+90°$,这时在 $G(s)H(s)$ 平面上的映射曲线将沿着半径为无穷大的圆弧按顺时针方向从 $v90°$ 经过 $0°$ 转到 $-v90°$。若 Γ_s 取图 5-38 中实轴的上半部,那么无穷小半圆只取横轴以上四分之一的圆弧。当 s 沿这四分之一无穷小圆弧逆时针变化时,即当 ω 从 0 变到 0^+ 时,θ 从 $0°$ 变化到 $+90°$,这时在 $G(s)H(s)$ 曲线将沿着半径为无穷大的圆弧按顺时针方向转过 $v90°$。

综上所述,开环系统含有积分环节时的幅相特性曲线的绘制方法为:

① 绘制出除 $\omega=0\to 0^+$ 以外的幅相特性曲线,即不考虑 s 取无穷小圆弧的情况,其起点对应 $\omega=0^+$;

② 从 $G(j0^+)H(j0^+)$ 开始,逆时针补画半径为无穷大的 $v90°$ 圆弧,不过,曲线的方向是顺时针,此时对应的 ω 是由 $0\to 0^+$。将这两部分衔接起来,即可得到含有积分环节的开环系统的幅相特性曲线。图 5-39(a)、(b)、(c) 分别表示的是 $v=1,2,3$ 时的系统的幅相特性曲线,图中虚线对应 s 取半径为无穷小圆的四分之一圆弧时的 $G(j\omega)H(j\omega)$ 曲线。

为了简单起见,用奈氏判据判断闭环系统的稳定性时,通常只需要绘制 ω 从 0 到 ∞ 时的开环幅相曲线,然后按其包围 $(-1,j0)$ 点的周数 N(逆时针方向包围 N 为正,顺时针方向包围 N 为负)和开环传递函数在右半 S 平面的极点数 P,根据

$$Z = P - 2N \quad (5-90)$$

确定闭环特征方程正实部根的个数。如果 Z 等于零,闭环系统稳定;否则,闭环系统不稳定。

当开环幅相特性曲线逆时针方向包围和顺时针方向包围 $(-1,j0)$ 点同时存在时,常常给 N 的计算带来困难。下面给出通过确定开环幅相特性曲线在 $(-1,j0)$ 点左侧负实轴上的穿越次数而获得 N 的方法。

开环幅相特性曲线在 GH 平面通过 $(-1,j0)$ 点左侧的负实轴称为穿越。随着 ω 的增大,

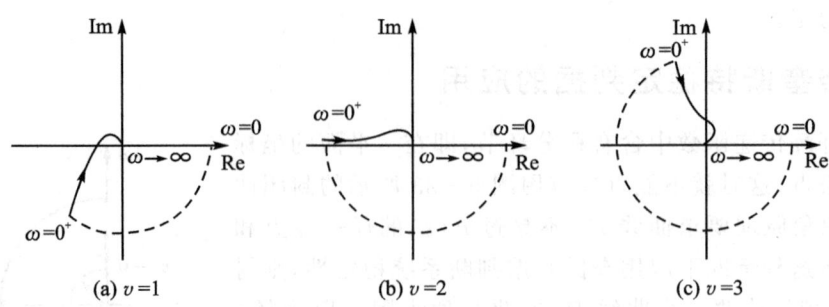

图 5-39 开环系统中 $v=1,2,3$ 的幅相特性曲线

开环幅相特性曲线自上而下通过 $(-1,j0)$ 点左侧的负实轴称为正穿越,它意味着当 ω 增大时开环幅相特性曲线的相角增加;反之,随着 ω 的增大,开环幅相特性曲线自下而上通过 $(-1,j0)$ 点左侧的负实轴称为负穿越,它意味着当 ω 增大时开环幅相特性曲线的相角减小。图 5-40 所示的开环幅相特性曲线,1 点为负穿越一次,2 点为正穿越一次,4 点在 $(-1,j0)$ 点右侧不算穿越。

若开环幅相特性曲线沿逆时针方向起始或终止于 $(-1,j0)$ 点左侧的负实轴,记为半次正穿越;若开环幅相特性曲线沿顺时针方向起始或终止于 $(-1,j0)$ 点左侧的负实轴,记为半次负穿越,如图 5-41 所示。

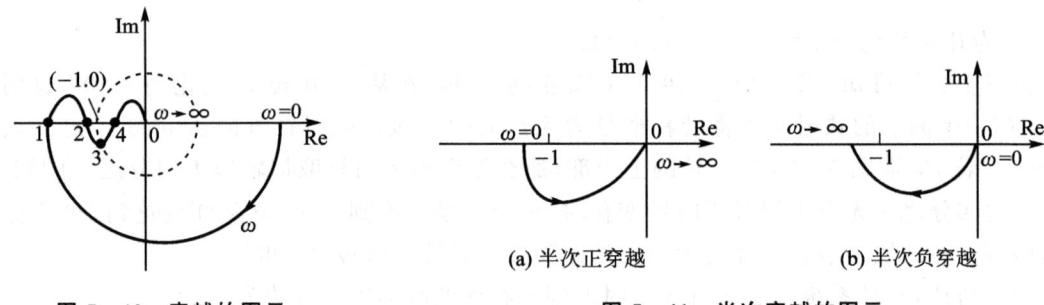

图 5-40 穿越的图示

图 5-41 半次穿越的图示

如用 N_+ 表示正穿越次数与半次正穿越次数的和,用 N_- 表示负穿越次数与半次负穿越次数的和,则开环幅相曲线逆时针包围 $(-1,j0)$ 点的周数为

$$N = N_+ - N_- \tag{5-91}$$

例 5-8 已知某单位反馈控制系统,其开环传递函数为 $G(s)=\dfrac{K(T_2 s+1)}{s^2(T_1 s+1)}$,试分析时间常数 T_1 和 T_2 的相对大小对系统稳定性的影响。

解 系统的开环频率特性为

$$G(j\omega) = \frac{K(j\omega T_2 + 1)}{-\omega^2(j\omega T_1 + 1)}$$

幅频特性为

$$A(\omega) = \frac{K\sqrt{(\omega T_2)^2 + 1}}{\omega^2 \sqrt{(\omega T_1)^2 + 1}}$$

相频特性为

$$\varphi(\omega) = -180° + \arctan \omega T_2 - \arctan \omega T_1$$

根据以上两式作出在 $T_2 > T_1$,$T_2 = T_1$ 和 $T_2 < T_1$ 三种情况下系统的开环幅相特性曲线,如图 5-42 所示。从开环传递函数可知,$P=0$。

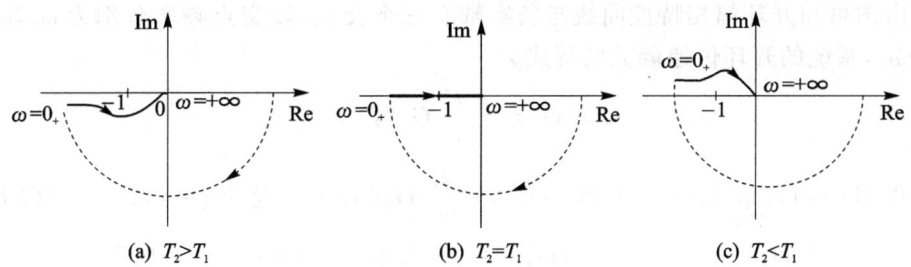

图 5-42 例 5-8 系统的幅相特性曲线

当 $T_2>T_1$ 时,开环幅相特性曲线不包围 $(-1,j0)$ 点,$N=0$,根据奈氏稳定判据 $Z=P-2N=0-0=0$,可得闭环系统是稳定的。当 $T_2=T_1$ 时,开环幅相特性曲线正好通过 $(-1,j0)$ 点,闭环系统处于临界稳定状态。当 $T_2<T_1$ 时,开环幅相特性曲线顺时针包围 $(-1,j0)$ 点一周,$N=-1$,故 $Z=P-2N=2$,则闭环系统是不稳定的。

例 5-9 某反馈控制系统的开环传递函数为

$$G(s)H(s)=\frac{10}{s(0.1s+1)(0.2s+1)}$$

试用奈氏稳定判据判断闭环系统的稳定性。

解 系统的开环频率特性为

$$G(j\omega)H(j\omega)=\frac{10}{j\omega(1+j0.1\omega)(1+j0.2\omega)}=\frac{10[-0.3\omega-j(1-0.02\omega^2)]}{\omega(1+0.05\omega^2+0.0004\omega^4)}$$

该系统是 I 型系统。

开环幅相曲线的起点:$A(0^+)=\infty$,$\varphi(0^+)=-90°$。

开环幅相曲线的终点:$A(\infty)=0$,$\varphi(\infty)=-270°$。

该系统不存在一阶微分环节,因此,系统幅相特性曲线的相角将由 $-90°$ 单调减小到 $-270°$,易知幅相特性曲线与实轴有交点,下面求交点频率与交点坐标。

令 $\text{Im}[G(j\omega)H(j\omega)]=0$,可求出开环幅相曲线与实轴交点处的频率 $\omega=\sqrt{50}$ (rad/s),代入 $\text{Re}[G(j\omega)H(j\omega)]\big|_{\omega=\sqrt{50}\text{(rad/s)}}=-\frac{3}{4.5}=-0.67$。系统概略开环幅相特性曲线如图 5-43 所示。

由开环传递函数可知,$P=0$,由图 5-43 可见,开环幅相曲线不包围 $(-1,j0)$ 点,$N=0$,根据奈氏稳定判据 $Z=P-2Z=0$,闭环系统是稳定的。

例 5-10 已知单位反馈系统的开环幅相特性曲线($K=10$,$P=0$,$v=1$)如图 5-44 所示,试确定系统稳定时 K 值的范围。

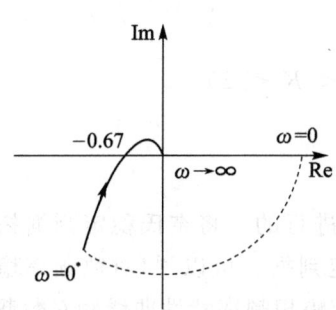

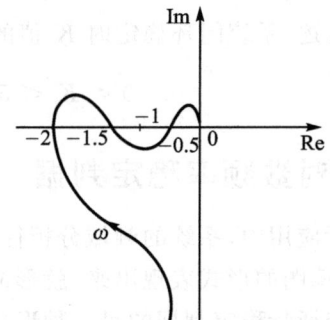

图 5-43 例 5-9 系统的幅相特性曲线　　图 5-44 例 5-10 系统的幅相特性曲线

解 由图可知开环幅相特性曲线与负实轴有三个交点,设交点频率分别为 $\omega_1,\omega_2,\omega_3$,且 $\omega_3>\omega_2>\omega_1$,系统的开环传递函数的形式为

$$G(s)=\frac{K}{s^v}G_0(s)$$

由题设条件知 $v=1,\lim_{s\to 0}G_0(s)=1$ 和 $G(j\omega_i)=\frac{K}{j\omega_i}G_0(j\omega_i)$,在这里 $i=1,2,3$。当取 $K=10$ 时

$$G(j\omega_1)=-2, \quad G(j\omega_2)=-1.5, \quad G(j\omega_3)=-0.5$$

当 K 变化时,系统开环幅相特性曲线与负实轴的交点频率 $\omega_1,\omega_2,\omega_3$ 不变,仅是开环幅相特性曲线与负实轴的交点沿负实轴移动。假设当 K 分别为 K_1,K_2 和 K_3 时,幅相特性曲线与负实轴的交点 $(G(j\omega_1),j0)$、$(G(j\omega_2),j0)$ 和 $(G(j\omega_3),j0)$ 分别位于 $(-1,j0)$ 点,即分别是

$$G(j\omega_1)=\frac{K_1}{j\omega_1}G_0(j\omega_1)=-1, \quad G(j\omega_2)=\frac{K_2}{j\omega_2}G_0(j\omega_2)=-1, \quad G(j\omega_3)=\frac{K_3}{j\omega_3}G_0(j\omega_3)=-1$$

分别求得

$$K_1=\frac{-1}{(1/j\omega_1)G_0(j\omega_1)}=\frac{-1}{-2/10}=5, \quad K_2=\frac{20}{3}, \quad K_3=20$$

对应地,分别取 $0<K<K_1,K_1<K<K_2,K_2<K<K_3$ 和 $K>K_3$ 时,系统开环幅相特性曲线分别如图 5-45(a)、(b)、(c) 和 (d) 所示。

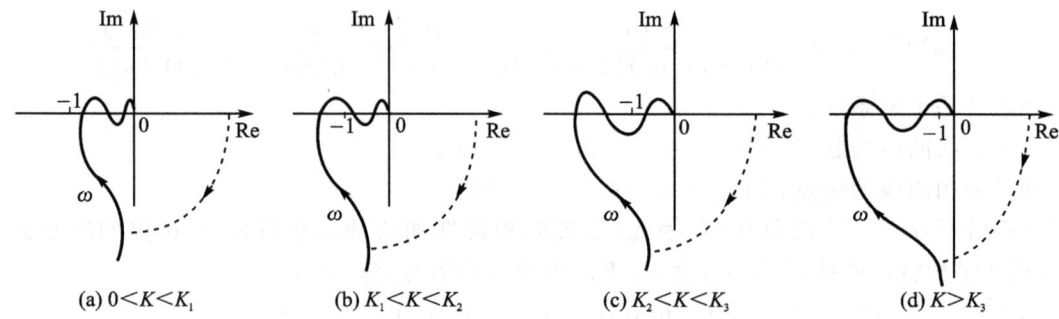

(a) $0<K<K_1$ (b) $K_1<K<K_2$ (c) $K_2<K<K_3$ (d) $K>K_3$

图 5-45 例 5-10 系统在不同 K 值条件下的开环幅相特性曲线

根据奈氏判据判断闭环系统的稳定性:

当 $0<K<K_1,N=0,Z=0$ 时,闭环系统稳定;

当 $K_1<K<K_2,N_-=1,N_+=0,N=-1,Z=2$ 时,闭环系统不稳定;

当 $K_2<K<K_3,N_+=N_-=1,N=0,Z=0$ 时,闭环系统稳定;

当 $K>K_3,N_-=2,N_+=1,N=-1,Z=2$ 时,闭环系统不稳定。

综上所述,系统闭环稳定时 K 值的范围为

$$0<K<5 \quad \text{和} \quad \frac{20}{3}<K<20$$

5.4.3 对数频率稳定判据

在实际应用中,系统的频域分析往往是在波德图上进行的。将奈氏稳定判据拓展到波德图上,以波德图的形式表现出来,就形成了对数频率稳定判据。可以说,对数频率稳定判据实际上是奈奎斯特稳定判据的另一种形式。下面通过比较幅相频率特性曲线和对数频率特性曲线,找到两种曲线的对应关系,分析潜在规律,从而得出对数频率稳定判据。

图 5-46(a)、(b)分别表示系统的幅相频率特性曲线和其对应的对数频率特性曲线,通过比较可以看出两者之间存在下述对应关系:

① 幅相频率特性图上的单位圆对应对数频率特性图上的零分贝线,即对数幅频特性曲线的横坐标;在 GH 平面上单位圆之外的区域对应对数幅频特性曲线零分贝线以上的区域,即 $L(\omega)>0$ 的部分;在 GH 平面上单位圆之内的区域对应对数幅频特性曲线零分贝线以下的区域,即 $L(\omega)<0$ 的部分。

② 幅相频率特性图上的负实轴对应于对数相频特性图上的 $-180°$ 线。

根据上述对应关系,幅相频率特性曲线的穿越次数可以利用 $L(\omega)>0$ 的区间内,$\varphi(\omega)$ 曲线对 $-180°$ 线的穿越次数来计算。在 $L(\omega)>0$ 的区间内,$\varphi(\omega)$ 曲线自下而上通过 $-180°$ 线为正穿越,如图 5-46(b)中的 2 点;$\varphi(\omega)$ 曲线自上而下通过 $-180°$ 线为负穿越,如图 5-46(b)中的 1 点。

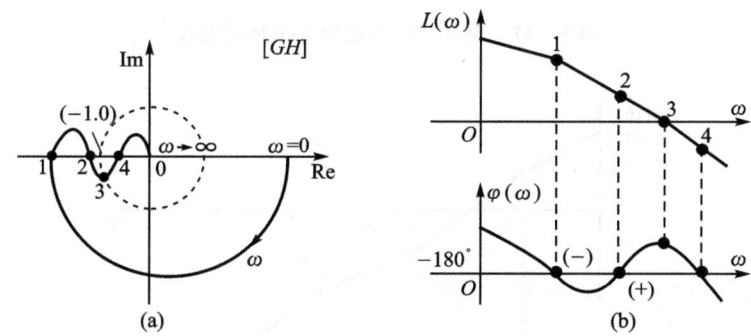

图 5-46 幅相频率特性曲线及其对应的对数频率特性曲线

当开环传递函数存在积分环节时,在对数相频特性曲线的 $\omega=0^+$ 的地方,由下向上补画一条虚线,该虚线通过的相角为 $v90°$,这里的 v 是积分环节数。计算正负穿越次数时,应将补上的虚线看成对数相频特性曲线的一部分。

综上所述,对数频率稳定判据表述如下:

一个反馈控制系统,其闭环特征方程正实部根个数 Z,可以根据 $Z=P-2N$ 计算所得。其中,P 表示该系统的开环传递函数在 s 右半平面内的极点个数;N 表示该系统的开环对数幅频特性为正值的所有频率范围内,其对数相频特性曲线与 $-180°$ 线的正负穿越数之差,即 $N=N_+-N_-$。若 Z 为零,闭环系统稳定;否则,闭环系统不稳定。

例 5-11 两个反馈控制系统的开环对数频率特性曲线分别如图 5-47(a)、(b)所示,试用对数频率稳定判据判断其闭环系统的稳定性。

解 图 5-47(a)中 $P=0$,在 $L(\omega)>0$ 的区间内,$\varphi(\omega)$ 曲线有一次负穿越和一次正穿越,$N=N_+-N_-=0$,$Z=P-2N=0$,因此闭环系统稳定。

图 5-47(b)中 $P=2$,在 $L(\omega)>0$ 的区间内,$\varphi(\omega)$ 曲线有一次负穿越和两次正穿越,$N=N_+-N_-=1$,$Z=P-2N=0$,因此闭环系统稳定。

例 5-12 已知系统的开环对数频率特性曲线($K=100,P=0,v=1$)如图 5-48 所示,试确定闭环系统稳定的 K 值范围。

解 由题可知,开环传递函数右半 S 平面极点数 P 为 0,开环传递函数有一个积分环节。在图 5-48 中系数 $K=100$,在 $L(\omega)>0$ 的区间内,$\varphi(\omega)$ 曲线有一次负穿越,因此,当

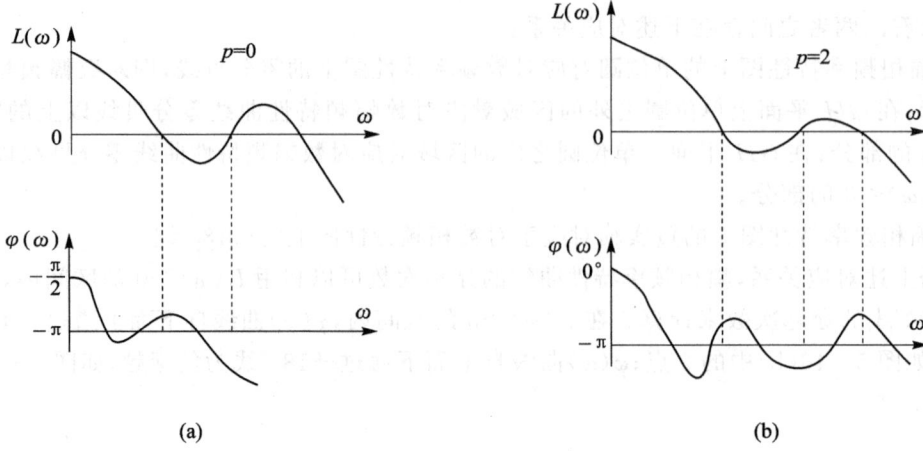

图 5-47 例 5-11 系统的幅相特性曲线

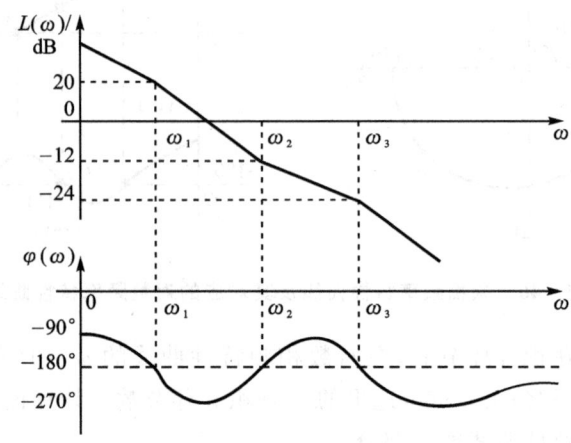

图 5-48 例 5-12 开环对数频率特性曲线

$K=100$ 时,闭环系统是不稳定的。

当开环增益减小 20 dB(开环增益减小 10 倍),即 $K=10$,此时 $L(\omega_1)=0$。当 $K<10$ 时,在 $L(\omega)>0$ 的区间内,$\varphi(\omega)$ 曲线没有穿越 $-180°$ 线,$N=0$,$Z=P-2N=0$,因此闭环系统是稳定的。

当开环增益增大 12 dB(开环增益增大 3.98 倍),即 $K=398$,此时 $L(\omega_2)=0$。当 $10<K<398$ 时,在 $L(\omega)>0$ 的区间内,$\varphi(\omega)$ 曲线有一次负穿越,$N=-1$,$Z=P-2N=2$,因而闭环系统不稳定。

当开环增益增大 24 dB(开环增益增大 15.8 倍),即 $K=1\,580$,此时 $L(\omega_3)=0$。当 $398<K<1\,580$ 时,在 $L(\omega)>0$ 的区间内,$\varphi(\omega)$ 曲线正负穿越数之和 $N=N_+-N_-=0$,$Z=P-2N=0$,故闭环系统稳定。

当 $K>1\,580$ 时,在 $L(\omega)>0$ 的区间内,$N=N_+-N_-=-1$,$Z=2$,故闭环系统不稳定。

因此,当 $K<10$ 和 $398<K<1\,580$ 时,闭环系统是稳定的;当 $10<K<398$ 和 $K>1\,580$ 时,闭环系统不稳定。

5.5 稳定裕度

由奈奎斯特稳定性判据可知,对于开环稳定($P=0$)的系统,根据开环幅相曲线相对$(-1,j0)$点的位置不同,对应闭环系统的稳定性有三种情况:当开环幅相曲线包围$(-1,j0)$点时,闭环系统不稳定;当开环幅相曲线通过$(-1,j0)$点时,闭环系统处于临界稳定状态;当开环幅相特性曲线不包围$(-1,j0)$点时,闭环系统稳定。如果开环幅相曲线不包围$(-1,j0)$点,但离该点很近,当工作条件或其他原因使系统的参数或结构发生了某些变化时,闭环系统就有可能由稳定状态变成临界稳定或不稳定状态。由此可见,位于临界点附近的开环幅相曲线对系统稳定性影响很大。因此开环幅相曲线靠近$(-1,j0)$点的程度表征了系统的相对稳定性,幅相曲线距离$(-1,j0)$点越远,闭环系统的相对稳定性越高。

图 5-49 是开环幅相曲线相对$(-1,j0)$点的位置和单位阶跃响应曲线对应关系的示意图。图中各系统均为开环稳定($P=0$)的系统。

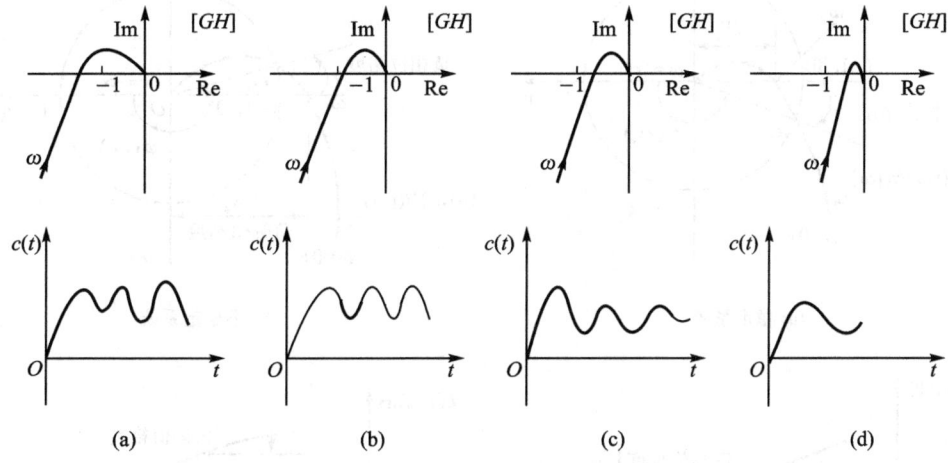

图 5-49 开环幅相特性曲线与单位阶跃响应曲线 $h(t)$ 的对应关系

在图 5-49(a)中,开环幅相特性曲线包围$(-1,j0)$点,故闭环系统不稳定,闭环系统的单位阶跃响应曲线 $c(t)$ 发散;在图 5-49(b)中,开环幅相特性曲线通过$(-1,j0)$点,系统临界稳定,曲线 $c(t)$ 等幅振荡;在图 5-49(c)和(d)中,开环幅相特性曲线都不包围$(-1,j0)$点,此时闭环系统是稳定的。但是由图 5-49(c)和(d)可以看出,开环幅相特性曲线接近$(-1,j0)$点的远近程度不同,闭环系统稳定的程度也不同。图 5-49(d)对应系统的稳定程度比图 5-49(c)对应系统的稳定程度要好,因为开环幅相特性曲线距离$(-1,j0)$点更远些。这就是通常所说的系统的相对稳定性。

系统在频域的相对稳定性即稳定裕度常用幅值裕度 K_g 和相位裕度 γ 来度量。

5.5.1 幅值裕度和相位裕度

1. 幅值裕度 K_g

系统开环相频特性为 $-180°$ 时,系统开环频率特性幅值的倒数定义为幅值裕度,所对应的频率 ω_g 称为相位穿越频率,即

$$K_g = \frac{1}{|G(j\omega_g)H(j\omega_g)|} \tag{5-92}$$

式中，ω_g 满足 $\varphi(\omega_g) = \angle G(j\omega_g)H(j\omega_g) = -180°$。

幅值裕度 K_g 的物理意义是：对于闭环稳定系统，如果系统的开环增益再放大 K_g 倍，则系统将处于临界稳定状态。

如果用分贝表示幅值裕度，则有

$$K_g(\text{dB}) = 20\lg K_g = 20\lg\left|\frac{1}{G(j\omega_g)H(j\omega_g)}\right| = -20\lg|G(j\omega_g)H(j\omega_g)| \tag{5-93}$$

对于稳定的系统，幅值裕度 $K_g > 1$，即 $K_g(\text{dB}) > 0$，幅值裕度为正值，如图 5-50(a) 和 (c) 所示；对于不稳定的系统，幅值裕度 $K_g < 1$，即 $K_g(\text{dB}) < 0$，幅值裕度为负值，如图 5-50(b) 和 (d) 所示。

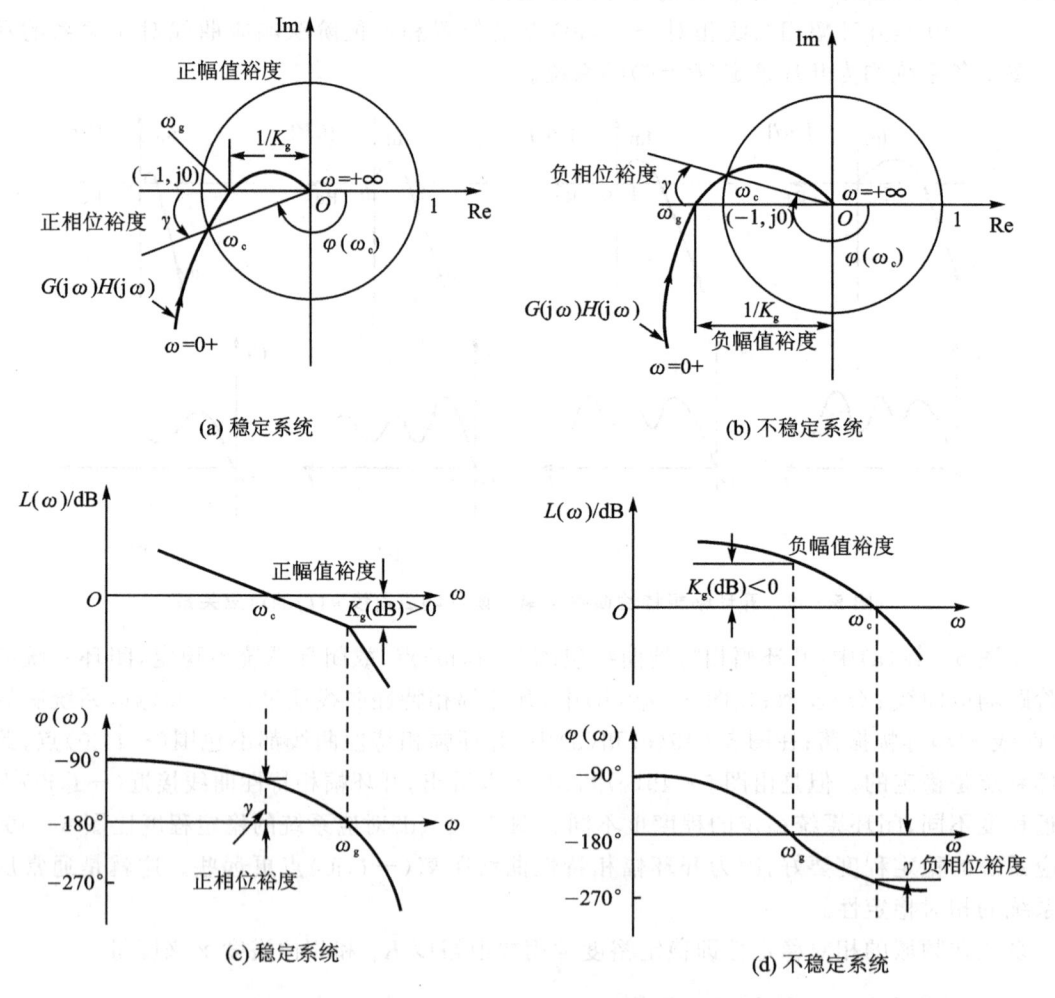

图 5-50 稳定和不稳定系统的幅值裕度和相位裕度

通常幅值裕度大的系统，其稳定性优于幅值裕度小的系统，但是幅值裕度只是表征系统相对稳定性的指标之一。仅仅用幅值裕度还不能充分表示所有系统的稳定程度，尤其是在研究除开环增益外系统的其他参数对系统性能的影响时，情况更是如此。例如，图 5-51 所示的两个系统的开环幅相特性曲线虽然具有相同的幅值裕度，但是曲线 A 表示的系统比曲线 B 表示的系统稳定程度要好。引入相位裕度 γ 就能说明这一点。

2. 相位裕度 γ

系统开环频率特性的幅值为1时,系统开环频率特性的相角与180°之和定义为相位裕度,所对应的频率 ω_c 称为系统截止频率,即

$$\gamma = 180° + \angle G(j\omega_c)H(j\omega_c) \quad (5-94)$$

式中,ω_c 满足 $A(\omega_c) = |G(j\omega_c)H(j\omega_c)| = 1$。

相位裕度 γ 的物理意义是:对于闭环稳定系统,如果系统开环相频特性再滞后 γ 度,则系统将处于临界稳定状态。

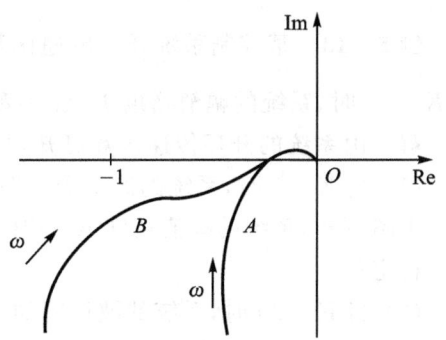

图 5-51 幅值裕度相同但稳定程度不同的两条开环幅相特性曲线

相位裕度 γ 从负实轴算起,逆时针为正,顺时针为负。对于稳定的系统,其相位裕度为正,即 $\gamma > 0$,如图 5-50(a)所示;对于不稳定的系统,其相位裕度为负,即 $\gamma < 0$,如图 5-50(b)所示。

综上所述,对于闭环稳定的系统,应该有 $\gamma > 0$,且 $K_g > 1$。因此,在极坐标图上,γ 必在负实轴以下。在波德图上,γ 必在 $-180°$ 线以上,$K_g(\text{dB})$ 必在零分贝线以下。对于闭环不稳定的系统,应该有 $\gamma < 0$,且 $K_g < 1$,因此,在极坐标图上,γ 必在负实轴以上。在波德图上,γ 必在 $-180°$ 线以下,$K_g(\text{dB})$ 必在零分贝线以上。

显然,幅值裕度和相位裕度越大,系统的稳定性越好。但是,稳定裕度过大会影响系统的其他性能,例如系统响应的快速性。工程上一般选择幅值裕度 $K_g(\text{dB})$ 为 6~20 dB;相位裕度 γ 为 30°~60°。

3. 截止频率 ω_c 的计算

截止频率 ω_c 的确定对计算系统的相位裕度至关重要,是本章计算内容的重点和难点。为了计算简单,往往利用各典型环节的渐近特性。ω_c 的计算可按以下步骤进行。

(1) 按分段描述的方法写出对数幅频特性曲线的渐近方程表达式,即

$$L(\omega) = \begin{cases} 20\lg A_1(\omega) & \omega_0 \leqslant \omega < \omega_1 \\ 20\lg A_2(\omega) & \omega_1 \leqslant \omega < \omega_2 \\ \vdots \\ 20\lg A_{m-1}(\omega) & \omega_{m-2} \leqslant \omega < \omega_{m-1} \\ 20\lg A_m(\omega) & \omega \geqslant \omega_m \end{cases}$$

(2) 按顺序求 $A_i(\omega) = 1$ 之解 ω,考查 $\omega_{i-1} \leqslant \omega < \omega_i$ 是否成立。若成立,则 $\omega_c = \omega$,停止计算;若 $\omega_{i-1} \leqslant \omega < \omega_i$ 不成立,则令 $i = i+1$,重新计算 $A_i(\omega) = 1$。

5.5.2 稳定裕度的计算及应用举例

幅值裕度计算的难点在于相位穿越频率 ω_g 的计算,这里介绍计算幅值裕度的两种方法。

方法1:将系统的开环幅相频率特性用实部和虚部表示,令虚部等于零,求出相位穿越频率 ω_g,代入实部求出与实轴的交点坐标,便可以求解幅值裕度。

方法2:根据系统的相频特性 $\varphi(\omega_g) = -180°$,用试探法求出相位穿越频率 ω_g,便可以求解幅值裕度。

根据式(5-94),计算相角裕度 γ,则需要计算截止频率 ω_c,而求 ω_c 较简便的方法就是先绘制对数幅频特性曲线,再由它与零分贝线的交点来确定截止频率 ω_c。

例 5-13 某控制系统开环传递函数为 $G(s)H(s) = \dfrac{K}{s(s+1)(s+2)}$，试分别求出 $K=1$ 和 $K=20$ 时，系统的幅值裕度 K_g(dB)和相位裕度 γ。

解 由系统的开环传递函数可知，当 $P=0$ 时，开环系统稳定。

(1) 当 $K=1$ 时，系统的波德图如图 5-52 所示。

由图可知，系统的幅值裕度 K_g(dB)=12 dB，相位裕度 $\gamma=50°$，因此，当 $K=1$ 时，闭环系统是稳定的。

(2) 当 $K=20$ 时，系统的波德图如图 5-53 所示。

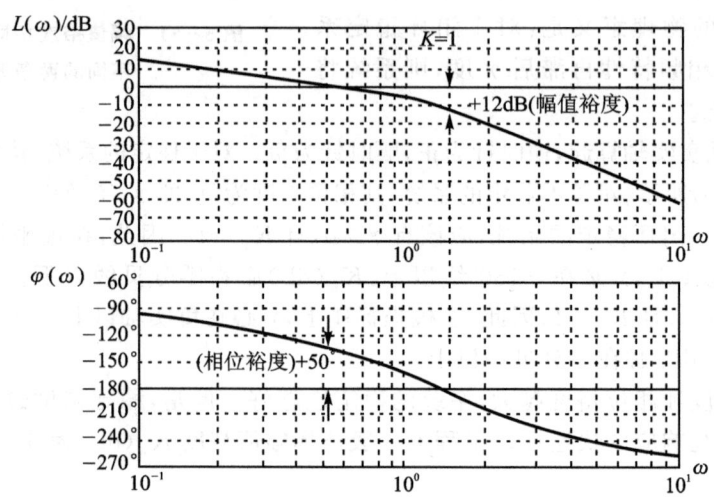

图 5-52　例 5-13 中 $K=1$ 时系统的波德图

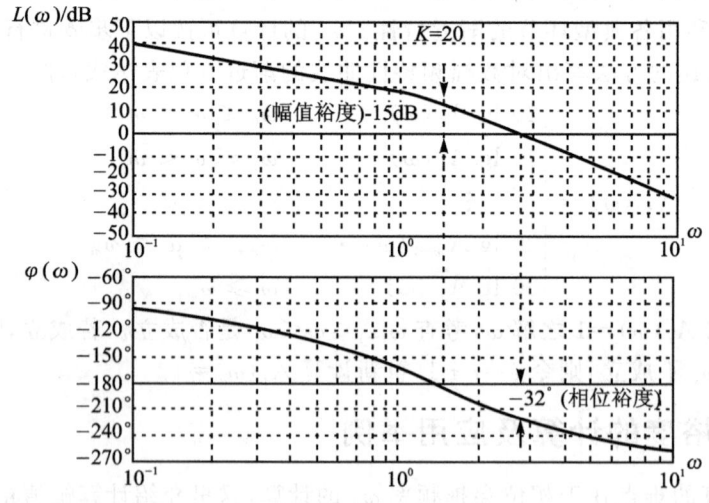

图 5-53　例 5-13 中 $K=20$ 时系统的波德图

由图可知，系统的幅值裕度 $K_g=-15$ dB，相位裕度 $\gamma=-32°$，因此，当 $K=20$ 时，闭环系统是不稳定的。

例 5-14 已知系统开环近似对数幅频特性曲线如图 5-54 所示。求：

(1) 系统的相位裕度 γ 是多少？

(2) 若要使 $\gamma=30°$，则系统开环增益应为多少？

解 根据系统开环近似对数幅频特性曲线可以写出系统的开环传递函数为

$$G(s)H(s) = \frac{K}{s\left(\frac{1}{0.1}s+1\right)\left(\frac{1}{10}s+1\right)}$$

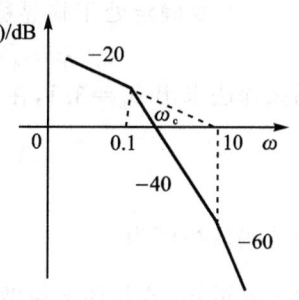

图 5-54 例 5-14 图

由于低频段 -20 dB/dec 斜线交于 ω 轴为 10，故 $K=10$。

(1) 下面首先确定截止频率，由于 $0.1 < \omega_c < 10$，于是有

$$\frac{10}{\omega_c \frac{\omega_c}{0.1}} = 1$$

得 $\omega_c = 1$。此时系统的相位裕度为

$$\gamma = 180° - 90° - \arctan\frac{1}{0.1} - \arctan\frac{1}{10} \approx 0°$$

(2) 设满足相位裕度为 30°的截止频率为 ω_c'，而 ω_c' 满足

$$\gamma = 180° - 90° - \arctan\frac{1}{0.1}\omega_c' - \arctan\frac{1}{10}\omega_c' = 30°$$

用试探法求出 $\omega_c' = 0.17$。设 $\gamma = 30°$ 时的系统开环增益为 K'，又知 $0.1 < \omega_c' < 10$，则有

$$\frac{K'}{\omega_c' \frac{\omega_c'}{0.1}} = 1$$

则

$$K' = \omega_c' \frac{\omega_c'}{0.1} = 0.17 \times 1.7 = 0.285$$

例 5-15 系统的开环传递函数为 $G(s)H(s) = \dfrac{K}{s(s+1)(0.1s+1)}$，试求：

(1) 当 $K=5$ 时，绘制出系统的开环对数幅频特性曲线，并求出截止频率 ω_c 和相位裕度 γ；

(2) 用频域分析法求出系统处于临界稳定状态的 K 值。

解 (1) 绘制 $K=5$ 时系统的开环对数幅频特性曲线：由于 $K=5$，可得 $20\lg K = 14$ dB。在图中 $\omega=1$ 处标出 $L(1)=14$ dB，过 $(14,1)$ 点画一条斜率为 -20 dB/dec 的直线，它就是低频段的渐近线。在横坐标上标出各典型环节的交接频率，即两个惯性环节的交接频率分别为 $\omega_1=1$ 和 $\omega_2=10$。在各交接频率处依次改变斜率，直接绘制出开环对数幅频特性曲线的渐近线。在 $\omega=1$ 处，曲线斜率由 -20 dB/dec 变为 -40 dB/dec；在 $\omega=10$ 处，曲线斜率由 -40 dB/dec 变为 -60 dB/dec。系统的开环对数幅频特性曲线如图 5-55 所示。

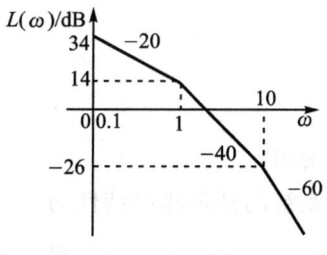

图 5-55 例 5-15 图

确定截止频率：由图 5-55 可知，$1 < \omega_c < 10$，于是有 $\dfrac{K}{\omega_c \omega_c} = 1$，求出截止频率

$$\omega_c = 2.24$$

确定相位裕度：

$$\gamma = 180° - 90° - \arctan 2.24 - \arctan 0.1 \times 2.24 = 11.5°$$

(2) 要确定处于临界稳定状态的 K 值,就先要计算系统的幅值裕度。令
$$\varphi(\omega_g) = -90° - \arctan\omega_g - \arctan 0.1\omega_g = -180°$$
用试探法求出 $\omega_g = 3.1$,在 $\omega = 3.1$ 时的幅值为
$$A(3.1) = \frac{5}{3.1\sqrt{3.1^2+1}\sqrt{0.31^2+1}} = 0.473$$
因此幅值裕度为
$$K_g = \frac{1}{0.473} = 2.112$$
由上式可知,若开环增益增大 2.112 倍,即 $K = 5 \times 2.112 = 10.56$,则系统处于临界稳定状态。

例 5-16 已知单位负反馈系统的开环传递函数为
$$G(s) = \frac{240\,000(s+3)^2}{s(s+1)(s+2)(s+100)(s+200)}$$
(1) 判断系统的稳定性并求相位裕度;
(2) 求当系统有一延迟环节 $e^{-\tau s}$ 时,τ 取何值才能使系统稳定?

解 (1) 系统的开环传递函数为
$$G(s) = \frac{240\,000(s+3)^2}{s(s+1)(s+2)(s+100)(s+200)} = \frac{54\left(\frac{1}{3}s+1\right)^2}{s(s+1)\left(\frac{1}{2}s+1\right)\left(\frac{1}{100}s+1\right)\left(\frac{1}{200}s+1\right)}$$

其开环对数幅频特性为
$$L(\omega) = \begin{cases} 20\lg\dfrac{54}{\omega} & (\omega < 1) \\ 20\lg\dfrac{54}{\omega^2} & (1 \leq \omega < 2) \\ 20\lg\dfrac{108}{\omega^3} & (2 \leq \omega < 3) \\ 20\lg\dfrac{12}{\omega} & (3 \leq \omega < 100) \\ 20\lg\dfrac{1\,200}{\omega^2} & (100 \leq \omega < 200) \\ 20\lg\dfrac{240\,000}{\omega^3} & (\omega \geq 200) \end{cases}$$

从中解得
$$\omega_c = 12$$

系统的开环相频特性为
$$\varphi(\omega) = 2\arctan\frac{\omega}{3} - 90° - \arctan\omega - \arctan\frac{\omega}{2} - \arctan\frac{\omega}{100} - \arctan\frac{\omega}{200}$$
$$\varphi(\omega_c) = -114.12°$$
$$\gamma = 180° + \varphi(\omega_c) = 65.88°$$

由于 $\gamma > 0$,故系统稳定。

(2) 加有延迟环节 $e^{-\tau s}$ 后,由于
$$|e^{-j\omega\tau}| = 1, \quad \angle e^{-j\omega\tau} = -57.3\tau\omega$$
因此加入延迟环节后,系统幅频特性不变,系统相频特性滞后,故若要系统稳定,则
$$57.3\tau\omega_c < 65.88°$$

由此可得
$$\tau < \frac{65.88}{57.3 \times 12} = 0.0958$$

5.6 控制系统的闭环频率特性

利用开环频率特性分析和设计控制系统是很方便的,但在全面分析系统的控制性能时也常常需要知道系统闭环频率特性的形状和性能指标。本节重点介绍如何利用开环频率特性得出控制系统的闭环频率特性。首先介绍开环频率特性与闭环频率特性的关系,然后说明如何通过尼科尔斯图求闭环频率特性,最后进一步分析系统的频域性能指标和时域性能指标的关系。

5.6.1 开环频率特性与闭环频率特性的关系

设图 5-56 所示系统的开环频率特性为
$$G(j\omega) = A(\omega)e^{j\varphi(\omega)}$$
则闭环频率特性为
$$\Phi(\omega) = \frac{G(j\omega)}{1+G(j\omega)} = \frac{A(\omega)e^{j\varphi(\omega)}}{1+A(\omega)e^{j\varphi(\omega)}} = M(\omega)e^{j\alpha(\omega)} \quad (5-95)$$
式中,$M(\omega)$ 为闭环幅频特性;$\varphi(\omega)$ 为闭环相频特性。

根据式(5-95),可以用图解法求取闭环频率特性。设系统的开环频率特性曲线如图 5-57 所示。由图 5-57 可知,当 $\omega = \omega_1$ 时,系统的开环频率特性为
$$G(j\omega_1) = \overline{OA} = |\overline{OA}| e^{j\varphi(\omega_1)}$$
而
$$1 + G(j\omega_1) = \overline{PA} = |\overline{PA}| e^{j\theta(\omega_1)}$$
故系统的闭环频率特性为
$$\Phi(j\omega_1) = \frac{G(j\omega_1)}{1+G(j\omega_1)} = \frac{|\overline{OA}|}{|\overline{PA}|} e^{j[\varphi(\omega_1)-\theta(\omega_1)]} = M(\omega_1)e^{j\alpha(\omega_1)}$$

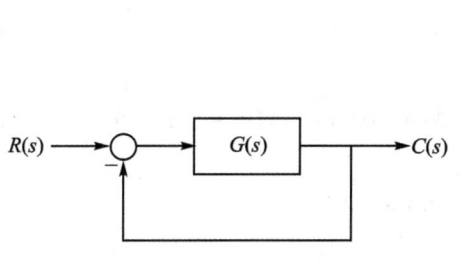

图 5-56 单位反馈系统

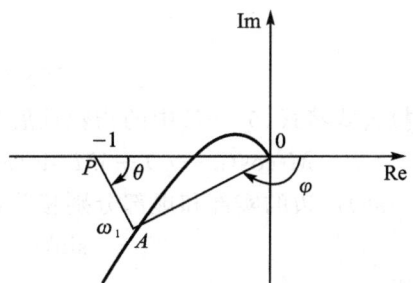

图 5-57 由开环幅相曲线确定闭环幅相曲线

上式表明,当 $\omega = \omega_1$ 时,闭环频率特性的幅值等于相量 OA 和 PA 幅值之比;而闭环频率特性的相角等于 $\varphi - \theta$。根据此方法求出不同频率处所对应的闭环幅值和相角,就可以得到闭环频率特性,从而绘制出闭环幅频特性曲线和闭环相频特性曲线。

上述的图解法虽然能够直观说明开环频率特性和闭环频率特性的几何关系,但在实际工程中使用并不方便,因此工程上常采用尼科尔斯图线,直接由开环频率特性曲线绘制闭环频率

特性曲线,这种方法比较方便实用。

5.6.2 尼科尔斯图线

尼科尔斯图线绘制在对数幅相坐标中,是由闭环频率特性的等 M 轨迹和等 α 轨迹构成的曲线簇,如图 5-58 所示。图中横坐标为开环相频特性 $\varphi(\omega)/(°)$,纵坐标为开环对数幅频特性 $L(\omega)/\mathrm{dB}$。

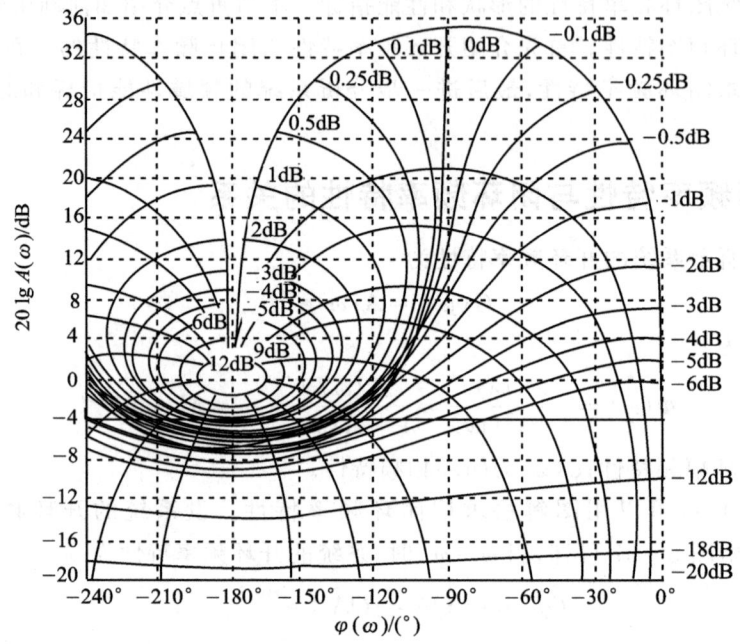

图 5-58 尼科尔斯图线

将式(5-95)简写为

$$M\mathrm{e}^{\mathrm{j}\alpha} = \frac{A\mathrm{e}^{\mathrm{j}\varphi}}{1+A\mathrm{e}^{\mathrm{j}\varphi}} \tag{5-96}$$

于是

$$M\mathrm{e}^{\mathrm{j}(\alpha-\varphi)} + MA\mathrm{e}^{\mathrm{j}\alpha} = A \tag{5-97}$$

根据欧拉公式将式(5-97)中的指数项展开,可得

$$M\cos(\alpha-\varphi) + \mathrm{j}M\sin(\alpha-\varphi) + MA\cos\alpha + \mathrm{j}MA\sin\alpha = A \tag{5-98}$$

令式(5-98)两边的实部和虚部分别相等,可得

$$\sin(\alpha-\varphi) + A\sin\alpha = 0$$

由此可得

$$A = \frac{-\sin(\alpha-\varphi)}{\sin\alpha} = \frac{\sin(\varphi-\alpha)}{\sin\alpha}$$

转换成对数幅频特性表达式,有

$$L(\omega) = 20\lg A(\omega) = 20\lg\frac{\sin[\varphi(\omega)-\alpha(\omega)]}{\sin\alpha(\omega)} \tag{5-99}$$

若令式(5-99)中的 $\alpha(\omega)$ 为常数,便可得到 $L(\omega)$ 和 $\varphi(\omega)$ 之间的单值方程,从而可以绘制出一条 $L(\omega)$-$\varphi(\omega)$ 曲线。给出不同的 α 值,则可以绘制出一簇以 α 为参变量的 $L(\omega)$-$\varphi(\omega)$

曲线,如图5-58所示。由于同一条曲线上的 α 值都相等,故这一簇曲线称为尼科尔斯图线中的等 α 轨迹(或等 α 线)。

将式(5-96)右边的分子和分母都除以 $Ae^{j\varphi}$,可得

$$Me^{j\alpha} = \left(1 + \frac{e^{-j\varphi}}{A}\right)^{-1} = \left(1 + \frac{1}{A}\cos\varphi - j\frac{1}{A}\sin\varphi\right)^{-1}$$

可得闭环系统的幅频特性,即

$$M = \left[\sqrt{1 + \frac{1}{A^2} + \frac{2\cos\varphi}{A}}\right]^{-1}, \qquad M^2 = \left(1 + \frac{1}{A^2} + \frac{2\cos\varphi}{A}\right)^{-1}$$

将上式整理可得

$$A^2 - 2A\frac{M^2}{1-M^2}\cos\varphi - \frac{M^2}{1-M^2} = 0$$

对上式求解,得出

$$A_{1,2} = \frac{\cos\varphi \pm \sqrt{\cos^2\varphi + M^{-2} - 1}}{M^{-2} - 1}$$

转换成对数幅频特性表达式,有

$$L(\omega) = 20\lg A(\omega) = 20\lg \frac{\cos\varphi \pm \sqrt{\cos^2\varphi + M^{-2} - 1}}{M^{-2} - 1} \tag{5-100}$$

根据式(5-100),每给定一个 M 值(一般用 M(dB)值),可以得到一条 $L(\omega)$-$\varphi(\omega)$ 曲线;给出一系列 M 值,则可以绘制出一簇以 M 为参变量的 $L(\omega)$-$\varphi(\omega)$ 曲线。图中每条曲线都标有 M 值(一般用 M(dB)值),故这一簇曲线称为尼科尔斯图线中的等 M 轨迹(或等 M 线)。将等 M 轨迹和等 α 轨迹都绘制在对数幅相图中,就构成了如图5-58所示的尼科尔斯图线。由图5-58可见,尼科尔斯图线对称于 $-180°$ 轴线。临界点 $(-1,j0)$ 映射到尼科尔斯图线上就是 $(0\text{ dB}, -180°)$ 的这一点,等 M 轨迹环绕在临界点 $(0\text{ dB}, -180°)$ 周围。尼科尔斯图线对分析和设计系统是十分有用的。

采用尼科尔斯图线,由开环频率特性确定闭环系统频率特性时,首先要绘制出开环系统的对数幅相频率特性曲线,然后将其重叠在尼科尔斯图线上。那么开环对数幅相频率特性曲线与等 M 轨迹和等 α 轨迹的交点,就给出了每一个频率点上闭环系统频率特性的幅值 M 和相角 α 的数值。如果开环对数幅相频率特性与等 M 轨迹相切,则切点就是闭环频率响应的谐振峰值 M_r,切点的频率就是谐振频率 ω_r。

例5-17 设单位反馈控制系统的开环传递函数为 $G(s) = \dfrac{1}{s(s+1)(0.5s+1)}$,应用尼科尔斯图线绘制闭环系统频率特性曲线。

解 应用尼科尔斯图线绘制闭环系统频率特性曲线。

(1) 首先根据开环系统的波德图绘制出开环对数幅相频率特性曲线,并把它重叠在尼科尔斯图线上,如图5-59(a)所示。

(2) 由开环对数幅相频率特性曲线与尼科尔斯图线上的等 M 轨迹和等 α 轨迹的交点,可分别求出各频率下闭环对数幅值 M(dB)和相角 α 值。

(3) 分别绘制闭环对数幅频特性曲线 $M(\omega)$ 和闭环对数相频特性曲线 $\alpha(\omega)$,如图5-59(b)所示。

(4) 与开环对数幅相频率特性曲线相切的等 M 轨迹的值即为闭环频率特性的谐振峰值,

由图 5-59(b)可知,谐振峰值 $M_r=5$ dB,对应的谐振频率 $\omega_r=0.8$ rad/s。

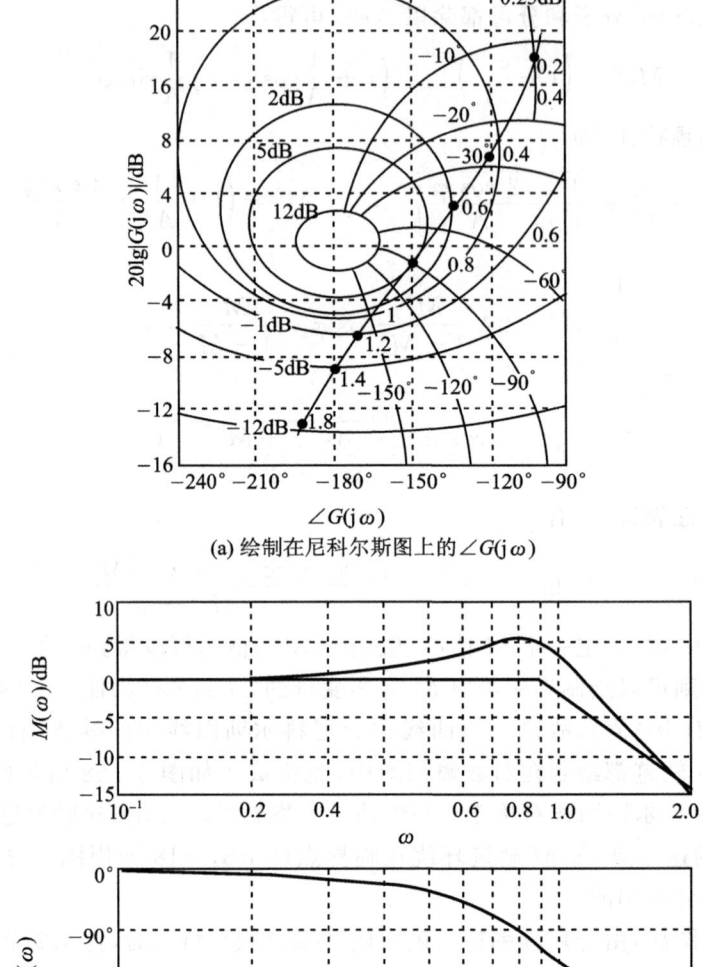

(a) 绘制在尼科尔斯图上的 $\angle G(\mathrm{j}\omega)$

(b) 闭环频率特性曲线

图 5-59 应用尼科尔斯图线绘制闭环频率特性曲线

尼科尔斯图线只适用于求单位反馈控制系统的闭环频率特性,若是非单位反馈控制系统可按图 5-60 所示进行结构变换。这样闭环系统的频率特性可以写为

$$\Phi(\mathrm{j}\omega)=\frac{G(\mathrm{j}\omega)H(\mathrm{j}\omega)}{1+G(\mathrm{j}\omega)H(\mathrm{j}\omega)}\cdot\frac{1}{H(\mathrm{j}\omega)}=\frac{G_1(\mathrm{j}\omega)}{1+G_1(\mathrm{j}\omega)}\cdot\frac{1}{H(\mathrm{j}\omega)}$$

式中
$$G_1(\mathrm{j}\omega)=G(\mathrm{j}\omega)H(\mathrm{j}\omega)$$

在尼科尔斯图线上绘制出 $G_1(\mathrm{j}\omega)$ 的曲线,并在不同频率点上读取 M 和 α 值,由此可以求得 $\dfrac{G_1(\mathrm{j}\omega)}{1+G_1(\mathrm{j}\omega)}$ 的幅值和相角。将所得的幅值和相角与 ω 的关系重新绘制于波德图中,并与

$H(j\omega)$ 的对数幅频特性曲线和对数相频特性曲线相减,就可以求得闭环系统的频率特性。

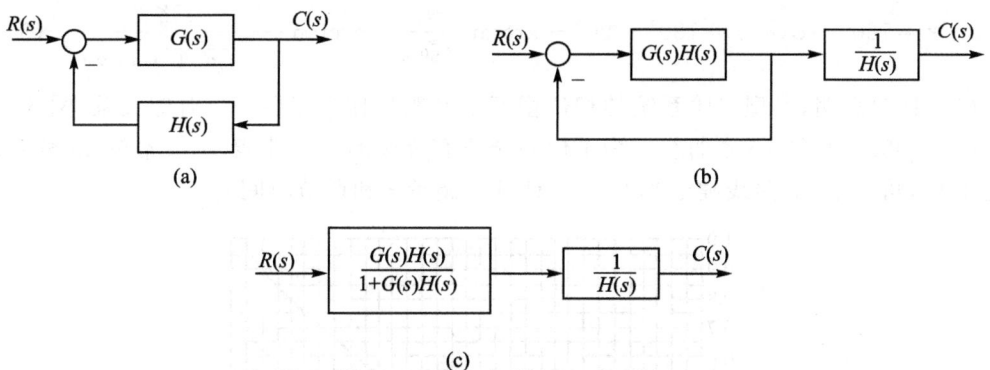

图 5-60 非单位反馈变换为单位反馈系统

5.6.3 频域性能指标和时域性能指标的关系

闭环幅频特性的特点常用几个特征量来表示,即谐振峰值 M_r(幅频特性最大值)、谐振频率 ω_r(谐振峰值对应的频率)、带宽频率 ω_b(幅值衰减到 $0.707M(0)$ 或零频率分贝值以下 3 dB 时对应的频率)和剪切速度(高频段频率特性衰减的快慢)。这些特征量又称为频域性能指标,用于系统的分析与校正是十分方便的,如图 5-61 所示。然而它们终究是一种比较间接的概略性指标,当系统的性能指标要求比较直接和具体时,就需要进一步探讨频域性能指标和时域性能指标之间的关系,并能够进行两种指标的转换。

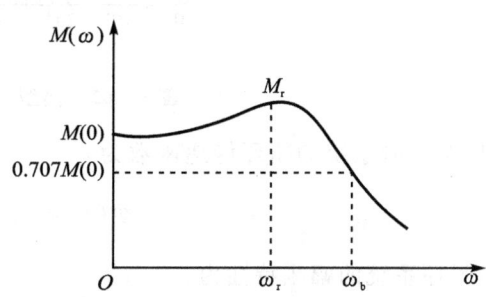

图 5-61 闭环系统的幅频特性曲线

闭环系统的时域性能可以根据闭环频率特性来估算。对一二阶系统,时域指标与闭环频域指标有着确定的关系,对于高阶系统,二者则有近似的对应关系。

1. 典型二阶系统

典型二阶系统的频域性能指标和时域性能指标之间存在解析关系。典型二阶系统的开环传递函数为

$$G(s) = \frac{\omega_n^2}{s(s + 2\zeta\omega_n)} \quad (0 < \zeta < 1)$$

对应的开环频率特性为

$$G(j\omega) = \frac{\omega_n^2}{j\omega(j\omega + 2\zeta\omega_n)} = \frac{\omega_n^2}{\omega\sqrt{\omega^2 + 4\zeta^2\omega_n^2}} \angle -90° - \arctan\frac{\omega}{2\zeta\omega_n}$$

由截止频率 ω_c 的定义

$$A(\omega_c) = \frac{\omega_n^2}{\omega_c\sqrt{\omega_c^2 + 4\zeta^2\omega_n^2}} = 1$$

可求得截止频率为

$$\omega_c = \omega_n\sqrt{\sqrt{4\zeta^4 + 1} - 2\zeta^2} \tag{5-101}$$

由式(5-94)求出系统的相位裕度为

$$\gamma = 180° + \varphi(\omega_c) = 180° - 90° - \arctan\frac{\omega_c}{2\zeta\omega_n} = \arctan\frac{2\zeta}{\sqrt{\sqrt{4\zeta^4+1}-2\zeta^2}} \quad (5-102)$$

式(5-102)表明,典型二阶系统的相位裕度 γ 和阻尼比 ζ 存在一一对应关系,图 5-62 是根据式(5-102)绘制的 γ-ζ 曲线。为了使系统具有良好的动态性能,一般希望 $30°\leqslant\gamma\leqslant 60°$。当选定 γ 后,可由 γ-ζ 曲线确定 ζ,再由 ζ 计算超调量 σ 和调节时间 t_s。

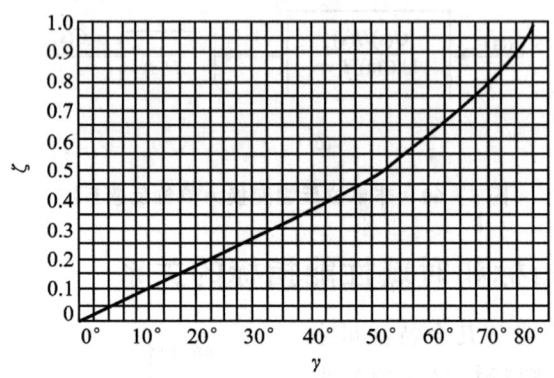

图 5-62 典型二阶系统的 γ-ζ 曲线

典型二阶系统的闭环传递函数为

$$\Phi(s) = \frac{\omega_n^2}{s^2 + 2\zeta\omega_n s + \omega_n^2}$$

因此,闭环系统的幅频特性为

$$M(\omega) = \frac{1}{\left[\left(1-\frac{\omega^2}{\omega_n^2}\right)^2 + 4\zeta^2\frac{\omega^2}{\omega_n^2}\right]^{1/2}} \quad (5-103)$$

根据带宽频率 ω_b 的定义,令 $M(\omega)=0.707$,可求得带宽频率:

$$\omega_b = \omega_n\sqrt{1-2\zeta^2+\sqrt{2-4\zeta^2+4\zeta^4}} \quad (5-104)$$

由式(5-55)和式(5-56)可知,系统的谐振频率 ω_r 和谐振峰值 M_r 分别为

$$\omega_r = \omega_n\sqrt{1-2\zeta^2} \qquad \left(0<\zeta\leqslant\frac{\sqrt{2}}{2}\right) \quad (5-105)$$

$$M_r = \frac{1}{2\zeta\sqrt{1-\zeta^2}} \qquad \left(0<\zeta\leqslant\frac{\sqrt{2}}{2}\right) \quad (5-106)$$

典型二阶系统的幅值裕度为无穷大。

式(5-101)、式(5-102)、式(5-105)和式(5-106)给出了频域指标与 ω_n、ζ 的关系,由此可以将频域指标和时域指标进行转换。

2. 高阶系统

高阶系统的谐振峰值 M_r 的确定,在工程上常采用下述经验公式:

$$M_r \approx \frac{1}{\sin\gamma} \quad (5-107)$$

对于高阶系统,频域指标和时域指标不存在解析关系,通过对大量系统的研究,归纳为下述两个近似估算时域指标公式:

$$\sigma = 0.16 + 0.4\left(\frac{1}{\sin\gamma} - 1\right) \qquad (35° \leqslant \gamma \leqslant 90°) \qquad (5-108)$$

$$t_s = \frac{K_0 \pi}{\omega_c} \qquad (5-109)$$

式中

$$K_0 = 2 + 1.5\left(\frac{1}{\sin\gamma} - 1\right) + 2.5\left(\frac{1}{\sin\gamma} - 1\right)^2 \qquad (35° \leqslant \gamma \leqslant 90°)$$

应用上述经验公式估算高阶系统的时域指标一般偏于保守,即实际性能比估算结果要好。

5.7 MATLAB 在控制系统频域分析中的应用

频域分析在经典控制系统的分析中具有十分重要的作用,通过频域分析可以很好地了解系统控制过程中的稳定性、快速性以及稳态误差等性能指标。然而如不借用计算机软件来分析,整个过程就显得十分繁琐。MATLAB 软件自带的频域仿真函数及函数命令等对控制系统的频域分析具有很高的实用价值。本节将简要介绍 MATLAB 仿真软件在频域分析中的应用,主要包括基于 MATLAB 的频率特性曲线图的绘制和系统频域性能的分析。本节将要介绍的主要函数及指令见表 5-2。

表 5-2 常用的函数及指令表

函数指令	功能介绍
nyquist(num,den) nyquist(G)	绘制传递函数为 G 的系统幅相频率特性曲线(奈奎斯特图)
bode(num,den) bode(G)	绘制传递函数为 G 的系统对数频率特性曲线(波德图)
margin(G)	求传递函数为 G 的系统幅值裕量和相位裕量

5.7.1 利用 MATLAB 绘制频率特性曲线图

设线性系统传递函数为

$$G(s) = \frac{b_0 s^m + b_1 s^{m-1} + \cdots + b_{m-1} s + b_m}{a_0 s^n + a_1 s^n + \cdots + a_{n-1} s + a_n}$$

则频率特性函数为

$$G(j\omega) = \frac{b_0 (j\omega)^m + b_1 (j\omega)^{m-1} + \cdots + b_{m-1} (j\omega) + b_m}{a_0 (j\omega)^n + a_1 (j\omega)^n + \cdots + a_{n-1} (j\omega) + a_n}$$

由以下 MATLAB 程序可直接求出 $G(j\omega)$。

```
i = sqrt(-1)    % 求取-1的平方根
GW = polyval(num,i*w)./polyval(den,i*w)
```

其中,(num,den)为系统的传递函数模型。

1. 用 MATLAB 作奈奎斯特曲线

控制系统工具箱中提供了一个 MATLAB 函数 nyquist(),该函数可以用来直接求解 Nyquist 阵列或绘制奈氏图。当命令中不包含左端返回变量时,nyquist() 函数仅在屏幕上产生奈氏图,命令调用格式如下:

```
nyquist(num,den)
nyquist(num,den,w)
```

或

```
nyquist(G)
nyquist(G,w)
```

例 5-18 考虑二阶典型环节：$G(s) = \dfrac{1}{s^2 + 0.8s + 1}$，试利用 MATLAB 画出奈氏图。

MATLAB 程序如下：

```
>> num = [0,0,1];
den = [1,0.8,1];
nyquist(num,den)    % 设置坐标显示范围
v = [-2,2,-2,2];
axis(v)
grid
title('Nyquist Plot of G(s) = 1/(s^2 + 0.8s + 1)')
```

得出的奈氏图如图 5-63 所示。

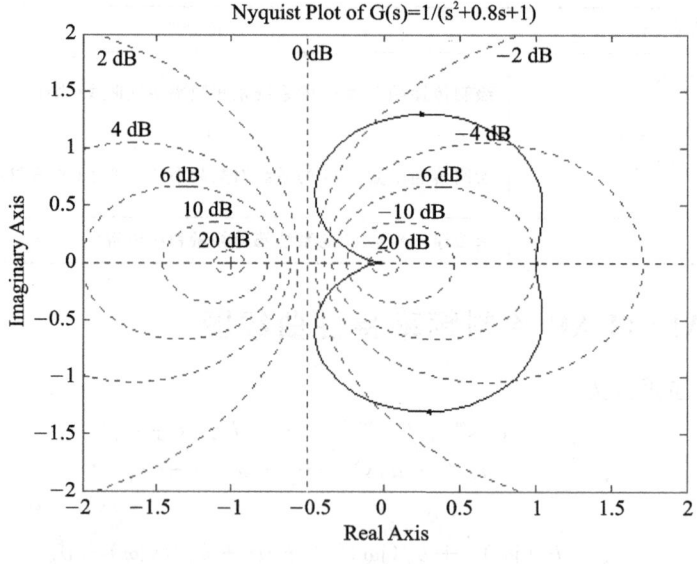

图 5-63 奈氏图

2. 用 MATLAB 作波德图

控制系统工具箱里提供的 bode() 函数可以直接求取、绘制给定线性系统的波德图。

当命令不包含左端返回变量时，函数运行后会在屏幕上直接画出波德图。如果命令表达式的左端含有返回变量，bode() 函数计算出的幅值和相角将返回相应的矩阵中，这时屏幕上不显示频率响应图。命令的调用格式如下：

```
[mag,phase,w] = bode(num,den)
[mag,phase,w] = bode(num,den,w)
```

或

```
[mag,phase,w] = bode(G)
[mag,phase,w] = bode(G,w)
```

矩阵 mag、phase 包含系统频率响应的幅值和相角,这些幅值和相角是在用户指定的频率点上计算得到的。用户如果不指定频率 w,MATLAB 会自动产生 w 向量,并根据 w 向量上各点计算幅值和相角。这时的相角是以度来表示的,幅值为增益值,在画波德图时要转换成分贝值。

例 5-19 定单位负反馈系统的开环传递函数为 $G(s)=\dfrac{10(s+1)}{s(s+7)}$,试画出波德图。

MATLAB 程序如下:

```
>> num = 10 * [1,1];
den = [1,7,0];
bode(num,den)
grid
title('Bode Diagram of G(s) = 10 * (s + 1)/[s(s + 7)]')
```

该程序绘图时的频率范围是自动确定的,从 0.01 rad/s 到 30 rad/s,且幅值取分贝值,ω 轴取对数,图形分成 2 个子图,均是自动绘制的,如图 5-64 所示。

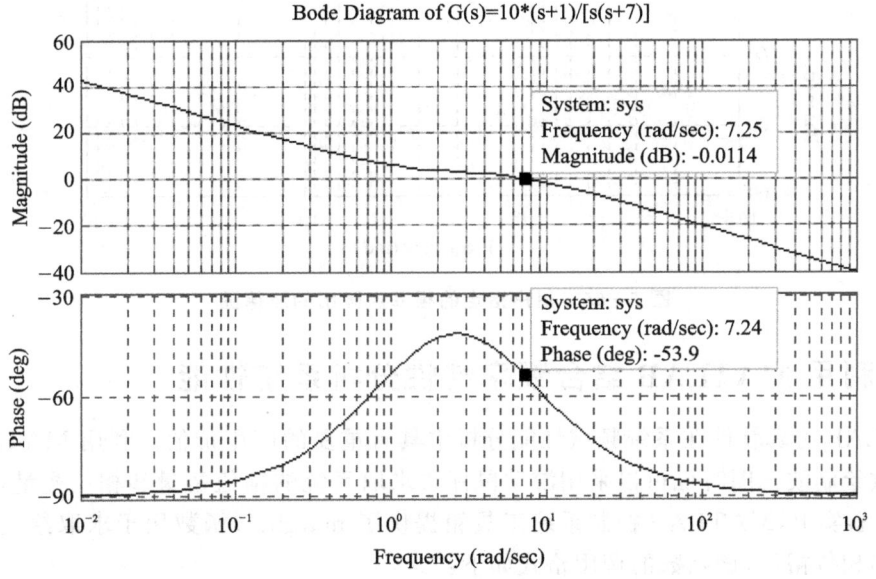

图 5-64 自动产生频率点画出的波德图

利用如下程序可以使显示的频率范围窄一点,并绘制出图 5-65 所示的波德图。

```
>> num = 10 * [1,1];
den = [1,7,0];
w = logspace(-1,2,50);        % 从 0.1 至 100,取 50 个点
[mag, phase, w] = bode(num, den, w);
magdB = 20 * log10(mag);      % 增益值转化为分贝值
subplot(2,1,1);               % 第一个图画波德图幅频部分
semilogx(w,magdB);
```

```
    grid
    title('Bode Diagram of G(s) = 10 * (s + 1)/[s(s + 7)] ')
    xlabel('Frequency(rad/s)')
    ylabel('Gain(dB)')
    subplot(2,1,2);      % 第二个图画波德图相频部分
    semilogx(w,phase);
    grid
    xlabel('Frequency(rad/s)')
    ylabel('Phase(deg) ')
```

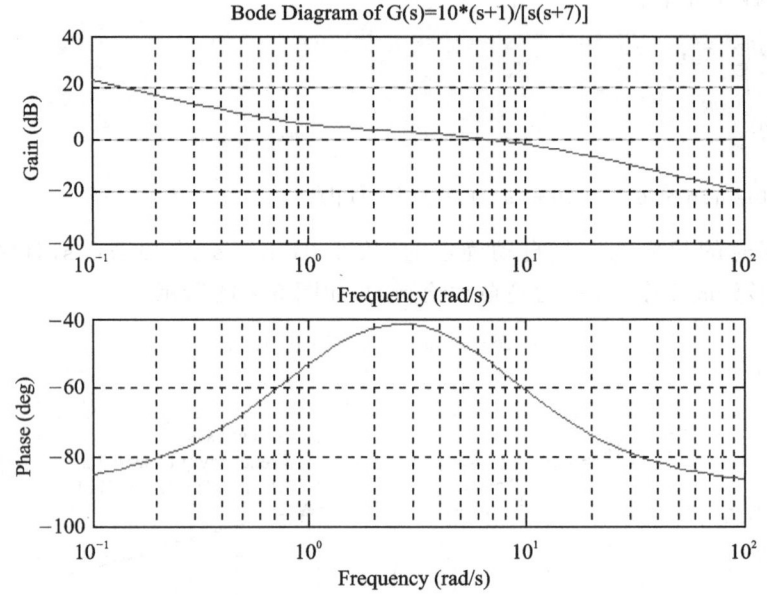

图 5-65 用户指定的频率点画出的波德图

5.7.2 利用 MATLAB 结合频率特性分析系统性能

MATLAB 仿真软件在系统频域性能分析中具有重要的应用价值。利用 MATLAB 中的 bode() 函数绘制波德图时也可以采用游动鼠标法求取系统的幅值裕量和相位裕量,从而分析系统性能。事实上,MATLAB 控制系统工具箱提供了 margin() 函数用于求取给定线性系统幅值裕量和相位裕量,该函数的调用格式如下:

```
[Gm, Pm, Wcg, Wcp] = margin(G);
```

如果已知系统的频率响应数据,还可以由下面的格式调用此函数:

```
[Gm, Pm, Wcg, Wcp] = margin(mag, phase, w);
```

其中,(mag, phase, w)分别为频率响应的幅值、相位与频率向量。

例 5-20 三阶系统开环传递函数为 $G(s) = \dfrac{7}{2(s^3 + 2s^2 + 3s + 2)}$,利用 MATLAB 程序画出系统的奈氏图,求出相应的幅值裕量和相位裕量,并求出闭环单位阶跃响应曲线。

```
>> G = tf(3.5,[1,2,3,2]);
subplot(1,2,1);   % 第一个图为奈氏图
nyquist(G);
grid
xlabel('Real Axis')
ylabel('Imag Axis')
[Gm,Pm,Wcg,Wcp] = margin(G)
G_c = feedback(G,1);
subplot(1,2,2);   % 第二个图为时域响应图
step(G_c)
grid
xlabel('Time(secs) ')
ylabel('Amplitude')
```

显示结果如下：

```
ans = 1.1429    1.1578
      1.7321    1.6542
```

绘制出的图形如图 5-66 所示。由奈氏曲线可以看出，奈氏曲线并不包围 $(-1,j0)$ 点，故闭环系统是稳定的。由于幅值裕量虽然大于 1，但很接近 1，故奈氏曲线与实轴的交点离临界点 $(-1,j0)$ 很近，且相位裕量也只有 7.157 8°，所以系统尽管稳定，但其性能不会太好。观察闭环阶跃响应图，可以看到波形有较强的振荡。

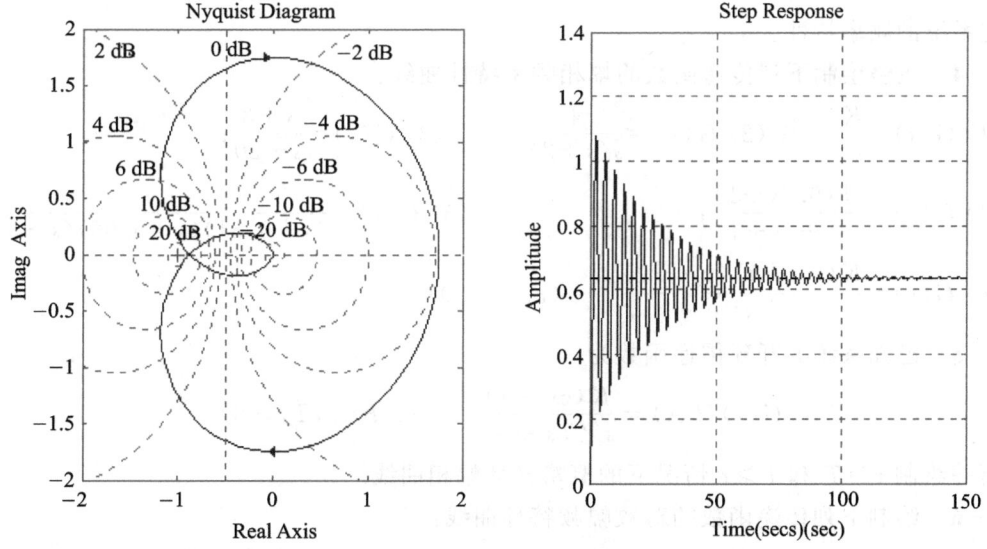

图 5-66 系统的奈氏图和阶跃响应图

本章小结

1. 频率特性是线性定常系统在正弦函数作用下，稳定输出与输入的复数之比对频率的函数关系，可以看做是传递函数的一种特殊形式。

2. 频率特性的图形表示因其采用的坐标不同而分为幅相频率特性、对数频率特性和对数幅相特性等形式。各种形式之间是互通的,每种形式有其特定的适用场合。开环幅相频率特性在分析闭环系统的稳定性上比较直观,理论分析时经常采用;对数频率特性在分析系统参数变化对系统性能的影响以及运用频率法校正时最方便,实际工程应用最广泛;由开环频率特性获取闭环频率特征量时,用对数幅相特性最直接。

3. 奈奎斯特稳定判据是频率法的重要理论基础。利用奈氏稳定判据,可以判断闭环系统的稳定性,而对于多数工程而言,可以用相角裕度和幅值裕度描述系统的相对稳定性。

4. 根据系统的频率特性能间接地揭示系统的动态特性和稳态特性,可以简单迅速地判断某些环节或者参数对系统动态特性和稳态特性的影响,并能指明改进系统的方向。

思考与练习

5-1 频域分析法与时域分析法比较具有哪些突出的优点与缺点?

5-2 设单位反馈控制系统的开环传递函数为 $G(s) = \dfrac{1}{s+1}$,试分别求出闭环系统在下列输入信号作用时的稳态输出:

(1) $r(t) = \sin 2t$;

(2) $r(t) = \sin(t + 30°) - 2\cos(2t - 45°)$

5-3 若系统单位阶跃响应为
$$c(t) = 1 - 1.8e^{-4t} + 0.8e^{-9t}$$
试确定系统的频率特性。

5-4 概略绘制下列传递函数的幅相频率特性曲线:

(1) $G(s) = \dfrac{K}{s^2}$; (2) $G(s) = \dfrac{4}{s(s+2)}$; (3) $G(s) = \dfrac{s+3}{s+20}$;

(4) $G(s) = \dfrac{25(0.2s+1)}{s^2+2s+1}$; (5) $G(s) = \dfrac{s^3}{(s+0.31)(s+5.06)(s+0.64)}$;

(6) $G(s) = \dfrac{K(\tau_1 s+1)(\tau_2 s+1)}{s^3}$ $(\tau_1, \tau_2 > 0)$

5-5 已知系统的开环传递函数为
$$G(s)H(s) = \dfrac{K(\tau s + 1)}{s^2(Ts + 1)} \quad (K, \tau, T > 0)$$
试分析并绘制 $\tau > T$ 和 $T > \tau$ 情况下的概略开环幅相曲线。

5-6 绘制下列传递函数的对数幅频特性曲线:

(1) $G(s) = \dfrac{2}{(s+1)(0.2s+1)(0.1s+1)}$; (2) $G(s) = \dfrac{10(s+1)}{s^2(0.02s+1)}$;

(3) $G(s) = \dfrac{10(s+1)}{s(0.16s^2+0.16s+1)}$; (4) $G(s) = \dfrac{4}{(s+1)(s+2)}$;

(5) $G(s) = \dfrac{80}{s(0.05s+1)(0.02s+1)}$; (6) $G(s) = \dfrac{1\,000}{(s+1)(0.1s+1)\left(\dfrac{1}{300}s+1\right)^2}$

5-7 绘制下列传递函数的幅相频率特性曲线和对数频率特性曲线 ($T_1 > T_2 > 0$):

(1) $G(s)=\dfrac{T_1s+1}{T_2s+1}$;   (2) $G(s)=\dfrac{T_1s-1}{T_2s+1}$;   (3) $G(s)=\dfrac{-T_1s+1}{T_2s+1}$。

5-8 已知某单位反馈的最小相位系统,有开环极点 -40 和 -10,并且当开环增益 $K=25$ 时,系统的开环幅相频率特性 $G(\mathrm{j}\omega)$ 曲线如图 5-67 所示。

(1) 试写出开环传递函数 $G(s)$ 的表达式;

(2) 作出其近似对数幅频特性曲线,求系统开环截止频率 ω_c。

5-9 已知最小相位系统的开环近似对数幅频特性曲线如图 5-68 所示,试求其对应的传递函数。

5-10 已知两个最小相位系统分别有下列关系式,试确定其传递函数。

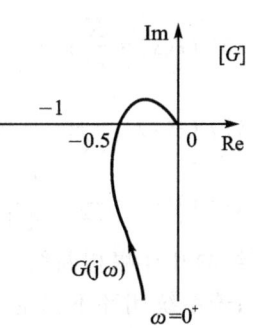

图 5-67 习题 5-8 图

(1) $\varphi(\omega)=-90°-\arctan\omega+\arctan\dfrac{\omega}{3}-\arctan 10\omega,A(5)=2$;

(2) $\varphi(\omega)=-180°+\arctan\dfrac{\omega}{5}-\arctan\dfrac{\omega}{1-\omega^2}+\arctan\dfrac{\omega}{1-3\omega^2}-\arctan\dfrac{\omega}{10},A(10)=1$。

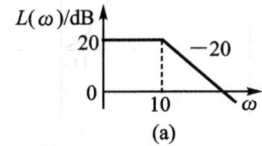 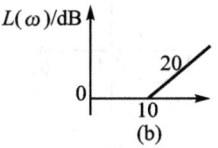 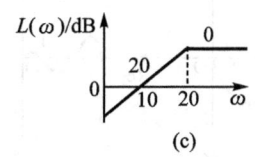

      (a)   (b)   (c)

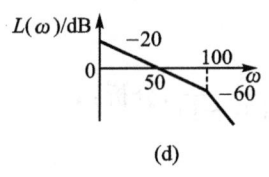 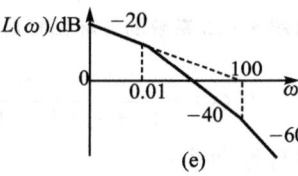 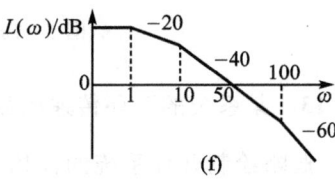

      (d)   (e)   (f)

图 5-68 习题 5-9 图

5-11 已知最小相位系统的开环近似对数幅频特性曲线分别为 Ⅰ、Ⅱ、Ⅲ,如图 5-69 所示。试分别求出三个系统的开环传递函数。

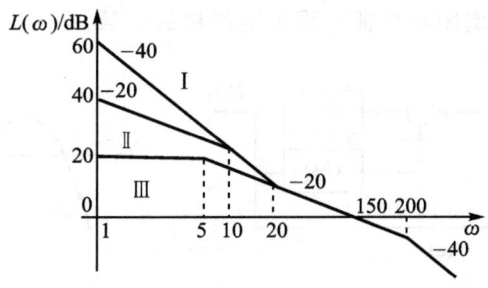

图 5-69 习题 5-11 图

5-12 已知下列系统的开环传递函数(参数 $K,T,T_i>0;i=1,2,\cdots,6$):

(1) $G(s)=\dfrac{K}{(T_1s+1)(T_2s+1)(T_3s+1)}$;   (2) $G(s)=\dfrac{K}{s(T_1s+1)(T_2s+1)}$;

(3) $G(s) = \dfrac{K}{s^2(Ts+1)}$;   (4) $G(s) = \dfrac{K(T_1 s+1)}{s^2(T_2 s+1)}$;

(5) $G(s) = \dfrac{K}{s^3}$;   (6) $G(s) = \dfrac{K(T_1 s+1)(T_2 s+1)}{s^3}$;

(7) $G(s) = \dfrac{K(T_5 s+1)(T_6 s+1)}{s(T_1 s+1)(T_2 s+1)(T_3 s+1)(T_4 s+1)}$;   (8) $G(s) = \dfrac{K}{Ts-1}$;

(9) $G(s) = \dfrac{-K}{-Ts+1}$;   (10) $G(s) = \dfrac{K}{s(Ts-1)}$

其系统的开环幅相曲线分别如图 5-70(1)~(10) 所示，试根据奈氏判据判定各系统的闭环稳定性；若系统闭环不稳定，确定其 s 右半平面的闭环极点数。

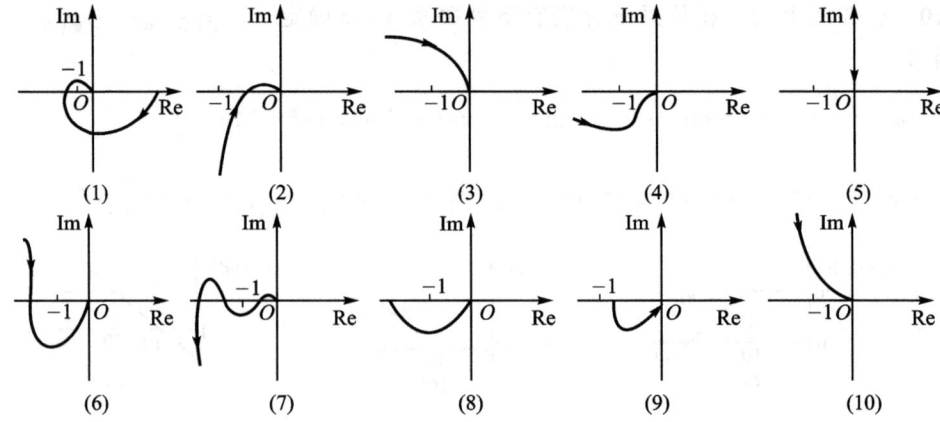

图 5-70　习题 5-12 系统的开环幅相曲线

5-13　某系统的开环传递函数 $G(s)H(s) = \dfrac{10}{(s+1)(2s+1)(3s+1)}$，分析：

(1) 概略绘制开环系统的幅相频率特性曲线；

(2) 用奈氏判据判别闭环系统的稳定性。

5-14　某系统其结构图和开环幅相曲线如图 5-71(a)、(b) 所示，图中

$$G(s) = \dfrac{1}{s(s+1)^2}, \qquad H(s) = \dfrac{s^3}{(s+1)^2}$$

试判断系统的稳定性，并求出闭环特征方程正实部根的个数。

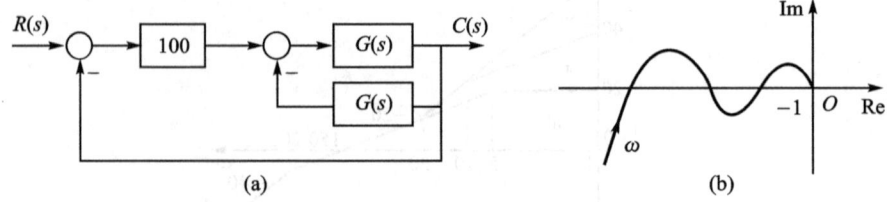

图 5-71　习题 5-14 的系统结构图和开环幅相曲线

5-15　设单位反馈控制系统的开环传递函数为 $G(s) = \dfrac{Ts+1}{s^2}$，试确定使相位裕度为 $45°$ 时的 T 值。

5-16 控制系统的开环传递函数为 $G(s)H(s)=\dfrac{K}{s(s+1)(0.2s+1)}$,要求:

(1) 当 $K=1$ 时,系统的相位裕度;

(2) 当 $K=10$ 时,系统的相位裕度;

(3) 讨论开环增益的大小对系统相对稳定性的影响。

5-17 单位负反馈系统开环传递函数为 $G(s)=\dfrac{5}{s(0.25s+1)}$,要求:

(1) 计算动态性能指标 σ, t_s 及相位裕度;

(2) 若前向通道中出现一个延迟环节 $e^{-\tau s}$,试计算系统稳定的 τ 值范围。

5-18 根据系统的开环传递函数 $G(s)H(s)=\dfrac{2e^{-\tau s}}{s(s+1)(0.5s+1)}$,绘制系统的波德图,并确定使系统稳定的 τ 值范围。

5-19 最小相位系统的开环近似对数幅频特性曲线如图 5-72 所示。

(1) 求该系统的稳态误差系数 K_p, K_v, K_a;

(2) 求系统的相位裕度和幅值裕度,并判断系统的稳定性。

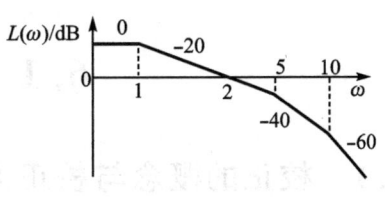

图 5-72 习题 5-19 图

5-20 某单位负反馈系统的开环传递函数为 $G(s)=\dfrac{K}{s(0.5s+1)(0.05s+1)}$,设输入信号 $r(t)=t$,要求系统的稳态误差 $e_{ssr}\leqslant 0.2$,幅值裕度 $20\lg K_g>6$ dB。试求满足上述条件时 K 的取值范围。

5-21 系统的开环传递函数为 $G(s)H(s)=\dfrac{10}{s(0.2s+1)(0.02s+1)}$,要求:

(1) 绘制系统的波德图,并求系统的相位裕度;

(2) 根据系统的相位裕度估算系统的时域性能指标。

5-22 某一高阶控制系统,若要求 $\sigma=18\%, t_s=0.05$ s,试求由近似公式确定频域指标要求 ω_c 和 γ。

第6章 线性系统的校正方法

前面各章较为详细地讨论了系统分析的基本方法。所谓系统分析,就是在给定系统的结构、参数和工作条件下,对其数学模型进行分析,包括稳定性、暂态性能和稳态性能分析,看其是否满足要求,同时分析某些参数变化对上述性能的影响。系统分析的目的是为了设计一个满足要求的控制系统,当现有系统不满足要求时,需要找到改善系统性能的方法,这就是系统校正。

本章介绍控制系统的校正方法。首先介绍控制系统设计的一般步骤,阐明系统校正在整个系统设计中的地位和作用。然后着重介绍基于频率法的超前、滞后、滞后－超前分析校正方法。

6.1 控制系统校正

6.1.1 校正的概念与校正方案

根据系统中各元部件的特性及系统结构,可以建立系统的数学模型。然后运用前面各章介绍的分析方法,不难分析系统的动态特性,从而检验系统是否满足给定的性能指标。初步设计出的系统一般来说是不满足性能指标要求的,需要在已有系统中加入一些参数和结构可以调整的装置,以改善系统特性。从理论上来说这是完全可以的,因为加入了校正装置就改变了系统的传递函数,也就改变了系统的动态特性。

一般来说,系统中的测量、放大和执行元件是构成控制系统的基本元件,如调速系统中的比较器、触发器、晶闸管整流装置、电动机及其励磁电路、测速发电机等,这些装置一经选定后都有固定的特性,在系统校正中不再改进,因此,这些元部件通常称为系统不可改变部分。而相应的用于校正的元部件(如放大器),其参数和结构在设计过程中可根据性能指标的要求而定,所以称为系统可变部分。

可见,所谓校正就是在系统不可变部分的基础上,加入适当的校正元部件,使系统满足给定的性能指标。

校正环节的形式及其在系统中的位置称为系统的校正方案。校正方案主要有如下几种。

(1) 串联校正

校正环节安置在前向通道的形式称为串联校正。为了避免功率损耗和尽量选择小功率的校正元部件,一般串联校正环节安置在前向通道中能量较低的部位上,如图 6-1 所示。图中,$G(s)$,$H(s)$ 为系统的不可变部分,$G_c(s)$ 为校正环节的传递函数。校正前系统的闭环传递函数为

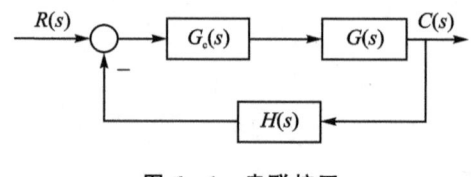

图 6-1 串联校正

$$\Phi(s) = \frac{G(s)}{1+G(s)H(s)}$$

串联校正后系统的闭环传递函数为

$$\Phi_c(s) = \frac{G_c(s)G(s)}{1+G_c(s)G(s)H(s)}$$

(2) 并联校正

校正装置和被控对象的一部分并联,称为并联校正,如图 6-2 所示。

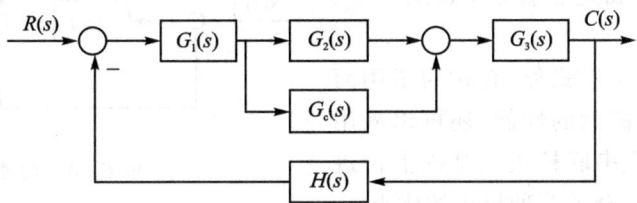

图 6-2 并联校正

校正前,系统的闭环传递函数为

$$\Phi(s) = \frac{G_1(s)G_2(s)G_3(s)}{1+G_1(s)G_2(s)G_3(s)H(s)}$$

并联校正后,系统的闭环传递函数为

$$\Phi_c(s) = \frac{G_1(s)[G_2(s)+G_c(s)]G_3(s)}{1+G_1(s)[G_2(s)+G_c(s)]G_3(s)H(s)}$$

可见,经过串联或者并联校正后,系统的闭环零点和极点均发生了变化,适当选取校正装置可以使系统具有期望的闭环零、极点,从而达到期望的性能。

(3) 反馈校正

校正装置和被控对象(或被控对象的一部分)构成一个反馈通道,称为反馈校正,如图 6-3 所示。

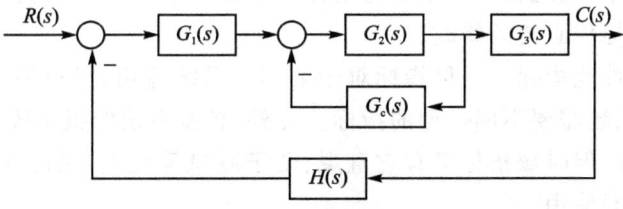

图 6-3 反馈校正

校正前,系统的闭环传递函数为

$$\Phi(s) = \frac{G_1(s)G_2(s)G_3(s)}{1+G_1(s)G_2(s)G_3(s)H(s)}$$

反馈校正后,系统的闭环传递函数为

$$\Phi_c(s) = \frac{G_1(s)\dfrac{G_2(s)}{1+G_2(s)G_c(s)}G_3(s)}{1+G_1(s)\dfrac{G_2(s)}{1+G_2(s)G_c(s)}G_3(s)H(s)} = \frac{G_1(s)G_2(s)G_3(s)}{1+G_2(s)G_c(s)+G_1(s)G_2(s)G_3(s)H(s)}$$

可见,反馈校正改变了系统的闭环极点,选择适当的校正装置同样能使系统具有给定的性能指标。

由反馈的性质可知,反馈校正不仅具有串联校正或者并联校正的功能,而且它还能抑制反馈环内部的扰动对系统的影响。但是,为了保证反馈回环稳定,反馈校正所包围的环节不宜过多,一般不超过2～3个。反馈校正的元部件数一般不多,但体积要大些,而且精度要求较高。

（4）前馈校正

复合控制具有不改变系统闭环极点,同时提高控制精度的特点,因此,可以在原系统中加一条前向通道,构成复合控制,如图6-4所示。

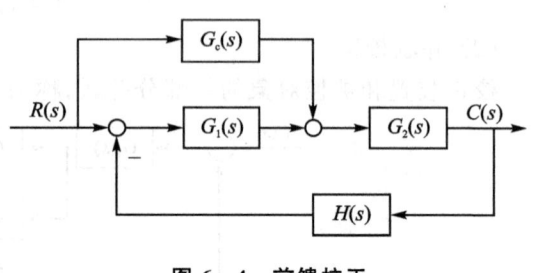

图 6-4 前馈校正

除了上述几种校正形式外,有时为了用简单的校正装置来获得满意的性能,还可以采用混合校正方式,例如在串联校正的基础上再进行反馈校正,这样就综合了两种校正的优点。

从原理上来说,上述四种校正方式都是改变系统的闭环传递函数,因此,通过结构图的等效变换,可以将上述四种方式中的一种变换成另一种。因此,各种校正装置具有等效性。

6.1.2 校正的设计步骤

1. 拟定性能指标

性能指标是设计控制系统的依据,因此,必须合理地拟定性能指标。在不少系统的设计中,有些指标往往并不明确给出,而是由设计人员根据设计要求进行转换。

系统性能指标要切合实际需要,既要使系统能够完成给定的任务,同时也要考虑实现条件和经济效果。一般来说,性能指标不应当比完成给定任务所需要的指标更高,例如,若系统的主要要求是具有较高的稳态性能,那么就不必对系统动态过程提过高的性能指标,因为这需要支付昂贵的元部件费用或者采用复杂的控制装置。

如果在设计过程中,发现很难满足给定的性能指标,或者设计出的控制系统造价太高,则需要对给定的性能指标作必要的修改。

工程上存在各种性能指标。一种指标对某一类系统适用,但对另一类系统不一定也适用,所以不同类型的系统需要不同类型的指标。此外,控制系统的很多校正方法是在频域里进行的,需要用频域指标,但时域指标又有它直观、便于测量等优点,因此在许多场合下,时域和频域这两类指标常同时使用。

在控制系统设计中,采用的设计方法一般依据性能指标的形式而定。如果系统提出时域性能指标,可以采用根轨迹校正法,由于本书篇幅所限在此不作介绍。当系统提出频域指标时,校正将采用频率特性法,而且采用的是较为方便的开环频率特性法,这种方法比较通用。如果频域指标是闭环的,可以大致换算成开环频域指标进行校正,然后分析计算校正后系统的闭环频域指标并作验算。同样,如果系统提出的是时域指标,也可利用它和频域指标的近似关系,先用频域法校正,然后再进行验算。

二阶系统频域指标与时域指标的关系如下：

相对谐振峰值 $\quad M_r = \dfrac{1}{2\zeta\sqrt{1-\zeta^2}} \quad (\zeta \leqslant 0.707) \quad\quad (6-1)$

谐振频率 $\quad \omega_r = \omega_n\sqrt{1-2\zeta^2} \quad (\zeta \leqslant 0.707) \quad\quad (6-2)$

带宽频率
$$\omega_b = \omega_n \sqrt{1 - 2\zeta^2 + \sqrt{2 - 4\zeta^2 + 4\zeta^4}} \qquad (6-3)$$

截止频率
$$\omega_c = \omega_n \sqrt{\sqrt{1 - 4\zeta^4} - 2\zeta^2} \qquad (6-4)$$

相角裕度
$$\gamma = \arctan \frac{2\zeta}{\sqrt{\sqrt{1 + 4\zeta^2} - 2\zeta^2}} \qquad (6-5)$$

超调量
$$\sigma = e^{-\zeta\pi/\sqrt{1-\zeta^2}} \times 100\% \qquad (6-6)$$

调节时间
$$t_s = \frac{3.5}{\zeta\omega_n} \quad 或 \quad \omega_c t_s = \frac{7}{\tan \gamma} \qquad (6-7)$$

高阶系统频域指标与时域指标的关系如下：

谐振峰值
$$M_r = \frac{1}{\sin \gamma} \qquad (6-8)$$

超调量
$$\sigma = 0.16 + 0.4(M_r - 1) \quad (1 \leqslant M_r \leqslant 1.8) \qquad (6-9)$$

调节时间
$$t_s = \frac{K\pi}{\omega_c} \qquad (6-10)$$

式中
$$K = 2 + 1.5(M_r - 1) + 2.5(M_r - 1)^2 \quad (1 \leqslant M_r \leqslant 1.8)$$

2. 初步设计

初步设计是控制系统设计中最重要的一环，主要包括以下几方面的内容：

（1）根据设计任务和性能指标，初步确定比较合理的设计方案，选择系统的主要元部件，拟出控制系统的原理图。

（2）建立所选元部件的数学模型，并进行初步的稳定性分析和动态性能分析。一般来说，这时的系统虽然在原理上能够完成给定的任务，但系统的性能一般不能满足要求的性能指标。

（3）对于不满足性能指标的系统，可以在其中再加一些元部件，使系统达到给定的性能指标。这一步是本章要重点介绍的系统校正。

（4）分析各种方案，选择最合适的方案。对于给定的同一个设计要求，一般可以设计出许多方案，即系统设计是不唯一的。因此，要对得到的各种方案进行比较和论证，不断改进，最后确定一个较好的方案，这样就完成了初步设计工作。

初步设计工作主要是理论分析与计算，必须进行很多近似，如模型简化和线性化等，所以得到的方案可能没有理论分析的结果理想。为了检验初步设计结果的正确性，并改进设计，还需要进行原理试验。

3. 原理试验

根据初步设计确定的系统工作原理，建立实验模型，进行原理试验。根据原理试验的结果，对原定方案进行局部的甚至全部的修改，调整系统的结构和参数，进一步完善设计方案。

4. 样机生产

在原理试验的基础上，考虑到实际的安装、使用、维修等条件，应进行样机生产。通过对样机的实验调整，在确认其已满足性能指标和使用要求的前提下，进行实际的运行和环境条件考验实验。根据运行和实验的结果，进一步改进设计。在完全达到设计要求的情况下，即可将设计定型并交付生产。

可见，一个完整的控制系统设计要经过多次反复试验与修改，才能逐步完善。设计的完善与合理性在很大程度上取决于设计者的经验。

6.1.3 校正方法

确定了校正方案以后,下面的问题就是如何确定校正装置的结构和参数。目前主要有两大类校正方法:分析法与综合法。

1. 分析法

分析法又称为试探法。这种方法是把校正装置归结为易于实现的几种类型。例如,超前校正、滞后校正、滞后-超前校正等,它们的结构是已知的,而参数可调。设计者首先根据经验确定校正方案,然后根据系统的性能指标要求,选择某一种类型的校正装置,然后再确定这些校正装置的参数。这种方法设计的结果必须验算,如果不能满足全部性能指标,则应调整校正装置参数,甚至重新选择校正装置的结构,直到系统校正后满足给定的全部性能指标。因此,分析法本质上是一种试探法。

分析法的优点是校正装置简单,可以设计成产品,例如工程上常用的各种 PID 调节器等。因此,这种方法在工程上得到了广泛的应用。本章将首先介绍这种方法,包括确定校正装置的参数,以及如何选择合适的校正结构。

2. 综合法

综合法又称为期望特性法。它的基本思想是按照设计任务所要求的性能指标,构造期望的数学模型,然后选择校正装置的数学模型,使系统校正后的数学模型等于期望的数学模型。

综合法虽然简单,但得到的校正环节的数学模型一般比较复杂,在实际应用中受到限制,但它仍然是重要的方法之一,尤其是对校正装置的选择有很好的指导作用。

需要指出,无论是综合法还是分析法,都带有经验的成分,所得结果往往不是最优的。最优控制系统需要用最优控制理论来设计。

系统的校正可以在时域内进行,也可以在频域内进行。本章介绍频域设计方法。一般来说,用频域法进行校正比较简单,但频域法的设计指标是间接指标,所以频域法虽然简单,但只是一种间接方法。时域指标和频域指标是可以相互转换的,对于典型二阶系统存在简单的关系,对于高阶系统也存在简单的关系。

6.2 频率法串联校正

如果系统设计要求满足的性能指标属频域特征量,则通常采用频域校正方法。本节介绍在开环系统对数频率特性基础上,以满足稳态误差、开环系统截止频率和相角裕度等要求为出发点,进行串联校正的方法。

在频域内进行系统设计,是一种间接设计方法,因为设计结果满足的是一些频域指标,而不是时域指标。然而,在频域内进行系统设计又是一种简便的设计方法,在波德图上虽然不能严格定量地给出系统的动态性能,但却能方便地根据频域指标确定校正装置的形式和参数,特别是对已校正系统的高频特性有要求时,采用频域法校正较其他方法更为方便。频域设计的简便性与开环系统的频率特性与闭环系统的时间响应有关。一般地说,开环频率特性的低频段表征了闭环系统的稳态性能;开环频率特性的中频段表征了闭环系统的动态性能;开环频率特性的高频段表征了闭环系统的复杂性和噪声抑制性能。因此,用频域法设计控制系统的实质就是在系统中加入频率特性形状合适的校正装置,使开环系统对数频率特性形状变成期望的形式,低频段增益足够大,以保证稳态误差要求;中频段对数频率特性斜率一般为 -20 dB/dec,

并占据充分宽的频带,以保证系统具备适当的相角裕度;高频段增益尽快减小,以削弱噪声影响,若系统原有部分高频段已符合该种要求,则校正时可保持高频段原形状不变。

6.2.1 串联超前校正

1. 无源超前网络

无源超前校正网络的电路如图6-5(a)所示,图中U_1为输入信号,U_2为输出信号。如果输入信号源的内阻为零,且输出端的负载阻抗为无穷大,则超前网络的传递函数为

$$\alpha G_c(s) = \frac{1+\alpha Ts}{1+Ts} \tag{6-11}$$

式中

$$\alpha = \frac{R_1+R_2}{R_2} > 1, \quad T = \frac{R_1 R_2}{R_1+R_2}C$$

通常,α称为分度系数,T称为时间常数。由式(6-11)可见,采用无源超前校正网络进行串联校正时,整个系统的开环增益要下降α倍,因此需要提高放大器增益加以补偿。

根据式(6-11)可以画出无源超前校正网络$\alpha G_c(s)$的对数频率特性,如图6-5(b)所示。显然,超前校正网络对频率在$1/(\alpha T) \sim 1/T$之间的输入信号有明显的微分作用。在该频率范围内,输出信号相角比输入信号相角超前,超前网络的名称由此而得。图6-5(b)所示表明,在最大超前角频率ω_m处,具有最大超前角φ_m,且ω_m正好处于频率在$1/(\alpha T)$和$1/T$的几何中心。证明如下:

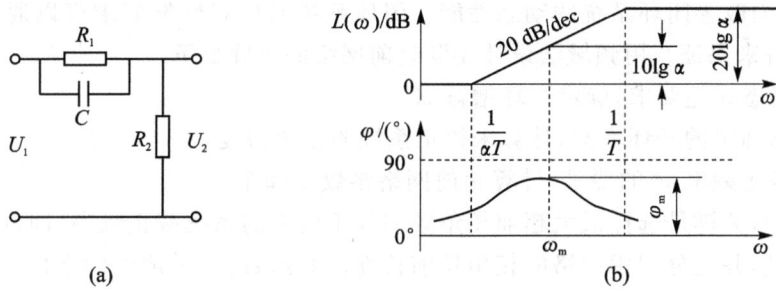

图6-5 无源超前校正网络的电路及其特性

超前校正网络式(6-11)的相角计算式为

$$\varphi_c(\omega) = \arctan\alpha T\omega - \arctan T\omega = \arctan\frac{(\alpha-1)T\omega}{1+\alpha T^2\omega^2} \tag{6-12}$$

将式(6-12)对ω求导并令其为零,得最大超前角频率为

$$\omega_m = \frac{1}{T\sqrt{\alpha}} \tag{6-13}$$

将式(6-13)代入式(6-12),得最大超前角为

$$\varphi_m = \arctan\frac{(\alpha-1)}{2\sqrt{\alpha}} = \arcsin\frac{\alpha-1}{\alpha+1}$$

或写为

$$\alpha = \frac{1+\sin\varphi_m}{1-\sin\varphi_m} \tag{6-14}$$

上式表明:最大超前相角φ_m仅与分度系数α有关,α值选得越大,超前校正网络的微分作

用越强。为了保持较高的系统信噪比,实际选用的 α 值一般不超过 20。此外,由图 6-5(b)可明显看出 φ_m 处的对数幅频值为

$$L_c(\omega_m) = 20 \lg |\alpha G_c(j\omega_m)| = 10 \lg \alpha \qquad (6-15)$$

设 ω_1 为频率 $1/(\alpha T)$ 和 $1/T$ 的几何中心,则应有

$$\lg \omega_1 = \frac{1}{2}\left(\lg \frac{1}{\alpha T} + \lg \frac{1}{T}\right)$$

解得 $\omega_1 = \dfrac{1}{T\sqrt{\alpha}}$,正好与式(6-13)完全相同。故最大超前相角 φ_m 确实是 $1/(\alpha T)$ 和 $1/T$ 的几何中心。

2. 串联超前校正

超前校正设计是指利用校正器对数幅频曲线有正斜率(幅频曲线的渐近线与横坐标夹角的正切值大于零)的区段及其相频曲线具有正相移(相频曲线的相角值大于零)区段的系统校正设计。这种校正设计方法的突出特点是校正后系统的剪切频率比校正前的大,系统的快速性能得到提高。如果采用无源网络作校正器,会产生增益损失,现已被有源校正所代替。这种校正设计方法被要求稳定性好、超调小以及动态过程响应快的系统经常采用。

利用超前校正网络或 PD 控制器进行串联校正的基本原理是,利用超前校正网络或 PD 控制器的相角超前特性,只要正确地将校正网络的交接频率 $1/(\alpha T)$ 和 $1/T$ 选在待校正系统截止频率的两旁,并适当选择参数 α 和 T,就可以使已校正系统的截止频率和相角裕度满足性能指标的要求,从而改善闭环系统的动态性能。闭环系统的稳态性能要求可以通过选择已校正系统的开环增益来保证。用频域法设计无源超前网络的步骤如下:

(1) 根据稳态误差要求,确定开环增益 K。
(2) 利用已确定的开环增益,计算未校正系统的相角裕度。
(3) 根据截止频率 ω_c'' 的要求,计算超前网络参数 α 和 T。

在本步骤中,关键是选择最大超前相角频率等于要求的系统截止频率,即 $\omega_m = \omega_c''$,以保证系统的响应速度,并充分利用网络的相角超前特性。显然 $\omega_m = \omega_c''$ 成立的条件是

$$-L'(\omega_c'') = L_c(\omega_m) = 10 \lg \alpha \qquad (6-16)$$

根据式(6-16)求出 α 值,然后由

$$T = \frac{1}{\omega_m \sqrt{\alpha}} \qquad (6-17)$$

确定 T 值。

如果对校正后系统的截止频率 ω_c'' 未提出要求,可以从给出的相角裕度 γ'' 出发,通过

$$\varphi_m = \gamma'' - \gamma(\omega_c') + \Delta$$

求得。式中,φ_m 为利用超前校正网络产生的最大超前相角;γ'' 为系统要求的相角裕度;$\gamma(\omega_c')$ 为未校正系统在 ω_c' 时的相角裕度;Δ 是考虑到校正装置会使剪切频率的位置后移而附加的相位裕量,一般取 $5°\sim 12°$。

求出校正装置的最大超前相角 φ_m 后,根据式(6-14)求得 α 值。在未校正系统的对数幅频特性上计算其幅值等于 $-10 \lg \alpha$ 所对应的频率就是校正后系统的截止频率 ω_c'',且 $\omega_c'' = \omega_m$。

(4) 验算校正系统的相角裕度 γ''。由于超前网络的参数是根据系统截止频率要求选择的,因此相角裕度是否满足要求,必须验算。验算时,由式(6-14)求得 φ_m 值,再由已知的 ω_c'' 算出未校正系统在 ω_c'' 时的相角裕度 $\gamma(\omega_c'')$,最后按

$$\gamma'' = \varphi_m + \gamma(\omega_c'') \tag{6-18}$$

算出。当验算结果 γ'' 不满足指标要求时,需重选 ω_m 值,一般使 $\omega_c'' = \omega_m$ 值增大,然后重复以上计算步骤。

(5) 确定校正装置的传递函数。校正装置的两个转折频率可由

$$\omega_1 = \frac{\omega_m}{\sqrt{\alpha}} = \frac{\omega_c''}{\sqrt{\alpha}} = \frac{1}{\alpha T} \tag{6-19}$$

$$\omega_2 = \sqrt{\alpha}\,\omega_c'' = \frac{1}{T} \tag{6-20}$$

确定,并以此写出校正装置应具有的传递函数为

$$G_c(s) = \frac{1 + s/\omega_1}{1 + s/\omega_2} \tag{6-21}$$

当完成校正装置设计后,需要进行实际系统调试工作,或者进行计算机仿真以检查实际系统的响应特性。这时,需将系统建模时省略的部分尽可能加入系统,以保证仿真结果的逼真度。如果由于系统各种固有非线性因素影响,或由于系统噪声和负载效应等因素的影响,使已校正系统不能满足全部性能指标要求,则需要适当调整校正装置的形式或参数,直到满足全部性能指标要求为止。

例 6-1 设单位反馈控制系统的开环传递函数 $G_0(s) = \dfrac{K}{s(0.5s+1)}$。若要使系统开环放大倍数 $K = 20s^{-1}$,相角裕度不小于 $50°$,幅值裕度不小于 $10\,\mathrm{dB}$,试求系统的校正装置。

解 (1) 绘制放大倍数 $K = 20$ 的未校正系统的开环对数频率特性,并求出相角裕度和幅值裕度。

作 $G_0(s) = \dfrac{20}{s(0.5s+1)}$ 的波德图,如图 6-6 中 L' 所示。由图得未校正系统的截止频率 $\omega_c' = 6.17$,算出未校正系统的相角裕度为

$$\gamma(\omega_c') = 180° - 90° - \arctan(0.5 \times 6.17) = 18°$$

而二阶系统的幅值裕度必为 $+\infty\,\mathrm{dB}$。相角裕度小是因为未校正系统幅频特性中频区的斜率为 $-40\,\mathrm{dB/dec}$。由于截止频率和相角裕度均低于指标要求,故采用串联超前校正是合适的。

(2) 确定系统需要增加的相位超前角 φ。已知系统要求的相角裕度为 $50°$,原系统相角裕度 $\gamma(\omega_c') = 18°$。由于加入超前校正装置后,对数幅频特性向右移动,为补偿由此而造成的相角滞后,要在相角裕度上加以修正,取 $\Delta = 6°$。因此需要的最大相位超前角

$$\varphi_m = \gamma'' - \gamma(\omega_c') + \Delta = 50° - 18° + 6° = 38°$$

根据

$$\alpha = \frac{1 + \sin\varphi_m}{1 - \sin\varphi_m}$$

求得 $\alpha = 4.2$。

(3) 在未校正系统的对数幅频特性上计算其幅值等于 $-10\lg\alpha$ 所对应的频率就是校正后系统的截止频率 ω_c'',且 $\omega_c'' = \omega_m$。

在 ω_m 点上未校正系统的对数幅频特性上其幅值为

$$-L'(\omega_c'') = L_c(\omega_m) = 10\lg\alpha = 10\lg 4.2 = 6.2\,\mathrm{dB}$$

其对应的频率为 $\omega_c'' = \omega_m = 9\,\mathrm{rad/s}$。

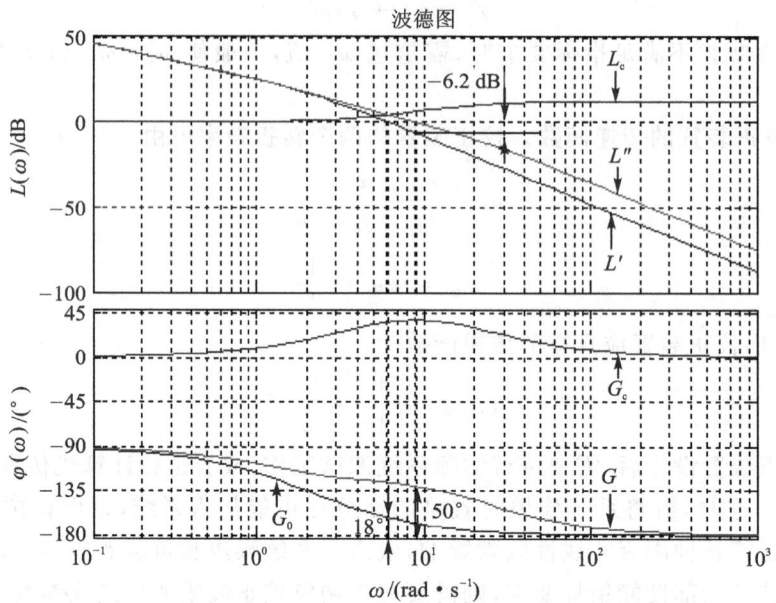

图 6-6　例 6-1 串联超前校正控制系统的对数频率特性

(4) 确定超前网络参数 α 和 T。由 $T = \dfrac{1}{\omega_m \sqrt{\alpha}}$ 得 $T = \dfrac{1}{9\sqrt{4.2}} = 0.054$ s。

根据计算得出的超前网络参数 α 和 T，可确定超前网络的传递函数为

$$4.2 G_c(s) = \frac{1 + 0.227 s}{1 + 0.054 s}$$

为了补偿无源超前网络产生的增益衰减，放大器的增益需要提高 4.2 倍，否则不能满足稳态误差要求。其波德图如图 6-6 中 L_c 所示。

(5) 验算校正系统的相角裕度 γ''。超前网络参数确定以后，已校正系统的开环传递函数为

$$G(s) = G_0(s) G_c(s) = \frac{20(1 + 0.227s)}{s(1 + 0.054s)(1 + 0.5s)}$$

其波德图如图 6-6 中 L'' 所示。由相频特性曲线查出 $\omega_c'' = \omega_m = 9$ rad/s 时的相角裕度 $\gamma = 50°$，已校正系统的幅值裕度仍为 $+\infty$ dB。因其对数相频特性不可能以有限值与 $-180°$ 相交。此时，全部性能指标要求均已满足。

本例表明：系统经串联校正后，中频区的斜率变为 -20 dB/dec，并占据 14.12 rad/s 的频带范围，从而系统的相角裕度增大，动态过程超调量下降。因此，在实际运行的控制系统中，其中频区大多具有 -20 dB/dec 的斜率。由此可见，串联超前校正可使开环系统截止频率增大，从而闭环系统带宽也增大，使系统响应速度加快。

当完成校正装置设计后，需要进行计算机仿真以检查实际系统的响应特性。可应用 MATLAB 软件对系统性能进行分析，得到图 6-7 所示的校正前、后系统的单位阶跃响应曲线。

对照图 6-7 校正前、后系统的单位阶跃响应曲线可以看到，最大超调量由 60% 降到 21.5%，振荡次数由 5 次降到 0.5 次，调整时间由 4 s 降到 0.6 s。由此可见，系统的动态性能获得明显改善。

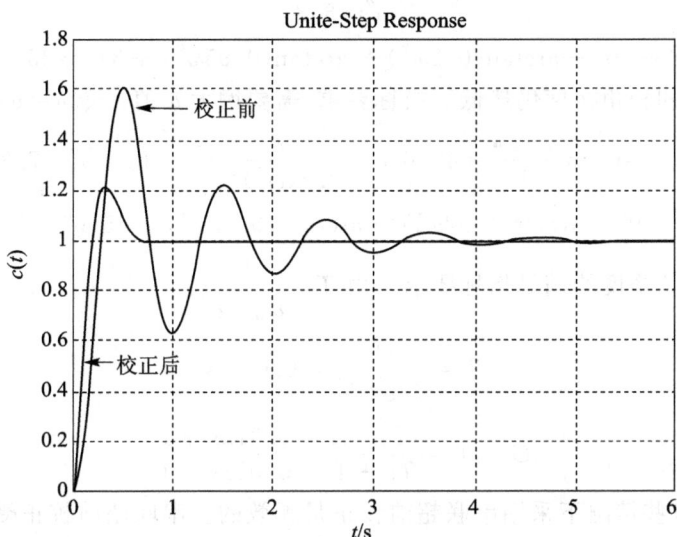

图 6-7 例 6-1 串联超前校正前、后系统的单位阶跃响应曲线

例 6-2 已知单位反馈系统开环传递函数为

$$G_0(s) = \frac{K}{s(0.2s+1)(0.05s+1)}$$

设计串联超前校正网络使系统 $K_v \geqslant 5$ rad/s，超调量不大于 25 %，调节时间不大于 1 s。

解 由性能指标可知，系统提出的是时域指标，也可利用它和频域指标的近似关系，先用频域法校正，然后再进行验算。由

$$\sigma = 0.16 + 0.4(M_r - 1) \leqslant 0.25, \quad t_s = \frac{K\pi}{\omega_c}, \quad K = 2 + 1.5(M_r - 1) + 2.5(M_r - 1)^2$$

得系统要求的谐振峰值 $M_r = 1.225$，系统要求的截止频率 $\omega_c^* = 7.74$，系统要求的相角裕度

$$\gamma^* = \arcsin \frac{1}{M_r} = 54.7°$$

对于校正前的系统，当 $K=5$ 时，则

$$L(\omega) = \begin{cases} 20 \lg \dfrac{5}{\omega} & (\omega < 5) \\ 20 \lg \dfrac{5}{\omega \times 0.2\omega} & (5 < \omega < 20) \\ 20 \lg \dfrac{5}{\omega \times 0.2\omega \times 0.05\omega} & (\omega > 20) \end{cases}$$

令 $L(\omega) = 0$，可得校正前系统的截止频率 $\omega_c' = 5$，校正前系统的相角裕度

$$\gamma(\omega_c') = 180° - 90° - \arctan(0.2\omega_c') - \arctan(0.05\omega_c') = 31°$$

由于截止频率和相角裕度均低于指标要求，故应采用串联超前校正。

$$\varphi_m \geqslant \gamma'' - \gamma(\omega_c') + 10° = 34°, \quad \alpha = \frac{1 + \sin\varphi_m}{1 - \sin\varphi_m} = 3.5$$

中频段

$$L(\omega_c'') + 10 \lg \alpha = 0$$

即

$$\frac{5}{0.2(\omega_c'')^2} \sqrt{\alpha} = 1$$

所以
$$\omega_c'' = 6.8$$

验证 $\gamma'' = 180° - 90° - \arctan(0.2\omega_c'') - \arctan(0.05\omega_c'') + 34° = 35.6° < \gamma^*$

此时截止频率和相角裕度仍然低于指标要求,需要增大 α 值。令 $\alpha = 6$,得

$$\varphi_m = \arcsin\frac{\alpha-1}{\alpha+1} = 45.6°, \quad \frac{5}{0.2(\omega_c'')^2}\sqrt{a} = 1, \quad \omega_c'' = 7.83$$

$$\gamma'' = 180° - 90° - \arctan(0.2\omega_c'') - \arctan(0.05\omega_c'') + 45.6° = 56.8° > \gamma^*$$

此时截止频率和相角裕度均满足指标要求。由 $T = \dfrac{1}{\omega_m\sqrt{\alpha}}$ 得

$$T = \frac{1}{7.83\sqrt{6}} = 0.052 \text{ s}$$

所以
$$G_c(s) = \frac{\alpha Ts + 1}{Ts + 1} = \frac{0.312s + 1}{0.052s + 1}$$

应当指出,在有些情况下采用串联超前校正是无效的。串联超前校正受以下因素的限制:

(1) 闭环带宽要求。如果未校正系统不稳定,为了得到规定的相角裕度,需要超前网络提供很大的相角超前量。这样,超前网络的 α 必须选得很大,从而造成已校正系统带宽过大,使得通过系统的高频噪声很高,很可能使系统失控。

(2) 在截止频率附近相角迅速减小的未校正系统,一般不宜采用串联超前校正,因为随着截止频率的增大,未校正系统相角迅速减小,使已校正系统的相角裕度改善不大,很难得到足够的相角超前量。在一般情况下,产生这种相角迅速减小的原因是:在未校正系统截止频率附近,或有两个交接频率彼此靠近的惯性环节,或有两个交接频率彼此相等的惯性环节,或有一个振荡环节。

在上述情况下,系统可采用其他方法进行校正。例如采用两级(或两级以上)的串联超前网络(若选用无源网络,中间需要串接隔离放大器)进行串联超前校正,或采用一个滞后网络进行校正,也可以采用测速反馈校正。

6.2.2 串联滞后校正

1. 无源滞后网络

无源滞后网络的电路如图 6-8(a)所示,图中 U_1 为输入信号,U_2 为输出信号。如果输入信号源的内阻为零,且输出端的负载阻抗为无穷大,则滞后网络的传递函数为

$$G_c(s) = \frac{1 + bTs}{1 + Ts}$$

式中
$$b = \frac{R_2}{R_1 + R_2} < 1, \quad T = (R_1 + R_2)C$$

通常,b 称为滞后校正网络的分度系数,表示滞后深度。

无源滞后网络的对数频率特性如图 6-8(b)所示。由图可见,滞后网络在频率 $1/T \sim 1/(bT)$ 之间呈积分效应,而对数相频特性呈滞后特性。与超前网络类似,最大滞后角 φ_m 发生在最大滞后角频率 ω_m 处,且 ω_m 正好处于频率在 $1/T$ 与 $1/(bT)$ 的几何中心。计算 ω_m 及 φ_m 的公式分别为

$$\omega_m = \frac{1}{T\sqrt{b}} \tag{6-22}$$

$$\varphi_{m} = \arcsin \frac{1-b}{1+b} \qquad (6-23)$$

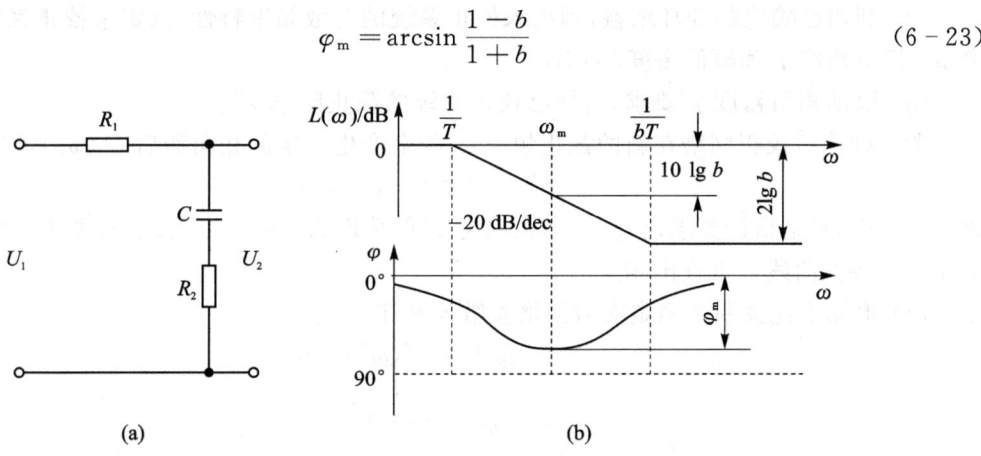

图 6-8 无源滞后网络及其特性

图 6-8(b)还表明,滞后网络对低频有用信号不产生衰减,而对高频噪声信号有削减作用,b 值越小,通过网络的噪声电平越低。

采用无源滞后网络进行串联校正时,主要是利用其高频幅值衰减的特性,以降低系统的开环截止频率,提高系统的相角裕度。因此,应避免最大滞后相角发生在开环截止频率 ω''_c 附近。选择滞后网络参数时,通常使网络的交接频率 $1/(bT)$ 远小于 ω''_c,一般取

$$\frac{1}{bT} = \frac{\omega''_c}{10} \qquad (6-24)$$

此时,滞后网络在 ω''_c 处产生的相角滞后按下式确定:

$$\varphi_c(\omega''_c) = \arctan bT\omega''_c - \arctan T\omega''_c \qquad (6-25)$$

由两角和的三角函数公式得

$$\tan \varphi_c(\omega''_c) = \frac{bT\omega''_c - T\omega''_c}{1 + bT^2(\omega''_c)^2}$$

代入式(6-24)及 $b<1$ 的关系,上式可化简为

$$\varphi_c(\omega''_c) \approx \arctan[0.1(b-1)] \qquad (6-26)$$

2. 串联滞后校正

利用滞后网络或 PI 控制器进行串联校正的基本原理是,利用滞后网络或 PI 控制器的高频幅值衰减特性,使已校正系统的开环截止频率下降,从而使系统获得足够的相角裕度。因此,滞后网络的最大滞后相角应力求避免发生在开环截止频率 ω''_c 附近,使其对中频段相角特性影响较小,从而增加系统的相角裕量,以改善系统的稳定性和其他动态性能。在系统响应速度要求不高而抑制噪声电平性能要求较高的情况下,可考虑采用串联滞后校正。此外,如果未校正系统已具备满意的动态性能,仅稳态性能不满足指标要求,也可采用串联滞后校正以提高系统的稳态精度,同时保持其动态性能基本不变。

滞后校正环节的两个转折频率应比未校正系统截止频率小得多,或者是校正后系统截止频率的 1/10~1/5。校正后系统的截止频率比原系统的小,即说明校正后系统快速性能变差。这意味着滞后校正是以牺牲系统的快速性来换取系统稳定性的。

如果所研究的系统为单位反馈最小相位系统,则应用频域法设计串联无源滞后网络的步骤如下:

(1) 根据稳态误差要求,确定开环增益 K。

(2) 利用已确定的开环增益，画出未校正系统的对数频率特性，确定未校正系统的截止频率 ω_c'、相角裕度 γ 和幅值裕度 h(dB)。

(3) 根据相角裕度 γ'' 要求，选择已校正系统的截止频率 ω_c''。

考虑到滞后校正网络在新的截止频率 ω_c'' 处会产生一定的相角滞后 $\varphi_c(\omega_c'')$，因此式

$$\gamma'' = \gamma(\omega_c'') + \varphi_c(\omega_c'') \qquad (6-27)$$

成立。式中，γ'' 是指标要求值，$\varphi_c(\omega_c'')$ 在确定 ω_c'' 前可取为 $-6°$。于是，根据式(6-27)的计算结果在相频特性曲线上可查出相应的 ω_c''。

(4) 根据下述关系式确定滞后网络参数 b 和 T：

$$20\lg b + L'(\omega_c'') = 0 \qquad (6-28)$$

$$\frac{1}{bT} = 0.1\,\omega_c'' \qquad (6-29)$$

式(6-28)显然是成立的，因为要保证已校正系统的截止频率为上一步所选的 ω_c'' 值，就必须使滞后网络的衰减量 $20\lg b$ 在数值上等于未校正系统在新截止频率 ω_c'' 上的对数幅频值 $L'(\omega_c'')$。该值在未校正系统对数幅频特性曲线上可以查出，于是由式(6-28)可以算出 b 值。

根据式(6-29)由已确定的 b 值立即可以算出滞后网络的 T 值。如果求得的 T 值过大难以实现，则可将式(6-29)中的系数 0.1 适当加大，例如在 0.1～0.25 范围内选取，而 $\varphi_c(\omega_c'')$ 的估计值相应在 $-14°$～$-6°$ 范围内确定。

(5) 验算已校正系统的相角裕度和幅值裕度。

例 6-3 设控制系统不可变部分的传递函数为

$$G_0(s) = \frac{K}{s(0.1s+1)(0.2s+1)}$$

若要求校正后系统的静态速度误差系数等于 30s^{-1}，相角裕度不低于 $40°$，幅值裕度不小于 10 dB，截止频率不小于 2.3 rad/s，试设计串联滞后校正装置。

解 按上列各步骤确定串联滞后校正参数 b 及 T。

(1) 首先确定开环增益 K。由于

$$K_v = \lim_{s \to 0} sG_0(s) = K = 30\text{s}^{-1}$$

故未校正系统开环传递函数为

$$G_0(s) = \frac{30}{s(0.1s+1)(0.2s+1)}$$

绘制未校正的系统的开环对数幅频特性及相频特性，如图 6-9 所示。从图中看出，未校正系统的截止频率 $\omega_c' = 9.8$ rad/s，相角裕度 $\gamma = -17.2°$，幅值裕度为 -6 dB。显然，未校正系统是不稳定的。又从相频特性看出，虽然负相角裕度的绝对值并不大，但在 $\omega = \omega_c'$ 附近，相频特性的变化明显，因此，可以预计串联超前校正很难奏效。在这种情况下，可以考虑采用串联滞后校正。

(2) 从图 6-9 所示未校正系统相频特性上，由相角裕度至少应等于 $+40°$ 的要求，再考虑到串联滞后校正的相角滞后影响（初步按 $-6°$ 计算），找出对应相角 $-180+(40°+6°) = -134°$ 处的频率 $\omega_c'' = 2.39$ rad/s。频率 ω_c'' 将是校正后系统的截止频率。

(3) 在 $\omega = \omega_c''$ 处从图 6-9 所示未校正系统对数频率特性上求得对数幅值 $20\lg|G_0(j\omega_c'')| = 20.8$ dB，由式(6-28)得 $20\lg b = -20.8$ dB，计算出 $b = 0.091$。

(4) 当 $b = 0.091$ 时，如果在 $\omega = \omega_c''$ 处只允许 $6°$ 相角滞后，则应取串联滞后校正的交接频

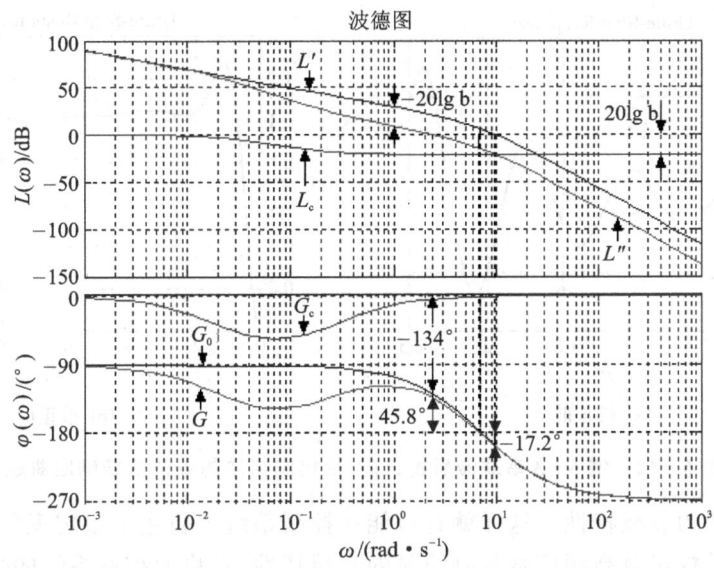

图 6-9 例 6-3 串联滞后校正控制系统的对数频率特性

率 $\dfrac{1}{bT}=0.1\omega''_c$,即 $\dfrac{1}{bT}=0.239$ rad/s。由此求得时间常数 $T=46.06$ s,即另一交接频率 $\dfrac{1}{T}=0.0217$ rad/s。

(5) 最后确定的串联滞后校正传递函数及校正后系统的开环传递函数分别为

$$G_c(s)=\dfrac{1+bTs}{1+Ts}=\dfrac{1+4.18s}{1+46.06s}$$

$$G(s)=G_0(s)\cdot G_c(s)=\dfrac{30(4.18s+1)}{s(46.06s+1)(0.1s+1)(0.2s+1)}$$

校正后系统的开环对数幅频特性及相频特性如图 6-10 所示。

对校正后系统性能的校验:由式(6-26)及 $b=0.1$ 算得 $\varphi_c(\omega''_c)=-5.2°$,于是求出

$$\gamma(\omega''_c)=180°+\varphi_c(\omega''_c)+\gamma(\omega''_c)=$$
$$180°+\arctan(4.18\omega''_c)-90°-\arctan(46.06\omega''_c)-$$
$$\arctan(0.1\omega''_c)-\arctan(0.2\omega''_c)=$$
$$45.8°>40°$$

满足指标要求。然后用试算法可得已校正系统对数相频特性为 $-180°$ 时的频率为 6.84 rad/s,求出已校正系统的幅值裕度为 14.3 dB,完全符合要求。

采用串联滞后校正,既能提高系统稳态精度,又基本不改变系统动态性能。以图 6-9 为例,如果将已校正系统对数幅频特性向上平移 20 dB,则校正前后的相角裕度和截止频率基本相同,但开环增益却增大 10 倍。

当完成校正装置设计后,需要进行计算机仿真以检查实际系统的响应特性。可应用 MATLAB 软件对系统性能进行分析,得到图 6-10 校正前、后系统的单位阶跃响应曲线。

对照图 6-10 串联滞后校正前、后系统的单位阶跃响应曲线可以看到,系统不仅从校正前的不稳定变为校正后的稳定,而且校正后系统的动态性能也很好。

串联滞后校正网络,从其频率特性来看,本质上是一种低通滤波器。因此,经滞后校正的系统对低频信号具有较高的放大能力,这样便可降低系统的稳态误差;但对频率较高的信号,

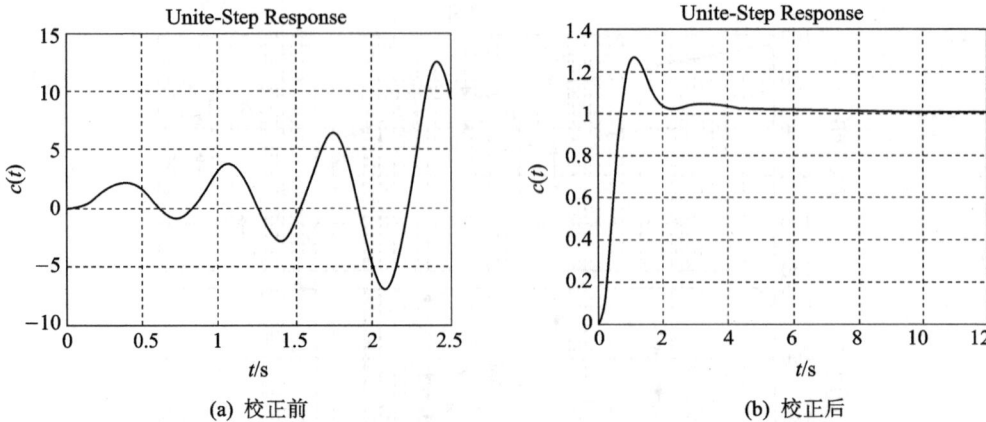

(a) 校正前　　　　　　　　　　　　(b) 校正后

图 6-10　例 6-3 串联滞后校正前、后控制系统的单位阶跃响应曲线

系统却表现出显著的衰减特性。这样就有可能在控制系统中防止不稳定现象的出现。

由于串联滞后校正对高频信号具有明显的衰减特性，它将使控制系统的带宽变窄，从而降低了系统反映控制信号的快速性。这是在应用串联滞后校正提高控制系统稳态性能的同时，给系统动态性能带来的不利影响。但系统带宽变窄，却能增强抑制扰动信号的能力。

串联滞后校正与串联超前校正两种方法，在完成系统校正任务方面是相同的，但有以下不同之处：

（1）超前校正是利用超前网络的相角超前特性，而滞后校正是利用滞后网络的高频幅值衰减特性。

（2）为了满足严格的稳态性能要求，当采用无源校正网络时，超前校正要求一定的附加增益，而滞后校正一般不需要附加增益。

（3）对于同一系统，采用超前校正的系统带宽大于采用滞后校正的系统带宽。从提高系统响应速度的观点来看，希望系统带宽越大越好；与此同时，带宽越大则系统越易受噪声干扰的影响，因此如果系统输入端噪声电平较高，一般不易选用超前校正。

最后指出，在有些应用方面，采用滞后校正可能会得出时间常数大到不能实现的结果。这种不良后果的出现是由于需要在足够小的频率值上安置滞后网络第一个交接频率 $1/T$，以保证在需要的频率范围内产生有效的高频幅值衰减特性所致。在这种情况下，最好采用串联滞后-超前校正。

6.2.3　串联滞后-超前校正

1. 无源滞后-超前网络

无源滞后-超前网络的电路如图 6-11(a)所示。其传递函数为

$$G_c(s) = \frac{(1+T_a s)(1+T_b s)}{T_a T_b s^2 + (T_a + T_b + T_{ab})s + 1} \tag{6-30}$$

式中　　　　　　　　$T_a = R_1 C_1, \quad T_b = R_2 C_2, \quad T_{ab} = R_1 C_2$

令式(6-30)的分母二次式有两个不相等的负实根，则式(6-30)可以写为

$$G_c(s) = \frac{(1+T_a s)(1+T_b s)}{(1+T_1 s)(1+T_2 s)} \tag{6-31}$$

比较式(6-30)及式(6-31)，可得

$$T_aT_b = T_1T_2, \quad T_1 + T_2 = T_a + T_b + T_{ab}, \quad T_1 > T_a, \quad \frac{T_a}{T_1} = \frac{T_2}{T_b} = \frac{1}{\alpha}$$

其中 $\alpha > 1$，则有

$$T_1 = \alpha T_a, \quad T_2 = \frac{T_b}{\alpha}$$

于是，无源滞后-超前校正网络的传递函数最后可表示为

$$G_c(s) = \frac{(1+T_a s)(1+T_b s)}{(1+\alpha T_a s)\left(1+\dfrac{T_b}{\alpha}s\right)} \tag{6-32}$$

式中，$(1+T_a s)/(1+\alpha T_a s)$ 为网络的滞后部分，$(1+T_b s)/(1+T_b s/\alpha)$ 为网络的超前部分。无源滞后-超前校正网络的对数幅频渐近特性如图 6-11(b) 所示，其低频部分和高频部分均起于和终于 0 分贝水平线。由图可见，只要确定 ω_a，ω_b 和 α，或者确定 T_a，T_b 和 α 三个独立变量，图 6-11(b) 的形状即可确定。

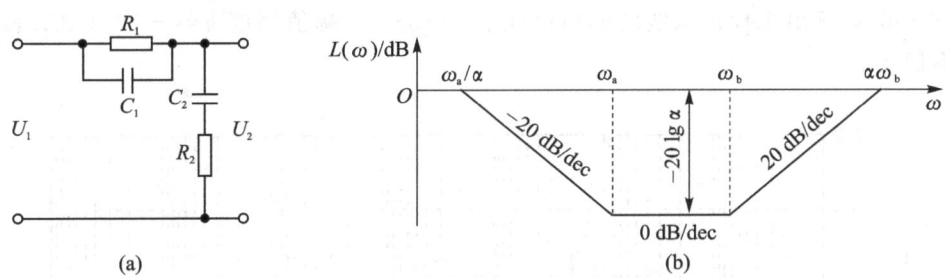

图 6-11　无源滞后—超前网络及其特性

2. 串联滞后-超前校正

这种校正方法兼有滞后和超前校正的优点，即已校正系统响应速度较快，超调量小，抑制高频噪声的性能也较好。当未校正系统不稳定，且要求校正后系统的响应速度、相角裕度和稳态精度较高时，以采用串联滞后-超前校正为益。其基本原理是利用滞后-超前网络的超前部分来增大系统的相角裕度，同时利用滞后部分来改善系统的稳态性能。串联滞后-超前校正的设计步骤如下：

(1) 根据稳态性能要求确定开环增益 K。

(2) 绘制未校正系统的对数幅频特性，求出未校正系统的截止频率 ω_c'、相角裕度 γ 及幅值裕度 $h(\mathrm{dB})$。

(3) 在未校正系统的对数幅频特性上，选择斜率从 $-20\ \mathrm{dB/dec}$ 变为 $-40\ \mathrm{dB/dec}$ 的交接频率作为校正网络超前部分的交接频率 ω_b。

ω_b 的这种选法，可降低已校正系统的阶次，且保证中频区斜率为期望的 $-20\ \mathrm{dB/dec}$，并占据较宽的频带。

(4) 根据响应速度要求，选择系统的截止频率 ω_c'' 和校正网络衰减因子 $1/\alpha$。要保证已校正系统的截止频率为所选的 ω_c''，等式

$$-20\lg\alpha + L'(\omega_c'') + 20\lg T_b\omega_c'' = 0 \tag{6-33}$$

应成立。式中，$T_b = 1/\omega_b$，$L'(\omega_c'') + 20\lg T_b\omega_c''$ 可由未校正系统的对数幅频特性的 $-20\ \mathrm{dB/dec}$ 延长线在 ω_c'' 处的数值确定。因此，由式(6-33)可以求出 α 值。

(5) 根据相角裕度要求，估算校正网络滞后部分的交接频率 ω_a。

(6) 校验已校正系统的各项性能指标。

例 6-4　设未校正系统的开环传递函数为
$$G_0(s) = \frac{K_v}{s\left(\frac{1}{6}s+1\right)\left(\frac{1}{2}s+1\right)}$$

要求设计校正装置，使系统满足下列性能指标：

(1) 在最大指令速度为 180°/s 时，位置滞后误差不超过 1°；
(2) 相角裕度为 45°±3°；
(3) 幅值裕度不低于 10 dB；
(4) 过渡过程调节时间不超过 3 s。

解　首先确定开环增益。由题意，取
$$K = K_v = 180°/s$$

作未校正系统的对数幅频特性 $L'(\omega)$，如图 6-12 所示。由图得未校正系统的截止频率 $\omega_c' = 12.6$ rad/s，算出未校正系统的相角裕度 $\gamma = -55.5°$，幅值裕度 $h = -27.1$ dB，表明未校正系统不稳定。

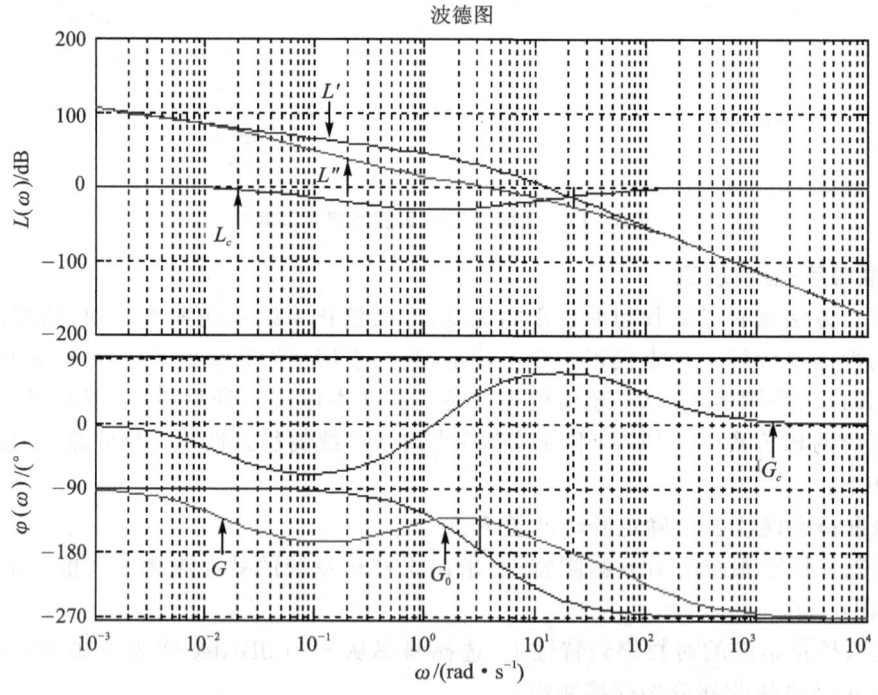

图 6-12　例 6-4 串联滞后-超前校正系统的对数幅频特性

由于未校正系统在截止频率处的相角滞后远小于 -180°，且响应速度有一定要求，故应优先考虑采用串联滞后-超前校正。论证如下：

首先考虑采用串联超前校正。要把未校正系统的相角裕度从 -55° 提高到 45°，至少选用两级串联超前网络。显然，校正后系统的截止频率将过大，可能超过 25 rad/s。从理论说，截止频率越大，则系统的响应速度越快。比如说，在 $\omega_c'' = 25$ rad/s 时，系统过渡过程调节时间近似为 0.34 s，这将比性能指标要求提高近 10 倍，然而进一步分析发现：

(1) 伺服电机将出现速度饱和。这是因为超前校正系统要求伺服机构输出的变化速率超

过了伺服电动机的最大输出转速之故。于是，0.34 s 的调节时间将变得毫无意义。

(2) 由于系统带宽过大，造成输出噪声电平过高。

(3) 需要附加前置放大器，从而使系统结构复杂化。

其次若采用串联滞后校正，可以使系统的相角裕度提高到 45°左右，但是对本例高性能系统，会产生两个很严重的缺点：

(1) 滞后网络时间常数太大。这是因为静态速度误差系数较大，所需要的滞后网络时间常数越大之故。对于本例，要求选 $\omega_c''=1$，相应的 $L'(\omega_c'')=45.1$，根据式（6-28）求出 $b=1/200$，若取 $\dfrac{1}{bT}=0.1\omega_c''$，可得 $T=2\,000$ s。这样大的时间常数实际上是无法实现的。

(2) 响应速度指标不满足。由于滞后校正极大地减小了系统的截止频率，使得系统响应迟缓。对于本例，粗略估算的调节时间约为 9.6 s，该值远大于性能指标的要求值。

上述论证表明，纯超前校正及纯滞后校正都不宜采用，应当选用串联滞后-超前校正。

为利用滞后-超前网络的超前部分微分段的特性，研究图 6-12 可以发现，可取 $\omega_b=2$，于是未校正系统的对数幅频特性在 $\omega\leqslant 6$ 区间，其斜率均为 -20 dB/dec。

根据 $t_s\leqslant 3\text{s}$ 和 $\gamma''=45°$ 的指标要求，由式（6-8）和式（6-10）不难得出 $\omega_c''\geqslant 3.2$ rad/s。考虑到要求中频区斜率为 -20 dB/dec，故 ω_c'' 应在 3.2～6 范围内选取。由于 -20 dB/dec 的中频区应占据一定宽度，故选 $\omega_c''=3.5$ rad/s，相应的 $L'(\omega_c'')+20\lg T_b\omega_c''=34$ dB。由式（6-33）可算出 $1/\alpha=0.02$。此时，滞后-超前校正网络的频率特性可写为

$$G_c(j\omega)=\dfrac{(1+j\omega/\omega_a)(1+j\omega/\omega_b)}{(1+ja\omega/\omega_a)(1+j\omega/a\omega_b)}=\dfrac{(1+j\omega/\omega_a)(1+j\omega/2)}{(1+j50\omega/\omega_a)(1+j\omega/100)}$$

相应的已校正系统的对数频率特性为

$$G(j\omega)=G_0(j\omega)G_c(j\omega)=\dfrac{180(1+j\omega/\omega_a)}{j\omega(1+j\omega/6)(1+j50\omega/\omega_a)(1+j\omega/100)}$$

根据上式，利用相角裕度指标要求，可以确定校正网络参数 ω_a。已校正系统的相角裕度为

$$\gamma''=180°+\arctan\dfrac{\omega_c''}{\omega_a}-90°-\arctan\dfrac{\omega_c''}{6}-\arctan\dfrac{50\omega_c''}{\omega_a}-\arctan\dfrac{\omega_c''}{100}=$$

$$57.7°+\arctan\dfrac{3.5}{\omega_a}-\arctan\dfrac{175}{\omega_a}$$

考虑到 $\omega_a<\omega_b=2$ rad/s，故可取 $-\arctan(175/\omega_a)\approx-90°$。因为要求 $\gamma''=45°$，所以上式可简化为

$$\arctan(3.5/\omega_a)=77.3°$$

从而求得 $\omega_a=0.78$ rad/s。这样，已校正系统 -20 dB/dec 斜率的中频区宽度 $H=6-0.78=5.22$，与中频区宽度近似关系式

$$H\geqslant\dfrac{1+\sin\gamma''}{1-\sin\gamma''}=\dfrac{1+\sin 45°}{1-\sin 45°}=5.83$$

相近。于是，校正网络和校正系统的开环传递函数分别为

$$G_c(s)=\dfrac{(1+1.28s)(1+0.5s)}{(1+64s)(1+0.01s)}$$

$$G(s)=G_0(s)G_c(s)=\dfrac{180(1+1.28s)}{s(1+0.167s)(1+64s)(1+0.01s)}$$

其对数频率特性 $L_c(\omega)$ 和 $L''(\omega)$ 分别表示在图 6-12 中。

最后，用计算的方法验算已校正系统的相角裕度和幅值裕度指标，求得 $\gamma''=45.5°$，$h''=27$ dB，完全满足指标要求。

6.2.4 校正装置的实现

实现连续系统校正有多种方法，如通过有源电子网络、无源RC网络等。实际控制系统中广泛采用无源网络进行串联校正，但在放大器级间接入无源校正网络后，由于负载效应问题，有时难以实现希望的控制规律。此外复杂网络的设计和调整也不方便。因此，有时需要采用有源校正装置，在工业过程控制系统中尤其如此。常用的有源校正装置，除测速发电机及其与无源网络的组合以及PID控制器外，通常把无源网络接在运算放大器的反馈通道中，形成有源网络。

1. 有源超前网络

图 6-13 是用运算放大器组成的有源超前（或滞后）校正网络。容易得到其传递函数为

$$\frac{U_2(s)}{U_1(s)} = \frac{R_2 R_4 (R_1 C_1 s + 1)}{R_1 R_3 (R_2 C_2 s + 1)} = K_c \frac{\alpha T s + 1}{T s + 1} \quad (6-34)$$

式中

$$\alpha T = R_1 C_1, \quad T = R_2 C_2, \quad K_c = \frac{R_2 R_4}{R_1 R_3}, \quad \alpha = \frac{R_1 C_1}{R_2 C_2} > 1$$

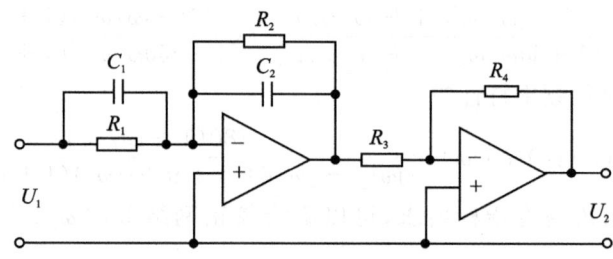

图 6-13 有源超前（或滞后）网络

2. 有源滞后网络

由式(6-34)可知，在图 6-13 所示的有源网络中，如果

$$\alpha = \frac{R_1 C_1}{R_2 C_2} < 1$$

则该网络成为滞后网络。

3. 有源滞后-超前网络

图 6-14 所示为用运算放大器组成的有源滞后-超前校正网络，其传递函数为

$$\frac{U_2(s)}{U_1(s)} = \frac{R_4 R_6}{R_3 R_5} \cdot \frac{(R_1 + R_3) C_1 s + 1}{R_1 C_1 s + 1} \cdot \frac{R_2 C_2 s + 1}{(R_2 + R_4) C_2 s + 1} \quad (6-35)$$

记 $T_1 = (R_1 + R_3) C_1, \quad \alpha T_1 = R_1 C_1, \quad T_2 = R_2 C_2, \quad \beta T_2 = (R_2 + R_4) C_2$

则式(6-35)可写为

$$\frac{U_2(s)}{U_1(s)} = K_c \frac{(T_1 s + 1)(T_2 s + 1)}{(\alpha T_1 s + 1)(\beta T_2 s + 1)} \quad (6-36)$$

式中

$$\alpha = \frac{R_1}{R_1 + R_3} < 1, \quad \beta = \frac{R_2 + R_4}{R_2} > 1, \quad K_c = \frac{R_4 R_6}{R_3 R_5}$$

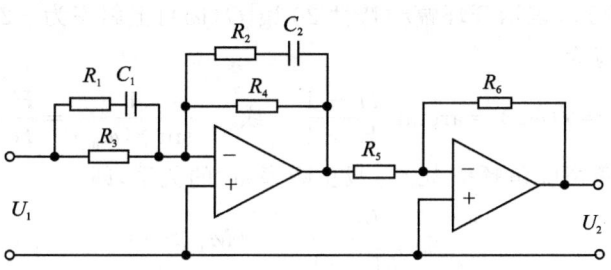

图 6-14 有源超前-滞后校正网络

6.2.5 串联综合法校正

串联综合校正方法将性能指标要求转化为期望对数幅频特性,再与未校正系统的开环对数幅频特性比较,从而确定校正装置的形式和参数。该方法适用于最小相位系统。

设系统开环频率特性为 $G(j\omega) = G_0(j\omega)G_c(j\omega)$

根据性能指标要求,可以拟定参数规范化的开环期望对数幅频特性 $20\lg|G(j\omega)|$,则串联校正装置的对数幅频特性为

$$20\lg|G_c(j\omega)| = 20\lg|G(j\omega)| - 20\lg|G_0(j\omega)|$$

对于调节系统和随动系统,期望对数幅频渐近特性的一般形状如图 6-15 所示。该图表示中频区斜率为 -40——-20——-40($-2-1-2$ 型)的对数幅频特性相应的传递函数为

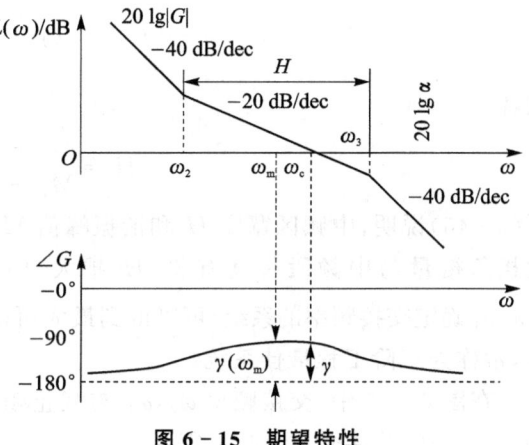

图 6-15 期望特性

$$G(s) = \frac{K(1+s/\omega_2)}{s^2(1+s/\omega_3)} \quad (6-37)$$

其相频特性为

$$\varphi(\omega) = -180° + \arctan\frac{\omega}{\omega_2} - \arctan\frac{\omega}{\omega_3}$$

因而

$$\gamma(\omega) = 180° + \varphi(\omega) = \arctan\frac{\omega}{\omega_2} - \arctan\frac{\omega}{\omega_3} \quad (6-38)$$

由 $d\gamma(\omega)/d\omega = 0$,解出产生 $\gamma_{\max}$ 的角频率

$$\omega_m = \sqrt{\omega_2 \omega_3} \quad (6-39)$$

表明 ω_m 正好是交接频率 ω_2 和 ω_3 的几何中心。式中,$\omega_2 = 1/T_2$ 及 $\omega_3 = 1/T_3$。将式(6-39)代入式(6-38),并由两角和的三角公式得

$$\tan\gamma(\omega_m) = \frac{\omega_m/\omega_2 - \omega_m/\omega_3}{1 + \omega_m^2/(\omega_2\omega_3)} = \frac{\omega_3 - \omega_2}{2\sqrt{\omega_2\omega_3}}$$

因而

$$\sin\gamma(\omega_m) = \frac{\omega_3 - \omega_2}{\omega_3 + \omega_2} \quad (6-40)$$

若令 $H = \omega_3/\omega_2 = T_2/T_3$，表示开环幅频特性 $20\lg|G(j\omega)|$ 上斜率为 -20 dB/dec 的中频区宽度，则式(6-40)可以写为

$$\gamma_{\max} = \gamma(\omega_m) = \arctan\frac{H-1}{H+1} \quad 或 \quad \frac{1}{\sin\gamma(\omega_m)} = \frac{H+1}{H-1} \tag{6-41}$$

下面分析最大相角裕度角频率 ω_m 与截止频率 ω_c 的关系，即

$$\frac{\omega_c}{\omega_m} = \frac{M_r}{\sqrt{M_r^2-1}} \quad (M_r > 1) \tag{6-42}$$

式(6-42)说明 $\omega_m < \omega_c$，且通常有 $\omega_m \approx \omega_c$，所以 $\gamma(\omega_m) = \gamma$，故式(6-41)可近似表示为

$$\frac{1}{\sin\gamma} = \frac{H+1}{H-1} \tag{6-43}$$

式中，γ 为期望特性系统的相角裕度。由于

$$M_r = \frac{1}{\sin\gamma} \tag{6-44}$$

故有

$$M_r = \frac{H+1}{H-1} \tag{6-45}$$

或者

$$H = \frac{M_r+1}{M_r-1} = \frac{1+\sin\gamma}{1-\sin\gamma} \tag{6-46}$$

式(6-46)说明，中频区宽度 H 和谐振峰值 M_r 一样，均是描述系统阻尼程度的性能指标。最大相角裕量与中频段长度有关，H 越大，中频段线段越长，最大相角裕量越大。按 $\omega_m = \sqrt{\omega_2\omega_3}$ 确定交接频率的系统，可以得到最大可能的相角裕量，常称为对称最佳系统，而当 $H = 4$ 时，常称为三阶工程最佳系统。

在图 6-15 中，交接频率 ω_2, ω_3 与截止频率 ω_c 的关系可由式(6-42)和式(6-45)确定。将式(6-39)代入式(6-42)，得

$$\omega_c = \sqrt{\omega_2\omega_3}\frac{M_r}{\sqrt{M_r^2-1}}$$

再将式(6-45)及 $H = \omega_3/\omega_2$ 代入上式，有

$$\omega_2 = \omega_c\frac{2}{H+1} \tag{6-47}$$

由式(6-47)知

$$\frac{H+1}{H} = \frac{2\omega_c}{\omega_3}$$

因此有

$$\omega_3 = \omega_c\frac{2H}{H+1} \tag{6-48}$$

为了保证系统具有以 H 表征的阻尼程度，通常选取

$$\omega_2 \leq \omega_c\frac{2}{H+1} \tag{6-49}$$

$$\omega_3 \geq \omega_c\frac{2H}{H+1} \tag{6-50}$$

由式(6-45)知

$$\frac{M_r-1}{M_r}=\frac{2}{H+1}, \qquad \frac{M_r+1}{M_r}=\frac{2H}{H+1}$$

因此，参数 ω_2,ω_3 与截止频率 ω_c 的选择，若采用 M_r 最小法，即把闭环系统的振荡性指标 M_r 放在开环系统截止频率 ω_c 处，使期望对数幅频特性对应的闭环系统具有最小的 M_r 值，则各待选参数之间有如下关系：

$$\omega_2 \leqslant \omega_c \frac{M_r-1}{M_r} \tag{6-51}$$

$$\omega_3 \geqslant \omega_c \frac{M_r+1}{M_r} \tag{6-52}$$

典型形式的期望对数幅频特性的求法如下：

(1) 根据对系统型别及稳态误差要求，通过性能指标中 v 及开环增益 K，绘制期望特性的低频段。

(2) 根据对系统响应速度及阻尼程度的要求，通过截止频率 ω_c、相角裕度 γ、中频区宽度 H、中频区特性上下限交接频率 ω_2 与 ω_3 绘制期望特性的中频段，并取中频区特性的斜率为 -20 dB/dec，以确保系统具有足够的相角裕度。

(3) 绘制期望特性的低频段、中频段之间的衔接频段，其斜率一般与前、后频段相差 -20 dB/dec，否则对期望特性的性能有较大影响。

(4) 根据对系统幅值裕度 h(dB) 及抑制高频噪声的要求，绘制期望特性的高频段。通常，为使校正装置比较简单，以便于实现，一般使期望特性的高频段斜率与未校正系统的高频段斜率一致，或完全重合。

(5) 绘制期望特性的中频段、高频段之间的衔接频段，其斜率一般取 -40 dB/dec。

例 6-5 设位置随动系统不可变部分的传递函数为

$$G_0(s)=\frac{K_v}{s(0.1s+1)(0.01s+1)(0.02s+1)(0.005s+1)}$$

要求满足的性能指标为

(1) 误差系数 $C_0=0,C_1=1/200$ s；

(2) 单位阶跃响应的超调量 $\sigma \leqslant 30\%$；

(3) 单位阶跃响应的调节时间 $t_s \leqslant 0.7$ s；

(4) 幅值裕度 $h \geqslant 6$ dB；

(5) 试绘制给定系统的期望特性，并确定校正环节及参数。

解 按如下步骤绘制期望特性：

(1) 期望特性的低频段：由动态系数要求知，期望特性的低频段斜率 -20 dB/dec，与未校正系统 $G_0(j\omega)$ 的低频段一致，开环增益应取 $K_v=1/C_1=200$。期望特性的低频段绘于图 6-16，其延长线在 $\omega=200$ 处与横轴相交，且在 $\omega=1$ 时，$20 \lg G(j\omega)=46$ dB。

(2) 期望特性的中频段：首先，将给定的时域指标 σ,t_s 换算为响应的频域指标 ω_c,γ 及 H。由经验公式 (6-9) $\sigma=0.16+0.4(M_r-1)$ 解出 $M_r=1.35$；再由近似式 (6-8) $M_r=\dfrac{1}{\sin \gamma}$ 求得 $\gamma=47.8°$；为留有余地，选相角裕度要求值 $\gamma=50°$；按式 (6-46) $H=\dfrac{M_r+1}{M_r-1}=\dfrac{1+\sin \gamma}{1-\sin \gamma}$ 知，中频区宽度应取

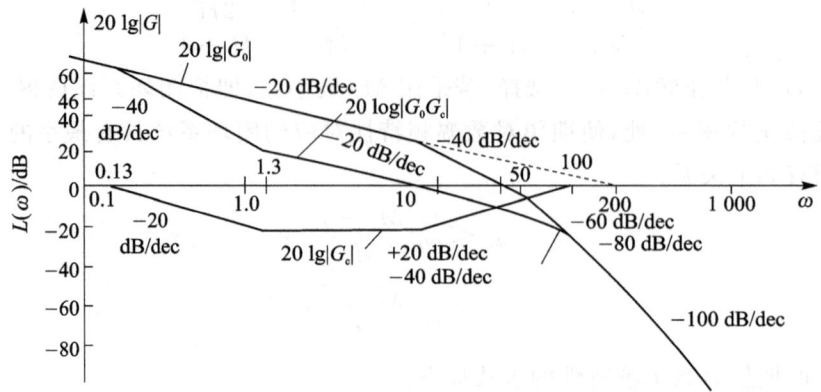

图 6-16 控制系统的开环对数幅频特性图

$$H \geqslant \frac{1+\sin\gamma}{1-\sin\gamma} = \frac{1+\sin 50°}{1-\sin 50°} = 7.55$$

最后由经验公式(6-10) $t_s = \frac{K\pi}{\omega_c}$，$K = 2 + 1.5(M_r - 1) + 2.5(M_r - 1)^2$ 解得 $\omega_c = 12.7$，取期望特性的截止频率 $\omega_c = 13$ rad/s。

其次，在图 6-16 上，过 $\omega = 13$ 作斜率为 -20 dB/dec 直线，其上下限交接频率 ω_2 与 ω_3 按式(6-51)及式(6-52)求得：$\omega_2 \leqslant 3.37$，$\omega_3 \geqslant 22.6$。初选 $\omega_2 = 1.3$ rad/s，即 $\omega_2 = 0.1\omega_c$ 以及 $\omega_3 = 50$ rad/s，此时中频区宽度 $H = \omega_3/\omega_2 = 38.5$，大于要求值。

(3) 期望特性的低、中频段之间的衔接频段：在图 6-16 上，找出中频段与过 $\omega_2 = 1.3$ rad/s 的横轴垂线的交点，通过该点作一条斜率为 -40 dB/dec 的直线，交低频段于 $\omega_1 = 0.13$ rad/s，从而完成了衔接频段设计。

(4) 期望特性的高频段：根据 $v = 1$ 及 $K_v = 200$ s^{-1} 的要求，在图 6-16 上绘制系统不可变部分的幅频特性 $20\lg|G_0|$，知其高频区斜率为 $-60 \sim -100$ dB/dec，表明未校正系统具有良好的抑制高频噪声的能力，故可使期望特性的高频段与 $20\lg|G_0|$ 高频段相同。

(5) 期望特性的中、高频段之间的衔接频段：在图 6-16 上，找出过 $\omega_3 = 50$ rad/s 的横轴垂线与期望特性中频段的交点，通过该点作斜率为 -40 dB/dec 直线并与期望特性的高频段相交，交点对应的频率 $\omega_4 = 100$ rad/s 是期望特性从低频段到高频段的第四个交接频率，从而完成中、高频段之间的衔接频段设计。期望特性的第五个交接频率 $\omega_5 = 200$ rad/s。

至此，对于期望特性的设计已初步完成。系统期望特性对应的传递函数或校正后系统的开环传递函数具有如下形式：

$$G(s) = \frac{200\left(\frac{1}{1.3}s + 1\right)}{s\left(\frac{1}{0.13}s + 1\right)\left(\frac{1}{50}s + 1\right)\left(\frac{1}{100}s + 1\right)^2\left(\frac{1}{200}s + 1\right)}$$

而串联滞后-超期校正的传递函数为

$$G_c(s) = \frac{\left(\frac{1}{1.3}s + 1\right)\left(\frac{1}{10}s + 1\right)}{\left(\frac{1}{0.13}s + 1\right)\left(\frac{1}{100}s + 1\right)}$$

(6) 根据初步绘制的系统期望特性的对数幅频特性，验证校正后的系统是否满足给定性能指标的要求。因为系统期望特性的对数幅频特性是根据给定性能指标要求 $K_v = 200 \text{ s}^{-1}$ 绘制的,所以稳态性能满足要求。

从系统期望特性的对数幅频特性上求得中频段特性的宽度为 38.5。校正后系统的相对谐振峰值 $M_r = \dfrac{H+1}{H-1} \approx 1.1$。与 $M_r = 1.1$ 对应的超调量 $\sigma = 20\% < 30\%$,又根据 $M_r = 1.1$ 及 $\omega_c = 13 \text{ rad/s}$,求得

$$t_s = \frac{K\pi}{\omega_c} \approx 0.53\text{s} < 0.7\text{s}$$

式中,$K = 2.175$。

通过计算求得校正后系统的相角裕度为 $\gamma \approx 52°$,幅值裕度 $h \approx 55 \text{ dB}$,表明初步选定的滞后-超期校正参数满足给定性能指标的要求,因此滞后-超前校正参数的确定已经完成。

按上述设计过程的典型期望特性是否满足给定性能指标的要求,通常需要进行性能指标验算,并对期望特性的交接频率值作必要的调整。利用期望特性方法进行串联综合法校正的设计步骤如下:

(1) 根据性能指标中的稳态性能要求,绘制满足稳态性能的未校正系统的对数幅频特性 $L_0(\omega)$。

(2) 根据性能指标中稳态与动态性能指标,绘制对应的期望开环对数幅频特性 $L_0(\omega) + L_c(\omega) = 20 \lg(G_0 G_c)$,其低频段与 $L_0(\omega)$ 低频段重合。

(3) 根据期望开环对数幅频特性曲线 $[L_0(\omega) + L_c(\omega)]$ 与未校正系统的对数幅频特性曲线 $L_0(\omega)$ 利用 $[L_0(\omega) + L_c(\omega)] - L_0(\omega)$ 串联校正装置对数幅频特性 $L_c(\omega) = 20 \lg|G_c|$。

(4) 验证校正后的系统是否满足给定性能指标的要求,并对期望特性的交接频率值作必要的调整。

(5) 考虑串联校正装置的物理实现。

例 6-6 单位反馈系统开环传递函数为

$$G_0(s) = \frac{K}{s(0.12s+1)(0.02s+1)}$$

试用串联综合法校正设计串联校正装置,使系统满足的性能指标为:$K_v \geqslant 70 \text{ s}^{-1}$,$t_s \leqslant 1 \text{ s}$,$\sigma \leqslant 40\%$。

解 (1) 取 $K = 70$,画出未校正系统对数幅频特性,如图 6-17 所示,求得未校正系统的截止频率 $\omega_c' = 24 \text{ rad/s}$。

(2) 绘制期望开环对数幅频特性。

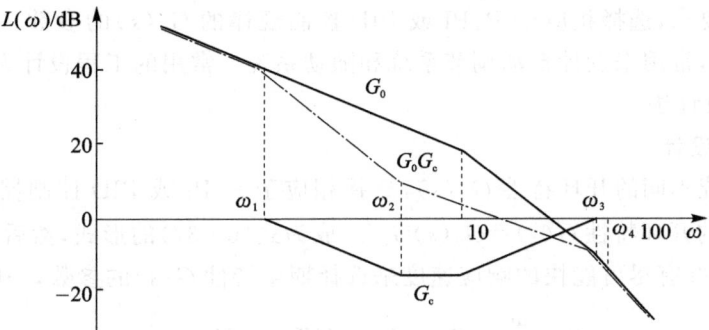

图 6-17 例 6-6 系统期望特性

低频段：I 型系统，$\omega = 1$ 时，有
$$20 \lg |G_0 G_c| = 20 \lg K = 36.9 \text{ dB}$$
斜率为 -20 dB/dec，与 $20 \lg |G_0|$ 的低频段重合。

中频及衔接段：由式(6-9)及(6-10)，将 σ 及 t_s 转换为相应的频域指标，并取
$$M_r = 1.6, \quad \omega_c = 13 \text{ rad/s}$$
按式(6-51)及式(6-52)估算，应有
$$\omega_2 \leqslant 4.88, \quad \omega_3 \geqslant 21.13$$
在 $\omega_c = 13$ rad/s 处，作 -20 dB/dec 斜率直线，交 $20 \lg |G_0|$ 于 $\omega = 45$ 处，如图 6-17 所示。取
$$\omega_2 = 4, \quad \omega_3 = 45$$
此时，$H = \omega_3 / \omega_2 = 11.25$。由式(6-43)知，相应的
$$\gamma = \arcsin \frac{H-1}{H+1} = 56.8°$$
在中频段过 $\omega_2 = 4$ 的横轴垂线的交点上，作斜率为 -40 dB/dec 直线，交期望特性低频段于 $\omega_1 = 0.75$ rad/s 处。

高频及衔接段：在 $\omega_3 = 45$ 横轴垂线与中频段的交点上，作斜率为 -40 dB/dec 直线，交未校正系统的 $20 \lg |G_0|$ 于 $\omega_4 = 50$ 处；$\omega \geqslant \omega_4$ 时，取期望特性高频段 $20 \lg |G_0 G_c|$ 与 $20 \lg |G_0|$ 一致。于是，期望特性的参数为
$$\omega_1 = 0.75, \quad \omega_2 = 4, \quad \omega_3 = 45, \quad \omega_4 = 50, \quad \omega_c = 13, \quad H = 11.25$$

(3) 将 $20 \lg |G_0 G_c|$ 与 $20 \lg |G_0|$ 特性相减，得串联校正装置传递函数为
$$G_c(s) = \frac{(0.25s + 1)(0.12s + 1)}{(1.33s + 1)(0.022s + 1)}$$

(4) 验算性能指标：校正后系统开环传递函数为
$$G(s) = \frac{70(0.25s + 1)}{s(1.33s + 1)(0.02s + 1)(0.022s + 1)}$$

(5) 直接算得：$\omega_c = 13, \gamma = 45.6°, \sigma = 32\%, t_s = 0.73$ s，完全满足设计要求。

6.2.6 串联工程设计方法

在串联综合校正方法的基础上，将期望特性进一步规范化和简单化，使系统期望开环对数幅频特性成为图 6-15 所示的 $-2-1-2$ 形状，使开环期望传递函数如式(6-37)形式，并以式(6-37)特性所能取得的最佳性能来确定参数。这就是工程设计法的主导思想。

工程设计法的一般步骤是先设定串联校正装置 $G_c(s)$ 为 P、PI 或 PID 等控制器的形式，然后按最佳性能的要求，选择相应于 P、PI 或 PID 控制规律的 $G_c(s)$ 的参数。这种设计方法简单，易于工程实现，常用来设计自动调节系统和随动系统。常用的工程设计方法有三阶最佳设计法和最小 M_r 设计法。

1. 三阶最佳设计

按未校正系统不同的开环特性 $G_0(s)$，选择相应于 P、PI 或 PID 控制器为串联校正装置 $G_c(s)$，使校正后的开环特性 $G(s) = G_0(s) G_c(s)$ 成为式(6-37)的形式，然后以式(6-37)能取得最大相角裕度，并有尽可能快的响应速度来选择期望特性 $G(s)$ 的参数，一般取

$$H = \frac{\omega_3}{\omega_2} = 4, \quad T_2 = H T_3, \quad K = \frac{1}{8 T_3^2} \tag{6-53}$$

较为适宜,式中 $T_2=1/\omega_2$, $T_3=1/\omega_3$。从而期望特性为

$$G(s)=\frac{K(1+T_2 s)}{s^2(1+T_3 s)}=\frac{(1+4T_3 s)}{8T_3^2 s^2(1+T_3 s)} \tag{6-54}$$

然后根据式(6-53)确定相应 PID 控制器 $G_c(s)$ 的参数。常见的选择方式如下：

(1) 若未校正系统的传递函数为

$$G_0(s)=\frac{K_0}{s(1+T_0 s)}$$

则可选 PI 控制器，即

$$G_c(s)=\frac{1+\tau s}{Ts}$$

使得校正后系统

$$G(s)=\frac{K_0}{T}\cdot\frac{(1+\tau s)}{s^2(1+T_0 s)}$$

根据式(6-53)，PI 控制器 $G_c(s)$ 的参数选为

$$\tau=4T_0, \quad T=8K_0 T_0^2 \tag{6-55}$$

(2) 若未校正系统的传递函数为

$$G_0(s)=\frac{K_0}{(1+T_{01} s)(1+T_{02} s)} \quad (T_{01}\geqslant T_{02})$$

则将 $G_0(s)$ 简化为

$$G_0(s)\approx\frac{K_0}{T_{01} s(1+T_{02} s)}$$

仍可按第一种情况处理，即选择 PI 控制器，其

$$G_c(s)=\frac{1+\tau s}{Ts}, \quad G(s)=\frac{K_0}{T\cdot T_{01}}\cdot\frac{(1+\tau s)}{s^2(1+T_{02} s)}$$

此时，PI 控制器 $G_c(s)$ 的参数选为

$$\tau=4T_{02}, \quad T=\frac{8K_0 T_{02}^2}{T_{01}} \tag{6-56}$$

(3) 若未校正系统的传递函数为

$$G_0(s)=\frac{K_0}{(1+T_{01} s)(1+T_{02} s)}$$

则可选 PID 控制器，即

$$G_c(s)=\frac{(1+\tau_1 s)(1+\tau_2 s)}{Ts}$$

并令 $\tau_2=T_{01}$ (或 T_{02})，使校正后的系统的传递函数为

$$G(s)=\frac{K_0}{T}\cdot\frac{(1+\tau_1 s)}{s(1+T_{01} s)}$$

PID 控制器的参数选为

$$\tau_1=4T_{01}, \quad \tau_2=T_{02}, \quad T=8K_0 T_{01}^2 \tag{6-57}$$

(4) 若未校正系统的传递函数为

$$G_0(s)=\frac{K_0}{(1+T_{01} s)(1+T_{02} s)(1+T_{03} s)} \quad (T_{03}\gg T_{01}, T_{02})$$

则按第二种情况的简化方法,将 $G_0(s)$ 简化为

$$G_0(s) \approx \frac{K_0}{T_{03}s(1+T_{01}s)(1+T_{02}s)}$$

此时,可按第三种情况处理,即选择 PID 控制器,其参数选为

$$\tau_1 = 4T_{01}, \quad \tau_2 = T_{02}, \quad T = \frac{8K_0 T_{01}^2}{T_{01}} \tag{6-58}$$

(5) 若未校正系统的传递函数为

$$G_0(s) = \frac{K_0}{s(1+T_{01}s)(1+T_{03}s)(1+T_{04}s)(1+T_{05}s)} \quad (T_{03}, T_{04}, T_{05} \ll T_{01})$$

则可将这些小时间常数的惯性环节合并为一个惯性环节,即

$$G_0(s) \approx \frac{K_0}{s(1+T_{01}s)(1+T_{02}s)}$$

式中,$T_{02} = T_{03} + T_{04} + T_{05}$。此时,可按第三种情况处理,即选择 PID 控制器,其参数按式(6-57)确定。

2. 最小 M_r 设计

这种设计方法与三阶最佳设计法基本相同,仅选择参数的出发点不同。此时,期望特性参数的选择是使式(6-37)对应的闭环系统具有最小的 M_r 值,并同时考虑对系统的响应速度和抗扰性能等要求。期望特性的形式仍为

$$G(s) = G_0(s)G_c(s) = \frac{K(1+T_2s)}{s^2(1+T_3s)}$$

但参数的选择为

$$T_2 = HT_3, \quad K = \frac{H+1}{2H^2 T_3^2} \tag{6-59}$$

式中,$H = \omega_3/\omega_2 = T_2/T_3$,一般取为 5。

例 6-7 设单位反馈未校正系统的开环传递函数为

$$G_0(s) = \frac{40}{s(1+0.003s)}$$

试用工程设计方法确定串联校正装置 $G_c(s)$。

解 (1) 分析未校正系统的性能:本例未校正系统为二阶系统,其

$$\xi = 1.44, \quad \omega_n = 115.5 \text{ rad/s}$$

说明未校正系统为过阻尼二阶系统,其性能

$$\gamma' = 83.2°, \quad \omega_c = 40 \text{ rad/s}, \quad t_s = 0.07 \text{ s}$$

由于未校正系统为 I 型系统,在斜坡输入作用下必然存在稳态误差。因此,可考虑采用工程设计方法,使系统成为 II 型系统。

(2) 采用三阶工程最佳设计法:本例属于三阶工程最佳设计法的第一种情况。已知 $K_0 = 40$,$T_0 = 0.003$,故可选 PI 控制器作为串联校正装置,其参数可按式(6-55)确定,得

$$\tau = 0.012 \text{ s}, \quad T = 0.0029 \text{ s}$$

则 PI 控制器

$$G_c(s) = \frac{1+0.012s}{0.0029s} = 4.14 \times \left(1 + \frac{1}{0.012s}\right)$$

即 PI 控制器的比例系数 $K_p = 4.14$,积分时间常数 $T_i = 0.012$ s。

已校正系统的开环传递函数为

$$G(s) = \frac{13\ 793.1(1+0.012\ s)}{s^2(1+0.003\ s)}$$

(3) 采用最小 M_r 设计法:利用式(6-59),取 $H=5$,得 PI 控制器为

$$G_c(s) = \frac{1+0.015\ s}{0.003\ s} = 5\left(1 + \frac{1}{0.015\ s}\right)$$

6.3 频率法反馈校正

为了改善控制系统的性能,除了采用串联校正方式外,反馈校正也是广泛采用的一种校正方式。系统采用反馈校正后,除了可以得到与串联校正相同的效果外,还可以获得某些改善系统性能的特殊功能。

6.3.1 反馈校正的原理与功能

设反馈校正系统如图 6-18 所示,其开环传递函数为

$$G(s) = G_1(s)\frac{G_2(s)}{1+G_2(s)G_c(s)} \quad (6-60)$$

如果在对系统动态性能起主要影响的频率范围内,关系式

$$|G_2(s)G_c(s)| \gg 1 \quad (6-61)$$

成立,则式(6-60)可表示为

$$G(s) = \frac{G_1(s)}{G_c(s)} \quad (6-62)$$

式(6-62)表明,反馈校正后系统的特性几乎与被反馈校正装置包围的环节无关;而当

$$|G_2(s)G_c(s)| \ll 1 \quad (6-63)$$

时,式(6-60)变为

$$G(s) = G_1(s)G_2(s) \quad (6-64)$$

表明此时已校正系统与未校正系统特性一致。因此,适当选取反馈校正装置 $G_c(s)$ 的参数,可以使已校正系统的特性发生期望的变化。

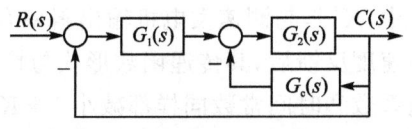

图 6-18 反馈校正系统

反馈校正的基本原理是:用反馈校正装置包围未校正系统中对动态性能改善有重大妨碍的某些环节,形成一个局部反馈回路,在局部反馈回路的开环幅值远大于 1 的条件下,局部反馈回路的特性主要取决于反馈校正装置,而与被包围部分无关;适当选择反馈校正装置的形式与参数,可以使已校正系统的性能满足给定指标的要求。

在控制系统初步设计时,往往把条件(6-61)简化为

$$|G_2(s)G_c(s)| > 1$$

这样做的结果会产生一定的误差,特别是在 $|G_2(s)G_c(s)|=1$ 的附近。可以证明,此时的最大误差不超过 3 dB,在工程允许误差范围内。

反馈校正的功能:

(1) 减小时间常数:反馈校正(一般指负反馈校正)有减小被包围环节时间常数的能力,这

是反馈校正的重要特点。若具有传递函数为 $G(s)=1/(Ts+1)$ 的惯性环节,其时间常数 T 较大,影响整个系统的响应速度,则可用传递函数 $G_c(s)=K_H$ 的反馈校正装置(位置反馈)包围 $G(s)$,其中 K_H 为常数,称为位置反馈系数。作增量补偿后,结构图如图 6-19(b)所示,传递函数为

$$G(s)=\frac{1}{\dfrac{T}{1+K_H}s+1} \qquad (6-65)$$

式(6-65)表明,位置反馈校正使被包围环节的传递系数和时间常数都减小 $1+K_H$,传递系数的下降可通过提高前级放大器的增益来弥补,而时间常数的下降却有利于加快整个系统的响应速度。例如高增益放大器,采用深度负反馈后,不但使其增益比较稳定,而且可使放大器的惯性减小到可略去不计的程度。相应的惯性环节频带宽度由原来的 $1/T$ 增加为 $(1+K_H)/T$。其波德图如图 6-19(c)所示。反馈校正的此种优点,与改变环节的固有特性相同,但突出应用在执行机构的频带宽度不够的场合,如阀门的驱动、电压-电流转换器等。

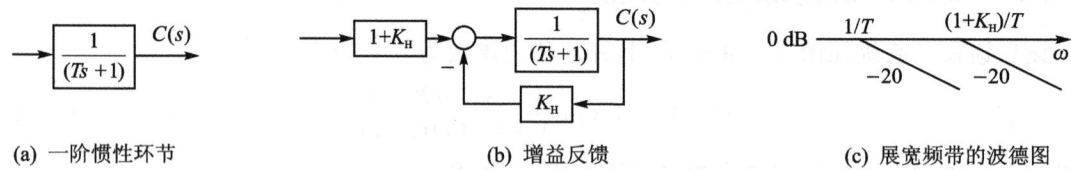

(a) 一阶惯性环节　　　　(b) 增益反馈　　　　(c) 展宽频带的波德图

图 6-19　反馈校正可以展宽频带宽度

如果用传递函数 $G_c(s)=K'_t s$ 的测速发电机及分压器(速度反馈)包围传递函数为

$$G_2(s)=\frac{K_m}{s(T_m s+1)}$$

的电动机,此时内回路传递函数为

$$\frac{C(s)}{R_1(s)}=\frac{K_m}{1+K_m K'_t}\cdot\frac{1}{s\left(\dfrac{T_m}{1+K_m K'_t}s+1\right)}$$

其中,K'_t 是与测速发电机输出斜率有关的常数,一般称为测速反馈系数。上式表明,电动机采用速度反馈后,其传递函数形式与校正前相同,仍包含一个积分环节,这是很可贵的一点;而传递系数和时间常数同样都减小 $1+K_m K'_t$ 倍。因此有不少控制系统均采用电动机-测速发电机组作为执行机构。有时,由于动态性能的限制,速度反馈造成的增益下降无法全部补偿,采用速度反馈校正就会影响系统的稳态精度。

(2) 降低系统对参数变化的敏感性:在控制系统中,为了减弱系统参数变化对性能的敏感程度,除可采用鲁棒控制技术外,通常最有效的措施之一,就是采用负反馈校正的方法。

对于开环系统来说,设由于参数的变化,系统传递函数 $G(s)$ 的变化量为 $\Delta G(s)$,其相应的输出量变化为 $\Delta C(s)$。这时开环系统的输出为

$$C(s)+\Delta C(s)=[G(s)+\Delta G(s)]R(s)$$

因为 $C(s)=G(s)R(s)$,则有

$$\Delta C(s)=\Delta G(s)R(s)$$

上式说明,对开环系统来说,参数的变化对系统输出的影响与传递函数的变化成正比。

然而对于采用单位负反馈后的闭环系统来说,如果发生上述的参数变化,则闭环系统的输

出为

$$C(s)+\Delta C(s)=\frac{G(s)+\Delta G(s)}{1+[G(s)+\Delta G(s)]}R(s)$$

通常 $|G(s)|\gg|\Delta G(s)|$，于是近似有

$$\Delta C(s)\approx\frac{\Delta G(s)}{1+G(s)}R(s)$$

上式说明，因参数变化，闭环系统输出的变化将是开环传递函数的 $1/[1+G(s)]$。由于常有 $1+G(s)$ 的值远远大于 1，所以负反馈能够大大地削减参数变化对控制系统性能的影响。因此，如果说为了提高开环控制系统抑制参数变化这种类型的干扰的能力，必须选择高精度的元件的话，那么对于采用单位负反馈后的闭环系统来说，基于上式，可以选用精度较低的元件。

反馈校正的这一特点是十分重要的。一般来说，系统不可变部分的特性，包括被控对象特性在内，其参数稳定性大都与被控对象自身的因素有关，无法轻易改变；而反馈校正装置的特性则是由设计者确定的，其参数稳定性取决于选用元部件的质量；若加以精心挑选，可使其特性基本不受工作条件改变的影响，从而降低系统对参数变化的敏感性。

(3) 积分负反馈代替纯微分环节：前向通路中如果含有纯微分环节，将会对高频噪声干扰极其敏感。若用积分负反馈来实现纯微分环节，将会有效地减少高频干扰的影响，其结构图、波德图如图 6-20 所示。

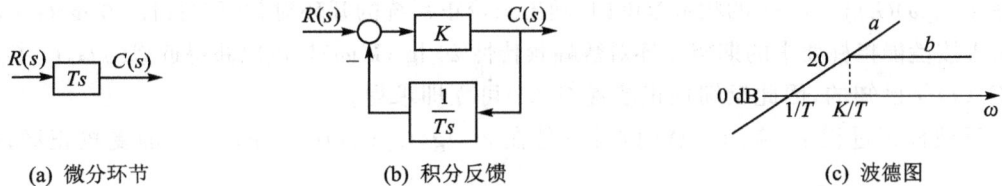

(a) 微分环节　　　　(b) 积分反馈　　　　(c) 波德图

图 6-20　积分负反馈代替纯微分环节

积分负反馈的传递函数为

$$G(s)=\frac{K}{1+\frac{1}{Ts}K}=\frac{Ts}{\frac{T}{K}s+1} \tag{6-66}$$

可以明显看出，频率低于 $\omega=K/T$ 的频谱分量，其传输为微分特性；但高于 $\omega=K/T$ 的频谱分量则显然被衰减为水平值。因此，与纯微分特性相比，高频干扰分量得到抑制，改善了前向通路的传输特性。

(4) 负反馈可以消除系统不可变部分中不希望有的特性。

根据以上分析，采用负反馈的内反馈回路特性当满足式(6-61)所示条件时，近似地由反馈通道的倒数加以描述。基于上述结论，假如在图 6-18 所示的系统中，不可变部分的特性 $G_2(s)$ 是不希望的，那么通过适当地选择反馈通道的传递函数 $G_c(s)$，使其倒数 $1/G_c(s)$ 代替原来的 $G_2(s)$，并使之具有需要的特性，则可以通过这种"置换"的方法来改善系统的性能。

反馈作用还可以应用于许多场合，如削弱系统的非线性影响和正反馈增益提升等。

6.3.2　综合法反馈校正

设含有反馈校正的控制系统如图 6-21 所示，由图可见，未校正系统开环传递函数为

$$G_0(s)=G_1(s)G_2(s)G_3(s) \tag{6-67}$$

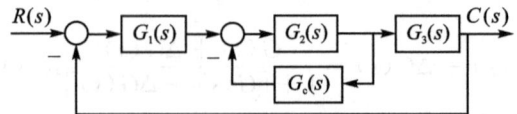

图 6-21 反馈校正控制系统

已校正系统开环传递函数为

$$G(s) = \frac{G_0(s)}{1 + G_2(s)G_c(s)} \tag{6-68}$$

在 $20\lg|G_2(j\omega)G_c(j\omega)| < 0$ 时，由式(6-68)知

$$G(s) \approx G_0(s) \tag{6-69}$$

表明在 $|G_2(j\omega)G_c(j\omega)| < 1$ 的频带范围内，已校正系统开环频率特性与未校正系统开环频率特性近似相同；而在 $20\lg|G_2(j\omega)G_c(j\omega)| > 0$ 时，由式(6-68)知

$$G(s) \approx \frac{G_0(s)}{G_2(s)G_c(s)} \tag{6-70}$$

或者

$$G_2(s)G_c(s) \approx \frac{G_0(s)}{G(s)} \tag{6-71}$$

表明在 $|G_2(j\omega)G_c(j\omega)| > 1$ 的频带范围内，画出未校正系统的开环对数幅频特性 $20\lg|G_0(j\omega)|$，然后减去按性能指标要求的期望开环对数幅频特性 $20\lg|G(j\omega)|$，可以获得近似的 $G_2(s)G_c(s)$。由于 $G_2(s)$ 是已知的，因此反馈校正装置 $G_c(s)$ 可立即求得。

在反馈校正过程中，应当注意两点：一是在 $20\lg|G_2(j\omega)G_c(j\omega)| > 0$ 的受校正频段内，应使

$$20\lg|G_0(j\omega)| \gg 20\lg|G(j\omega)| \tag{6-72}$$

式(6-72)的值越大，则校正精度越高，这一要求通常均能满足；二是局部反馈回路必须稳定。

必须指出，以下设计方法与分析法设计过程一样，仅适用于最小相角系统。综合法反馈校正设计步骤如下：

(1) 按稳态性能指标要求绘制未校正系统的开环对数幅频特性：

$$L_0(\omega) = 20\lg|G_0(j\omega)|$$

(2) 根据给定性能指标要求绘制期望开环对数幅频特性：

$$L(\omega) = 20\lg|G(j\omega)|$$

(3) 由

$$20\lg|G_2(j\omega)G_c(j\omega)| = L_0(\omega) - L(\omega), \quad \forall [L_0(\omega) - L(\omega)] > 0$$

求得 $G_2(s)G_c(s)$ 传递函数。

(4) 检验局部反馈回路的稳定性，并检查期望开环截止频率 ω_c 附近

$$20\lg|G_2(j\omega)G_c(j\omega)| > 0$$

的程度。

(5) 由 $G_2(s)G_c(s)$ 求出 $G_c(s)$。

(6) 检验校正后性能指标是否满足要求。

(7) 考虑 $G_c(s)$ 的工程实现。

例 6-8 设系统结构图如图 6-21 所示，图中

$$G_1(s) = \frac{K_1}{0.014s+1}, \quad G_2(s) = \frac{12}{(0.1s+1)(0.02s+1)}, \quad G_3(s) = \frac{0.0025}{s}$$

$K_1 = 6\,000$ 以内可调。试设计反馈校正装置特性 $G_c(s)$，使系统满足下列性能指标：

(1) 静态速度误差系数 $K_v \geqslant 150$ rad/s；
(2) 单位阶跃输入下的超调量 $\sigma \leqslant 40\%$；
(3) 单位阶跃输入下的调节时间 $t_s \leqslant 1$ s。

解 本例求解步骤如下：

(1) 令 $K_1 = 5\,000$，画出未校正系统

$$G_0(s) = \frac{150}{s(0.014s+1)(0.02s+1)(0.1s+1)}$$

的对数幅频特性，如图 6-22 所示，得 $\omega_c' = 38.7$。

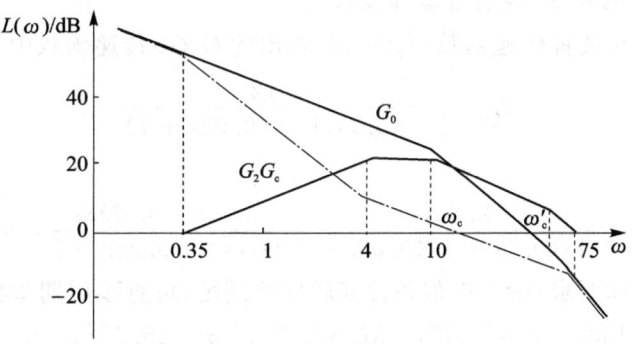

图 6-22 例 6-8 系统对数幅频特性

(2) 绘制系统的期望对数幅频特性。

中频段：与例 6-6 相同，将 $\sigma \leqslant 40\%$ 及 $t_s \leqslant 1$ s 转换为相应的频域指标，并取

$$M_r = 1.6, \quad \omega_c = 13 \text{ rad/s}$$

为简化校正装置，取

$$\omega_3 = \frac{1}{0.014} = 71.3 \text{ rad/s}$$

过 $\omega_c = 13$ 作 -20 dB/dec 斜率直线，并取 $\omega_2 = 4$ rad/s，使中频区宽度

$$H = \omega_3/\omega_2 = 17.8$$

由式(6-43)，相应的相角裕度

$$\gamma = \arcsin\frac{H-1}{H+1} = 63.3°$$

在 $\omega_3 = 71.3$ 处，作 -40 db/dec 斜率直线，交 $|G_0|$ 于 $\omega_4 = 75$ rad/s。

低频段：I 型系统，在 $\omega = 1$ 时，有

$$20 \lg K_v = 43.5 \text{ dB}$$

斜率为 -20 dB/dec，与 $20 \lg |G_0(j\omega)|$ 的低频段重合。过 $\omega_2 = 4$ 作 -40 dB/dec 斜率直线，与低频段相交，取交点频率 $\omega_1 = 0.35$ rad/s。

高频段：在 $\omega \geqslant \omega_4$ 范围，取 $20 \lg |G|$ 与 $20 \lg |G_0|$ 一致。于是，期望特性为

$$G(s) = \frac{150(0.25s+1)}{s(0.014s+1)(0.013s+1)(2.86s+1)}$$

(3) 求 G_2G_c 特性：在图 6-22 中，作

$$20 \lg |G_2G_c| = 20 \lg |G_0| - 20 \lg |G|$$

为使 G_2G_c 特性简单，取

$$G_2(s)G_c(s) = \frac{2.86s}{(0.25s+1)(0.1s+1)(0.02s+1)}$$

(4) 检验小闭环的稳定性：主要检验 $\omega = \omega_4 = 75$ 处 G_2G_c 的相角裕度：

$$\gamma(\omega_4) = 180° + 90° - \arctan 0.25\omega_4 - \arctan 0.1\omega_4 - \arctan 0.02\omega_4 = 44.3°$$

故小闭环稳定，再检验小闭环在 $\omega_c = 13$ 处幅值，即

$$20 \lg \left| \frac{2.86 \omega_c}{0.25 \times 0.1 \times \omega_c^2} \right| = 18.9 \text{ dB}$$

基本满足 $|G_2G_c| \gg 1$ 的要求，表明近似程度较高。

(5) 求取反馈校正装置传递函数 $G_c(s)$：在求出的 G_2G_c 传递函数中，代入已知的

$$G_2(s) = \frac{12}{(0.1s+1)(0.02s+1)}$$

得

$$G_c(s) = \frac{2.86s}{(0.25s+1)(0.1s+1)(0.02s+1)G_2(s)} = \frac{0.238s}{0.25s+1} = 0.953 \frac{0.25s}{0.25s+1}$$

(6) 验算设计指标要求：由于近似条件能较好地满足，可直接用期望特性验算，其结果为

$$K_v = 150, \quad \gamma = 54.5°, \quad M_r = 1.23, \quad \sigma = 25.2\%, \quad t_s = 0.6\text{s}$$

均满足设计要求。

6.4 控制系统的复合校正

串联校正和反馈校正是控制系统工程中常用的两种校正方法，在一定程度上可以使已校正系统满足给定的性能指标要求。然而，如果控制系统中存在强扰动，特别是低频强扰动，或者系统的稳态精度和响应速度要求很高，则一般的反馈控制校正难以满足要求。目前，工程实践中还广泛采用一种把前馈控制和反馈控制有机结合起来的校正方法，这就是复合控制校正。

为了减小或消除在特定输入作用下的稳态误差，可以提高系统的开环增益，或者采用高型别系统。但是，这两种方法都将影响系统的稳定性，并会降低系统的动态性能。当型别过高或开环增益过大时，甚至会使系统失去稳定。此外，适当选择系统带宽可以抑制高频扰动，但对低频扰动却无能为力。采用比例-积分反馈控制，虽可抑制来自系统输入端的扰动，但反馈校正装置的设计比较困难，且难以满足系统的高性能要求。如果在系统的反馈控制回路中加入前馈通路，组成一个前馈控制和反馈控制相结合的系统，只要参数选择得当，不但可以保持系统稳定，极大地减小乃至消除稳态误差，而且可以抑制几乎所有的可量测扰动，其中包括低频强扰动。这样的系统就称为复合控制系统，相应的控制方式称为复合控制。把复合控制的思想用于系统设计，就是复合校正。在高精度的控制系统中，复合控制得到了广泛的应用。

复合校正中的前馈装置是按不变性原理进行设计的，可分为按扰动补偿和按输入补偿两种方式。

6.4.1 按扰动补偿的复合校正

设按扰动补偿的复合控制系统如图 6-23 所示,图中,$N(s)$ 为可量测扰动,$G_1(s)$ 和 $G_2(s)$ 为反馈部分的前向通路传递函数,$G_n(s)$ 为前馈补偿装置传递函数。复合校正的目的是恰当选择 $G_n(s)$,使扰动 $N(s)$ 经过 $G_n(s)$ 对系统输出 $C(s)$ 产生补偿作用,以抵消扰动 $N(s)$ 通过 $G_2(s)$ 对输出 $C(s)$ 的影响。由图 6-23 可知,扰动作用下的输出为

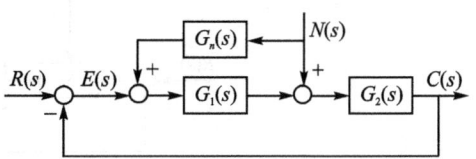

图 6-23 按扰动补偿的复合控制系统

$$C(s) = \frac{G_2(s)[1+G_1(s)G_n(s)]}{1+G_1(s)G_2(s)}N(s) \quad (6-73)$$

扰动作用下的误差为

$$E(s) = -C(s) = -\frac{G_2(s)[1+G_1(s)G_n(s)]}{1+G_1(s)G_2(s)}N(s) \quad (6-74)$$

令扰动引起的误差为零,则必有

$$1+G_1(s)G_n(s) = 0$$

得到对扰动的误差全补偿条件为

$$G_n(s) = -\frac{1}{G_1(s)} \quad (6-75)$$

则由式(6-73)和式(6-74)知,必有 $C(s)=0$ 以及 $E(s)=0$。因此,式(6-75)称为对扰动的误差全补偿条件。

具体设计时,可以选择 $G_1(s)$(可加入串联校正装置 $G_c(s)$)的形式与参数,使系统获得满意的动态性能和稳态性能;然后按式(6-75)确定前馈补偿装置的传递函数 $G_n(s)$,系统完全不受可量测扰动的影响。然而,误差全补偿条件(6-75)在物理上往往无法准确实现,因为对由物理装置实现的 $G_1(s)$ 来说,其分母多项式次数总是大于或等于分子多项式的次数。因此,在实际使用时,多在对系统性能起主要影响的频段内采用近似全补偿,或者采用稳态全补偿,以使前馈补偿装置易于物理实现。

从补偿原理来看,由于前馈补偿实际上是采用开环控制方式去补偿可量测的扰动信号,因此前馈补偿并不改变反馈控制系统的特性。从抑制扰动的角度来看,前馈控制可以减轻反馈控制的负担,所以反馈控制系统的增益可以取得小一些,以有利于系统的稳定性。所有这些都是用复合校正方法设计控制系统的有利因素。

例 6-9 设按扰动补偿的复合校正随动系统如图 6-24 所示,图中,K_1 为综合放大器的传递函数,$1/(T_1s+1)$ 为滤波器的传递函数,$K_m/[s(T_ms+1)]$ 为伺服电动机的传递函数,$N(s)$ 为负载转矩扰动,试设计前馈补偿装置 $G_n(s)$,使系统输出不受扰动的影响。

解 由图 6-24 可见,扰动对系统输出的影响由下式描述

$$C(s) = \frac{K_m(T_1s+1)}{s(T_1s+1)(T_ms+1)+K_1K_m}\left[\frac{K_n}{K_m}+\frac{K_1}{(T_1s+1)}G_n(s)\right]N(s)$$

令扰动对系统输出的影响为零,即

$$\frac{K_n}{K_m}+\frac{K_1}{(T_1s+1)}G_n(s) = 0$$

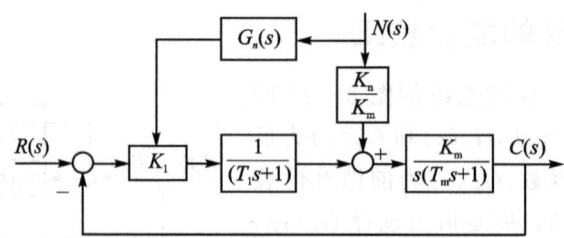

图 6-24 带前馈补偿的复合控制系统

得到对扰动的误差全补偿条件为

$$G_n(s) = -\frac{K_n}{K_1 K_m}(T_1 s + 1)$$

系统输出便不受负载转矩扰动影响。但是由于 $G_n(s)$ 的分子次数高于分母次数,故不便于物理实现。若令

$$G_n(s) = -\frac{K_n}{K_1 K_m} \frac{(T_1 s + 1)}{(T_2 s + 1)} \quad (T_1 \gg T_2)$$

则 $G_n(s)$ 在物理上能够实现,且达到近似全补偿要求,即在扰动信号作用的主要频段内进行了全补偿。此外,若取

$$G_n(s) = -\frac{K_n}{K_1 K_m}$$

则由扰动对输出影响的表达式可见:在稳态时,系统输出完全不受可量测扰动的影响。这就是所谓误差全补偿,它在物理上更易于实现。

由上述分析可知,采用前馈控制补偿扰动信号对系统输出的影响是提高系统控制准确度的有效措施。但采用前馈补偿,首先要求扰动信号可以量测;其次要求前馈补偿装置在物理上是可实现的,并应力求简单。在实际应用中,多采用近似全补偿或稳态全补偿的方案。一般来说,主要扰动引起的误差,由前馈控制进行全部或部分补偿;次要扰动引起的误差,由前馈控制给以抑制。这样,在不提高开环增益的情况下,各种扰动引起的误差均可得到补偿,从而有利于提高系统稳定性并减小系统稳态误差。此外,由于前馈控制是一种开环控制,因此要求构成前馈补偿装置的元件具有较高的参数稳定性,否则将削弱补偿效果,并给系统输出造成新的误差。

6.4.2 按输入补偿的复合校正

设按输入补偿的复合校正控制系统如图 6-25 所示。图中 $G(s)$ 为反馈系统的开环传递函数,$G_r(s)$ 为前馈补偿装置的传递函数。由图可知,系统的输出量为

$$C(s) = [E(s) + G_r(s) R(s)] G(s) \quad (6-76)$$

由于系统的误差表达式

$$E(s) = R(s) - C(s) \quad (6-77)$$

可得

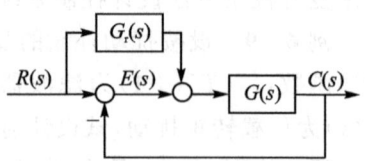

图 6-25 按输入补偿的复合校正控制系统

$$C(s) = \frac{[1 + G_r(s)] G(s)}{1 + G(s)} R(s) \quad (6-78)$$

如果选择前馈补偿装置的传递函数

$$G_r(s) = \frac{1}{G(s)} \tag{6-79}$$

则式(6-78)变为

$$C(s) = R(s)$$

表明在式(6-79)成立的条件下,系统的输出量在任何时刻都可以完全无误地复现输入量,具有理想的时间响应特性。

为了说明前馈补偿装置能够完全消除误差的物理意义,将式(6-76)代入式(6-77)得

$$E(s) = \frac{1 - G_r(s)G(s)}{1 + G(s)} R(s) \tag{6-80}$$

式(6-80)表明,在式(6-79)成立的条件下,恒有 $E(s)=0$;前馈补偿装置 $G_r(s)$ 的存在,相当于在系统中增加了一个输入信号 $G_r(s)R(s)$,其产生的误差信号与原输入信号 $R(s)$ 产生的误差信号相比,大小相等而方向相反。故式(6-79)称为对输入信号的误差全补偿条件。

由于 $G(s)$ 一般均具有比较复杂的形式,故全补偿条件(6-79)的物理实现相当困难。在工程实践中,大多采用满足跟踪精度要求的部分补偿条件,或者在对系统性能起主要影响的频段内实现近似全补偿,以使 $G_r(s)$ 的形式简单并易于物理实现。

为了便于分析按输入补偿的复合校正控制系统的误差和稳定性,需要引入等效开环传递函数的概念。由式(6-78)知,系统闭环传递函数为

$$\Phi(s) = \frac{C(s)}{R(s)} = \frac{[1 + G_r(s)]G(s)}{1 + G(s)} \tag{6-81}$$

定义等效开环传递函数

$$G_k(s) = \frac{\Phi(s)}{1 - \Phi(s)} = \frac{[1 + G_r(s)]G(s)}{1 - G_r(s)G(s)} \tag{6-82}$$

显然,式(6-81)和式(6-82)对于单位反馈复合控制系统才能成立。相应的误差传递函数为

$$\Phi_e(s) = \frac{E(s)}{R(s)} = 1 - \Phi(s) = \frac{1 - G_r(s)G(s)}{1 + G(s)} \tag{6-83}$$

在部分补偿情况下,$G_r(s) \neq 1/G(s)$。设反馈系统的开环传递函数为

$$G(s) = \frac{K_v}{s(a_n s^{n-1} + a_{n-1} s^{n-2} + \cdots + a_2 s + a_1)}$$

相应的闭环传递函数为

$$\Phi(s) = \frac{K_v}{s(a_n s^{n-1} + a_{n-1} s^{n-2} + \cdots + a_2 s + a_1) + K_v} \tag{6-84}$$

显然,这是 I 型系统,存在常值速度误差,且加速度误差为无穷大。

若取输入信号一阶导数作为前馈补偿信号,即

$$G_r(s) = \lambda_1 s$$

其中,常系数 λ_1 表示前馈补偿信号的强度。此时,由式(6-81)得等效系统的闭环传递函数为

$$\Phi(s) = \frac{K_v(1 + \lambda_1 s)}{s(a_n s^{n-1} + a_{n-1} s^{n-2} + \cdots + a_2 s + a_1) + K_v} \tag{6-85}$$

根据式(6-83)得等效系统的误差传递函数为

$$\Phi_e(s) = \frac{a_n s^n + a_{n-1} s^{n-1} + \cdots + a_2 s^2 + (a_1 - \lambda_1 K_v)s}{s(a_n s^{n-1} + a_{n-1} s^{n-2} + \cdots + a_2 s + a_1) + K_v}$$

若使 $a_1 - \lambda_1 K_v = 0$,即取

$$\lambda_1 = \frac{a_1}{K_v}$$

可得

$$\Phi_e(s) = \frac{s^2(a_n s^{n-2} + a_{n-1} s^{n-3} + \cdots + a_2)}{s(a_n s^{n-1} + a_{n-1} s^{n-2} + \cdots + a_2 s + a_1) + K_v} \quad (6-86)$$

于是,等效开环传递函数为

$$G_k(s) = \frac{1 - \Phi_e(s)}{\Phi_e(s)} = \frac{a_1 s + K_v}{s^2(a_n s^{n-2} + a_{n-1} s^{n-3} + \cdots + a_2)} \quad (6-87)$$

式(6-87)表明,引入 $G_r(s) = \lambda_1 s$ 的前馈补偿装置,并使 $\lambda_1 = a_1/K_v$,可使复合控制系统等效为 II 型系统。此时,复合控制系统的速度误差为零,加速度误差为常值。利用式(6-86),根据终值定理方法可验证这一结论。

若取输入信号的一阶导数和二阶导数的线性组合作为前馈补偿信号,即

$$G_r(s) = \lambda_2 s^2 + \lambda_1 s$$

则等效系统的闭环传递函数为

$$\Phi(s) = \frac{K_v(1 + \lambda_1 s + \lambda_2 s^2)}{s(a_n s^{n-1} + a_{n-1} s^{n-2} + \cdots + a_2 s + a_1) + K_v} \quad (6-88)$$

等效系统的误差传递函数为

$$\Phi_e(s) = \frac{a_n s^n + a_{n-1} s^{n-1} + \cdots + (a_2 - \lambda_2 K_v) s^2 + (a_1 - \lambda_1 K_v) s}{s(a_n s^{n-1} + a_{n-1} s^{n-2} + \cdots + a_2 s + a_1) + K_v}$$

若使

$$\begin{cases} a_1 - \lambda_1 K_v = 0 \\ a_2 - \lambda_2 K_v = 0 \end{cases}$$

即取

$$\lambda_1 = \frac{a_1}{K_v}, \quad \lambda_2 = \frac{a_2}{K_v}$$

可得

$$\Phi_e(s) = \frac{s^3(a_n s^{n-3} + a_{n-1} s^{n-4} + \cdots + a_3)}{s(a_n s^{n-1} + a_{n-1} s^{n-2} + \cdots + a_2 s + a_1) + K_v} \quad (6-89)$$

于是,等效开环传递函数为

$$G_k(s) = \frac{1 - \Phi_e(s)}{\Phi_e(s)} = \frac{a_2 s^2 + a_1 s + K_v}{s^3(a_n s^{n-3} + a_{n-1} s^{n-4} + \cdots + a_3)} \quad (6-90)$$

由式(6-89)及式(6-90)可见,引入 $G_r(s) = \lambda_2 s^2 + \lambda_1 s$ 的前馈补偿装置,并使 $\lambda_1 = a_1/K_v, \lambda_2 = a_2/K_v$,可使复合控制系统等效为 III 型系统。此时,复合控制系统的速度误差和加速度误差均为零,极大地提高了系统复现输入信号的能力和精度。

在一般情况下,前馈补偿信号不是加在系统的输入端,而是加在系统前向通道上某个环节的输入端,以简化误差全补偿条件,如图 6-26 所示。由图可知,复合控制系统的输出量为

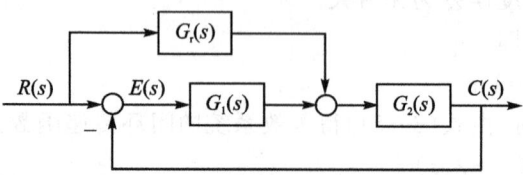

图 6-26 按输入补偿的复合校正控制系统

$$C(s) = \frac{[G_1(s) + G_r(s)]G_2(s)}{1 + G_1(s)G_2(s)} R(s)$$

则等效系统的闭环传递函数为

$$\Phi(s) = \frac{[G_1(s) + G_r(s)]G_2(s)}{1 + G_1(s)G_2(s)}$$

等效系统的误差传递函数为

$$\Phi_e(s) = \frac{1 - G_r(s)G_2(s)}{1 + G_1(s)G_2(s)} \tag{6-91}$$

由式(6-91)可见，当取

$$G_r(s) = \frac{1}{G_2(s)} \tag{6-92}$$

时，复合控制系统将实现误差全补偿。基于同样的理由，完全实现式(6-92)的全补偿条件是困难的。为了使 $G_r(s)$ 在物理上能够实现，通常只进行部分补偿，将系统误差减小至允许范围内即可。由于前馈补偿信号移近系统的输出端，因此要求前馈补偿信号具有较大的功率，从而使前馈补偿装置的结构比较复杂，所以前馈信号通常加在系统信号综合放大器的输入端，以使前馈补偿装置具有比较简单的结构。

从控制系统稳定性的角度来考虑，比较式(6-84)、式(6-85)和式(6-88)可知，没有前馈控制时的反馈控制系统的特征方程，与有前馈控制时的复合控制系统的特征方程完全一致，表明系统的稳定性与前馈控制无关。于是，复合校正控制系统很好地解决了一般反馈控制系统在提高控制精度与确保系统稳定性之间存在的矛盾。

在控制工程实践中，输入信号的一阶导数和二阶导数往往由测速发电机与无源网络的组合线路取得，如图 6-27 所示。由图可知，在假定无源网络的负载阻抗为无穷大

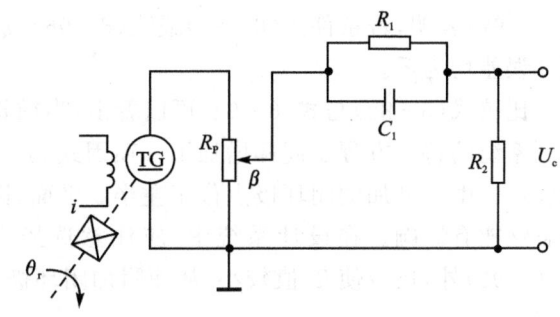

图 6-27 测速发电机与无源网络的组合

且信号源内阻为零($\beta R_w \approx 0$，式中，R_w 为测速发电机的分压电位器阻值，β 为调整系数)的条件下，无源网络的传递函数为

$$G_c(s) = \frac{K_1(\tau s + 1)}{Ts + 1}$$

式中

$$K_1 = \frac{R_2}{R_1 + R_2}, \quad \tau = R_1 C_1, \quad T = \frac{R_1 R_2 C_1}{R_1 + R_2}$$

当不考虑负载效应时，测速发电机与无源网络的组合线路的传递函数为

$$G_r(s) = K_1 \frac{\tau s + 1}{Ts + 1} \cdot \beta K_t s = \frac{\lambda_2 s^2 + \lambda_1 s}{Ts + 1} \tag{6-93}$$

式中

$$\lambda_1 = \beta K_1 K_t, \quad \lambda_2 = \beta \tau K_1 K_t$$

K_t 为测速发电机的比电压(输出斜率)。显然，调整 K_1，β 和 τ 的数值可使 λ_1 和 λ_2 满足设计要求。

由式(6-93)可见，由于无源网络无法提供纯微分信号，因此在前馈装置传递函数的分母

上增加了一项寄生因式$(Ts+1)$。在这种情况下,则等效系统的闭环传递函数式(6-88)演变为

$$\Phi(s) = \frac{K_v[1+(\lambda_1+T)s+\lambda_2 s^2]}{(Ts+1)[s(a_n s^{n-1}+a_{n-1}s^{n-2}+\cdots+a_2 s+a_1)+K_v]} \quad (6-94)$$

根据式(6-83)得等效系统的误差传递函数

$$\Phi_e(s) = \frac{a_n T s^{n+1}+(a_n+a_{n-1}T)s^n+\cdots+(a_3+a_2 T)s^3+(a_2+a_1 T-\lambda_2 K_v)s^2+(a_1-\lambda_1 K_v)s}{(Ts+1)[s(a_n s^{n-1}+a_{n-1}s^{n-2}+\cdots+a_2 s+a_1)+K_v]}$$

若使

$$\begin{cases} a_1-\lambda_1 K_v=0 \\ a_2+a_1 T-\lambda_2 K_v=0 \end{cases}$$

即取

$$\lambda_1 = \frac{a_1}{K_v}, \quad \lambda_2 = \frac{a_2+a_1 T}{K_v} \quad (6-95)$$

也即 K_1,β 和 τ 的选择应使下列关系式成立:

$$\beta = \frac{a_1}{K_1 K_t K_v}, \quad K_1 = \frac{a_2+a_1 T}{\beta\tau K_t K_v} \quad (6-96)$$

则等效开环传递函数为

$$G_k(s) = \frac{(a_2+a_1 T)s^2+(a_1+K_v T)s+K_v}{s^3[a_n T s^{n-2}+(a_n+a_{n-1}T)s^{n-3}+\cdots+(a_3+a_2 T)]} \quad (6-97)$$

式(6-97)表明,若条件式(6-95)或式(6-96)成立,等效系统成为Ⅲ型系统,其速度误差和加速度误差均为零。

比较式(6-88)与式(6-94)可以看出,当前馈装置的传递函数为式(6-93)形式时,复合控制系统的特征方程也同样增加了一项因式$(Ts+1)$,从而使闭环系统增加了一个$s=-1/T$的极点。由于增加的闭环极点位于左半s平面,因此对系统的稳定性没有影响,但是对系统的动态性能有影响。在设计系统中,应注意选择无源网络的R和C的数值,除应使T满足式(6-96)外,还应使T值较小,从而附加闭环极点$s=-1/T$远离虚轴,对系统动态性能的影响甚微。

$G_r(s)=\lambda_1 s$ 的前馈补偿规律可直接用测速发电机实现。为便于调整参数,测速发电机的输出端应跨接分压电位器。

6.5 PID控制器特性分析及应用

确定校正装置的具体形式时,应先了解校正装置所需要提供的控制规律,以便选择相应的元件,包含校正装置在内的控制器。常常采用比例、积分、微分等基本控制规律,或者采用这些基本控制规律的某些组合,如比例-微分、比例-积分、比例-积分-微分等组合控制规律,以实现对被控对象的有效控制。

6.5.1 比例控制

具有比例控制规律的控制器,称为P控制器,如图6-28所示。P控制器实质上是一个具有可调增益的放大器。比例元件在信号变换中起着改变增益而不影响相位的作用。在串联校正中,比例校正元件只影响系统的开环增益,从而影响系统的稳态误差。增大开环增益K_p,系统将提高稳态精度;但它又往往降低系统的稳定性,甚至可能造成闭环系统不稳定。因此,在

系统校正设计中,很少单独使用比例控制规律。

(1) 图 6-29 为随动系统框图,图中 $G_0(s)$ 为随动系统的固有部分。

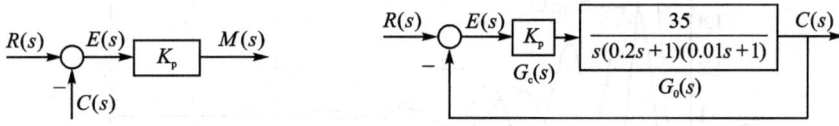

图 6-28　P 控制器　　　　图 6-29　具有 P 控制器的系统框图

作 $G_0(s) = \dfrac{35}{s(0.2s+1)(0.01s+1)}$ 的波德图,如图 6-30 中 G_0 所示。由图得

截止频率　　　　　　　　$\omega_c' = 12.7 \text{ rad/s}$

相角裕度　$\gamma(\omega_c') = 180° - 90° - \arctan(0.2 \times 12.7) - \arctan(0.01 \times 12.7) = 14.26°$

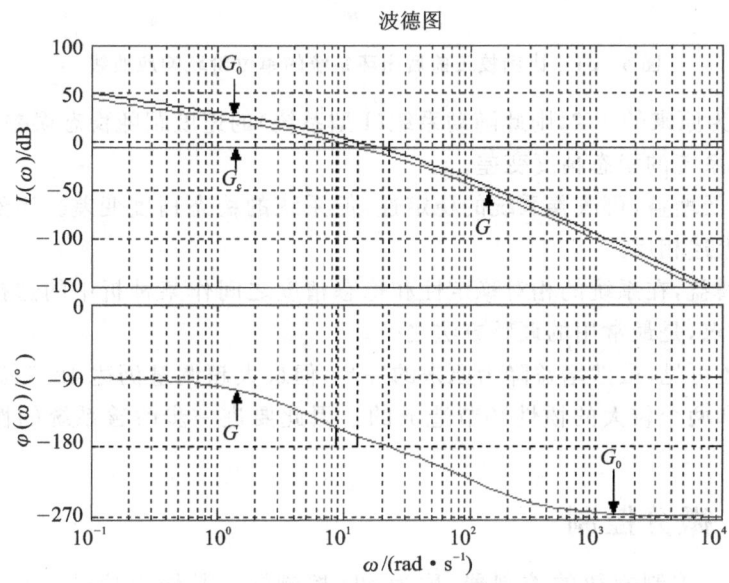

图 6-30　比例校正对系统性能影响的波德图

显然 $\gamma(\omega_c') = 14.26°$ 时,系统的相对稳定性是比较差的。这意味着系统的超调量较大,振荡次数较多。采用 MATLAB 对原系统进行仿真分析,校正前系统的单位跃阶响应曲线如图 6-31 所示。

(2) 若采用比例校正,可以适当降低系统的增益。于是可在前向通路中,串联比例控制器,并使 $K_p = 0.5$,则系统的开环增益 $K = K_p \times 35 = 17.5$,校正后的波德图如图 6-30 中曲线 G 所示。由于改变增益对 $\varphi(\omega)$ 不产生影响,$\varphi(\omega)$ 仍为原曲线。由校正后的曲线 G 可见,此时 $\omega_c'' = 8.7$ rad/s,于是可求得相位裕量,即

$$\gamma(\omega_c'') = 180° - 90° - \arctan(0.2 \times 8.7) - \arctan(0.01 \times 8.7) = 22.4°$$

用 MATLAB 对串联比例控制器后的系统进行仿真分析,校正后系统的单位阶跃响应曲线如图 6-31 所示。比较图 6-30 中的曲线 G_0 和曲线 G 以及图 6-31 校正前后曲线,不难看出,降低系统增益后:

① 系统的相对稳定性得到改善,超调量下降,振荡次数减少。σ 由 67.2% 降到 48.7%,N 由 5 次降到 3 次。

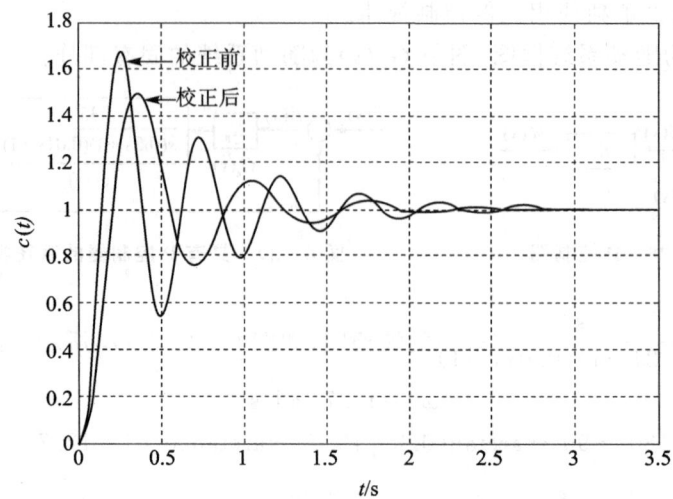

图 6-31 比例校正前后闭环系统的单位阶跃响应曲线

② 增益降低为原来的 1/2，则此随动系统（I 型系统）的速度跟随稳态误差 e_{ssr} 将增大一倍（为原来的两倍），系统的稳态精度变差。

综上所述：降低增益，可改善系统的稳定性，但系统的稳态精度变差。当然，若增加增益，系统性能变化与上述相反。

调节系统的增益，在系统的相对稳定性和稳态精度之间作某种折中的选择，以满足（或兼顾）实际系统的要求，是最常用的调整方法之一。

由图 6-31 还可见，虽然增益降为原来的一半，但最大超调量仍达 48.7%，这是由系统含有一个积分环节和两个较大的惯性环节造成的。因此要进一步改善系统的性能，应采用 PD 或 PID 控制器。

6.5.2 比例-微分控制

具有比例-微分控制规律的控制器，称为 PD 控制器。其输出信号 $m(t)$ 与其输入信号 $e(t)$ 的关系为

$$m(t) = K_p e(t) + K_p \tau \frac{de(t)}{dt} \qquad (6-98)$$

式中，K_p 为比例系数，τ 为时间常数，K_p 与 τ 都是可调的参数。PD 控制器如图 6-32 所示。

PD 控制器中的微分控制规律能反映输入信号的变化趋势，产生有效的早期修正信号，以增加系统的阻尼程度，从而改善系统的稳定性。在串联校正中，可使系统增加一个 $-1/\tau$ 的开环零点，提高系统的相角裕度，因而有助于改善系统的动态性能。需要指出，因为微分控制作用只对动态过程起作用，而对稳态过程没有影响，且对系统噪声非常敏感，存在放大噪声，降低系统抗干扰能力的缺点，所以单一的 D 控制器在任何情况下都不宜与被控对象串联起来单独使用。通常，微分控制规律总是与比例控制规律或比例-积分控制规律结合起来，构成组合的 PD 或 PID 控制器，应用于实际的控制系统。

例 6-10 设比例-微分控制系统如图 6-33 所示，试分析 PD 控制器对系统性能的影响。

解 无 PD 控制器时，系统的特征方程为

$$Js^2 + 1 = 0$$

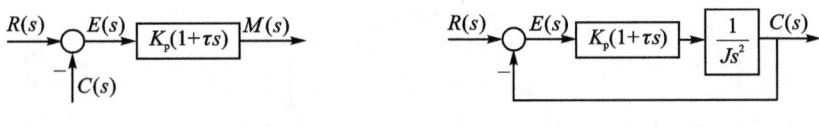

图 6-32　PD 控制器　　　　图 6-33　比例-微分控制系统

此时，系统的阻尼比等于零。其输出 $c(t)$ 为不衰减的等幅振荡形式，系统处于临界稳定状态。

加入 PD 控制器后，系统的特征方程为

$$Js^2 + K_p \tau s + K_p = 0$$

其阻尼比 $\zeta = \tau\sqrt{K_p}/(2\sqrt{J}) > 0$，因此闭环系统是稳定的。PD 控制器能提高系统的阻尼程度，可通过改变参数 K_p 及 τ 调整。

在自动控制系统中，一般都含有惯性环节和积分环节，它们使信号产生时间上的滞后，使系统的快速性变差，也使系统的稳定性变差，甚至造成不稳定。当然有时可以通过调节增益来作某种折中的选择（如上面所作的分析）。但调节增益通常都会带来副作用，而且有时即使大幅度降低增益也不能使系统稳定（如含有两个积分环节的系统）。这时若在系统的前向通路上串联比例-微分（PD）校正装置，将可使相位超前，以抵消惯性环节和积分环节使相位滞后而产生的不良后果。现以例子来说明 PD 校正对系统性能的影响，图 6-34 所示为具有 PD 校正的系统框图。

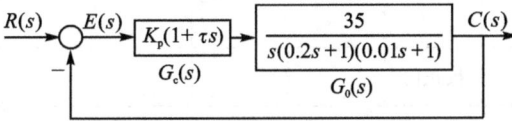

图 6-34　具有比例-微分（PD）校正的系统框图

为了更清楚地说明相位超前校正对系统性能的影响，这里取 $K_p=1$（为避开增益改变对系统性能的影响），同时为简化起见，这里的微分时间常数取 $\tau=0.2$ s，这样，$(\tau s+1)$ 与 $\dfrac{1}{0.2s+1}$ 两环节可以相消。系统的开环传递函数变为

$$G(s) = G_c(s)G_0(s) = K_p(\tau s+1)\frac{35}{s(0.2s+1)(0.01s+1)} = \frac{35}{s(0.01s+1)}$$

以上分析表明，比例-微分环节与系统固有部分的大惯性环节的作用相消了。这样，系统由原来的由一个积分和两个惯性环节组成变成由一个积分和一个惯性环节组成。它们的对数频率特性曲线（波德图）如图 6-35 所示。图中的曲线 G_0 为固有系统的波德图。由图得：截止频率 $\omega'_c=12.7$ rad/s，相角裕度 $\gamma(\omega'_c)=14.26°$。图 6-35 中曲线 G_c 为 PD 校正装置的波德图，校正后系统的波德图为曲线 G。由图可见，曲线 G 已被校正成典型 I 型系统（此为稳定系统），由校正后的曲线 G 可见，此时 $\omega''_c=33.2$ rad/s，于是可求得相位裕量为

$$\gamma(\omega''_c) = 180° - 90° - \arctan(0.01 \times 33.2) = 71.6°$$

同理，可以应用 MATLAB 软件求取校正前后系统的单位阶跃响应曲线，如图 6-36 所示。

对照曲线 G_0 和曲线 G 及图 6-36 校正前、后系统的阶跃响应曲线，不难看出，增设 PD 校正装置后：

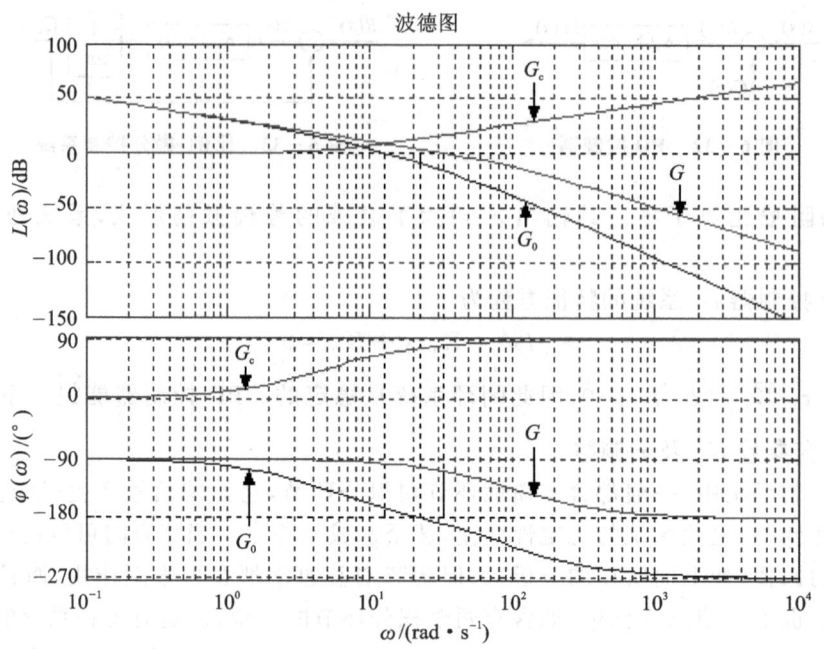

图 6-35 比例-微分校正对系统性能的影响

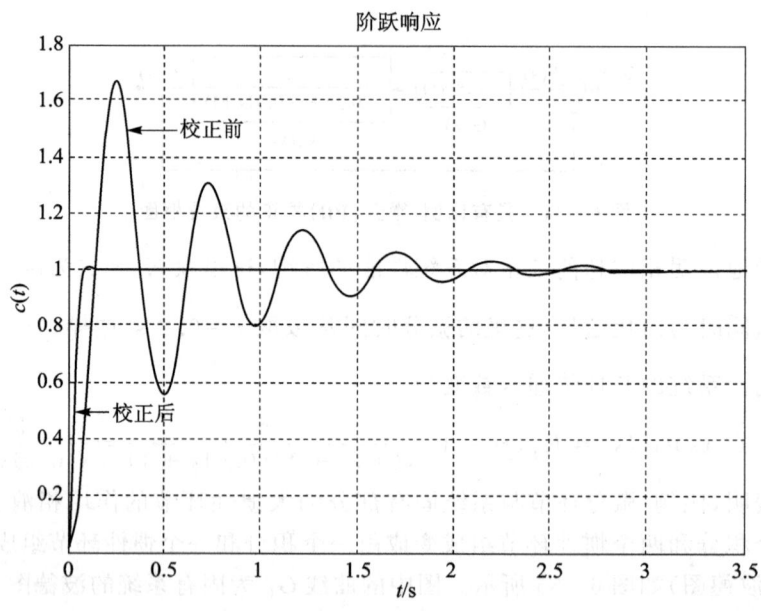

图 6-36 比例-微分校正前、后闭环系统的单位阶跃响应曲线

(1) 比例-微分环节具有相位超前的作用,可以抵消惯性环节使相位滞后的不良后果,使系统的稳定性显著改善。系统的相位稳定裕量 γ 由 14.26°提高到 71.6°。这意味着超调量下降,振荡次数减少。超调量 σ 由 67.2% 降到 0,振荡次数由 5 次降到 0 次,使稳定性显著改善。

(2) 使截止频率提高(由 12.7 rad/s 提高到 33.2 rad/s),从而改善了系统的快速性,使调整时间减少,调整时间 t_s 由 2.5 s 降 0.1 s。

(3) 比例-微分调节器使系统的高频增益增大(参见图6-35中的高频段),而很多干扰信号都是高频信号,因此比例微分校正容易引入高频干扰,这是它的缺点。

(4) 比例-微分校正对系统的稳态误差不产生直接的影响。

综上所述,比例-微分校正将使系统的稳定性和快速性改善,但抗高频干扰能力明显下降。

6.5.3 积分控制

具有积分控制规律的控制器称为 I 控制器。其输出信号 $m(t)$ 与其输入信号 $e(t)$ 的关系为

$$m(t) = K_i \int_0^t e(t) dt \qquad (6-99)$$

式中,K_i 为可调比例系数。积分元件在信号变换中起着对信号的积分(积累)的作用,同时相位发生滞后。由于 I 控制器的积分作用,当其输入 $e(t)$ 信号消失后,输出信号 $m(t)$ 有可能是一个不为零的常量。

在串联校正中,采用 I 控制器可以提高系统的无差度,提高系统的稳态性能。但积分控制使系统增加一个位于原点的开环极点,使信号产生 90°的相角滞后,对系统的稳定性不利。因此,在系统校正设计中,很少单独使用 I 控制器。I 控制器如图 6-37 所示。

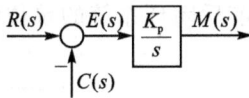

图 6-37 I 控制器

6.5.4 比例-积分控制

具有比例-积分控制规律的控制器,称为 PI 控制器。其输出信号 $m(t)$ 同时成比例地反映输入信号 $e(t)$ 及其积分,即

$$m(t) = K_p e(t) + \frac{K_p}{T_i} \int_0^t e(t) dt \qquad (6-100)$$

式中,K_p 为可调比例系数,T_i 为可调积分时间常数。PI 控制器如图 6-38 所示。

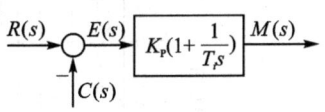

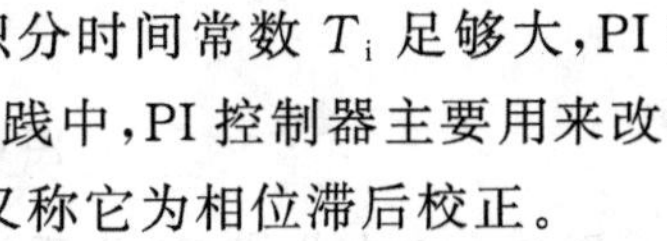

图 6-38 PI 控制器

在 PI 校正时,PI 控制器相当于在系统中增加了一个位于原点的开环极点,同时也增加了一个位于 s 左半平面的开环零点。位于原点的开环极点可以提高系统的型别,以消除或减小系统的稳态误差,改善系统的稳态性能;而增加的负实数零点则可以提高系统的阻尼程度,缓和 PI 控制器极点对系统稳定性产生的不利影响。只要积分时间常数 T_i 足够大,PI 控制器对系统稳定性产生的不利影响可大为减弱。在控制工程实践中,PI 控制器主要用来改善系统的稳态性能。由于 PI 校正使系统的相位 $\varphi(\omega)$ 后移,所以又称它为相位滞后校正。

在自动控制系统中,要实现无静差,系统必须在前向通路上(对扰动量,在扰动作用点前)含有积分环节。若系统中不包含积分环节而又希望实现无静差,则可以串接比例-积分控制器。例如在调速系统中,往往系统的固有部分不含积分环节,为实现转速无静差,常在前向通路的功率放大环节前串联由比例积分控制器构成的速度调节器。现在就以调速系统为例来分析说明比例-积分(PI)校正对系统性能的影响。

图 6-39 中调速系统的固有部分 $G_0(s)$ 主要是电动机和功率放大环节,可看成由一个比例和两个惯性环节组成的系统。由于此系统不含有积分环节,显然是有静差系统。如今为实现无静差,可在系统前向通路中,功率放大环节前,增设速度调节器,其传递函数为

$$G_c(s) = K_p\left(1 + \frac{1}{T_i s}\right) = K_p \frac{(T_i s + 1)}{T_i s}$$

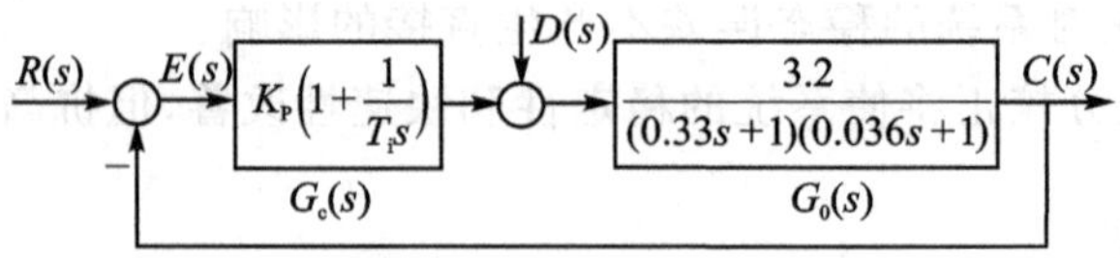

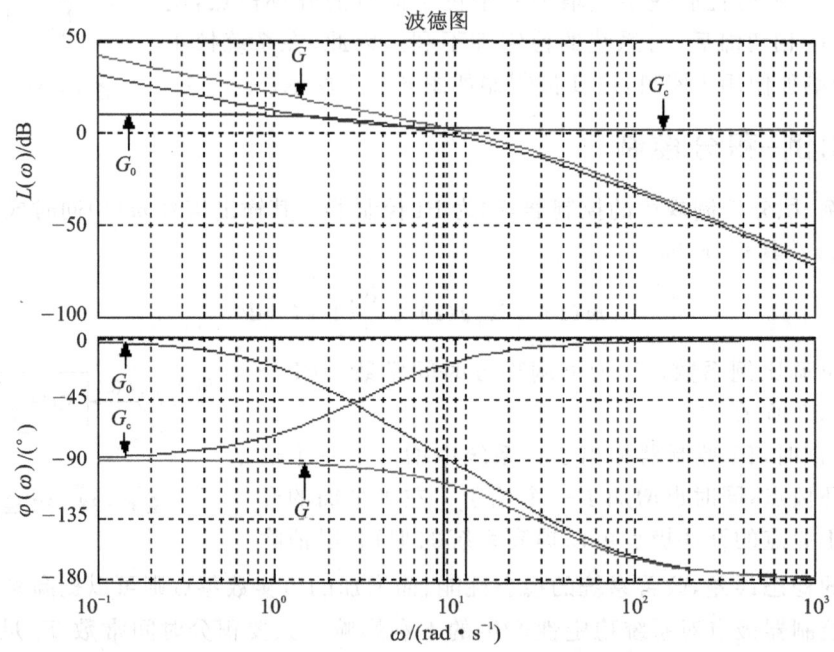

图 6-39 具有比例-积分校正的调速系统框图

为了使分析简明,选取 $T_i = 0.33$ s。这样,可使校正装置中的比例-微分部分($G_c(s)$的分子)与系统固有部分的大惯性环节相消。此外同样为了使分析简明,取 $K_p = 1.3$。校正后的传递函数为

$$G(s) = G_c(s)G_0(s) = 1.3 \cdot \frac{0.33s + 1}{0.33s} \cdot \frac{3.2}{(0.33s+1)(0.036s+1)} = \frac{12.6}{s(0.036s+1)}$$

图 6-40 所示为系统 PI 校正前后的波德图。同理,可以应用 MATLAB 软件,求取 PI 校正前后闭环系统的单位阶跃响应曲线,如图 6-41 所示。

图 6-40 比例-积分校正对系统性能的影响

图 6-40 中曲线 G_0 为系统固有部分的波德图。由图可见,其截止频率 $\omega_c' = 8.7$ rad/s,系统固有部分的相位裕量 $\gamma(\omega_c') = 91.7°$。曲线 G_c 为 PI 调节器的波德图,曲线 G 为校正后系统的波德图,曲线 G 为曲线 G_0 和 G_c 的叠加。由图可见,此时系统已被校正成典型 I 型系统。此时的截止频率 $\omega_c'' = 11.6$ rad/s,相位裕量 $\gamma(\omega_c'') = 67.3°$。

对照图 6-40 及图 6-41 系统校正前后的曲线不难看出,增设 PI 校正装置后:

(1) 在图 6-40 中,低频段的斜率由校正前的 0 dB/dec 变为校正后的 -20 dB/dec,系统由 0 型变为 I 型(系统由不含积分环节变为含有积分环节),从而实现了对阶跃输入信号无静差。由图 6-41 所示的校正前后闭环系统的单位阶跃响应曲线可以进一步说明,校正前闭环

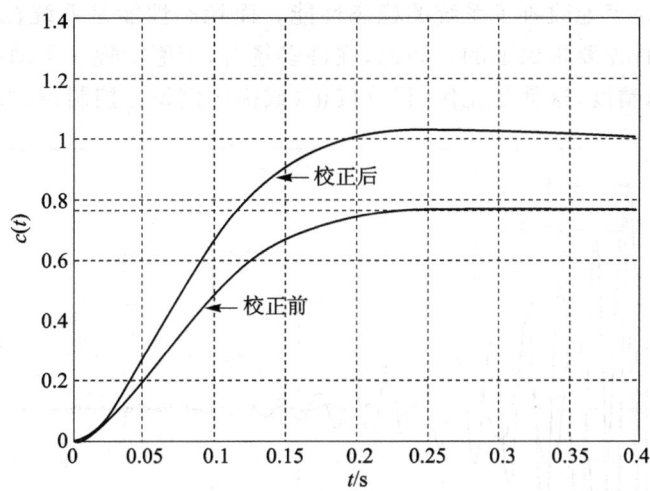

图 6-41 比例-积分校正前后闭环系统的单位阶跃响应曲线

系统的单位阶跃响应的稳态值为 $c(\infty)=0.77$，其稳态误差 $e_{ssr}=0.23$；校正后闭环系统的单位阶跃响应的稳态值为 $c(\infty)=1$，其稳态误差 $e_{ssr}=0$。消除了系统的稳态误差，使系统的稳态性能获得显著改善。

(2) 图 6-40 的中频段由于积分环节的影响，系统的相位稳定裕量由校正前的 91.7°变为校正后的 67.3°，相位稳定裕量减小。由图 6-41 中校正前后闭环系统的单位阶跃响应曲线可以看出，系统校正后的超调量将增加，降低了系统的稳定性。

(3) 在高频段校正前后的影响不大。

综上所述，比例-积分校正将使系统的稳态性能得到明显的改善，但使系统的稳定性变差。若原系统相位裕量很大，校正后，即使有所影响，对系统稳定性影响也不明显（见本例）；若原系统相位裕量不大时，则影响将是很明显的（见例 6-11）。

例 6-11 在如图 6-39 所示的系统中，若固有部分的传递函数（对应随动系统）为

$$G_0(s)=\frac{100}{s(0.2s+1)}$$

要求对斜坡信号输入为无静差，希望将系统校正成 II 型系统（前向通路含两个积分环节），欲采用 PI 校正，并设 PI 调节器传递函数为

$$G_c(s)=K_p\left(1+\frac{1}{T_i s}\right)=K_p\frac{(T_i s+1)}{T_i s}=2\cdot\frac{0.5s+1}{0.5s}$$

试分析 PI 校正对系统性能的影响。

解 校正后系统的开环传递函数为

$$G(s)=G_c(s)G_0(s)=2\cdot\frac{0.5s+1}{0.5s}\cdot\frac{100}{s(0.2s+1)}=\frac{400(0.5s+1)}{s^2(0.2s+1)}$$

系统已校正成 II 型系统，它对斜坡输入信号是无静差系统。应用 MATLAB 得到校正前后系统的单位阶跃响应曲线如图 6-42 所示（由于校正前为 I 型系统，校正后为 II 型系统，它们对阶跃信号均为无静差）。对照图 6-42 校正前后系统的单位阶跃响应曲线不难发现，比例积分校正将使系统的相对稳定性变差（当然，其中包含增益加大 4 倍的因素）。特别是在已含积分环节的系统（如随动系统）中，甚至会造成不稳定。在这种情况下，通常采用 PID 校正。

综上所述，比例-积分校正虽然对系统的动态性能具有一定的副作用，但它却能使系统的

稳态误差大大减小，显著地改善了系统的稳态性能。而稳态性能是系统在运行中长期起作用的性能指标，往往是首先要求保证的。因此，在许多场合，宁愿牺牲一点动态方面的要求，也要首先保证系统的稳态精度，这就是比例-积分校正（或称比例积分控制）获得广泛采用的原因。

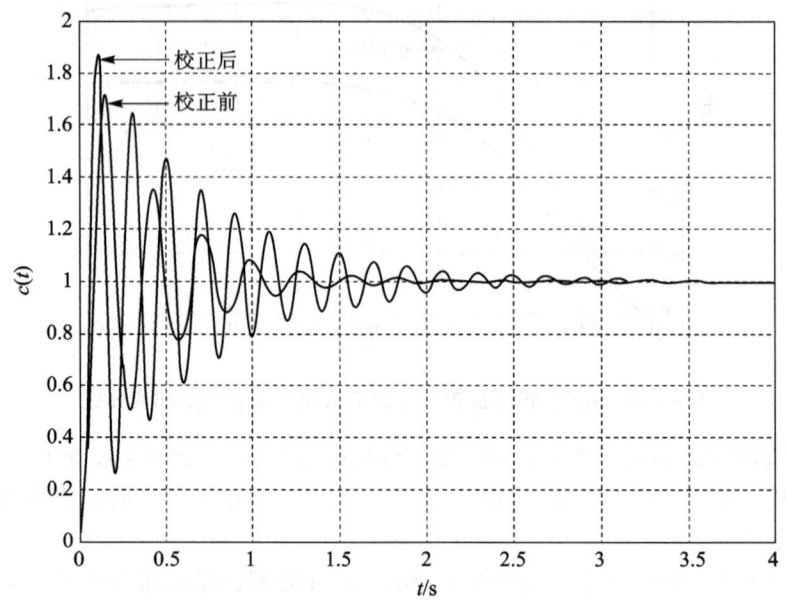

图 6-42　比例-积分校正对系统性能的影响

例如在双闭环调速系统中，电流调节器和速度调节器都采用 PI 调节器。

由以上分析可见，比例-微分校正能改善系统的动态性能，但使高频抗干扰能力下降；比例-积分校正能改善系统的稳态性能，但使动态性能变差；为了能兼得两者的优点，又尽可能地减少两者的副作用，常采用比例-积分-微分（PID）校正。

6.5.5　比例-积分-微分控制

具有比例-积分-微分控制规律的控制器称为 PID 控制器，这种组合具有三种基本控制规律各自的特点，其运动方程为

$$m(t) = K_p e(t) + \frac{K_p}{T_i} \int_0^t e(t) \mathrm{d}t + K_p \tau \frac{\mathrm{d}e(t)}{\mathrm{d}t} \tag{6-101}$$

相应的传递函数为

$$G_c(s) = K_p \left(1 + \frac{1}{T_i s} + \tau s\right) = \frac{K_p}{T_i} \cdot \frac{T_i \tau s^2 + T_i s + 1}{s} \tag{6-102}$$

PID 控制器如图 6-43 所示。

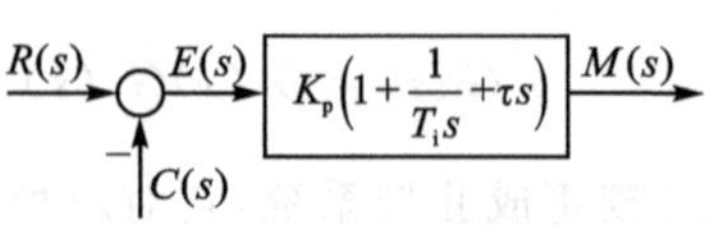

由式(6-102)可知，当利用 PID 控制器进行串联校正时，除可使系统的型别提高一级外，还将增加两个负实数零点，与 PI 控制器相比，除了具有改善系统的稳态性能的优点外，还多提供一个负实数零点，从而在提高系统的动态性能方面，具有更大的优越性。因而在工业过程控制中，广泛使用 PID 控制器。PID 控制器各部分参数的选择，在系统现场调试中最后确定。通常，应使 I 部分发生在系统频率特性的低频段，以提高系统的稳态性能；而使 D 部分发生在系统频率特性的中频段，以改善

图 6-43　PID 控制器

系统的动态性能。

下面以对随动系统的校正来说明 PID 校正对系统性能的影响。

图 6-44 所示为采用 PID 控制器的随动系统框图。由框图可见,此随动系统含有一个积分环节(它是由转速转换成位移而形成的)、一个大惯性环节(电动机)和两个小惯性环节(滤波及延迟)。这是 I 型系统,它对阶跃输入是无静差的,但对等速输入信号却是有静差的。若要求此系统对等速输入信号也是无静差的,则应将它校正成 II 型系统(再引入一个积分环节)。若调节器采用 PI 调节器,固然可以提高系统的无静差度,但这对含有一个积分、三个惯性环节的系统(它的稳定裕量一般都已经是比较小的了)来说,将使系统的稳定性变得更差,甚至造成不稳定,因此很少采用。常用的办法就是采用 PID 校正。设 PID 调节器的传递函数为

$$G_c(s) = K_p \left(1 + \frac{1}{T_1 s} + \tau s\right) = \frac{K_c(T_1 s + 1)(T_2 s + 1)}{T_1 s}$$

于是校正后系统的开环传递函数为

$$G(s) = G_c(s)G_0(s) = \frac{K_c(T_1 s + 1)(T_2 s + 1)}{T_1 s} \cdot \frac{35}{s(0.2s + 1)(0.01s + 1)(0.005s + 1)}$$

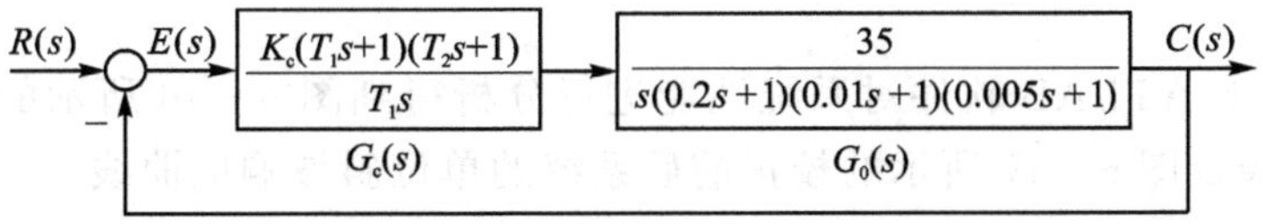

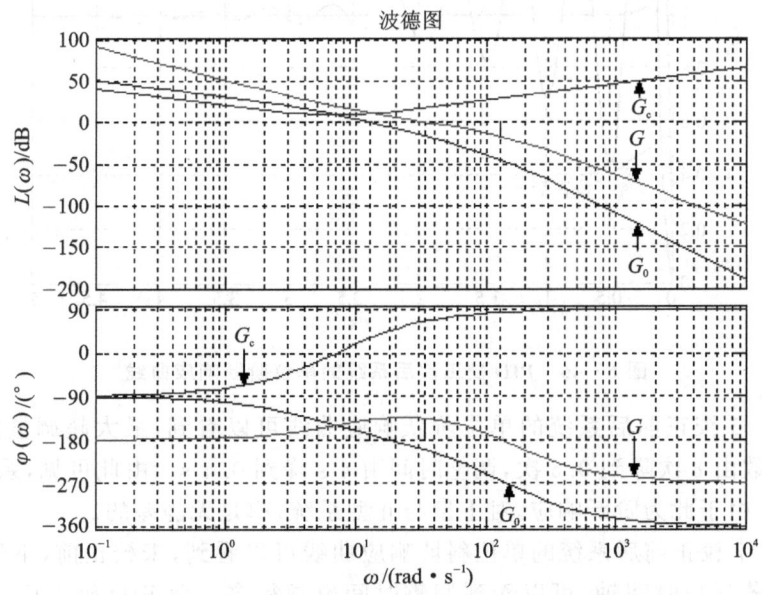

图 6-44 具有比例-积分-微分(PID)校正的系统框图

为使分析简明,设 $T_1 = 0.2$ s(与随动系统中的大惯性环节 $1/(0.2s+1)$ 相抵消),并且为了使校正后的系统有足够的相位裕量,取 $T_2 = 0.1$ s(为随动系统中的较小惯性环节时间常数的 10 倍),$K_c = 2$。将以上参数代入各传递函数式,并画出对应的对数频率特性曲线(波德图),如图 6-45 所示。

图 6-45 比例积分微分(PID)校正对系统性能的影响

(1) 图中曲线 G_0 为系统的固有部分的波德图,其低频段斜率为 -20 dB/dec,由图可得截

止频率 $\omega'_c = 12.7$ rad/s。此时系统的相位裕量为 $\gamma(\omega'_c) = 10.6°$。增益稳定裕量为 6 dB,此系统相位裕量与增益稳定裕量过小,稳定性较差。

(2) 图中曲线 G_c 为 PID 调节器的波德图。

(3) 图中曲线 G 为校正后系统的波德图。由图可知,校正后的截止频率 $\omega''_c = 34$ rad/s,相位裕量 $\gamma(\omega''_c) = 45.2°$(有了足够的相位裕量),增益稳定裕量由原来的 6 dB 提高到 17.2 dB。

对照系统校正前后的曲线不难看出,增设 PID 校正装置后:

① 在低频段,由于 PID 调节器积分部分的作用,对数频率特性曲线斜率增加了 -20 dB/dec,系统增加了一阶无差度(由一阶无差变为二阶无差),从而显著改善了系统的稳态性能。在此例中,使对输入等速信号由有静差变为无静差。

② 在中频段,由于 PID 调节器微分部分的作用(进行相位超前校正),系统的相位裕量增加。这意味着超调量减小,振荡次数减少,从而改善了系统的动态性能(相对稳定性和快速性均有改善)。

③ 在高频段,由于 PID 微分部分的影响,高频增益有所增加,系统的抗高频干扰的能力会降低。可通过选择适当的 PID 调节器,使其 $L(\omega)$ 在高频段的斜率变为 0 dB/dec 避免这个缺点。

同理,可应用 MATLAB 软件对系统性能进行分析得到图 6-46 所示的校正前后系统的单位阶跃响应曲线及图 6-47 所示的校正前后系统的单位斜坡响应曲线。

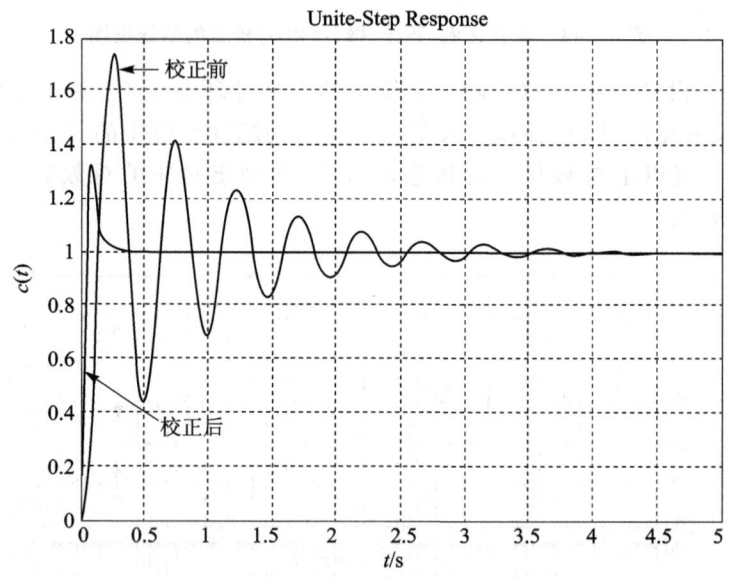

图 6-46　PID 校正前后系统的单位阶跃响应曲线

对照图 6-46 校正前后系统的单位阶跃响应曲线可以看到,最大超调量由 74.3% 降到 31.5%,振荡次数由 8 次降到 0.5 次,调整时间由 4 s 降到 0.4 s。由此可见,系统的动态性能获得明显改善。由于此为阶跃响应,对 Ⅰ 型与 Ⅱ 型系统,都是无静差的。

对照图 6-47 校正前后系统的单位斜坡响应曲线可以看到,未校正前,不仅超调量大,而且是有静差的,若延长时间轴,可以看到调整时间也长得多。而 PID 校正后,不仅超调量减小,系统对斜坡输入实现了无静差,并且调整时间小于 0.2 s。

综上所述,比例-积分-微分(PID)校正兼顾了系统稳态性能和动态性能的改善,因此在要

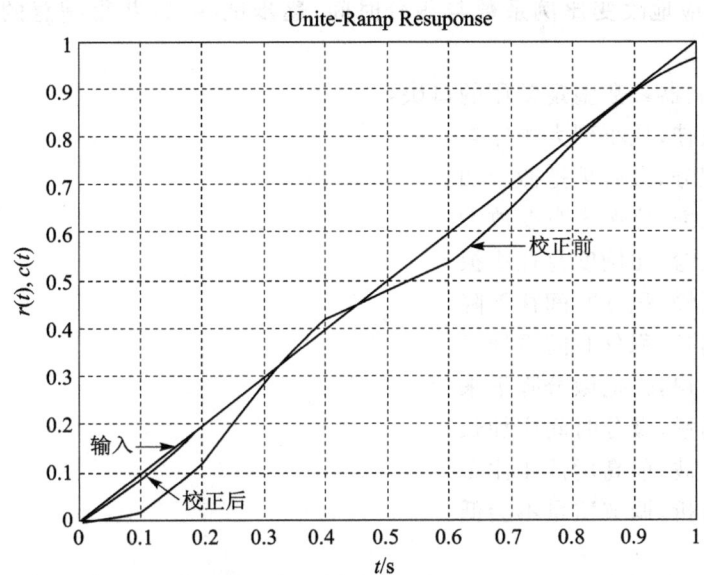

图 6-47 PID 校正前后系统的单位斜坡响应曲线

求较高的场合(或系统已含有积分环节的系统),较多采用 PID 校正。PID 调节器的形式有多种,可根据系统的具体情况和要求选用。国内生产的 DDZ 系列自动控制仪器中便备有可选用的 PID 校正控制单元。

由于 PID 校正使系统在低频段相位后移,而在中、高频段相位前移,因此又称它为相位滞后-超前校正。

6.5.6 试凑法确定 PID 参数

增大比例系数 K_p 一般将加快系统的响应,在有静差的情况下有利于减小静差。但过大的比例系数会使系统有较大的超调,并产生震荡,使稳定性变坏。增大积分时间 T_i 有利于减小超调,减小震荡,使系统更加稳定,但系统静差的消除将随之减慢。增大微分时间 τ 亦有利于加快系统响应,使超调量减小,稳定性增加,但系统对扰动的抑制能力减弱,对扰动有较敏感的响应。

在凑试时,可以参考以上参数对控制过程的影响趋势,对参数实行先比例,后积分,再微分的整定步骤。

(1) 首先只整定比例部分,即将比例系数由小变大,并观察相应的系统响应,直到得到反应快、超调小的响应曲线。如果系统没有静差或静差已小到允许范围内,并且响应曲线已属满意,那么只须用比例调节器即可,最优比例系数可由此确定。

(2) 如果在比例调节的基础上系统的静差不能满足设计要求,则须加入积分环节。整定时首先置积分时间 T_i 为一个较大值,并将经第一步整定得到的比例系数略微缩小(如缩小为原值的 0.8),然后减小积分时间,使在保持系统良好的动态性能的情况下,静差得到消除。在此过程中,可根据响应曲线的好坏反复改变比例系数与积分时间,以期得到满意的控制过程与整定参数。

(3) 使用比例积分调节器消除静差时,动态过程经反复调整仍不满意,则可加入微分环节,构成比例-积分-微分调节器。在整定时,可先置微分时间 τ 为 0。在第二步整定的基础上,增大 τ,同时相应地改变比例系数与积分时间,逐步试凑,以获得满意的调节效果和控制参数。

附:工程上控制器参数整定常用的口诀:
参数整定找最佳,从小到大顺序查
先是比例后积分,最后再把微分加
曲线振荡很频繁,比例度盘要放大
曲线漂浮绕大弯,比例度盘往小扳
曲线偏离回复慢,积分时间往下降
曲线波动周期长,积分时间再加长
曲线振荡频率快,先把微分降下来
动差大来波动慢,微分时间应加长
理想曲线两个波,前高后低 4 比 1
一看二调多分析,调节质量不会低

6.6 MATLAB 在线性系统校正中的应用

本节将应用前面所介绍的 MATLAB 函数,进行系统的校正设计。

6.6.1 利用 MATLAB 设计超前校正环节

基于频率响应的超前校正设计通常采用对数幅频特性和对数相频特性,即用波德图进行设计。

例 6-12 已知系统的开环传递函数为 $W_k(s) = \dfrac{2}{s(1+0.25s)(1+0.1s)}$,试用频率法设计超前校正环节,设计要求稳态速度误差系数为 10,相位裕度为 40°。

解 根据稳态误差系数为 $K_v = 10$,得到校正环节的增益为 $K_c = 5$。MATLAB 程序如下:

```
num = 2;
den = conv([1 0],conv([0.25 1],[0.1 1]));    %分母多项式展开
W = tf(num,den);                              %开环传递函数
kc = 5;                                       %稳态误差系数扩大 5 倍
yPm = 40 + 10;                                %增加量取 10deg
W = tf(W);                                    %超前校正环节
[mag,pha,w] = bode(W * kc);                   %扩大系数后的开环频率特性的幅值和相位值
Mag = 20 * log10(mag);                        %幅值的对数值
[Gm,Pm,Wcg,Wcp] = margin(W * kc);             %幅值稳定裕度 Gm,相位稳定裕度 Pm 和相应的交
                                              %接频率 Wcg 和 Wcp
phi = (yPm - Pm) * pi / 180;                  %确定 φm 值
alpha = (1 + sin(phi)) / (1 - sin(phi));      %确定 α 值
Mn = - 10 * log10(alpha);                     %α 的对数值
Wcgn = spline(Mag,w,Mn);                      %确定最大相角位移频率
T = 1 / Wcgn / sqrt(alpha);                   %求 T 值
Tz = alpha * T;
```

```
Wc = tf([Tz 1],[T 1])                  %超前校正环节的传递函数
Wy_c = feedback(W * kc,1)              %校正前开环系统的传递函数
Wx_c = feedback(W * kc * Wc,1)         %校正后开环系统的传递函数
figure(1);
step(Wy_c,'r',5);                      %开环单位阶跃响应曲线
hold on;
step(Wx_c,'b',5);                      %闭环单位阶跃响应曲线
figure(2);
bode(W * kc,'r');                      %校正前开环系统的波德图
hold on;
bode(W * kc * Wc,'b');                 %校正后开环系统的波德图
figure(3);
nyquist(W * kc,'r');                   %校正前开环系统的奈奎斯特图
hold on;
nyquist(W * kc * Wc,'b');              %校正后开环系统的奈奎斯特图
```

运行结果如下：

校正环节传递函数：

```
Transfer function:
 0.2797 s + 1
 ------------
 0.05811s + 1
```

校正前系统闭环传递函数：

```
Transfer function:
              10
 ---------------------------
 0.025 s^3 + 0.35 s^2 + s + 10
```

校正后系统闭环传递函数：

```
Transfer function:
                2.797 s + 10
 -------------------------------------------------
 0.001453s^4 + 0.04534 s^3 + 0.4081s^2 + 3.797 s + 10
```

运行结果如图 6-48～图 6-50 所示。由运行结果可知，超前环节传递函数为 $W_c(s) = \dfrac{0.2797s+1}{0.05811s+1}$，引入超前校正环节后，系统的带宽增大，速度稳态误差系数增大。

6.6.2 利用 MATLAB 设计滞后校正环节

采用频率法设计滞后校正环节时，通常采用波德图设计法。

例 6-13 已知系统的开环传递函数为 $W_k(s) = \dfrac{2}{s(s+3)}$，试设计滞后校正环节。要求阻尼比为 $\zeta = 0.5$，自然频率 $\omega_n = 1.5 \text{ rad/s}$。

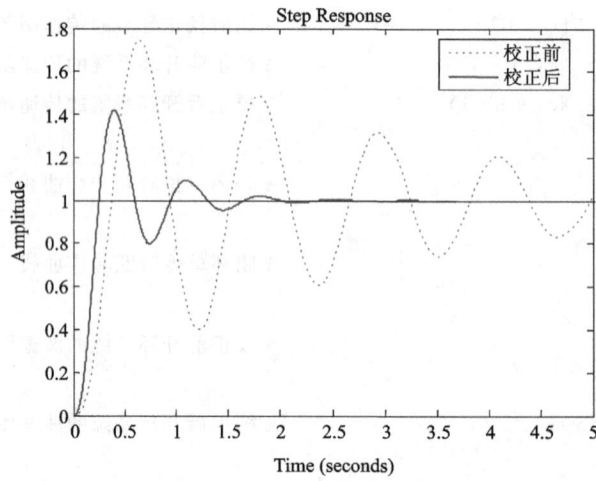

图 6-48 校正前后闭环系统的单位阶跃响应曲线

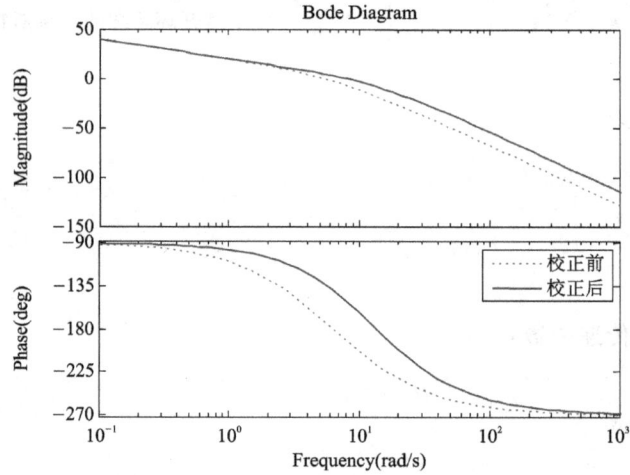

图 6-49 校正前后开环系统的波德图

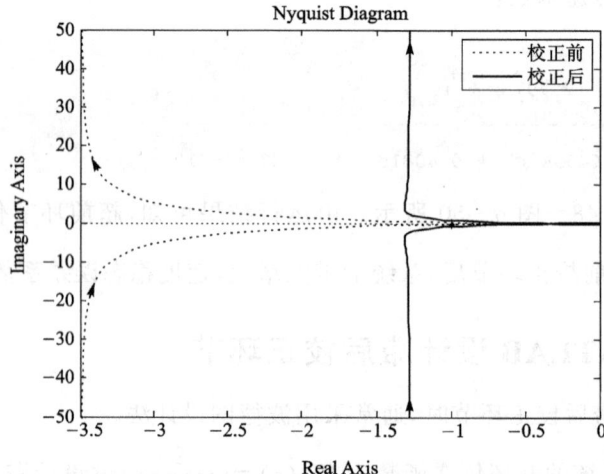

图 6-50 校正前后开环系统的奈奎斯特图

解 设 $K_c = 10$。MATLAB 程序如下：

```matlab
num = 2;
den = [1 3 0];
W = tf(num,den);                        % 构建开环传递函数
zeta = input('请输入阻尼比\zeta = ');
Pm = 2 * sin(zeta) * 180/pi;            % 求相位裕度
dPm = Pm + 5;
kc = 10;
% 滞后环节传递函数
W = tf(W);
num = W.num{1};                         % 将分子写成多项式系数形式
den = W.den{1};                         % 将分母写成多项式系数形式
[mag,phase,w] = bode(W * kc);           % 扩大系数后的开环频率曲线幅值和相位值
wcg = spline(phase(1,:),w',dPm-180);    % 相位裕度在 dPm-180 时相角的插值
magdb = 20 * log10(mag);                % 相位对数
Wr = - spline(w',magdb(1,:),wcg);       % 相角在 wcg 时频率的值
alpha = 10^(Wr/20);                     % 求滞后系数 α
T = 10/(alpha * wcg);
Wc = tf([alpha * T 1],[T 1])            % 滞后校正传递函数
Wy_c = feedback(W * kc,1)               % 校正前系统闭环传递函数
Wx_c = feedback(W * kc * Wc,1)          % 校正后系统闭环传递函数
figure(1);
step(Wy_c,'r',6);                       % 校正前系统阶跃曲线
hold on;
step(Wx_c,'b',6);                       % 校正后系统阶跃曲线
figure(2);
bode(W * kc,'r');                       % 校正前系统波德图
hold on;
bode(W * kc * Wc,'b');                  % 校正后系统波德图
figure(3);
nyquist(Wy_c,'r');                      % 校正前系统奈奎斯特图
hold on;
nyquist(Wx_c,'b');                      % 校正后系统奈奎斯特图
```

运行上述程序，在命令窗口中将会要求输入设计参数数据：

请输入阻尼比 zeta = 0.4

得到运行结果如下：
滞后环节传递函数：

```
Transfer function:
3.92 s + 1
---------------
15.61 s + 1
```

校正前闭环传递函数：

```
Transfer function:
        40
  ---------------
  s^2 + 3 s + 40
```

校正后闭环传递函数:

```
Transfer function:
              156.8 s + 40
  --------------------------------
  15.61 s^3 + 47.83 s^2 + 159.8 s + 40
```

仿真曲线如图 6-51～图 6-53 所示。

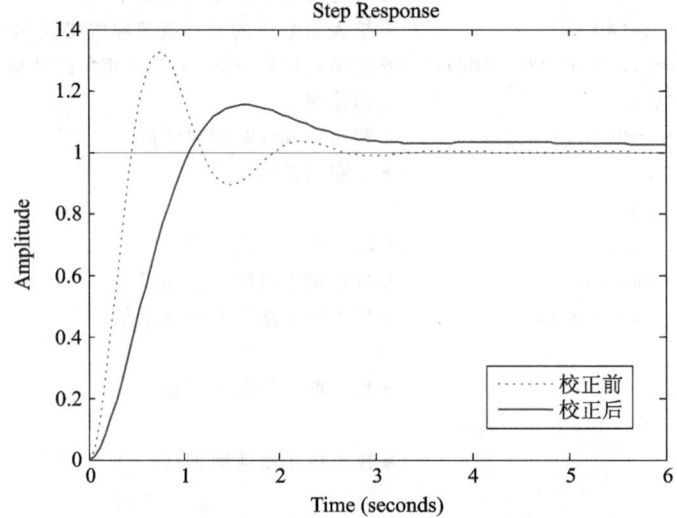

图 6-51 校正前后闭环系统的单位阶跃响应曲线

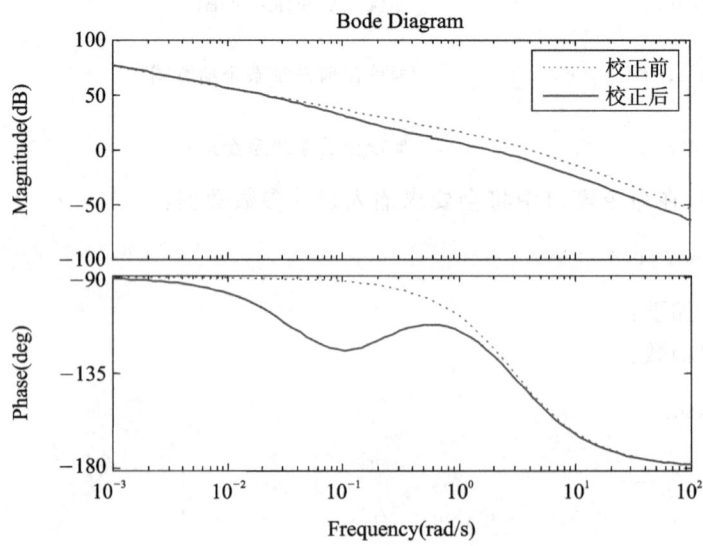

图 6-52 校正前后开环系统的波德图

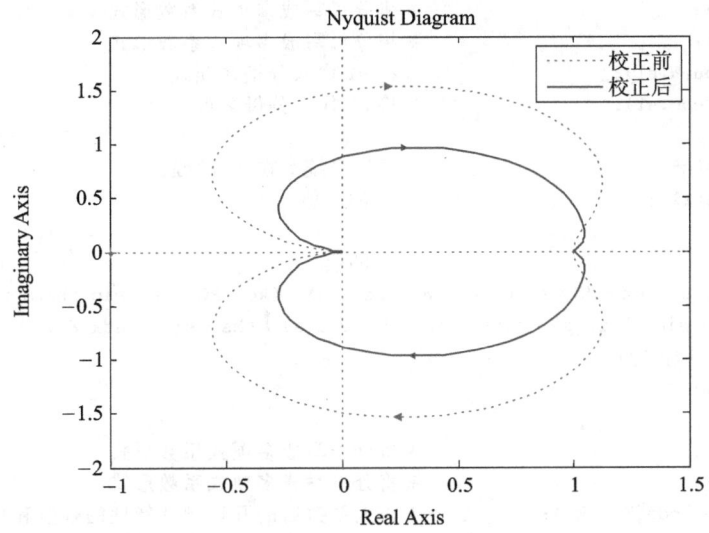

图 6-53 校正前后闭环系统的奈奎斯特图

由运行结果显示可知，滞后环节传递函数为 $W_c(s)=\dfrac{3.92s+1}{15.61s+1}$，校正前系统的超调量 $\sigma=46.4\%$，上升时间 $t_r=0.295$ s，调节时间 $t_s=1.72$ s，系统稳定幅值为 1。校正后系统的超调量 $\sigma=26.2\%$，上升时间 $t_r=0.7$ s，调节时间 $t_s=1.84$ s，系统稳定幅值为 1。由以上性能参数可知，经过滞后校正后的系统，性能明显提高。由开环系统的波德图可知，在低频段相位被滞后；同时，经滞后校正环节后，系统的相裕度增加。

6.6.3 利用 MATLAB 设计滞后-超前校正环节

超前校正和滞后校正各有优点和缺点。当需要同时改善系统的动态性能和稳态性能，即大幅度增大增益和带宽时，常采用滞后-超前校正环节。

例 6-14 已知系统的开环传递函数为 $W_k(s)=\dfrac{4}{s(s+0.5)}$，试设计滞后-超前校正环节。要求使其校正后稳态速度误差系数小于 5，闭环主导极点满足阻尼比 $\zeta=0.5$ 和自然频率 $\omega_n=5$ rad/s，相位裕度为 $49°$。

解 由设计要求可知，取校正环节增益 $K_c=2$。MATLAB 程序如下：

```
z = [];
p = [0 -0.5];
k = 4;
Wz = zpk(z,p,k);                  % 开环系统以零、极点的形式表示
W = tf(Wz);
zeta = 0.5;                       % 阻尼比
wn = 5;                           % 自然频率
kc = 2;                           % 校正环节增益
dPm = 45 + 5;                     % 求相位裕度
ng = W.num{1};                    % 将分子写成多项式系数形式
dg = W.den{1};                    % 将分母写成多项式系数形式
[num,den] = ord2(wn,zeta);        % 建立二阶系统分子和分母项
s = roots(den);                   % 求分母的根
s1 = s(1);                        % 分母的一个根 s1
```

```
numW = W.num{1};                    % 将分子写成多项式系数形式
denW = W.den{1};                    % 将分母写成多项式系数形式
ngv = polyval(numW,s1);             % 将 s1 代入分子多项式
dgv = polyval(denW,s1);             % 将 s1 代入分母多项式
g = ngv/dgv;
theta_W = angle(g);                 % 开环系统 W 在 s1 的幅值
theta_s = angle(s1);                % s1 的幅值
MG = abs(g);
Ms = abs(s1);                       % s1 的模
Tz = (sin(theta_s) - kc * MG * sin(theta_W - theta_s))/(kc * MG * Ms * sin(theta_W));   % 求 T1
Tp = - (kc * MG * sin(theta_s) + sin(theta_W + theta_s))/(Ms * sin(theta_W));            % 求 Tp
Wc1 = tf([Tz 1],[Tp 1])
W1 = W * Wc1 * kc;
W1 = tf(W1);
num = W1.num{1};                    % 将分子写成多项式系数形式
den = W1.den{1};                    % 将分母写成多项式系数形式
[mag,phase,w] = bode(W1 * kc);      % 扩大系数后的开环频率特性的幅值和相应值
wcg = spline(phase(1,:),w',dPm-180); % 相位裕度在 dPm-180 时的相角的插值
magbd = 20 * log10(mag);            % 相位对数
Wr = - spline(w',magbd(1,:),wcg);   % 相角在 wcg 时频率的值
alpha = 10^(Wr/20);                 % 求滞后系数 α
T1 = 10/(alpha * wcg);
Wc2 = tf([alpha * T1],[T1])         % 滞后校正传递函数
WWc = W1 * Wc2 * kc;
W_c1 = feedback(WWc,1);             % 系统闭环传递函数
figure(1)
step(feedback(W * kc,1),10,'r');    % 原系统闭环阶跃响应
hold on;
step(W_c1,10,'b');                  % 校正后系统闭环阶跃响应
step(feedback(W * Wc1,1),10,'r');   % 超前校正后闭环阶跃响应
figure(2);
impulse(feedback(W * kc,1),10,'r'); % 原系统闭环脉冲响应
hold on;
impulse(W_c1,10,'b');               % 校正后系统闭环脉冲响应
impulse(feedback(W * Wc1,1),10,'r');% 超前校正后闭环脉冲响应
figure(3);
rlocus(W);                          % 绘制原系统的根轨迹
figure(4);
rlocus(W1);                         % 绘制校正后的根轨迹
figure(5);
rlocus(WWc);                        % 超前校正后的根轨迹
sgrid(zeta,wn);                     % 绘制阻尼比 = 0.5 的曲线
axis([-5.5 0 -6 6]);                % 设置坐标范围
set(gca,'xtick',[-5:1:0]);          % 设置坐标刻度
```

运行结果如下：

超前校正传递函数：

```
Transfer function:
   1.242 s + 1
   ---------------
   0.1867 s + 1
```

静态增益:

```
Static gain:
0.6862
```

校正后系统闭环传递函数:

```
Transfer function:
W_c1 =

            15.6 s + 12.56
  -------------------------------------
  0.8006s^3 + 4.689 s^2 + 17.74 s + 12.56
```

运行结果如图 6-54～图 6-56 所示。

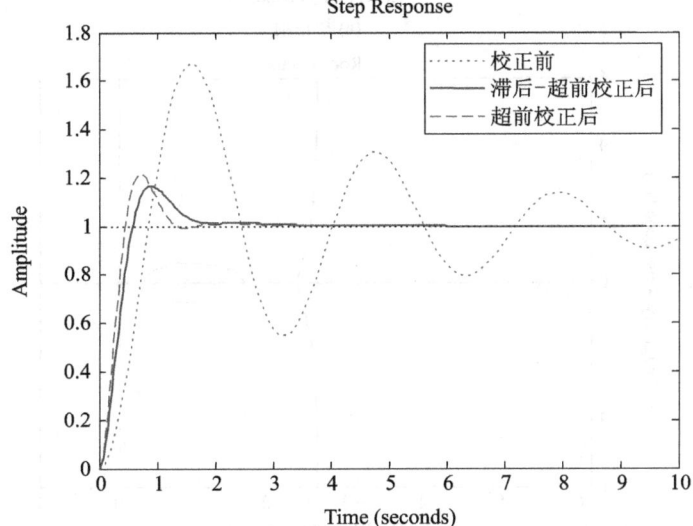

图 6-54　校正前后闭环系统的单位阶跃响应曲线

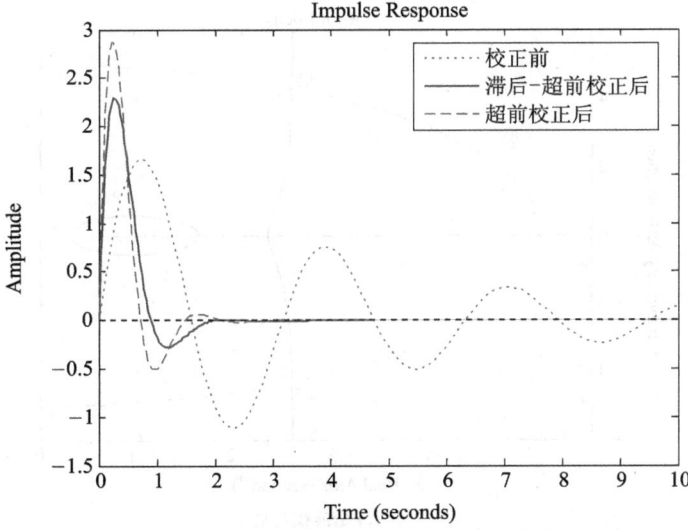

图 6-55　校正前后闭环系统的单位脉冲响应曲线

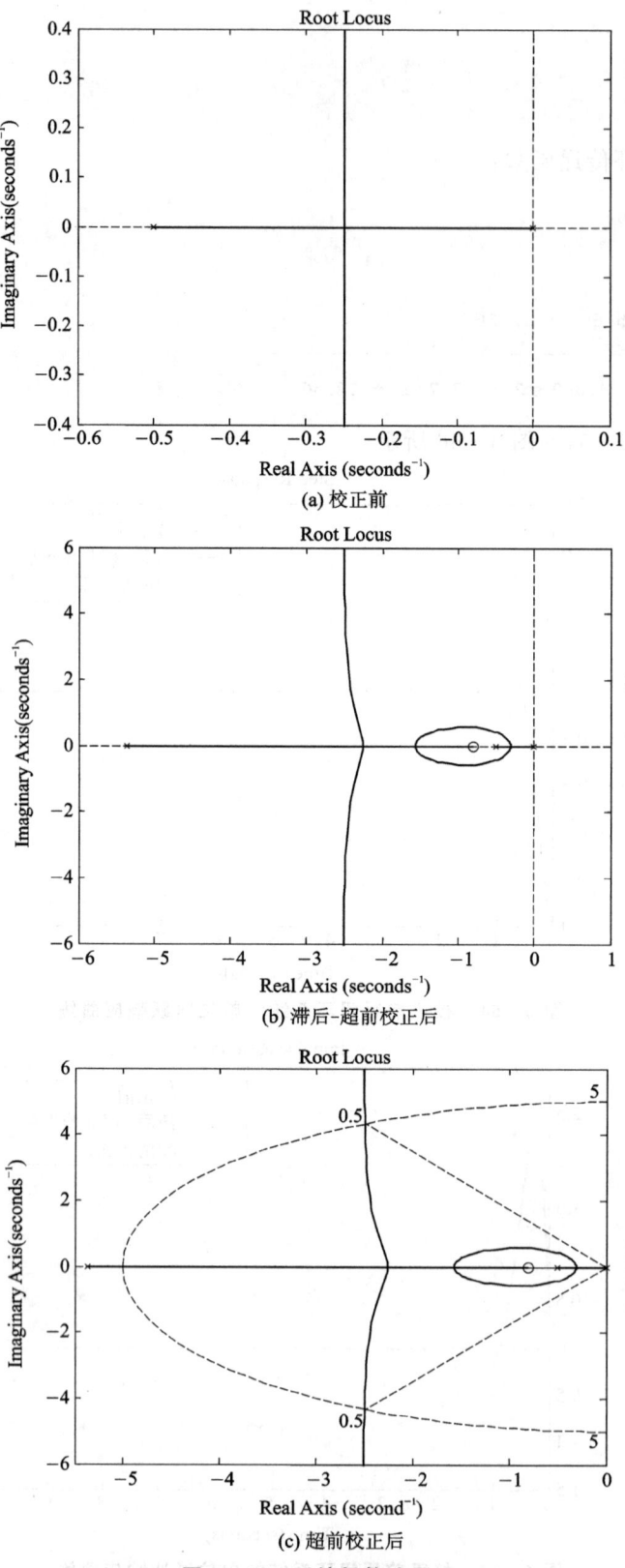

图 6-56 系统根轨迹图

由运行结果显示可知，最终得到的滞后-超前校正环节传递函数为

$$W_c(s) = \frac{1.242s+1}{0.1867s+1} \times \frac{3.301s+1}{4.811s+1}$$

校正前闭环系统的超调量 $\sigma = 67.3\%$，上升时间 $t_r = 0.855$ s，过渡过程时间 $t_s > 10$ s，系统稳定复幅值为 1。校正后系统的超调量 $\sigma = 18.5\%$，上升时间 $t_r = 0.592$ s，过渡时间 $t_s = 1.63$ s，系统稳定幅值为 1。

由以上性能参数可知，经过滞后超前校正后的系统，性能明显提高。

本章小结

1. 控制系统的校正是古典控制论中最接近生产实际的内容之一。需要校正的控制系统往往来源于实际生产的各个领域，校正问题是关系到生产过程能否达到所要求的性能指标的关键。掌握好必要的理论方法，积累更多的经验，将有助于知识在生产实践中的转化。

2. 串联校正是应用最为广泛的校正方法：在闭环系统的正向通道上加入合适的校正装置，并按频域指标改善波德图的形状，达到并满足控制系统对性能指标的要求。

3. 反馈校正是另外一种常用的校正方法，它除了可获得与串联校正相似的效果外，还可以改变被其包围的被控对象的特性，特别是在一定程度上抵消了参数波动对系统的影响。但一般反馈校正要比串联校正略显复杂。

4. 前馈校正是一种利用扰动或输入进行补偿来提高系统性能的校正方式。尤其重要的是将其与反馈控制结合，组成复合控制，将进一步改善系统的性能。

总之，控制系统的校正及综合是具有一定创造性的工作，对校正方法和校正装置的选择不应局限于课本中的知识，还要在实践中不断积累和创新。

思考与练习

6-1 什么是系统的校正？系统校正有哪些方法？

6-2 试说明超前网络和滞后网络的频率特性，它们各自有哪些特点？

6-3 试说明频率法超前校正和滞后校正的使用条件。

6-4 相位滞后网络的相位角是滞后的，为什么可以用来改善系统的相位裕度？

6-5 反馈校正所依据的基本原理是什么？

6-6 系统局部反馈对系统产生哪些主要影响？

6-7 在校正网络中，为何很少使用纯微分环节？

6-8 试说明复合校正中补偿法的基本原理。

6-9 已知一个单位反馈控制系统，其原有部分开环传递函数 $G_0(s)$ 和串联校正装置 $G_c(s)$ 的对数幅频渐近特性分别如图 6-57(a)、(b)和(c)所示。

(1) 在各图中分别画出系统校正后的开环对数幅频渐近特性；

(2) 写出校正后各系统的开环传递函数；

(3) 分析各 $G_c(s)$ 对系统的作用，并比较其优缺点。

6-10 设单位反馈系统的开环传递函数为

$$G(s) = \frac{K}{s(0.2s+1)(0.5s+1)}$$

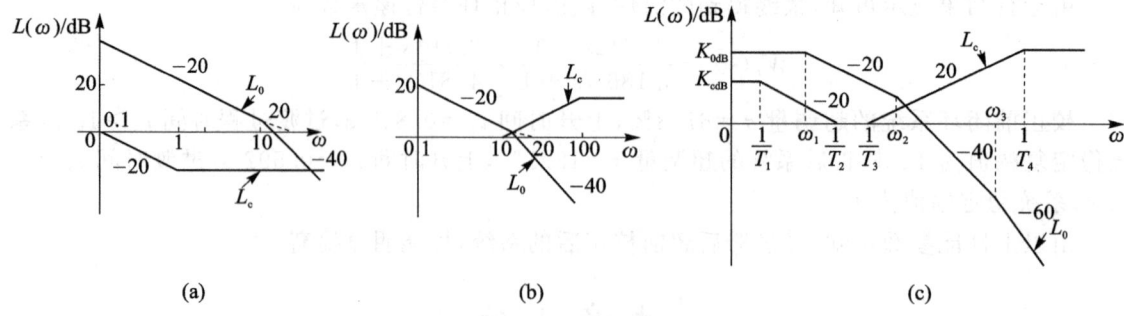

图 6-57 系统特性

已知系统最大输出速度为 2,输出位置的允许误差小于 2°,试求：

(1) 满足上述指标的最小 K 值,计算系统在该 K 值下的相角裕度和幅值裕度；

(2) 在前向通路中串接超前校正网络

$$G_c(s) = \frac{0.4s+1}{0.08s+1}$$

计算校正后系统的相角裕度和幅值裕度,说明超前校正对系统动态性能的影响。

6-11 设单位反馈系统的开环传递函数为

$$G(s) = \frac{K}{s(s+1)(0.5s+1)}$$

要求设计一个串联校正网络,使校正后系统的开环增益 $K=5$,相角裕度不低于 $40°$,幅值裕度不小于 10 dB。

6-12 设单位反馈系统的开环传递函数为

$$G(s) = \frac{K}{s(s+1)(0.5s+1)}$$

要求设计一个串联校正装置,使系统满足 $K_v=8, \gamma=37°$ 指标,并比较校正前后的截止频率。

6-13 设单位反馈系统的开环传递函数为

$$G(s) = \frac{K}{s(0.2s+1)(0.0625s+1)}$$

(1) 若要求校正后系统的相角裕度为 $25°$,幅值裕度为 $10 \sim 12$ dB,试设计串联超前校正装置；

(2) 若要求校正后系统的相角裕度为 $50°$,幅值裕度为 $30 \sim 40$ dB,试设计串联滞后校正装置。

6-14 设单位反馈系统的开环传递函数为

$$G(s) = \frac{8}{s(2s+1)}$$

若采用滞后-超前校正装置

$$G_c(s) = \frac{(10s+1)(2s+1)}{(100s+1)(0.2s+1)}$$

对系统进行校正,试绘制系统校正前后的对数幅频渐近特性,并计算系统校正前后的相角裕度。

6-15 设单位反馈系统的开环传递函数为

$$G_3(s) = \frac{K}{s(s+1)(0.25s+1)}$$

(1) 若要求校正后系统的静态速度误差系数 $K_v \geq 5$，相角裕度 $\gamma \geq 45°$，试设计串联校正装置；

(2) 若上述指标要求不变，还要求系统校正后的截止频率 $\omega_c \geq 2$，试设计串联校正装置。

6-16 设单位反馈系统的开环传递函数为

$$G(s) = \frac{K}{s(0.1s+1)(0.2s+1)}$$

试设计校正装置，使系统的静态速度误差系数 $K_v = 100$，相角裕度 $\gamma \geq 40°$。

6-17 设单位反馈系统的开环传递函数为

$$G(s) = \frac{K}{s(0.1s+1)(0.01s+1)}$$

试设计串联校正装置，使系统期望特性满足下列指标：

(1) 静态速度误差系数 $K_v \geq 250$；

(2) 截止频率 $\omega_c \geq 30$；

(3) 相角裕度 $\gamma \geq 45°$。

(4) 比较待校正系统与校正后系统的速度误差系数和调节时间。

6-18 设单位反馈系统的开环传递函数为

$$G(s) = \frac{K}{s(0.05s+1)(0.2s+1)}$$

试设计串联超前校正装置，使系统的静态速度误差系数不小于 5，超调量不大于 25%，调节时间不大于 1 s。

6-19 设单位反馈系统的开环传递函数为

$$G(s) = \frac{K}{s(0.05s+1)(0.25s+1)(0.1s+1)}$$

若要求校正后系统的开环增益不小于 12，超调量小于 30%，调节时间小于 3 s，试确定串联滞后校正装置的传递函数。

6-20 设单位反馈系统的开环传递函数为

$$G(s) = \frac{K}{s(s+4)(s+5)}$$

若要求校正后系统的 $K_v = 30$，超调量小于 40%，调节时间小于 5 s，并保证原主导极点位置基本不变，试确定串联校正装置。

6-21 已知待校正系统开环传递函数为

$$G(s) = \frac{10}{s(0.25s+1)(0.05s+1)}$$

若要求校正后系统的谐振峰值 $M_r = 1.4$，谐振频率 $\omega_r > 10$，试确定校正装置。

6-22 设控制系统结构如图 6-58 所示，其原有部分开环传递函数 $G_0(s) = \dfrac{10}{0.2s+1}$，欲加负反馈使系统带宽提高为原来的 10 倍并保持总增益不变，求 K_n 和 K_0。

6-23 设具有反馈校正的系统结构如图 6-59 所示，待校正对象的开环传递函数 $G_0(s) = G_1(s)G_2(s)$，其中

$$G_1(s) = \frac{100}{s(1.1s+1)}, \quad G_2(s) = \frac{1}{s(0.025s+1)}$$

反馈校正装置的传递函数 $G_c(s) = 0.25s$。试绘制校正前后系统的对数幅频渐近特性，写出等效开环传递函数 $G_k(s)$，并计算校正后系统的相角裕度 $\gamma(\omega_c)$。

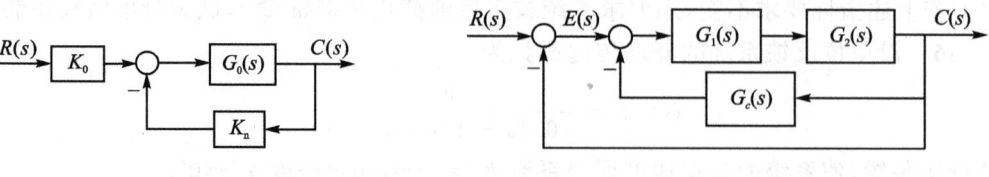

图 6-58 控制系统   图 6-59 控制系统

6-24 设系统结构如图 6-60 所示。其中，$G_2(s)$ 为待校正对象，$G_c(s)$ 为反馈校正装置，且有

$$G_1(s) = 200, \quad G_2(s) = \frac{10}{(0.01s+1)(0.1s+1)}, \quad G_3(s) = \frac{0.1}{s}$$

要求校正后的系统在单位斜坡输入作用下的稳态误差 $e_{ssr} = 0.005$，相角裕度 $\gamma \geqslant 45°$。试确定 $G_c(s)$ 的形式与参数，并求等效开环传递函数 $G_k(s)$。

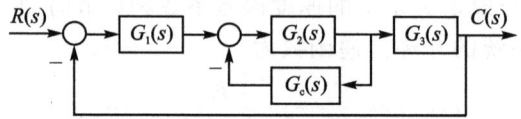

图 6-60 系统结构图

6-25 设系统结构如图 6-60 所示。若要求校正后系统的静态速度误差系数 $K_v = 200\ \text{s}^{-1}$，超调量 $\sigma = 20\%$，调节时间 $t_s = 2\ \text{s}$，试确定反馈校正装置 $G_c(s)$ 及等效开环传递函数 $G_k(s)$。

6-26 设系统结构如图 6-60 所示，图中

$$G_1(s) = 10, \quad G_2(s) = \frac{20}{\left(\dfrac{s}{20}+1\right)\left(\dfrac{s}{200}+1\right)}, \quad G_3(s) = \frac{1}{s}$$

若希望反馈校正后系统的相角裕度 $\gamma(\omega_c) \geqslant 65°$，截止频率 $\omega_c \geqslant 25$，试确定反馈校正装置的传递函数 $G_c(s)$。

6-27 设系统结构如图 6-59 所示，待校正系统的开环传递函数为

$$G_0(s) = G_1(s)G_2(s) = \frac{200}{s\left(\dfrac{s}{20}+1\right)\left(\dfrac{s}{200}+1\right)}$$

若希望反馈校正后系统的相角裕度 $\gamma(\omega_c) \geqslant 65°$，截止频率 $\omega_c \geqslant 25$，试确定反馈校正装置的传递函数 $G_c(s)$。

6-28 设系统结构如图 6-61 所示。若要求闭环回路过阻尼 ($\sigma=0$)，且系统在斜坡输入作用下稳态误差为零，试确定 K 值及前馈校正装置 $G_r(s)$。

6-29 设系统结构如图 6-62 所示。要求采用串联校正和复合控制校正两种方法消除系统跟踪斜坡输入信号的稳态误差，试分别确定串联校正装置 $G_c(s)$ 与复合校正前馈装置 $G_r(s)$ 的传递函数。

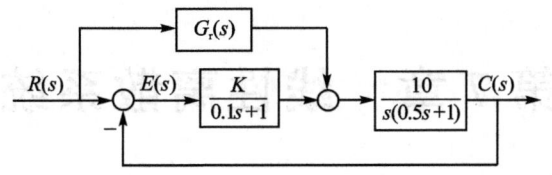

图 6-61　系统结构图

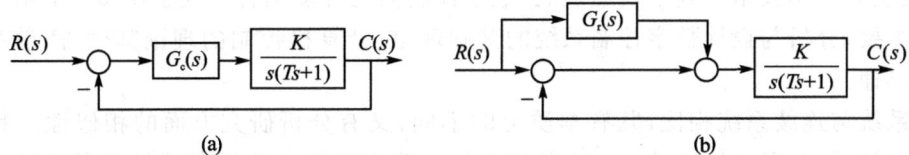

图 6-62　系统结构图

6-30　设复合控制系统结构如图 6-63 所示。

(1) 选择前馈装置 $G_n(s)$，使扰动 $n(t)$ 对系统输出无影响；

(2) 选择 K_2，使系统具有最佳阻尼比 $\zeta=0.707$。

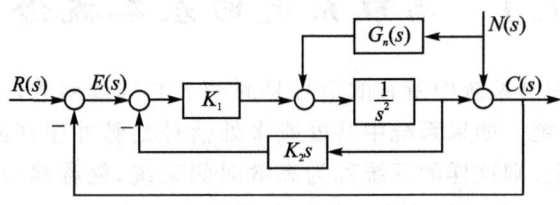

图 6-63　系统结构图

第 7 章 线性离散系统

近年来,由于脉冲技术、数字式元部件、数字计算机,特别是小型机及微处理机的大量涌现,计算机实时控制技术得到了快速发展,数字控制器在许多场合取代了模拟控制器。基于工程实践的需要,分析与设计数字控制系统的基础理论、计算机控制的理论基础,离散系统理论发展非常迅速。

离散系统与连续系统相比,既有本质上的不同,又有分析研究方面的相似性。利用 Z 变换法研究离散系统,可以把连续系统中的许多概念和方法推广应用于线性离散系统。本章主要讨论线性离散系统的分析和校正方法。首先建立信号采样和保持的数学描述;其次介绍信号恢复与信号保持,论述 Z 变换理论和脉冲传递函数,然后研究线性离散系统的稳定性与稳态误差,最后给出 MATLAB 在线性离散系统中的应用。

7.1 离散系统的基本概念

前面各章所讨论的控制系统中所有的信号是时间 t 的连续函数,因此这样的系统称为连续时间系统,简称连续系统。如果系统中某处或多处信号是脉冲序列或数码,换句话说,这些信号仅定义在离散时间上,则这样的系统称为离散时间系统,简称离散系统。其中,把离散信号以脉冲序列形式出现的离散系统称为采样控制系统或脉冲控制系统;而把离散信号以数字序列形式出现的离散系统称为数字控制系统或计算机控制系统。

离散系统与连续系统相比,具有以下优点:

(1) 由数字计算机构成的数字校正装置,校正效果比连续校正装置好,而且由软件实现的控制规律易于改变,控制灵活。

(2) 采样信号,特别是数字信号的传递可以有效地抑制噪声,从而提高了系统的抗干扰能力。

(3) 可用一台计算机分时控制若干个系统,提高了设备利用率,经济性好。

7.2 采样过程及采样定理

7.2.1 采样过程及数学描述

把连续信号转换成脉冲或数字序列的过程称为采样过程。实现采样的装置叫做采样开关或采样器。采样器的采样过程可以用一个周期性闭合的采样开关 S 来表示,如图 7-1(a)所示。假设采样器每隔 $T(s)$ 闭合一次,闭合的持续时间为 τ,采样器的输入 $e(t)$ 为连续信号,如图 7-1(b)所示;输出 $e^*(t)$ 为宽度为 τ 的调幅脉冲序列,如图 7-1(c)所示;另外,由于采样时间 τ 远远小于采样周期 T,且因系统连续部分的惯性时间常数,在 τ 时间间隔内连续信号 $e(t)$ 变化甚微,因此可以近似为一串宽度为 τ、高度为 $e(nT)$ 的矩形脉冲序列,如图 7-1(d)所示,那么连续函数 $e(t)$ 经过采样后成为一系列强度为 $\tau e(kT)$ 的脉冲序列 $e^*(t)$。

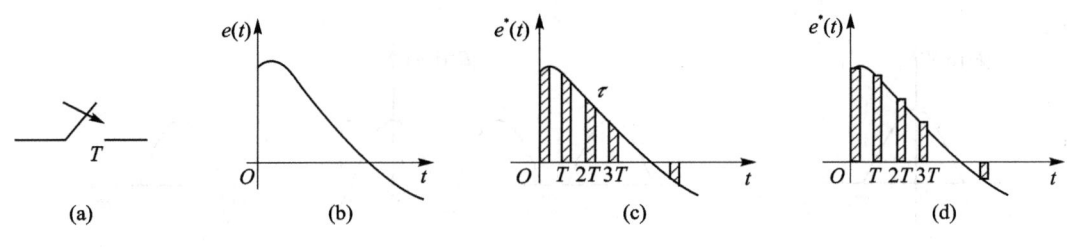

图 7-1 实际采样过程

因为 τ 为定值,为简便计算,τ 可以不写出来,这对离散时间系统的分析并无实质上的影响,并且当 $\tau \to 0$ 时为理想采样器,此时采样函数可以写作

$$e^*(t) = \sum_{k=0}^{\infty} e(kT)\delta(t-kT) = e(t)\sum_{k=0}^{\infty} \delta(t-kT) = e(t)\delta_T(t) \quad (7-1)$$

此时,采样器相当于一个脉冲调制器,连续函数 $e(t)$ 为调制信号,单位脉冲序列 $\delta_T(t)$ 相当于载波,上述采样过程则是把连续函数 $e(t)$ 变成一串离散的调幅脉冲,如图 7-2 所示。

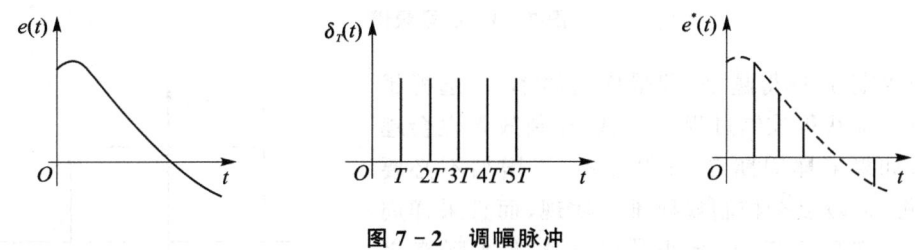

图 7-2 调幅脉冲

7.2.2 采样定理

采样定理证明了采样信号不失真地复现原连续信号时采样频率的必要条件。因此,在设计离散系统时,必须满足采样定理。

设采样周期为 T,而 $f_s = 1/T$ 及 $\omega_s = 2\pi f_s$ 分别为采样频率和采样角频率。香农采样定理指出:如果对一个具有有限频谱($-\omega_{\max} < \omega < \omega_{\max}$)的连续信号进行采样,当采样角频率 $\omega_s \geqslant 2\omega_{\max}$ 时,则由采样得到的离散信号能无失真地恢复到原来的连续信号。

连续信号 $e(t)$ 的傅里叶变换为 $E(j\omega)$,它的频谱为 $|E(j\omega)|$,它是单一的连续频谱,如图 7-3(a)所示,最高频谱为 ω_m。离散信号 $e^*(t)$ 的频谱 $|E^*(j\omega)|$ 如图 7-3(b)所示,由图可见它是以采样频率 ω_s 为周期的无限多个频谱之和。当 $\omega_s \geqslant 2\omega_m$ 并且 $n=0$ 时的频谱是采样前连续信号 $e(t)$ 的频谱,只不过在幅值上变化了 $1/T$。其余各频谱($n = \pm 1, \pm 2, \cdots$)都是由于采样而引起的高频频谱。$n=0$ 所对应的频谱为主频谱,它包含了连续信号 $e(t)$ 的全部信息。如果将具有图 7-3(b)所示频谱特性的离散信号输入图 7-4 所示频率特性的理想滤波器中,然后将输出放大 T 倍就得到原来的连续信号 $e(t)$ 的频谱。

如果上述条件不满足,即当 $\omega_s < 2\omega_m$ 时,离散函数的频谱是一个重叠的连续频谱,如图 7-3(c)所示,它与连续信号 $e(t)$ 的频谱 $|E(j\omega)|$ 相比,发生了很大的畸变,如果将具有这种频谱的离散信号输入上述滤波器中,在输出端将得不到原连续信号 $e(t)$。

7.2.3 采样周期的选择

采样定理只是给出了采样周期选择的基本原则,并未给出选择采样周期的具体计算公式。

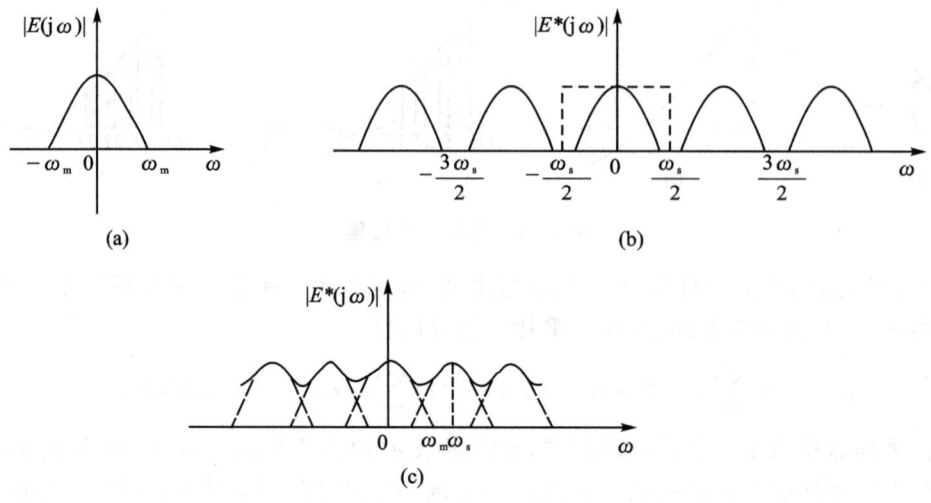

图 7-3 信号频谱

显然，采样周期 T 选得越小，即采样角频率 ω_s 选得越高，便能更多地获得控制过程的信息，控制效果也会越好。但是，如果采样周期 T 选得过短，将增加不必要的计算负担，使较复杂控制规律难以实现，而且采样周期 T 小到一定程度后，再减小就没有多大实际意义了。反之采样周期选得过长，又会给控制过程带来较大的误差，降低系统的动态性能，甚至有可能导致整个控制系统不稳定。因此，采样周期的选择是数字控制

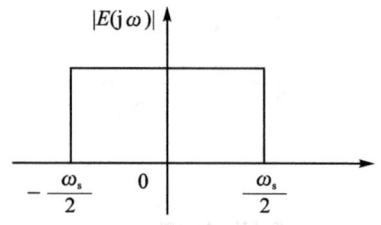

图 7-4 理想滤波器

系统设计中的一个关键因素，必须加以充分注意，要依据实际情况综合考虑，合理选择。

从频域性能指标来看，控制系统的闭环频率响应通常具有低通滤波特性。在随动系统中，一般认为开环系统的截止频率 ω_c 与闭环系统的谐振频率 ω_r 相当接近，近似有 $\omega_c = \omega_r$，故在控制信号的频率分量中，超过 ω_c 的分量通过系统后将被大幅度衰减掉。工程实践表明，随动系统的采样周期可按下式选取：

$$T = \frac{2\pi}{\omega_s} = \frac{\pi}{5\omega_c} \tag{7-2}$$

从时域性能指标来看，采样周期 T 通过单位阶跃响应的上升时间 t_r 或调节时间 t_s 按下列经验公式选取：

$$T = \frac{1}{10}t_r \quad \text{或} \quad T = \frac{1}{40}t_s \tag{7-3}$$

7.3 信号恢复与信号保持

将满足采样定理的离散信号 $e^*(t)$ 送入理想滤波器中，就可以将离散信号 $e^*(t)$ 恢复成原来的连续信号。但是实际上这种理想滤波器是无法实现的，工程上通常只能用接近理想滤波性能的保持器来代替。

保持器是具有外推功能的元件。保持器的外推作用,表现为现在时刻的输出信号取决于过去时刻离散信号的外推。通常,采用如下多项式外推公式来描述保持器:

$$e(nT+\Delta t)=a_0+a_1\Delta t+a_2(\Delta t)^2+\cdots+a_m(\Delta t)^m \tag{7-4}$$

其中,Δt 是以 nT 时刻为原点的坐标。式(7-4)表示,现在时刻的输出值 $e(nT+\Delta t)$ 取决于 $\Delta t=0,-T,-2T,\cdots,-mT$ 各过去时刻的离散信号 $e^*(nT),e^*(n-1)T,e^*(n-2)T,\cdots,e^*(n-m)T$ 的 $(m+1)$ 个值。外推公式中 $(m+1)$ 个待定系数 $a_i(i=0,1,\cdots,m)$ 唯一地由过去 $(m+1)$ 个采样时刻的离散信号值 $e^*[(n-i)T]$ 来确定,故系数 a_i 有唯一解。这样的保持器称为 m 阶保持器。若取 $m=0$ 则称之为零阶保持器;若取 $m=1$,则称之为一阶保持器。在工程实践中普遍采用零阶保持器。

零阶保持器是采用恒值外推规律的保持器。它把前一个采样时刻 nT 的采样值 $e(nT)$ 不增不减地保持到下一个采样时刻 $(n+1)T$,其输入信号和输出信号的关系如图 7-5 所示。

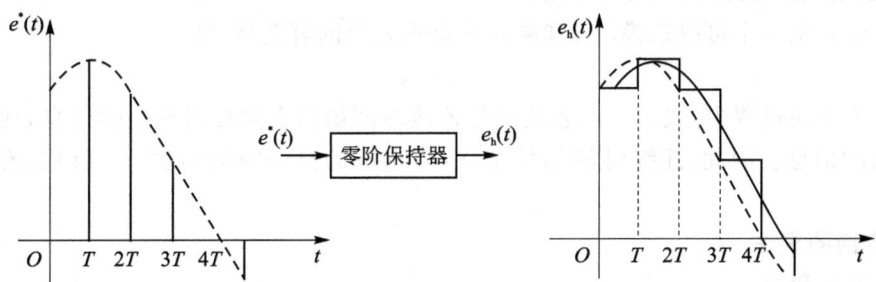

图 7-5 零阶保持器的输入和输出信号

由图 7-5 可见,零阶保持器的输出信号是阶梯形的,它包含着高次谐波,与要恢复的连续信号是有区别的。若将阶梯形输出信号的各中点连接起来,就可以得到一条比连续信号滞后 $T/2$ 的曲线,这反映了零阶保持器的滞后特性。

零阶保持器的幅频特性如图 7-6 所示。它的幅值随角频率 ω 的增大而衰减,具有明显的低通滤波特性。但除了主频谱

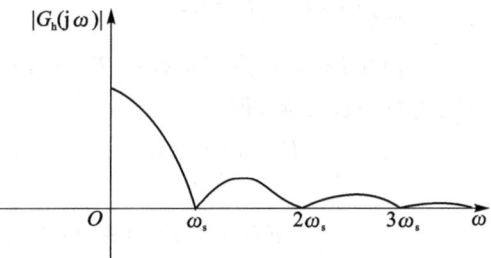

图 7-6 零阶保持器的幅频特性

外,还存在一些高频分量。因此,其对应的连续信号与原来的信号是有差别的。此外,采用零阶保持器还将产生相角滞后现象,这将降低系统的相对稳定性。零阶保持器可以近似地用 RC 网络来实现。计算机控制系统中的 D/A 转换器具有零阶保持器的功能。

7.4 采样系统的数学模型

7.4.1 Z 变换理论

Z 变换是从拉氏变换直接引申出来的一种变换方法,它实际上是采样函数拉氏变换的变形。因此,Z 变换又称为采样拉氏变换,是研究线性离散系统的重要数学工具。

1. Z变换的定义

连续函数 $f(t)$ 的采样信号为 $f^*(t)$,其拉氏变换为

$$F^*(s) = \sum_{n=0}^{\infty} f(nT) e^{-nTs} \tag{7-5}$$

式中,e^{-sT} 是 s 的超越函数,不便于直接运算,因此引入一个新的复变量

$$z = e^{Ts} \tag{7-6}$$

将式(7-6)代入式(7-5),得

$$Z[f^*(t)] = F(z) = \sum_{n=0}^{\infty} f(nT) z^{-n} \tag{7-7}$$

式(7-7)被定义为采样函数 $f^*(t)$ 的 Z 变换。它和式(7-5)是互为补充的两种变换形式。式(7-7)表示 z 平面上的函数关系,式(7-5)表示 s 平面上的函数关系。

对 Z 变换还必须强调指出以下两点:

(1) 变量 z 是一个可以以模 $|z|$ 和幅角 θ 形式表示的复变量,即

$$z = |z| e^{j\theta} \tag{7-8}$$

(2) 在 Z 变换过程中,式(7-7)表达的是连续时间函数在采样时刻上的信息,而不反映采样时刻之间的信息。因此,连续时间函数 $f(t)$ 与相应的离散时间函数 $f^*(t)$ 具有相同的 Z 变换。

2. Z变换的求法

(1) 级数求和法

设连续时间函数为 $f(t)$,对应的离散时间函数为 $f^*(t)$,将 $f^*(t)$ 展开为

$$\begin{aligned} f^*(t) &= \sum_{n=0}^{\infty} f(nT) \delta(t - nT) \\ &= f(0)\delta(t) + f(T)\delta(t-T) + f(2T)\delta(t-2T) + \cdots + f(nT)\delta(t-nT) + \cdots \end{aligned}$$

然后逐项进行拉氏变换,得

$$F^*(s) = f(0) + f(T) e^{-Ts} + \cdots + f(nT) e^{-nTs} + \cdots \tag{7-9}$$

或

$$F(z) = f(0) + f(T) z^{-1} + \cdots + f(nT) z^{-n} + \cdots \tag{7-10}$$

式(7-10)就是离散时间函数 $f^*(t)$ 进行 Z 变换的一种级数表达形式。由这种表达形式可知,如果知道连续时间函数 $f(t)$ 在各采样时刻 $nT(n=0,1,2,\cdots)$ 上的采样值 $f(nT)$,便可根据式(7-10)求得其 Z 变换的级数展开式。它是一个无穷项的级数。

例 7-1 试求单位阶跃函数 $1(t)$ 的 Z 变换。

解 由于 $f(t)=1(t)$ 在所有采样时刻上的采样值均为 1,即 $f(nT)=1$,而 $n=0,1,2,\cdots$,故由式(7-10)得

$$F(z) = 1 + z^{-1} + z^{-2} + \cdots + z^{-n} + \cdots$$

在上式中,若 $|z^{-1}|<1$,则无穷级数是收敛的,利用等比级数求和公式,可得到 $1(t)$ 的 Z 变换形式为

$$F(z) = \frac{1}{1-z^{-1}} = \frac{z}{z-1}$$

(2) 部分分式法

设连续函数为 $f(t)$,其对应的拉氏变换为 $F(s)$。若 $F(s)$ 是有理真公式,且无重极点,则

可将 $F(s)$ 写成部分分式之和的形式,即

$$F(s) = \sum_{i=1}^{n} \frac{A_i}{s - p_i} \quad (7-11)$$

式中,n 为 $F(s)$ 的极点数目,p_i 为 $F(s)$ 的极点,A_i 为常系数。只要求出 p_i 及 A_i,就可以按

$$F(z) = \sum_{i=1}^{n} \frac{A_i z}{z - e^{p_i T}} \quad (7-12)$$

求出 $F(s)$ 所对应的 Z 变换式 $F(z)$。综上所述,已知 $f(t)$ 求 $F(z)$ 时,既可以按下面的虚线箭头的步骤求取 $F(z)$,又可以按实线箭头的步骤求取 $F(z)$。

```
              采样              Z变换
   f(t) - - - - - - - →  f*(t) - - - - - - - →  F(z)
    │                                            ↑
    │         拉氏变换              部分分式      │
    └──────────────→ F(s) ──────────────────────┘
```

除上述方法以外,工程中常根据 $F(s)$ 函数的形式直接从 Z 变换表中查得与之对应的 $F(z)$。

例 7-2 设信号为 $f(t) = t \times 1(t)$,试求其 Z 变换 $F(z)$。

解 原函数的拉氏变换为

$$F(s) = \mathscr{L}[f(t)] = \frac{1}{s^2}$$

从 Z 变换表(附录 3)中可以查出

$$F(z) = \frac{Tz}{(z-1)^2}$$

(3) 留数计算法

设连续函数 $f(t)$ 的拉氏变换式 $F(s)$ 及其全部极点 p_i 为已知,则可用留数计算法求其 Z 变换。

$$F(z) = Z[f^*(t)] = \sum_{i=1}^{n} \text{Res}\left[F(p_i) \frac{z}{z - e^{-p_i T}}\right] = \sum_{i=1}^{n} R_i \quad (7-13)$$

式中,$R_i = \text{Res}\left[F(p_i) \dfrac{z}{z - e^{-p_i T}}\right]$ 为 $F(s) \dfrac{z}{z - e^{sT}}$ 在 $s = p_i$ 时的留数。当 $F(s)$ 具有一阶极点 $s = p_1$ 时,其留数 R_1 为

$$R_1 = \lim_{s \to p_1} \left[(s - p_1) F(s) \frac{z}{z - e^{sT}}\right] \quad (7-14)$$

当 $F(s)$ 具有 q 阶重复极点 $s = p$ 时,相应的留数为

$$R = \frac{1}{(q-1)!} \lim_{s \to p} \frac{d^{q-1}}{ds^{q-1}} \left[(s-p)^q F(s) \frac{z}{z - e^{sT}}\right] \quad (7-15)$$

此外,工程中常根据 $F(t)$ 函数的形式直接从 Z 变换表中查得与之对应的 $F(z)$。

例 7-3 设连续时间函数为 $f(t) = t^2$,试用留数计算法求 $f(t)$ 的 Z 变换 $F(z)$。

解 $f(t)$ 的拉氏变换为

$$F(s) = \frac{2}{s^3}$$

由上式可知

$$p_1 = 0, \quad q = 3$$

根据留数计算法得

$$F(z) = \frac{1}{(3-1)!} \cdot \frac{d^2}{ds^2}\left[s^3 \cdot \frac{2}{s^3} \cdot \frac{z}{z-e^{sT}}\right]_{s=0} = \frac{T^2 z(z+1)}{(z-1)^3}$$

3. Z 反变换

在离散系统中应用 Z 变换是为了把 s 的超越方程或者描述离散系统的差分方程转换为 z 的代数方程,然后写出离散系统的脉冲传递函数,再用 Z 反变换法求出离散系统的时间响应。所谓 Z 反变换是已知 Z 变换表达式 $F(z)$,求相应离散序列 $f(nT)$ 的过程,记为

$$f(nT) = Z^{-1}[F(z)] \tag{7-16}$$

进行 Z 反变换时,信号序列仍是单边的,即当 $n<0$ 时,$f(nT)=0$。常用的 Z 反变换法有如下 3 种。

(1) 幂级数展开法

根据 Z 变换的定义,将象函数 $F(z)$ 展开成 z^{-1} 的无穷幂级数,即

$$F(z) = \sum_{n=0}^{\infty} f(nT) z^{-n} = f(0) + f(T)z^{-1} + f(2T)z^{-2} + \cdots + f(nT)z^{-n} + \cdots \tag{7-17}$$

设函数 $F(z)$ 是 z 的有理函数,可表示为两个 z 的多项式之比,即

$$F(z) = \frac{b_0 z^m + b_1 z^{m-1} + \cdots + b_m}{a_0 z^n + a_1 z^{n-1} + \cdots + a_n} \quad (n \geqslant m) \tag{7-18}$$

对式(7-18)用长除法,用分母多项式去除分子多项式,所得商按 z^{-1} 的升幂排列,则有

$$F(z) = c_0 + c_1 z^{-1} + c_2 z^{-2} + \cdots = \sum_{n=0}^{\infty} c_n z^{-n} \tag{7-19}$$

如果所得的无穷幂级数是收敛的,则按 Z 变换定义可知,式(7-19)中的系数 $c_n(n=0,1,\cdots,\infty)$ 就是采样脉冲序列 $f^*(t)$ 的脉冲强度 $f(nT)$。因此,根据上式可以直接写出 $f^*(t)$ 的脉冲序列表达式,即

$$f^*(t) = \sum_{n=0}^{\infty} c_n \delta(t-nT) \tag{7-20}$$

例 7-4 已知 $F(z) = \dfrac{0.5z}{(z-1)(z-0.5)}$,试用长除法求取 Z 的反变换 $f^*(t)$。

解 先将 $F(z)$ 展开成有理分式为

$$F(z) = \frac{0.5z}{(z-1)(z-0.5)} = \frac{0.5z}{z^2 - 1.5z + 0.5}$$

为方便求取商值,将分母首项变成 1。为此,用分母首项(z^2)去除全式得

$$F(z) = \frac{0.5z^{-1}}{1 - 1.5z^{-1} + 0.5z^{-2}}$$

然后按长除法,用分母多项式去除分子多项式,得

$$F(z) = 0.5z^{-1} + 0.75z^{-2} + 0.875z^{-3} + 0.9375z^{-4} + \cdots$$
$$0 \times z^{-0} + 0.5z^{-1} + 0.75z^{-2} + 0.875z^{-3} + 0.9375z^{-4} + \cdots$$

故有

$$f^*(t) = 0 \times \delta(t) + 0.5 \times \delta(t-T) + 0.75 \times (t-2T) + 0.875 \times \delta(t-2T) + 0.9375 \times \delta(t-4T) + \cdots$$

(2) 部分分式法

部分分式法又称查表法，其基本思想是根据已知的 $F(z)$，通过查 Z 变换表找出相应的 $f^*(t)$，或者 $f(nT)$；采用部分分式法可以求出离散函数的闭合形式，其方法与求拉普拉斯反变换的部分分式法相似。稍有不同的是，由于 $F(z)$ 在分子中通常都含有 z，因此先将 $F(z)$ 除以 z，然后再展开为部分分式，最后将所得结果的第一项都乘以 z，即得 $F(z)$ 的部分分式展开式。

例 7-5 已知 Z 变换象函数

$$F(z)=\frac{10z}{(z-1)(z-2)}$$

试求其 Z 反变换。

解 将 $\dfrac{F(z)}{z}=\dfrac{10z}{(z-1)(z-2)}$ 展成部分分式，有

$$\frac{F(z)}{z}=\frac{10z}{(z-1)(z-2)}=\frac{-10}{z-1}+\frac{10}{z-2}$$

将上式两边同乘以 z，由 Z 变换表查得

$$F(z)=\frac{-10z}{z-1}+\frac{10z}{z-2}$$

因此
$$f(nT)=-10+10\times 2^n$$

所以
$$f^*(t)=\sum_{n=0}^{\infty}(-10+10\times 2^n)\delta(t-nT)=10\sum_{n=0}^{\infty}(-1+2^n)\delta(t-nT)$$

(3) 留数计算法

由 Z 变换的定义

$$F(z)=\sum_{n=0}^{\infty}f(nT)z^{-n}=f(0)+f(T)z^{-1}+f(2T)z^{-2}+\cdots+$$
$$f(nT)z^{-n}+f[(n+1)T]z^{-n-1}+\cdots \tag{7-21}$$

用 z^{n-1} 同乘上式两端得

$$F(z)z^{n-1}=f(0)z^{n-1}+\cdots+f[(n-1)T]+f(nT)z^{-1}+f[(n+1)T]z^{-2}+\cdots \tag{7-22}$$

由复变函数理论可知

$$f(nT)=\frac{1}{2\pi\mathrm{j}}\oint_C F(z)z^{n-1}\mathrm{d}z=\sum_{i=1}^{k}\mathrm{Res}\left[F(z)z^{n-1}\right]_{z\to p_i} \tag{7-23}$$

积分曲线 C 可以是包含 $F(z)z^{n-1}$ 全部极点的任何封闭曲线，$\mathrm{Res}\left[F(z)z^{n-1}\right]_{z\to p_i}$ 表示函数 $F(z)z^{n-1}$ 在极点 p_i 处的留数。

一阶极点 $z=p_i$ 的留数为

$$R=\lim_{z\to p_1}(z-p_1)\left[F(z)z^{n-1}\right] \tag{7-24}$$

q 阶重复极点 $z=p$ 的留数为

$$R=\frac{1}{(q-1)!}\lim_{z\to p}\frac{\mathrm{d}^{q-1}}{\mathrm{d}z^{q-1}}\left[(z-p)^q F(z)z^{n-1}\right] \tag{7-25}$$

例 7-6 求 $F(z)=\dfrac{Tz}{(z-1)^2}$ 的 Z 反变换。

解 $F(z)$ 在 $z=1$ 处有二重极点,因此有
$$R = \lim_{z \to 1} \frac{d}{dz} Tz^n = (nTz^{n-1})_{z=1} = nT$$
由此可得
$$f(nT) = nT$$

7.4.2 差分方程

从前面几章已经知道,线性连续系统的动态过程是用线性微分方程来描述的。而线性采样系统的动态过程是用差分方程来描述的。下面用一个简单的例子加以说明。

设采样控制系统的方框图如图 7-7 所示。在第 k 个采样时间间隔中,零阶保持器的输出为 $e_h(t) = e(kT), kT \leq t \leq (k+1)T$。考虑到积分环节的作用,在该周期内输出的 $c(t)$ 由

$$c(t) = c(kT) + e(kT)(t - kT) \tag{7-26}$$

决定。式中,$kT \leq t \leq (k+1)T$。由此可得

$$c[(k+1)T] = c(kT) + Te(kT) \tag{7-27}$$

或简写为
$$c(k+1) = c(k) + Te(k) \tag{7-28}$$

考虑到 $e(k) = r(k) - c(k)$,因此有

$$c(k+1) + (T-1)c(k) = Tr(k) \tag{7-29}$$

这就是图 7-7 所示采样控制系统的差分方程。一般情况下,线性定常离散系统通常可以用下面的 n 阶前向差分方程来描述:

$$c(k+n) + a_1 c(k+n-1) + \cdots + a_n c(k) = b_0 r(k+m) + b_1 r(k+m-1) + \cdots + b_m r(k) \tag{7-30}$$

式中,n 为系统阶次;k 为第 k 个采样周期。

常系数线性差分方程的求解方法有两种:一种是基于解析法的 Z 变换法;另一种是基于计算机求解的迭代法。

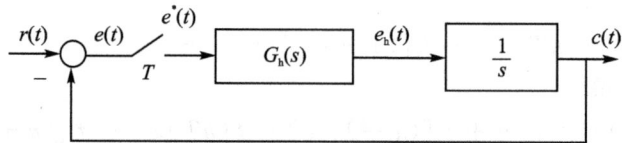

图 7-7 采样控制系统的方框图

(1) 基于解析法的 Z 变换法

用 Z 变换法求解差分方程较为方便,且可求得差分方程的数学解析式。Z 变换法求解差分方程的步骤:对式(7-29)的差分方程进行 Z 变换,并利用 Z 变换的实数位移定理,将时域差分方程化为 z 域的代数方程,求其解,再将 z 域的代数方程经 Z 反变换求得差分方程的时域解。

例 7-7 已知初始条件为 $c(0) = 0, c(1) = 0$,试用 Z 变换法求解二阶差分方程 $c(k+2) + 5c(k+1) + 6c(k) = 0$。

解 对差分方程两边求 Z 变换,有
$$[z^2 C(z) - z^2 c(0) - zc(1)] + 5[zC(z) - 5zc(0)] + 6C(z) = 0$$
将初始条件代入,并化简得 $(z^2 + 5z + 6)C(z) = z$,即
$$C(z) = \frac{z}{z^2 + 5z + 6} = \frac{z}{(z+2)(z+3)} = \frac{z}{z+2} - \frac{z}{z+3}$$

对式两边进行 Z 反变换,有
$$c(k)=(-2)^k-(-3)^k \qquad (k=0,1,2,\cdots)$$

(2) 基于计算机求解的迭代法

由前面的分析可知,差分方程本身就是方程求解的迭代式。因此,可以将差分方程改写成迭代式,并代入给定的初始条件,在计算机上逐步算出序列。

例 7-8 试用迭代法求解二阶差分方程 $c(k+2)+5c(k+1)+6c(k)=0$。已知初始条件为 $c(0)=0,c(1)=1$。

解 将原差分方程改写为迭代式,有
$$c(k+2)=-5c(k+1)-6c(k)$$

① 当 $k=0$ 时,$c(2)=-5c(1)-6c(0)=-5\times1-6\times0=-5$。
② 当 $k=1$ 时,$c(3)=-5c(2)-6c(1)=-5\times(-5)-6\times1=19$。
③ 当 $k=2$ 时,$c(4)=-5c(3)-6c(2)=-5\times19-6\times(-5)=-65$。
④ 当 $k=3$ 时,$c(5)=-5c(4)-6c(3)=-5\times(-65)-6\times19=211$。
⑤ 当 $k=4$ 时,$c(6)=-5c(5)-6c(4)=-5\times211-6\times(-65)=-665$。

差分方程的解,可以提供线性定常离散系统在给定输入序列作用下的输出序列响应特性,但不便于研究系统参数变化对离散系统性能的影响。因此,需要研究线性定常离散系统的另一种数学模型——脉冲传递函数。

7.4.3 线性离散系统的脉冲传递函数

1. 脉冲传递函数的定义

在零初始条件下,线性系统(或环节)输出脉冲序列的 Z 变换与输入脉冲序列的 Z 变换之比,即 $G(z)=\dfrac{C(z)}{R(z)}$ 称为系统(或环节)的脉冲传递函数(或 Z 传递函数)。

由 $C(z)$ 可以求得采样系统的离散输出信号 $c^*(t)$。然而对大多数实际系统来说,其输出往往是连续信号 $c(t)$,而不是采样信号 $c^*(t)$。此时可以在系统输出端虚设一个理想采样开关,如图 7-8 中的虚线所示,它与输入采样开关同步工作,并具有相同的采样周期。如果系统的实际输出 $c(t)$ 比较平滑,且采样频率较高,则可用 $c^*(t)$ 近似描述 $c(t)$。必须指出,虚设的采样开关实际上是不存在的,它只是表明了脉冲传递函数所能描述的输出连续函数 $c(t)$ 在采样时刻上的离散值 $c^*(t)$。

2. 开环系统的脉冲传递函数

当开环离散系统由几个环节串联组成时,其脉冲传递函数的求法与连续系统的情况不完全相同,即使两个开环离散系统的组成完全相同,但由于采样开关的数目和位置不同,求出的开环脉冲传递函数也会截然不同。因此,对于开环系统的脉冲传递函数,应注意以下两种不同的情况:

(1) 串联环节之间有采样开关

设开环离散系统如图 7-8(a)所示,在两个串联连续环节 $G_1(s)$ 和 $G_2(s)$ 之间,有理想采样开关隔开。根据脉冲传递函数定义,可得
$$D(z)=G_1(z)R(z), \qquad C(z)=G_2(z)D(z) \qquad (7-31)$$

其中,$G_1(z)$ 和 $G_2(z)$ 分别为 $G_1(s)$ 和 $G_2(s)$ 的脉冲传递函数。于是有
$$C(z)=G_1(Z)G_2(z)R(z) \qquad (7-32)$$

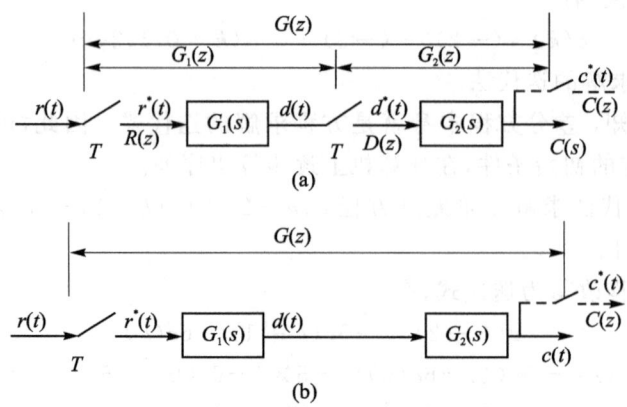

图 7 - 8 两种采样系统方框图

因此,开环系统脉冲传递函数为

$$G(z) = \frac{C(z)}{R(z)} = G_1(z)G_2(z) \qquad (7-33)$$

式(7-33)表明,有理想采样开关隔开的两个串联环节的脉冲传递函数,等于这两个环节各自的脉冲传递函数之积。这一结论,可以推广到类似的 n 个环节串联时的情况。

(2) 串联环节之间无采样开关

设开环离散系统如图 7-8(b)所示,在两个串联连续环节 $G_1(s)$ 和 $G_2(s)$ 之间没有采样开关。显然,系统连续信号的拉氏变换为

$$C(s) = G_1(s)G_2(s)R^*(s) \qquad (7-34)$$

则有

$$C^*(s) = [G_1(s)G_2(s)R^*(s)]^* = [G_1(s)G_2(s)]^* R^*(s) = G_1G_2{}^*(s)R^*(s) \qquad (7-35)$$

对式(7-35)取 Z 变换,得

$$C(z) = G_1G_2(z)R(z) \qquad (7-36)$$

其中,$G_1G_2(z)$ 定义为 $G_1(s)$ 和 $G_2(s)$ 乘积的 Z 变换。于是开环系统脉冲传递函数为

$$G(z) = \frac{C(z)}{R(z)} = G_1G_2(z) \qquad (7-37)$$

式(7-37)表明,没有理想采样开关隔开的两个线性连续环节串联时的脉冲传递函数,等于这两个环节传递函数乘积后的相应 Z 变换。这一结论同样可推广到类似的 n 个环节相串联时的情况。

例 7 - 9 设系统如图 7-9 所示,求系统的开环脉冲传递函数。

解 设 $G_1(s) = \dfrac{1}{s}$,$G_2(s) = \dfrac{10}{s+10}$,则图 7-9(a)所示系统的脉冲传递函数为

$$\frac{C(z)}{R(z)} = G(z) = G_1G_2(z) = Z\left[\frac{10}{s(s+10)}\right]$$

$$= Z\left(\frac{1}{s} - \frac{1}{s+10}\right) = \frac{z}{z-1} - \frac{z}{z-e^{-10T}} = \frac{z(1-e^{-10T})}{(z-1)(z-e^{-10T})}$$

图 7-9(b)所示系统的脉冲传递函数为

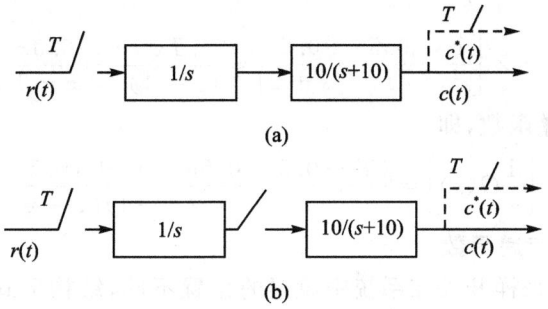

图 7-9 例 7-9 图形

$$\frac{C(z)}{R(z)} = G(z) = G_1(z)G_2(z) = Z\left(\frac{1}{s}\right) \cdot Z\left(\frac{10}{s+10}\right) = \frac{10z^2}{(z-1)(z-e^{-10T})}$$

比较图 7-9 两系统的结果可以看出

$$G_1(z) \cdot G_2(z) \neq G_1G_2(z) \tag{7-38}$$

两者的极点相同，由 $G_1(z)$ 和 $G_2(z)$ 的极点决定，但两者的零点不同。

(3) 有零阶保持器的开环脉冲传递函数

具有零阶保持器的开环离散系统如图 7-10 所示。图中零阶保持器的传递函数为 $G_h(s) = \frac{1-e^{-Ts}}{s}$，$G(s)$ 为系统其他连续部分的传递函数。两个串联环节之间没有同步采样开关隔离。

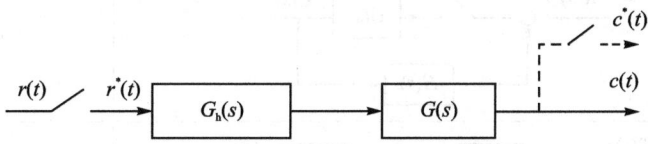

图 7-10 有零阶保持器的开环离散系统

系统的脉冲传递函数为

$$G(z) = Z[G_h(s)G(s)] = Z\left[\frac{1-e^{-Ts}}{s}G(s)\right] \tag{7-39}$$

根据 Z 变换的线性定理，有

$$G(z) = Z\left[\frac{1}{s}G(s)\right] - Z\left[\frac{1}{s}G(s)e^{-Ts}\right] \tag{7-40}$$

由 Z 变换的实数位移定理，式(7-40)中等号右边第二项可写为

$$Z\left[\frac{1}{s}G(s)e^{-Ts}\right] = z^{-1}Z\left[\frac{1}{s}G(s)\right] \tag{7-41}$$

将式(7-41)代入 $G(z)$，得系统脉冲传递函数为

$$G(z) = Z\left[\frac{1}{s}G(s)\right] - z^{-1}Z\left[\frac{1}{s}G(s)\right] = (1-z^{-1})Z\left[\frac{1}{s}G(s)\right] \tag{7-42}$$

例 7-10 具有零阶保持器的开环离散系统如图 7-10 所示，其中 $G(s) = \frac{2}{s(s+2)}$，求脉冲传递函数。

解 因为 $\dfrac{1}{s}G(s) = \dfrac{1}{s}\dfrac{2}{s(s+2)} = \dfrac{2}{s^2(s+2)} = \dfrac{1}{s^2} - \dfrac{0.5}{s} + \dfrac{0.5}{s+2}$

有
$$Z\left[\frac{1}{s}G(s)\right] = Z\left[\frac{1}{s^2} - \frac{0.5}{s} + \frac{0.5}{s+2}\right] = \frac{Tz}{(z-1)^2} - \frac{0.5z}{z-1} + \frac{0.5z}{z-e^{-2T}}$$

于是得到系统的脉冲传递函数,即

$$G(z) = (1-z^{-1})Z\left[\frac{1}{s}G(s)\right] = \frac{(T-0.5+0.5e^{-2T})z + (0.5-Te^{-2T}-0.5e^{-2T})}{(z-1)(z-e^{-2T})}$$

3. 闭环系统的脉冲传递函数

在离散系统中,由于采样开关在系统中设置的位置不同,结构形式也不一样,因而系统的闭环脉冲传递函数没有一般的计算公式,只能根据系统的具体结构而具体求取。

闭环脉冲传递函数 $\Phi(z)$ 定义为:在零初始条件下,输出脉冲序列的 Z 变换与输入脉冲序列 Z 变换之比,即

$$\Phi(z) = \frac{C(z)}{R(z)} \tag{7-43}$$

由于线性离散系统的结构多种多样,并不是每个系统都能写出闭环脉冲传递函数。如果偏差信号不是以离散信号的形式输入前向通道,则一般写不出闭环脉冲传递函数,只能写出输出 Z 变换的表达式。典型的闭环离散系统及其输出的 Z 变换如表 7-1 所列。

表 7-1 典型闭环离散系统及其输出 Z 变换函数

序号	系统结构图	$C(z)$ 计算式
1	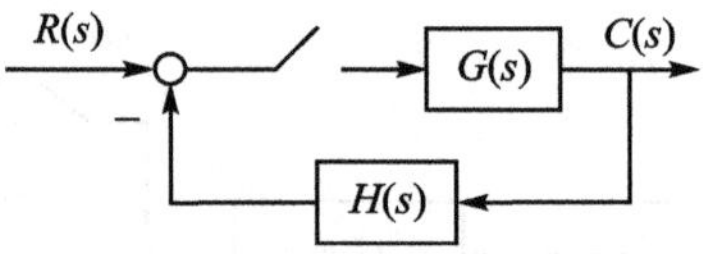	$\dfrac{G(z)R(z)}{1+GH(z)}$
2	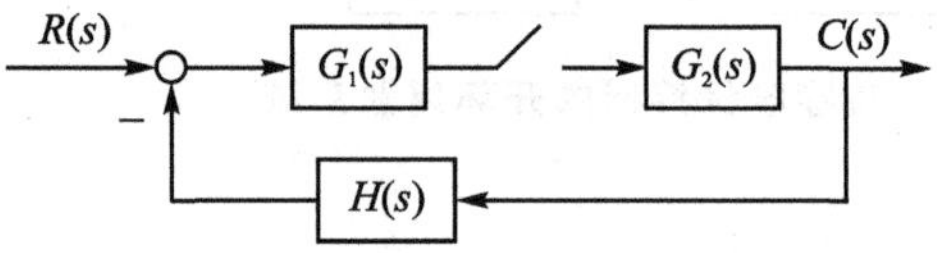	$\dfrac{RG_1(z)G_2(z)}{1+G_2HG_1(z)}$
3	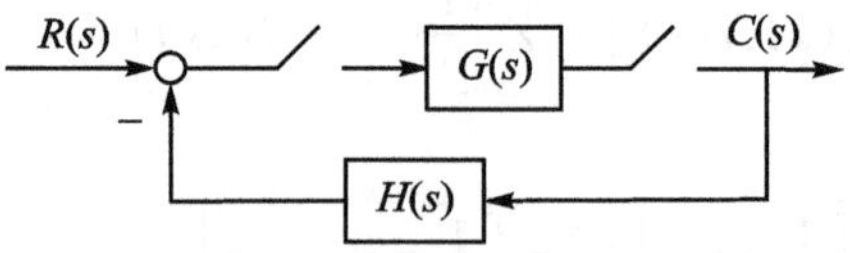	$\dfrac{G(z)R(z)}{1+G(z)H(z)}$
4	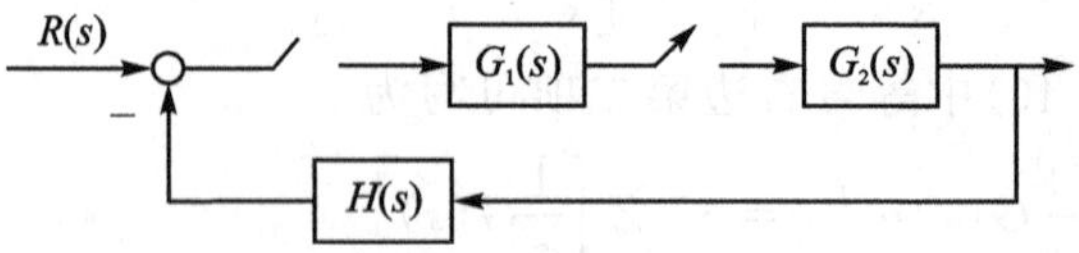	$\dfrac{G_1(z)G_2(z)R(z)}{1+G_1(z)G_2H(z)}$
5	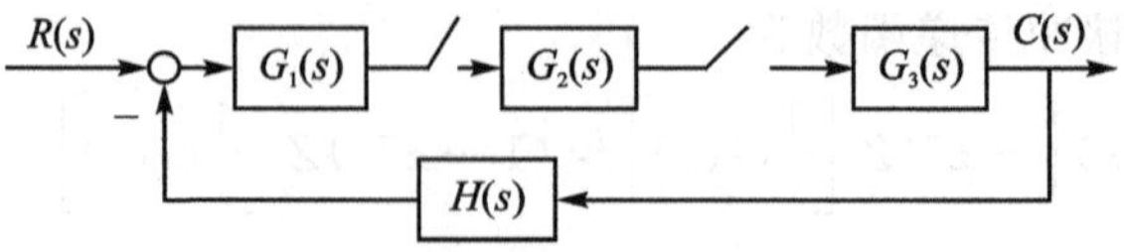	$\dfrac{RG_1(z)G_2(z)G_3(z)}{1+G_2(z)G_1G_3H(z)}$
6	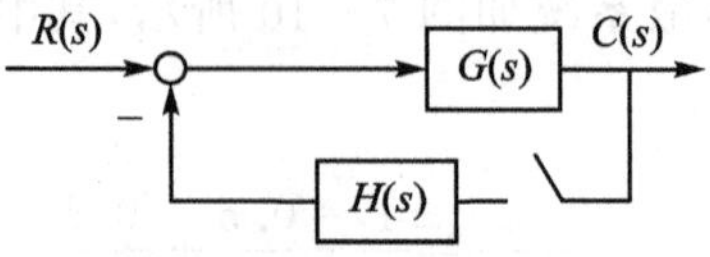	$\dfrac{RG(z)}{1+HG(z)}$

续表 7-3

序号	系统结构图	$C(z)$计算式
7		$\dfrac{R(z)G(z)}{1+G(z)H(z)}$
8		$\dfrac{G_1(z)G_2(z)R(z)}{1+G_1(z)G_2(z)H(z)}$

在以下两种情况下，可以利用梅森公式推导 $\varPhi(z)$ 或 $C(z)$。

(1) 单回路采样系统(不存在前馈通道)，且前向通道有一个实际的采样开关(或等效实际采样开关)。

(2) 系统结构图中各环节都存在(或等效存在)采样开关。

因此，表 7-1 所列典型的闭环离散系统都可以用梅森公式求 $\varPhi(z)$ 或 $C(z)$。

例 7-11 采样系统结构如图 7-11 所示，求输出 $C(z)$。

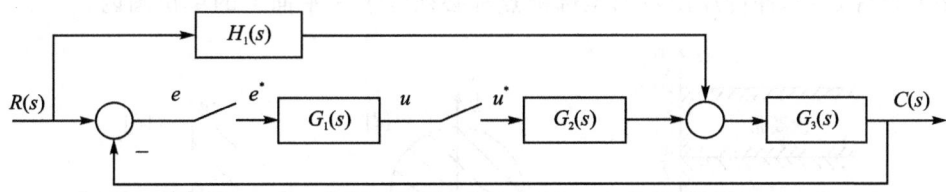

图 7-11　例 7-11 图形

解 第一步：以采样开关的输入量和系统的输出量为源函数，列写方程。
$$E(s)=R(s)-C(s)$$
$$U(s)=G_1(s)E^*(s)$$
$$C(s)=G_3(s)[G_2(s)U^*(s)+H_1(s)R(s)]$$

第二步：对 $E(s),U(s),C(s)$ 加星运算。
$$E^*(s)=R^*(s)-C^*(s)$$
$$U^*(s)=G_1^*(s)E^*(s)$$
$$C^*(s)=G_3G_2^*(s)U^*(s)+G_3H_1R^*(s)$$

第三步：消去中间变量 $E^*(s)$ 和 $U^*(s)$。
$$E^*(s)=R^*(s)-C^*(s)=R^*(s)-G_3G_2^*(s)U^*(s)-G_3H_1R^*(s)=$$
$$R^*(s)-G_3G_2^*(s)G_1^*(s)E^*(s)-G_3H_1R^*(s)$$
$$E^*(s)=\frac{R^*(s)-G_3H_1R^*(s)}{1+G_3G_2^*(s)G_1^*(s)}$$

$$C^*(s)=G_3G_2^*(s)U^*(s)+G_3H_1R^*(s)=$$
$$\frac{G_3G_2^*(s)G_1^*(s)R^*(s)-G_3G_2^*(s)G_1^*(s)G_3H_1R^*(s)+G_3H_1R^*(s)+G_3H_1R^*(s)G_3G_2^*(s)G_1^*(s)}{1+G_3G_2^*(s)G_1^*(s)}$$

第四步：进行变量代换。

$$C(z) = \frac{G_3G_2(z)G_1(z)R(z) - G_3G_2(z)G_1(z)G_3H_1R(z) + G_3H_1R(z) + G_3H_1R(z)G_3G_2(z)G_1(z)}{1 + G_3G_2(z)G_1(z)}$$

由上述结果可知,此题不能用梅森公式计算。

7.5 线性离散系统的稳定性与稳态误差

7.5.1 离散系统的稳定条件

当 s 平面上 ω 从 $-\frac{\omega_s}{2}$ 变化到 $\frac{\omega_s}{2}$ 时,z 平面上 θ 从 $-\pi$ 到 π 变化一周,同理,当 ω 从 $\frac{\omega_s}{2}$ 变化到 $\frac{3}{2}\omega_s$ 时,z 平面上 θ 从 π 到 $\frac{3}{2}\pi$ 变化一周;在 z 平面上以原点为圆心的单位圆上的点(显然有 $|z| = e^{\sigma T} = 1$),则映射到 s 平面上将是虚轴上的点。由此可知,z 平面上的单位圆映射到 s 平面上即为虚轴,z 平面上位于单位圆内的点(有 $|z| = e^{\sigma T} < 1$)映射到 s 平面上,则为位于左半平面的对应点($\sigma < 0$);反之,z 平面上单位圆外的点(有 $|z| = e^{\sigma T} > 1$)映射到 s 平面上,则为位于右半平面的对应点(有 $\sigma > 0$)。这种映射关系如图 7-12 所示。因此,线性离散系统稳定的充分必要条件是:脉冲传递函数的全部极点都必须位于 z 平面上的单位圆内。

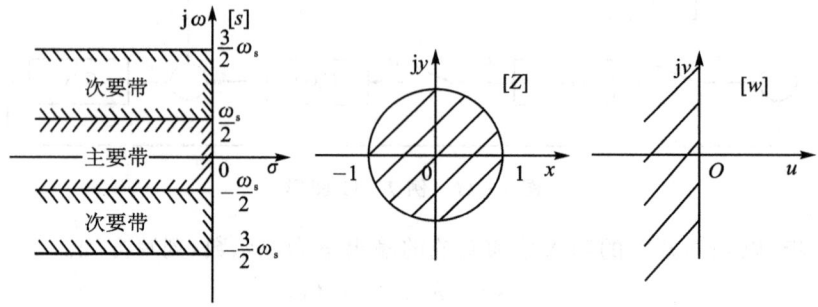

图 7-12 s 平面、z 平面与 w 平面的映射关系

7.5.2 离散系统的稳定性判据

1. 离散系统的劳思稳定判据

在离散系统中需要判断系统特征方程的根是否都在 z 平面上的单位圆内,因此,必须引入一种 z 域到 w 域的线性变换,使 z 平面上的单位圆映射成 w 平面上的左半平面,这种新的坐标变换称为双线性变换,或称为 W 变换。

根据复变函数的双线性变换方法,设

$$w = \frac{z+1}{z-1} \tag{7-44}$$

式(7-44)中,z 和 w 均为复变量,可以用下式表示

$$z = x + jy, \quad w = u + jv$$

将以上两式代入式(7-44),可得

$$w = u + jv = \frac{(x^2 + y^2) - 1}{(x-1)^2 + y^2} - j\frac{2y}{(x-1)^2 + y^2} \tag{7-45}$$

对于 w 平面上的虚轴,实部 $u=0$,即
$$x^2+y^2-1=0 \tag{7-46}$$

这就是 z 平面上以坐标原点为圆心的单位圆的方程。单位圆内 $x^2+y^2<1$,对应于 w 平面 u 为负数的虚轴左半部。单位圆外对应于 w 平面上实部 u 为正数的右半部。z 平面上的单位圆对应 w 平面上的虚轴,映射图形如图 7-12 所示。因此,对闭环采样系统的特征方程进行 W 变换之后,即可应用劳思稳定判据。

例 7-12 设采样系统的方框图如图 7-13 所示。采样周期 $T=1\text{ s}$,试求能使系统稳定的 K_1 值的范围。

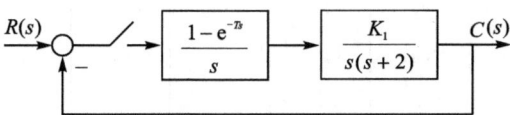

图 7-13 采样系统框图

解 因为
$$G(s)=\frac{K_1(1-\mathrm{e}^{-Ts})}{s^2(s+2)}$$

所以系统的脉冲传递函数为
$$G(z)=\frac{\dfrac{K_1}{2}}{z-1}-\frac{K_1}{4}+\frac{\dfrac{K_1}{4}(z-1)}{z-\mathrm{e}^{-2}}$$

闭环特征方程是
$$1+\frac{\dfrac{K_1}{2}}{z-1}-\frac{K_1}{4}+\frac{\dfrac{K_1}{4}(z-1)}{z-\mathrm{e}^{-2}}=0$$

即
$$z^2+(0.284K_1-1.135)z+0.149K_1+0.135=0$$

令 $z=\dfrac{w+1}{w-1}$,得
$$0.433K_1w^2+(-0.298K_1+1.73)w+(-0.135K_1+2.270)=0$$

由劳思判据,系统稳定的充要条件是
$$0.433K_1>0$$
$$-0.298K_1+1.73>0$$
$$-0.135K_1+2.270>0$$

即
$$\begin{cases}K_1>0\\K_1<5.823\\K_1<16.778\end{cases}$$

所以使系统稳定的 K_1 的范围是 $0<K_1<5.823$。

2. 朱利稳定判据

朱利判据是根据离散系统的闭环特征方程(闭环脉冲传递函数)的分母等于零,即 $D(z)=0$ 的系数,判别其根是否严格位于 z 平面上的单位圆内,从而判断该离散系统是否稳定。

设离散系统 n 阶闭环特征方程为
$$D(z)=a_0+a_1z+a_2z^2+\cdots+a_nz^n=0 \quad (a_n>0) \tag{7-47}$$

利用特征方程的系数,按照下述方法构造$(2n-3)$行、$(n+1)$列朱利阵列(见表7-2)。

表7-2 朱利阵列

行数	z^0	z^1	z^2	z^3	⋯	z^{n-k}	⋯	z^{n-1}	z^n
1	a_0	a_1	a_2	a_3	⋯	a_{n-k}	⋯	a_{n-1}	a_n
2	a_n	a_{n-1}	a_{n-2}	a_{n-3}	⋯	a_k	⋯	a_1	a_0
3	b_0	b_1	b_2	b_3	⋯	b_{n-k}	⋯	b_{n-1}	
4	b_{n-1}	b_{n-2}	b_{n-3}	b_{n-4}	⋯	b_{k-1}	⋯	b_0	
5	c_0	c_1	c_2	c_3	⋯	c_{n-2}			
6	c_{n-2}	c_{n-3}	c_{n-4}	c_{n-5}	⋯	c_0			
⋮	⋮	⋮	⋮	⋮					
$2n-5$	p_0	p_1	p_2	p_3					
$2n-4$	p_3	p_2	p_1	p_0					
$2n-3$	q_0	q_1	q_2						

在朱利阵列中,第$2k+2$行各元是$2k+1$行各元的反序排列。从第3行起,阵列中各元的定义如下:

$$b_k = \begin{vmatrix} a_0 & a_{n-k} \\ a_n & a_k \end{vmatrix} \quad (k=0,1,\cdots,n-1) \tag{7-48}$$

$$c_k = \begin{vmatrix} b_0 & b_{n-k-1} \\ b_{n-1} & b_k \end{vmatrix} \quad (k=0,1,\cdots,n-2) \tag{7-49}$$

$$d_k = \begin{vmatrix} c_0 & c_{n-k-2} \\ c_{n-2} & c_k \end{vmatrix} \quad (k=0,1,\cdots,n-3) \tag{7-50}$$

$$q_0 = \begin{vmatrix} p_0 & p_3 \\ p_3 & p_0 \end{vmatrix}, \quad q_1 = \begin{vmatrix} p_0 & p_2 \\ p_3 & p_1 \end{vmatrix}, \quad q_2 = \begin{vmatrix} p_0 & p_1 \\ p_3 & p_2 \end{vmatrix} \tag{7-51}$$

朱利稳定判据:特征方程$D(z)=0$的根全部严格位于z平面上单位圆内的充要条件是

$$D(1) > 0, D(-1) \begin{cases} > 0, & \text{当}n\text{为偶数时} \\ < 0, & \text{当}n\text{为奇数时} \end{cases} \tag{7-52}$$

以及下列$(n-1)$个约束条件成立:

$$|a_0| < a_n, \quad |b_0| > |b_{n-1}|, \quad |c_0| > |c_{n-2}|, \quad |d_0| > |d_{n-3}|, \quad \cdots, \quad |q_0| > |q_2| \tag{7-53}$$

只有当上述条件均满足时,离散系统才是稳定的,否则系统不稳定。

例7-13 用朱利判据求例7-7使系统稳定的k_1值的取值范围。

解 由例7-6知$D(z) = z^2 + (0.284k_1 - 1.135)z + 0.149k_1 + 0.135$,根据朱利判据,有

$$D(1) = 1 + (0.284k_1 - 1.135) + 0.149k_1 + 0.135 > 0$$
$$D(-1) = 1 - (0.284k_1 - 1.135) + 0.149k_1 + 0.135 > 0$$

得
$$k_1 > 0, \quad k_1 < 16.778$$

列朱利矩阵如下:

行 数	z^0	z^1	z^2
1	$0.149k_1+0.135$	$0.284k_1-1.135$	1

由 $|a_0|<a_2$，得到 $0.149k_1+0.135<1$。因此 $k_1<5.823$，所以 $0<k_1<5.823$。

7.5.3 线性离散系统的稳态误差

设离散控制系统结构如图 7-14 所示，其中 $G(s)$ 为连续部分传递函数。

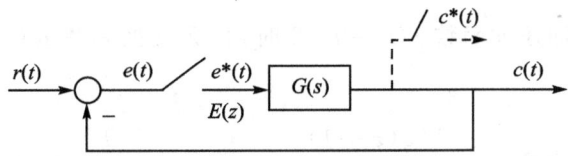

图 7-14 单位反馈离散系统

由图 7-14 所示系统的结构可得，系统在输入作用下的误差脉冲传递函数为

$$\Phi_e(z)=\frac{E(z)}{R(z)}=\frac{1}{1+G(z)} \tag{7-54}$$

所以

$$E(z)=\frac{1}{1+G(z)}R(z) \tag{7-55}$$

设系统稳定，即 $1/[1+G(z)]$ 的全部极点都在 z 平面的单位圆内。应用 Z 变换的终值定理可得系统的稳态误差（终值误差），即

$$e(\infty)=\lim_{z\to 1}(z-1)E(z)=\lim_{z\to 1}(z-1)\frac{1}{1+G(z)}R(z) \tag{7-56}$$

为与连续系统对应，将 $G(z)$ 中有 v 个 $z=1$ 的极点的系统称之为 v 型系统，即当 v 等于 0、1、2 时，对应的系统分别称为 0 型、Ⅰ 型、Ⅱ 型系统。v 也称为无差度。

1. 单位阶跃输入时的稳态误差

当系统输入是单位阶跃函数 $r(t)=1(t)$ 时，其 Z 变换函数为

$$R(z)=\frac{z}{z-1} \tag{7-57}$$

所以由式(7-57)可知，稳态误差为

$$e(\infty)=\lim_{z\to 1}\frac{z}{1+G(z)}=\frac{1}{\lim_{z\to 1}[1+G(z)]}=\frac{1}{K_p} \tag{7-58}$$

式(7-58)代表离散系统在采样瞬间的终值位置误差。上式中

$$K_p=\lim_{z\to 1}[1+G(z)] \tag{7-59}$$

称为静态位置误差系数。若 $G(z)$ 没有 $z=1$ 的极点，则 $K_p\neq\infty$，从而使 $e(\infty)\neq 0$，这样的系统称为 0 型离散系统；若 $G(z)$ 有一个或一个以上 $z=1$ 的极点，则 $K_p=\infty$，从而使 $e(\infty)=0$，这样的系统相应称为 Ⅰ 型或 Ⅰ 型以上的离散系统。

2. 单位斜坡输入时的稳态误差

当系统输入是单位斜坡函数 $r(t)=t$ 时，其 Z 变换函数为

$$R(z)=\frac{Tz}{(z-1)^2} \tag{7-60}$$

所以系统稳态误差为

$$e(\infty) = \lim_{z \to 1} \frac{Tz}{(z-1)[1+G(z)]} = \frac{T}{K_v} \qquad (7-61)$$

式(7-61)也是离散系统在采样瞬间的终值位置误差,可以仿照连续系统,称之为速度误差。式中

$$K_v = \lim_{z \to 1}(z-1)G(z) \qquad (7-62)$$

称为静态速度误差系数。

3. 单位加速度输入时的稳态误差

当系统输入为单位加速度函数 $r(t) = t^2/2$ 时,其 Z 变换函数 $R(z) = \dfrac{Tz(z+1)}{2(z-1)^3}$,因而稳态误差为

$$e(\infty) = \lim_{z \to 1} \frac{T^2 z(z+1)}{2(z-1)^2 [1+G(z)]} = \frac{T^2}{\lim\limits_{z \to 1}(z-1)^2 G(z)} = \frac{T^2}{K_a} \qquad (7-63)$$

当然,式(7-63)也是系统的终值位置误差,并称为加速度误差。式中

$$K_a = \lim_{z \to 1}(z-1)^2 G(z) \qquad (7-64)$$

称为静态加速度误差系数。

不同型别单位反馈离散系统的稳态误差如表 7-3 所列。

表 7-3 单位反馈离散系统的稳态误差

系统型别	位置误差 $r(t)=1(t)$	速度误差 $r(t)=t$	加速度误差 $r(t)=\dfrac{1}{2}t^2$
0 型	$\dfrac{1}{K_p}$	∞	∞
I 型	0	$\dfrac{T}{K_v}$	∞
II 型	0	0	$\dfrac{T^2}{K_a}$
III 型	0	0	0

例 7-14 已知系统如图 7-15 所示,采样周期 $T=1$ s,当 $r(t)=2t, n(t)=1t$,且不引入零阶保持器时,求系统的稳态误差。如果在系统中引入零阶保持器,且 $r(t)$ 和 $n(t)$ 不变,问系统的稳态误差将如何变化?

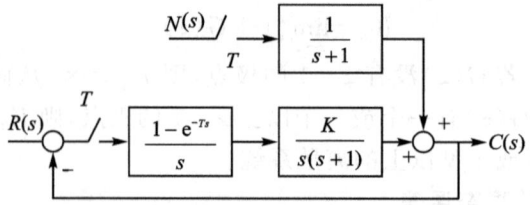

图 7-15 具有零阶保持器的系统框图

解 (1) 在不引入零阶保持器的情况下,设

$$G_0(s) = \frac{K}{s(s+1)}, \qquad G_n(s) = \frac{1}{s+1}$$

其对应的 Z 变换分别为

$$G_0(z) = \frac{Kz(1-\mathrm{e}^{-T})}{(z-1)(z-\mathrm{e}^{-T})}, \qquad G_n(s) = \frac{z}{z-\mathrm{e}^{-T}}$$

设 $n(t)=0$，只考虑 $r(t)=2t$ 的作用，则系统的速度误差系数为

$$K_v = \lim_{z \to 1} [(z-1)G_0(z)] = K$$

静态误差为

$$e_{ssr}(\infty) = 2 \cdot \frac{T}{K_v} = \frac{2T}{K}$$

可见，该系统的稳态误差除了与输入信号和系统的结构参数有关外，还与采样周期 T 有关，缩短 T 将会减小系统有限的稳态误差。

设 $r(t)=0$，只考虑 $n(t)=1(t)$ 的作用时，系统误差信号的 Z 变换表达式为

$$E_n(z) = -C(z) = -[G_0(z)E_n(z) + G_n(z)N(z)]$$

由此得

$$E_n(z) = -\frac{G_n(z)N(z)}{1+G_0(z)}$$

将 $N(z) = \dfrac{z}{z-1}$ 代入上式得

$$E_n(z) = \frac{-z^2}{(z-1)(z-\mathrm{e}^{-T}) + Kz(1-\mathrm{e}^{-T})}$$

由 Z 变换的终值定理求得

$$e_{ssn}(\infty) = \lim_{z \to 1}[(z-1)E_n(z)] = 0$$

在 $r(t)$ 和 $n(t)$ 同时作用下，系统总的稳态误差为

$$e_{ss}(\infty) = e_{ssr}(\infty) + e_{ssn}(\infty) = \frac{2T}{K_v} = \frac{2}{K}$$

注意： 在线性离散系统中，同样可应用叠加原理求多个输入信号作用下的稳态误差。

(2) 如果在系统中引入零阶保持器，则

$$G(s) = \frac{1-\mathrm{e}^{-Ts}}{s} \cdot \frac{K}{s(s+1)}$$

其相应的 Z 变换为

$$G(z) = Z[G(s)] = K(1-z^{-1})Z\left[\frac{1}{s^2} - \frac{1}{s} + \frac{1}{s+1}\right]$$

$$= K\frac{z-1}{z}\left[\frac{Tz}{(z-1)^2} - \frac{z}{z-1} + \frac{z}{z-\mathrm{e}^{-T}}\right] = \frac{T}{z-1} - 1 + \frac{z-1}{z-\mathrm{e}^{-T}}$$

$$G(z) = K\left(\frac{T}{z-1} - 1 + \frac{z-1}{z-\mathrm{e}^{-T}}\right)$$

设 $n(t)=0$ 时，系统的速度误差系数为

$$K_v = \lim_{z \to 1}[(z-1)G(z)]KT$$

稳态误差为

$$e_{ssr}(\infty) = 2 \cdot \frac{T}{KT} = \frac{2}{K}$$

设 $r(t)=0$ 时，系统误差信号的 Z 变换表达式为

$$E_n(z) = -\frac{G_n(z)N(z)}{1+G(z)} = \frac{\dfrac{z}{z-e^{-T}} \cdot \dfrac{z}{z-1}}{1 + K\left(\dfrac{T}{z-1} - 1 + \dfrac{z-1}{z-e^{-T}}\right)}$$

稳态误差为

$$e_{ssn}(\infty) = \lim_{z \to 1}[(z-1)E_n(z)] = 0$$

系统总的稳态误差为

$$e_{ss}(\infty) = e_{ssr}(\infty) + e_{ssn}(\infty) = \frac{2}{K}$$

可见，零阶保持器的引入使系统的稳态误差不再受采样周期 T 的影响。实际上，具有零阶保持器的离散系统和具有相同传递函数的连续系统的稳态误差是相同的。

7.6 动态响应与闭环零极点分布的关系

设线性离散系统的闭环脉冲传递函数为

$$\Phi(z) = \frac{C(z)}{R(z)} = \frac{M(z)}{D(z)} = \frac{K\prod\limits_{l=1}^{m}(z-z_l)}{\prod\limits_{k=1}^{n}(z-p_k)} \qquad (n \geqslant m) \tag{7-65}$$

式中，$z_l(l=1,2,\cdots,m)$ 表示 $\Phi(z)$ 的零点；$p_k(k=1,2,\cdots,n)$ 表示 $\Phi(z)$ 的极点；K 是常系数；$M(z)$ 和 $D(z)$ 分别表示 $\Phi(z)$ 的分子多项式和分母多项式。为了便于讨论，假定 $\Phi(z)$ 无重极点。

当输入信号是阶跃信号，即 $r(t)=1(t)$ 时，离散系统输出信号的 Z 变换为

$$C(z) = \Phi(z)R(z) = \frac{M(z)}{D(z)} \frac{z}{z-1} \tag{7-66}$$

将 $C(z)$ 展开成部分分式，得

$$C(z) = A_0 \frac{z}{z-1} + \sum_{k=1}^{n} A_k \frac{z}{z-p_k} \tag{7-67}$$

式中，$A_0 = \dfrac{M(1)}{D(1)}$，$A_k = \dfrac{M(p_k)}{(p_k-1)D(p_k)}$。

式(7-67)中等号右端第一项的 Z 反变换是 $c^*(t)$ 的稳态分量，第二项的 Z 反变换为 $c^*(t)$ 的瞬态分量。根据 p_k 在单位圆内的位置，可以确定 $c^*(t)$ 的动态响应形式。

闭环脉冲传递函数的极点在 z 平面上的位置决定了相应暂态分量的性质与特点。当闭环极点位于单位圆内时，其对应的暂态分量是衰减的。极点距 z 平面坐标原点愈近，则衰减速度越快。若极点位于单位圆内的正实轴上，则对应的暂态分量按指数函数衰减。单位圆内一对共轭极点所对应的暂态分量为衰减的振荡函数，其角频率为 θ_k/T。若闭环极点位于单位圆内的负实轴上，其对应的暂态分量也为衰减振荡，其振荡角频率为 π/T。为了使采样控制系统具有比较满意的暂态响应性能，闭环脉冲传递函数的极点最好分布在单位圆内的右半部，并尽量靠近 z 平面的坐标原点。若闭环脉冲传递函数的极点位于单位圆外，则其对应的暂态分量是发散的，这意味着闭环离散系统是不稳定的。各种闭环极点所对应的暂态分量如图 7-16 所示。

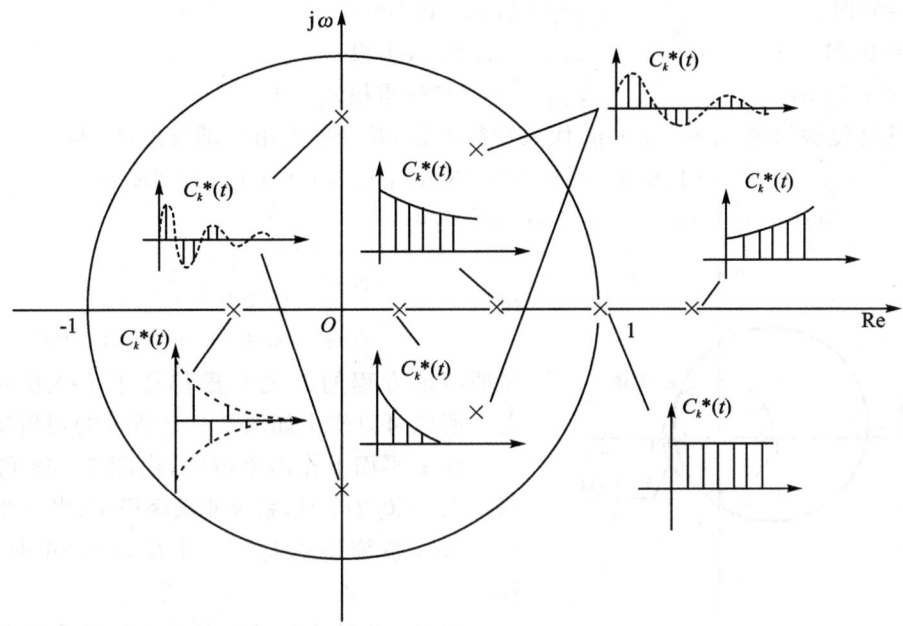

图 7-16 各种闭环极点所对应的暂态分量

例 7-15 设系统结构如图 7-17 所示,已知 $G_1(s)=\dfrac{K}{s(s+1)}$,采样周期 $T=0.5$ s,用根轨迹法确定 K 值的稳定范围。

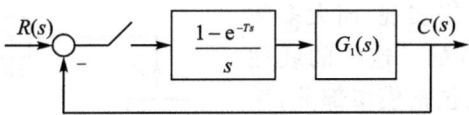

图 7-17 系统结构图

解 系统开环传递函数为

$$G(s)=\frac{1-\mathrm{e}^{-Ts}}{s}\cdot\frac{K}{s(s+1)}=\frac{K(1-\mathrm{e}^{-Ts})}{s^2(s+1)}$$

得到脉冲函数为

$$G(z)=\frac{(\mathrm{e}^{-T}+T-1)+(1-\mathrm{e}^{-T}-T\mathrm{e}^{-T})z^{-1}}{(1-z^{-1})(1-\mathrm{e}^{-T}z^{-1})}Kz^{-1}$$

$$=K\frac{(\mathrm{e}^{-0.5}-1)z+(1-1.5\mathrm{e}^{-0.5})}{(z-1)(z-\mathrm{e}^{-0.5})}=K\frac{0.106\,5z+0.090\,2}{(z-1)(z-0.606\,5)}$$

显然根轨迹始点为 1 和 0.606 5,终止点为 -0.846 9。

系统特征方程为

$$z^2-(1.606\,5-0.106\,5K)z+(0.606\,5+0.090\,2K)=0$$

其特征根为

$$z_{1,2}=\frac{1.606\,5-0.106\,5K\pm\sqrt{0.011\,3(K-0.211)(K-6.73)}}{2}$$

当 $0<K<0.211$ 和 $K>6.73$ 时,$z_{1,2}$ 均为实根;而当 $0.211<K<6.73$ 时,$z_{1,2}$ 为共轭复根。特别是:

当 $K=0$ 时：　　　　　　　$z_1=1, z_2=0.6065$

当 $K=0.211$ 时：　　　　$z_{1,2}=0.7915$（重根）

当 $K=6.73$ 时：　　　　　$z_{1,2}=-2.475$（重根）

为求共轭复根轨迹，取 $z=\alpha+j\beta$ 代入特征方程，并分别列出实部与虚部，即

$$\begin{cases} \alpha^2-\beta^2-(1.6065-0.1065K)\alpha+0.6065+0.0902K=0 \\ j\beta(2\alpha-1.6065+0.1065K)=0 \end{cases}$$

得 $\begin{cases} K=\dfrac{1.6065-2\alpha}{0.1065} \\ (\alpha+0.8467)^2+\beta^2=1.638^2 \end{cases}$

说明特征方程的共轭复根都位于上式所描述的圆上。所以可以作出如图 7-18 所示的根轨迹。

在 z 平面上作出单位圆，由图 7-18 可以看出，当 $0<K<0.211$ 时，系统非振荡稳定；当 $0.211<K<4.36$ 时，系统振荡稳定；当 $K>4.36$ 时，系统不稳定。

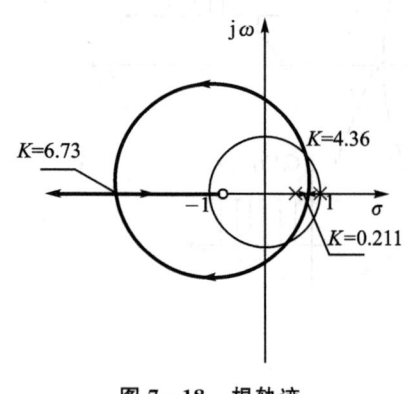

图 7-18　根轨迹

注意：线性系统的根轨迹与连续系统相似。

7.7　线性离散系统的校正

工程上常见的线性离散系统大多数是有数字计算机参与控制的计算机控制系统。系统中的数字控制器由数字计算机来实现，而大多数情况下的被控制对象是连续的。这样的线性离散系统既包括数字部分又包括模拟部分，系统中不同类型的两个部分是由 A/D 和 D/A 转换器连接起来的，如图 7-19 所示。

图中 $A-A'$ 两点将计算机控制系统分成两部分，两部分的输入量和输出量都是连续量，可以把整个系统等效成一个连续系统（或

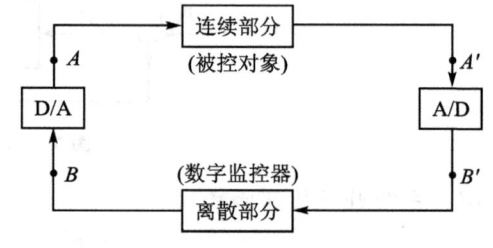

图 7-19　模拟-数字混合系统

模拟系统）。图中 $B-B'$ 两点将该系统分成两部分，两部分的输入量和输出量都是离散的，这样就可以把整个系统等效成一个离散系统。基于以上两种不同角度的理解，对于一个既有连续部分又有离散部分的混合系统就有两种不同的设计方法：模拟化设计方法和数字化设计方法。本节主要介绍模拟化设计方法。

7.7.1　数字控制器的模拟化设计

模拟化设计是一种有条件的近似方法，数字部分模拟化的条件是采样频率比系统的工作频率高得多。如果不满足这个条件，模拟化设计的误差就比较大，甚至会得出错误的结果。当采样频率相对于系统的工作频率足够高时，采样保持器所引起的附加相移比较小，则系统中的数字部分可以用连续环节来近似，整个系统可先按照连续系统的设计综合方法来设计。待确定了连续校正装置后再用合适的离散化方法将连续的模拟校正装置"离散"处理为数字校正装置，用数字计算机来实现。虽然这种方法是近似的，但使用经典控制理论的方法设计综合连续

系统早已为工程技术人员所熟悉,并且积累了十分丰富的经验,因此这种设计方法仍被广泛使用。模拟化设计方法的步骤如下:

(1) 根据性能指标的要求用连续系统的理论设计校正环节 $D(s)$,零阶保持器对系统的影响应折算到被控对象中去。

(2) 选择合适的离散化方法,由 $D(s)$ 求出离散形式的数字校正装置脉冲传递函数 $D(z)$。

(3) 检查离散控制系统的性能是否满足设计的要求。

(4) 将 $D(z)$ 变为差分方程形式,并编制计算机程序来实现其控制规律。

例 7-16 一个计算机控制系统的方块图如图 7-20 所示。要求系统的开环放大倍数 $K_v \geqslant 30(\text{s}^{-1})$,剪切频率 $\omega_c \geqslant 15(\text{rad/s})$,相角裕度 $\gamma \geqslant 45°$。试用模拟化的方法设计数字控制器 $D(z)$。

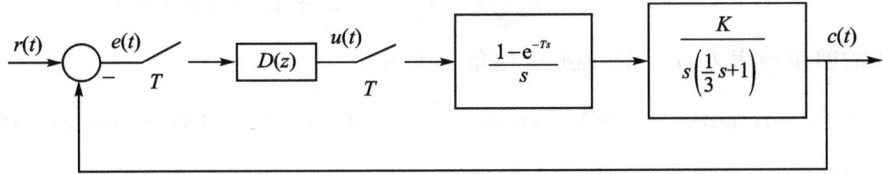

图 7-20 计算机控制系统

解 由于零阶保持器会引起相位的滞后,应考虑其对相位的影响,其传递函数为

$$H_0(s) = \frac{1-\mathrm{e}^{-Ts}}{s} \approx \frac{T}{\frac{T}{2}s+1}$$

考虑到经采样后离散信号的频谱与原连续信号在幅值上相差 $\frac{1}{T}$,所以零阶保持器对系统的影响可近似为一个惯性环节,即

$$H_0(s) = \frac{1}{\frac{T}{2}s+1}$$

如果取采样周期 $T=0.01$ s,采样角频率为

$$\omega_s = \frac{2\pi}{T} = \frac{6.28}{0.01} = 628 \gg 10\omega_c$$

则

$$H_0(s) \approx \frac{1}{0.005s+1}$$

取 $K_v = 30(\text{s}^{-1})$,并考虑了零阶保持器的影响之后,未校正系统的开环传递函数为

$$G(s) = H_0(s)G_0(s) = \frac{30}{s\left(\frac{1}{3}s+1\right)(0.005s+1)} = \frac{30}{s\left(\frac{1}{3}s+1\right)\left(\frac{1}{200}s+1\right)}$$

当 $3 \leqslant \omega_c < 200$ 时

$$\frac{30}{\omega_c \cdot \frac{1}{3}\omega_c} = 1$$

未校正系统的剪切频率为

未校正系统相角裕度为

$$\gamma' = 180° - 90° - \arctan\left(\frac{1}{3} \times 9.5\right) - \arctan(0.005 \times 9.5) \approx 15° < 45°$$

未校正系统的剪切频率 ω_c' 和相角裕度 γ' 都比要求的小，宜采用串联超前校正，以展宽频带并增加相角裕度。采用串联超前校正，校正环节传递函数为

$$D(s) = \frac{T_2 s + 1}{T_1 s + 1} = \frac{0.2s + 1}{0.02s + 1}$$

校正后系统的开环传递函数为

$$D(s)H_0(s)G_0(s) = \frac{30(0.2s + 1)}{s\left(\frac{1}{3}s + 1\right)(0.02s + 1)(0.005s + 1)}$$

校正后系统的剪切频率为 $\omega_c = 18$ rad/s，相角裕度为

$$\gamma = 180° - 90° + \arctan(0.2 \times 18) - \arctan\frac{18}{3} - \arctan(0.02 \times 18) - \arctan(0.005 \times 18)$$
$$\approx 59° > 45°$$

校正后系统满足性能指标的要求。

用双线性变换法将 $D(s)$ 离散化为数字控制器 $D(z)$，即

$$D(z) = \frac{U(z)}{E(z)} = D(s)\bigg|_{s = \frac{2}{T} \cdot \frac{1-z^{-1}}{1+z^{-1}}} = \frac{2T_2 + T - (2T_2 - T)z^{-1}}{2T_1 + T - (2T_1 - T)z^{-1}}$$

$$= \frac{\frac{2T_2 + T}{2T_1 + T} - \frac{2T_2 - T}{2T_1 + T}z^{-1}}{1 - \frac{2T_1 - T}{2T_1 + T}z^{-1}} = \frac{8.2 - 7.8z^{-1}}{1 - 0.6z^{-1}}$$

上式中 $U(z)$ 和 $E(z)$ 分别为数字控制器输出和输入信号的 Z 变换。因此可得

$$U(z) = 8.2E(z) - 7.8E(z)z^{-1} + 0.6U(z)z^{-1}$$

对上式进行 Z 反变换可以得到差分方程，即

$$u(kT) = 8.2e(kT) - 7.8e[(k-1)T] + 0.6u[(k-1)T]$$

按照上式的差分方程编写计算机程序就可以实现预期控制规律。

由上式可以看出 $D(z)$ 有一个零点和一个极点。由其对应的差分方程式可以看出，当 $t = kT$ 时，数字控制器的输出 $u(kT)$ 不仅与当前时刻的输入 $e(kT)$ 有关，还与前一个采样时刻的输入 $e[(k-1)T]$ 和输出 $u[(k-1)T]$ 有关。

7.7.2 数字 PID 算式

随着计算机技术的发展，PID 数字控制算法已能用微型机或单片机方便地实现。由于计算机软件的灵活性，PID 算法可以得到改进而更加完善，并可与其他控制规律结合在一起，产生更好的控制效果。

在第 6 章中，我们介绍了 PID 控制器的传递函数为

$$D(s) = \frac{U(s)}{E(s)} = K_p + \frac{K_i}{s} + K_d s \tag{7-68}$$

如果对式(7-68)中积分部分用双线性变换，对导数部分用差分反演法变换，可得到数字 PID

控制器脉冲传递函数,即

$$D(z) = \frac{U(z)}{E(z)} = K_p + K_i \frac{T(z+1)}{2(z-1)} + K_d \frac{z-1}{Tz} \quad (7-69)$$

式(7-69)描述的数字 PID 控制规律在具体实现时可以表示成如下的差分方程:

$$\begin{aligned} u(kT) &= u_p(kT) + u_i(kT) + u_d(kT) \\ &= K_p e(kT) + \frac{K_i T}{2} \sum_{i=1}^{k} \{e[(i-1)T] + e(iT)\} + \frac{K_d}{T}\{e(kT) - e[(k-1)T]\} \end{aligned}$$

$$(7-70)$$

式(7-70)表示的控制算法提供了控制器输出量 $u(kT)$ 的绝对值。如果执行机构是伺服电机,则控制器输出 $u(kT)$ 对应输出轴的角度,表征了执行机构的位置(如阀门开度)。

当执行机构需要的控制量不是绝对值,而是其增量(如驱动步进电机)时,通常采用增量式 PID 算式。增量式 PID 控制器输出的控制量是增量 $\Delta u(kT)$,即

$$\begin{aligned} \Delta u(kT) &= u(kT) - u[(k-1)T] \\ &= K_p\{e(kT) - e[(k-1)T]\} + \frac{K_i T}{2} e(kT) + \\ &\quad \frac{K_d}{T}\{e(kT) - 2e[(k-1)T] + e[(k-2)T]\} \end{aligned} \quad (7-71)$$

计算机只输出控制量增量 $\Delta u(kT)$ 对应执行机构位置的变换部分,计算机误动作时,对系统的影响小,易于实现较平滑的过渡,即无扰动切换。

7.8 MATLAB 在线性离散系统中的应用

本节主要介绍 Simulink 及 MATLAB 在线性定常离散系统中的应用,常用的函数及指令见表 7-4。

表 7-4 常用的函数及指令表

函数指令	功能介绍
c2d(SYSC,TS)	将连续的时间模型 SYSC 转换成离散的时间模型,TS 为采样时间间隔
sisotool(G)	针对开环传递函数 G,利用 SISO 工具箱分析系统特性

7.8.1 利用 Simulink 求解离散系统单位阶跃响应

例 7-17 求例题 7-9 所示系统的单位阶跃响应,其中 $K=1, T=1\text{ s}$。

解 在 Simulink 环境下搭建如图 7-21 所示的离散系统模型,其单位阶跃响应如图 7-22 所示。

7.8.2 利用控制系统工具箱求解离散系统单位阶跃响应

例 7-18 求例题 7-9 所示系统的单位阶跃响应,结果如图 7-23 所示。

解 MATLAB 程序如下:

```
num = [];
den = [0 -1];
sys = zpk(num, den, 1)
```

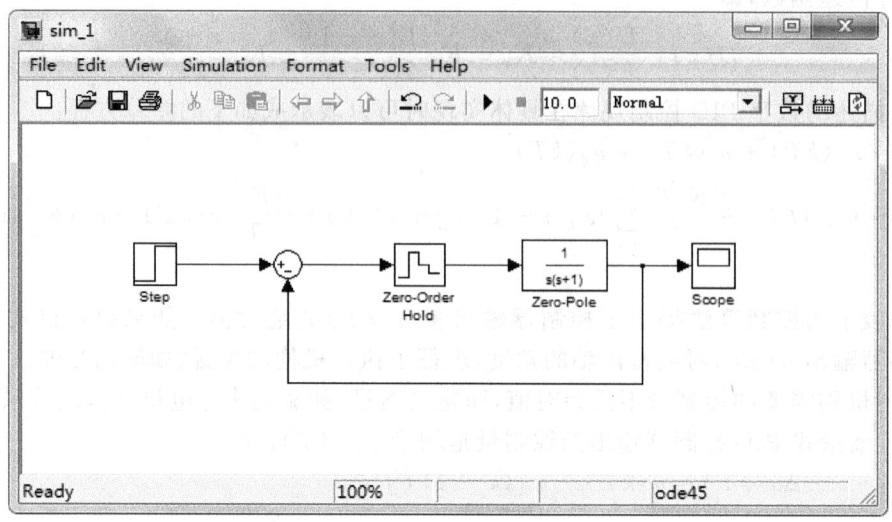

图 7-21 离散系统模型

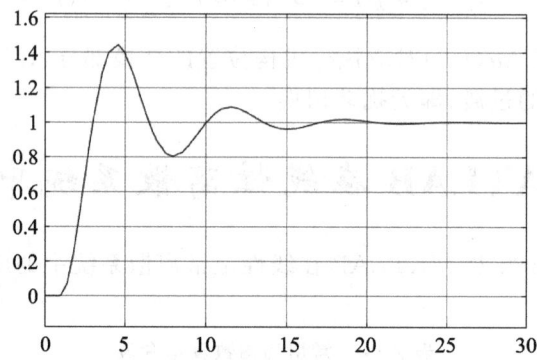

图 7-22 Simulink 环境下离散系统单位阶跃响应

```
plant = c2d(sys,1)
CloseSys = feedback(plant,1)
step(CloseSys)
```

运行结果如图 7-23 所示。

7.8.3 利用 SISO 求解离散系统稳定性

例 7-19 求使例题 7-9 所示系统稳定的 K 值范围。

解 MATLAB 程序如下:

```
num = [];
den = [0 -1];
sys = zpk(num, den, 1)
plant = c2d(sys,1)
sisotool(plant)
```

运行结果如图 7-24 所示。

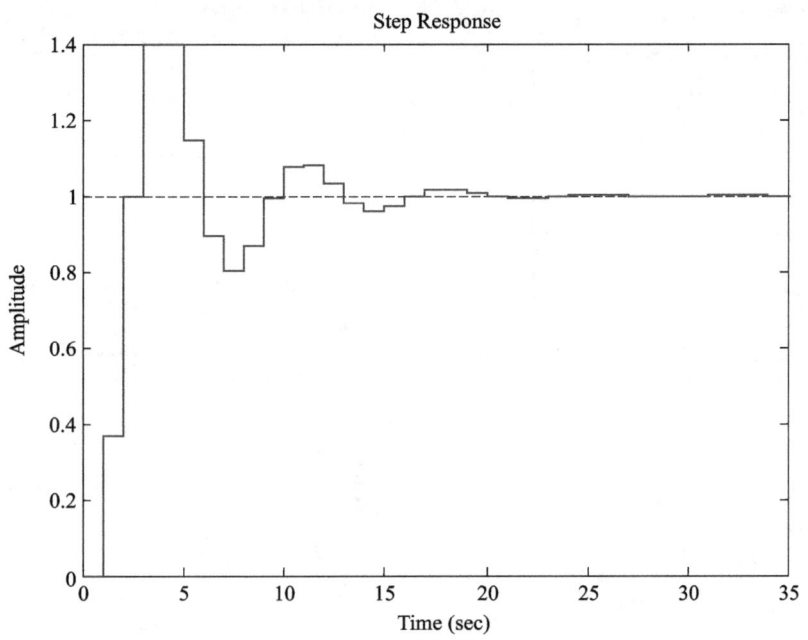

图 7-23 离散系统单位阶跃响应

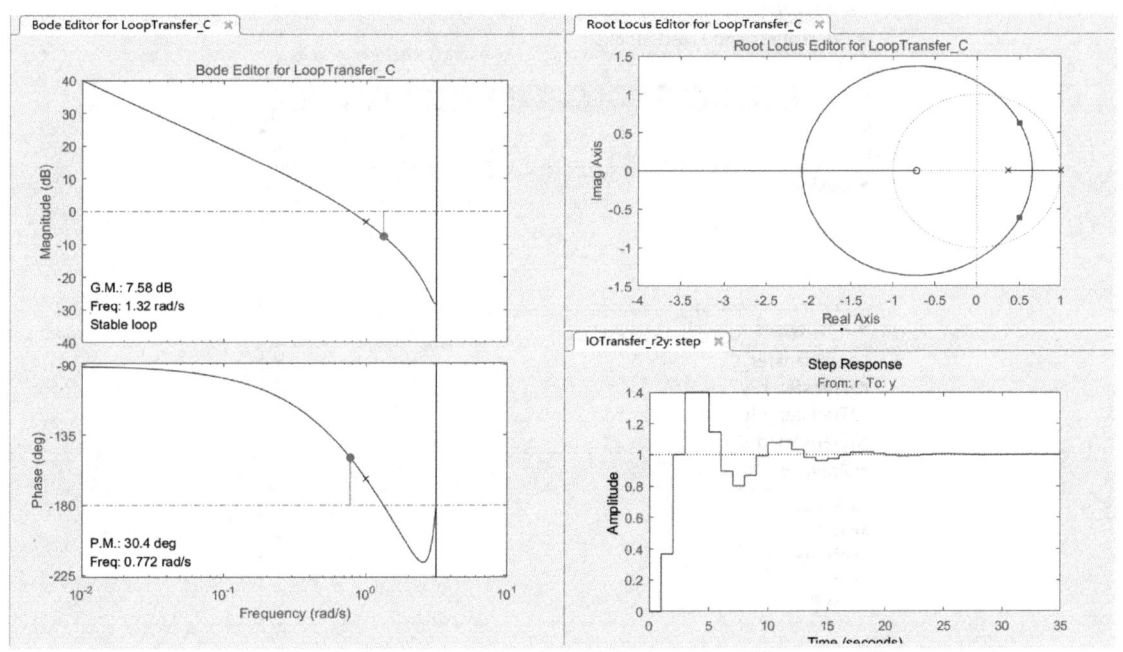

图 7-24 离散系统的 SISO 分析结果

沿根轨迹拖动当前根到两个圆的交点处,如图 7-25 所示。从 C 的参数中得到临界 K 值为 2.41,结果如图 7-26 所示。

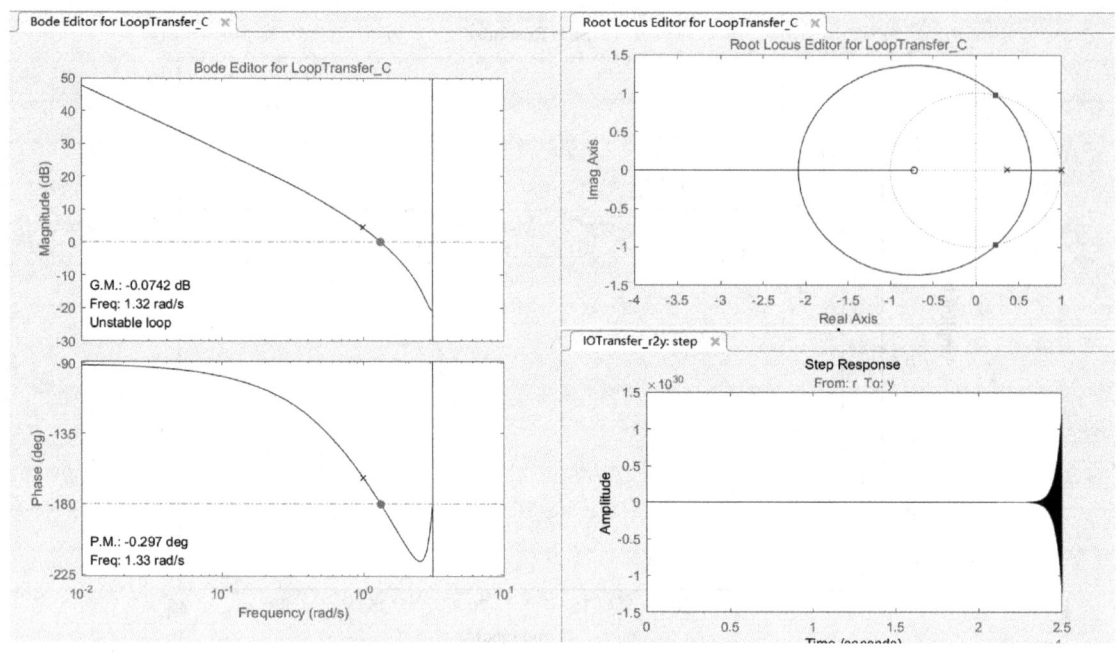

图 7-25 离散系统的 SISO 分析结果

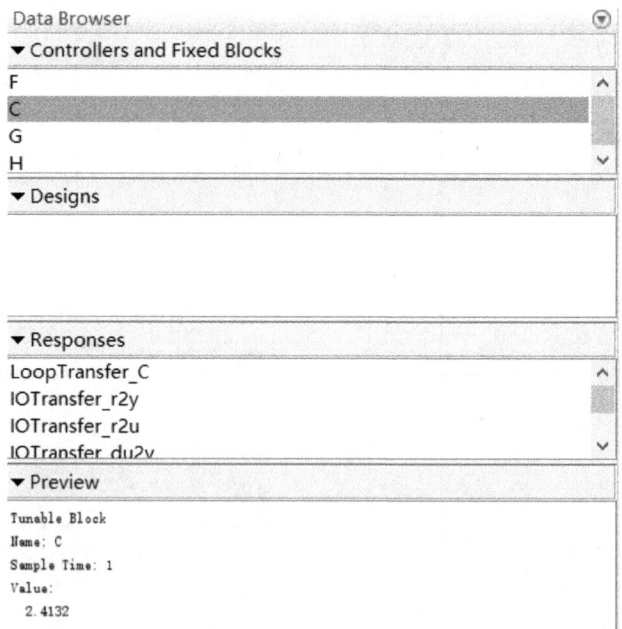

图 7-26 从 C 的参数中得到临界 K 值

本章小结

1. 离散系统与连续系统的区别是离散系统含有时间上的离散信号,主要关心离散系统在采样时刻的变量值,因此这种系统用差分方程或脉冲传递函数描述。

2. 采样定理给出了离散信号不失真地恢复为连续信号所必需的最低采样频率,若采样频率低于此最低值,则采样后的离散信号无法恢复为原来的连续信号。

3. 离散系统稳定的充要条件是其闭环特征根全部位于 z 平面的单位圆内。

4. 通过双线性变换,可以利用劳思稳定判据分析和设计离散控制系统。同时,也可以直接采用朱利稳定判据。

5. 在计算机控制系统中,离散控制器通常要转变成差分方程形式,再对差分方程进行程序设计,用程序实现控制器的运算功能。

6. 根据离散系统的闭环零、极点分布,可以判断相应的系统暂态分量。

思考与练习

7-1 求下列函数的 Z 变换:
(1) t^2; (2) $a^{1/T}$; (3) $1-e^{-at}$; (4) te^{-at}

7-2 求下列拉氏变换式对应的 Z 变换:
(1) $\dfrac{5}{s(s+5)}$; (2) $\dfrac{s+3}{(s+1)(s+2)}$; (3) $\dfrac{1}{s^2(s+1)}$

7-3 求下列函数的 Z 反变换:
(1) $E(z) = \dfrac{z}{(z-1)(z+0.5)}$; (2) $E(z) = \dfrac{z(1-e^{-aT})}{(z-1)(z-e^{-aT})}$;
(3) $E(z) = \dfrac{z^2}{(z-0.8)(z-0.1)}$

7-4 试求图 7-27 所示采样系统输出信号的 Z 变换。

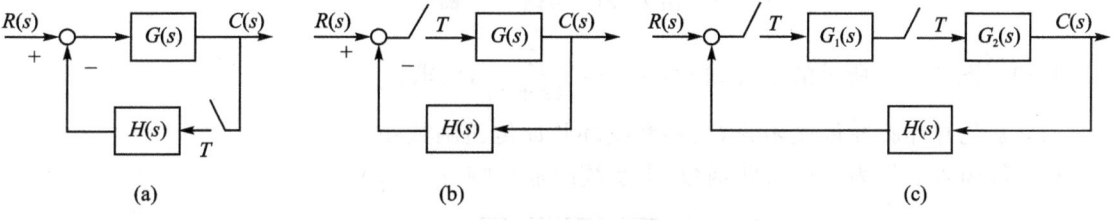

图 7-27 习题 7-4 图

7-5 求图 7-28 所示系统的脉冲传递函数 $G(z)$。

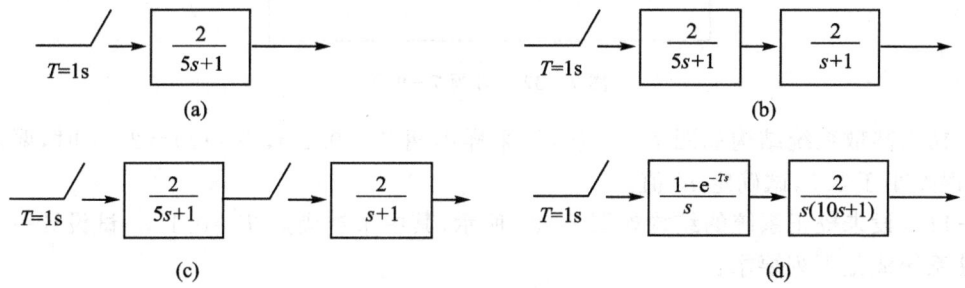

图 7-28 习题 7-5 图

7-6 已知系统如图 7-29 所示,求系统输出的 Z 变换表达式。

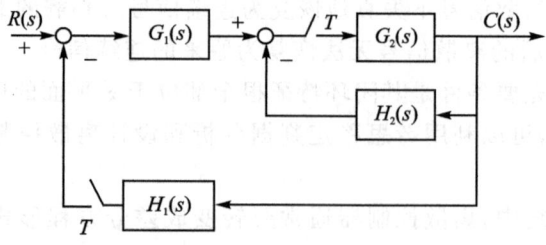

图 7-29 习题 7-6 图

7-7 写出如图 7-30 所示离散系统在输入 $R(s)$ 和扰动 $N(s)$ 同时作用下输出 $C(s)$ 的 Z 变换表达式 $C(z)$。

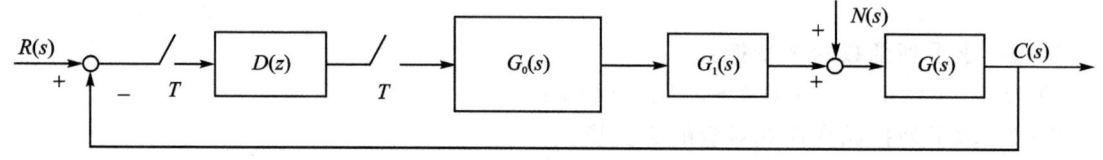

图 7-30 习题 7-7 图

7-8 设图 7-31 所示采样系统的采样周期 $T=1$ s,输入 $r(t)=2\times 1(t)$,要求稳态误差 $e_{ss}^*\leqslant 0.1$,试求此系统稳定的临界增益 K 值。

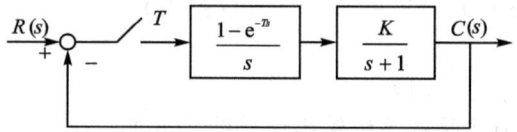

图 7-31 习题 7-8 图

7-9 图 7-32 所示的系统,若 $G_0(s)=\dfrac{1}{s(s+1)}$,试求:

(1) 系统开环脉冲传递函数 $G(z)$ 和闭环脉冲传递函数 $\Phi(z)$。

(2) 若输入信号为单位阶跃函数,求系统的输出响应 $c^*(t)$。

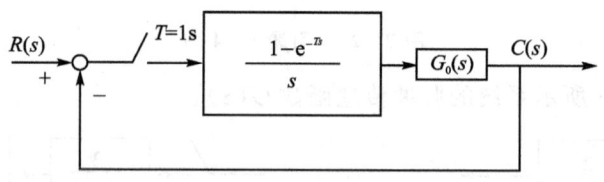

图 7-32 习题 7-9 图

7-10 离散系统结构如图 7-33 所示,采样周期 $T=0.2$ s,当 $r(t)=2+t$ 时,要求系统的稳态误差小于 0.5,试确定 K 值。

7-11 设未校正系统的结构如图 7-34 所示,其中采样周期 $T=0.1$ s。试设计一个校正装置,使系统满足下列要求:

(1) 幅值裕度 $\geqslant 16$ dB;

(2) 相角裕度 $\geqslant 40°$;

(3) 静态速度误差系数 $K_v\geqslant 3$。

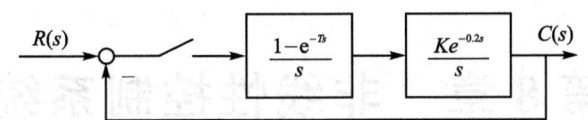

图 7-33 离散系统结构如图

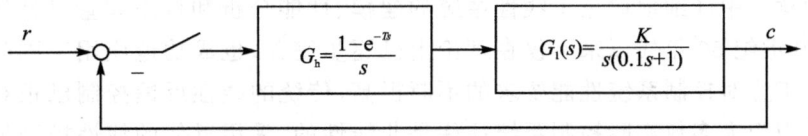

图 7-34 习题 7-11 图

7-12 设采样系统如图 7-35 所示，已知 $r(t)$ 为单位阶跃函数，采样周期 $T=1$ s，初始条件为 $C(0)=0$，试设计一个控制器 $D(z)$ 使系统为无稳态误差的最少拍系统。又问按单位阶跃输入信号设计出的最少拍系统，施加单位斜坡输入信号时系统的稳态误差是多少？($e^{-1}=0.368, e^{-2}=0.136$)。

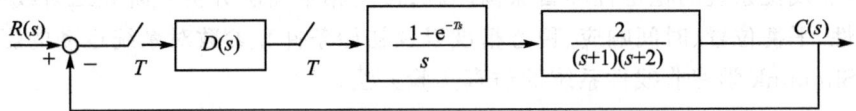

图 7-35 习题 7-12 图

第8章 非线性控制系统

在前面的章节中详细地讨论了线性系统的建模、性能分析和校正装置设计等问题。线性系统理论自20世纪50年代以来不仅在理论上已逐步完善,也成功地应用于国防和工业控制中。随着现代工业对控制系统性能要求的不断提高,传统的线性反馈控制已很难满足各种实际需要。这是因为大多数实际控制系统往往是非线性的,采用近似的线性模型虽然可以更全面和容易地分析系统的各种特性,但是却很难刻画出系统的非线性本质,线性系统的动态性已不足以解释许多常见的实际非线性现象。另一方面,计算机及传感技术的飞速发展,也为实现各种复杂非线性控制算法奠定了硬件基础。因此,自20世纪80年代以来,非线性系统的控制问题受到了国内外控制界的普遍重视。

因此,本章将介绍非线性系统的基本概念和特性;通过描述函数法分析在没有输入信号作用的情况下,非线性系统的稳定性和自振荡问题;使用相平面法分析一阶和二阶线性或非线性系统的稳定性、平衡位置、时间响应、稳态精度以及初始条件和参数对系统运动的影响;并通过MATLAB/Simulink学习非线性系统的仿真实验方法。

8.1 非线性系统概述

8.1.1 非线性典型特性

1. 死区特性

死区特性又称不灵敏区特性,如图 8-1(a)所示,图中横坐标为输入,纵坐标为输出。当输入信号在零附近变化时,系统输出为零。只有当输入信号幅值大于某一数值时才有输出,且与输入呈线性关系。例如,各种测量元件的不灵敏区,调节器和执行机构的死区,以及弹簧预紧力等。当死区很小或对系统的性能不会产生不良影响时,可将它作为线性特性处理;当死区较大时,将使系统静态误差增加,有时还会造成系统低速不平滑。在工程实践中可以引入或增大死区,进而提高系统的抗干扰能力。

2. 饱和特性

非线性饱和特性如图 8-1(b)所示。当输入信号超出其线性范围后,输出信号不再随输入信号变化而保持在某一常值上。例如,具有饱和特性的元件——放大器、调节器等。当输入信号较小(工作在线性区时),可看做线性元件;当输入信号较大而工作在饱和区时,就必须作为非线性元件来处理。在实际系统中可以引入饱和特性,以便对控制信号进行限幅,保证系统或元件在额定或安全情况下运行。

3. 间隙特性

间隙特性又称滞环特性,如图 8-1(c)所示。这类特性表示了在元件开始动作、输入信号小于单边间隙 a 时,元件无输出信号。只有当输入信号大于 a 以后,元件的输出信号才随输入信号线性变化。当元件反向动作时,元件的输出则保持在运动方向发生变化瞬间的输出值上,直到输入信号反向变化达到 a 的两倍以后,输出信号才又随输入信号线性变化。如铁磁元件的磁滞、齿轮传动中的齿隙、液压传动中的油隙等均属此特性。这一特性使元件的输入、输出之间具有多值关系。

4. 继电器特性

继电器特性有几种不同情况,如图 8-1(d)所示为理想继电器特性;图 8-1(e)所示为具有死区的单值继电器特性;图 8-1(f)所示为具有滞环的继电器特性;图 8-1(g)所示为具有死区和滞环的继电器特性。实际系统中,各种开关元件一般都具有继电器特性。

上面所列举的非线性特性属于一些典型特性,实际中的非线性还有许多复杂的情况。有些属于前述各种情况的组合,还有些属于不规则非线性。

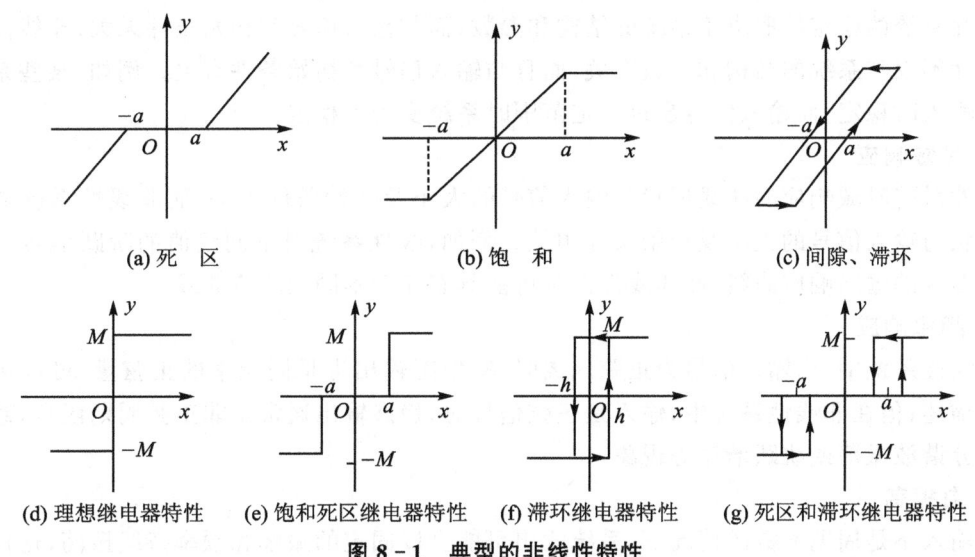

图 8-1 典型的非线性特性

8.1.2 非线性现象的普遍性

非线性现象是非线性系统中独有的反映其运动本质的一类现象。非线性现象在自然界中普遍存在,在电路系统中,引起系统产生非线性现象的因素有很多,如铁磁谐振、开关器件工作不正常等,而非线性现象可能会对系统的稳定性、传输性能产生难以想象的影响,比如电网中发生的铁磁谐振现象可能会引起电压或电流过大,对系统的稳定运行、人员安全构成威胁。

20 世纪以来,随着人类对事物本质、复杂现象的深入探讨,线性关系作为考察世界的单一思维方式的局限性日益暴露。统计物理的发展使人们看到,爱丁顿所说的第一级定律(控制单个粒子的行为)和第二级定律(适用于原子和分子的集合)之间没有线性叠加的关系,因而粒子间的相互作用很难看作是线性的。控制论的发展告诉人们,闭环系统中的反馈调节可以使机器实现某种趋达"目的"的行为,从而输出与输入之间的关系也很难看作是线性的。弹性理论也表明:当弹性体过渡到塑性体时,应力与应变之间的线性关系不再有效,而转变为非线性关系。就电磁场或微观粒子而言,如果场和粒子间的相互作用都存在,即场对粒子有作用,粒子的运动也使场发生变化,那么场方程(如麦克斯韦方程)和粒子运动方程(如薛定谔方程)就要联合起来考虑。这种双向的相互作用,一般就会出现非线性项,成为非线性问题。而几乎所有的化学反应都是分子间非线性碰撞作用的结果。在生命科学和社会科学中,非线性关系更是常见,动物身高、体重的增长与所吃进的食物的数量未必成正比关系。物价的变动也不会是直线,时涨时落,时稳时变,它与时间的关系是一种复杂的非线性关系。社会的发展是由多种因素和多股力量相互作用的结果,现实的历史,风云动荡、变换神速,难以用一条反映线性关系的基本线索来概括。而宇宙的爆炸、演化也同样是多种非线性作用的结果。于是,一个对自然界认识的新观点已经露头:在自然界这个无限发展的具有无数多质的层次结构系统里,到处都充满着不能由单一线性关系替代的复杂非线性关系,世界在本质上是非线性的。

8.1.3 非线性控制系统的特点

由于不能应用叠加原理,与线性系统相比,非线性系统的运动规律具有如下特性。

1. 稳定性

线性系统的稳定性取决于系统的结构和参数,而与输入信号和初始条件无关;非线性系统的稳定性不仅与系统的结构和参数有关,而且与输入信号和初始条件有关。例如,某些系统在小信号输入时稳定,而输入信号超过一定范围时系统变为不稳定。

2. 时域响应

线性系统时域响应的曲线形状与输入信号的大小及初始条件无关,而非线性系统响应的曲线形状与输入信号的大小及初始条件相关。例如,线性系统对不同幅值的阶跃信号输入具有相同形状的输出响应曲线,而非线性系统可能具有完全不同的响应曲线。

3. 频率响应

在线性系统中,当输入信号为正弦函数时,其稳态输出也是同频率的正弦量,可以用频率特性来描述;但在非线性系统中,输入是正弦信号时,稳态输出通常是非正弦周期函数,甚至还会出现分谐波振荡或跳跃谐振等现象。

4. 自振荡

在输入不是周期函数的情况下,系统输出可能会以固定的振幅和频率持续振荡,这种现象称为自振荡或极限环振荡。例如,非线性机电系统:

$$m\ddot{x} - f(1-x^2)\dot{x} + kx = 0 \tag{8-1}$$

式中,m,f,k 是正数,方程中的阻尼系数 $f(1-x^2)$ 是非线性的。当 x 值小于 1 时,系统阻尼是负的,这意味着有能量输入到系统中;而当 x 值大于 1 时,系统阻尼是正的,这意味着系统要消耗能量。因此,系统不断进行能量交换,如果每个周期获得的能量和消耗的能量相平衡,最终系统的自由运动必然以某一固定的振幅和频率持续振荡。

8.1.4 非线性控制系统的研究方法

目前常用的研究非线性系统的工程近似方法有以下 5 种。

1. 数值解法

数值解法是利用数字计算机直接求解非线性微分方程的方法。该方法几乎能解任何非线性系统,但它注重于系统的特解,而缺乏反映有关系统全部解的性质。

2. 描述函数法

描述函数法使用谐波将元件的非线性特性线性化,它是线性理论中的频率法在非线性系统中的推广应用。这种方法简单有效,不受系统阶次的限制。

3. 相平面法

相平面法是非线性微分方程的图解法,它不仅能提供系统的稳定性,还能提供系统的动态特性信息。它是时域分析法在非线性系统中的推广应用,但仅适用于一、二阶系统。

4. 李雅普诺夫(Lyapunov)直接法

这种方法适用于任何复杂的非线性系统,可不求解系统运动方程而直接判断系统的稳定性。对于一个能量守恒系统,系统处于稳定的平衡状态时,它具有的能量总是最小的。因此,此方法要求构造一个叫李雅普诺夫函数的能量函数 $V(x,t)$,然后根据 $\mathrm{d}V(x,t)/\mathrm{d}t$ 是否为负值,即系统的能量是否衰减来判断系统的稳定性。但是目前还没有一个普遍适用的直接构成李雅普诺夫函数的方法,已有的方法大多仅适用于某一类非线性系统。

5. 波波夫(Popov)法

波波夫法在频率域内分析非线性系统的稳定性。如果非线性系统中非线性特性过原点且分布于第一、三象限,并可与线性部分分离,则可根据线性部分的频率特性直接分析系统的稳定性。

本章主要介绍描述函数法和相平面法。

8.2 描述函数法

描述函数法主要用来分析在没有输入信号作用的情况下,非线性系统的稳定性和自振荡问题。这种方法不受系统阶次的限制,但它是一种近似的分析方法,只能用来研究系统的频率响应特性,不能给出时间响应的确切信息。

8.2.1 描述函数法的概念

1. 描述函数法的应用条件

应用描述函数法分析非线性系统时,要求元件和系统必须满足以下条件:

(1) 非线性系统的结构图可以简化成只有一个非线性环节 N 和一个线性部分 $G(s)$ 相串联的单位反馈闭环结构,如图 8-2 所示。

(2) 非线性环节 N 的输入、输出特性曲线是奇对称的,即 $y(x)=-y(-x)$。因此,非线性

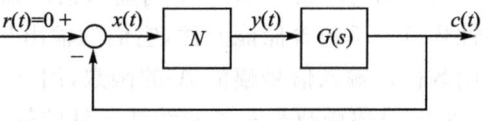

图 8-2 非线性系统典型结构图

环节在正弦信号作用下的输出不包含直流分量,即输出响应的平均值为零。

(3) 系统的线性部分 $G(s)$ 具有良好的低通滤波特性。因此,非线性环节在正弦输入下的高次谐波输出分量将被大大削弱。此时,可以近似地认为在闭环通道内只有一次谐波分量流通,应用描述函数法所得的分析结果比较准确。对于实际的非线性系统,系统阶次越高,低通滤波性能越好。

2. 描述函数的定义

对于图 8-2 所示的非线性系统,设非线性环节的输入信号为正弦函数

$$x(t) = A\sin\omega t \tag{8-2}$$

则其稳态输出 $y(t)$ 是与输入信号同频率的非正弦周期函数,且可以展开成傅里叶级数,有

$$y(t) = A_0 + \sum_{n=1}^{\infty}(A_n\cos n\omega t + B_n\sin n\omega t) \tag{8-3}$$

若系统满足描述函数法的第二个应用条件,则有

$$A_0 = 0$$

$$A_n = \frac{1}{\pi}\int_0^{2\pi} y(t)\cos n\omega t\,\mathrm{d}(\omega t) \tag{8-4}$$

$$B_n = \frac{1}{\pi}\int_0^{2\pi} y(t)\sin n\omega t\, \mathrm{d}(\omega t) \tag{8-5}$$

在傅里叶级数中,谐波分量的频率随着 n 的增大而增大,同时 A_n, B_n 减小。若系统满足描述函数法的第三个应用条件,则高次谐波分量可以被充分地衰减。因此,可近似认为非线性环节的稳态输出只有一次谐波(亦称基波)分量,即

$$y(t) \approx y_1(t) = A_1\cos\omega t + B_1\sin\omega t = Y_1\sin(\omega t + \varphi_1) \tag{8-6}$$

式中

$$A_1 = \frac{1}{\pi}\int_0^{2\pi} y(t)\cos\omega t\, \mathrm{d}(\omega t) \tag{8-7}$$

$$B_1 = \frac{1}{\pi}\int_0^{2\pi} y(t)\sin n\omega t\, \mathrm{d}(\omega t) \tag{8-8}$$

$$Y_1 = \sqrt{A_1^2 + B_1^2} \tag{8-9}$$

$$\varphi_1 = \arctan\frac{A_1}{B_1} \tag{8-10}$$

由式(8-6)可知,稳态输出 $y(t)$ 可近似看成与输入同频率的正弦函数。参照线性系统中频率特性的定义,把输出信号的一次谐波分量与输入正弦信号的复数比定义为非线性环节的描述函数,即

$$N(A) = \frac{Y_1}{A}e^{j\varphi_1} = \frac{\sqrt{A_1^2 + B_1^2}}{A}e^{j\arctan\frac{A_1}{B_1}} = \frac{B_1}{A} + j\frac{A_1}{A} \tag{8-11}$$

由非线性环节描述函数的定义可以看出:

(1) 描述函数 N 是一个与输入信号幅值 A 和频率 ω 有关的复数。但实际上大部分的非线性环节并不包含储能元件,它们的输出与输入信号的频率无关,所以常见的非线性环节的描述函数仅是输入信号幅值 A 的函数,用 $N(A)$ 表示。

(2) 描述函数表示了非线性元件的等效传递特性,它是在只考虑一次谐波分量,忽略高次谐波分量后得到的结果,因此又称为谐波线性化。

8.2.2 典型非线性特性的描述函数

1. 描述函数的求解方法

求解非线性特性的描述函数的一般步骤如下:

(1) 画出正弦函数信号输入下的输出波形,并写出输出波形 $y(t)$ 的数学表达式。

(2) 利用傅里叶级数求出 $y(t)$ 的一次谐波分量。

(3) 将求得的一次谐波分量代入式(8-11),可得 $N(A)$。

典型非线性特性及其描述函数如表 8-1 所列。

表 8-1 非线性特性及其描述函数

非线性类型	静特性	描述函数 $N(A)$
理想继电特性及库仑摩擦		$\dfrac{4M}{\pi A}$

续表 8-1

非线性类型	静特性	描述函数 $N(A)$
有死区的继电特性		$\dfrac{4M}{\pi A}\sqrt{1-\left(\dfrac{b}{A}\right)^2},\ A\geqslant b$
有滞环的继电特性		$\dfrac{4M}{\pi A}\sqrt{1-\left(\dfrac{b}{A}\right)^2}-\mathrm{j}\dfrac{4Mb}{\pi A^2},\ A\geqslant b$
有死区和滞环的继电特性		$\dfrac{2M}{\pi A}\left[\sqrt{1-\left(\dfrac{mb}{A}\right)^2}+\sqrt{1-\left(\dfrac{b}{A}\right)^2}\right]+\mathrm{j}\dfrac{2Mb}{\pi A^2}(m-1),\ A\geqslant b$
饱和特性和幅值限制		$\dfrac{2K}{\pi}\left[\arcsin\dfrac{a}{A}+\dfrac{a}{A}\sqrt{1-\left(\dfrac{a}{A}\right)^2}\right],\ A\geqslant a$
有死区的饱和特性		$\dfrac{2K}{\pi}\left[\arcsin\dfrac{a}{A}-\arcsin\dfrac{\Delta}{A}+\dfrac{a}{A}\sqrt{1-\left(\dfrac{a}{A}\right)^2}-\dfrac{\Delta}{A}\sqrt{1-\left(\dfrac{\Delta}{A}\right)^2}\right],\ A\geqslant a$
死区特性		$\dfrac{2K}{\pi}\left[\dfrac{\pi}{2}-\arcsin\dfrac{\Delta}{A}-\dfrac{\Delta}{A}\sqrt{1-\left(\dfrac{\Delta}{A}\right)^2}\right],\ A\geqslant\Delta$
间隙特性		$\dfrac{K}{\pi}\left[\dfrac{\pi}{2}+\arcsin\left(1-\dfrac{2b}{A}\right)+2\left(1-\dfrac{2b}{A}\right)\sqrt{\dfrac{b}{A}\left(1-\dfrac{b}{A}\right)}\right]+\mathrm{j}\dfrac{4Kb}{\pi A}\left(\dfrac{b}{A}-1\right),\ A\geqslant b$
变增益特性		$K_2+\dfrac{2(K_1-K_2)}{\pi}\left[\arcsin\dfrac{s}{A}+\dfrac{s}{A}\sqrt{1-\left(\dfrac{s}{A}\right)^2}\right],\ A\geqslant s$
有死区的线性特性		$K-\dfrac{2K}{\pi}\arcsin\dfrac{\Delta}{A}+\dfrac{4M-2K\Delta}{\pi A}\sqrt{1-\left(\dfrac{\Delta}{A}\right)^2},\ A\geqslant\Delta$
库仑摩擦加黏性摩擦		$K+\dfrac{4M}{\pi A}$

2. 非线性环节的并联

当非线性系统中含有两个或两个以上非线性环节时，不能按照线性环节的并联、串联方法求总的描述函数。

设系统中有两个并联的非线性环节，且其非线性特性都是单值函数，即它们的描述函数 N_1，N_2 皆为实数，如图 8-3 所示。

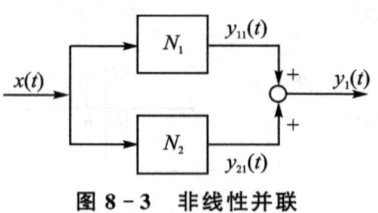

图 8-3 非线性并联

当输入 $x(t)=A\sin\omega t$，两个环节输出的一次谐波分量分别为输入信号 $x(t)$ 乘以各自的描述函数，即

$$y_{11}(t)=N_1A\sin\omega t, \quad y_{21}(t)=N_2A\sin\omega t \tag{8-12}$$

总的输出的一次谐波分量为

$$y_1(t)=(N_1+N_2)A\sin\omega t \tag{8-13}$$

因此，总的描述函数为

$$N=N_1+N_2 \tag{8-14}$$

可见，若干个非线性环节并联后，总的描述函数等于各非线性环节描述函数之和，并且当 N_1 和 N_2 为复数时，结论不变。

3. 非线性环节的串联

若两个非线性环节串联，其总的描述函数不等于两个线性环节描述函数的乘积，则必须首先求出这两个非线性环节串联后的等效非线性特性，然后根据等效的非线性特性求出总的描述函数，如图 8-4 所示。

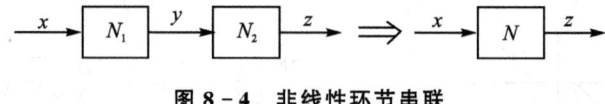

图 8-4 非线性环节串联

例 8-1 求图 8-5 所示两个非线性环节串联总的描述函数 $N(A)$。

解 两个环节串联后的等效非线性特性如图 8-5 所示。此非线性环节为一个既有死区又有饱和的非线性特性，如图 8-6 所示。因此，总的描述函数可以查表 8-1 得到，即

$$N(A)=\frac{4}{\pi}\left[\arcsin\frac{2}{A}-\arcsin\frac{1}{A}+\frac{2}{A}\sqrt{1-\left(\frac{2}{A}\right)^2}-\frac{1}{A}\sqrt{1-\frac{1}{A^2}}\right] \quad (A\geqslant 1)$$

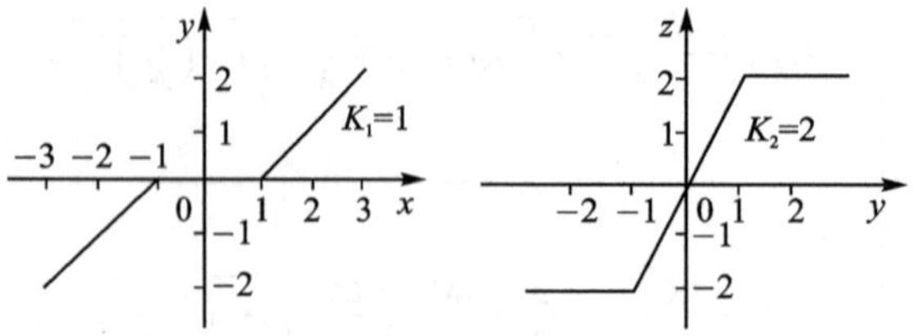

图 8-5 两个非线性特性串联 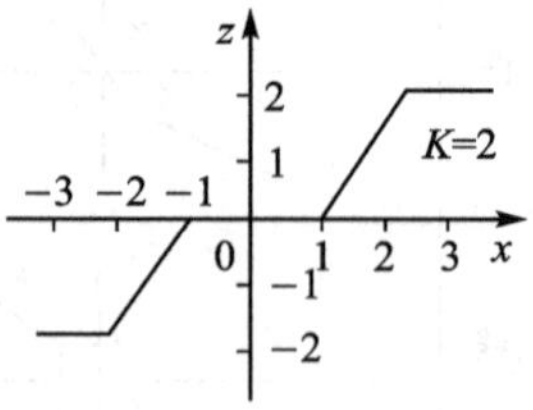   图 8-6 等效非线性特性

8.2.3 非线性系统的稳定性

很多非线性系统通过简化，可以化为由非线性部分和线性部分串联的系统。如图 8-7 所示，若系统满足描述函数法的三个应用条件，则非线性部分可用描述函数 $N(A)$ 表示，线性部

分可用传递函数 $G(s)$ 或频率特性 $G(j\omega)$ 表示,如图 8-8 所示。因此,非线性系统可以被看作一个等效的线性系统,且可以使用线性理论中的频率判据来判断闭环系统的稳定性。

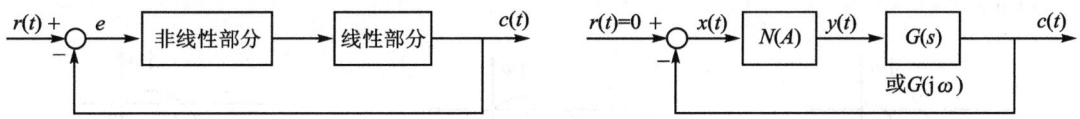

图 8-7 非线性系统方块图　　　　图 8-8 非线性系统等效为线性系统

系统的闭环频率特性为

$$\Phi(j\omega)=\frac{C(j\omega)}{R(j\omega)}=\frac{N(A)G(j\omega)}{1+N(A)G(j\omega)} \tag{8-15}$$

闭环系统的特征方程为

$$1+N(A)G(j\omega)=0 \tag{8-16}$$

若 $N(A)=1$,即不存在非线性环节,如图 8-9 所示,这时闭环特征方程为

$$1+G(j\omega)=0 \tag{8-17}$$

$$G(j\omega)=-1+j0 \tag{8-18}$$

奈氏判据根据 $G(j\omega)$ 曲线与临界点 $(-1,j0)$ 的相对位置来判断线性闭环系统稳定性。当 $G(j\omega)$ 曲线不包围 $(-1,j0)$ 点时,系统稳定,如图 8-10 中的曲线 1;当 $G(j\omega)$ 曲线包围 $(-1,j0)$ 点时,系统不稳定,如图 8-10 中的曲线 2;当 $G(j\omega)$ 曲线穿过 $(-1,j0)$ 点时,系统临界稳定,理论上产生等幅振荡,如图 8-10 中的曲线 3。

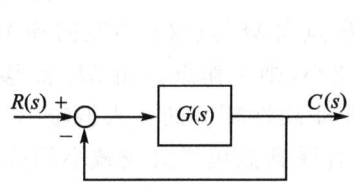

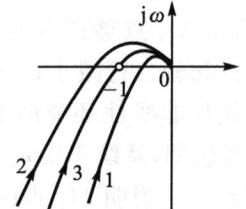

图 8-9 线性系统的结构图　　　　图 8-10 线性系统稳定性分析

若 $N(A)$ 不等于 1,即存在非线性环节,那么闭环特征方程为 $1+N(A)G(j\omega)=0$,将其写成

$$G(j\omega)=-\frac{1}{N(A)} \tag{8-19}$$

式中,$-\dfrac{1}{N(A)}$ 称为非线性特性的负倒描述函数。式(8-19)就是非线性系统产生自持振荡的条件,即产生等幅振荡的临界点不是一个点而是一条随 A 变化的负倒描述函数曲线。

推广的奈氏判据:若 $G(j\omega)$ 曲线不包围 $-\dfrac{1}{N(A)}$,如图 8-11(a)所示,则非线系统稳定;若 $G(j\omega)$ 曲线包围了 $-\dfrac{1}{N(A)}$ 曲线,如图 8-11(b)所示,则非线性系统不稳定。在受到扰动后,系统的输出是发散的,若 $G(j\omega)$ 曲线与 $-\dfrac{1}{N(A)}$ 曲线相交,如图 8-11(c)所示,则非线性系统将会产生周期运动(极限环),它可能是稳定的,也可能是不稳定的。这种周期运动一般不是正弦的,但可用正弦的周期运动近似,周期运动的频率和振幅可用交点处 $G(j\omega)$ 曲线上对应的 ω 和 $-\dfrac{1}{N(A)}$ 曲线上相应的 A 值来表征,图 8-11 中的箭头表示 ω 和 A 增大的方向。

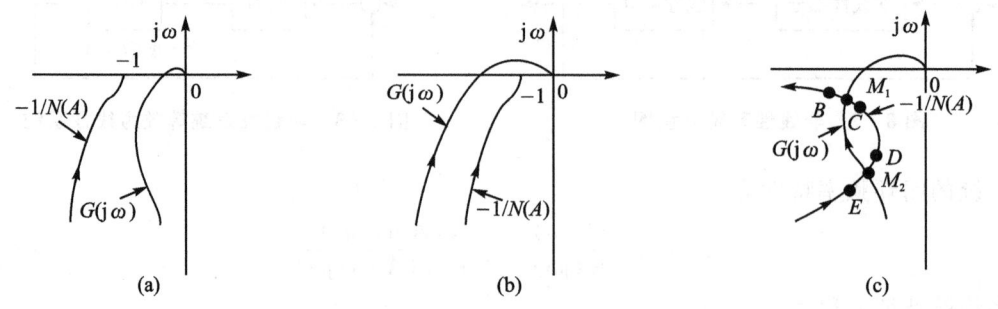

图 8-11 非线性系统稳定性分析

$G(j\omega)$ 曲线与 $-\dfrac{1}{N(A)}$ 曲线的交点满足式(8-19),每一个交点都对应一个运动周期运动。稳定的周期运动称做非线性系统的自振荡。稳定的周期运动是指系统受到轻微扰动作用偏离原来的运动状态,在扰动消失后,系统的运动重新收敛于原来的等幅持续振荡。

在图 8-11(c)所示系统中,$G(j\omega)$ 曲线与 $-\dfrac{1}{N(A)}$ 曲线有两个交点 M_1 和 M_2,系统中可能产生两个不同振幅和频率的周期运动。我们来分析这两个周期运动的稳定性。

假定系统起始工作在 M_1 点,若受到外界的一个轻微干扰,例如使非线性环节的输入振幅增大,则工作点将由 M_1 点移到 B 点,由于 B 点不被 $G(j\omega)$ 曲线包围,系统稳定,振荡衰减,使非线性环节的输入振幅自行减小,工作点将离开 B 点向 M_1 点移动直至回到 M_1 点。反过来,如果系统受到干扰使非线性环节的输入振幅 A 减小,则工作点将由 M_1 点移至 C 点。由于 C 点被 $G(j\omega)$ 曲线包围,系统不稳定,振荡加剧,使非线性环节的输入振幅 A 增大,工作点将从 C 点回到 M_1 点。这说明 M_1 点的周期运动不管受到振幅增大或减小的扰动都能维持,所以 M_1 点对应的周期运动稳定。

又设系统原来工作在 M_2 点,若受到一个外界的轻微干扰,使非线性环节的输入振幅 A 增大,则工作点将由 M_2 点移至 D 点。由于 D 点被 $G(j\omega)$ 曲线包围,系统不稳定,振荡加剧,使非线性环节的输入振幅继续增大,于是工作点继续远离 M_2 点而向 M_1 点移动,直到回到 M_1 点。反过来,如果系统受到干扰使非线性环节的输入振幅 A 减小,则工作点将由 M_2 点移至 E 点。由于 E 点未被 $G(j\omega)$ 曲线包围,系统稳定,振荡衰减,振幅 A 继续减小,使工作点离 M_2 点越来越远,直至振荡消失,所以 M_2 点对应的周期运动是不稳定的。

综上所述,判断非线性系统周期运动的稳定性的方法为:在复平面上,将 $G(j\omega)$ 曲线包围的区域看做不稳定区域,其他区域看做稳定区域,如图 8-12 所示,那么交点附近的 $-\dfrac{1}{N(A)}$ 曲线随着振幅 A 的增加由不稳定区进入稳定区时,则系统在该交点处的周期运动稳定,即自振荡。反过来,交点附近的 $-\dfrac{1}{N(A)}$ 曲线随着振幅 A 的增加由稳定区进入不稳定区时,则系统在该交点处的周期运动不稳定。

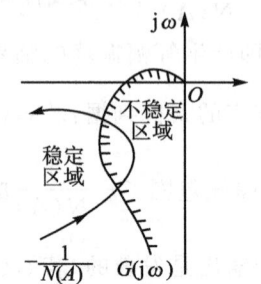

图 8-12 周期运动的稳定性判断

另外，求解自振荡的振幅和频率时除了用上述图解法外，还可以使用解析法，即通过求解非线性系统的特征方程式(8-16)，亦可联立求解下列方程：

$$\begin{cases} |N(A)G(j\omega)|=1 \\ \angle N(A)G(j\omega)=-\pi \end{cases} \quad (8-20)$$

来确定。

例 8-2 具有饱和非线性的控制系统如图 8-13 所示，试求：
(1) $K=15$ 时系统的自由运动状态。
(2) 欲使系统稳定工作，K 的临界稳定值是多少？

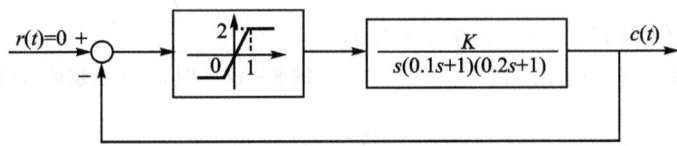

图 8-13 例 8-2 非线性系统结构图

解 查表 8-1 可知，饱和非线性的描述函数为

$$N(A)=\frac{2k}{\pi}\left[\arcsin\frac{a}{A}+\frac{a}{A}\sqrt{1-\left(\frac{a}{A}\right)^2}\right]$$

本例中 $k=2, a=1$，代入得

$$-\frac{1}{N(A)}=-\frac{\pi}{4\left[\arcsin\frac{1}{A}+\frac{1}{A}\sqrt{1-\left(\frac{1}{A}\right)^2}\right]}$$

当 $A=1$ 时，$-\dfrac{1}{N(A)}=0.5$；当 $A\to+\infty$ 时，$-\dfrac{1}{N(\infty)}\to-\infty$，因此 $-\dfrac{1}{N(A)}$ 位于负实轴上的 $-\infty\sim-0.5$ 区段。

线性部分频率特性为

$$G(j\omega)=\frac{K}{s(0.1s+1)(0.2s+1)}\bigg|_{s=j\omega}=\frac{K[-0.3\omega-j(1-0.02\omega^2)]}{\omega(0.0004\omega^4+0.05\omega^2+1)}$$

令 $\mathrm{Im}G(j\omega)=0$，即 $1-0.02\omega^2=0$，得 $G(j\omega)$ 曲线与负实轴交点的频率为

$$\omega_x=\sqrt{\frac{1}{0.02}}=7.07$$

将 ω_x 代入 $\mathrm{Re}G(j\omega)$，可得 $G(j\omega)$ 曲线与负实轴交点的幅值为

$$\mathrm{Re}G(j\omega_x)=\frac{K(-0.3)\omega_x}{\omega_x(0.0004\omega^4+0.05\omega^2+1)}\bigg|_{\omega_x=\sqrt{50}}=\frac{-0.3}{4.5}K=-\frac{K}{15}$$

(1) 将 $K=15$ 代入上式，得 $\mathrm{Re}\,G(j\omega)=-1$，在复平面上绘出 $K=15$ 时的 $G(j\omega)$ 曲线以及 $-\dfrac{1}{N(A)}$ 曲线，如图 8-14 所示。由图可见，$G(j\omega)$ 曲线与 $-\dfrac{1}{N(A)}$ 曲线交于 $(-1, j0)$ 根据它们在交点处的幅值相等，即

$$\frac{-\pi}{4\left[\arcsin\frac{1}{A}+\frac{1}{A}\sqrt{1-\left(\frac{1}{A}\right)^2}\right]}=-1$$

求得与交点对应的振幅 $A=2.5$。

运用奈氏判据可以判断出交点所对应的周期运动 $2.5\sin 7.07t$ 是稳定的。所以 $K=15$ 时非线性系统工作在自振状态,自振的振幅和频率分别为 $A=2.5,\omega=7.07$。

(2) 由于 $G(s)$ 的极点均在 s 左半平面,系统会出现自振荡。为了使系统稳定工作,根据奈氏判据,应使 $G(j\omega)$ 曲线不包围 $-\dfrac{1}{N(A)}$ 曲线。由式(8-19)可得

$$-\frac{K}{15} \geqslant -0.5$$

所以 K 的临界稳定值为 $K_{\max}=15\times 0.5=7.5$,$K=7.5$ 时的曲线如图 8-14 所示。

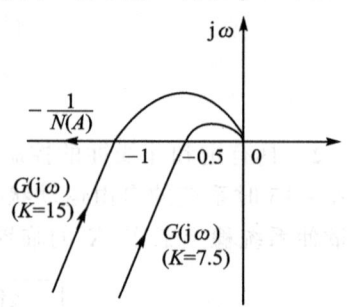

图 8-14 例 8-2 系统的 $G(j\omega)$ 和 $-\dfrac{1}{N(A)}$ 曲线

8.3 相平面法

相平面法是求解一阶和二阶线性或非线性系统的一种图解法,可以用来分析系统的稳定性、平衡位置、时间响应、稳态精度以及初始条件和参数对系统运动的影响。

8.3.1 相平面法的概念

二阶时不变系统一般可以用下列常微分方程来描述:

$$\ddot{x}=f(x,\dot{x}) \tag{8-21}$$

式中,$f(x,\dot{x})$ 是 $x(t)$ 和 $\dot{x}(t)$ 的线性或非线性函数。

如果把方程(8-21)看做一个质点的运动方程,则质点在任一时刻的状态可由质点的位移 $x(t)$ 和速度 $\dot{x}(t)$ 来描述,$x(t)$ 和 $\dot{x}(t)$ 称为该质点运动系统的相变量(状态变量)。以 $x(t)$ 为横坐标、$\dot{x}(t)$ 为纵坐标所组成的平面坐标系称为相平面(状态平面);系统的一个状态对应于相平面上的一个点,称为相点。当 t 变化时,随着时间的增加,系统状态在相平面上移动的轨迹曲线叫相轨迹,在相轨迹上用箭头表示时间增加的方向。而与不同初始条件相对应的一簇相轨迹所组成的图像叫做相平面图,用相平面图分析系统性能的方法称为相平面法。

8.3.2 相轨迹的性质

1. 相轨迹的斜率

因为

$$\ddot{x}=\frac{d\dot{x}}{dt}=\frac{d\dot{x}}{dx}\frac{dx}{dt}=\frac{d\dot{x}}{dx}\dot{x} \tag{8-22}$$

故二阶系统的微分方程(8-21)可以写为

$$\frac{d\dot{x}}{dx}=\frac{f(x,\dot{x})}{\dot{x}} \tag{8-23}$$

取 x 为相平面图的横坐标,$\dot{x}$ 为纵坐标,则 $\dfrac{d\dot{x}}{dx}$ 是相轨迹的斜率,式(8-23)称为相轨迹方程。

2. 相轨迹通过 x 轴的斜率

在 x 轴上的各点 $\dot{x}=0$,除去其中 $f(x,\dot{x})=0$ 的奇点,在这些点上相轨迹的斜率为 $\dfrac{d\dot{x}}{dx}=\infty$,相轨迹曲线与 x 轴垂直相交。

3. 相轨迹的运动方向

在相平面的上半平面,当 $\dot{x}>0$ 时,系统状态沿相轨迹曲线运动的方向是 x 增大的方向,即向右运动。在相平面下半平面,当 $\dot{x}<0$ 时,系统状态沿相轨迹曲线运动的方向是向左运动。总的来说,相轨迹上箭头的方向是顺时针方向。

4. 相平面图的奇点

相轨迹的斜率由式(8-23)表示,相平面上的一个点 $(x,\dot{x})$ 只要不同时满足 $\dot{x}=0$ 和 $f(x,\dot{x})=0$,则该点相轨迹的斜率就唯一确定。即通过该点的相轨迹只有一条,相轨迹曲线簇不会在此点相交。同时满足 $\dot{x}=0$ 和 $f(x,\dot{x})=0$ 的点称为奇点。该点相轨迹的斜率是 $\frac{0}{0}$,是不确定的。通过该点的相轨迹可能是多条,且彼此的斜率也不相同,即相轨迹曲线簇在该点相交。

5. 相轨迹的对称性条件

由图形对称的条件可知,相平面图的对称性可以由对称点上的相轨迹的斜率来判断。若相轨迹关于 x 轴对称,则在对称点 $(x,\dot{x})$ 和 $(x,-\dot{x})$ 上,相轨迹的斜率大小相等,符号相反,故由 $\frac{f(x,\dot{x})}{x}=\frac{-f(x,-\dot{x})}{-x}$ 得 $f(x,\dot{x})=f(x,-\dot{x})$,即 $f(x,\dot{x})$ 应是 $\dot{x}$ 的偶函数。若相轨迹关于 $\dot{x}$ 轴对称,则在对称点 $(x,\dot{x})$ 和 $(-x,\dot{x})$ 上,相轨迹的斜率大小相等,符号相反,故由 $\frac{f(x,\dot{x})}{x}=-\frac{f(-x,\dot{x})}{x}$ 得

$$f(x,\dot{x})=-f(-x,\dot{x}) \tag{8-24}$$

即 $f(x,\dot{x})$ 应是 x 的奇函数,若相轨迹关于原点对称,则在对称点 $(x,\dot{x})$ 和 $(-x,-\dot{x})$ 上,相轨迹的斜率相同,故由 $\frac{f(x,\dot{x})}{x}=\frac{f(-x,-\dot{x})}{-x}$ 得

$$f(x,\dot{x})=-f(-x,-\dot{x}) \tag{8-25}$$

8.3.3 相平面图的绘制方法

应用相平面法分析非线性系统,首要问题就是绘制相平面图。绘制方法有三种,即解析法、图解法和模拟实验法。本小节介绍解析法和图解法中的等倾线法。

1. 解析法

解析法适用于较简单的微分方程描述的系统,找出 $x(t)$ 和 $\dot{x}(t)$ 的关系,从而绘出相平面图,它又可分为两种方法。

(1) 参变量法

直接求解原微分方程,得到 $x(t)$ 和 $\dot{x}(t)$,然后在 $x(t)$ 和 $\dot{x}(t)$ 之间消去 t 而得到 x 与 $\dot{x}$ 的关系式,或者视 t 为参变量,给定一组 t 值,算出对应的 x 值和 $\dot{x}$ 值,画出相轨迹曲线。

(2) 分离变量直接积分法

因为 $$\ddot{x}=\frac{d\dot{x}}{dt}=\frac{d\dot{x}}{dx}\frac{dx}{dt}=\dot{x}\frac{d\dot{x}}{dx}$$

故二阶系统的一般式 $\ddot{x}=f(x,\dot{x})$ 可以写为 $\dot{x}\frac{d\dot{x}}{dx}=f(x,\dot{x})$,若该式可以将两个变量分离,即分解为

$$g(\dot{x})d\dot{x}=b(x)dx \tag{8-26}$$

则由

$$\int_{\dot{x}_0}^{\dot{x}} g(\dot{x}) \mathrm{d}\dot{x} = \int_{x_0}^{x} b(x) \mathrm{d}x \qquad (8-27)$$

可直接找出 $\dot{x} - x$ 的关系，其中 $x_0, \dot{x}_0$ 为初始条件。

例 8-3 某弹簧-质量运动系统如图 8-15(a)所示。图中 m 为物体质量，k 为弹簧的弹性系数。若初始条件 $x(0) = x_0, \dot{x}(0) = 0$，试绘制系统自由运动相轨迹。

解 微分方程为

$$m\ddot{x} + kx = \ddot{x} + x = 0$$

参变量法：根据初始条件使用拉氏变换求得上述微分方程的解为

$$x(t) = x_0 \cos t$$
$$\dot{x}(t) = -x_0 \sin t$$

从以上两个方程中消去 t，可得相轨迹方程

$$x^2(t) + \dot{x}^2(t) = x_0^2$$

分离变量直接积分法：将系统的微分方程写为

$$\dot{x} \frac{\mathrm{d}\dot{x}}{\mathrm{d}x} = -x$$

对此方程进行变量分离、积分并代入初始条件，也可得出相轨迹方程式。显然，该系统的相轨迹是以坐标原点为圆心，以 x_0 为半径的一簇同心圆，如图 8-15(b)所示。

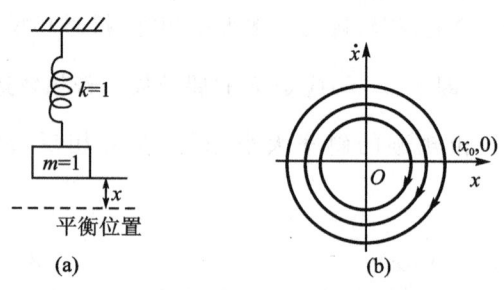

图 8-15 弹簧-质量运动系统极其相轨迹

2. 图解法

如果系统的微分方程较复杂，应用解析法绘制相轨迹很困难，或者不可能时，应采用图解法。图解法不必求解微分方程，而能把相轨迹一小段一小段地直接描绘在相平面上，可以应用于线性和非线性系统。图解法有多种，本节仅介绍最常用的等倾线法。

我们知道，平面上任一光滑曲线都可以由一系列短的折线近似替代。每段短折线都有不同的斜率。等倾线是指相平面上相轨迹斜率相等的各点的连线。在等倾线基础上可以画出折线，近似代替相轨迹，从而完成相轨迹曲线的绘制。

由相轨迹方程式(8-23)可知，满足斜率为常数 a，即 $\dfrac{\mathrm{d}\dot{x}}{\mathrm{d}x} = a$ 的各点连接成的等倾线方程为

$$a\dot{x} = f(x, \dot{x}) \qquad (8-28)$$

给定一组 a 值，就可得到一簇等倾线。在每条等倾线上的各点画出一些斜率为该等倾线所对应的 a 值的短线段，短线上的箭头表示相轨前进的方向，则这些短线段便在相平面上构成了相轨迹切线的"方向场"，如图 8-16 所示。这样，只要从某一初始点出发，按照它所在等倾线上的短线方向作一条小线段，让它与第二条等倾线相交，再由此交点出发，按照第二条等倾线上的短线方向

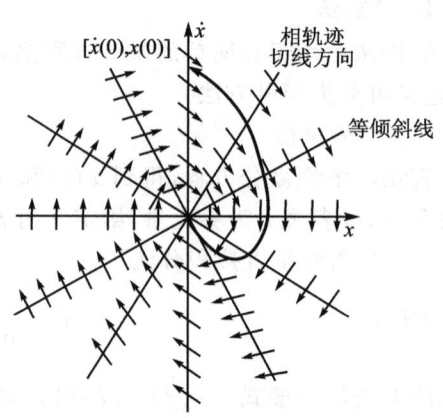

图 8-16 用等倾线法绘制相轨迹

再作一条小线段,让它与第三条等倾线相交;依次连续作下去,就可以得到一条从给定初始条件出发,由各条小线段组成的折线,最后把这条折线光滑处理,就得到所要求的相轨迹。

例 8-4 用等倾线绘制例 8-3 所要求的弹簧-质量运动系统的相轨迹。

解 已知系统的微分方程为

$$\ddot{x} + x = 0$$

可知相轨迹方程为

$$\frac{d\dot{x}}{dx} = -\frac{x}{\dot{x}}$$

令 $\frac{d\dot{x}}{dx} = a$,等倾线方程为

$$\dot{x} = -\frac{x}{a} \beta x$$

可以看出等倾线是通过相平面原点的直线,其斜率为 $\beta = -\frac{1}{a}$,而 a 是相轨迹通过等倾线时切线的斜率。若令 a 为不同的值,就可以求出不同的 β 值,如表 8-2 所列。

表 8-2 不同的 a 值得出不同的 β 值

a	-2	-1	-0.5	0	0.5	1	2	∞
β	0.5	1	2	∞	-2	-1	-0.5	0

根据不同的 β 值,可以绘出具有不同斜率的一簇等倾线,如图 8-17 所示,在每条等倾线上画出相应的 a 值短线(因为 $\beta = -\frac{1}{a}$,所以它们互相垂直),所有短线的总体就形成了相轨迹的切线方向场。假设初始条件为 $x(0) = x_0, \dot{x}(0) = 0$,则可以从起点 $(x_0, 0)$ 出发,沿方向场绘出系统的相轨迹,如图 8-18 所示,该相轨迹仍然是一个圆,与用解析法所得结论一致。

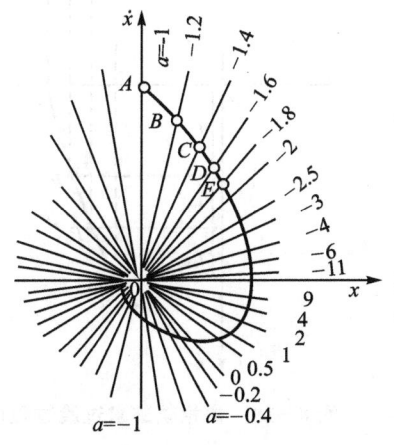

图 8-17 实例相轨迹

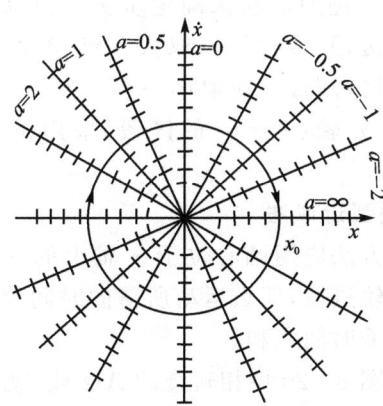

图 8-18 弹簧-质量运动系统的相轨迹及其方向场

8.3.4 由相平面图确定响应时间

相平面图清楚地描述了系统状态 x 和 $\dot{x}$ 的关系以及运动过程,但没有直接给出运动与时间的关系。为了分析系统的时域性能,需要由相平面图求出过渡过程。下面介绍几种求解

方法。

1. 增量法

由 $\dot{x} = \dfrac{dx}{dt}$ 可得到求时间解的一种近似方法。当相轨迹在 x 方向移动一个增量 Δx 时，如果在 Δx 区间内 $\dot{x}$ 的变化不很剧烈，则可以把该区间内 $\dot{x}$ 的平均值 $\dot{x}_{av}$ 近似地当成 x 在此区间内匀速变化的速度。所以说，$\dot{x}$ 变化不很剧烈，是指 Δx 区间内 $\dot{x}$ 的变化量 $|\Delta \dot{x}| \ll |\dot{x}_{av}|$，这样就可以用下式近似求出此区间的时间增量 Δt，有

$$\Delta t = \frac{\Delta x}{\dot{x}_{av}} \tag{8-29}$$

设系统的相轨迹如图 8-19 所示，相轨迹从 P_0 点到 P_1 点，横坐标 x 的变化为 Δx_{01}，纵坐标 $\dot{x}$ 的平均值为

$$\dot{x}_{01} = \frac{\dot{x}_0 + \dot{x}_1}{2}$$

式中，$\dot{x}_0 = 0$ 为 P_0 点的 $\dot{x}$ 值，$\dot{x}_1 = 0$ 为 P_1 点的 $\dot{x}$ 值，因此所需时间的近似值为

$$t_{01} = \frac{\Delta x_{01}}{\dot{x}_{01}} \tag{8-30}$$

同理可得从 P_1 点到 P_2 点，P_2 点到 P_3 点……所需时间的近似值分别为

$$t_{12} = \frac{\Delta x_{12}}{\dot{x}_{12}}, \quad t_{23} = \frac{\Delta x_{23}}{\dot{x}_{23}}, \quad \cdots \tag{8-31}$$

使用这种方法，就可以求得系统的过渡过程曲线，如图 8-19 所示。

为使时间解的作图有足够的准确度，每步的 Δx 间隔应保证 $|\Delta \dot{x}| \ll |\dot{x}_{av}|$，每一步的 Δx 不必取常值，可根据相轨迹的形状来确定步长。相轨迹较接近水平方向的区段 $|\Delta x|$ 可以取大一点，相轨迹较接近垂直方向的区段 $|\Delta x|$ 应取小一点。当 $|\dot{x}|$ 较小或在相轨迹穿过 x 轴（$\dot{x} = 0$）的区段，采用下述的圆弧近似法。

2. 圆弧近似法

这种方法应用圆心位于 x 轴上的一系列小圆弧来近似相轨迹段，那么运动所需的时间等于这些小圆弧运动所需时间之和。

例如图 8-20 中相轨迹的 AD 段，就是用 x 轴上的 P, Q, R 点为圆心，以 $|PA|$, $|QB|$, $|RC|$ 为半径的小圆弧来近似。因此，相轨迹从 A 点移到 D 点所需的时间为

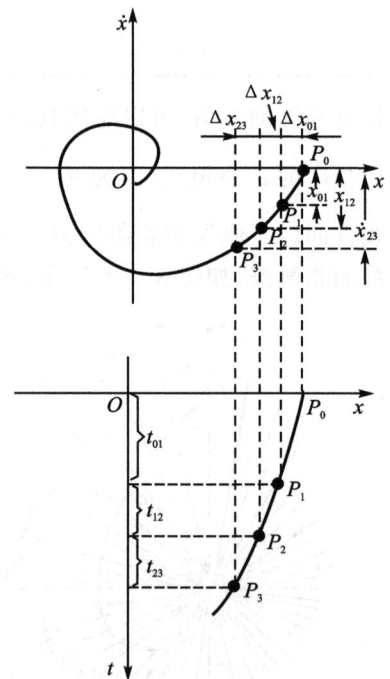

图 8-19 由相轨迹求过渡过程曲线

$$t_{AD} = t_{AB} + t_{BC} + t_{CD} = t_{\overset{\frown}{AB}} + t_{\overset{\frown}{BC}} + t_{\overset{\frown}{CD}} \tag{8-32}$$

经过每段小圆弧所需的时间可以方便地计算出来，以 $t_{\overset{\frown}{AB}}$ 为例，在 A 点有

$$\dot{x} = |PA| \sin \theta_A \tag{8-33}$$

$$x = PA \cos \theta_A + |OP| \tag{8-34}$$

根据 $\dot{x} = \dfrac{dx}{dt}$，有

$$t_{\widehat{AB}} = \int_{\theta_A}^{\theta_B} \dfrac{-|PA|\sin\theta_A}{|PA|\sin\theta_A} d\theta = \theta_A - \theta_B = \theta_{\widehat{AB}} \tag{8-35}$$

式(8-35)说明，$t_{\widehat{AB}}$ 在数值上等于 $\widehat{AB}$ 所对应的中心角 $\theta_{\widehat{AB}}$ 用弧度来度量的值。

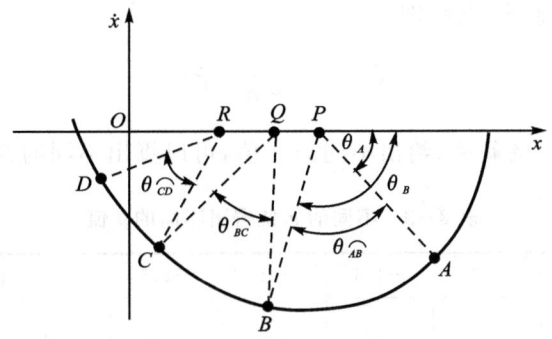

图 8-20 用圆弧法求过渡过程时间

8.3.5 二阶线性系统的相平面分析

许多非线性二阶系统可以用分段线性化的方法研究，因此在用相平面法分析非线性二阶系统之前，首先应掌握各种线性二阶系统相平面图的作法及其特点。下面主要采用等倾线法绘制线性二阶系统的相轨迹。线性二阶系统的典型结构如图 8-21 所示。

若 $r(t)=0$，则描述系统自由运动的微分方程式为

$$\ddot{c} + 2\zeta\omega_n \dot{c} + \omega_n c = 0 \tag{8-36}$$

特征方程式的根为

$$s_{1,2} = -\zeta\omega_n \pm j\omega_n\sqrt{1-\zeta^2} \tag{8-37}$$

根据式(8-36)写出相轨迹方程，即

$$\dfrac{d\dot{c}}{dc} = \dfrac{-2\zeta\omega_n\dot{c} - \omega_n c}{\dot{c}} \tag{8-38}$$

令 $\dfrac{d\dot{c}}{dc} = a$，得等倾线方程为

$$\dot{c} = \dfrac{-\omega_n^2 c}{2\zeta\omega_n + a} = \beta c \tag{8-39}$$

可以看出，等倾线是过坐标原点的直线，而 $\beta = -\dfrac{\omega_n^2}{2\zeta\omega_n + a}$ 是等倾线的斜率。给出不同的 a 值，求出不同的 β，绘出若干条等倾线，并在等倾线上标出表示相轨迹切线斜率的 a 值短线，形成相轨迹的切线方向场，然后即可从不同的初始条件出发绘制相轨迹。

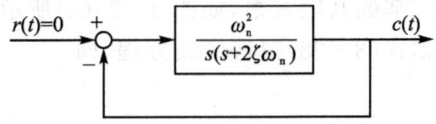

图 8-21 线性二阶系统的结构图

根据 ζ 的取值不同，其特征根在 s 平面上的分布不同，系统的运动规律就不一样，现对 6 种不同情况分别讨论。

1. $0<\zeta<1$

设 $\zeta=0.5$，$\omega_n=1$，此时线性二阶系统微分方程 $\ddot{c}+\dot{c}+c=0$ 的特征根为 $s_{1,2}=-0.5\pm j\frac{\sqrt{3}}{2}$，是一对具有负实部的共轭复根，如图 8-22(a)所示，因此系统稳定，其过渡过程呈衰减振荡形式。

根据式(8-28)得等倾线方程，即

$$\dot{c}=-\frac{c}{1+a}=\beta c$$

式中，$\beta=-\frac{1}{1+a}$ 为等倾斜的斜率，给出不同的 a 值，可以算出不同的 β 值，如表 8-3 所列：

表 8-3　不同的 a 值得出不同的 β 值

a	-4	-2	-1.6	-1	-0.5	0	0.5	∞
β	$\frac{1}{3}$	1	$\frac{5}{3}$	∞	-2	-1	$-\frac{2}{3}$	0

根据表中不同的 β 值，在相平面上作出等倾线，并标出相应的 a 值短线，形成相轨迹的切线方向场。假设初始条件为 $A(x_{01},\dot{x}_{01})$ 和 $B(x_{02},\dot{x}_{02})$，则从 A，B 两点出发沿方向场逐步绘出相轨迹，如图 8-22(b)中的曲线 1 和 2 所示。可见相轨迹为向心螺旋线，最终趋于原点。

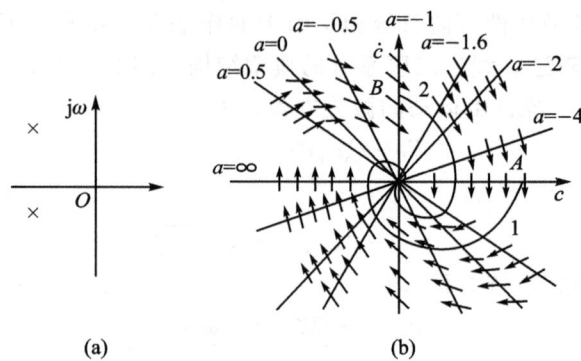

图 8-22　$\zeta=0.5$，$\omega_n=1$ 时的线性二阶系统的相轨迹图

2. $-1<\zeta<0$

设 $\zeta=-0.5$，$\omega_n=1$，此时微分方程 $\ddot{c}-\dot{c}+c=0$ 的特征根为 $s_{1,2}=-0.5\pm j\frac{\sqrt{3}}{2}$，是一对具有正实部的共轭复根，如图 8-23(a)所示，系统不稳定，其过渡过程呈发散振荡形式。

据式(8-28)得等倾线方程，即

$$\dot{c}=\frac{c}{1-a}=\beta c$$

式中，$\beta=\frac{1}{1-a}$ 为等倾线的斜率，系统的相轨迹如图 8-23(b)所示。可见相轨迹为离心螺旋线，最终发散到无穷大。

3. $\zeta>1$

设 $\zeta=1.25$，$\omega_n=1$，此时微分方程 $\ddot{c}+2.5\dot{c}+c=0$ 的特征根为 $s_1=-2$，$s_2=-0.5$，为两

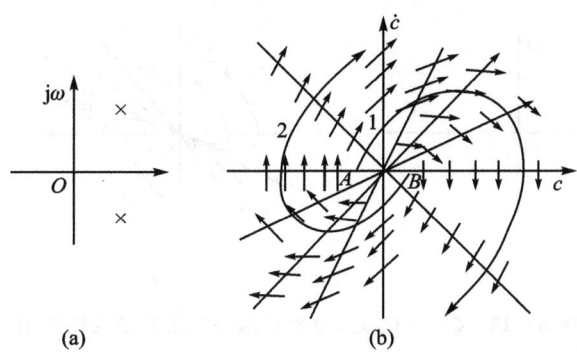

图 8-23 $\zeta=-0.5, \omega_n=1$ 时的线性二阶系统的相轨迹图

个不相等的负实根,如图 8-24(a)所示,因此系统稳定,其过渡过程为非周期衰减。

根据式(8-28)得等倾线方程,即

$$\dot{c}=-\frac{c}{2.5+a}=\beta c$$

式中,$-\dfrac{c}{2.5+a}=\beta$ 为等倾线的斜率。系统的相轨迹如图 8-24(b)所示,可见相轨迹非周期衰减,最终趋于原点。

应当指出,当特征方程的根是两个不相等的负实跟时,必将出现 $\beta_1=a_1=s_1$ 和 $\beta_2=a_2=s_2$ 两条特殊的等倾线,这两条等倾线与其相应的 a 值短线相重合,它们是相轨迹的渐进线,不同初始条件的相轨迹最终将沿着其中一条特殊的相轨迹趋于原点。当 $\zeta=1$ 时,相轨迹的渐进线为一条,$\beta=a=s_1=s_2$。

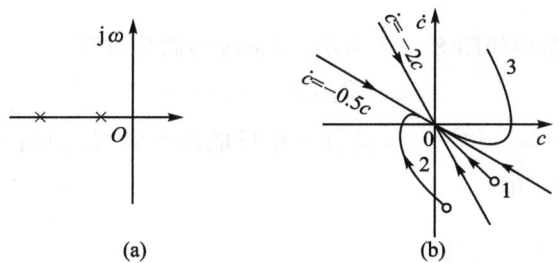

图 8-24 $\zeta=1.25, \omega_n=1$ 时的线性二阶系统相轨迹图

4. $\zeta<-1$

设 $\zeta=-2, \omega_n=1$,此时的微分方程 $\ddot{c}-4\dot{c}+c=0$ 的特征根为 $s_1=3.73, s_2=0.27$,为两个不相等的正实根。如图 8-25(a)所示,系统不稳定,其过渡过程为非周期发散至无穷。

根据式(8-28)得等倾线方程,即

$$\dot{c}=-\frac{c}{a-4}=\beta c$$

式中,$-\dfrac{1}{a-4}=\beta$ 为等倾线的斜率。系统的相轨迹如图 8-25(b)所示,可见相轨迹非周期发散,不同初始条件的相轨迹最终将沿着 $\beta_1=a_1=s_1$ 和 $\beta_2=a_2=s_2$ 这两条特殊等倾线中的一条趋于无穷。

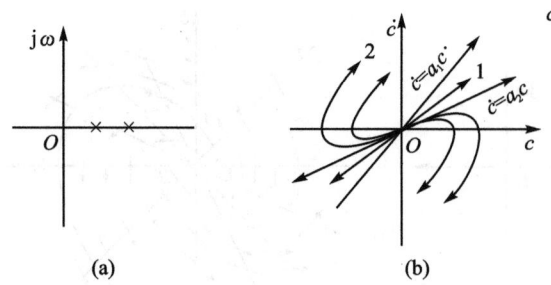

图 8-25 $\zeta<-1, \omega_n>0$ 时的线性二阶系统相轨迹图

5. $\zeta=0$

系统微分方程 $\ddot{c}+\omega_n^2 c=0$ 的特征根为 $s_{1,2}=\pm j\omega_n$，是一对纯虚根。如图 8-26(a)所示，系统临界稳定，过渡过程为等幅正弦振荡。

因微分方程简单，用直接积分的方法绘制相轨迹

$$\dot{c}\frac{d\dot{c}}{dc}=-\omega_n^2 c$$

$$\dot{c}^2+\omega_n^2 c^2=\dot{c}_0^2+\omega_n^2 c_0^2$$

式中，c_0 和 $\dot{c}_0$ 为初始条件，设 $A=\dot{c}_0^2+\omega_n^2 c_0^2$，得

$$\frac{\dot{c}^2}{A}+\frac{c^2}{A/\omega_n^2}=1$$

显然系统相轨迹是围绕坐标原点的椭圆，如图 8-26(b)所示，椭圆的参数由初始条件及系统参数确定。

6. 正反馈系统

如果正反馈系统的结构如图 8-27 所示，则系统的微分方程

$$\ddot{c}+2\zeta\omega_n\dot{c}-\omega_n^2 c=0$$

的特征根为 $s_{1,2}=-\zeta\omega_n\pm\omega_n\sqrt{\zeta^2+1}$，是符号相反的两个实根，如图 8-28(a)所示。系统不稳定，过渡过程为非周期发散。

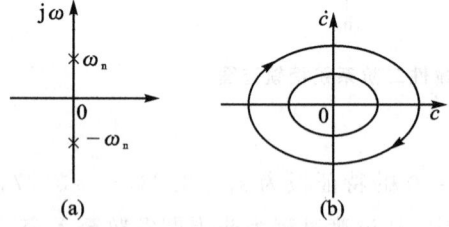

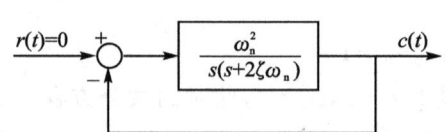

图 8-26 $\zeta=0, \omega_n>0$ 时的线性二阶系统相轨迹图　　图 8-27 线性二阶系统的结构图

等倾线方程为

$$\dot{c}=\frac{\omega_n^2 c}{2\zeta\omega_n+\alpha}=\beta c$$

式中，$\beta=\dfrac{\omega_n^2 c}{2\zeta\omega_n+\alpha}$ 为等倾线的斜率。用等倾线法绘出不同初始条件的相轨迹，如图 8-28(b)所示，所有的相轨迹均趋于无穷。图中有两条特殊的等倾线，其斜率分别为 $\beta_1=a_1=s_1$ 和

$\beta_2 = a_2 = s_2$，它们是相轨迹的一部分，也是其他相轨迹的渐近线。它们将相平面划分为四个运动状态不同的区域，这种相轨迹称为相平面上的分隔线。当初始条件在 $\dot{c} = s_2 c$ 这条相轨迹上时，系统的运动将趋于平衡点，但只要受到极其微小的扰动，过渡过程将沿着 $\dot{c} = s_1 c$ 相轨迹发散，所以系统总不稳定。

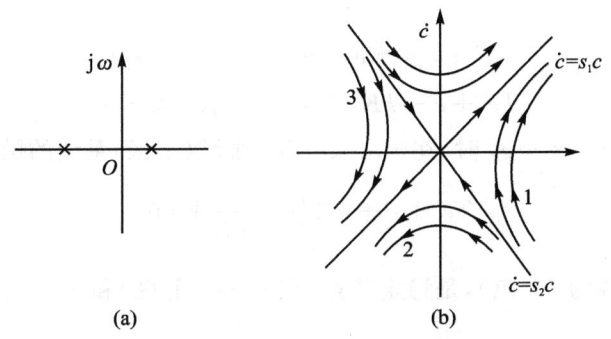

图 8-28 正反馈线性二阶系统相轨迹图

当 $\zeta = 0$，则系统微分方程为 $\ddot{c} - \omega_n^2 c = 0$，力学中称为无阻尼斥力系统。特征根 $s_{1,2} = \pm \omega_n$，两条特殊的相轨迹分别为 $\dot{c} = \omega_n c$ 和 $\dot{c} = -\omega_n c$。

8.3.6 非线性系统的相平面分析

常见的非线性多数可以用分段线性来近似，或其本身就是分段线性的。这类系统的相平面分析采用分区衔接法，具体步骤如下：

（1）根据非线性特性的分段情况，用几条分界线（称为开关线）将相平面划分为几个线性区域，列写各区域的线性微分方程式。

（2）在每个区域内，首先确定奇点的位置和类型。① 若无奇点，直接应用等倾线法绘制各区域相轨迹；② 若有奇点，则每个区域内有一个奇点，如果这个奇点落在本区域内，则称该点为实奇点。该实点表明该区域的相轨迹可以汇集于实奇点。如果奇点落在本区域之外，则称该点为虚奇点。该虚点表明该区域的相轨迹不能汇集于虚奇点。在二阶非线性控制系统中只有一个实奇点。然后应用线性系统相平面分析的方法和结论绘出各区域的相轨迹。

（3）根据系统状态变化的连续性，在各区域的交界线上，将相邻区域的相轨迹彼此衔接成连续曲线，就得到非线性控制系统的完整相平面图。根据相平面图就可分析系统的运动。

设变增益非线性系统的结构如图 8-29 所示，分析在斜坡输入 $r(t) = vt$ 作用下的相轨迹。

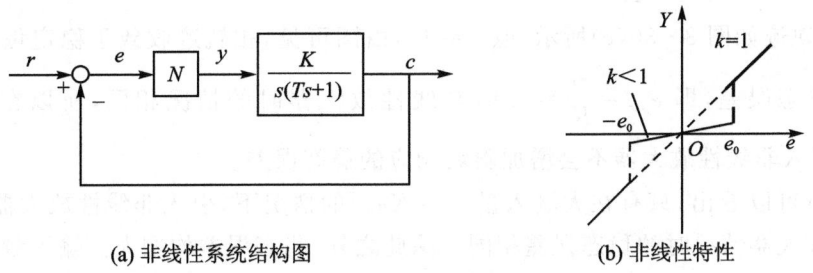

(a) 非线性系统结构图　　(b) 非线性特性

图 8-29 变增益非线性系统

假设系统初始状态为 $c(0)=0, \dot{c}(0)=0$，则描述系统的方程式为

$$T\ddot{c}+c=Ke \quad (|e|>e_0) \qquad (8-40)$$

$$T\ddot{c}+\dot{c}=kKe \quad (|e|<e_0) \qquad (8-41)$$

由于 $r(t)=vt$，故有 $e=vt-c, \dot{e}=v-\dot{c}, \ddot{e}=-\ddot{c}$，初始条件为 $e(0)=0, \dot{e}(0)=v$，上述微分方程式可变为

$$T\ddot{e}+\dot{e}+Ke=v \quad (|e|>e_0) \qquad (8-42)$$

$$T\ddot{e}+\dot{e}+kKe=v \quad (|e|<e_0) \qquad (8-43)$$

开关线为 $\dot{e}=e_0$ 和 $\dot{e}=-e_0$ 时，在 $-e_0<e<e_0$ 区域（Ⅰ区）系统的微分方程式为

$$T\ddot{e}+\dot{e}+kK\left(e-\frac{v}{kK}\right)=0 \qquad (8-44)$$

奇点为 $\left(\dfrac{v}{kK}, 0\right)$（称为 P_1 点），是稳定节点，在 $e>e_0$（Ⅱ区）和 $e<-e_0$（Ⅲ区）区域，系统的微分方程为

$$T\ddot{e}+\dot{e}+K\left(e-\frac{v}{K}\right)=0 \qquad (8-45)$$

奇点为 $\left(\dfrac{v}{K}, 0\right)$（称为 P_2 点），是稳定焦点。

由于是 $k<1$，所以 P_2 点总在 P_1 点左边，当 v 取不同值时，这两个奇点可能处于相平面的不同区域。为方便作图，取 $T=0.5, K=5, k=0.1, e_0=0.6$。

当 $v<kKe_0$ 时，则 $\dfrac{v}{K}<\dfrac{v}{kK}<e_0$，即奇点 P_1 和 P_2 均在Ⅰ区，P_1 点为实奇点，P_2 点为虚奇点，相应的相轨迹如图 8-30(a)所示（取 $v=0.2$），系统以非周期运动形式由初始点 $A(0,0.2)$ 运动到平衡位置 $P_1(0.4,0)$，稳态误差 $e_{ssr}=0.4$，与线性放大器相比较，稳态误差增大。

当 $kKe_0<v<Ke_0$ 时，则 $\dfrac{v}{kK}>e_0, \dfrac{v}{K}<e_0$，奇点 P_1 在Ⅱ区内，P_2 在Ⅰ区内，所以 P_1, P_2 是虚奇点。相应的相轨迹如图 8-30(b)所示（取 $v=0.5$）。从图中可以看出，当相轨迹由 A 点运动到 B 点，相轨迹进行转换。原来的相轨迹不能运动至奇点 P_1。新相轨迹的奇点 P_2 在Ⅰ区内，当相轨迹由 B 点转移到 C 点时又发生转换，使Ⅱ区相轨迹不能趋于 P_2 点，所以系统的误差信号表现出振荡性，最终平衡在 $(e_0, 0)$ 处，稳态误差就是 e_0，在现有所取参数下，与线性放大器情况相比，稳态误差增大。

当 $v<Ke_0$ 时，有 $\dfrac{v}{kK}<\dfrac{v}{K}<e$，即奇点 P_1 和 P_2 均在Ⅱ区，所以 P_1 是虚奇点，P_2 是实奇点，相应的相轨迹如图 8-30(c)所示（取 $v=4$），由图可见，相轨迹收敛于稳定焦点 P_2，P_2 的横坐标就是稳态误差，即 $e_{ssr}=\dfrac{v}{K}=0.8$，与线性放大器时的情况相同，所以在这种情况下（$v>Ke_0$），引入非线性放大器不会增加斜坡响应的稳态误差。

上述分析可以看出，只有在大输入量（$v>Ke_0$）的情况下，引入非线性放大器才会使稳态误差与线性放大器情况时的稳态误差相同。除此之外，稳态误差均增大。输入量越小，两者相差越大。可见，引入非线性放大器后未使系统的稳态误差减小，在有些情况下，反而使稳态误差增大。

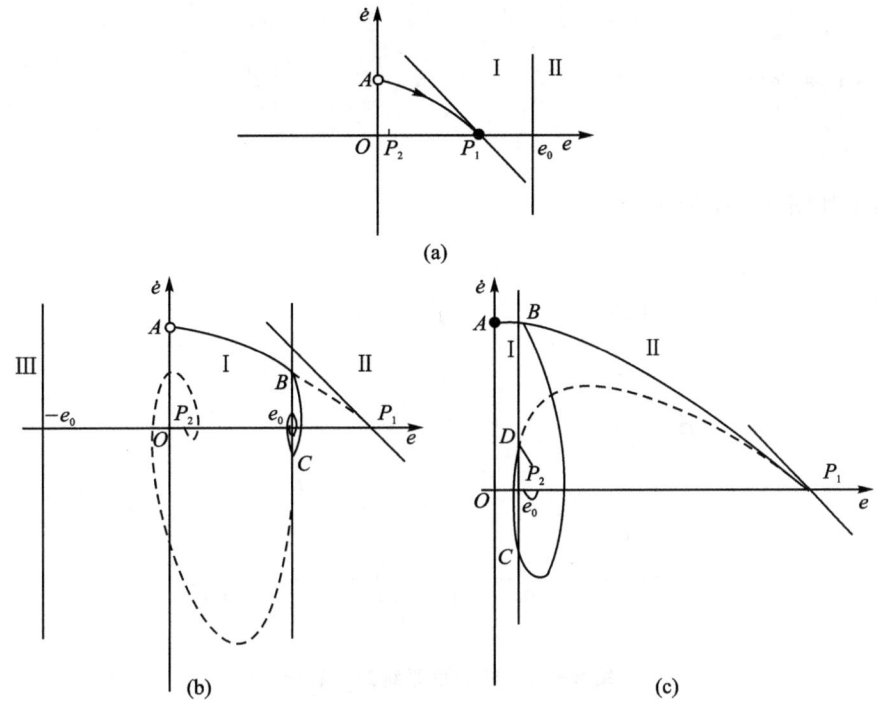

图 8-30 变增益非线性相轨迹

8.4 MATLAB 在非线性控制系统中的应用

本节内容主要介绍 Simulink 及 MATLAB 在非线性控制系统中的应用。

8.4.1 利用 MATLAB 绘制非线性系统的相轨迹

例 8-5 假设系统的初始状态为 $x=0, \dot{x}=2$，试绘制 10 s 内 $\ddot{x}+0.4\dot{x}+2x+x^2=0$ 的相平面。

解 MATLAB 程序如下：

```
x = 0;
Dx = 2;
n = 1;
t = 0;
Dt = 0.001;
for i = 1:10000
    DDx = -0.4*Dx - 2*x - x^2;
    Dx = Dx + DDx*Dt;
    x = x + Dx*Dt;
    Dx_Seq(n) = Dx;
    x_Seq(n) = x;
    n = n + 1;
    t = t + Dt;
```

```
end
figure(1)
plot(x_Seq,Dx_Seq)
xlabel('x')
ylabel('Dx')
```

仿真结果如图 8-31 所示。

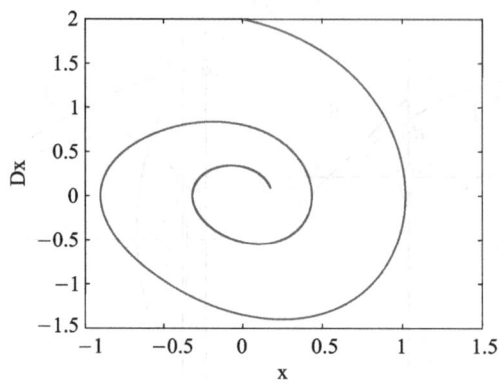

图 8-31 非线性系统的相轨迹

例 8-6 试利用 Simulink 绘制例 8-5 的相平面。

解 由式 $\ddot{x}+0.4\dot{x}+2x+x^2=0$ 可得
$$\ddot{x}=-0.4\dot{x}-2x-x^2$$

其中，$\dot{x}=\int \ddot{x}\mathrm{d}t, x=\int \dot{x}\mathrm{d}t$。因此，可在 Simulink 环境下搭建如图 8-32 所示的非线性系统模型。同时，给定积分环节初始值，最后测得系统的相轨迹与图 8-31 相同。

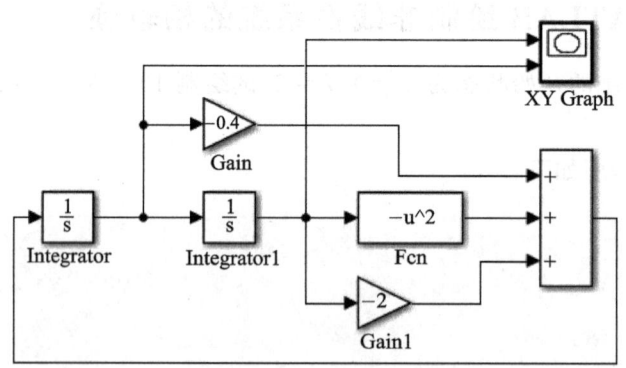

图 8-32 非线性系统模型

8.4.2 基于 Simulink 的非线性系统建模及仿真实例

例 8-7 现有如图 8-33 所示的单摆系统，假设摆长 $l=1$ m，质量为 $m=1$ kg，θ 为摆离开中心垂直线的角度，垂直加速度 $g=9.8$ m/s^2，摩擦系数 $k=0.1$，则单摆的非线性数学模型为

$$\ddot{\theta} = -\frac{g}{l}\sin\theta - \frac{k}{m}\theta + u$$

若在 $t=0$ 时,将单摆固定于 $\theta = \frac{\pi}{6}$ 处,并保持静止。试分析松开单摆后,10 s 内单摆的运动过程。

解 在 Simulink 环境下搭建如图 8-34 所示的单摆系统模型,并设置初始值。单摆运动过程中 θ 的变化曲线如图 8-35 所示,呈周期性减幅振荡。

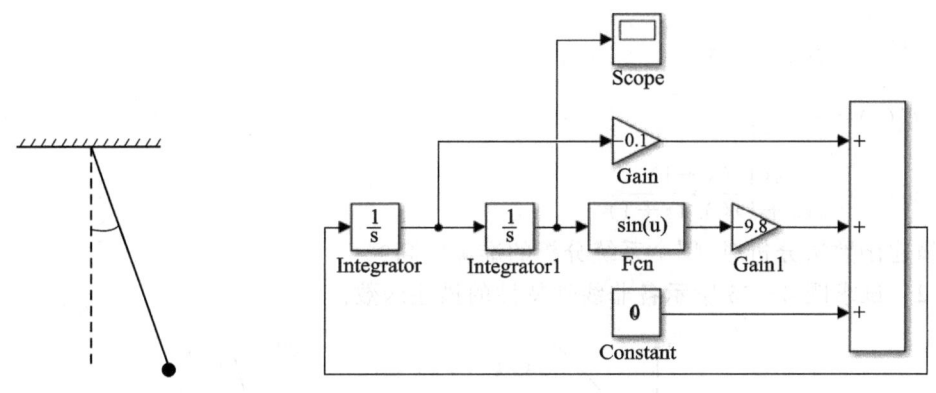

图 8-33 单摆系统　　　　图 8-34 单摆系统模型

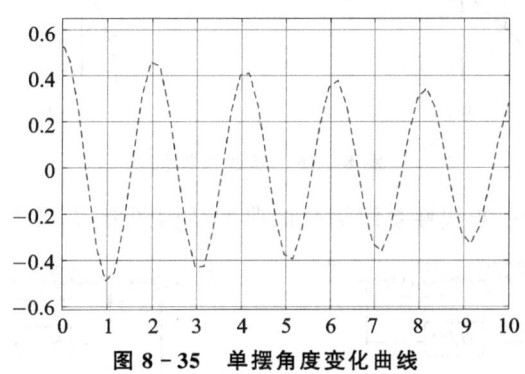

图 8-35 单摆角度变化曲线

本章小结

1. 大多数的实际控制系统是非线性的,具有死区特性、饱和特性、间隙特性及继电器特性等典型的非线性特性。

2. 由于不能应用叠加原理,非线性系统与线性系统的运动规律具有不同表现。

3. 描述函数法主要用来分析在没有输入信号作用的情况下,非线性系统的稳定性和自振荡问题。这种方法不受系统阶次的限制,但它是一种近似的分析方法,只能用来研究系统的频率响应特性,不能给出时间响应的确切信息。

4. 若干个非线性环节并联后,总的描述函数等于各非线性环节描述函数之和;当两个非线性环节串联时,其总的描述函数不等于两个线性环节描述函数的乘积,必须首先求出这两个非线性环节串联后的等效非线性特性,然后根据等效的非线性特性求出总的描述函数。

5. 非线性系统可以看做一个等效的线性系统,且可以使用推广的奈氏判据来判断闭环系统的稳定性。

6. 相平面法是求解一阶和二阶线性或非线性系统的图解法,可以用来分析稳定性、平衡位置、时间响应、稳态精度以及初始条件和参数对系统运动的影响。

思考与练习

8-1 三个非线性系统的非线性环节一样,线性部分分别为:

(1) $G(s) = \dfrac{1}{s(0.1s+1)}$

(2) $G(s) = \dfrac{2}{s(s+1)}$

(3) $G(s) = \dfrac{2(1.5s+1)}{s(s+1)(0.1s+1)}$

试问用描述函数法分析时,哪个系统分析的准确度高?

8-2 试求图 8-36 所示各非线性特性的描述函数。

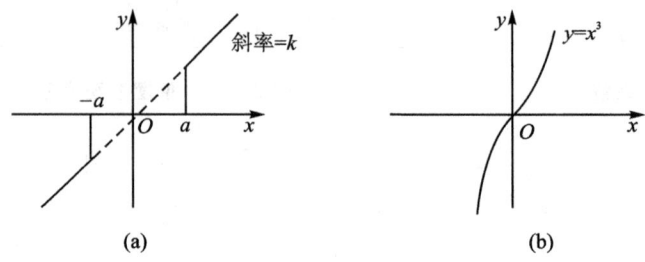

图 8-36 非线性特性

8-3 将图 8-37 所示非线性系统简化成典型结构图形式,并写出线性部分的传递函数。

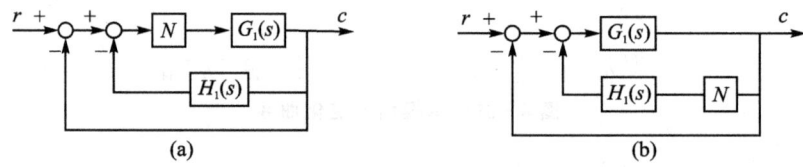

图 8-37 非线性系统结构图

8-4 试判断图 8-38 所示的奈奎斯特图中各非线性系统的稳定性,以及是否存在自振。

8-5 根据表 8-1,已知非线性特性的描述函数,求图 8-39 所示各种非线性特性的描述函数。

8-6 具有饱和非线性特性的控制系统如图 8-40 所示,试确定系统在稳定状态下的最大增益 K 值。若增益 $K=3$,系统是否存在自振?如存在,求出其频率和振幅。

8-7 非线性系统如图 8-41 所示,试用描述函数法分析周期运动的稳定性,并确定系统输出信号振荡的振幅和频率。

8-8 试用描述函数法分析图 8-42 所示非线性系统的稳定性及自振。

8-9 用解析法求下列方程的相轨迹方程,并画出相平面图。

(1) $\ddot{x} = A$,

(2) $\ddot{e} + \dot{e} = 0$

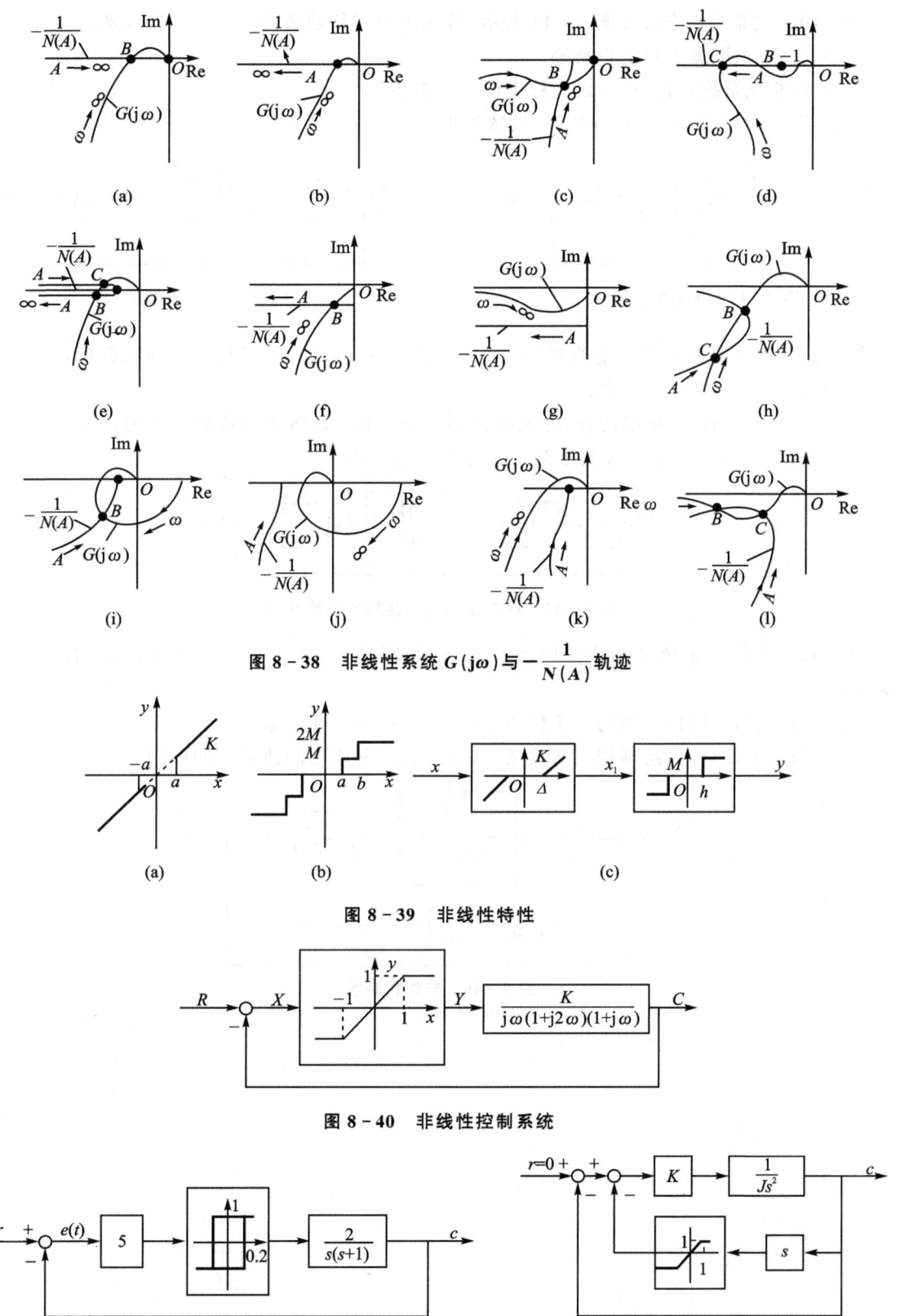

图 8-38 非线性系统 $G(j\omega)$ 与 $-\dfrac{1}{N(A)}$ 轨迹

图 8-39 非线性特性

图 8-40 非线性控制系统

图 8-41 非线性系统(1)

图 8-42 非线性系统(2)

8-10 设非线性系统如图 8-44 所示,若输出为零初始条件,$r(t)=1(t)$,要求:

(1) 在 $e\text{-}\dot{e}$ 平面上画出相轨迹;

(2) 判断该系统是否稳定,最大稳态误差是多少;

(3) 给出 $e(t)$ 及 $c(t)$ 的时间响应大致波形。

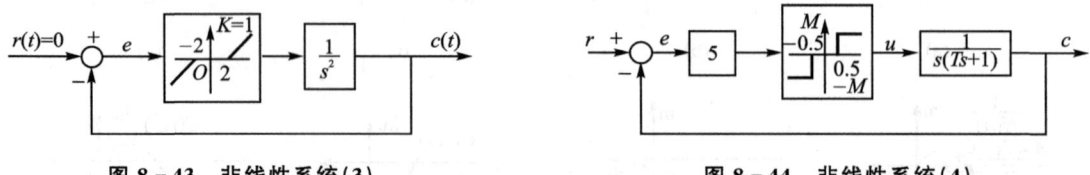

图 8-43 非线性系统(3)　　　　　图 8-44 非线性系统(4)

8-11 已知具有理想继电器的非线性系统如图 8-45 所示,试用相平面法分析:

(1) $T_d=0$ 时,系统的运动;

(2) $T_d=0.5$ 时,系统的运动,并说明比例微分控制对改善系统性能的作用;

(3) $T_d=2$,并考虑实际继电器有延迟时系统的运动。

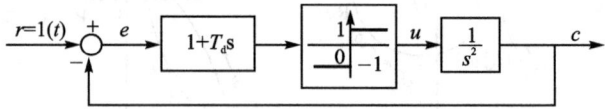

图 8-45 具有理想继电器的非线性系统

8-12 非线性系统的结构如图 8-46 所示,图中 $a=0.5, K=8, T=0.55, K_t=0.5$,要求:

(1) 当开关打开时,绘制初始条件为 $e(0)=2, \dot{e}_{(0)}=0$ 的相轨迹。

(2) 当开关闭合时,绘制相同初始条件的相轨迹,并说明测速反馈的作用。

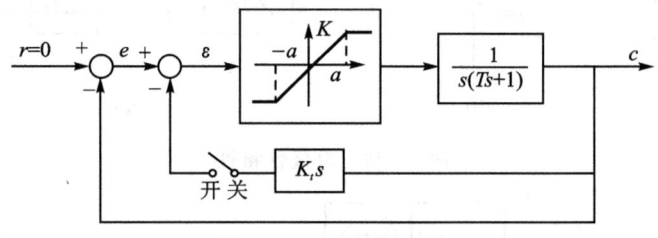

图 8-46 非线性系统

第9章 线性系统的状态空间分析

经典控制理论的数学模型主要是微分方程和传递函数,分析设计方法主要是频率特性和根轨迹等图解解析方法。这种方法对于单输入、单输出系统还是比较有效的。但传递函数只反映系统的输入变量和输出变量之间的关系,不涉及系统内部的动态过程。实际上,除了输出变量外,系统还包含有其他相互独立的中间变量,而传递函数对这些内部的中间变量是不便描述的,甚至对某些中间变量是不能描述的,并且不考虑系统的初始条件,因而不能包含系统的所有信息。

在现代控制理论中,系统的动态特性是用由状态变量构成的一阶微分方程组来描述的。它不仅反映系统的全部独立变量的信息,而且还可以方便地处理初始条件。它可以应用于非线性系统,时变系统,多输入、多输出系统以及随机过程等。现代控制理论包括线性系统理论、系统辨识、最优控制、最优估计、自适应控制等。其中,线性系统理论是现代控制理论中最基本的内容,其他分支均以线性理论为基础。本章主要研究线性定常系统的状态空间分析与综合的方法。

9.1 状态空间表达式

9.1.1 基本概念

用图 9-1 所示的 RLC 电路说明什么是状态变量,如何用状态变量描述一个系统。电压 u 为电路的输入量,电压 u_c 为输出量。由电路原理可知,回路中的电流 i 和电容上的电压 u_c 的变化规律满足如下方程:

$$\left. \begin{array}{l} L\dfrac{\mathrm{d}i}{\mathrm{d}t}+Ri+u_c=u \\ C\dfrac{\mathrm{d}u_c}{\mathrm{d}t}=i \end{array} \right\} \qquad (9-1)$$

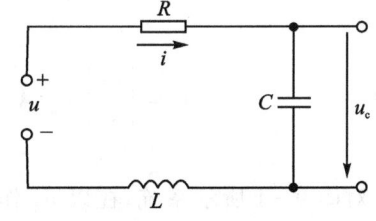

图 9-1 RLC 电路

在知道 i 和 u_c 的初始值及 $t \geqslant t_0$ 时的输入量 u 的情况下,求解微分方程组(9-1),就可求出 i 和 u_c 的变化规律。i 和 u_c 表征了电路的运动状态,称为该电路的状态变量。

状态变量 足以完全表征系统运动状态的最小个数的一组变量称为状态变量。

一个用 n 阶微分方程描述的系统,有 n 个独立变量;当这 n 个独立变量的时间响应都求得时,系统的运动状态也就全知道了。因此 n 阶微分方程有 n 个状态变量。图 9-1 所示的 RLC 电路,输入、输出是一个二阶微分方程,要完全描述这个系统,必须有两个状态变量。状态变量的数目不能多,也不能少。如果选择多了,状态变量之间就会线性相关;如果选择少了,就不能完全描述系统。

同一个系统,状态变量的选取不是唯一的。对于式(9-1)的二阶系统,也可选 u_c 和

du_c/dt 为状态变量。重要的是,这些变量应该是相互独立的,其个数应等于微分方程的阶数。

对于一般的物理系统,由于系统中储能元件的个数等于微分方程的阶数,因此状态变量的个数应等于独立储能元件的个数。另外,状态变量可选择可测量的量,也能选择不可测量的量。然而在实际上,还是选择容易测量的变量,因为取它们作为反馈信号比较方便。

用状态变量来表征系统时,还有如下基本概念:

状态向量 把描述系统的 n 个状态变量 $x_1(t), x_2(t), \cdots, x_n(t)$ 看作向量 $\boldsymbol{x}(t)$ 的分量,则 $\boldsymbol{x}(t)$ 称为 n 维状态向量,记作

$$\boldsymbol{x}(t) = \begin{bmatrix} x_1(t) \\ x_2(t) \\ \vdots \\ x_n(t) \end{bmatrix}, \quad 简记为 \boldsymbol{x} = \begin{bmatrix} x_1 \\ x_2 \\ \vdots \\ x_n \end{bmatrix}$$

状态空间 以状态变量 $x_1, x_2, \cdots, x_n$ 为坐标轴所张成的 n 维空间,称为状态空间。系统在任意时刻的状态,在状态空间中是一个点,随着时间的推移,状态在变化,便在状态空间中描绘出一条轨迹,称为状态轨线。

状态方程 由系统的状态变量构成的一阶微分方程组,称为系统的状态方程。式(9-1)为图 9-1 的状态方程。其中的状态变量为 i 和 u_c。式(9-1)可以改写为

$$\frac{du_c}{dt} = \frac{1}{C}i, \quad \frac{di}{dt} = -\frac{1}{L}u_c - \frac{R}{L}i + \frac{1}{L}u$$

若将状态变量用一般符号 x_i 表示,即令 $x_1 = u_c$,$x_2 = i$,并写成向量-矩阵的形式,则状态方程变为

$$\begin{bmatrix} \dot{x}_1 \\ \dot{x}_2 \end{bmatrix} = \begin{bmatrix} 0 & \frac{1}{C} \\ -\frac{1}{L} & -\frac{R}{L} \end{bmatrix} \begin{bmatrix} x_1 \\ x_2 \end{bmatrix} + \begin{bmatrix} 0 \\ \frac{1}{L} \end{bmatrix} u \tag{9-2}$$

或

$$\dot{\boldsymbol{x}} = \boldsymbol{A}\boldsymbol{x} + \boldsymbol{b}u$$

式中

$$\boldsymbol{x} = \begin{bmatrix} x_1 \\ x_2 \end{bmatrix}, \quad \boldsymbol{A} = \begin{bmatrix} 0 & \frac{1}{C} \\ -\frac{1}{L} & -\frac{R}{L} \end{bmatrix}, \quad \boldsymbol{b} = \begin{bmatrix} 0 \\ \frac{1}{L} \end{bmatrix}, \quad u = u$$

对图 9-1 所示系统,在以 u_c 作输出时,从式(9-1)中消去中间变量 i,得二阶微分方程为

$$\ddot{u}_c + \frac{R}{L}\dot{u}_c + \frac{1}{LC}u_c = \frac{1}{LC}u \tag{9-3}$$

相应的传递函数为

$$G(s) = \frac{U_c(s)}{U(s)} = \frac{1/LC}{s^2 + R/Ls + 1/LC} \tag{9-4}$$

若改选 u_c 和 $\dot{u}_c$ 为状态变量,即令 $x_1 = u_c$,$x_2 = \dot{u}_c$,则得一阶微分方程组为

$$\left.\begin{aligned} \dot{x}_1 &= \dot{u}_c = x_2 \\ \dot{x}_2 &= \ddot{u}_c = -\frac{1}{LC}x_1 - \frac{R}{L}x_2 + \frac{1}{LC}u \end{aligned}\right\} \tag{9-5}$$

写成矩阵形式

$$\dot{x} = \begin{bmatrix} \dot{x}_1 \\ \dot{x}_2 \end{bmatrix} = \begin{bmatrix} 0 & 1 \\ -\dfrac{1}{LC} & -\dfrac{R}{L} \end{bmatrix} \begin{bmatrix} x_1 \\ x_2 \end{bmatrix} + \begin{bmatrix} 0 \\ \dfrac{1}{LC} \end{bmatrix} u \tag{9-6}$$

比较式(9-2)和式(9-6)可知,在同一系统中,状态变量选取的不同,状态方程也不同。它们之间存在着内在的联系。从理论上来说,通过非奇异线性变换,可以把状态方程变换成无穷多种形式。

输出方程　输出变量与状态变量、输入变量间的函数关系式,称为系统的输出方程。在图9-1中,u_c 为输出,用 y 表示,则有

$$y = u_c = x_1 \tag{9-7}$$

式(9-7)就是图9-1的输出方程,用矩阵表示为

$$y = \begin{bmatrix} 1 & 0 \end{bmatrix} \begin{bmatrix} x_1 \\ x_2 \end{bmatrix} \quad \text{或} \quad y = Cx \tag{9-8}$$

式中

$$C = \begin{bmatrix} 1 & 0 \end{bmatrix}$$

状态空间表达式　状态方程与输出方程组合起来,称为状态空间表达式。它构成对一个系统的完整描述。

一般情况下,设单输入-单输出线性定常连续系统的状态变量为 $x_1, x_2, \cdots, x_n$,则一般形式的状态方程为

$$\begin{aligned}
\dot{x}_1 &= a_{11}x_1 + a_{12}x_2 + \cdots + a_{1n}x_n + b_1 u \\
\dot{x}_2 &= a_{21}x_1 + a_{22}x_2 + \cdots + a_{2n}x_n + b_2 u \\
&\vdots \\
\dot{x}_n &= a_{n1}x_1 + a_{n2}x_2 + \cdots + a_{nn}x_n + b_n u
\end{aligned}$$

输出方程除了是状态变量的函数外,有时还有输入变量的直接传递,其一般形式为

$$y = c_1 x_1 + c_2 x_2 + \cdots + c_n x_n + du$$

用向量-矩阵表示的状态空间表达式为

$$\left. \begin{aligned} \dot{x} &= Ax + bu \\ y &= Cx + du \end{aligned} \right\} \tag{9-9}$$

式中

$$A = \begin{bmatrix} a_{11} & a_{12} & \cdots & a_{1n} \\ a_{21} & a_{22} & \cdots & a_{2n} \\ \vdots & \vdots & \cdots & \vdots \\ a_{n1} & a_{n2} & \cdots & a_{nn} \end{bmatrix}, \quad b = \begin{bmatrix} b_1 \\ b_2 \\ \vdots \\ b_n \end{bmatrix}, \quad x = \begin{bmatrix} x_1 \\ x_2 \\ \vdots \\ x_n \end{bmatrix}, \quad \dot{x} = \begin{bmatrix} \dot{x}_1 \\ \dot{x}_2 \\ \vdots \\ \dot{x}_n \end{bmatrix}, \quad C^{\mathrm{T}} = \begin{bmatrix} c_1 \\ c_2 \\ \vdots \\ c_n \end{bmatrix}$$

A 称为系统矩阵,为 $n \times n$ 方阵;x 为 n 维状态向量;b 称为输入矩阵或控制矩阵,它反映输入对状态的作用,为 $n \times 1$ 列矩阵;C 为输出矩阵,为 $1 \times n$ 列矩阵;d 为输入对输出的直接作用系数。

对于一个 r 维输入、m 维输出的多输入、多输出系统,其状态空间表达式为

$$\left. \begin{aligned} \dot{x} &= Ax + Bu \\ y &= Cx + Du \end{aligned} \right\} \tag{9-10}$$

式中,A,x 与单输入、单输出系统相同;而

$$B = \begin{bmatrix} b_{11} & b_{12} & \cdots & b_{1r} \\ b_{21} & b_{22} & \cdots & b_{2r} \\ \vdots & \vdots & \cdots & \vdots \\ b_{n1} & b_{n2} & \cdots & b_{nr} \end{bmatrix}, \quad u = \begin{bmatrix} u_1 \\ u_2 \\ \vdots \\ u_r \end{bmatrix}, \quad y = \begin{bmatrix} y_1 \\ y_2 \\ \vdots \\ y_m \end{bmatrix}$$

$$C = \begin{bmatrix} c_{11} & c_{12} & \cdots & c_{1n} \\ c_{21} & c_{22} & \cdots & c_{2n} \\ \vdots & \vdots & \cdots & \vdots \\ c_{m1} & c_{m2} & \cdots & c_{mn} \end{bmatrix}, \quad D = \begin{bmatrix} d_{11} & d_{12} & \cdots & d_{1r} \\ d_{21} & d_{22} & \cdots & d_{2r} \\ \vdots & \vdots & \cdots & \vdots \\ d_{m1} & d_{m2} & \cdots & d_{mr} \end{bmatrix}$$

这里 B 为 $n \times r$ 输入矩阵；u 为 r 维输入向量；y 为 m 维输出向量；C 为 $m \times n$ 输出矩阵；D 为 $m \times r$ 直接传递矩阵。对线性定常系统，一般情况下，$D = 0$。用向量-矩阵形式表示系统时，向量、矩阵的维数必须符合矩阵相乘、相加的运算法则，在以后的各节中，以上内容不再重复。

系统的状态空间表达式可以用图 9-2 的方框图表示。

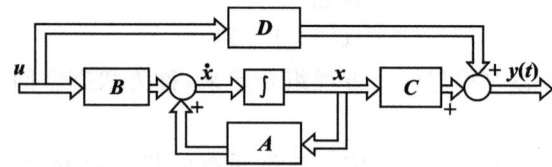

图 9-2 状态空间表达式的结构图

9.1.2 状态空间表达式的建立

状态空间模型一方面可根据系统的运行机理直接建立；另一方面也可由经典控制理论已建立起来的数学模型，即结构图、传递函数和微分方程来导出。

1. 系统机理建立状态空间表达式

例 9-1 建立如图 9-3 所示机械系统的状态空间表达式，并画出系统的状态图。系统由弹簧、质量块和阻尼器组成。输入量为力 F，输出量为位移 y。阻尼器的摩擦力与运动速度成正比。图中 m、k、f 分别为质量、弹簧刚度和阻尼系数。

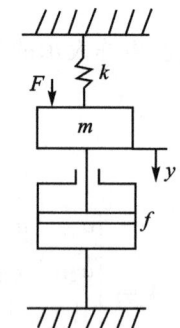

图 9-3 机械位移系统

解 根据牛顿第二定理有

$$F - ky - f \frac{dy}{dt} = m \frac{d^2 y}{dt^2}$$

或表示成

$$m \frac{d^2 y}{dt^2} + f \frac{dy}{dt} + ky = F$$

选择位移 y 和速度 dy/dt 为状态变量，令 $x_1 = y$，$x_2 = dy/dt$，则有

$$\dot{x}_1 = x_2, \quad \dot{x}_2 = -\frac{k}{m} x_1 - \frac{f}{m} x_2 + \frac{1}{m} F, \quad y = x_1$$

用向量-矩阵表示的状态空间表达式为

$$\begin{bmatrix} \dot{x}_1 \\ \dot{x}_2 \end{bmatrix} = \begin{bmatrix} 0 & 1 \\ -\frac{k}{m} & -\frac{f}{m} \end{bmatrix} \begin{bmatrix} x_1 \\ x_2 \end{bmatrix} + \begin{bmatrix} 0 \\ \frac{1}{m} \end{bmatrix} F, \quad y = \begin{bmatrix} 1 & 0 \end{bmatrix} \begin{bmatrix} x_1 \\ x_2 \end{bmatrix}$$

为了更直观地反映各状态变量之间的信息传递关系,状态空间表达式常用状态图表示。它的绘制方法如下:

(1) 有多少个状态变量,画多少个积分器,每个积分器的输出表示相应的某个状态变量;

(2) 根据所给的状态方程和输出方程,画出相应的加法器和比例器,最后用箭头把这些元器件连接起来。

该机械系统的状态如图 9-4 所示。

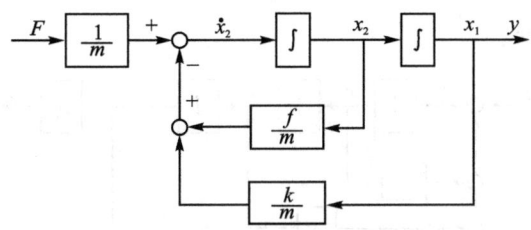

图 9-4 机械系统状态图

2. 根据系统结构图建立状态空间表达式

例 9-2 在图 9-5 所示系统中,若选取 x_1, x_2, x_3 作为状态变量,试列写其状态空间表达式,并写成矩阵形式。

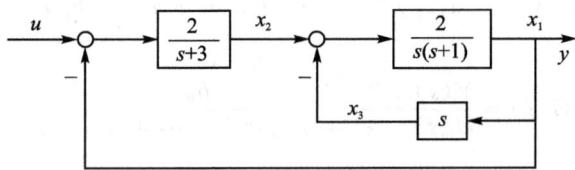

图 9-5 例 9-2 图

解 由结构图得

$$2(u - x_1) = (s+3)x_2, \quad 2(x_2 - x_3) = s(s+1)x_1$$
$$x_3 = sx_1, \quad y = x_1$$

整理可得系统状态空间表达式为

$$\dot{x}_1 = x_3, \quad \dot{x}_2 = -2x_1 - 3x_2 + 2u$$
$$\dot{x}_3 = 2x_2 - 3x_3, \quad y = x_1$$

写成向量矩阵形式

$$\dot{\boldsymbol{x}} = \begin{bmatrix} 0 & 0 & 1 \\ -2 & -3 & 0 \\ 0 & 2 & -3 \end{bmatrix} \boldsymbol{x} + \begin{bmatrix} 0 \\ 2 \\ 0 \end{bmatrix} u, \quad \boldsymbol{y} = \begin{bmatrix} 1 & 0 & 0 \end{bmatrix} \boldsymbol{x}$$

3. 根据微分方程(或传递函数)求状态空间表达式

(1) 微分方程中不含输入的导数项(或传递函数中没有零点)。若系统微分方程为

$$\dddot{y} + a_2 \ddot{y} + a_1 \dot{y} + a_0 y = b_0 u \tag{9-11}$$

对应的传递函数为

$$G(s) = \frac{Y(s)}{U(s)} = \frac{b_0}{s^3 + a_2 s^2 + a_1 s + a_0} \tag{9-12}$$

如果选取 $y/b_0, \dot{y}/b_0, \ddot{y}/b_0$ 为一组状态变量,即 $x_1 = y/b_0, x_2 = \dot{y}/b_0, x_3 = \ddot{y}/b_0$,则有

$$\dot{x}_1 = x_2, \quad \dot{x}_2 = x_3$$
$$\dot{x}_3 = -a_0 x_1 - a_1 x_2 - a_2 x_3 + u, \quad y = b_0 x_1$$

写成向量-矩阵形式为

$$\begin{bmatrix} \dot{x}_1 \\ \dot{x}_2 \\ \dot{x}_3 \end{bmatrix} = \begin{bmatrix} 0 & 1 & 0 \\ 0 & 0 & 1 \\ -a_0 & -a_1 & -a_2 \end{bmatrix} \begin{bmatrix} x_1 \\ x_2 \\ x_3 \end{bmatrix} + \begin{bmatrix} 0 \\ 0 \\ 1 \end{bmatrix} u, \quad y = \begin{bmatrix} b_0 & 0 & 0 \end{bmatrix} \begin{bmatrix} x_1 \\ x_2 \\ x_3 \end{bmatrix} \quad (9-13)$$

其状态结构如图 9-6 所示。

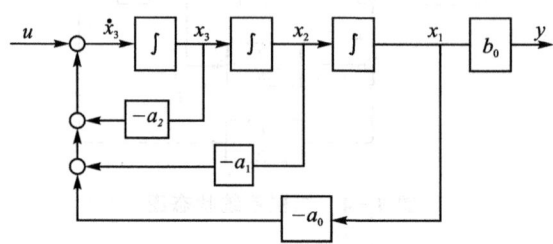

图 9-6 状态图

一般情况下,由 n 阶微分方程描述的系统为

$$y^{(n)} + a_{n-1} y^{(n-1)} + \cdots + a_1 \dot{y} + a_0 y = b_0 u \quad (9-14)$$

相应的传递函数为

$$G(s) = \frac{Y(s)}{U(s)} = \frac{b_0}{s^n + a_{n-1} s^{n-1} + \cdots + a_1 s + a_0} \quad (9-15)$$

若选 $y/b_0, \dot{y}/b_0, \cdots, y^{(n-1)}/b_0$ 为状态变量,那么

$$x_1 = y/b_0, \quad \dot{x}_1 = \dot{y}/b_0 = x_2, \quad \dot{x}_2 = \ddot{y}/b_0 = x_3, \quad \dot{x}_{n-1} = y^{(n-1)}/b_0 = x_n$$
$$\dot{x}_n = y^{(n)}/b_0 = -a_0 x_1 - a_1 x_2 \cdots - a_{n-1} x_n + u$$

系统的状态空间表达式为

$$\begin{bmatrix} \dot{x}_1 \\ \dot{x}_2 \\ \vdots \\ \dot{x}_{n-1} \\ \dot{x}_n \end{bmatrix} = \begin{bmatrix} 0 & 1 & 0 & \cdots & 0 \\ 0 & 0 & 1 & \cdots & 0 \\ \vdots & \vdots & \vdots & \cdots & \vdots \\ 0 & 0 & 0 & \cdots & 1 \\ -a_0 & -a_1 & -a_2 & \cdots & -a_{n-1} \end{bmatrix} \begin{bmatrix} x_1 \\ x_2 \\ \vdots \\ x_{n-1} \\ x_n \end{bmatrix} + \begin{bmatrix} 0 \\ 0 \\ \vdots \\ 0 \\ 1 \end{bmatrix} u \quad (9-16)$$

$$y = \begin{bmatrix} b_0 & 0 & 0 & \cdots & 0 \end{bmatrix} x$$

如上述这样选择的一组状态变量称为相变量,得出的状态空间表达式(9-16)称为能控标准型。系统矩阵 A 称为友矩阵。A 矩阵的特点是:主对角线上方元素全为 1,最下面一行元素为微分方程输出变量及各阶导数系数的负值(或传递函数分母系数的负值),其余元素全为零。B 矩阵最后一行为 1,其余全为零。

例 9-3 系统的输入、输出微分方程为

$$\dddot{y} + 6\ddot{y} + 41\dot{y} + 7y = 6u$$

试求系统的状态空间表达式。

解 选状态变量为 $x_1 = y/6, x_2 = \dot{y}/6, x_3 = \ddot{y}/6$,则有

$$\dot{x}_1 = x_2, \quad \dot{x}_2 = x_3$$
$$\dot{x}_3 = -7x_1 - 41x_2 - 6x_3 + u, \quad y = 6x_1$$

写成向量-矩阵形式

$$\dot{\boldsymbol{x}} = \begin{bmatrix} 0 & 1 & 0 \\ 0 & 0 & 1 \\ -7 & -41 & -6 \end{bmatrix} \boldsymbol{x} + \begin{bmatrix} 0 \\ 0 \\ 1 \end{bmatrix} u, \quad \boldsymbol{y} = \begin{bmatrix} 6 & 0 & 0 \end{bmatrix} \boldsymbol{x} \tag{9-17}$$

(2) 输入方程中含有输入信号的导数项(或传递函数中有零点)。为了说明方便,先从三阶微分方程出发,找出其规律,然后推广到 n 阶系统。设系统微分方程为

$$\dddot{y} + a_2 \ddot{y} + a_1 \dot{y} + a_0 y = b_3 \dddot{u} + b_2 \ddot{u} + b_1 \dot{u} + b_0 u \tag{9-18}$$

对应的传递函数为

$$G(s) = \frac{b_3 s^3 + b_2 s^2 + b_1 s + b_0}{s^3 + a_2 s^2 + a_1 s + a_0} \tag{9-19}$$

只有当传递函数分子多项式的次数小于(或等于)分母多项式的次数时,系统的状态空间表达式才存在;否则,传递函数描述的系统在实际控制工程中是不能应用的。因为这时系统的高频噪声将会大幅放大。例如 $G(s) = \frac{Y(s)}{U(s)} = s$,这是一个微分器。设输入 $u = \cos t$,但受到高频噪声 $0.01 \cos 1\,000\,t$ 的污染,即 $u = \cos t + 0.01 \cos 1\,000\,t$,微分器的输出为 $y = \frac{du}{dt} = -\sin t - 10 \sin 1\,000\,t$。可见,在微分器的输入端,噪声的幅值只是输入信号的 1%;然而,其输出的噪声幅值却是输入信号的 10 倍,即信噪比变得很小。

当 $G(s)$ 的分子次数等于分母次数时,首先应用综合除法把 $G(s)$ 变成严格有理分式,即

$$G(s) = b_3 + \frac{(b_2 - a_2 b_3) s^2 + (b_1 - a_1 b_3) s + (b_0 - a_0 b_3)}{s^3 + a_2 s^2 + a_1 s + a_0} =$$
$$b_3 + \frac{\beta_2 s^2 + \beta_1 s + \beta_0}{s^3 + a_2 s^2 + a_1 s + a_0} = b_3 + \frac{N(s)}{D(s)} \tag{9-20}$$

式中,b_3 是直接联系输入、输出的前馈系数;而

$$\frac{N(s)}{D(s)} = \frac{\beta_2 s^2 + \beta_1 s + \beta_0}{s^3 + a_2 s^2 + a_1 s + a_0} \tag{9-21}$$

$$\left. \begin{array}{l} \beta_0 = b_0 - a_0 b_3 \\ \beta_1 = b_1 - a_1 b_3 \\ \beta_2 = b_2 - a_2 b_3 \end{array} \right\} \tag{9-22}$$

则由 $N(s)/D(s)$ 可以导出能控标准型和对角线标准型的状态空间表达式。

4. 多输入、多输出系统状态空间表达式的建立

对于多输入、多输出系统,当已知微分方程或传递函数时要求其状态空间表达式,可先画出每个方程的状态图,然后把互相牵连的信号线加上,选每个积分器的输出为状态变量,根据状态图,就可直接写出状态空间表达式。

以双输入、双输出的三阶系统为例,设系统微分方程为

$$\ddot{y}_1 + a_1 \dot{y}_1 + a_2 y_2 = b_1 \dot{u}_1 + b_2 u_1 + b_3 u_2$$
$$\dot{y}_2 + a_3 y_2 + a_4 y_1 = b_4 u_2 \tag{9-23}$$

把最高阶导数项留在左边,其余移项到右边后得

$$\ddot{y} = -a_1\dot{y}_1 + b_1\dot{u}_1 - a_2 y_2 + b_2 u_1 + b_3 u_2$$
$$\dot{y}_2 = -a_3 y_2 - a_4 y_1 + b_4 u_2$$

对每一个方程积分,有

$$y_1 = \iint [(-a_1\dot{y}_1 + b_1\dot{u}_1) + (-a_2 y_2 + b_2 u_1 + b_3 u_2)]\mathrm{d}t^2 =$$
$$\int(-a_1 y_1 + b_1 u_1)\mathrm{d}t + \iint(-a_2 y_2 + b_2 u_1 + b_3 u_2)\mathrm{d}t^2$$
$$y_2 = \int(-a_3 y_2 - a_4 y_1 + b_4 u_2)\mathrm{d}t$$

故得状态结构如图 9 - 7 所示。

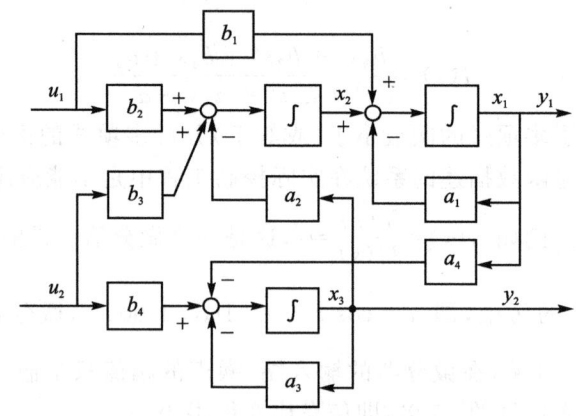

图 9 - 7　多输入、多输出系统状态图

取每个积分器输出为一个状态变量,则式(9 - 23)的一种实现为

$$\dot{x}_1 = -a_1 x_1 + x_2 + b_1 u_1$$
$$\dot{x}_2 = -a_2 x_3 + b_2 u_1 + b_3 u_2$$
$$\dot{x}_3 = -a_4 x_1 - a_3 x_3 + b_4 u_2$$
$$y_1 = x_1, \quad y_2 = x_3$$

或表示为

$$\begin{bmatrix} \dot{x}_1 \\ \dot{x}_2 \\ \dot{x}_3 \end{bmatrix} = \begin{bmatrix} -a_1 & 1 & 0 \\ 0 & 0 & -a_2 \\ -a_4 & 0 & -a_3 \end{bmatrix} \begin{bmatrix} x_1 \\ x_2 \\ x_3 \end{bmatrix} + \begin{bmatrix} b_1 & 0 \\ b_2 & b_3 \\ 0 & b_4 \end{bmatrix} \begin{bmatrix} u_1 \\ u_2 \end{bmatrix}, \quad \begin{bmatrix} y_1 \\ y_2 \end{bmatrix} = \begin{bmatrix} 1 & 0 & 0 \\ 0 & 0 & 1 \end{bmatrix} \begin{bmatrix} x_1 \\ x_2 \\ x_3 \end{bmatrix} \quad (9-24)$$

9.1.3　状态向量的线性变换

根据上述分析可以看出,针对同一个系统,当选取不同的状态变量时,得到不同形式的状态方程,即状态方程不唯一。实际上,这些状态方程本质是相同的,可以通过所选取的状态向量之间的线性变换得到。

设给定系统为

$$\dot{x} = Ax + Bu$$
$$y = Cx$$
(9 - 25)

取线性变换,令 $x = P\bar{x}$,P 称为非奇异线性变换矩阵,则 $\bar{x} = P^{-1}x$,由此将 x 变换为 $\bar{x}$,变换后

的状态方程为

$$\dot{\bar{x}} = P^{-1}AP\bar{x} + P^{-1}Bu = \bar{A}\bar{x} + \bar{B}u$$
$$y = Cx = CP\bar{x} = \bar{C}\bar{x}$$
(9-26)

式中，$\bar{A} = P^{-1}AP$，$\bar{B} = P^{-1}b$，$\bar{C} = CP$。

显然，式(9-25)和式(9-26)表示的为同一个系统的两种状态空间表达式，称为等价系统方程。A 和 $\bar{A}$ 具有相同的特征多项式和相同的特征值，一般称特征值为系统的不变量。对系统进行线性变换的目的在于，化状态方程的系数矩阵 A 为标准型，如对角型、约当型和模态型，使 $\bar{A}$ 规范化，便于揭示系统特性及分析计算。

1. 化系数矩阵为对角型

设 λ_i 是 $n \times n$ 型矩阵 A 的特征值，若存在一个 n 维非零向量 p_i，使

$$Ap_i = \lambda_i p_i \quad (i=1,2,\cdots,n) \quad (9-27)$$

或 $(\lambda_i I - A)p_i = 0$ 成立，则称 p_i 为 A 的对应特征值 λ_i 的特征向量。

当 A 阵为任意形式的方阵且有 n 个互异实数特征值 $\lambda_i (i=1,2,\cdots,n)$，每一个特征值对应一个特征向量，根据特征向量的定义，有

$$(\lambda_i I - A)p_i = 0 \quad (i=1,2,\cdots,n)$$

令
$$P = [p_1 \quad p_2 \quad \cdots \quad p_n]$$

那么
$$AP = [Ap_1 \quad Ap_2 \quad \cdots \quad Ap_n] = [\lambda_1 p_1 \quad \lambda_2 p_2 \quad \cdots \quad \lambda_n p_n] =$$

$$[p_1 \quad p_2 \quad \cdots \quad p_n] \begin{bmatrix} \lambda_1 & & & 0 \\ & \lambda_2 & & \\ & & \ddots & \\ 0 & & & \lambda_n \end{bmatrix} = P \begin{bmatrix} \lambda_1 & & & 0 \\ & \lambda_2 & & \\ & & \ddots & \\ 0 & & & \lambda_n \end{bmatrix}$$

两边左乘 P^{-1}，得

$$P^{-1}AP = \begin{bmatrix} \lambda_1 & & & 0 \\ & \lambda_2 & & \\ & & \ddots & \\ 0 & & & \lambda_n \end{bmatrix} = \Lambda \quad (9-28)$$

由此可知，变换矩阵 P 由 A 阵的实数特征向量 $p_i (i=1,2,\cdots,n)$ 组成，Λ 表示对角矩阵。

例 9-4 将矩阵 $A = \begin{bmatrix} 0 & -1 \\ 2 & 3 \end{bmatrix}$ 化为对角形。

解 矩阵 A 的特征方程为

$$|\lambda I - A| = \begin{vmatrix} \lambda & 1 \\ -2 & \lambda - 3 \end{vmatrix} = (\lambda - 1)(\lambda - 2) = 0$$

所以，特征值 $\lambda_1 = 1$，$\lambda_2 = 2$。

设对应于 $\lambda_1 = 1$ 的特征向量 $p_1 = \begin{bmatrix} p_{11} \\ p_{21} \end{bmatrix}$，由式(9-27)，则有

$$[\lambda_1 I - A]p_1 = \left\{ \begin{bmatrix} 1 & 0 \\ 0 & 1 \end{bmatrix} - \begin{bmatrix} 0 & -1 \\ 2 & 3 \end{bmatrix} \right\} \begin{bmatrix} p_{11} \\ p_{21} \end{bmatrix} = 0$$

展开得到
$$p_{11} + p_{21} = 0, \quad -2p_{11} - 2p_{21} = 0$$

故得
$$p_{11} = -p_{21}$$

选取 $p_{11}=1$,则 $p_{21}=-1$,于是
$$p_1=\begin{bmatrix}1\\-1\end{bmatrix}$$
同理可以算出对应于 $\lambda_2=2$ 时的特征向量
$$p_2=\begin{bmatrix}1\\-2\end{bmatrix}$$
故
$$P=\begin{bmatrix}p_1 & p_2\end{bmatrix}=\begin{bmatrix}1 & 1\\-1 & -2\end{bmatrix}$$
$$P^{-1}=\frac{\mathrm{adj}\,P}{|P|}=\begin{bmatrix}2 & 1\\-1 & -1\end{bmatrix}$$

式中,adj P 为矩阵 P 的伴随矩阵,则变换后的矩阵
$$\bar{A}=P^{-1}AP=\begin{bmatrix}2 & 1\\-1 & -1\end{bmatrix}\begin{bmatrix}0 & -1\\2 & 3\end{bmatrix}\begin{bmatrix}1 & 1\\-1 & -2\end{bmatrix}=\begin{bmatrix}1 & 0\\0 & 2\end{bmatrix}$$

若矩阵 A 具有 m 重实数特征值($\lambda_1=\cdots=\lambda_m$),其余为 $(n-m)$ 个互异实数特征值;但在求解重特征值对应的 $Ap_i=\lambda_i p_i(i=1,2,\cdots,m)$ 时,仍有 m 个独立特征向量 $p_1,p_2,\cdots,p_m$,即每个重特征值对应的独立特征向量数恰好等于重特征值的重数。这时就同没有重特征值的情况一样,仍可将矩阵 A 化为对角阵。在检验 $n\times n$ 型矩阵 A 存在 m 重特征值时,有没有 m 个独立的特征向量?由矩阵理论知道,重特征值对应的矩阵 $[\lambda I-A]=0$ 中,只有 $(n-m)$ 个独立方程时,m 重特征值对应 m 个独立特征向量。

2. 化系数矩阵为约当型

若 A 阵具有 m 重实特征根,其余为 $(n-m)$ 个互异实特征值,但 m 重特征根只有一个独立的实特征向量 p_1,这时只能把 A 化为约当阵 J,即

$$J=\left[\begin{array}{cccc:ccc}\lambda_1 & 1 & & 0 & & & \\ & \lambda_1 & \ddots & & & 0 & \\ & & \ddots & 1 & & & \\ 0 & & & \lambda_1 & & & \\ \hdashline & & & & \lambda_{m+1} & & 0 \\ & 0 & & & & \ddots & \\ & & & & & 0 & \lambda_n\end{array}\right] \quad (9-29)$$

变换矩阵 $P=[p_1\quad p_2\quad \cdots\quad p_m\quad p_{m+1}\quad \cdots\quad p_n]$,式中 $p_{m+1},\cdots,p_n$ 是互异特征根对应的实特征向量。$p_2,\cdots,p_m$ 是广义特征向量,满足

$$[p_1\quad p_2\quad \cdots\quad p_m]\begin{bmatrix}\lambda_1 & 1 & & 0\\ & \lambda_1 & \ddots & \\ & & \ddots & 1\\ 0 & & & \lambda_1\end{bmatrix}=A[p_1\quad p_2\quad \cdots\quad p_m]$$

即
$$\lambda_1 p_1=Ap_1$$
$$p_1+\lambda_1 p_2=Ap_2$$
$$\vdots$$
$$p_{m-1}+\lambda_1 p_m=Ap_m$$

或可写为

$$\left.\begin{array}{r}(\lambda_1 I - A)p_1 = 0 \\ (\lambda_1 I - A)p_2 = -p_1 \\ \vdots \\ (\lambda_1 I - A)p_m = -p_{m-1}\end{array}\right\} \qquad (9-30)$$

例 9-5 化 $A = \begin{bmatrix} 0 & 1 & 0 \\ 0 & 0 & 1 \\ 2 & -5 & 4 \end{bmatrix}$ 为约当标准型。

解 由于 $|\lambda I - A| = \begin{vmatrix} \lambda & -1 & 0 \\ 0 & \lambda & -1 \\ -2 & 5 & \lambda-4 \end{vmatrix} = (\lambda-1)^2(\lambda-2) = 0$,解得特征根为 $\lambda_1 = \lambda_2 = 1$, $\lambda_3 = 2$。

令 $\lambda_1 = 1$ 对应的特征向量为 $p_1 = \begin{bmatrix} p_{11} \\ p_{21} \\ p_{31} \end{bmatrix}$,则

$$[\lambda_1 I - A]p_1 = \begin{bmatrix} 1 & -1 & 0 \\ 0 & 1 & -1 \\ -2 & 5 & -3 \end{bmatrix} \begin{bmatrix} p_{11} \\ p_{21} \\ p_{31} \end{bmatrix} = 0$$

解得

$$p_1 = \begin{bmatrix} 1 \\ 1 \\ 1 \end{bmatrix}$$

令 $\lambda_2 = 1$ 对应的广义特征向量为 $p_2 = \begin{bmatrix} p_{12} \\ p_{22} \\ p_{32} \end{bmatrix}$,由 $(\lambda_1 I - A)p_2 = -p_1$,即

$$\begin{bmatrix} -1 & -1 & 0 \\ 0 & 1 & -1 \\ -2 & 5 & -3 \end{bmatrix} \begin{bmatrix} p_{12} \\ p_{22} \\ p_{32} \end{bmatrix} = -\begin{bmatrix} 1 \\ 1 \\ 1 \end{bmatrix}$$

解得

$$p_2 = \begin{bmatrix} 0 \\ 1 \\ 2 \end{bmatrix}$$

对于 $\lambda_3 = 2$ 对应的特征向量,有 $[\lambda_3 I - A]p_3 = 0$

即

$$\begin{bmatrix} 2 & -1 & 0 \\ 0 & 2 & -1 \\ -2 & 5 & -2 \end{bmatrix} p_3 = 0$$

解后得

$$p_3 = \begin{bmatrix} 1 \\ 2 \\ 4 \end{bmatrix}$$

故 $P = \begin{bmatrix} 1 & 0 & 1 \\ 1 & 1 & 2 \\ 1 & 2 & 4 \end{bmatrix}$, $P^{-1} = \begin{bmatrix} 0 & 2 & -1 \\ -2 & 3 & -1 \\ 1 & -2 & 1 \end{bmatrix}$, $J = P^{-1}AP = \begin{bmatrix} 1 & 1 & 0 \\ 0 & 1 & 0 \\ 0 & 0 & 2 \end{bmatrix}$

3. 化系数矩阵为模态型

当矩阵 A 有复数特征值时,可以用上述方法把 A 化成标准型。因为含有复数,所以计算不方便;但可由非奇异线性变换 Q 化 A 为仅含实数元素的模式矩阵 M,它是非对角化矩阵。为简单起见,设 A 只有一对复数特征值,$\lambda_1=\sigma+j\omega$,$\lambda_2=\sigma-j\omega$,在此情况下,A 的模态形为

$$M = Q^{-1}AQ = \begin{bmatrix} \sigma & \omega \\ -\omega & \sigma \end{bmatrix}$$

设 q_1 为对应 $\lambda_1=\sigma+j\omega$ 的特征向量,根据特征向量的定义有 $(\sigma+j\omega)q_1 = Aq_1$,令

$$q_1 = \begin{bmatrix} q_{11} \\ q_{21} \end{bmatrix} = \begin{bmatrix} a_1 + j\beta_1 \\ a_2 + j\beta_2 \end{bmatrix}$$

则

$$Q = \begin{bmatrix} a_1 & \beta_1 \\ a_2 & \beta_2 \end{bmatrix}, \quad Q^{-1} = \begin{bmatrix} a_1 & \beta_1 \\ a_2 & \beta_2 \end{bmatrix}^{-1}$$

由此可见,变换矩阵 Q 是以特征值 $\lambda_1=\sigma+j\omega$ 的特征向量 q_1 的实部和虚部为列所构成的矩阵。

9.1.4 传递函数矩阵

从传递函数求状态空间表达式的问题,称为系统的实现问题。本节介绍由状态空间表达式求传递函数阵的问题。

1. 传递函数阵

已知系统的状态空间表达式为

$$\begin{aligned} \dot{x} &= Ax + Bu \\ y &= Cx + Du \end{aligned} \tag{9-31}$$

式中,x 为 $n\times 1$ 维状态向量,u 为 $r\times 1$ 维输入向量,y 为 $m\times 1$ 维输出向量,A,B,C,D 为满足矩阵运算的矩阵。

对式(9-39)进行拉氏变换,并设初始条件为零,则有

$$\begin{aligned} X(s) &= (sI-A)^{-1}BU(s) = G_{xu}(s)U(s) \\ Y(s) &= CX(s) + DU(s) = C(sI-A)^{-1}BU(s) + DU(s) = \\ &\quad [C(sI-A)^{-1}B + D]U(s) = G_{yu}(s)U(s) \end{aligned}$$

式中,$G_{xu}(s)$ 为状态向量对输入向量的传递函数矩阵,是一个 $n\times r$ 型矩阵

$$G_{xu}(s) = (sI-A)^{-1}B \tag{9-32}$$

$G_{yu}(s)$ 为输出向量对输入向量的传递函数矩阵,简称传递函数矩阵,是一个 $m\times r$ 型矩阵,即

$$G_{yu}(s) = G(s) = C(sI-A)^{-1}B = \begin{bmatrix} g_{11}(s) & g_{12}(s) & \cdots & g_{1r}(s) \\ g_{21}(s) & g_{22}(s) & \cdots & g_{2r}(s) \\ \vdots & \vdots & & \vdots \\ g_{m1}(s) & g_{m2}(s) & \cdots & g_{mr}(s) \end{bmatrix} \tag{9-33}$$

式中,各元素 $g_{ij}(s)$ 都是标量函数,表征第 i 个输入对第 j 个输出的传递关系。当 $i\neq j$ 时,意味着不同标号输入与输出有相互关联,称为有耦合关系,这正是多变量系统的特点。

同一系统中,状态空间表达式不是唯一的,但传递函数矩阵是不变的。

例 9-6 线性定常系统状态空间表达式为

$$\dot{x} = \begin{bmatrix} 0 & 1 & 0 \\ 0 & -4 & 3 \\ -1 & -1 & -2 \end{bmatrix} x + \begin{bmatrix} 0 & 0 \\ 1 & 0 \\ 0 & 1 \end{bmatrix}, \quad y = \begin{bmatrix} 1 & 0 & 0 \\ 0 & 0 & 1 \end{bmatrix} x$$

求系统的传递函数矩阵。

解 由式(9-33)得

$$G(s) = C(sI - A)^{-1} B = \begin{bmatrix} 1 & 0 & 0 \\ 0 & 0 & 1 \end{bmatrix} \begin{bmatrix} s & -1 & 0 \\ 0 & s+4 & -3 \\ 1 & 1 & s+2 \end{bmatrix}^{-1} \begin{bmatrix} 0 & 0 \\ 1 & 0 \\ 0 & 1 \end{bmatrix} =$$

$$\begin{bmatrix} 1 & 0 & 0 \\ 0 & 0 & 1 \end{bmatrix} \frac{\begin{bmatrix} s^2 + 6s + 11 & s+2 & 3 \\ -3 & s(s+2) & 3s \\ -(s+4) & -(s+1) & s(s+4) \end{bmatrix}}{s^3 + 6s^2 + 11s + 3} \begin{bmatrix} 0 & 0 \\ 1 & 0 \\ 0 & 1 \end{bmatrix} =$$

$$\frac{\begin{bmatrix} s+2 & 3 \\ -(s+1) & s(s+4) \end{bmatrix}}{s^3 + 6s^2 + 11s + 3} = \begin{bmatrix} \dfrac{s+2}{s^3 + 6s^2 + 11s + 3} & \dfrac{3}{s^3 + 6s^2 + 11s + 3} \\ \dfrac{-(s+1)}{s^3 + 6s^2 + 11s + 3} & \dfrac{s(s+4)}{s^3 + 6s^2 + 11s + 3} \end{bmatrix}$$

2. 组合系统的传递函数阵

复杂的控制系统可能由多个子系统串联、并联或反馈连接而成。为了简便又不失一般性，这里讨论两个子系统 Σ_1 和 Σ_2 构成的组合系统。

设系统 Σ_1 为

$$\dot{x}_1 = A_1 x_1 + B_1 u_1, \quad y_1 = C_1 x_1 + D_1 u_1 \tag{9-34}$$

传递函数矩阵为

$$G_1(s) = C_1 (sI - A_1)^{-1} B_1 + D_1$$

设系统 Σ_2 为

$$\dot{x}_2 = A_2 x_2 + B_2 u_2, \quad y_2 = C_2 x_2 + D_2 u_2 \tag{9-35}$$

传递函数矩阵为

$$G_2(s) = C_2 (sI - A_2)^{-1} B_2 + D_2$$

(1) 并联连接。如图 9-8(a) 所示，两个子系统并联连接时，$u = u_1 = u_2$，$y = y_1 + y_2$。

并联连接系统的状态空间表达式为

$$\begin{bmatrix} \dot{x}_1 \\ \dot{x}_2 \end{bmatrix} = \begin{bmatrix} A_1 & 0 \\ 0 & A_2 \end{bmatrix} \begin{bmatrix} x_1 \\ x_2 \end{bmatrix} + \begin{bmatrix} B_1 \\ B_2 \end{bmatrix} u, \quad y = \begin{bmatrix} C_1 & C_2 \end{bmatrix} \begin{bmatrix} x_1 \\ x_2 \end{bmatrix} + \begin{bmatrix} D_1 + D_2 \end{bmatrix} u$$

系统的传递函数矩阵为

$$G(s) = \begin{bmatrix} C_1 & C_2 \end{bmatrix} \begin{bmatrix} sI - A_1 & 0 \\ 0 & sI - A_2 \end{bmatrix}^{-1} \begin{bmatrix} B_1 \\ B_2 \end{bmatrix} + \begin{bmatrix} D_1 & D_2 \end{bmatrix} =$$

$$C_1 (sI - A_1)^{-1} B_1 + D_1 + C_2 (sI - A_2^{-1}) B_2 + D_2 =$$

$$G_1(s) + G_2(s) \tag{9-36}$$

故子系统并联时，系统的传递函数矩阵等于子系统传递函数矩阵的代数和。

(2) 串联连接。串联连接如图 9-8(b) 所示。这时 $u = u_1$，$y = y_2$，$y_1 = u_2$。

Σ_1 在前，Σ_2 在后，系统的状态空间表达式为

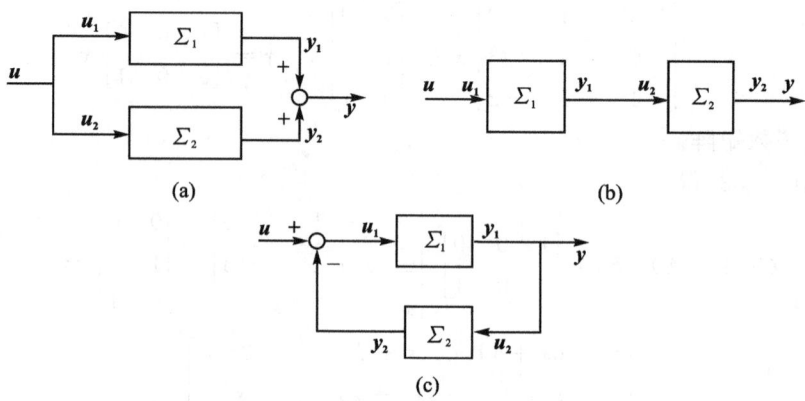

图 9-8 子系统连接

$$\begin{bmatrix} \dot{x}_1 \\ \dot{x}_2 \end{bmatrix} = \begin{bmatrix} A_1 & 0 \\ B_2C_1 & A_2 \end{bmatrix} \begin{bmatrix} x_1 \\ x_2 \end{bmatrix} + \begin{bmatrix} B_1 & 0 \\ B_2 & D_1 \end{bmatrix} u, \quad y = \begin{bmatrix} D_2C_1 & C_2 \end{bmatrix} \begin{bmatrix} x_1 \\ x_2 \end{bmatrix} + D_2D_1 u$$

假设 Σ_1 和 Σ_2 之间无负载效应,系统的输出为

$$Y(s) = G_2(s)Y_1(s) = G_2(s)G_1(s)U(s)$$

故

$$G(s) = G_2(s)G_1(s) \tag{9-37}$$

即子系统串联时,系统的传递函数矩阵等于子系统的传递函数矩阵之积。但应注意,传递函数相乘,先后次序是不能颠倒的。

(3) 反馈连接。设 Σ_1 的系统方程为

$$\dot{x}_1 = A_1 x_1 + B_1 u_1, \quad y_1 = C_1 x_1$$

设 Σ_2 的系统方程为

$$\dot{x}_2 = A_2 x_2 + B_2 u_2, \quad y_2 = C_2 x_2$$

如图 9-8(c)所示,由图可得

$$\dot{x}_1 = A_1 x_1 + B_1 u_1 = A_1 x_1 + B_1(u - y_2) = A_1 x_1 + B_1 u - B_1 C_2 x_2$$
$$\dot{x}_2 = A_2 x_2 + B_2 u_2 = A_2 x_2 + B_2 y_1 = A_2 x_2 + B_2 C_1 x_1$$
$$y = y_1 = C_1 x_1$$

即

$$\begin{bmatrix} \dot{x}_1 \\ \dot{x}_2 \end{bmatrix} = \begin{bmatrix} A_1 & -B_1C_2 \\ B_2C_1 & A_2 \end{bmatrix} \begin{bmatrix} x_1 \\ x_2 \end{bmatrix} + \begin{bmatrix} B_1 \\ 0 \end{bmatrix} u, \quad y = \begin{bmatrix} C_1 & 0 \end{bmatrix} \begin{bmatrix} x_1 \\ x_2 \end{bmatrix}$$

又因为

$$Y(s) = G_1(s)U_1(s) = G_1(s)[U(s) - Y_2(s)] = G_1(s)[U(s) - G_2(s)Y(s)]$$
$$Y(s) + G_1(s)G_2(s)Y(s) = G_1(s)U(s)$$
$$[I + G_1(s)G_2(s)]Y(s) = G_1(s)U(s)$$

如果 $[I + G_1(s)G_2(s)]$ 非奇异,则上式两边左乘 $[I + G_1(s)G_2(s)]^{-1}$,得到

$$Y(s) = [I + G_1(s)G_2(s)]^{-1}G_1(s)U(s) = G(s)U(s)$$

式中

$$G(s) = [I + G_1(s)G_2(s)]^{-1}G_1(s) \tag{9-38}$$

同理也可求得

$$G(s) = G_1(s)[I + G_2(s)G_1(s)]^{-1} \tag{9-39}$$

9.2 状态空间表达式的解

控制系统的运动性能可以通过求系统运动方程的时域解来分析和研究。所以本节主要介绍线性定常连续系统及离散系统状态空间表达式的求解方法。

9.2.1 线性定常连续系统齐次状态方程的解

线性定常齐次状态方程是指输入向量为零时的状态方程,即
$$\dot{x} = Ax \tag{9-40}$$

设初始时刻 $t_0 = 0$,系统的初始状态 $x(t_0) = x(0)$,状态方程是一阶微分方程组,它的求解方法与标量一阶微分方程相似。一阶向量齐次微分方程的解为
$$x(t) = e^{At}x(0) \tag{9-41}$$

其中,e^{At} 可以展开为
$$e^{At} = I + At + \frac{1}{2!}A^2 t^2 + \cdots + \frac{1}{k!}A^k t^k + \cdots \tag{9-42}$$

众所周知,标量微分方程 $\dot{x} = ax$ 的解为 $x(t) = e^{at}x(0)$,e^{at} 称为指数函数;而向量微分方程在解的形式上是相似的,故把 e^{At} 称为矩阵指数函数,简称矩阵指数。由于 $x(t)$ 由 $x(0)$ 转移而来,对于线性定常系统,e^{At} 又有状态转移矩阵之称,并记为 $\boldsymbol{\Phi}(t)$,即
$$e^{At} = \boldsymbol{\Phi}(t) \tag{9-43}$$

如果初始时刻 $t_0 \neq 0$,初始状态为 $x(t_0)$,则齐次状态方程的解为
$$x(t) = e^{A(t-t_0)}x(t_0) = \boldsymbol{\Phi}(t - t_0)x(t_0) \tag{9-44}$$

1. 状态转移矩阵的基本性质

根据式(9-42)和矩阵指数函数的性质,可以推出 $\boldsymbol{\Phi}(t)$ 具有如下性质:

(1)
$$\boldsymbol{\Phi}(t - t) = \boldsymbol{\Phi}(0) = I \tag{9-45a}$$
或
$$e^{A(t-t)} = I \tag{9-45b}$$

本性质说明状态向量从时刻 t 又转移到时刻 t,状态向量不变。

(2)
$$\boldsymbol{\Phi}(t_1 \pm t_2) = \boldsymbol{\Phi}(t_1)\boldsymbol{\Phi}(\pm t_2) = \boldsymbol{\Phi}(\pm t_2)\boldsymbol{\Phi}(t_1) \tag{9-46a}$$
或
$$e^{A(t_1 \pm t_2)} = e^{At_1}e^{A(\pm t_2)} \tag{9-46b}$$

令式(9-42)中 $t = t_1 \pm t_2$,便可证明上式。

(3)
$$\dot{\boldsymbol{\Phi}}(t) = A\boldsymbol{\Phi}(t) = \boldsymbol{\Phi}(t)A \tag{9-47a}$$
或
$$\frac{d}{dt}e^{At} = Ae^{At} = e^{At}A \tag{9-47b}$$

对式(9-42)求导便可证明。

(4)
$$[\boldsymbol{\Phi}(t)]^{-1} = \boldsymbol{\Phi}^{-1}(t) = \boldsymbol{\Phi}(-t) \tag{9-48a}$$
或
$$[e^{At}]^{-1} = e^{-At} \tag{9-48b}$$

这个性质说明,转移矩阵的逆意味着时间的逆转,利用这个性质,可以在已知 $x(t)$ 的情况下,求出 $x(0)$。
$$x(0) = \boldsymbol{\Phi}(-t)x(t) \tag{9-49}$$

(5) 对于 $n \times n$ 方阵 A 和 B,当且仅当 $AB = BA$ 时,有 $e^{At}e^{Bt} = e^{(A+B)t}$;否则,若 $AB \neq BA$,则 $e^{At}e^{Bt} \neq e^{(A+B)t}$,注意:这与标量指数函数的性质是不同的。

2. 状态转移矩阵的求法

较常用的求取状态转移矩阵有三种方法：幂级数法、拉氏变换法、线性变换法，下面分别介绍。

(1) 幂级数法

$\boldsymbol{\Phi}(t)$ 的幂级数为

$$\boldsymbol{\Phi}(t) = e^{\boldsymbol{A}t} = \boldsymbol{I} + \boldsymbol{A}t + \frac{1}{2!}\boldsymbol{A}^2 t^2 + \cdots + \frac{1}{k!}\boldsymbol{A}^k t^k + \cdots$$

此法具有步骤简便和编程容易的优点，适合于计算机计算。用手工计算不易得到闭式解。

(2) 拉普拉斯变换法

将 $\dot{\boldsymbol{x}} = \boldsymbol{A}\boldsymbol{x}$ 两端取拉氏变换，有

$$s\boldsymbol{X}(s) = \boldsymbol{A}\boldsymbol{X}(s) + \boldsymbol{x}(0), \quad (s\boldsymbol{I} - \boldsymbol{A})\boldsymbol{X}(s) = \boldsymbol{x}(0)$$

若 $(s\boldsymbol{I} - \boldsymbol{A})^{-1}$ 存在，则

$$\boldsymbol{X}(s) = (s\boldsymbol{I} - \boldsymbol{A})^{-1}\boldsymbol{x}(0) \tag{9-50}$$

取拉氏反变换，有

$$\boldsymbol{x}(t) = \mathscr{L}^{-1}[(s\boldsymbol{I} - \boldsymbol{A})^{-1}]\boldsymbol{x}(0) \tag{9-51}$$

由于微分方程的解是唯一的，所以

$$\boldsymbol{\Phi}(t) = e^{\boldsymbol{A}t} = \mathscr{L}^{-1}[(s\boldsymbol{I} - \boldsymbol{A})^{-1}] \tag{9-52}$$

例 9-7 试求下列状态方程的状态转移矩阵 $\boldsymbol{\Phi}(t)$ 及 $\boldsymbol{\Phi}^{-1}(t)$。

$$\begin{bmatrix} \dot{x}_1 \\ \dot{x}_2 \end{bmatrix} = \begin{bmatrix} 0 & 1 \\ -2 & -3 \end{bmatrix} \begin{bmatrix} x_1 \\ x_2 \end{bmatrix}$$

解 用拉氏变换法求解，根据式(9-52)，有

$$\boldsymbol{\Phi}(t) = \mathscr{L}^{-1}[(s\boldsymbol{I} - \boldsymbol{A})^{-1}]$$

其中

$$(s\boldsymbol{I} - \boldsymbol{A})^{-1} = \begin{bmatrix} s & -1 \\ 2 & s+3 \end{bmatrix}^{-1} = \frac{\text{adj}(s\boldsymbol{I} - \boldsymbol{A})}{|s\boldsymbol{I} - \boldsymbol{A}|} = \frac{1}{(s+1)(s+2)}\begin{bmatrix} s+3 & 1 \\ -2 & s \end{bmatrix} = \begin{bmatrix} \dfrac{2}{s+1} - \dfrac{1}{s+2} & \dfrac{1}{s+1} - \dfrac{1}{s+2} \\ \dfrac{-2}{s+1} + \dfrac{2}{s+2} & \dfrac{-1}{s+1} + \dfrac{2}{s+2} \end{bmatrix}$$

取拉氏反变换得

$$\boldsymbol{\Phi}(t) = \mathscr{L}^{-1}[(s\boldsymbol{I} - \boldsymbol{A})^{-1}] = \begin{bmatrix} 2e^{-t} - e^{-2t} & e^{-t} - e^{-2t} \\ -2e^{-t} + 2e^{-2t} & -e^{-t} + 2e^{-2t} \end{bmatrix}$$

$$\boldsymbol{\Phi}^{-1}(t) = \boldsymbol{\Phi}(-t) = \begin{bmatrix} 2e^{t} - e^{2t} & e^{t} - e^{2t} \\ -2e^{t} + 2e^{2t} & -e^{t} + 2e^{2t} \end{bmatrix}$$

(3) 通过线性变换把 $\boldsymbol{A}$ 化成约当标准型来求 $\boldsymbol{\Phi}(t)$

1) 若 $\boldsymbol{A}$ 阵有 n 个不相等的实根，则

$$\boldsymbol{\Lambda} = \boldsymbol{P}^{-1}\boldsymbol{A}\boldsymbol{P} = \begin{bmatrix} \lambda_1 & & & 0 \\ & \lambda_2 & & \\ & & \ddots & \\ 0 & & & \lambda_n \end{bmatrix}$$

$$e^{\Lambda t} = I + \Lambda t + \frac{1}{2!}\Lambda^2 t^2 + \cdots =$$

$$\begin{bmatrix} 1+\lambda_1 t + \frac{1}{2!}\lambda_1^2 t^2 + \cdots & & & 0 \\ & 1+\lambda_2 t + \frac{1}{2!}\lambda_2^2 t^2 + \cdots & & \\ & 0 & \ddots & \\ & & & 1+\lambda_n t + \frac{1}{2!}\lambda_2^n t^2 + \cdots \end{bmatrix} =$$

$$\begin{bmatrix} e^{\lambda_1 t} & & 0 & \\ & e^{\lambda_2 t} & & \\ 0 & & \ddots & \\ & & & e^{\lambda_n t} \end{bmatrix} \tag{9-53}$$

那么

$$\boldsymbol{\Phi}(t) = e^{\boldsymbol{A}t} = e^{\boldsymbol{P}\boldsymbol{\Lambda}\boldsymbol{P}^{-1}t} = I + \boldsymbol{P}\boldsymbol{\Lambda}\boldsymbol{P}^{-1}t + \frac{1}{2!}\boldsymbol{P}\boldsymbol{\Lambda}\boldsymbol{P}^{-1}\boldsymbol{P}\boldsymbol{\Lambda}\boldsymbol{P}^{-1}t^2 + \cdots =$$

$$\boldsymbol{P}\left(I + \boldsymbol{\Lambda}t + \frac{1}{2!}\boldsymbol{\Lambda}^2 t^2 + \cdots\right)\boldsymbol{P}^{-1} = \boldsymbol{P}e^{\boldsymbol{\Lambda}t}\boldsymbol{P}^{-1} \tag{9-54}$$

2) 若 $\boldsymbol{A}$ 阵可化为约当型矩阵

即

$$\boldsymbol{J} = \boldsymbol{P}^{-1}\boldsymbol{A}\boldsymbol{P} = \begin{bmatrix} \lambda_1 & 1 & & 0 \\ & \lambda_1 & 1 & \ddots \\ & & \ddots & 1 \\ 0 & & & \lambda_1 \end{bmatrix}$$

可求得

$$e^{\boldsymbol{J}t} = e^{\lambda_1 t}\begin{bmatrix} 1 & t & \frac{1}{2!}t^2 & \cdots & \frac{1}{(n-1)!}t^{n-1} \\ 0 & 1 & t & \cdots & \frac{1}{(n-2)!}t^{n-2} \\ \vdots & \vdots & \vdots & & \vdots \\ 0 & 0 & 0 & \cdots & t \\ 0 & 0 & 0 & \cdots & 1 \end{bmatrix} \tag{9-55}$$

那么

$$\boldsymbol{\Phi}(t) = \boldsymbol{P}e^{\boldsymbol{J}t}\boldsymbol{P}^{-1} \tag{9-56}$$

3) 若 $\boldsymbol{A}$ 阵可化为模态型矩阵 $\boldsymbol{M}$，则

$$\boldsymbol{M} = \boldsymbol{P}^{-1}\boldsymbol{A}\boldsymbol{P} = \begin{bmatrix} \sigma & \omega \\ -\omega & \sigma \end{bmatrix}, \quad e^{\boldsymbol{M}t} = \mathrm{EXP}\begin{bmatrix} \sigma & 0 \\ 0 & \sigma \end{bmatrix}t\ \mathrm{EXP}\begin{bmatrix} 0 & \omega \\ -\omega & 0 \end{bmatrix}t$$

式中

$$\mathrm{EXP}\begin{bmatrix} \sigma & 0 \\ 0 & \sigma \end{bmatrix}t = \begin{bmatrix} e^{\sigma t} & 0 \\ 0 & e^{\sigma t} \end{bmatrix}$$

$$\mathrm{EXP}\begin{bmatrix} 0 & \omega \\ -\omega & 0 \end{bmatrix}t = \begin{bmatrix} 1 & 0 \\ 0 & 1 \end{bmatrix} + \begin{bmatrix} 0 & \omega \\ -\omega & 0 \end{bmatrix}t + \frac{1}{2!}\begin{bmatrix} 0 & \omega \\ -\omega & 0 \end{bmatrix}^2 t^2 + \cdots =$$

$$\begin{bmatrix} 1-\dfrac{t^2}{2!}\omega^2+\dfrac{t^4}{4!}\omega^4-\dfrac{t^6}{6!}\omega^6+\cdots & \omega t-\dfrac{t^3}{3!}\omega^3+\dfrac{t^5}{5!}\omega^5-\cdots \\ -\left(\omega t-\dfrac{t^3}{3!}\omega^3+\dfrac{t^5}{5!}\omega^5-\cdots\right) & 1-\dfrac{t^2}{2!}\omega^2+\dfrac{t^4}{4!}\omega^4-\dfrac{t^6}{6!}\omega^6+\cdots \end{bmatrix}=$$

$$\begin{bmatrix} \cos\omega t & \sin\omega t \\ -\sin\omega t & \cos\omega t \end{bmatrix}$$

所以

$$e^{Mt}=\begin{bmatrix} e^{\sigma t}\cos\omega t & e^{\sigma t}\sin\omega t \\ -e^{\sigma t}\sin\omega t & e^{\sigma t}\cos\omega t \end{bmatrix} \tag{9-57}$$

于是系统状态转移矩阵为

$$e^{At}=Pe^{Mt}P^{-1} \tag{9-58}$$

例 9-8 已知系统齐次状态方程 $\dot{x}=\begin{bmatrix} 0 & 1 \\ -2 & -2 \end{bmatrix}x$，求 $\boldsymbol{\Phi}(t)$。

解 由

$$|\lambda I-A|=\lambda^2+2\lambda+2=0$$

得

$$\lambda_{1,2}=-1\pm j1, \quad M=\begin{bmatrix} -1 & 1 \\ -1 & -1 \end{bmatrix}$$

设对应 $\lambda_1=-1+j1$ 的特征向量 $q_1=\begin{bmatrix} \alpha_1+j\beta_1 \\ \alpha_2+j\beta_2 \end{bmatrix}$，由 $(\lambda_1 I-A)q_1=0$

即

$$\begin{bmatrix} -1+j1 & -1 \\ 2 & 1+j1 \end{bmatrix}\begin{bmatrix} \alpha_1+j\beta_1 \\ \alpha_2+j\beta_2 \end{bmatrix}=0$$

可求出

$$q_1=\begin{bmatrix} 1 \\ -1+j1 \end{bmatrix}=\begin{bmatrix} 1 \\ -1 \end{bmatrix}+j\begin{bmatrix} 0 \\ 1 \end{bmatrix}$$

取变换矩阵 $P=\begin{bmatrix} \alpha_1 & \beta_1 \\ \alpha_2 & \beta_2 \end{bmatrix}=\begin{bmatrix} 1 & 0 \\ -1 & 1 \end{bmatrix}$，则 $P^{-1}=\begin{bmatrix} 1 & 0 \\ 1 & 1 \end{bmatrix}$。

由式(9-57)可求得

$$e^{Mt}=\begin{bmatrix} e^{-t}\cos t & e^{-t}\sin t \\ -e^{-t}\sin t & e^{-t}\cos t \end{bmatrix}$$

那么

$$\boldsymbol{\Phi}(t)=Pe^{Mt}P^{-1}=\begin{bmatrix} 1 & 0 \\ -1 & 1 \end{bmatrix}\begin{bmatrix} e^{-t}\cos t & e^{-t}\sin t \\ -e^{-t}\sin t & e^{-t}\cos t \end{bmatrix}\begin{bmatrix} 1 & 0 \\ 1 & 1 \end{bmatrix}=$$

$$\begin{bmatrix} e^{-t}(\cos t+\sin t) & e^{-t}\sin t \\ -2e^{-t}\sin t & e^{-t}(\cos t-\sin t) \end{bmatrix}$$

9.2.2 线性定常连续系统非齐次状态方程的解

非齐次状态方程是指输入向量不等于零时的状态方程，即

$$\dot{x}=Ax+Bu \tag{9-59}$$

求解式(9-59)可用积分法和拉氏变换法。

1. 积分法

设初始时刻 $t_0=0$，初始状态为 $x(0)$。将式(9-59)改写成

$$\dot{x}-Ax=Bu$$

上式两边左乘 e^{-At} 后得

$$e^{-At}[\dot{x} - Ax] = e^{-At}Bu(t)$$

即

$$\frac{d}{dt}[e^{-At}x(t)] = e^{-At}Bu(t)$$

对上式在 0 到 t 时间内积分，有

$$e^{-At}x(t)\Big|_0^t = \int_0^t e^{-A\tau}Bu(\tau)d\tau$$

整理后可得

$$x(t) = e^{At}x(0) + \int_0^t e^{A(t-\tau)}Bu(\tau)d\tau \tag{9-60}$$

若 $t_0 \neq 0$，初始状态为 $x(t_0)$，则有

$$x(t) = e^{A(t-t_0)}x(t_0) + \int_{t_0}^t e^{A(t-\tau)}Bu(\tau)d\tau \tag{9-61}$$

2. 拉氏变换法

对式(9-59)进行拉氏变换，有

$$sX(s) - x(0) = AX(s) + BU(s)$$

$$(sI - A)X(s) = x(0) + BU(s)$$

由于 $(sI-A)^{-1}$ 一定存在，所以

$$X(s) = (sI-A)^{-1}x(0) + (sI-A)^{-1}BU(s) \tag{9-62}$$

直接对(9-62)两边取拉氏反变换，得

$$x(t) = \mathscr{L}^{-1}[(sI-A)^{-1}]x(0) + \mathscr{L}^{-1}[(sI-A)^{-1}BU(s)] \tag{9-63}$$

通过下面分析，可以看到两种解法是等价的。

由于

$$e^{At} = \mathscr{L}^{-1}[(sI-A)^{-1}], \qquad u(t) = \mathscr{L}^{-1}[U(s)]$$

根据两个拉氏变换函数的积是一个卷积的拉氏变换，可得

$$(sI-A)^{-1}BU(s) = \mathscr{L}\left[\int_0^t e^{A(t-\tau)}Bu(\tau)d\tau\right]$$

所以，式(9-63)与式(9-60)是等价的。很明显，式(9-59)的解 $x(t)$ 由两部分组成：第一部分是由初始状态引起的，称为零输入响应；第二部分是由输入向量引起的强迫运动。正是由于第二部分的存在，我们才可能通过选择输入向量，使状态向量满足期望的要求。

例 9-9 求下列系统在单位阶跃函数作用下的解：

$$\dot{x} = \begin{bmatrix} 0 & 1 \\ -2 & -3 \end{bmatrix}x + \begin{bmatrix} 0 \\ 1 \end{bmatrix}u, \quad x(0) = \begin{bmatrix} 1 \\ 0 \end{bmatrix}$$

解 从例 9-7 已求得

$$e^{At} = \begin{bmatrix} 2e^{-t} - e^{-2t} & e^{-t} - e^{-2t} \\ -2e^{-t} + 2e^{-2t} & -e^{-t} + 2e^{-2t} \end{bmatrix}$$

将 $B = \begin{bmatrix} 0 \\ 1 \end{bmatrix}$，$x(0) = \begin{bmatrix} 1 \\ 0 \end{bmatrix}$，$u = 1(t)$ 代入式(9-60)后得

$$x(t) = e^{At}x(0) + \int_0^t e^{A(t-\tau)}Bu(\tau)d\tau =$$

$$\begin{bmatrix} 2e^{-t} - e^{-2t} & e^{-t} - e^{-2t} \\ -2e^{-t} + 2e^{-2t} & -e^{-t} + 2e^{-2t} \end{bmatrix}\begin{bmatrix} 1 \\ 0 \end{bmatrix} + \int_0^t \begin{bmatrix} e^{-(t-\tau)} - e^{-2(t-\tau)} \\ -e^{-(t-\tau)} - 2e^{-2(t-\tau)} \end{bmatrix}d\tau =$$

$$\begin{bmatrix} 2e^{-t} - e^{-2t} \\ -2e^{-t} + 2e^{-2t} \end{bmatrix} + \begin{bmatrix} \frac{1}{2} - e^{-t} + \frac{1}{2}e^{-2t} \\ e^{-t} - e^{-2t} \end{bmatrix} = \begin{bmatrix} \frac{1}{2} + e^{-t} - \frac{1}{2}e^{-2t} \\ -e^{-t} + e^{-2t} \end{bmatrix}$$

9.2.3 线性定常离散系统状态方程的解

1. 离散系统的状态空间表达式

离散系统的状态空间模型，一方面可由差分方程或脉冲传递函数来求取；另一方面可把连续系统的状态空间模型离散化。

(1) 根据差分方程建立动态方程：设离散系统的差分方程为

$$y(k) + a_{n-1}y(k-1) + \cdots + a_1 y(k-n-1) + a_0 y(k-n) = \\ b_n u(k) + b_{n-1} u(k-1) + \cdots + b_0 u(k-n) \qquad (9-64)$$

对方程两边取 Z 变换，得到系统的脉冲传递函数，即

$$G(z) = \frac{Y(z)}{U(z)} = \frac{b_n + b_{n-1} z^{-1} + \cdots + b_1 z^{-(n-1)} + b_0 z^{-n}}{1 + a_{n-1} z^{-1} + \cdots + a_1 z^{-(n-1)} + a_0 z^{-n}} =$$

$$\frac{b_n z^n + b_{n-1} z^{(n-1)} + \cdots + b_1 z + b_0}{z^n + a_{n-1} z^{n-1} + \cdots + a_1 z + a_0} =$$

$$b_n + \frac{(b_{n-1} - a_{n-1} b_n) z^{(n-1)} + \cdots + (b_1 - a_1 b_n) z + (b_0 - a_0 b_n)}{z^n + a_{n-1} z^{n-1} + \cdots + a_1 z + a_0} =$$

$$b_n + \frac{\beta_{n-1} z^{n-1} + \cdots + \beta_1 z + \beta_0}{z^n + a_{n-1} z^{n-1} + \cdots + a_1 z + a_0} = b_n + \frac{N(z)}{D(z)} \qquad (9-65)$$

与连续系统相同，将 $\frac{N(z)}{D(z)}$ 作串联分解，引入中间变量

$$Q(z) = \frac{1}{z^n + a_{n-1} z^{n-1} + \cdots + a_1 z + a_0} U(z)$$

则

$$Y(z) = \beta_{n-1} z^{n-1} Q(z) + \cdots + \beta_1 z Q(z) + \beta_0 Q(z)$$

选择下列一组状态变量为

$$X_1(z) = Q(z)$$
$$X_2(z) = z Q(z) = z X_1(z)$$
$$\vdots$$
$$X_n(z) = z^{n-1} Q(z) = z X_{n-1}(z)$$

那么

$$z^n Q(z) = z X_n(z) = -a_0 X_1(z) - a_1 X_2(z) - \cdots - a_{n-1} x_n(z) + U(z)$$
$$Y(z) = \beta_0 X_1(z) + \beta_1 X_2(z) + \cdots + \beta_{n-1} X_n(z)$$

利用 Z 反变换关系，有

$$Z^{-1}[X_i(z)] = X_i(k), \quad Z^{-1}[z X_i(z)] = x_i(k+1)$$

所以状态空间表达式为

$$x_1(k_1+1) = x_2(k)$$
$$x_2(k+1) = x_3(k)$$
$$\vdots$$
$$x_{n-1}(k+1) = x_n(k)$$

$$x_n(k+1) = -a_0 x_1(k) - a_1 x_2(k) - \cdots - a_{n-1} x_n(k) + u(k)$$
$$y(k) = \beta_0 x_1(k) + \beta_2 x_2(k) + \cdots + \beta_{n-1} x_n(k)$$

或表示为

$$\begin{bmatrix} x_1(k+1) \\ x_2(k+1) \\ \vdots \\ x_n(k+1) \end{bmatrix} = \begin{bmatrix} 0 & 1 & 0 & \cdots & 0 \\ 0 & 0 & 1 & \cdots & 0 \\ \vdots & \vdots & \vdots & \cdots & \vdots \\ -a_0 & -a_1 & -a_2 & \cdots & -a_{n-1} \end{bmatrix} \begin{bmatrix} x_1(k) \\ x_2(k) \\ \vdots \\ x_n(k) \end{bmatrix} + \begin{bmatrix} 0 \\ 0 \\ \vdots \\ 1 \end{bmatrix} u(k)$$

$$\mathbf{y}(k) = [\beta_0 \quad \beta_1 \quad \cdots \quad \beta_{n-1}] \mathbf{x}(k) + b_n u(k) \tag{9-66}$$

简记为

$$\mathbf{x}(k+1) = \mathbf{G}\mathbf{x}(k) + \mathbf{h}u(k)$$
$$\mathbf{y}(k) = \mathbf{C}\mathbf{x}(k) + \mathbf{d}u(k) \tag{9-67}$$

由式(9-66)可以看出,离散系统状态方程描述了$(k+1)T$时刻的状态与kT时刻的状态及输入量之间的关系;其输出方程描述了KT时刻的输出量与KT时刻的状态及输入量之间的关系。

同理,可得多输入、多输出离散系统的动态方程为

$$\mathbf{x}(k+1) = \mathbf{G}\mathbf{x}(k) + \mathbf{H}\mathbf{u}(k)$$
$$\mathbf{y}(k) = \mathbf{C}\mathbf{x}(k) + \mathbf{D}\mathbf{u}(k) \tag{9-68}$$

(2) 将线性定常连续动态方程进行离散化求相应离散系统的状态方程:已知连续系统 $\dot{\mathbf{x}} = \mathbf{A}\mathbf{x} + \mathbf{B}\mathbf{u}$ 在 $\mathbf{x}(t_0)$ 及 $\mathbf{u}(t)$ 作用下的解为

$$\mathbf{x}(t) = \mathbf{\Phi}(t - t_0)\mathbf{x}(t_0) + \int_{t_0}^{t} \mathbf{\Phi}(t - \tau)\mathbf{B}\mathbf{u}(\tau)\mathrm{d}\tau$$

离散按等采样周期T的过程处理,考察从$t_0 = kT$到$t = (k+1)T$这一段的响应,并考虑到在这一段时间间隔内,$u(t) = u(kT) = $常数。令$t_0 = KT$,则$\mathbf{x}(t_0) = \mathbf{x}(kT) = \mathbf{x}(k)$;令$t = (k+1)T$,则$\mathbf{x}[(k+1)T] = \mathbf{x}(k+1)$。于是其解化为

$$\mathbf{x}(k+1) = \mathbf{\Phi}[(k+1)T - kT]\mathbf{x}(k) + \int_{KT}^{(k+1)T} \mathbf{\Phi}[(k+1)T - \tau]\mathbf{B}\mathrm{d}\tau\mathbf{u}(k) =$$
$$\mathbf{\Phi}(T)\mathbf{x}(k) + \int_{KT}^{(k+1)T} \mathbf{\Phi}[(k+1)T - \tau]\mathbf{B}\mathrm{d}\tau\mathbf{u}(k)$$

记

$$\mathbf{H}(T) = \int_{KT}^{(k+1)T} \mathbf{\Phi}[(k+1)T - \tau]\mathbf{B}\mathrm{d}\tau$$

为计算方便,令$(k+1)T - \tau = \tau'$,则有

$$\mathbf{H}(T) = \int_0^T \mathbf{\Phi}(\tau) \mathbf{B}\mathrm{d}\tau \tag{9-69}$$

故离散化状态方程为

$$\mathbf{x}(k+1) = \mathbf{\Phi}(T)\mathbf{x}(k) + \mathbf{H}(T)\mathbf{u}(k) \tag{9-70}$$
$$\mathbf{y}(k) = \mathbf{C}\mathbf{x}(k) + \mathbf{D}\mathbf{u}(k)$$

其中

$$\mathbf{\Phi}(T) = \mathbf{\Phi}(t)|_{t=T} = \mathrm{e}^{\mathbf{A}t} \tag{9-71}$$

例9-10 试将以下状态方程离散化:

$$\dot{\mathbf{x}} = \begin{bmatrix} 0 & 1 \\ 0 & -2 \end{bmatrix} \mathbf{x}(t) + \begin{bmatrix} 0 \\ 1 \end{bmatrix} u(t)$$

解 按式(9-70),只要计算出 $\boldsymbol{\Phi}(T)$ 和 $\boldsymbol{H}(T)$ 即可。

由于
$$\boldsymbol{\Phi}(t) = e^{At} = \mathscr{L}^{-1}[(s\boldsymbol{I}-\boldsymbol{A})^{-1}] = \mathscr{L}^{-1}\begin{bmatrix} \dfrac{1}{s} & \dfrac{1}{s(s+2)} \\ 0 & \dfrac{1}{s+2} \end{bmatrix} = \begin{bmatrix} 1 & \dfrac{1}{2}(1-e^{-2t}) \\ 0 & e^{-2t} \end{bmatrix}$$

所以
$$\boldsymbol{\Phi}(T) = \begin{bmatrix} 1 & \dfrac{1}{2}(1-e^{-2T}) \\ 0 & e^{-2T} \end{bmatrix}$$

$$\boldsymbol{H}(T) = \int_0^T \boldsymbol{\Phi}(\tau)\boldsymbol{B}\,\mathrm{d}\tau = \int_0^T \begin{bmatrix} \dfrac{1}{2}(1-e^{-2\tau}) \\ e^{-2\tau} \end{bmatrix}\mathrm{d}\tau = \begin{bmatrix} \dfrac{1}{2}\left(T + \dfrac{e^{-2T}-1}{2}\right) \\ \dfrac{1}{2}(1-e^{-2T}) \end{bmatrix}$$

2. 线性离散系统动态方程的求解

离散或离散化的状态方程的解法是一样的。可用的方法有递推法、Z变换法、对角线法和凯莱-哈密顿定理法。

这里只介绍常用的递推法。

令式(9-70)中 $k=0,1,\cdots,k-1$,可得到 $T,2T,\cdots,kT$ 时刻的状态,即

$k=0 \quad \boldsymbol{x}(1) = \boldsymbol{\Phi}(T)\boldsymbol{x}(0) + \boldsymbol{H}(T)\boldsymbol{u}(0)$

$k=1 \quad \boldsymbol{x}(2) = \boldsymbol{\Phi}(T)\boldsymbol{x}(1) + \boldsymbol{H}(T)\boldsymbol{u}(1) =$
$\quad\quad\quad \boldsymbol{\Phi}^2(T)\boldsymbol{x}(0) + \boldsymbol{\Phi}(T)\boldsymbol{H}(T)\boldsymbol{u}(0) + \boldsymbol{H}(T)\boldsymbol{u}(1)$

$k=2 \quad \boldsymbol{x}(3) = \boldsymbol{\Phi}(t)\boldsymbol{x}(2) + \boldsymbol{H}(T)\boldsymbol{u}(2) =$
$\quad\quad\quad \boldsymbol{\Phi}^3(T)\boldsymbol{x}(0) + \boldsymbol{\Phi}^2(T)\boldsymbol{H}(T)\boldsymbol{u}(0) + \boldsymbol{\Phi}(T)\boldsymbol{H}(T)\boldsymbol{u}(1) + \boldsymbol{H}(T)\boldsymbol{u}(2)$

$\vdots$

$k=k-1 \quad \boldsymbol{x}(k) = \boldsymbol{\Phi}(T)\boldsymbol{x}(k-1) + \boldsymbol{H}(T)\boldsymbol{u}(k-1) =$
$\quad\quad\quad \boldsymbol{\Phi}^k(T)\boldsymbol{x}(0) + \boldsymbol{\Phi}^{k-1}(T)\boldsymbol{H}(T)\boldsymbol{u}(0) + \boldsymbol{\Phi}^{k-2}(T)\boldsymbol{H}(T)\boldsymbol{u}(1) + \cdots +$
$\quad\quad\quad \boldsymbol{\Phi}(T)\boldsymbol{H}(T)\boldsymbol{u}(k-2) + \boldsymbol{H}(T)\boldsymbol{u}(k-1) =$

$$\boldsymbol{\Phi}^k(T)\boldsymbol{x}(0) + \sum_{i=0}^{k-1}\boldsymbol{\Phi}^{k-1-i}(T)\boldsymbol{H}(T)\boldsymbol{u}(i) \tag{9-72}$$

上式中的 $\boldsymbol{\Phi}^k(T)$ 相当于连续系统中的 $\boldsymbol{\Phi}(t) = e^{At}$,这里也定义 $\boldsymbol{\Phi}^k(T) = e^{AkT} = \boldsymbol{\Phi}(KT) = \boldsymbol{\Phi}(k)$,为离散化系统状态转移矩阵。

输出方程为

$$\boldsymbol{y}(k) = \boldsymbol{C}\boldsymbol{x}(k) + \boldsymbol{D}\boldsymbol{u}(k) = \boldsymbol{C}\boldsymbol{\Phi}(k)\boldsymbol{x}(0) + \boldsymbol{C}\sum_{i=0}^{k-1}\boldsymbol{\Phi}(k-1-i)\boldsymbol{H}\boldsymbol{u}(i) + \boldsymbol{D}\boldsymbol{u}(k)$$

同理,对于离散状态方程(9-68),其解为

$$\boldsymbol{x}(k) = \boldsymbol{G}^k \boldsymbol{x}(0) + \sum_{i=1}^{k-1}\boldsymbol{G}^{k-i-1}\boldsymbol{H}\boldsymbol{u}(i) \tag{9-73}$$

$$\boldsymbol{y}(k) = \boldsymbol{C}\boldsymbol{G}^k x(0) + \boldsymbol{C}\sum_{i=1}^{k-1}\boldsymbol{G}^{k-i-1}\boldsymbol{H}\boldsymbol{u}(i) + \boldsymbol{D}\boldsymbol{u}(k)$$

9.3 线性系统的能控性与能观性

9.3.1 能控性与能观性问题的提出

与经典控制理论不同的是,用状态空间模型描述控制系统时,存在系统的状态变量是否都受输入的控制,即能控性问题;还有系统的输出能否反映系统的状态,即能观性问题。在经典控制理论中,因为只研究系统输入、输出的关系,所以不涉及这两个问题。

系统的能控性和能观性问题是卡尔曼首先提出的。它是现代控制理论中的两个重要概念,是最优控制和最优估计的基础。

最优控制的实质在于寻求使系统状态达到预期规律的控制作用。若状态变量不受控制作用的支配,最优控制就无从实现。另一方面,若状态 $x(t)$ 难以观测时,往往需要从观测到的输出来估计状态。

为了说明能控性和能观性的物理概念,下面看一个具体的例子。

在图 9-9 所示的桥式电路中,设外加电压 u 为输入量,u_c 为输出量,并选电流 i 和 u_c 为电路的状态变量。

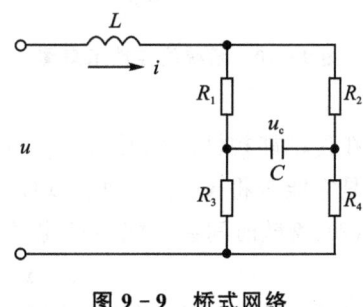

图 9-9 桥式网络

假定电桥是平衡的,即满足 $R_1R_4=R_2R_3$,根据电路的基本定理,可以写出以下状态方程和输出方程:

$$\frac{\mathrm{d}}{\mathrm{d}t}i = -\frac{1}{L}\left(\frac{R_1R_2}{R_1+R_2}+\frac{R_3R_4}{R_3+R_4}\right)i+\frac{1}{L}u \tag{9-74}$$

$$\frac{\mathrm{d}}{\mathrm{d}t}u_c = -\frac{1}{C}\left(\frac{1}{R_1+R_2}+\frac{1}{R_3+R_4}\right)u_c \tag{9-75}$$

$$y = u_c$$

式(9-75)表明,状态变量 $u_c(t)$ 只取决于本身的初始值,而不受输入量 u 的控制。式(9-74)表明,状态变量 $i(t)$ 的值只取决于 $t \geq 0$ 时的控制电压 u 及初始值 $i(0)$,而与 u_c 完全无关,因此不能通过输出量 u_c 去反映状态变量 i。

因为,能控性是指系统输入量对系统状态变量的控制能力;能观性是指输出量对状态的反应能力。所以,状态变量 i 是能控但不能观的,而状态变量 u_c 是能观但不能控的。

9.3.2 线性系统的能控性及判别准则

1. 能控性定义

因为能控性所研究的只是系统状态向量在输入作用下的转移情况,与输出无关,所以不考虑输出方程。

(1) 线性连续系统的能控性定义:线性定常连续系统

$$\dot{x} = Ax + Bu$$

如果存在一个分段连续的输入 $u(t)$,能在有限时间区间 $[t_0, t_1]$ 内,使系统由某一初始状态 $x(t_0)$,转移到指定的任一终端状态 $x(t_1)$,则称此状态是能控的。若系统的所有状态都是能控的,则称此系统是状态完全能控的,或简称系统是能控的。

上述定义可以在二阶系统的状态平面上来说明。如图 9-10 所示,假定状态平面中的 P 点能在输入的作用下被驱动到任一指定状态 $P_1,P_2,\cdots,P_n$,那么状态平面的 P 点是能控状态。假如能控状态充满整个状态空间,即对于任意初始状态都能找到相应的控制输入 $u(t)$,使得在有限的时间区间 $[t_0,t_1]$ 内,将状态转移到状态空间的任一指定状态,则该系统称为状态完全能控。因此,系统中,某一状态能控和系统的状态完全能控在含义上是不同的。

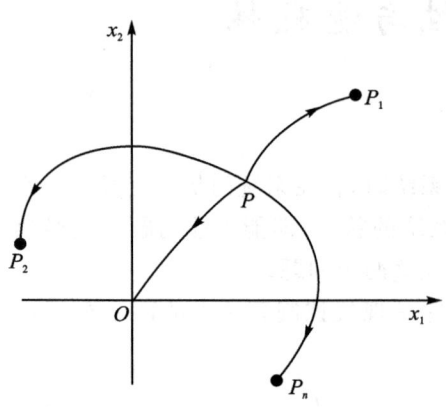

图 9-10 系统能控性示意图

为计算方便,可以假定初始时刻 $t_0=0$,初始状态为 $x(0)$,而任意终端状态就指定为零状态,即 $x(t_1)=0$。

在讨论能控性问题时,控制作用从理论上说是无约束的,其取值并非唯一,因为大家关心的只是它能否将 $x(t_0)$ 驱动到 $x(t_1)$,而不管 x 的轨迹如何。

(2) 离散时间系统能控性定义:离散系统动态方程

$$x(k+1)=Gx(k)+Hu(k)$$

其能控性定义为:若存在控制作用序列 $u(k),u(k+1),\cdots,u(l-1)$ 能将第 k 步的某个状态 $x(k)$ 在第 l 步上达到零状态,即 $x(l)=0$,其中 l 是大于 k 的有限数,那么就称此状态是能控的,若系统在第 l 步上所有的状态 $x(k)$ 都是能控的,那么此系统是状态完全能控的,称为能控系统。

2. 能控性判别准则

(1) 线性定常连续系统的能控性判别准则:线性定常系统的状态方程为

$$\dot{x}=Ax+Bu \tag{9-76}$$

从能控性的定义可以看出,判别一个线性系统能控性的问题,实际上是根据系统的状态方程和任意给定的初始状态,看能否找到任意的控制向量,把初始状态 $x(t_0)$ 在有限时间内转移到状态空间的原点,即 $x(t_1)=0$。

式(9-76)状态方程的解为

$$x(t)=e^{A(t-t_0)}x(t_0)+\int_{t_0}^{t}e^{A(t-\tau)}Bu(\tau)d\tau$$

设 $t_0=0$,$x(t_0)=x(0)$,$x(t_1)=0$,上式化为

$$x(t_1)=0=e^{At_1}x(0)+\int_{0}^{t_1}e^{A(t_1-\tau)}Bu(\tau)d\tau$$

或

$$x(0)=-\int_{0}^{t_1}e^{-A\tau}Bu(\tau)d\tau \tag{9-77}$$

根据凯莱-哈密顿定理,可以将 $e^{-A\tau}$ 展开为

$$e^{-A\tau}=\sum_{k=0}^{n-1}a_k(-\tau)A^k \tag{9-78}$$

将式(9-78)代入式(9-77),可得

$$\boldsymbol{x}(0) = -\sum_{k=0}^{n-1} \boldsymbol{A}^k \boldsymbol{B} \int_0^{t_1} a_k(-\tau) \boldsymbol{u}(\tau) \mathrm{d}\tau \tag{9-79}$$

设

$$\boldsymbol{f}_k = \int_0^{t_1} a_k(-\tau) \boldsymbol{u}(\tau) \mathrm{d}\tau \quad (k=0,1,\cdots,n-1)$$

则式(9-79)化为

$$\boldsymbol{x}(0) = -\begin{bmatrix} \boldsymbol{B} & \boldsymbol{AB} & \boldsymbol{A}^2\boldsymbol{B} & \cdots & \boldsymbol{A}^{n-1}\boldsymbol{B} \end{bmatrix} \begin{bmatrix} f_0 \\ f_1 \\ \vdots \\ f_{n-1} \end{bmatrix} \tag{9-80}$$

若系统能控,则对任意给定的初始状态 $\boldsymbol{x}(0)$,都能从式(9-80)中解出 f_k 来。因此,必须保证矩阵 $\boldsymbol{S} = \begin{bmatrix} \boldsymbol{B} & \boldsymbol{AB} & \boldsymbol{A}^2\boldsymbol{B} & \cdots & \boldsymbol{A}^{n-1}\boldsymbol{B} \end{bmatrix}$ 的逆存在。也就是矩阵 $\boldsymbol{S}$ 的秩为 n。因此系统能控的充分必要条件是:rank $\boldsymbol{S} = n$。矩阵 $\boldsymbol{S}$ 称为能控性判别阵。

例 9-11 已知系统的状态方程为

$$\dot{\boldsymbol{x}} = \begin{bmatrix} -2 & 1 \\ 1 & -2 \end{bmatrix} \boldsymbol{x} + \begin{bmatrix} 1 \\ 0 \end{bmatrix} u$$

试判别系统的能控性。

解 能控性判别阵 $\boldsymbol{S}$ 为

$$\boldsymbol{S} = \begin{bmatrix} \boldsymbol{B} & \boldsymbol{AB} \end{bmatrix} = \begin{bmatrix} 1 & -2 \\ 0 & 1 \end{bmatrix}$$

因为 rank $\boldsymbol{S} = 2 = n$,所以系统状态是完全能控的。

例 9-12 已知系统的状态方程为

$$\dot{\boldsymbol{x}} = \begin{bmatrix} 0 & 1 & 0 \\ 0 & 0 & 1 \\ -a_0 & -a_1 & -a_2 \end{bmatrix} \boldsymbol{x} + \begin{bmatrix} 0 \\ 0 \\ 1 \end{bmatrix} u$$

试判别系统的能控性。

解 其能控性判别阵 $\boldsymbol{S}$ 为

$$\boldsymbol{S} = \begin{bmatrix} \boldsymbol{B} & \boldsymbol{AB} & \boldsymbol{A}^2\boldsymbol{B} \end{bmatrix} = \begin{bmatrix} 0 & 0 & 1 \\ 0 & 1 & -a_2 \\ 1 & -a_2 & -a_1+a_2^2 \end{bmatrix}$$

它是一个三角阵,对角元素为 1,不论 a_1, a_2 取何值,均满秩,因此系统总是能控的。推广到 n 阶系统也是一样,所以凡是具有本例形式的状态方程,均称之为能控标准型。

例 9-13 设系统的状态方程为

$$\dot{\boldsymbol{x}} = \begin{bmatrix} 1 & 3 & 2 \\ 0 & 2 & 0 \\ 0 & 1 & 3 \end{bmatrix} \boldsymbol{x} + \begin{bmatrix} 2 & 1 \\ 1 & 1 \\ -1 & -1 \end{bmatrix} \boldsymbol{u}$$

试判别系统的能控性。

解 能控性判别阵 $\boldsymbol{S}$ 为

$$\boldsymbol{S} = \begin{bmatrix} \boldsymbol{B} & \boldsymbol{AB} & \boldsymbol{A}^2\boldsymbol{B} \end{bmatrix} = \begin{bmatrix} 2 & 1 & 3 & 2 & 5 & 4 \\ 1 & 1 & 2 & 2 & 4 & 4 \\ -1 & -1 & -2 & -2 & -4 & -4 \end{bmatrix}$$

在以上矩阵中,第二行和第三行线性相关,则 rank $S=2<3$。所以系统是不能控的。

当系统矩阵 A 已化成对角阵或约当阵时,由能控性矩阵能导出更简捷直观的能控性判据。

设二阶系统的 A,b 矩阵为

$$A = \begin{bmatrix} \lambda_1 & 0 \\ 0 & \lambda_2 \end{bmatrix}, \quad b = \begin{bmatrix} b_1 \\ b_2 \end{bmatrix}$$

其能控性矩阵的行列式为

$$|S| = |b \quad Ab| = \begin{vmatrix} b_1 & \lambda_1 b_1 \\ b_2 & \lambda_2 b_2 \end{vmatrix} = b_1 b_2 (\lambda_2 - \lambda_1)$$

当系统的特征根互异时($\lambda_1 \neq \lambda_2$),只有 $b_1 \neq 0$,$b_2 \neq 0$,即输入矩阵没有全零行时,S 满秩,系统能控。当 $\lambda_1 = \lambda_2$ 时,系统总是不能控的。

设二阶系统的 A,b 矩阵为

$$A = \begin{bmatrix} \lambda_1 & 1 \\ 0 & \lambda_1 \end{bmatrix}, \quad b = \begin{bmatrix} b_1 \\ b_2 \end{bmatrix}$$

其能控性矩阵 S 的行列式为

$$|S| = |b \quad Ab| = \begin{vmatrix} b_1 & \lambda_1 b_1 + b_2 \\ b_2 & \lambda_1 b_2 \end{vmatrix} = -b_2^2$$

因为 $|S| \neq 0$ 时系统能控,于是只有 $b_2 \neq 0$ 时系统能控,与 b_1 的数值无关。因此,当 A 阵为约当阵,且相同特征值分布在一个约当块时,只要输入矩阵中,与约当块最后一行对应的元素不是全零行,系统即为能控,与输入矩阵的其他行是否为零行是无关的。以上判断方法可以推广到 n 阶系统。

(2) 线性定常离散系统能控性判别:离散系统的状态方程为

$$x(k+1) = Gx(k) + Hu(k)$$

采样周期 T 为常数,式中没有表示。

根据能控性定义,在有限采样周期内,若能找到阶梯控制信号,使得任意一个初始状态转移到零状态,那么系统状态是完全能控的。怎样才能判定能否找到控制信号呢?

不妨先看一个实例。

设

$$x(k+1) = \begin{bmatrix} 1 & 0 & 0 \\ 0 & 2 & -2 \\ -1 & 1 & 0 \end{bmatrix} x(k) + \begin{bmatrix} 1 \\ 0 \\ 1 \end{bmatrix} u(k)$$

任意给一个初始状态,不妨设为 $x(0) = \begin{bmatrix} 2 \\ 1 \\ 0 \end{bmatrix}$,看能否找到阶梯控制 $u(0), u(1), u(2)$,在三个采样周期内使 $x(3) = 0$。

利用递推法:

$$k=0, \quad x(1) = Gx(0) + hu(0) = \begin{bmatrix} 2 \\ 2 \\ -1 \end{bmatrix} + \begin{bmatrix} 1 \\ 0 \\ 1 \end{bmatrix} u(0)$$

$$k=1, \quad x(2) = Gx(1) + hu(1) = G^2 x(0) + Ghu(0) + hu(1) =$$

$$\begin{bmatrix} 2 \\ 6 \\ 0 \end{bmatrix} + \begin{bmatrix} 1 \\ -2 \\ -1 \end{bmatrix} u(0) + \begin{bmatrix} 1 \\ 0 \\ 1 \end{bmatrix} u(1)$$

$$k=2, \quad x(3)=Gx(2)+hu(2)=G^3x(0)+G^2hu(0)+Ghu(1)+hu(2)=$$

$$\begin{bmatrix} 2 \\ 12 \\ 4 \end{bmatrix} + \begin{bmatrix} 1 \\ -2 \\ -3 \end{bmatrix} u(0) + \begin{bmatrix} 1 \\ -2 \\ -1 \end{bmatrix} u(1) + \begin{bmatrix} 1 \\ 0 \\ 1 \end{bmatrix} u(2)$$

现令 $x(3)=0$，从上式得三个标量方程，求得三个待求量 $u(0), u(1), u(2)$，写成矩阵方程形式，即

$$\begin{bmatrix} 1 & 1 & 1 \\ -2 & -2 & 0 \\ -3 & -1 & 1 \end{bmatrix} \begin{bmatrix} u(0) \\ u(1) \\ u(2) \end{bmatrix} = -\begin{bmatrix} 2 \\ 12 \\ 4 \end{bmatrix}$$

$$\begin{bmatrix} u(0) \\ u(1) \\ u(2) \end{bmatrix} = -\begin{bmatrix} 1 & 1 & 1 \\ -2 & -2 & 0 \\ -3 & -1 & 1 \end{bmatrix}^{-1} \begin{bmatrix} 2 \\ 12 \\ 4 \end{bmatrix} = \begin{bmatrix} -5 \\ 11 \\ -8 \end{bmatrix}$$

由此可见，只要 $\begin{bmatrix} u(0) \\ u(1) \\ u(2) \end{bmatrix}$ 的系数阵的逆存在，就可找到 $u(0), u(1), u(2)$，使 $x(0)$ 在第 3 步时，使状态转移到零。因而系统是能控的。所以，能控的充要条件是系数矩阵满秩。不难看出，系数矩阵是由 $[G^2h \quad Gh \quad h]$ 构成的，仿照连续时间系统，令 $S=[h \quad Gh \quad G^2h]$，称 S 为能控性矩阵。

推广到 n 阶系统，离散系统能控的充要条件是能控性矩阵 $S=[H \quad GH \quad G^2H \quad \cdots \quad G^{n-1}H]$ 的秩等于 n。

例 9 - 14 设离散系统状态方程为

$$x(k+1) = \begin{bmatrix} 1 & 2 & 1 \\ 0 & 1 & 0 \\ 1 & 0 & 3 \end{bmatrix} x(k) + \begin{bmatrix} 1 & 0 & 0 \\ 0 & 1 & 0 \\ 0 & 0 & 1 \end{bmatrix} \begin{bmatrix} u_1(k) \\ u_2(k) \\ u_3(k) \end{bmatrix}$$

试判别系统的能控性，并分析需要多少个采样周期能把 $x(0)$ 转移到原点。

解 能控性矩阵 S 为

$$S=[H \quad GH \quad G^2H]=\begin{bmatrix} 1 & 0 & 0 & 1 & 2 & 1 & 2 & 4 & 4 \\ 0 & 1 & 0 & 0 & 1 & 0 & 0 & 1 & 0 \\ 0 & 0 & 1 & 1 & 0 & 3 & 4 & 2 & 10 \end{bmatrix}$$

由 S 的前三列可知 rank $S=3$，所以系统能控。

利用递推法，令 $k=0$，则

$$x(1) = \begin{bmatrix} 1 & 2 & 1 \\ 0 & 1 & 0 \\ 1 & 0 & 3 \end{bmatrix} x(0) + \begin{bmatrix} 1 & 0 & 0 \\ 0 & 1 & 0 \\ 0 & 0 & 1 \end{bmatrix} \begin{bmatrix} u_1(0) \\ u_2(0) \\ u_3(0) \end{bmatrix}$$

因为 $H=\begin{bmatrix} 1 & 0 & 0 \\ 0 & 1 & 0 \\ 0 & 0 & 1 \end{bmatrix}$ 非奇异，因此，令 $x(1)=0$，则求出

$$\begin{bmatrix} u_1(0) \\ u_2(0) \\ u_3(0) \end{bmatrix} = -\boldsymbol{H}^{-1}\boldsymbol{G}\boldsymbol{x}(0) = -\begin{bmatrix} 1 & 2 & 1 \\ 0 & 1 & 0 \\ 1 & 0 & 3 \end{bmatrix}\boldsymbol{x}(0)$$

由于 $\boldsymbol{x}(0)$ 为已知，所以可以唯一确定控制信号，使 $\boldsymbol{x}(0)$ 在第一个采样周期即可达到零状态。

9.3.3 线性系统能观性定义及判据

在现代控制理论中，其反馈信号一般取之于系统的状态变量，目的是使系统的极点任意配置达到最优控制。但并非所有状态变量都是可测量的，于是就想通过输出的测量来获得状态变量的信息。虽然系统的输出是状态变量的线性组合，但并不是对任何系统都能根据输出去估计系统的状态。

1. 能观性定义

(1) 线性连续系统能观性定义：能观性所表示的是输出 $y(t)$ 反映状态变量 $x(t)$ 的能力，与控制作用没有直接关系，所以分析能观性问题时，只要从齐次状态方程和输出方程出发即可。

设 $\dot{x} = Ax$，初始状态为 $x(t_0)$，$y = Cx$，如果对任意给定的输入 u，在有限观测时间 $t_1 > t_0$，使得根据 $[t_0, t_1]$ 期间的输出 $y(t)$ 能唯一地确定系统在初始时刻的状态 $x(t_0)$，则称状态 $x(t_0)$ 是能观测的。若系统的每一个状态都是能观测的，则称系统是状态完全能观测的，简称是能观的。

在定义中，把能观性规定为对初始状态的确定，是因为状态变量

$$x(t) = e^{At}x(t_0) + \int_{t_0}^{t} e^{A(t-\tau)} Bu(\tau) d\tau$$

由于矩阵 A，B 和输入向量 u 均为已知，若 $x(t_0)$ 能够确定，则 $x(t)$ 便能确定。

(2) 线性离散系统能观性定义：已知输入向量序列 $u(0), \cdots, u(n-1)$ 及有限采样周期内测量到的输出向量序列 $y(0), \cdots, y(n-1)$，若能唯一确定任意初始状态向量 $x(0)$，则称系统是完全能观测的。简称系统能观测。

2. 能观性判别准则

线性连续系统的能观性判别准则：根据系统的 A，C 矩阵判断系统的能观性。系统状态完全能观的充分必要条件是其能观性判别矩阵满秩。

设线性连续系统齐次状态方程的解为 $x(t) = e^{At}x(t_0)$，这里 $t_0 = 0$，$x(t_0) = x(0)$，其输出方程为 $y(t) = Cx(t) = Ce^{At}x(0)$，则系统的能观性判别矩阵记为

$$\boldsymbol{V} = \begin{bmatrix} \boldsymbol{C} \\ \boldsymbol{CA} \\ \vdots \\ \boldsymbol{CA}^{n-1} \end{bmatrix}$$

也就是说，若系统完全能观测，则 $\text{rank } \boldsymbol{V} = n$，即矩阵 $\boldsymbol{V}$ 满秩。

例 9-15 已知系统的状态空间表达式为

$$\dot{x} = \begin{bmatrix} 2 & -1 \\ 1 & -3 \end{bmatrix} x + \begin{bmatrix} -1 \\ 1 \end{bmatrix} u, \quad y = \begin{bmatrix} 1 & 0 \\ -1 & 0 \end{bmatrix} x$$

试判别系统的能观性。

解 对于给定系统，能观性判别阵

$$V = \begin{bmatrix} C \\ CA \end{bmatrix} = \begin{bmatrix} 1 & 0 \\ -1 & 0 \\ 2 & -1 \\ -2 & 1 \end{bmatrix}$$

可求得
$$\operatorname{rank} V = 2$$
由于能观性判别阵 V 满秩,所以系统状态是能观的。

例 9 - 16 判别下列系统的能观性:

$$\dot{x} = \begin{bmatrix} 0 & 0 & -a_0 \\ 1 & 0 & -a_1 \\ 0 & 1 & -a_2 \end{bmatrix} x + \begin{bmatrix} \beta_0 \\ \beta_1 \\ \beta_2 \end{bmatrix} u, \quad y = \begin{bmatrix} 0 & 0 & 1 \end{bmatrix} x$$

解 对于给定系统,能观性判别阵

$$V = \begin{bmatrix} C \\ CA \\ CA^2 \end{bmatrix} = \begin{bmatrix} 0 & 0 & 1 \\ 0 & 1 & -a_2 \\ 1 & -a_2 & a_2^2 - a_1 \end{bmatrix}$$

由于 V 为下三角阵,对角线元素为 1,不管 a_1,a_2 取何值,V 均满秩,系统总是能观的。所以形如本例的状态空间表达式,称为能观标准型。

当系统矩阵 A 已化成对角阵或约当阵时,由可观性矩阵能导出更直观的能观性判据。

设系统动态方程为

$$\dot{x} = \begin{bmatrix} \lambda_1 & & & 0 \\ & \lambda_2 & & \\ & & \ddots & \\ 0 & & & \lambda_n \end{bmatrix} x, \quad y = \begin{bmatrix} c_{11} & \cdots & c_{1n} \\ c_{21} & \cdots & c_{2n} \\ \vdots & \cdots & \vdots \\ c_{m1} & \cdots & c_{mn} \end{bmatrix} x$$

式中,$\lambda_1, \cdots, \lambda_n$ 为系统相异特征值,动态方程的解为

$$x(t) = \begin{bmatrix} e^{\lambda_1 t} & & & 0 \\ & e^{\lambda_2 t} & & \\ & & \ddots & \\ 0 & & & e^{\lambda_n t} \end{bmatrix} \begin{bmatrix} x_1(0) \\ x_2(0) \\ \vdots \\ x_n(0) \end{bmatrix}$$

输出方程为

$$\begin{bmatrix} y_1 \\ y_2 \\ \vdots \\ y_m \end{bmatrix} = \begin{bmatrix} c_{11} & \cdots & c_{1n} \\ c_{21} & \cdots & c_{2n} \\ \vdots & \cdots & \vdots \\ c_{m1} & \cdots & c_{mn} \end{bmatrix} \begin{bmatrix} e^{\lambda_1 t} x_1(0) \\ e^{\lambda_2 t} x_2(0) \\ \vdots \\ e^{\lambda_n t} x_n(0) \end{bmatrix} \tag{9-81}$$

由式(9-81)可知,假使输出矩阵 C 中的某一列全为零,比如说第一列 $c_{11}, c_{21}, \cdots, c_{m1}$ 全为零,在 $y_1, \cdots, y_m$ 诸分量中均不含 $x_1(0)$,因此 $x_1(0)$ 不可能从 $y(t)$ 的测量值中推算出来。也就是说 $x_1(0)$ 是不可观测的。于是 A 为对角阵时能观测判据又可表示为:A 为对角阵且元素各异时,输出矩阵不存在全零列。若第 i 列全为零,则与之对应的 x_i 是不能观的。

应该注意的是,对角阵的元素为互异,否则,仍应根据可观测性矩阵的秩来判断。

设系统矩阵 A 为约当标准型,以三阶为例,这时系统状态空间表达式为

$$\dot{x} = \begin{bmatrix} \lambda_1 & 1 & 0 \\ 0 & \lambda_1 & 1 \\ 0 & 0 & \lambda_1 \end{bmatrix} x, \quad y = \begin{bmatrix} c_{11} & c_{12} & c_{13} \\ c_{21} & c_{22} & c_{23} \\ c_{31} & c_{32} & c_{33} \end{bmatrix} x$$

状态方程的解为

$$x(t) = \begin{bmatrix} x_1(t) \\ x_2(t) \\ x_3(t) \end{bmatrix} = \begin{bmatrix} e^{\lambda_1 t} x_1(0) + t e^{\lambda_1 t} x_2(0) + \frac{1}{2!} t^2 e^{\lambda_1 t} x_3(0) \\ e^{\lambda_1 t} x_2(0) + t e^{\lambda_1 t} x_3(0) \\ e^{\lambda_1 t} x_3(0) \end{bmatrix}$$

$$y(t) = \begin{bmatrix} y_1(t) \\ y_2(t) \\ y_3(t) \end{bmatrix} = \begin{bmatrix} c_{11} & c_{12} & c_{13} \\ c_{21} & c_{22} & c_{23} \\ c_{31} & c_{32} & c_{33} \end{bmatrix} \begin{bmatrix} e^{\lambda_1 t} x_1(0) + t e^{\lambda_1 t} x_2(0) + \frac{1}{2!} t^2 e^{\lambda_1 t} x_3(0) \\ e^{\lambda_1 t} x_2(0) + t e^{\lambda_1 t} x_3(0) \\ e^{\lambda_1 t} x_3(0) \end{bmatrix} \quad (9-82)$$

由式(9-82)可知,当且仅当输出矩阵 C 中第一列元素不全为零时,$y(t)$ 中总包含着 $x_1(0)$,$x_2(0)$ 和 $x_3(0)$。C 阵中其他列可以全为零。故 A 为约当阵且相同特征值分布在一个约当块内时,可观测判据又可表示为:输出矩阵中与约当块最前一列对应的列不全为零。

对于相同特征值分布在两个及以上约当块时,以上判据不适用,仍应用 rank $V = n$ 来判断。

9.3.4 对偶原理

1. 线性系统的对偶关系

设有两个系统,一个系统 Σ_1 为

$$\dot{x}_1 = A_1 x_1 + B_1 u_1, \quad y_1 = C_1 x_1$$

另一个系统 Σ_2 为

$$\dot{x}_2 = A_2 x_2 + B_2 u_2, \quad y_2 = C_2 x_2$$

若满足下述条件,则称 Σ_1 与 Σ_2 是互为对偶的,即

$$A_2 = A_1^T, \quad B_2 = C_1^T, \quad C_2 = B_1^T \quad (9-83)$$

显然,Σ_1 是一个 r 维输入、m 维输出的 n 阶系统,其对偶系统 Σ_2 是一个 m 维输入、r 维输出的 n 阶系统。

2. 对偶原理

设 $\Sigma_1 = (A_1, B_1, C_1)$ 与 $\Sigma_2 = (A_2, B_2, C_2)$ 是互为对偶的两个系统,若 Σ_1 是状态完全能控的(或完全能观的),则 Σ_2 是状态完全能观的(或完全能控的)。

证明: 对 Σ_2 而言,若能控性判别阵 $S_2 = [B_2 \quad A_2 B_2 \quad \cdots \quad A_2^{n-1} B_2]$ 的秩为 n,则系统为状态完全能控的,将式(9-83)的关系代入上式,有

$$S_2 = [C_1^T \quad A_1^T C_1^T \quad \cdots \quad (A_1^T)^{n-1} C_1^T] = V_1^T$$

说明 Σ_1 的能观性判别阵 V_1 的秩也为 n,从而说明 Σ_1 为完全能观的。

同理可证明,若 Σ_2 的能观性判别阵 V_2 满秩,则 Σ_1 的能控性判别阵 S_1 也满秩。

3. 对偶系统的两个基本特征

(1) 对偶的两个系统传递函数阵互为转置:设 Σ_1 对应的传递函数为 $G_1(s)$,Σ_2 对应的传递函数为 $G_2(s)$,则

$$G_1(s) = C_1(sI - A_1)^{-1} B_1$$
$$G_2(s) = C_2(sI - A_2)^{-1} B_2 = B_1^T(sI - A_1^T)^{-1} C_1^T = [C_1(sI - A_1)^{-1} B_1]^T = G_1^T(s)$$

对于单输入、单输出系统，它们的传递函数相等。

（2）对偶的两个系统特征值相同，即
$$|\lambda I - A_1| = |\lambda I - A_2^T|$$

9.3.5 能控标准型和能观标准型

通过非奇异线性变换，把系统化成能控标准型，对于系统的状态反馈的分析计算比较方便；把系统化成能观标准型，对于系统状态观测器的设计和系统辨识比较方便。

1. 单输入系统的能控标准型

对于 n 阶线性定常系统
$$\dot{x} = Ax + bu, \quad y = Cx \tag{9-84}$$

如果系统是状态完全能控的，即满足
$$\text{rank } S = \text{rank } [b \quad Ab \quad \cdots \quad A^{n-1}b] = n$$

则能控性判别阵中有 n 个向量线性无关，它们的线性组合仍是 n 个线性无关的列向量。若以它们构成状态空间的一组基底，对系统进行非奇异线性变换，得到的状态空间模型为能控标准型。

设 $x = P_c \bar{x}$，式中

$$P_c = SL = [b \quad Ab \quad \cdots \quad A^{n-1}b] \begin{bmatrix} a_1 & a_2 & \cdots & a_{n-1} & 1 \\ a_2 & a_3 & \cdots & 1 & \\ \vdots & \vdots & \ddots & & \\ a_{n-1} & 1 & & 0 & \\ 1 & & & & \end{bmatrix}$$

因系统可控，所以 $\text{rank } S = n$，又因 L 为三角阵，对角元素为 1，所以 L 为满秩，则 P_c 是非奇异的。

通过非奇异线性变换使式(9-84)化为

$$\dot{\bar{x}} = \bar{A}\bar{x} + \bar{b}u = P_c^{-1} A P_c \bar{x} + P_c^{-1} u = \begin{bmatrix} 0 & 1 & 0 & \cdots & 0 \\ 0 & 0 & 1 & \cdots & 0 \\ \vdots & \vdots & \vdots & & \vdots \\ -a_0 & -a_1 & -a_2 & \cdots & -a_{n-1} \end{bmatrix} x + \begin{bmatrix} 0 \\ 0 \\ \vdots \\ 0 \\ 1 \end{bmatrix} u$$

(9-85)

$$y = Cx = CP_c \bar{x} = [\beta_0 \quad \beta_1 \quad \cdots \quad \beta_{n-1}]\bar{x}$$

式中，$a_i (i=0,1,\cdots,n-1)$ 为系统特征多项式 $|\lambda I - A| = \lambda^n + a_{n-1}\lambda^{n-1} + \cdots + a_1\lambda + a_0$ 的各项系数；而 $\beta_i (i=0,1,\cdots,n-1)$ 为 CP_c 相乘的结果。证明从略。

例 9-17 该系统的状态模型为

$$\dot{x} = \begin{bmatrix} 1 & 0 & 0 \\ 0 & 2 & 1 \\ 0 & 0 & 2 \end{bmatrix} x + \begin{bmatrix} 1 \\ 0 \\ 1 \end{bmatrix} u, \quad y = [1 \quad 1 \quad 0]x$$

试将其变换为能控标准型。

解 判断系统的能控性

$$S = [b \quad Ab \quad A^2b] = \begin{bmatrix} 1 & 1 & 1 \\ 0 & 1 & 4 \\ 1 & 2 & 4 \end{bmatrix}$$

由于 rank $S = 3$，为满秩，所以系统能控。系统的特征多项式为

$$|\lambda I - A| = \begin{vmatrix} \lambda-1 & 0 & 0 \\ 0 & \lambda-2 & -1 \\ 0 & 0 & \lambda-2 \end{vmatrix} = \lambda^3 - 5\lambda^2 + 8\lambda - 4$$

故 $a_0 = -4$，$a_1 = 8$，$a_2 = -5$。

非奇异变换阵 P_c 为

$$P_c = SL = [b \quad Ab \quad A^2b] \begin{bmatrix} a_1 & a_2 & 1 \\ a_2 & 1 & 0 \\ 1 & 0 & 0 \end{bmatrix} = \begin{bmatrix} 1 & 1 & 1 \\ 0 & 1 & 4 \\ 1 & 2 & 4 \end{bmatrix} \begin{bmatrix} 8 & -5 & 1 \\ -5 & 1 & 0 \\ 1 & 0 & 0 \end{bmatrix} = \begin{bmatrix} 4 & -4 & 1 \\ -1 & 1 & 0 \\ 2 & -3 & 1 \end{bmatrix}$$

$$P_c^{-1} = \begin{bmatrix} 1 & 1 & -1 \\ 1 & 2 & -1 \\ 1 & 4 & 0 \end{bmatrix}$$

所以，能控标准型为

$$\dot{\bar{x}} = P_c^{-1}AP_c\bar{x} + P_c^{-1}bu = \begin{bmatrix} 0 & 1 & 0 \\ 0 & 0 & 1 \\ -a_0 & -a_1 & -a_2 \end{bmatrix}\bar{x} + \begin{bmatrix} 0 \\ 0 \\ 1 \end{bmatrix}u = \begin{bmatrix} 0 & 1 & 0 \\ 0 & 0 & 1 \\ 4 & -8 & 5 \end{bmatrix}\bar{x} + \begin{bmatrix} 0 \\ 0 \\ 1 \end{bmatrix}u$$

$$y = CP_c\bar{x} = [\beta_0 \quad \beta_1 \quad \beta_2]\bar{x} = [1 \quad 1 \quad 0]\begin{bmatrix} 4 & -4 & 1 \\ -1 & 1 & 0 \\ 2 & -3 & 1 \end{bmatrix}\bar{x} = [3 \quad -3 \quad 1]\bar{x}$$

能控标准型与传递函数 $G(s)$ 之间存在着对应关系，因为线性变换不改变系统的传递函数，即

$$G(s) = \frac{\beta_{n-1}s^{n-1} + \beta_{n-2}s^{n-2} + \cdots + \beta_1 s + \beta_0}{s^n + a_{n-1}s^{n-1} + \cdots + a_1 s + a_0}$$

如例 9-17 对应系统的传递函数为

$$G(s) = \frac{s^2 - 3s + 3}{s^3 - 5s^2 + 8s - 4}$$

2. 能观标准型

根据对偶原理，能控系统的对偶系统是能观的，所以写出能控标准型的对偶系统，即为能观标准型。

式(9-85)的对偶系统即为能观标准型，即

$$\dot{x} = \begin{bmatrix} 0 & 0 & \cdots & -a_0 \\ 1 & 0 & \cdots & -a_1 \\ 0 & 1 & \cdots & -a_2 \\ \vdots & \vdots & \cdots & \vdots \\ 0 & 0 & \cdots & -a_{n-1} \end{bmatrix}x + \begin{bmatrix} \beta_0 \\ \beta_1 \\ \beta_2 \\ \vdots \\ \beta_{n-1} \end{bmatrix}u, \quad y = [0 \quad 0 \quad 0 \quad \cdots \quad 1]x \quad (9-86)$$

若通过线性变换获得能观标准型,设原系统状态模型为 $\dot{x}=Ax+bu$,$y=Cx$,则变换阵 P_0^{-1} 为

$$P_0^{-1}=\begin{bmatrix} a_1 & a_2 & \cdots & a_{n-1} & 1 \\ a_2 & a_3 & \cdots & 1 & \\ \vdots & \vdots & \ddots & & \\ a_{n-1} & 1 & & 0 & \\ 1 & & & & \end{bmatrix}\begin{bmatrix} C \\ CA \\ \vdots \\ CA_{n-1} \end{bmatrix} \tag{9-87}$$

这时 $\dot{\bar{x}}=P_0^{-1}AP_0\bar{x}+P_0^{-1}bu$, $y=CP_0\bar{x}$

因此,能观标准型与传递函数之间也存在着对应的关系。

例 9-18 试将例 9-17 的状态模型变换为能观标准型。

解 已知 $A=\begin{bmatrix} 1 & 0 & 0 \\ 0 & 2 & 1 \\ 0 & 0 & 2 \end{bmatrix}$, $b=\begin{bmatrix} 1 \\ 0 \\ 1 \end{bmatrix}$, $C=\begin{bmatrix} 1 & 1 & 0 \end{bmatrix}$

能观性矩阵

$$V=\begin{bmatrix} C \\ CA \\ CA^2 \end{bmatrix}=\begin{bmatrix} 1 & 1 & 0 \\ 1 & 2 & 1 \\ 1 & 4 & 4 \end{bmatrix}$$

由于 rank $V=3$,故可知系统状态是完全能观的。已知系统特征多项式系数 $a_0=-4$, $a_1=8$, $a_2=-5$,变换矩阵 P_0^{-1} 为

$$P_0^{-1}=\begin{bmatrix} 8 & -5 & 1 \\ -5 & 1 & 0 \\ 1 & 0 & 0 \end{bmatrix}\begin{bmatrix} 1 & 1 & 0 \\ 1 & 2 & 1 \\ 1 & 4 & 4 \end{bmatrix}=\begin{bmatrix} 4 & 2 & 1 \\ -4 & -3 & -1 \\ 1 & 1 & 0 \end{bmatrix}$$

所以能观标准型为

$$\dot{x}=P_0^{-1}APx+P_0^{-1}bu=\begin{bmatrix} 0 & 0 & -a_0 \\ 1 & 0 & -a_1 \\ 0 & 1 & -a_2 \end{bmatrix}x+$$

$$\begin{bmatrix} 4 & 2 & 1 \\ -4 & -3 & 1 \\ 1 & 1 & 0 \end{bmatrix}\begin{bmatrix} 1 \\ 0 \\ 1 \end{bmatrix}u=\begin{bmatrix} 0 & 0 & 4 \\ 1 & 0 & -8 \\ 0 & 1 & 5 \end{bmatrix}x+\begin{bmatrix} 3 \\ -3 \\ 1 \end{bmatrix}u$$

$$y=CP_0x=\begin{bmatrix} 0 & 0 & 1 \end{bmatrix}x$$

9.4 李雅普诺夫稳定性分析

稳定性是自动控制理论分析的一个重要方面,因为一个不稳定的系统是无法正常工作的。在经典控制理论中给出的稳定性的概念是:系统遭受外界扰动偏离了原来的工作状态,在扰动消失后,系统自身有能力恢复到原来的平衡状态。在经典控制理论中,对于单输入、单输出的线性定常系统,用劳思判据、胡尔维茨判据、奈奎斯特判据是非常方便的。但对于时变系统,非线性系统,多输入、多输出系统,这些判据就不适用了。

李雅普诺夫在 1892 年发表了论文《论运动稳定性一般问题》，建立了运动稳定性的一般理论和方法。他把判定系统稳定性归纳为两种方法：第一种方法是通过求解微分方程的解，分析系统的稳定性，这是一种间接方法，它的基本思路和分析方法与经典理论是一致的；第二种方法是不需要求解微分方程，而是通过一个叫做李雅普诺夫函数的标量函数来直接判定系统稳定性，因此，它特别适用于那些难以求解的非线性系统和时变系统。李雅普诺夫第二种方法也有不足的地方，那就是没有一种统一的方法来寻找李雅普诺夫函数。过去，寻找李雅普诺夫函数主要是靠试探，几乎完全凭借设计者的经验和技巧。这曾经严重地阻碍着李雅普诺夫第二种方法的推广应用。现在，随着计算机技术的发展，借助于数字计算机不仅可以找到所需的李雅普诺夫函数，而且还能确定系统的稳定区域。但是要想找到一套对任何系统都普遍适用的方法仍很困难。李雅普诺夫第二种方法除了用于对系统进行稳定性分析外，还在现代控制理论的分析与综合中，得到不断的应用与发展。本节主要介绍李雅普诺夫关于稳定性的定义；李雅普诺夫第一种方法和李雅普诺夫第二种方法的一些基本概念。

9.4.1 李雅普诺夫稳定性的定义

李雅普诺夫给出了对任何系统都普遍适用的稳定性的一般定义。

1. 系统状态的运动及平衡状态

设所研究的系统的齐次方程为

$$\dot{x} = f(x,t) \tag{9-88}$$

式中，x 为 n 维状态向量；$f(x,t)$ 为线性或非线性、定常或时变的与 x 同维的向量函数。也就是说它是 x 的各元素 $x_1, x_2, \cdots, x_n$ 和时间 t 的函数。如果不显含 t，则为定常系统。

设式(9-88)在给定初始条件(t_0, x_0)下有唯一解 $x = \Phi(t, x_0, t_0)$。那么在初始时刻 t_0 的状态 $x(t_0) = \Phi(t_0, x_0, t_0)$，系统的运动就是 x 在 n 维状态空间中从初始点出发的一条状态运动轨迹。

李雅普诺夫关于稳定性的研究都是针对系统的平衡状态而言的。

对于式(9-88)，若存在状态 x_e，对于所有 t，都使 $f(x_e, t) \equiv 0$，则称 x_e 为系统的平衡状态。

对于线性定常系统 $\dot{x} = Ax$，若要满足 $Ax_e \equiv 0$，在 A 非奇异的情况下，只有 $x_e \equiv 0$，也就是说线性定常系统只有一个平衡状态，是系统的坐标原点。

对于非线性系统，可能没有平衡状态，也可能有多个平衡状态，令 $\dot{x} = 0$ 所求得的解 x，便是平衡状态。例如系统

$$\dot{x}_1 = -x_1, \quad \dot{x}_2 = x_1 + x_2 - x_2^3$$

就有三个平衡状态

$$x_{e1} = \begin{bmatrix} 0 \\ 0 \end{bmatrix}, \quad x_{e2} = \begin{bmatrix} 0 \\ -1 \end{bmatrix}, \quad x_{e3} = \begin{bmatrix} 0 \\ 1 \end{bmatrix} \tag{9-89}$$

由于任意一个已知的平衡状态都可以通过坐标变换将其变换到坐标原点，所以只讨论 $x_e = 0$ 处的稳定性即可。

2. 李雅普诺夫稳定性定义

(1) 李雅普诺夫意义下的稳定性：设系统初始状态位于以平衡状态 x_e 为球心，半径为 δ 的闭球域 $S(\delta)$ 内，即

$$\| x_0 - x_e \| \leqslant \delta \quad (t = t_0) \tag{9-90}$$

从 $x(t_0)$ 出发的状态轨线 $x(t)$ 在 $t \to \infty$ 的过程中,都位于以 x_e 为球心,任意规定的半径为 ε 的闭球域内,即

$$\|x(t) - x_e\| \leqslant \varepsilon \qquad (t \geqslant t_0) \tag{9-91}$$

则称 x_e 是稳定的,通常称为李雅普诺夫意义下的稳定性。该定义的几何表示如图 9-11(a) 所示。

式中,$\|\cdot\|$ 为欧氏范数,其几何意义是空间距离的尺度。如 $\|x - x_e\|$ 表示状态空间 x 点至 x_e 点之间的距离,其数学表达式为

$$\|x - x_e\| = \sqrt{(x_1 - x_{1e})^2 + (x_2 - x_{2e})^2 + \cdots + (x_n - x_{ne})^2}$$

通常时变系统的 δ 和 t_0 有关,定常系统的 δ 与 t_0 无关,当 δ 与 t_0 无关时,称为一致稳定。

注意:按李雅普诺夫意义下的稳定性定义,当系统作不衰减的振荡时,如非线性系统的极限环,则认为是稳定的。这同经典控制理论的稳定性是有差异的。系统若处于李雅普诺夫意义下的稳定状态是不能工作的。

(2) 渐近稳定:如果平衡状态不仅是稳定的,而且当 $t \to \infty$ 时,从 $x(t_0)$ 出发的状态轨线不仅不超出 $S(\varepsilon)$,而且最终收敛于 x_e,则称这种平衡状态 x_e 渐近稳定,如图 9-11(b) 所示。

从工程意义上说,渐近稳定比稳定更重要。它与经典控制理论的稳定性相对应。但由于渐近稳定是一个局部区域,某平衡状态渐近稳定,并不意味着整个系统渐近稳定。

(3) 大范围渐近稳定:如果平衡状态 x_e 是稳定的,而且从状态空间中所有初始状态出发的轨线都具有渐近稳定性,则称这种平衡状态 x_e 大范围渐近稳定。显然,大范围渐近稳定的必要条件是在整个状态空间中,只有一个平衡状态。对于线性系统,如果平衡状态是渐近稳定的,则必然也是大范围渐近稳定的。这是因为线性系统的稳定性和初始条件的大小无关。而非线性系统的稳定性一般与初始条件的大小有关,所以 δ 总是有限的。故通常只能在小范围内渐近稳定。当 δ 与 t_0 无关时,则称为大范围一致渐近稳定。

(4) 不稳定:如果不管 δ 这个实数多么小,由 $S(\delta)$ 内出发的状态轨线,至少有一条越过 $S(\varepsilon)$,则称这种平衡状态 x_e 不稳定,如图 9-11(c) 所示。

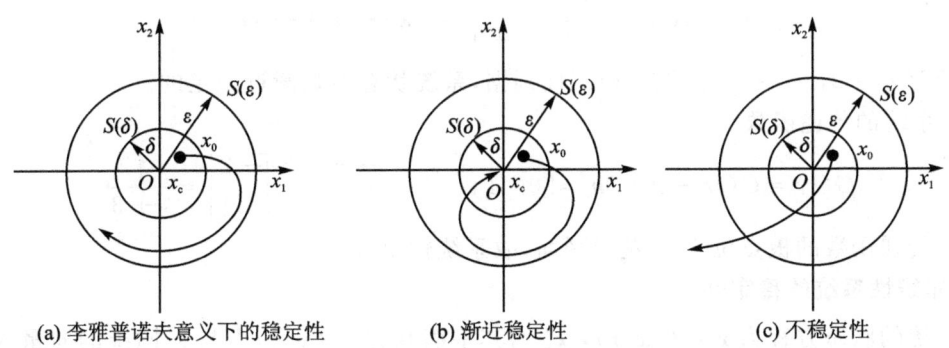

(a) 李雅普诺夫意义下的稳定性　　(b) 渐近稳定性　　(c) 不稳定性

图 9-11　有关稳定性的平面几何表示

9.4.2　李雅普诺夫第一法(间接法)

李雅普诺夫第一法的基本思想是通过系统状态方程的解来判断系统的稳定性,它适用于线性系统和可线性化的非线性系统。

1. 线性系统的稳定判据

线性定常系统 $\dot{x}=Ax$ 渐近稳定的充要条件是矩阵 A 的所有特征值均具有负实部。因为假设 A 为对角阵 Λ，则

$$x(t)=e^{\Lambda t}x(0)=\begin{bmatrix} e^{\lambda_1 t} & & & 0 \\ & e^{\lambda_2 t} & & \\ & & \ddots & \\ 0 & & & e^{\lambda_n t} \end{bmatrix} x(0)$$

只有 A 的特征值 $\lambda_1,\lambda_2,\cdots,\lambda_n$ 全部具有负实部，才有 $\lim_{t\to\infty} x(t)=0$。

以上讨论的都是指系统的状态稳定性，但从工程上看，往往更重视系统的输出稳定性，也称为 BIBO 稳定性。

如果系统对于有界输入 u 所引起的输出 y 是有界的，则称系统为输出稳定。

线性定常系统

$$\dot{x}=Ax+bu,\quad y=Cx$$

输出稳定的充要条件是其传递函数 $G(s)=C(sI-A)^{-1}b$ 的极点全部位于 S 的左半平面。

由上述可知，线性定常系统，平衡状态 x_e 的渐近稳定性由 A 的特征值决定，而 BIBO 稳定是由传递函数的极点决定。由于 $G(s)$ 的所有极点是 A 的特征值，故平衡状态 x_e 的渐近稳定性就包含了系统 BIBO 稳定。但是一个系统 BIBO 稳定，系统不一定状态渐近稳定。只有当系统的传递函数无零极点对消时，两者才相一致。

例 9-19 设系统的状态空间表达式为

$$\dot{x}=\begin{bmatrix} 0 & 6 \\ 1 & -1 \end{bmatrix} x+\begin{bmatrix} -2 \\ 1 \end{bmatrix} u,\quad y=\begin{bmatrix} 0 & 1 \end{bmatrix} x$$

试分析系统的状态稳定性和输出稳定性。

解 (1) A 的特征方程式为

$$|\lambda I-A|=\begin{vmatrix} \lambda & -6 \\ -1 & \lambda+1 \end{vmatrix}=(\lambda-2)(\lambda+3)=0$$

可得特征值 $\lambda_1=2,\lambda_2=-3$。根据稳定性判据，系统状态不是渐近稳定的。

(2) 系统的传递函数

$$G(s)=C(sI-A)^{-1}b=\begin{bmatrix} 0 & 1 \end{bmatrix} \begin{bmatrix} s & -6 \\ -1 & s+1 \end{bmatrix}^{-1} \begin{bmatrix} -2 \\ 1 \end{bmatrix}=\frac{1}{s+3}$$

由于传递函数的极点位于 S 左半平面，故系统输出稳定。

2. 非线性系统的稳定性

设系统的状态方程为 $\dot{x}=f(x,t)$，x_e 为其平衡状态；$f(x,t)$ 为与 x 同维的向量函数，且对 x 具有连续的偏导数。

为讨论系统在 x_e 处的稳定性，可将 $f(x,t)$ 在 x_e 邻域内展开为泰勒级数，即

$$\dot{x}=f(x_e)+\frac{\partial f}{\partial x^T}\bigg|_{x=x_e}(x-x_e)+R(x) \tag{9-92}$$

式中，$R(x)$ 为级数展开式中二阶及以上各阶之和。而

$$\frac{\partial f}{\partial \boldsymbol{x}^{\mathrm{T}}} = \begin{bmatrix} \dfrac{\partial f_1}{\partial x_1} & \dfrac{\partial f_1}{\partial x_2} & \cdots & \dfrac{\partial f_1}{\partial x_n} \\ \dfrac{\partial f_2}{\partial x_1} & \dfrac{\partial f_2}{\partial x_2} & \cdots & \dfrac{\partial f_2}{\partial x_n} \\ \vdots & \vdots & \cdots & \vdots \\ \dfrac{\partial f_n}{\partial x_1} & \dfrac{\partial f_n}{\partial x_2} & \cdots & \dfrac{\partial f_n}{\partial x_n} \end{bmatrix} \qquad (9-93)$$

称为雅可比矩阵。

令 $\Delta \dot{\boldsymbol{x}} = \dot{\boldsymbol{x}} - f(\boldsymbol{x}_e)$，$\Delta \boldsymbol{x} = \boldsymbol{x} - \boldsymbol{x}_e$，$\boldsymbol{A} = \left. \dfrac{\partial f}{\partial \boldsymbol{x}^{\mathrm{T}}} \right|_{\boldsymbol{x} = \boldsymbol{x}_e}$，可得系统的线性化方程为 $\Delta \dot{\boldsymbol{x}} = \boldsymbol{A} \Delta \boldsymbol{x}$。在一次近似的基础上，李雅普诺夫给出下述结论：

(1) 如果线性化方程中系数矩阵 $\boldsymbol{A}$ 的所有特征值都具有负实部，则非线性系统在 $\boldsymbol{x}_e$ 处是渐近稳定的，而且与 $R(\boldsymbol{x})$ 无关。

(2) 如果矩阵 $\boldsymbol{A}$ 的特征值至少有一个正实部，则非线性系统在 $\boldsymbol{x}_e$ 处是不稳定的。

(3) 如果矩阵 $\boldsymbol{A}$ 的特征值至少有一个实部为零，系统处于临界状态，非线性系统的稳定性不能由矩阵 $\boldsymbol{A}$ 的特征值来确定。在 $\boldsymbol{x}_e$ 处的稳定性与 $R(\boldsymbol{x})$ 有关。必须用其他方法来判定系统的稳定性。

例 9-20 设系统状态方程为
$$\dot{x}_1 = x_1 - x_1 x_2, \quad \dot{x}_2 = -x_2 + x_1 x_2$$
试分析系统在平衡处的稳定性。

解 求系统的平衡状态，令 $\dot{x}_1 = 0$ 及 $\dot{x}_2 = 0$，即
$$\begin{cases} x_1 - x_1 x_2 = 0 \\ -x_2 + x_1 x_2 = 0 \end{cases}$$

解之得，$\boldsymbol{x}_{e1} = \begin{bmatrix} 0 \\ 0 \end{bmatrix}$，$\boldsymbol{x}_{e2} = \begin{bmatrix} 1 \\ 1 \end{bmatrix}$。在 $\boldsymbol{x}_{e1}$ 处将方程线性化，由于

$$\boldsymbol{A} = \begin{bmatrix} \dfrac{\partial f_1}{\partial x_1} & \dfrac{\partial f_1}{\partial x_2} \\ \dfrac{\partial f_2}{\partial x_1} & \dfrac{\partial f_2}{\partial x_2} \end{bmatrix}_{\boldsymbol{x} = \boldsymbol{x}_{e1}} = \begin{bmatrix} 1 & 0 \\ 0 & -1 \end{bmatrix}$$

得线性化后的方程为
$$\begin{bmatrix} \dot{x}_1 \\ \dot{x}_2 \end{bmatrix} = \begin{bmatrix} 1 & 0 \\ 0 & -1 \end{bmatrix} \begin{bmatrix} x_1 \\ x_2 \end{bmatrix}$$

其特征值 $\lambda_1 = -1$，$\lambda_2 = 1$，可见原非线性系统在 $\boldsymbol{x}_{e1}$ 处是不稳定的。

同理，在 $\boldsymbol{x}_{e2}$ 处线性化，得 $\boldsymbol{A} = \begin{bmatrix} 0 & -1 \\ 1 & 0 \end{bmatrix}$，其特征值为 $\pm \mathrm{j}$，实部为零。因此不能由线性化方程得出原系统在 $\boldsymbol{x}_{e2}$ 处的稳定性。这种情况要应用李雅普诺夫第二法进行判定。

9.4.3 李雅普诺夫第二法(直接法)

李雅普诺夫第二法研究系统稳定性，即构造一个与系统状态有关的称为李雅普诺夫函数的标量函数 $V(\boldsymbol{x}, t)$。研究 $V(\boldsymbol{x}, t)$ 及其沿状态轨线随时间的变化率的定号性，就可以得到系

统稳定性的信息。也就是说,对于一个系统,如果能够构造 $V(x,t)$,就能判断该系统的稳定性。

李雅普诺夫第二法诸稳定定理:

设系统状态方程为 $\dot{x}=f(x)$,在平衡状态 $x_e=0$ 的某领域内(当平衡状态不在原点时,可通过坐标变换将其置于原点,而坐标变换不会改变系统方程的固有性质),标量函数 $V(x)$ 具有连续一阶偏导数。

定理 1 若:

(1) $V(x)>0, x\neq 0$

   $V(x)=0, x=0$

(2) $\dot{V}(x)<0, x\neq 0$

   $\dot{V}(x)=0, x=0$

则原点是一致渐近稳定的。

如果 $\|x\|\to\infty, V(x)\to\infty$,则原点是一致大范围渐近稳定的。

例 9-21 试用李雅普诺夫第二法判断下列非线性系统的稳定性。

$$\dot{x}_1=x_2-x_1(x_1^2+x_2^2), \quad \dot{x}_2=-x_1-x_2(x_1^2+x_2^2)$$

解 求系统的平衡状态。

令 $\dot{x}_1=0$ 及 $\dot{x}_2=0$,解得 $x_1=0, x_2=0$,故只有原点一个平衡状态。

设 $V(x)=x_1^2+x_2^2$,则 $\dot{V}(x)=2x_1\dot{x}_1+2x_2\dot{x}_2$。

将状态方程代入

$$\dot{V}(x)=2x_1[x_2-x_1(x_1^2+x_2^2)]+2x_2[-x_1-x_2(x_1^2+x_2^2)]=-2(x_1^2+x_2^2)$$

显见

$$V(x)>0 \text{ 时}, x\neq 0$$

$$V(x)=0 \text{ 时}, x=0$$

$$\dot{V}(x)<0 \text{ 时}, x\neq 0$$

$$\dot{V}(x)=0 \text{ 时}, x=0$$

所以系统是大范围一致且渐近稳定的。

注意:李雅普诺夫函数的选择不是唯一的。如果 $V(x)$ 选取不当,会导致 $\dot{V}(x)$ 的符号不定。

定理 2 若:

(1) $V(x)>0$ 时, $x\neq 0$

   $V(x)=0$ 时, $x=0$

(2) $\dot{V}(x)\leqslant 0$ 时, $x\neq 0$

   $\dot{V}(x)=0$ 时, $x=0$

(3) 除 $x=x_e=0$ 的平衡状态外,还有 $\dot{V}(x)=0$ 的点,但不会在整条状态轨线上恒有 $\dot{V}(x)=0$,则系统是原点一致且渐近稳定的。

如果 $\|x\|\to\infty$,有 $V(x)\to\infty$,则称系统为原点一致大范围且渐近稳定。

这条定理的第(3)条是说,在 $x\neq 0$ 时,有 $\dot{V}(x)=0$ 的点,但又不是整条运动轨迹上的 $\dot{V}(x)\equiv 0$。

若 $\dot{V}(x)$ 恒等于零，这时运动轨迹将落在某个特定曲线 $V(x)=c$ 上。这意味着运动轨迹不会收敛于原点，这种情况可能对应非线性系统中出现的极限环或线性系统中的临界稳定，如图 9-12(a) 所示。

若 $\dot{V}(x)$ 不恒为零，这时运动轨迹只在某个时刻与某个特定曲面 $V(x)=c$ 相切，运动轨迹通过切点后并不停留而继续向原点收敛。因此，这种情况仍属渐近稳定，如图 9-12(a) 所示。

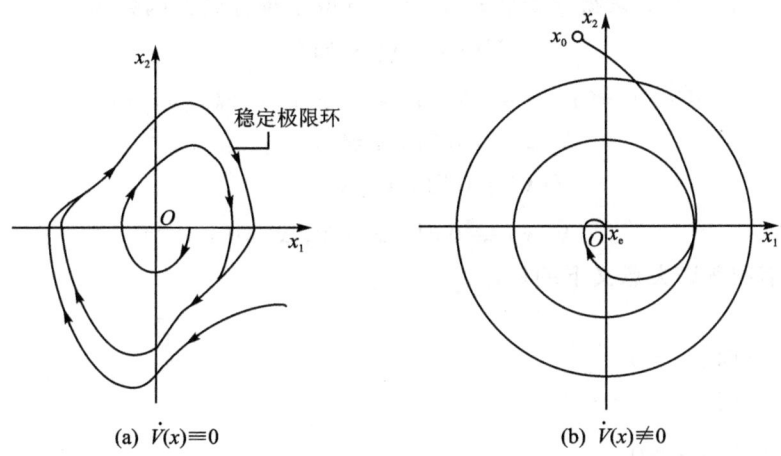

图 9-12 $\dot{V}(x)=0$ 时的运动分析

例 9-22 系统状态方程为
$$\dot{x}_1 = x_2, \quad \dot{x}_2 = -a(1+x_2)^2 x_2 - x_1$$
其中，a 为非零实数，判别系统稳定性。

解 令 $\dot{x}_1=0$，$\dot{x}_2=0$，求得系统平衡状态 $x_e=0$。

设 $V(x)=x_1^2+x_2^2$，则 $\dot{V}(x)=2x_1\dot{x}_1+2x_2\dot{x}_2$。

将原方程代入上式得
$$\dot{V}(x) = 2x_1 x_2 + 2x_2[-a(1+x_2)^2 x_2 - x_1] = -2a(1+x_2)^2 x_2^2$$

显然
$$V(x) > 0 \text{ 时，} x \neq 0$$
$$V(x) = 0 \text{ 时，} x = 0$$
$$\dot{V}(x) \leqslant 0 \text{ 时，} x \neq 0$$
$$\dot{V}(x) = 0 \text{ 时，} x = 0$$

因为当 x_1 为任意且 $x_2=0$ 或 $x_2=-1$ 时，$\dot{V}(x)=0$；当 x_1 为任意且 $x_2 \neq 0$ 或 $x_2 \neq -1$ 时，$\dot{V}(x)<0$，所以 $\dot{V}(x)$ 不恒为零，因此系统一致大范围渐近稳定。

定理 3 若：

(1) $V(x) > 0$ 时，$x \neq 0$
   $V(x) = 0$ 时，$x = 0$

(2) $\dot{V}(x) \leqslant 0$ 时，$x \neq 0$
   $\dot{V}(x) = 0$ 时，$x = 0$

(3) $\dot{V}(x) \equiv 0$ 时，$x \neq 0$

则原点是李雅普诺夫意义下稳定的。

定理的第(3)是说，在 $x \neq 0$ 时，有 $\dot{V}(x) \equiv 0$ 的轨迹，系统的状态轨线不能运行到坐标原点，可能沿着一个环运动。

例 9-23 系统的状态方程为
$$\dot{x}_1 = kx_2, \quad \dot{x}_2 = -x_1$$
式中，k 为大于零的常数，分析系统平衡状态的稳定性。

解 令 $\dot{x}_1 = 0, \dot{x}_2 = 0$，求得平衡状态 $x_e = 0$，选取李雅普诺夫函数为
$$V(x) = x_1^2 + kx_2^2$$
则
$$\dot{V}(x) = 2x_1\dot{x}_1 + 2kx_2\dot{x}_2 = 2kx_1x_2 - 2kx_1x_2 = 0$$
显然有
$$V(x) > 0 \text{ 时}, x \neq 0$$
$$V(x) = 0 \text{ 时}, x = 0$$
$$\dot{V}(x) \equiv 0 \text{ 时}, x \neq 0, x = 0$$
所以，$x_e = 0$ 为李雅普诺夫意义下的稳定。

定理 4 若：
(1) $V(x) > 0$ 时，$x \neq 0$
    $V(x) = 0$ 时，$x = 0$
(2) $\dot{V}(x) > 0$ 时，$x \neq 0$
    $\dot{V}(x) = 0$ 时，$x = 0$
则系统原点是不稳定的。

例 9-24 系统状态方程为
$$\dot{x}_1 = x_2, \quad \dot{x}_2 = -x_1 + x_2$$

解 分析系统平衡状态的稳定性，由 $\dot{x}_1 = 0, \dot{x}_2 = 0$ 得系统的平衡状态 $x_e = 0$。
选取
$$V(x) = x_1^2 + x_2^2$$
则
$$\dot{V}(x) = 2x_1\dot{x}_1 + 2x_2\dot{x}_2 = 2x_2^2$$
显然有
$$V(x) > 0 \text{ 时}, x \neq 0$$
$$V(x) = 0 \text{ 时}, x = 0$$
$$\dot{V}(x) > 0 \text{ 时}, x \neq 0$$
$$\dot{V}(x) = 0 \text{ 时}, x = 0$$
所以系统在原点是不稳定的。

由上分析可知，李雅普诺夫第二法主要是李雅普诺夫函数 $V(x)$ 的选取，$V(x)$ 的选取没有通用的方法。

9.5 状态反馈与系统镇定

由经典控制理论可知，闭环系统性能与闭环极点密切相关，用调整开环增益及引入串、并联校正装置来配置闭环极点，以改善系统性能。但在状态空间的分析综合中，除了利用输出反馈外，主要利用状态反馈来配置极点，因为它能提供更多的校正信息和可供选择的自由度，因而使系统容易获得更为优异的性能。但是系统的状态不一定都是能直接测量的，于是提出用状态观测器给出状态估值的问题。因此，状态反馈与状态观测器的设计便构成了现代系统综

合设计的主要内容。

9.5.1 状态反馈及其设计

1. 状态反馈

状态反馈是将系统的每一个状态变量乘以相应的反馈系数,然后反馈到输入端与参考输入相减形成控制规律,作为受控系统的控制输入。图 9-13 所示是一个多输入、多输出系统状态反馈的基本结构。

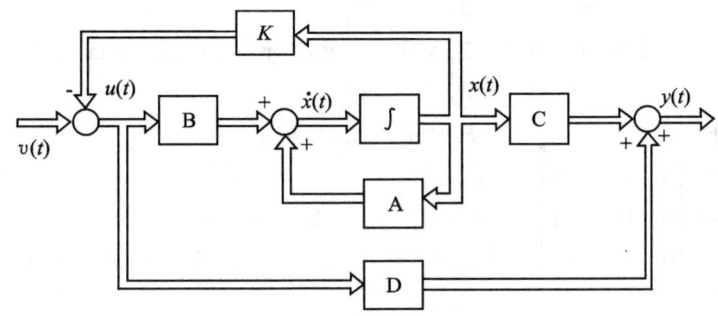

图 9-13 状态反馈系统方框图

图中原系统的状态空间表达式为

$$\dot{x} = Ax + Bu, \quad y = Cx + Du \qquad (9-94)$$

若 $D=0$,则

$$\dot{x} = Ax + Bu, \quad y = Cx$$

简记为 $\Sigma_0 = (A, B, C)$。

状态线性反馈控制规律为

$$u = v - Kx \qquad (9-95)$$

式中,v 为 $r \times 1$ 维输入;K 为 $r \times n$ 维状态反馈系数阵;而对于单输入系统,K 为 $1 \times n$ 维行向量。

把式(9-95)代入式(9-94)后得

$$\dot{x} = Ax + B(v - Kx) = (A - BK)x + Bv$$
$$y = Cx + D(v - Kx) = (C - DK)x + Dv$$

若 $D=0$,则

$$\dot{x} = (A - BK)x + Bv, \quad y = Cx \qquad (9-96)$$

简记为 $\Sigma_K = [(A-BK), B, C]$。

比较 Σ_0 和 Σ_K 可知,状态反馈阵 K 的引入,并不增加系统的维数。闭环特征方程为 $|\lambda I - (A-BK)| = 0$,通过改变 K 的各分量的值,可自由地改变闭环系统的特征值,从而使系统获得所要求的性能。

2. 状态反馈的设计

控制系统动态性能的优劣首先是其稳定性,也就是看中系统的极点在根平面上的位置。因此,在对系统进行校正时,往往需要根据系统的性能指标要求确定其需要的闭环极点。如果能够通过状态反馈,使系统的闭环极点可以任意配置,这对设计一个满足给定指标要求的系统是非常有意义的。可以证明:利用状态反馈任意配置极点的充分必要条件是控制系统是能控的。状态反馈不改变系统传递函数的零点,只改变传递函数的极点,因此状态反馈不改变原系统的能控性，但不保证原系统的能观性。

例 9-25 给定系统开环传递函数为

$$G(s) = \frac{s+1}{s^2(s+3)}$$

要求用状态反馈将闭环极点配置到 $-2, -2, -1$。试计算状态反馈增益阵 $\boldsymbol{K}$，并说明所得到的闭环系统是否可观。

解 系统的能控标准型实现为

$$\dot{\boldsymbol{x}} = \begin{bmatrix} 0 & 1 & 0 \\ 0 & 0 & 1 \\ 0 & 0 & -3 \end{bmatrix} \boldsymbol{x} + \begin{bmatrix} 0 \\ 0 \\ 1 \end{bmatrix} u, \quad y = \begin{bmatrix} 1 & 1 & 0 \end{bmatrix} \boldsymbol{x}$$

设系统状态反馈阵

$$\boldsymbol{K} = \begin{bmatrix} k_0 & k_1 & k_2 \end{bmatrix}$$

则

$$\boldsymbol{A} - \boldsymbol{BK} = \begin{bmatrix} 0 & 1 & 0 \\ 0 & 0 & 1 \\ 0 & 0 & -3 \end{bmatrix} - \begin{bmatrix} 0 \\ 0 \\ 1 \end{bmatrix} \begin{bmatrix} k_0 & k_1 & k_2 \end{bmatrix} = \begin{bmatrix} 0 & 1 & 0 \\ 0 & 0 & 1 \\ -k_0 & -k_1 & -(3+k_2) \end{bmatrix}$$

闭环特征多项式

$$f(\lambda) = |\lambda \boldsymbol{I} - (\boldsymbol{A} - \boldsymbol{BK})| = \lambda^3 + (3+k_2)\lambda^2 + k_1 \lambda + k_0$$

希望的特征多项式

$$f^*(\lambda) = (\lambda + 2)^2 (\lambda + 1) = \lambda^3 + 5\lambda^2 + 8\lambda + 4$$

比较系数得

$$\boldsymbol{K} = \begin{bmatrix} k_0 & k_1 & k_2 \end{bmatrix} = \begin{bmatrix} 4 & 8 & 2 \end{bmatrix}$$

状态反馈不改变系统零点，且不改变系统能控性。然而反馈后系统在 $s = -1$ 处出现零、极点对消，所以闭环系统不可观测。其状态反馈结构图如图 9-14 所示。

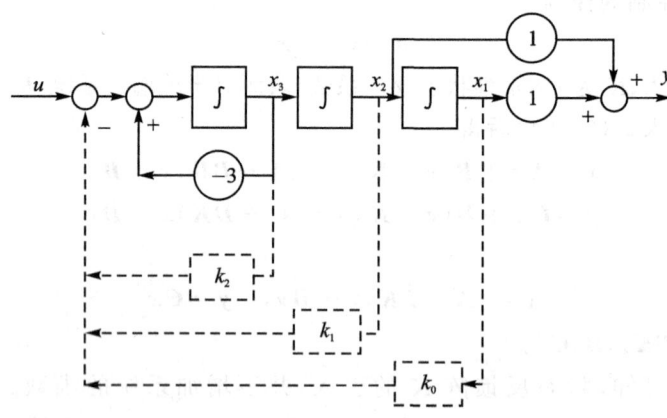

图 9-14 例 9-25 状态反馈结构图

9.5.2 输出到输入的反馈

输出反馈是采用输出向量 y 构成线性反馈律。在经典控制理论中主要讨论这种反馈形式。图 9-15 所示为多输入、多输出系统输出反馈的基本结构。

设受控系统 $\Sigma_0 = (\boldsymbol{A}, \boldsymbol{B}, \boldsymbol{C}, \boldsymbol{D})$ 的方程为

$$\dot{\boldsymbol{x}} = \boldsymbol{A}\boldsymbol{x} + \boldsymbol{B}\boldsymbol{u}, \quad \boldsymbol{y} = \boldsymbol{C}\boldsymbol{x} + \boldsymbol{D}\boldsymbol{u}$$

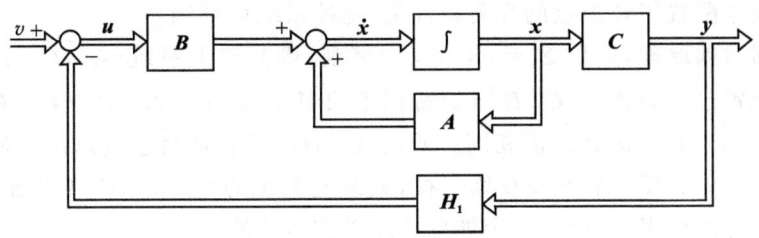

图 9-15 输出反馈结构

若 $D=0$,则
$$\dot{x}=Ax+Bu, \quad y=Cx \quad (9-97)$$

输出线性反馈规律为
$$u=v-H_1 y \quad (9-98)$$

式中,H_1 为 $r\times m$ 维输出反馈增益阵。

把式(9-98)代入式(9-97)后得
$$\dot{x}=Ax+Bu=Ax+B(v-H_1 y)=(A-BH_1 C)x+Bv, \quad y=Cx \quad (9-99)$$

简记 $\Sigma_{H1}=[(A-BH_1 C),B,C]$。由式(9-99)可见,通过选择输出反馈增益阵 H_1 也可以改变闭环系统的特征值,从而改变系统的控制特性。

与状态反馈相比,输出反馈中的 $H_1 C$ 与状态反馈中的 K 相当,但由于输出的维数 m 一般小于状态的维数 n,所以输出反馈只相当于一部分状态反馈。只有当 $C=I$ 时,$H_1 C=K$,才能等同于状态反馈。因此,常数输出反馈不能任意配置系统的极点。但由于输出是可测量的,因此比状态反馈在技术的实现要容易。

输出反馈不改变原系统的能控性和能观性。

9.5.3 输出到状态向量导数的反馈

从系统输出到状态向量导数 $\dot{x}$ 的线性反馈形式在后面讲的状态观测器中获得应用。图 9-16 表示了这种反馈结构。

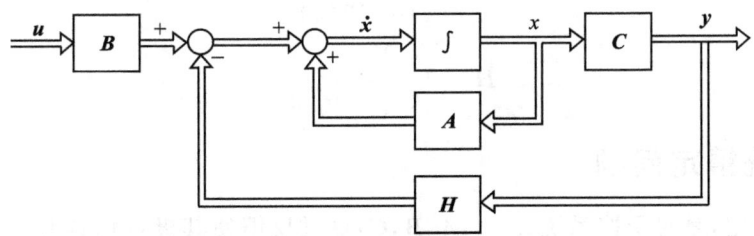

图 9-16 系统从输出到 $\dot{x}$ 反馈状态图

设受控系统 $\Sigma_0=(A,B,C)$ 动态方程为
$$\dot{x}=Ax+Bu, \quad y=Cx$$

输出反馈系统动态方程为
$$\dot{x}=Ax+Bu-Hy=(A-HC)x+Bu, \quad y=Cx \quad (9-100)$$

简记为 $\Sigma_H=[(A-HC),B,C]$,式中 H 为 $n\times m$ 维输出反馈阵。

与状态反馈相比可知,通过选择 H 阵,也能改变闭环系统的特征值。可以证明,用输出至状态微分反馈任意配置闭环极点的充要条件是:受控系统可观测。

证明 根据对偶原理,如果 $\Sigma_0 = (A, B, C)$ 能观,则其对偶系统 (A^T, C^T, B^T) 必可控。由状态反馈极点配置已知,$(A^T - C^T H^T)$ 的特征值可任意配置。而 $(A^T - C^T H^T)$ 的特征值与 $(A^T - C^T H^T)^T = A - HC$ 的特征值相同。所以 $A - HC$ 的特征值也可以任意配置。

输出至状态微分的反馈和状态反馈一样,只改变系统的极点,不改变系统的零点。因此,反馈后保持原状态的可观性,但不一定能保持原受控系统的可控性。

输出反馈矩阵 H 的求取,只需要将期望的特征多项式 $f^*(\lambda)$ 与 $f(\lambda) = |\lambda I - (A - HC)|$ 的系数相比较即可。

例 9-26 某对象的状态空间表达式为

$$\dot{x} = \begin{bmatrix} 1 & 1 \\ 0 & -2 \end{bmatrix} x + \begin{bmatrix} 1 \\ 1 \end{bmatrix} u, \quad y = \begin{bmatrix} 2 & 1 \end{bmatrix} x$$

试用输出到 $\dot{x}$ 的反馈,将系统的极点配置在 -3 和 -4 上。

解 能观性判别阵

$$V = \begin{bmatrix} C \\ CA \end{bmatrix} = \begin{bmatrix} 2 & 1 \\ 2 & 0 \end{bmatrix}, \quad \text{rank } V = 2$$

所以系统能观测,系统极点可以任意配置。

设反馈阵 $H = \begin{bmatrix} h_0 \\ h_1 \end{bmatrix}$,求系统闭环特征多项式 $f(\lambda)$。

$$A - HC = \begin{bmatrix} 1 & 1 \\ 0 & -2 \end{bmatrix} - \begin{bmatrix} h_0 \\ h_1 \end{bmatrix} \begin{bmatrix} 2 & 1 \end{bmatrix} = \begin{bmatrix} 1 - 2h_0 & h_0 \\ -2h_1 & -2 - h_1 \end{bmatrix}$$

$$f(\lambda) = |\lambda I - (A - HC)| = \begin{vmatrix} \lambda + 2h_0 - 1 & h_0 - 1 \\ 2h_1 & \lambda + h_1 + 2 \end{vmatrix} =$$

$$\lambda^2 + (2h_0 + h_1 + 1)\lambda + h_1 + 4h_0 - 2$$

期望的特征多项式为

$$f^*(\lambda) = (\lambda + 3)(\lambda + 4) = \lambda^2 + 7\lambda + 12$$

令

$$f(\lambda) = f^*(\lambda)$$

得

$$H = \begin{bmatrix} h_0 \\ h_1 \end{bmatrix} = \begin{bmatrix} 4 \\ -2 \end{bmatrix}$$

9.5.4 系统镇定问题

所谓系统镇定,是对受控系统 $\Sigma_0 = (A, B, C)$ 通过反馈使其极点均具有负实部,保证系统为渐近稳定。

如果系统是能控的,通过状态反馈,可以任意配置极点,所以系统一定是镇定的。

如果系统是能观的,通过输出到 $\dot{x}$ 的反馈,能任意配置系统极点,所以系统也是镇定的。

对于不完全能控或不完全能观的系统,以下 3 种情况可使系统镇定。

1. 系统不是完全能控的情况

如果系统不是完全能控的,则线性状态反馈使系统获得镇定的充要条件是:系统不能控部分是渐近稳定的。

证明 不完全能控系统通过线性变换可分解为能控部分和不能控部分,即

$$\begin{bmatrix} \dot{x}_c \\ \dot{x}_{\bar{c}} \end{bmatrix} = \begin{bmatrix} A_{11} & A_{12} \\ 0 & A_{22} \end{bmatrix} \begin{bmatrix} x_c \\ x_{\bar{c}} \end{bmatrix} + \begin{bmatrix} B_1 \\ 0 \end{bmatrix} u, \quad y = \begin{bmatrix} c_1 & c_2 \end{bmatrix} \begin{bmatrix} x_c \\ x_{\bar{c}} \end{bmatrix}$$

其中,能控部分为

$$\dot{x}_c = A_{11} x_c + A_{12} x_{\bar{c}} + B_1 u$$

不能控部分为

$$\dot{x}_{\bar{c}} = A_{22} x_{\bar{c}}$$

如果不能控部分是渐近稳定的,能控部分又可通过状态反馈使之镇定,所以整个系统可获得镇定。

2. 输出到输入反馈的情况

系统通过输出到输入反馈能镇定的充要条件是,Σ_0 结构分解中能控且能观子系统是输出反馈能镇定的,其余子系统是渐近稳定的。

证明 对 $\Sigma_0 = (A, B, C)$ 进行能控性、能观性结构分解,有

$$A = \begin{bmatrix} A_{11} & 0 & A_{13} & 0 \\ A_{21} & A_{22} & A_{23} & A_{24} \\ 0 & 0 & A_{33} & 0 \\ 0 & 0 & A_{43} & A_{44} \end{bmatrix}, \quad B = \begin{bmatrix} B_1 \\ B_2 \\ 0 \\ 0 \end{bmatrix}, \quad C = \begin{bmatrix} C_1 & 0 & C_3 & 0 \end{bmatrix}$$

引入输出反馈阵 $H_{r \times m}$,可得

$$A - BHC = \begin{bmatrix} A_{11} & 0 & A_{13} & 0 \\ A_{21} & A_{22} & A_{23} & A_{24} \\ 0 & 0 & A_{33} & 0 \\ 0 & 0 & A_{43} & A_{44} \end{bmatrix} - \begin{bmatrix} B_1 \\ B_2 \\ 0 \\ 0 \end{bmatrix} H \begin{bmatrix} C_1 & 0 & C_3 & 0 \end{bmatrix} =$$

$$\begin{bmatrix} A_{11} - B_1 H C_1 & 0 & A_{13} - B_1 H C_3 & 0 \\ A_{21} - B_2 H C_1 & A_{22} & A_{23} - B_2 H C_3 & A_{24} \\ 0 & 0 & A_{33} & 0 \\ 0 & 0 & A_{43} & A_{44} \end{bmatrix}$$

闭环系统的特征多项式为

$$\det[sI - (A - BHC)] = \det[sI - (A_{11} - BHC)] \cdot \det[sI - A_{22}] \cdot$$
$$\det[sI - A_{33}] \cdot \det[sI - A_{44}]$$

上式表明,当且仅当 $(A_{11} - BHC), A_{22}, A_{33}, A_{44}$ 的特征值均具有负实部时,闭环系统才为渐近稳定。$(A_{11} - BHC)$ 包含了系统能控且能观子空间的特征根。

注意:A_{11} 虽然能控且能观,因为输出反馈不能任意配置极点,所以也不能保证这一部分一定是输出反馈能镇定的。

例 9-27 设系统

$$\dot{x} = \begin{bmatrix} 0 & 1 & 0 \\ 0 & 0 & -1 \\ -1 & 0 & 0 \end{bmatrix} x + \begin{bmatrix} 0 \\ 1 \\ 0 \end{bmatrix} u, \quad y = \begin{bmatrix} 1 & 0 & 0 \\ 0 & 0 & 1 \end{bmatrix} x$$

试证明不能通过输出反馈使之镇定。

解 经检验,该系统能控且能观,但特征多项式为

$$f(\lambda) = |\lambda I - A| = \begin{vmatrix} \lambda & -1 & 0 \\ 0 & \lambda & 1 \\ 1 & 0 & \lambda \end{vmatrix} = \lambda^3 - 1$$

由上式看出 $f(\lambda)$ 各系数异号且缺项,故系统不稳定。若引入输出反馈阵 $H = [h_0 \quad h_1]$,则

$$A - BHC = \begin{bmatrix} 0 & 1 & 0 \\ 0 & 0 & -1 \\ -1 & 0 & 0 \end{bmatrix} - \begin{bmatrix} 0 \\ 1 \\ 0 \end{bmatrix} [h_0 \quad h_1] \begin{bmatrix} 1 & 0 & 0 \\ 0 & 0 & 1 \end{bmatrix} =$$

$$\begin{bmatrix} 0 & 1 & 0 \\ -h_0 & 0 & -(h_1+1) \\ -1 & 0 & 0 \end{bmatrix}$$

$$|\lambda I - (A - BHC)| = \begin{vmatrix} \lambda & -1 & 0 \\ h_0 & \lambda & h_1+1 \\ 1 & 0 & \lambda \end{vmatrix} = \lambda^3 + h_0 \lambda - h_1 - 1$$

由上式可见,经 H 反馈后闭环的特征多项式仍缺 λ^2 项,因此无论如何选择 H,也不能使系统获得镇定。这个例子表明,利用输出反馈,未必使能控且能观的系统镇定。

3. 输出到 $\dot{x}$ 反馈的情况

对于系统 $\Sigma_0 = (A, B, C)$,采用输出到 $\dot{x}$ 反馈实现镇定的充要条件是 Σ_0 的不能观系统为渐近稳定。

证明 将系统 Σ_0 进行能观性分解为能观子系统和不能观子系统,能观部分通过输出反馈,可以任意配置系统极点,不能观部分本身就是稳定的。所以整个系统是稳定的。

9.6 状态观测器与闭环控制系统

由前面的分析可知,状态反馈可以使系统极点任意配置,并实现系统解耦。最优控制也是建立在状态反馈的基础上的。要实现状态反馈,就必须测量系统的状态变量。但是在实际系统中,状态变量往往不易测量,这样状态反馈就难以实现。为此人们就想方设法来测量系统的状态变量。把用来测量(或估计)系统状态变量的装置称为状态观测器或状态估计器。

为了简化问题,下面以单变量线性定常系统为例进行分析,而且只分析无噪声干扰情况下系统的状态观测器。

9.6.1 全维状态观测器

若状态变量不可直接测量,就需要设置状态观测器。用计算机仿真或模拟仿真的方法做一个与原系统具有相同数学模型的装置——观测器,并要求观测器的输入信号和初始状态与原系统完全一样,则观测器的输出就是系统的状态,如图 9-17 所示。由于观测器是根据数学模型仿制的,所以它的状态是可以测量的。但上述观测器在实现上是困难的。因为它要求两个系统的初始状态完全一样,实际上这是办不到的。因此测得的状态 $\hat{x}$ 与实际状态 x 会有差别。此外,观测器与原系统虽然方程相同,但实现的元件及元件的连接方式均不相同,由外界条件变化引起各自参数的变化也不同,会引起观测器的测量误差。所以这种观测器并无实用价值。

实际常用的一种观测器如图 9-18 所示。这种观测器是用原系统的 A, B, C 矩阵建立起

来的一个新系统,其输入信号与原系统相同,输出信号为 $\hat{y}$,并引入 $\hat{y}$ 与原系统输出信号 y 之差,通过反馈阵 H 去控制新系统的状态 $\hat{x}$,使 $\hat{x}$ 逼近 x。我们称这个新的系统为原系统的状态观测器。

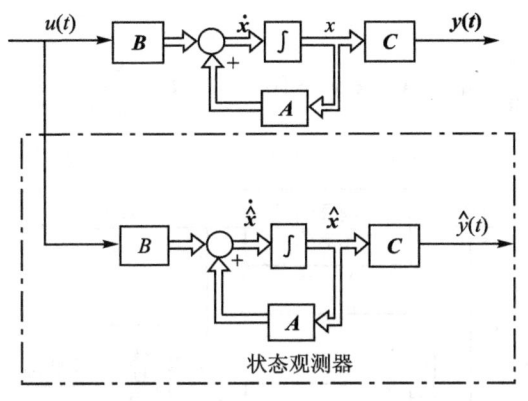

图 9-17 开环状态观测器

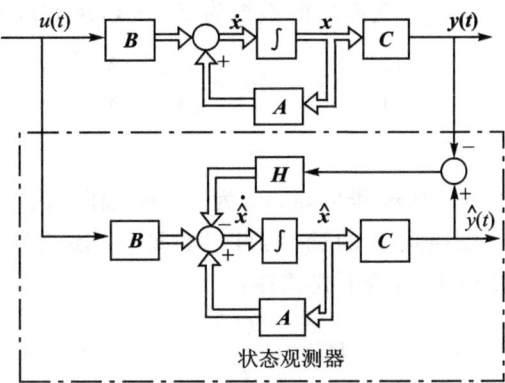

图 9-18 常用的一种状态观测器

若原系统方程为
$$\dot{x} = Ax + Bu, \quad y = Cx \tag{9-101}$$
观测器方程为
$$\dot{\hat{x}} = A\hat{x} + Bu - H(\hat{y} - y) = A\hat{x} + Bu - HC(\hat{x} - x) =$$
$$(A - HC)\hat{x} + Bu + Hy$$
$$y = Cx \tag{9-102}$$

问题是反馈矩阵 H 如何确定,致使 $\hat{x}$ 尽快趋于 x。

式(9-101)减去式(9-102),可得
$$\dot{x} - \dot{\hat{x}} = Ax + Bu - (A - HC)\hat{x} - Bu - Hy = (A - HC)(x - \hat{x}) \tag{9-103}$$

这是一个齐次微分方程。若初始条件为 x_0 和 $\hat{x}_0$,则式(9-103)的解为
$$x - \hat{x} = e^{(A-HC)t}(x_0 - \hat{x}_0) \tag{9-104}$$

若原系统初始条件与观测器初始条件相同,即 $x_0 = \hat{x}_0$,则 $x = \hat{x}$,这时观测器的状态与原系统的状态相同。这就达到了目的。如果 $x_0 \neq \hat{x}_0$,只要 $(A - HC)$ 的特征值分布在 s 平面的左半部,当 $t \to \infty$ 时,$e^{(A-HC)t} \to 0$,即 $\lim_{t\to\infty}(x - \hat{x}) = 0$。显然,确定反馈阵 H 的依据是随着 $t \to \infty$ 使 $\hat{x}$ 尽快趋于 x。反馈阵 H 实际上就是输出到状态微分的反馈。由前面的分析可知,要想使观测器极点任意配置,系统必须是能观的。对于不完全能观的系统,其观测器存在的充要条件为系统不可观部分渐近稳定。

反馈阵 H 的设计方法与前面讲的从输出到 $\dot{x}$ 的反馈的反馈阵的设计方法完全相同。

9.6.2 降维状态观测器

在实际中,由于系统输出信号往往是状态变量的线性组合,从观测到的输出信号可得到一部分状态变量,因此只需要用状态观测器重构不能从输出信号中获得的那一部分状态变量。这样观测器的维数就可以降低。我们把这种维数低于系统阶数 n 的状态观测器称为降维观测器,其原理如图 9-19 所示。

设原线性系统 $\Sigma_0 = (\overline{A}, \overline{B}, \overline{C})$,并且是完全能观的,且 $\overline{C}$ 矩阵是满秩的,即 $\mathrm{rank}\,\overline{C} = m$。

那么降维观测器的设计分两步进行。第一,通过线性变换把状态按能检测和不能检测分解成 x_1 和 x_2 两部分,其中 $(n-m)$ 维 x_1 不能检测需要重构,而 m 维 x_2 可由 y 直接获得;第二,对 x_1 构造 $(n-m)$ 维观测器。

设线性变换后的系统为 $\Sigma=(A,B,C)$,即

$$\begin{bmatrix} \dot{x}_1 \\ \dot{x}_2 \end{bmatrix} = Ax + Bu = \begin{bmatrix} A_{11} & A_{12} \\ A_{21} & A_{22} \end{bmatrix} \begin{bmatrix} x_1 \\ x_2 \end{bmatrix} + \begin{bmatrix} B_1 \\ B_2 \end{bmatrix} u, \quad y = Cx = \begin{bmatrix} 0 & I \end{bmatrix} \begin{bmatrix} x_1 \\ x_2 \end{bmatrix}$$

(9-105)

式中 x_2 为 m 维向量,x_1 为 $n-m$ 维向量。

变换阵 P 的选择:可以验证,上述线性变换矩阵 P 可按下式选择:

$$P^{-1} = \begin{bmatrix} C_0 \\ \overline{C} \end{bmatrix} \begin{matrix} n-m \\ m \end{matrix} \quad (9-106)$$

式中,C_0 为保证 P^{-1} 为非奇异的任意 $(n-m) \times n$ 矩阵,$\overline{C}$ 为系统的输出矩阵。

$$A = P^{-1} \overline{A} P, \quad B = P^{-1} \overline{B}, \quad C = \overline{C} P$$

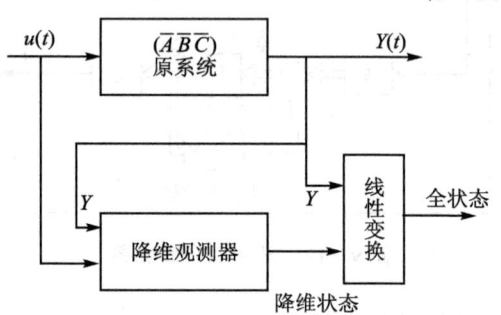

图 9-19 降维观测器原理图

由于线性变换不改变系统的可观性,所以,$\Sigma=(A,B,C)$ 也可观。

由式(9-105)可知,系统由可测量 y 中得到 m 个状态变量 x_2,现只需要再设计一个 $(n-m)$ 个状态变量 x_1 的观测器就可以了。

把式(9-105)展开得

$$\dot{x}_1 = A_{11} x_1 + A_{12} x_2 + B_1 u = A_{11} x_1 + A_{12} y + B_1 u \quad (9-107)$$

$$\dot{x}_2 = A_{21} x_1 + A_{22} x_2 + B_2 u = A_{21} x_1 + A_{22} y + B_2 u = \dot{y} \quad (9-108)$$

设 $y_1 = A_{21} x_1$,则

$$\dot{y} - A_{22} y - B_2 u = y_1 = A_{21} x_1 \quad (9-109)$$

式(9-107)和式(9-109)是以 x_1 为状态变量的运动方程。式(9-107)是状态方程,其输入信号为 $(A_{12} y + B_1 u)$,当 y 可测时输入信号为已知。式(9-109)为输出方程,除了 $\dot{y}$ 外,y 和 u 均已知,它表示输出信号 y_1 和状态变量 x_1 的关系。

对 x_1 部分,像全维观测器一样,引入 $(n-m) \times m$ 反馈矩阵 H,根据式(9-102)得状态观测器方程,即

$$\dot{\hat{x}}_1 = (A_{11} - HA_{21}) \hat{x}_1 + (A_{12} y + B_1 u) + Hy_1 \quad (9-110)$$

将式(9-109)代入式(9-110)得

$$\dot{\hat{x}}_1 = (A_{11} - HA_{21}) \hat{x}_1 + (A_{12} y + B_1 u) + H\dot{y} - H(A_{22} y + B_2 u) \quad (9-111)$$

为了将式(9-111)中的 $\dot{y}$ 消除掉,引入状态变换,令

$$z_1 = \hat{x}_1 - Hy \quad (9-112)$$

则

$$\dot{z}_1 = \dot{\hat{x}}_1 - H\dot{y} \quad (9-113)$$

将式(9-113)和式(9-112)代入式(9-111)并整理得

$$\dot{z}_1 = (A_{11} - HA_{21}) z_1 + (B_1 - HB_2) u + [(A_{11} - HA_{21}) H + A_{12} - HA_{22}] y =$$
$$(A_{11} - HA_{21}) z_1 + (B_1 - HB_2) u + Fy \quad (9-114)$$

$$\hat{x}_1 = z_1 + Hy \quad (9-115)$$

式中，$F = [(A_{11} - HA_{21})H + A_{12} - HA_{22}]$。而整个状态向量 x 的估值为

$$\hat{x} = \begin{bmatrix} \hat{x}_1 \\ \hat{x}_2 \end{bmatrix} = \begin{bmatrix} z_1 + Hy \\ y \end{bmatrix} = \begin{bmatrix} I \\ 0 \end{bmatrix} z_1 + \begin{bmatrix} H \\ I \end{bmatrix} y \quad (9-116)$$

最后，再把 $\hat{x}$ 变换到 $\hat{\bar{x}}$，即 $\hat{\bar{x}} = P\hat{x}$。

例 9 - 28 设控制系统的状态空间描述为

$$\dot{x} = \begin{bmatrix} -1 & 0 \\ 1 & -2 \end{bmatrix} x + \begin{bmatrix} 1 \\ 0 \end{bmatrix} u, \quad y = \begin{bmatrix} 0 & 1 \end{bmatrix} \begin{bmatrix} x_1 \\ x_2 \end{bmatrix}$$

试设计一降维观测器，并使观测器的极点为 -3，画出降维观测器的模拟结构图。

解 因该状态空间表达式是可测的，即 x_2 可直接由 y 测到。所以，不需要进行线性变换，即 $P^{-1} = P = I$，x_1 是待重构的状态。式中

$$A_{11} = -1, \quad A_{12} = 0, \quad A_{21} = 1, \quad A_{22} = -2, \quad B_1 = 1, \quad B_2 = 0$$

又因降维观测器的期望极点为 -3，所以期望特征值多项式为

$$f^*(\lambda) = \lambda + 3 = |\lambda I - (A_{11} - HA_{21})| = \lambda + 1 + H$$

所以，$H = 2$。于是所设计的降维观测器为

$$\dot{z}_1 = (A_{11} - HA_{21})z_1 + (B_1 - HB_2)u + [(A_{11} - HA_{21})H + A_{12} - HA_{22}]y = -3z + u - 2y$$

$$\hat{x} = \begin{bmatrix} z_1 + Hy \\ y \end{bmatrix} = \begin{bmatrix} z_1 + 2y \\ y \end{bmatrix}$$

观测器的模拟结构图如图 9 - 20 所示。

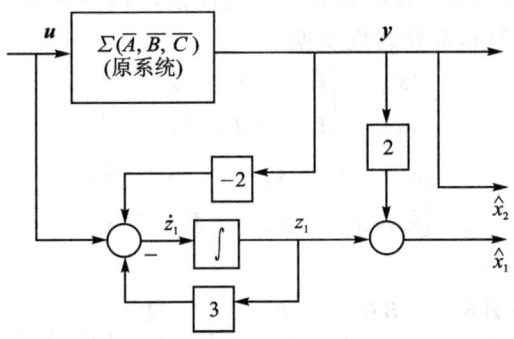

图 9 - 20 观测器的模拟结构图

1. 系统的结构与状态空间表达式

用全维状态观测器提供的状态估值 $\hat{x}$ 代替真实状态 x 来实现状态反馈，其状态反馈阵 K 及观测器反馈阵 H，是否需要重新设计？为此需对引入观测器的状态反馈系统作进一步分析，整个系统的结构见图 9 - 21，它是一个 $2n$ 维的复合系统。由图可得状态反馈子系统动态方程为

$$\dot{x} = Ax + Bu = Ax - BK\hat{x} + Bv, \quad y = Cx \quad (9-117)$$

全维状态观测器动态方程为

$$\dot{\hat{x}} = A\hat{x} + Bu - H(\hat{y} - y) = (A - BK - HC)\hat{x} + HCx + Bv \quad (9-118)$$

故复合系统动态方程为

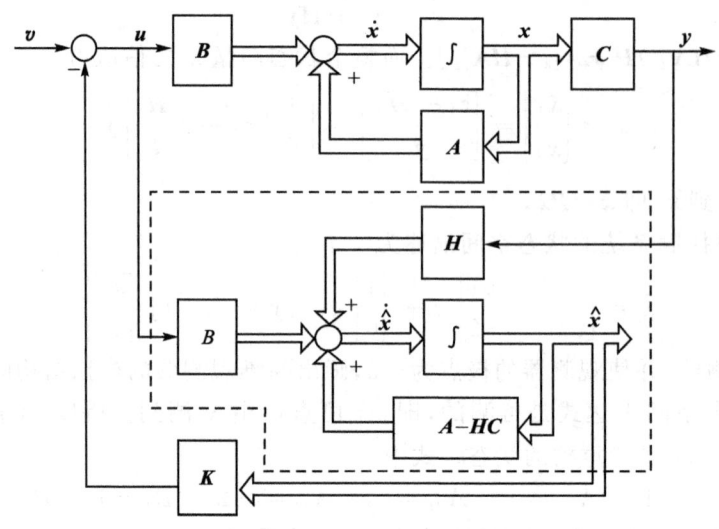

图 9-21 带状态观测器的状态反馈系统

$$\begin{bmatrix} \dot{x} \\ \dot{\hat{x}} \end{bmatrix} = \begin{bmatrix} A & -BK \\ HC & A-BK-HC \end{bmatrix} \begin{bmatrix} x \\ \hat{x} \end{bmatrix} + \begin{bmatrix} B \\ B \end{bmatrix} v, \quad y = \begin{bmatrix} C & 0 \end{bmatrix} \begin{bmatrix} x \\ \hat{x} \end{bmatrix} \quad (9-119)$$

2. 闭环系统的基本特性

式(9-117)减式(9-118)得

$$\dot{x} - \dot{\hat{x}} = (A-HC)(x-\hat{x}) \quad (9-120)$$

由式(9-120)可知，只要 $A-HC$ 具有负实特征根，当 $t \to \infty$ 时 $\hat{x} \to x$，这正是所希望的。

对式(9-119)引入下列非奇异线性变换

$$\begin{bmatrix} x \\ \hat{x} \end{bmatrix} = \begin{bmatrix} I_n & 0 \\ I_n & -I_n \end{bmatrix} \begin{bmatrix} x \\ x-\hat{x} \end{bmatrix}$$

则

$$\begin{bmatrix} \dot{x} \\ \dot{x}-\dot{\hat{x}} \end{bmatrix} = \begin{bmatrix} I_n & 0 \\ I_n & -I_n \end{bmatrix}^{-1} \begin{bmatrix} \dot{x} \\ \dot{\hat{x}} \end{bmatrix}$$

把式(9-119)代入上式，得

$$\begin{bmatrix} \dot{x} \\ \dot{x}-\dot{\hat{x}} \end{bmatrix} = \begin{bmatrix} A-BK & BK \\ 0 & A-HC \end{bmatrix} \begin{bmatrix} x \\ x-\hat{x} \end{bmatrix} + \begin{bmatrix} B \\ 0 \end{bmatrix} v, \quad y = \begin{bmatrix} C & 0 \end{bmatrix} \begin{bmatrix} x \\ x-\hat{x} \end{bmatrix} \quad (9-121)$$

由于线性变换后传递函数矩阵具有不变性，由式(9-121)易导出闭环系统的传递函数阵为

$$G(s) = \begin{bmatrix} C & 0 \end{bmatrix} \begin{bmatrix} sI-(A-BK) & -BK \\ 0 & sI-(A-HC) \end{bmatrix}^{-1} \begin{bmatrix} B \\ 0 \end{bmatrix}$$

利用分块矩阵求逆公式得

$$\begin{bmatrix} R & M \\ 0 & T \end{bmatrix}^{-1} = \begin{bmatrix} R^{-1} & -R^{-1}MT^{-1} \\ 0 & T^{-1} \end{bmatrix}$$

得

$$G(s) = C[sI-(A-BK)]^{-1}B \quad (9-122)$$

式(9-122)正是引入真实状态 x 的状态反馈系统的传递函数。该式表明复合系统与状态反馈子系统具有相同的传递特性，与观测器部分无关，即用 $\hat{x}$ 代替实际状态 x 反馈，系统的传递特性不变。

由于线性变换后系统的特征值不变,所以由式(9-121)写出其特征多项式

$$f(\lambda) = \begin{vmatrix} \lambda I - (A-BK) & -BK \\ 0 & \lambda I - (A-HC) \end{vmatrix} = |\lambda I - (A-BK)| \cdot |\lambda I - (A-HC)|$$
(9-123)

该式表明复合系统的特征值是由状态反馈子系统和全维状态观测器的特征值组合而成的。并且两部分特征值相互独立,彼此不受影响,因此状态反馈矩阵 K 和输出反馈矩阵 H,可以根据各自的要求分别进行设计。也就是所说的分离定理。

分离定理:若受控系统是可控、可观测的,用状态观测估值形成状态反馈时,其系统的极点配置和观测器设计可分别独立进行。

例 9-29 设系统的状态空间描述为

$$\dot{x} = \begin{bmatrix} -5 & -1 \\ 6 & 0 \end{bmatrix} x + \begin{bmatrix} 0 \\ 2 \end{bmatrix} u, \quad y = \begin{bmatrix} 0 & 1 \end{bmatrix} x$$

设计全维状态观测器反馈阵 H,将观测器极点配置在 $-10+\mathrm{j}10$ 和 $-10-\mathrm{j}10$ 处;设计状态反馈矩阵 K,使系统极点配置在 $-4+\mathrm{j}5$ 和 $-5-\mathrm{j}5$ 处。

解 判断系统的能控性和能观性。

能控性判别阵
$$S = \begin{bmatrix} b & Ab \end{bmatrix} = \begin{bmatrix} 0 & -2 \\ 2 & 0 \end{bmatrix}$$

能观性判别阵
$$V = \begin{bmatrix} C \\ CA \end{bmatrix} = \begin{bmatrix} 0 & 1 \\ 6 & 0 \end{bmatrix}$$

由于 rank $S=2$,rank $V=2$,所以系统能控、能观,还可以任意配置系统极点和观测器极点。

设观测器反馈阵 $H = \begin{bmatrix} h_0 \\ h_1 \end{bmatrix}$,则

$$f(\lambda) = |\lambda I - (A-HC)| = \begin{vmatrix} \lambda+5 & 1+h_0 \\ -6 & \lambda+h_1 \end{vmatrix} = \lambda^2 + (h_1+5)\lambda + 5h_1 + 6(1+h_0)$$

观测器期望的特征多项式 $f^*(\lambda)$ 为

$$f^*(\lambda) = (\lambda+10-\mathrm{j}10)(\lambda+10+\mathrm{j}10) = \lambda^2 + 20\lambda + 200$$

比较系数得 $H = \begin{bmatrix} h_0 \\ h_1 \end{bmatrix} = \begin{bmatrix} \frac{119}{6} \\ 15 \end{bmatrix}$。设状态反馈增益阵 $K = \begin{bmatrix} k_0 & k_1 \end{bmatrix}$,则系统闭环特征多项式

$$f(\lambda) = |\lambda I - (A-BK)| = \begin{vmatrix} \lambda+5 & 1 \\ -6+2k_0 & \lambda+2k_1 \end{vmatrix} = \lambda^2 + (5+2k_1)\lambda + 6 - 2k_0 + 10k_1$$

系统期望的特征多项式为

$$f^*(\lambda) = (\lambda+5+\mathrm{j}5)(\lambda+5-\mathrm{j}5) = \lambda^2 + 10\lambda + 50$$

比较系数可得

$$K = \begin{bmatrix} k_0 & k_1 \end{bmatrix} = \begin{bmatrix} -\frac{19}{2} & \frac{5}{2} \end{bmatrix}$$

9.7 MATLAB 在状态空间分析中的应用

状态空间分析法可用来研究非零初始条件、多输入多输出系统、时变系统等。利用 MAT-

LAB可以进行状态空间分析,实现状态空间系统的模型建立、模型转换、结构变化、特性分析以及系统设计等。

本节介绍MATLAB中状态空间分析的函数指令和使用方法。MATLAB专门提供了进行状态空间分析的函数指令,常用的状态空间分析函数及指令见表9-1。

表9-1 常用的状态空间分析函数及指令表

函数指令	功能介绍
G = ss(A,B,C,D)	建立状态空间模型,(A,B,C,D)为状态方程系数矩阵
[A,B,C,D] = tf2ss(num,den)	将分母多项式模型转换为状态空间模型
Gm = minreal(G)	简化传递函数模型
Cct = ctrb(A,B)	求连续系统的可控矩阵
Cob = obsv(G)	求连续系统的可观性矩阵
[Ac,Bc,Cc,Tc,Kc] = ctrbf(A,B,C)	求系统的可控规范性模型
[Ao,Bo,Co,To,Ko] = obsvf(A,B,C)	求系统的可观规范性模型
P = lyap(A,E)	求解Lyapunov矩阵
K = place(A,B,P)	求状态反馈增益矩阵

9.7.1 利用MATLAB建立状态空间模型

例9-30 针对例9-6,利用MATLAB建立系统的状态空间模型,求系统的传递函数模型。

解 MATLAB程序如下:

```
%% (1)建立系统的状态空间模型
A = [0,1,0;0,-4,3;-1,-1,-2];          %模型系数矩阵
B = [0,0;1,0;0,1];
C = [1,0,0;0,0,1]; D = 0;
Gs43 = ss(A,B,C,D)                     %建立状态空间模型
%% (2)求系统的传递函数模型
Gtf43 = tf(Gs43)                       %求传递函数模型
```

运行结果为

```
Gs43 =
  a =
         x1    x2    x3
    x1    0     1     0
    x2    0    -4     3
    x3   -1    -1    -2
  b =
         u1    u2
    x1    0     0
    x2    1     0
    x3    0     1
  c =
```

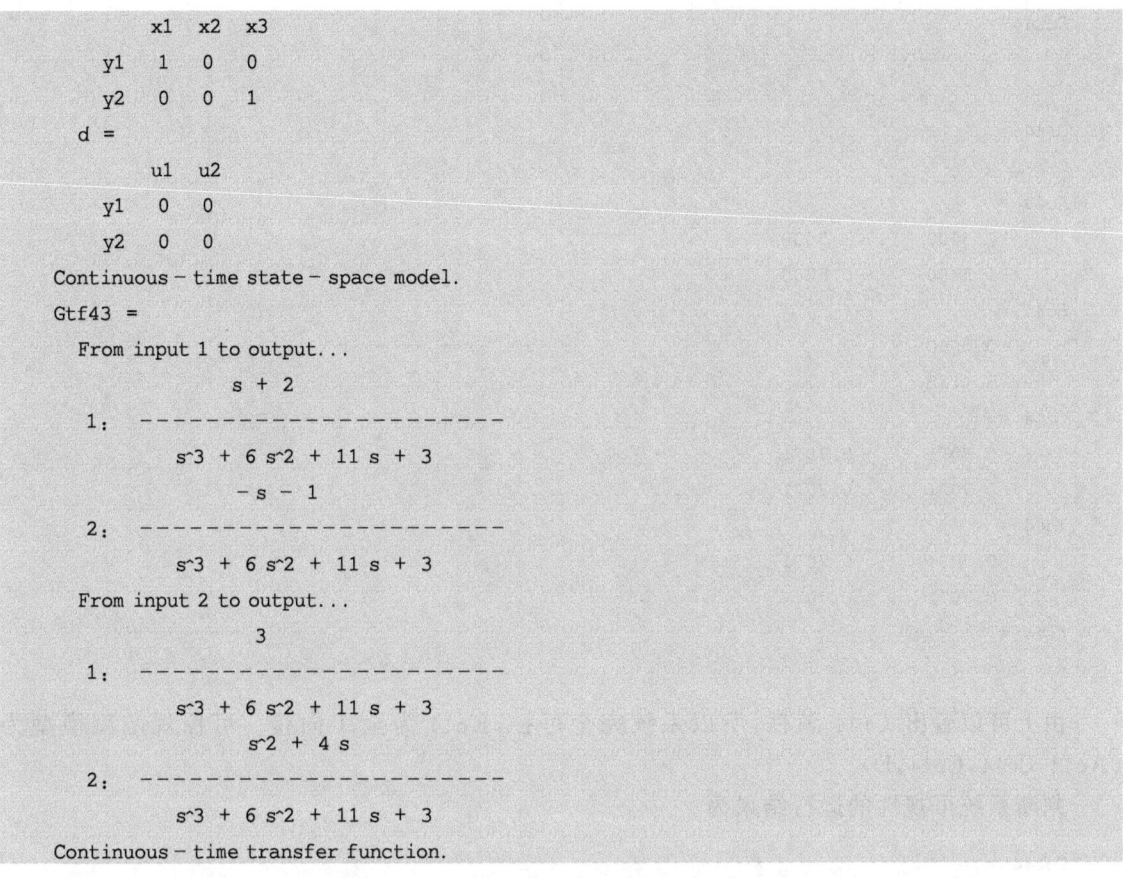

9.7.2 利用 MATLAB 判断系统的可控性、可观性和稳定性

例 9 - 31 针对例 9 - 15,利用 MATLAB 判断系统的可控性与可观性,并求其规范性模型。

解 MATLAB 程序如下:

```
%% (1)建立系统的状态空间模型
A = [2,-1;1,-3];                        %模型系数矩阵
B = [-1;1];
C = [1,0;-1,0]; D = 0;
Gs44 = ss(A,B,C,D);                     %建立状态空间模型
%% (2)判断系统的可控性,并求其规范性模型
Cct44 = ctrb(A,B)                       %求系统的可控矩阵
Cr44  = rank(Cct44)                     %求可控矩阵的秩
[Ac44,Bc44,Cc44,Tc44,Kc44] = ctrbf(A,B,C)   %求系统的可控规范性模型
%% (3)判断系统的可观性,并求其规范性模型
Cob44 = obsv(Gs44)                      %求系统的可观性矩阵
Cro44 = rank(Cob44)                     %求可观性矩阵的秩
[Ao44,Bo44,Co44,To44,Ko44] = obsvf(A,B,C)   %求系统的可观规范性模型
```

判断系统可控性的运行结果为

```
Cct44 =
    -1    -3
     1    -4
Cr44 =
     2
Ac44 =
    -0.5000   -3.5000
    -1.5000   -0.5000
Bc44 =
     0.0000
     1.4142
Cc44 =
     0.7071   -0.7071
    -0.7071    0.7071
Tc44 =
     0.7071    0.7071
    -0.7071    0.7071
Kc44 =
     1     1
```

由上可以看出 Cr44 满秩，所以系统完全可控，Kc44 为全 1 向量。可控规范型模型为 (Ac44, Bc44, Cc44, D)。

判断系统可观性的运行结果为

```
Cob44 =
     1     0
    -1     0
     2    -1
    -2     1
Cro44 =
     2
Ao44 =
    -3.0000    1.0000
    -1.0000    2.0000
Bo44 =
     1.0000
    -1.0000
Co44 =
     0    1.0000
     0   -1.0000
To44 =
          0    1.0000
     1.0000         0
Ko44 =
     1     1
```

由上可以看出 Cro44 满秩，所以系统完全可观，Ko44 为全 1 向量。可控规范型模型为 (Ao44, Bo44, Co44, D)。

例 9-32 针对例 9-20,利用 MATLAB 判断系统的状态稳定性和输出稳定性。

解 MATLAB 程序如下:

```
%% (1)建立系统的状态空间模型
A = [0,6;1,-1];                        %模型系数矩阵
B = [-2;1];
C = [0,1]; D = 0;
Gs45 = ss(A,B,C,D);                    %建立状态空间模型
%% (2)判断系统的状态稳定性
E = eye(2);                            %三阶单位矩阵
P45 = lyap(A,E)                        %求解 Lyapunov 矩阵
%% (3)判断 Lyapunov 矩阵的正定性
r = length(P45);                       %求 P45 的长度
for i = 1:r
    Pp45 = det(P45(1:i,1:i));          %求主子式行列式
end
k45 = find(Pp45<=0);                   %求小于等于 0 的主子式行列式
ifisempty(k45)                         %输出 P45 是否为正定矩阵
    s45 = '矩阵 P45 是正定矩阵,系统是状态稳定的'
else
    s45 = '矩阵 P45 是非正定矩阵,系统状态不是渐进稳定的'
end
%% (4)判断系统的输出稳定性
G45 = tf(Gs45);                        %建立传递函数模型
Gm45 = minreal(G45)                    %简化传递函数模型
p45 = pole(Gm45)                       %求 Gm45 的极点
```

运行结果为

```
P45 =
    -2.5833    -0.0833
    -0.0833     0.4167
s45 =
矩阵 P45 是非正定矩阵,系统状态不是渐进稳定的
Gm45 =
      1
    -----
    s + 3
Continuous-time transfer function.
p45 =
    -3
```

由上可知,传递函数的极点位于 S 左半平面,故系统输出稳定。

9.7.3 利用 MATLAB 配置极点和设计观测器

例 9-33 针对例 9-25,利用 MATLAB 和状态反馈配置极点,计算状态反馈增益矩阵 K,并判断系统的可观性。

解 MATLAB 程序如下：

```
%%（1）建立系统的状态空间模型
num = [1 1];                        %分子多项式系数向量
den = [1 3,0,0];                    %分母多项式系数向量
[A,B,C,D] = tf2ss(num,den);         %将分母多项式模型转换为状态空间模型
Gs46 = ss(A,B,C,D);                 %建立状态空间模型
Cct46 = ctrb(Gs46);                 %求系统的可控矩阵
Cr46 = rank(Cct46)                  %求可控矩阵的秩
%%（2）期望配置极点的特征多项式系数
syms z k1 k2 k3;                    %定义符号变量
K46 = [k1,k2,k3];E = eye(3);
poly46 = det(z*E-(A-B*K46));        %求解特征多项式行列式
collect(poly46)                     %简化特征多项式行列式
P46 = poly([-2,-2,1])               %给定多项式的根求多项式系数
kk46 = solve('3+k3 = 5,k2 = 8,k1 = 4','k1','k2','k3');%求系数 k1,k2,k3
K46 = [kk46.k1,kk46.k2,kk46.k3]     %提取数值
%%（3）判断系统的可观性
Ak = double(A-B*K46);               %配置后的系统状态系数矩阵
Gsk46 = ss(Ak,B,C,D);               %建立校正后的状态空间模型
Cob46 = obsv(Gsk46);                %求系统的可观性矩阵
Cro46 = rank(Cob46)                 %求可观性矩阵的秩
```

运行结果为

```
A =
    -3    0    0
     1    0    0
     0    1    0
B =
     1
     0
     0
C =
     0    1    1
D =
     0
Cr46 =
     3
ans =
z^3 + (k1 + 3)*z^2 + k2*z + k3
P46 =
     1    3    0    -4    -3
K46 =
    [4, 8, 2]
Cro46 =
     2
```

由上可知,状态反馈增益矩阵 K=[4,8,2],由于 Cro46=2,系统不可观。

例 9-34 针对例 9-28,利用 MATLAB 设计降维观测器,并计算状态反馈增益矩阵 K 和输出反馈矩阵 H。

解 MATLAB 程序如下:

```
%% (1)建立系统的状态空间模型并判断可观测性
A = [-1,0;1,-2];                    %模型系数矩阵
B = [1;0];
C = [0,1]; D = 0;
Gs47 = ss(A,B,C,D);                 %建立状态空间模型
Cob47 = obsv(Gs47);                 %求系统的可观性矩阵
Cro47 = rank(Cob47)                 %求可观性矩阵的秩
%% (2)降维观测器设计及状态反馈设计
P47 = [-3];                         %期望的极点向量
K47 = place(A(1,1),B(1),P47)        %求状态反馈增益矩阵
Ak47 = double(A(1,1)-B(1)*K47)      %配置后的系统状态系数矩阵
H47 = place(A(1,1),A(2,1),P47)      %求状态反馈增益矩阵
Ah47 = double(A(1,1)-H47'*A(2,1))   %配置后的系统状态系数矩阵
```

运行结果如下:

```
Cro47 =
    2
K47 =
    2
Ak47 =
    -3
H47 =
    2
Ah47 =
    -3
```

本章小结

本章详细介绍了线性定常系统的状态空间分析与综合方法。

1. 状态空间分析是现代控制理论的基础。状态空间分析是利用状态变量来刻画系统的内部特征,利用状态空间模型来描述系统的输入、输出与内部状态之间的关系。状态空间分析法适用范围非常广,包括单输入单输出系统、多输入多输出系统、线性或非线性系统、定常或时变系统。状态空间分析法的关键是正确选择状态变量和列写状态方程。

2. 控制系统的运动规律和基本特性分析是状态空间分析法的定量分析部分,主要利用系统运动方程的时域解。涉及的内容有状态转移矩阵、矩阵指数、拉氏变换法等。

3. 系统的能控性和能观性是现代控制理论中的两个重要概念,它们反映了系统本身的内在特性。能控性反映了输入对系统状态的影响和控制能力,能观性反映了输出对系统状态的识别能力。

4. 李雅普诺夫稳定性分析是关于平衡状态的稳定性。这部分主要有李雅普诺夫意义下的稳定性、一致稳定性、渐近稳定性、大范围稳定性和输出稳定性等,稳定性的判别方法主要有间接法和直接法。

5. 状态反馈和输出反馈是线性系统校正的重要途径,可以实现理想配置系统极点和实现系统解耦的目的。状态观测器是设计系统的状态估值和状态反馈控制的重要手段。

思考与练习

9-1 试列写出图 9-22 所示网络中以电源电压 u 作为输入,电容 C_1、C_2 的端电压 u_{C1} 和 u_{C2} 作为输出的状态空间表达式。

9-2 系统结构如图 9-23 所示。试写出系统的状态方程和输出方程式。

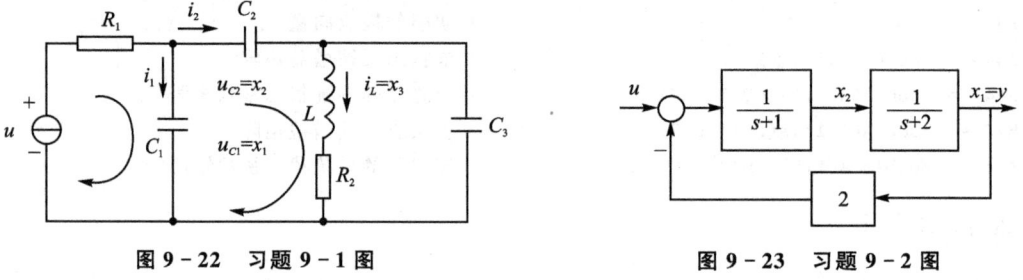

图 9-22 习题 9-1 图　　　　图 9-23 习题 9-2 图

9-3 已知系统传递函数为

$$G(s) = \frac{Y(s)}{U(s)} = \frac{s^2 + 6s + 8}{s^3 + 5s^2 + 7s + 3}$$

(1) 采用传递函数的串联分解法,建立系统状态空间描述,并画出系统的状态图;
(2) 采用传递函数的并联分解法,建立系统状态空间描述,并画出系统的状态图。

9-4 已知系统结构如图 9-24 所示,其状态变量为 $x_1、x_2、x_3$。试求状态空间表达式,并画出状态变量图。

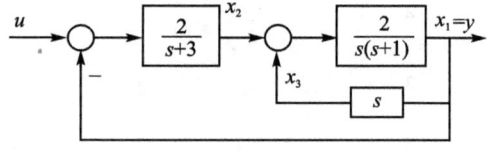

9-5 已知系统传递函数为

$$G(s) = \frac{s^2 + 6s + 8}{s^2 + 4s + 3}$$

图 9-24 习题 9-4 图

试求能控标准型(A 为友矩阵)、对角形(A 为对角阵)状态空间表达式。

9-6 已知系统传递函数 $G(s) = \dfrac{5}{(s+1)^2(s+2)}$,试求约当型($A$ 为约当阵)状态空间表达式。

9-7 将下列状态空间表达式变换为约当型,即

$$\dot{x} = \begin{bmatrix} 0 & 1 & 0 \\ 0 & 0 & 1 \\ 8 & -12 & 6 \end{bmatrix} x + \begin{bmatrix} 5 \\ 1 \\ 5 \end{bmatrix} u, \quad y = \begin{bmatrix} 1 & 1 & 0 \end{bmatrix} x$$

9-8 已知 A,试用拉普拉斯变换法求出矩阵指数(状态转移矩阵)。

$$A = \begin{bmatrix} -1 & 0 \\ 0 & 1 \end{bmatrix}$$

9-9 试求下列状态方程的解。

$$\dot{x} = \begin{bmatrix} -1 & & 0 \\ & -2 & \\ 0 & & -3 \end{bmatrix} x$$

9-10 试求下列状态方程在单位阶跃输入作用下的响应。设初始状态为 $x_1(0)=1, x_2(0)=0$。

$$\dot{x} = \begin{bmatrix} 1 & 0 \\ 1 & 1 \end{bmatrix} x + \begin{bmatrix} 1 \\ 1 \end{bmatrix} u$$

9-11 已知线性系统状态转移矩阵 $\boldsymbol{\Phi}(t)$，试求该系统的状态阵 $\boldsymbol{A}$。

$$\boldsymbol{\Phi}(t) = \begin{bmatrix} 2e^{-t}-5e^{-2t} & 4e^{-t}-e^{-2t} \\ -2e^{-t}+3e^{-2t} & -3e^{-t}+2e^{-2t} \end{bmatrix}$$

9-12 已知系统动态方程，试求传递函数 $G(s)$。

$$\dot{x} = \begin{bmatrix} 0 & 1 & 0 \\ -2 & -3 & 0 \\ -1 & 1 & 3 \end{bmatrix} x + \begin{bmatrix} 0 \\ 1 \\ 2 \end{bmatrix} u, \quad y = \begin{bmatrix} 0 & 0 & 1 \end{bmatrix} x$$

9-13 已知系统状态空间表达式为

$$\begin{cases} \dot{x} = \boldsymbol{A}x + \boldsymbol{B}u \\ y = \boldsymbol{C}x \end{cases}$$

式中 $\boldsymbol{A} = \begin{bmatrix} 0 & 1 \\ 0 & -2 \end{bmatrix}, \quad \boldsymbol{B} = \begin{bmatrix} 0 \\ 1 \end{bmatrix}, \quad \boldsymbol{C} = \begin{bmatrix} 0 & 1 \end{bmatrix}$

(1) 根据状态空间表达式画出系统状态图；
(2) 求出系统的传递函数；
(3) 求出系统的状态转移矩阵 $e^{\boldsymbol{A}t}$。

9-14 已知线性定常系统 $\dot{x} = \boldsymbol{A}x + \boldsymbol{B}u$ 的状态转移矩阵为

$$\boldsymbol{\Phi}(t) = \begin{bmatrix} 2e^{-t}-e^{-2t} & -2e^{-t}+2e^{-2t} \\ e^{-t}-e^{-2t} & -e^{-t}+2e^{-2t} \end{bmatrix}$$

求该系统的特征方程。

9-15 线性定常系统的齐次状态方程为

$$\dot{x}(t) = \boldsymbol{A}x(t)$$

当 $x(0) = \begin{bmatrix} 1 \\ -2 \end{bmatrix}$ 时，其解为 $x(t) = \begin{bmatrix} e^{-2t} \\ -2e^{-2t} \end{bmatrix}$；而当 $x(0) = \begin{bmatrix} 1 \\ -1 \end{bmatrix}$ 时，其解为 $x(t) = \begin{bmatrix} e^{-t} \\ -e^{-t} \end{bmatrix}$。

(1) 确定系统的状态转移矩阵 $\boldsymbol{\Phi}(t)$；
(2) 求该系统的系统矩阵。

9-16 线性定常系统状态方程为

$$\begin{bmatrix} \dot{x}_1 \\ \dot{x}_2 \end{bmatrix} = \begin{bmatrix} 0 & 1 \\ -3 & -2 \end{bmatrix} \begin{bmatrix} x_1 \\ x_2 \end{bmatrix}$$

初始状态为

$$\begin{bmatrix} x_1(0) \\ x_2(0) \end{bmatrix} = \begin{bmatrix} 1 \\ -1 \end{bmatrix}$$

求 $x_1(t)$ 和 $x_2(t)$。

9-17 系统状态空间描述为

$$\dot{x} = \begin{bmatrix} 0 & 1 & 0 \\ 0 & 0 & 1 \\ -3 & -2 & 0 \end{bmatrix} x + \begin{bmatrix} 0 \\ 0 \\ 1 \end{bmatrix} u, \quad y = \begin{bmatrix} 1 & 1 & 0 \end{bmatrix} x$$

(1) 求状态向量 x 对输入量 u 的传递函数 $G_{xu}(s)$；

(2) 求系统输出量 y 对输入量 u 的传递函数 $G_{yu}(s)$。

9-18 系统状态空表达式为

$$\dot{x} = \begin{bmatrix} 1 & 0 & 0 \\ -1 & -2 & 0 \\ 0 & 0 & 1 \end{bmatrix} x + \begin{bmatrix} 0 \\ 1 \\ 1 \end{bmatrix} u, \quad y = \begin{bmatrix} 1 & 0 & 1 \end{bmatrix} x$$

试问系统是否可控？是否可观测？求出系统的传递函数 $G(s) = \dfrac{Y(s)}{U(s)}$。

9-19 系统状态方程式为

$$\dot{x} = \begin{bmatrix} 0 & 1 \\ 0 & -2 \end{bmatrix} x + \begin{bmatrix} 0 \\ 1 \end{bmatrix} u$$

求离散后的状态方程式。

9-20 设系统离散状态空间描述为

$$x(k+1) = \begin{bmatrix} -1 & 1 & 0 \\ 0 & -1 & 1 \\ -6 & -11 & -7 \end{bmatrix} x(k) + \begin{bmatrix} 1 \\ 3 \\ 0 \end{bmatrix} u(k), \quad y(k) = \begin{bmatrix} 2 & 1 & 1 \end{bmatrix} x(k)$$

已知

$$x(0) = \begin{bmatrix} 1 \\ 1 \\ -2 \end{bmatrix}, \quad u(0) = -2, \quad u(1) = 1$$

求 $x(2)$。

9-21 系统状态空间描述如下：

$$\dot{x} = \begin{bmatrix} 0 & 1 & 0 \\ -a_1 & -a_2 & 0 \\ 0 & 0 & 0 \end{bmatrix} x + \begin{bmatrix} 0 \\ 1 \\ b \end{bmatrix} u, \quad y = \begin{bmatrix} 0 & c & 1 \end{bmatrix} x$$

分别写出系统可控、可观测时 a_1, a_2, b, c 等常数应满足的条件。

9-22 系统状态方程为

$$\dot{x} = \begin{bmatrix} 1 & 1 & 0 \\ 0 & 1 & 0 \\ 0 & 1 & 1 \end{bmatrix} x + \begin{bmatrix} 0 \\ 1 \\ 0 \end{bmatrix} u$$

进行可控性分解，写出可控子系统的状态空间方程。

9-23 系统状态空间表达式为

$$\dot{x} = \begin{bmatrix} 0 & 1 & 0 \\ 0 & 0 & 1 \\ -2 & -4 & -3 \end{bmatrix} x + \begin{bmatrix} 0 \\ 0 \\ 1 \end{bmatrix} u, \quad y = \begin{bmatrix} 1 & 1 & 0 \end{bmatrix} x$$

进行可观测性分解，指出系统的可观测因子和不可观测因子；写出状态可观测子系统的状态空间表达式。

9-24 设系统状态方程为
$$\dot{x} = \begin{bmatrix} 0 & 1 \\ -1 & a \end{bmatrix} x + \begin{bmatrix} 1 \\ b \end{bmatrix} u$$
设状态可控，试求 a、b。

9-25 设系统传递函数为
$$G(s) = \frac{s+a}{s^3 + 7s^2 + 14s + 8}$$
设状态可控，试求 a。

9-26 试确定使下列系统可观测的 a、b。
$$\dot{x} = \begin{bmatrix} a & 1 \\ 0 & b \end{bmatrix} x, \quad y = \begin{bmatrix} 1 & -1 \end{bmatrix} x$$

9-27 试用李雅普诺夫第二法判断下列线性系统平衡状态的稳定性。
(1) $\dot{x}_1 = -x_1 + x_2$, $\dot{x}_2 = 2x_1 - 3x_2$；
(2) $\dot{x}_1 = x_2$, $\dot{x}_2 = 2x_1 - x_2$

9-28 设受控系统状态方程为
$$\dot{x} = \begin{bmatrix} 0 & 1 & 0 \\ 0 & -1 & 1 \\ 0 & -1 & 10 \end{bmatrix} x + \begin{bmatrix} 0 \\ 0 \\ 10 \end{bmatrix} u$$
可否用状态反馈任意配置闭环极点？求状态反馈阵，使闭环极点位于 $-10, -1 \pm j\sqrt{3}$，并画出状态变量图。

9-29 设线性状态空间表达式为
$$\begin{bmatrix} \dot{x}_1 \\ \dot{x}_2 \end{bmatrix} = \begin{bmatrix} 0 & 1 \\ -2 & -3 \end{bmatrix} \begin{bmatrix} x_1 \\ x_2 \end{bmatrix} + \begin{bmatrix} 0 \\ 1 \end{bmatrix} u, \quad y = \begin{bmatrix} 2 & 0 \end{bmatrix} \begin{bmatrix} x_1 \\ x_2 \end{bmatrix}$$
试分别设计全维和降维状态观测器，全维和降维状态观测器极点分别为 $-10, -10$ 和 -10。

9-30 已知一个系统状态空间表达式为
$$\dot{x} = \begin{bmatrix} 0 & 1 \\ -1 & 0 \end{bmatrix} x + \begin{bmatrix} 1 \\ 0 \end{bmatrix} u, \quad y = \begin{bmatrix} 0 & 1 \end{bmatrix} x$$
试问加输出反馈能否使系统镇定？加状态反馈又如何？

附录1 部分思考与练习参考答案

第2章思考与练习答案

2-1~2-5 略

2-6 (1) $F(s)=2\left(\dfrac{1}{s}-\dfrac{s}{s^2+1}\right)$;   (2) $F(s)=\dfrac{n!}{(s-a)^{n+1}}$

2-7 (a) $\dfrac{d^2 y(t)}{dt^2}+\dfrac{f}{m}\dfrac{dy(t)}{dt}+\dfrac{k}{m}y(t)=\dfrac{1}{m}F(t)$;   (b) $\dfrac{dy}{dt}+\dfrac{k_1 k_2}{f(k_1+k_2)}y=\dfrac{k_1}{k_1+k_2}\dfrac{dx}{dt}$;

(c) $\dfrac{du_c}{dt}+\dfrac{R_1+R_2}{CR_1 R_2}u_c=\dfrac{du_r}{dt}+\dfrac{1}{CR_1}u_r$;

(d) $\dfrac{du_c^2}{dt^2}+\dfrac{3}{CR}\dfrac{du_c}{dt}+\dfrac{1}{C^2 R^2}u_c=\dfrac{du_r^2}{dt^2}+\dfrac{2}{CR}\dfrac{du_r}{dt}+\dfrac{1}{C^2 R^2}u_r$

2-8 (a) $x(t)=2+(t-t_0)$, $X(s)=\dfrac{2}{s}+\dfrac{1}{s^2}e^{-t_0 s}$;

(b) $x(t)=a+(b-a)(t-t_1)-(b-c)(t-t_2)-c(t-t_3)$,

$X(s)=\dfrac{1}{s}\left[a+\dfrac{1}{s}(b-a)e^{-t_1 s}-\dfrac{1}{s}(b-c)e^{-t_2 s}-\dfrac{1}{s}c e^{-t_3 s}\right]$

2-9 (1) $x(t)=e^{t-1}$;

(2) $x(t)=\dfrac{-t^2}{4}e^{-2t}+\dfrac{t}{4}e^{-2t}-\dfrac{3}{8}e^{-2t}+\dfrac{1}{3}e^{-3t}+\dfrac{1}{24}$

2-10 传递函数 $G(s)=\dfrac{3s+2}{(s+1)(s+2)}$;

脉冲响应 $c(t)=\mathscr{L}^{-1}[G(s)]=4e^{-2t}-e^{-t}$

2-11 $c(t)=1-4e^{-t}+2e^{-2t}$。

2-12 (a) $\dfrac{U_c(s)}{U_r(s)}=-\dfrac{R_2}{R_1}$;   (b) $\dfrac{U_c(s)}{U_r(s)}=-\dfrac{(1+R_1 C_1 s)(1+R_2 C_2 s)}{R_1 C_2 s}$;

(c) $\dfrac{U_c(s)}{U_r(s)}=-\dfrac{R_2}{R_1(1+R_2 C s)}$

2-13 $T_M T_a T_f \dfrac{d^3 n(t)}{dt^3}+(T_M T_a+T_M T_f+T_M T_f)\dfrac{d^2 n(t)}{dt^2}+$

$[T_M+T_a+(1+K_1)T_f]\dfrac{dn(t)}{dt}+(1+K_1)n(t)=K_2 u_f(t)$

式中,$T_a=\dfrac{L_a}{R_a}$,$T_f=\dfrac{L_f}{R_f}$,$T_M=\dfrac{J}{f}$,$K_1=\dfrac{30 k_e k_M}{\pi f R_a}$,$K_2=\dfrac{30 k_F k_M}{\pi R_a J_f}$,$R_a=R_{aF}+R_{aD}$,$L_a=L_{aF}+L_{aD}$。

式中,k_F 为发电机放大系数;k_e 为电势系数;R_a 为电枢回路总电阻;L_a 为电枢回路总电感;J_f 为电动机输出轴总转动惯量;f 为黏性阻尼系数;k_M 为电动机转矩常数。

2-14 (1) 电位器传递函数 $k_0=\dfrac{E}{Q_m}=\dfrac{180°}{11\pi}$,两级放大器的放大系数:$k_1=-3$, $k_2=-2$。

(2) 系统结构图：

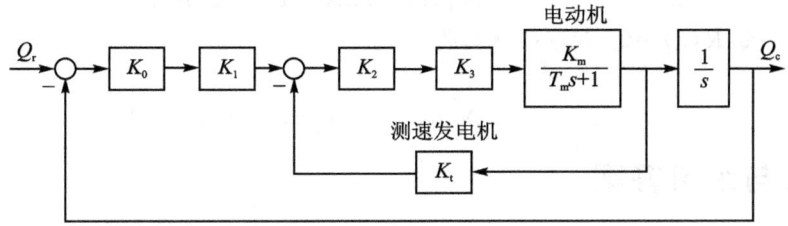

题图 2-14 图 解

(3) $\dfrac{Q_c(s)}{Q_r(s)} = \dfrac{1}{\dfrac{T_m}{K_0 K_1 K_2 K_3 K_m} s^2 + \dfrac{1 + K_2 K_3 K_m K_t}{K_0 K_1 K_2 K_3 K_m} s + 1}$

2-15 (a) $\dfrac{C(s)}{R(s)} = \dfrac{G_1 G_2 G_3 G_4}{1 + G_1 G_2 + G_3 G_4 + G_2 G_3 + G_1 G_2 G_3 G_4}$； (b) $\dfrac{C(s)}{R(s)} = \dfrac{G_1 - G_2}{1 - G_2 H}$；

(c) $\dfrac{C(s)}{R(s)} = \dfrac{G_1 G_2 G_3}{1 + G_1 G_2 + G_2 G_3 + G_1 G_2 G_3}$；

(d) $\dfrac{C(s)}{R(s)} = \dfrac{G_1 G_2 G_3 + G_1 G_4}{1 + G_1 G_2 H_1 + G_2 G_3 H_2 + G_1 G_2 G_3 + G_1 G_4 + G_4 H_2}$；

(e) $\dfrac{C(s)}{R(s)} = G_4 + \dfrac{G_1 G_2 G_3}{1 + G_1 G_2 H_1 + G_2 H_1 + G_2 G_3 H_2}$

2-16

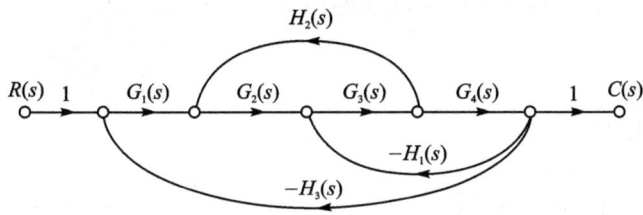

题图 2-16 系统信号流图

2-17 (a) $\dfrac{C(s)}{R(s)} = \dfrac{G_1 G_2 G_3 + G_3 G_4 (1 + G_1 H_1)}{1 + G_1 H_1 - G_3 H_3 + G_1 G_2 G_3 H_1 H_2 H_3 - G_1 H_1 G_3 H_3}$；

(b) $\dfrac{C(s)}{R(s)} = \dfrac{G_1 G_2 G_3 - G_4 G_3 (1 + G_1 G_2 H_1)}{1 + G_1 G_2 H_1 + G_3 H_2 + G_2 H_3 + G_1 G_2 G_3 H_1 H_2}$

2-18 (a) 令 $N(s) = 0$，得

$$\dfrac{C(s)}{R(s)} = \dfrac{G_1 G_2 + G_1 G_3 (1 + G_2 H)}{1 + G_2 H + G_1 G_2 + G_1 G_3 + G_1 G_2 G_3 H}$$

令 $R(s) = 0$，得

$$\dfrac{C(s)}{N(s)} = \dfrac{-1 - G_2 H + G_4 G_1 G_2 + G_4 G_1 G_3 (1 + G_2 H)}{1 + G_2 H + G_1 G_2 + G_1 G_3 + G_1 G_2 G_3 H}$$

(b) 令 $N_1(s) = 0$，$N_2(s) = 0$，得

$$\dfrac{C(s)}{R(s)} = \dfrac{Ks}{(2K+1)s + 2(K+1)}$$

令 $R(s) = 0$，$N_2(s) = 0$，得

$$\frac{C(s)}{N_1(s)} = \frac{s(s+2)}{(2K+1)s+2(K+1)}$$

令 $R(s)=0$，$N_1(s)=0$，得

$$\frac{C(s)}{N_2(s)} = \frac{-2K}{(2K+1)s+2(K+1)}$$

第 3 章思考与练习答案

3-1 $\Phi(s) = \mathscr{L}[c(t)] = 0.0125/(s+1.25)$

3-2 $K_2 = 0.5$，$K_1 \geq 15$

3-3 (1) (a) 系统达到稳态温度值的 63.2% 需要 10 个单位时间；

(b) 系统达到稳态温度值的 63.2% 需要 0.099 个单位时间。

(2) 对 (a) 系统：$n(t) = 0.1$ 时，该扰动影响将一直保持；

对 (b) 系统：$n(t) = 0.1$ 时，最终扰动影响为 $0.1 \times \frac{1}{101} \approx 0.001$。

3-4 $a = 0.5776$，$K = 7.2586$，$G(s) = \frac{\Theta(s)}{V(s)} = \frac{7.2586}{s(s+0.5776)}$

3-5 $c(t) = 1 - \frac{4}{3}e^{-t} + \frac{1}{3}e^{-4t}$，$t_s \approx 3T_1 = 3$

3-6 $t_s = 4.75 T_1 = 0.95\ \text{s} < 1\ \text{s}$，$K = 2.5$

3-7 $\zeta \geq 0.707$ （$\beta \leq 45°$）；$\zeta\omega_n > 1.17$；$\sqrt{1-\zeta^2}\,\omega_n > 3.14$。满足要求的特征根区域如题图 3-7 图解所示。

3-8 $\begin{cases} K_1 = 100 \\ K_2 = 0.146 \end{cases}$

3-9 $\Phi(s) = \dfrac{5.9}{s^2 + 1.39s + 2.95}$

3-10 $K_1 = 1108$，$K_2 = 3$，$a = 22$

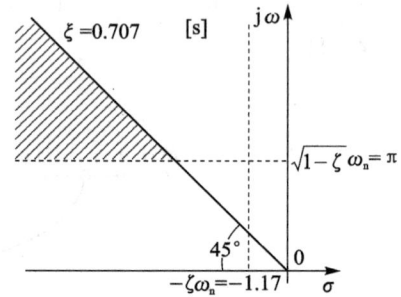

题图 3-7 图解

3-11 系统结构图如题图 3-11 所示。

$$\Phi(s) = \frac{\frac{10}{3}}{s^2 + 2s + \frac{4}{3}},\ t_p = 5.44\ \text{s},\ \sigma = 0.433\%,\ t_s = 3.5\ \text{s},\ c(\infty) = 2.5$$

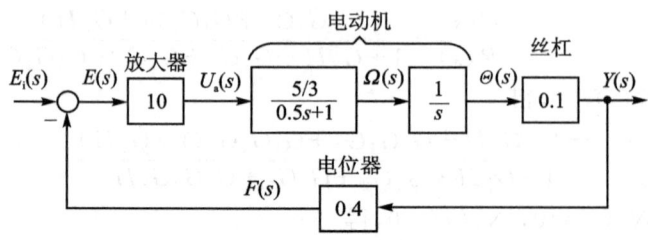

题图 3-11 图解

3-12 (1) 不稳定,第一列元素变号两次,有 2 个正根;

(2) 临界稳定,系统没有正根。有一对虚根 $s_{1,2}=\pm j2$;

(3) 不稳定,第一列元素变号一次,有 1 个正根;有一对虚根 $s_{1,2}=\pm j$;

(4) 不稳定,第一列元素变号一次,有 1 个正根;有一对虚根 $s_{1,2}=\pm j5$

3-13 系统开环增益 $\dfrac{8}{15}<K_k<\dfrac{18}{15}$

3-14 $0<T<2+\dfrac{4}{K-1}, K>1$

当 $K>1$ 时,使系统稳定的参数取值范围如题图 3-14 中阴影部分所示。

3-15 (1) $\dfrac{\Theta(s)}{M_d(s)}=\dfrac{0.5}{s^2+(0.2+0.5K_aK_g)s+(1+0.5K_1K_a)}$

(2) $0.2+0.5K_aK_g=\sqrt{1+0.5K_1K_a}$

(3) $K_1 \geqslant 8, K_g \geqslant 4.072$

3-16 $e_{ssr}=2.5\ ℃$

3-17 局部反馈加入前:$K_p=\infty, K_v=\infty, K_a=10$;

局部反馈加入后:$K_p=\infty, K_v=0.5, K_a=0$

3-18 $r(t)=1(t)$ 时,$e_{ssr}=0$;

$r(t)=t$ 时,$e_{ssr}=1.14$;

$r(t)=t^2$ 时,$e_{ssr}=\infty$

3-19 $r(t)=1(t)$ 时,$e_{ssr}=0$;

$n_1(t)=1(t)$ 时,$e_{ssn_1}=-\dfrac{1}{K}$;

$n_2(t)=1(t)$ 时,$e_{ssn_2}=0$

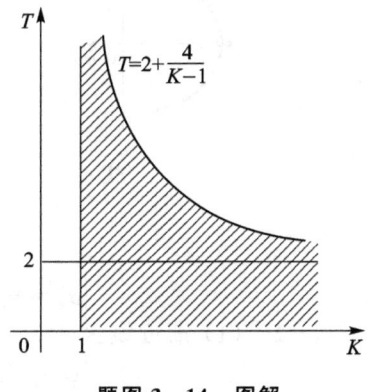

题图 3-14 图解

在反馈比较点到干扰作用点之间的前向通道中设置积分环节,可以同时减小由输入和干扰引起的稳态误差。

3-20 $\begin{cases} K_0=1/K \\ \tau=T_1+T_2 \end{cases}$

3-21 $K_C=\dfrac{K_2K_3}{K_4}$

3-22 (1) $G_b(s)=\dfrac{s}{K}$;(2) $e_{ssr}=\dfrac{-A\Delta K}{K(K+\Delta K)}$ 不为零

3-23 (1) $\begin{cases} K=3 \\ \omega=\sqrt{2} \end{cases}$;(2) $2\leqslant K<3$

3-24 (1) 系统稳定范围 $0<K<15$;

(2) 满足要求的范围是 $0.72<K<6.24$;

(3) 考虑稳定性与稳态误差要求得 $8\leqslant K<15$

第 4 章思考与练习答案

4-1

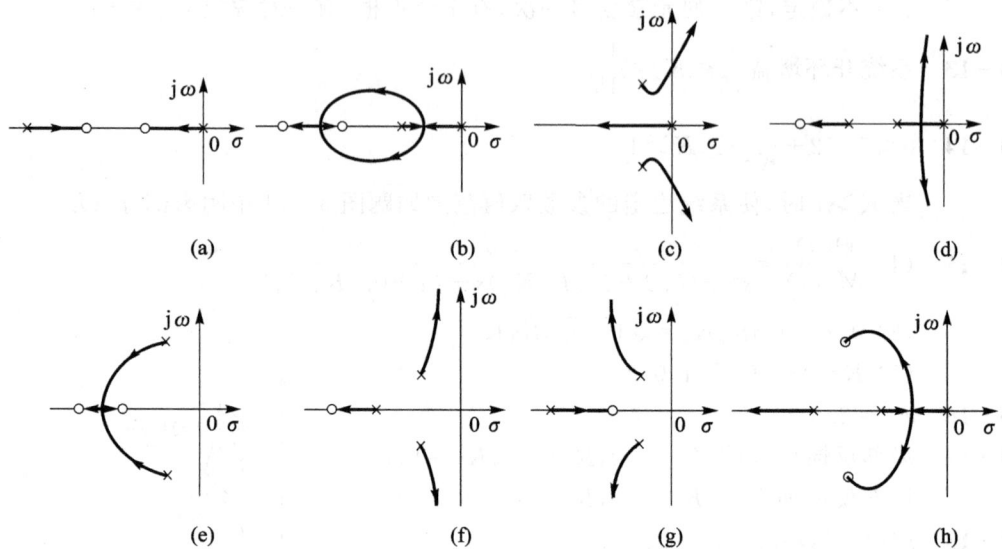

题图 4-1 概略根轨迹图

4-2 (1) 渐近线：$\begin{cases}\sigma_a=-\dfrac{7}{3}\\ \varphi_a=\pm\dfrac{\pi}{3},\pi\end{cases}$，分离点：$d_1=-0.88$，与虚轴交点$(0,\pm\sqrt{10}\text{j})$

(2) 渐近线：$\begin{cases}\sigma_a=0\\ \varphi_a=\pm\dfrac{\pi}{2}\end{cases}$，分离点：$d=-0.886$

(3) 分离点：$d_1=-0.293, d_2=-1.707$

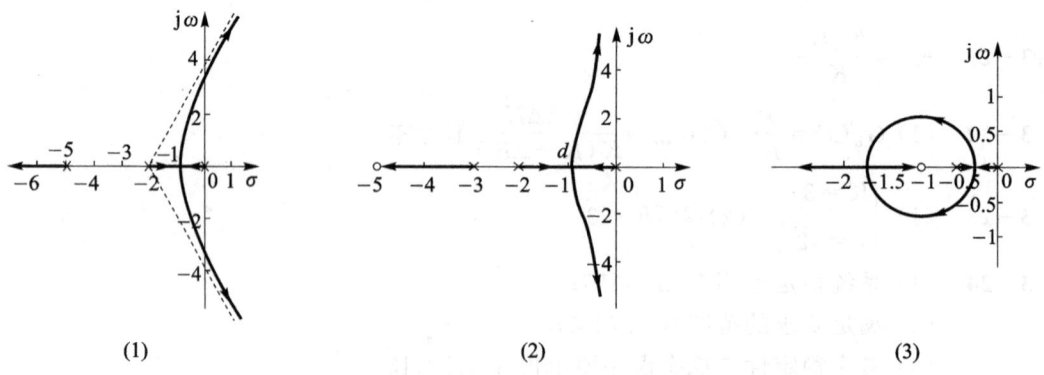

题图 4-2 概略根轨迹图

4-3 (1) 分离点：$d=-4.23$，起始角：$\theta_{p1}=153.43°, \theta_{p2}=-153.43°$

(2) 起始角：$\theta=0°$

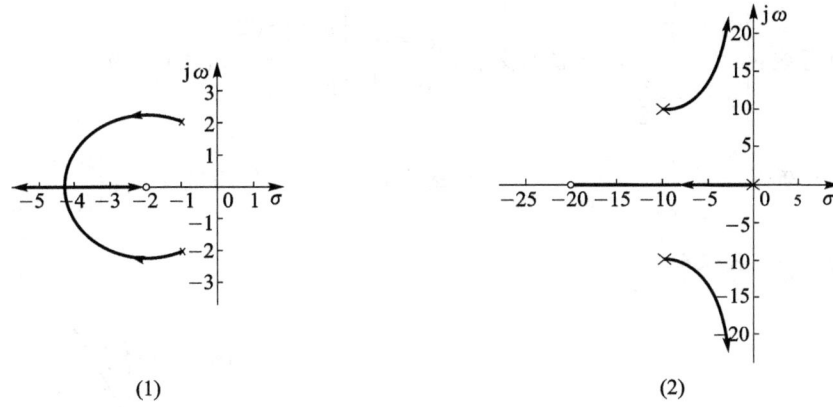

(1)　　　　　　　　　　　　　　(2)

题图 4-3　概略根轨迹图

4-4　(1) $K^* = 30, z = 199/30$

(2) 渐近线：$\begin{cases} \sigma_a = -2.1 \\ \varphi_a = \pm\dfrac{\pi}{5}, \pm\dfrac{3\pi}{5}, \pi \end{cases}$

分离点：$d_1 = -0.4$

与虚轴交点：$\begin{cases} \omega = 0 \\ K^* = 0 \end{cases}$, $\begin{cases} \omega = \pm 1.02 \\ K^* = 71.90 \end{cases}$

起始角：$\theta_{p4} = 92.7°$，$\theta_{p5} = -92.7°$

4-5　渐近线：$\begin{cases} \sigma_a = -\dfrac{8}{3} \\ \varphi_a = \pm 60°, 180° \end{cases}$；分离点：$d = -2, -3.33$；与虚轴交点：$\begin{cases} \omega = \pm 2\sqrt{5} \\ K^* = 160 \end{cases}$；

起始角：$-63°, 63°$；

稳定范围：$0 < K < 160$

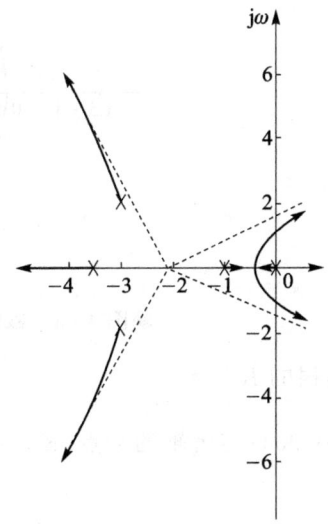
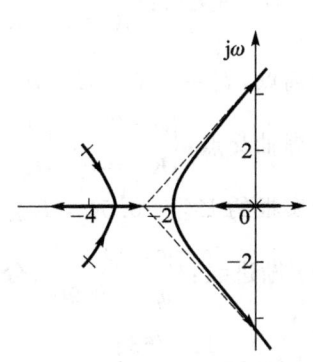

题图 4-4(2)　概略根轨迹图　　　　题图 4-5　概略根轨迹图

4-6 渐近线：$\begin{cases}\sigma_a=\dfrac{1}{8}\\ \varphi_a=\pm\dfrac{\pi}{2}\end{cases}$，与虚轴交点：$\begin{cases}\omega=0\\ K=1\end{cases}$，$\begin{cases}\omega=\pm\sqrt{2}\\ K=\dfrac{9}{7}\end{cases}$，$1<K<9/7$

4-7 (1) 渐近线：$\begin{cases}\sigma_a=-2\\ \varphi_a=\pm 60°,180°\end{cases}$；分离点：$d=-1$；与虚轴交点：$\begin{cases}\omega=3\\ K^*=54\end{cases}$；

(2) $\dfrac{4}{9}<K<6$

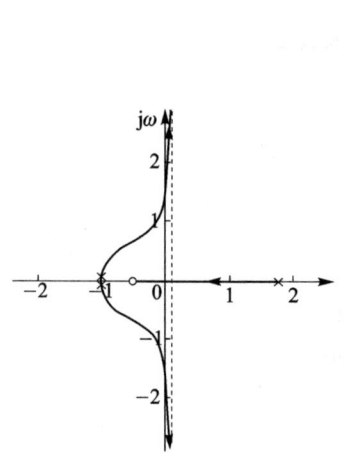

题图 4-6 概略根轨迹图

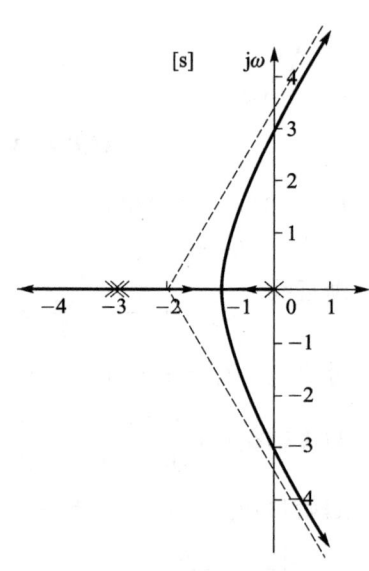

题图 4-7 概略根轨迹图

4-8 分离点：$d_1=-0.41$

与虚轴交点：$\begin{cases}\omega=0\\ K^*=0.2\end{cases}$，$\begin{cases}\omega=\pm 1.25\\ K^*=0.75\end{cases}$，$1<K<3.75$

4-9 (1) 起始角：$\theta_{p_1}=19.48°$，$\theta_{p_2}=-19.48°$；

(2) 分离点：$d_1=-0.4344$，

与虚轴交点：$\begin{cases}\omega=0\\ K=0\end{cases}$，$\begin{cases}\omega=\pm 1.69\\ K=\dfrac{6}{7}\end{cases}$

4-10 分离点：$d_1=-0.732$，$d_2=2.732$；

与虚轴交点：$\begin{cases}\omega=0\\ K^*=0\end{cases}$，$\begin{cases}\omega=\pm 1.41\\ K^*=2\end{cases}$；

重实根的 $K^*_{d_1}=0.54$，$K^*_{d_2}=7.46$，纯虚根的 $K^*=2$。

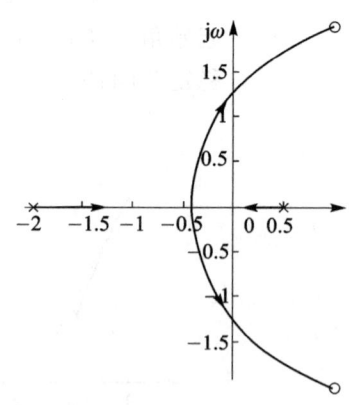

题图 4-8 概略根轨迹图

4-11 (1) 渐进线：$\begin{cases}\sigma_a=1\\ \varphi_a=\pm 90°\end{cases}$；分离点：$d=-0.354$；与虚轴的交点：$K^*=1$，$s=\pm\sqrt{2}$

(2) $s_{2,3}=\dfrac{1\pm\sqrt{63}\,j}{2}$

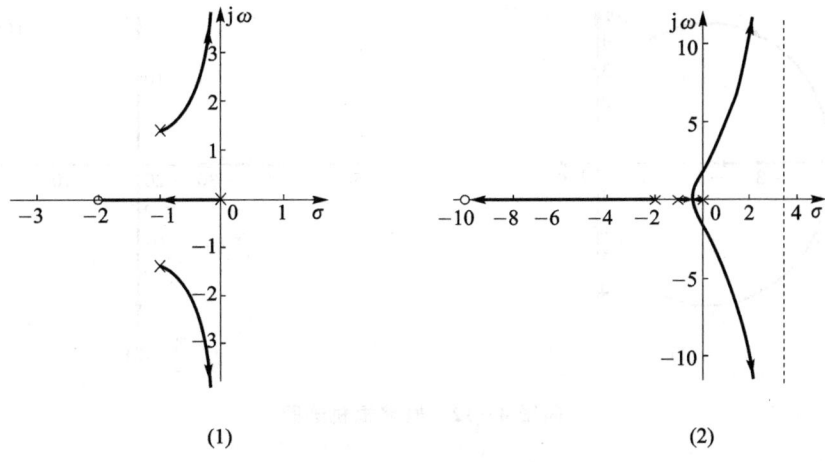

题图 4-9 概略根轨迹图

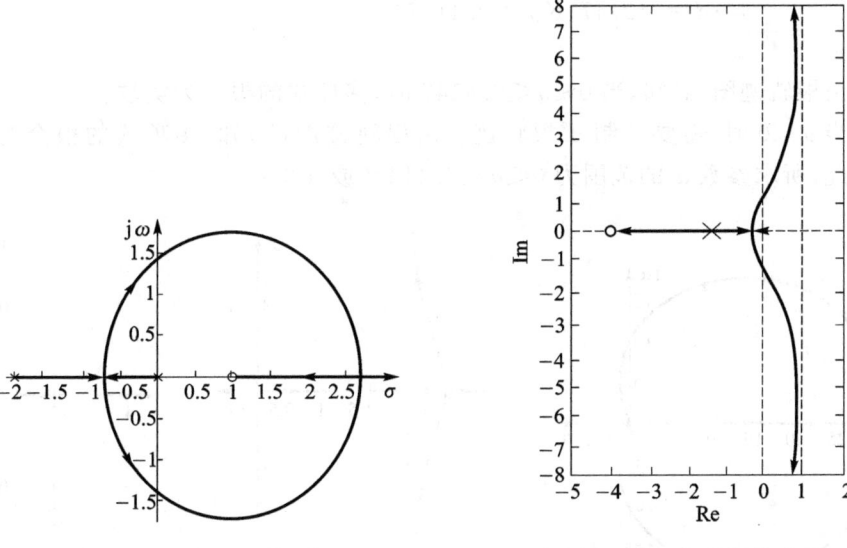

题图 4-10 概略根轨迹图　　　　题图 4-11 概略根轨迹图

4-12 (1) 分离点：$d=-8.472$；$b=2$ 时，两个闭环特征根为 $s_{1,2}=-3\pm j4.35$，此时闭环传递函数为

$$\Phi(s)=\frac{20}{(s+3+j4.35)(s+3-j4.35)}$$

(2) 分离点：$d=-20$；$b=2$ 时，两个闭环特征根为 $s_1=-38.44$，$s_2=-1.56$，则

$$\Phi(s)=\frac{30(s+2)}{(s+1.56)(s+38.44)}$$

4-13 分离点：$d=-30$；与虚轴交点：$\begin{cases}\omega=\pm 10\\ T=0.2\end{cases}$；起始角：$\theta_{p_1}=60°$

当 $0<T\leqslant 0.015$ 时，系统阶跃响应为单调收敛过程；当 $0.015<T<0.2$ 时，阶跃响应为振荡收敛过程；当 $T>0.2$ 时，有两支根轨迹在 s 右半平面，此时系统不稳定。

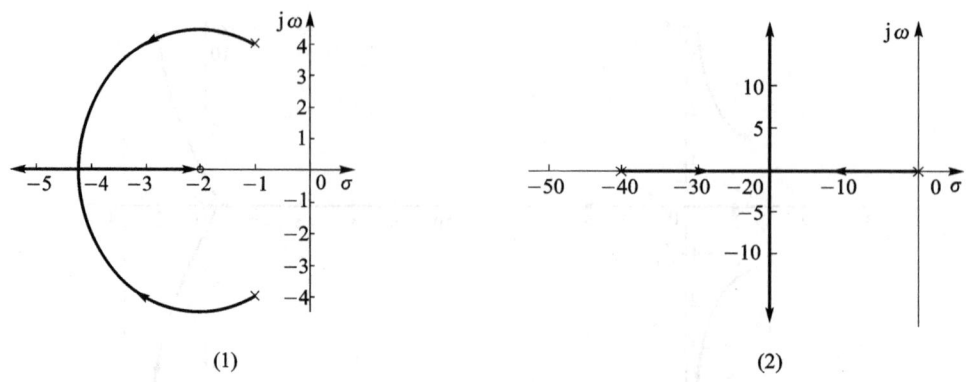

题图 4-12 概略根轨迹图

4-14 当 $a>0$ 时，绘制 $180°$ 根轨迹。

$$\begin{cases} \sigma_a = -2 \\ \varphi_a = \pm\dfrac{\pi}{2} \end{cases}; d = -2.47; K_d^* = 0.4147$$

由根轨迹图(a)知，当 $0 \leqslant a \leqslant 0.4147$ 时，多项式的根全为实数。

当 $a<0$ 时，需要绘制 $0°$ 根轨迹。由根轨迹图(b)知，多项式的根全为实数。因此，所求参数 a 的范围为 $0 \leqslant a \leqslant 0.4147$ 或 $a<0$。

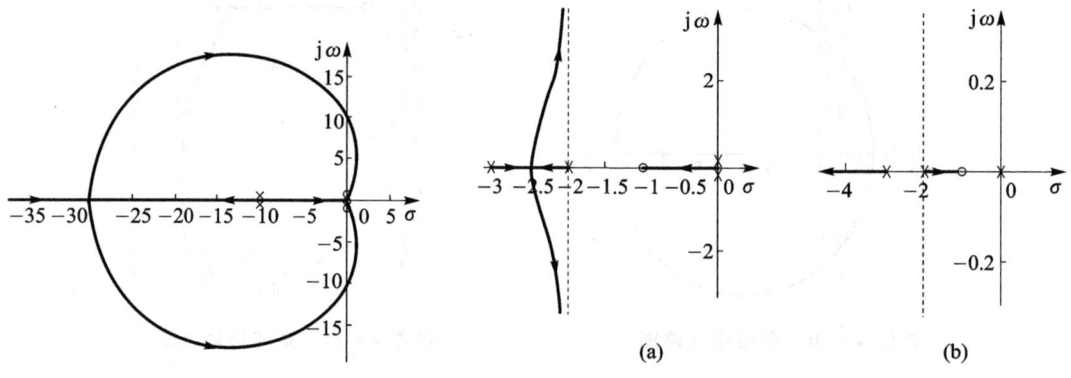

题图 4-13 概略根轨迹图　　　　题图 4-14 概略根轨迹图

4-15 (1) 根轨迹是以原点为圆心，半径为 4 的圆弧；

(2) 点 $(-\sqrt{3}, j)$ 不在根轨迹上；

(3) $a=4$。

4-16 (1) 根轨迹为圆，圆心坐标为 $(-3, j0)$，半径为 $\sqrt{3}$；

(2) $0.8 < K < 11.2$；

(3) 在根轨迹图上作圆的切线 $\overline{OA}$ 于 A 点（A 点即为所求极点位置）。对应最小阻尼状态的闭环极点为 $s_{1,2} = -2 \pm j1.414$。

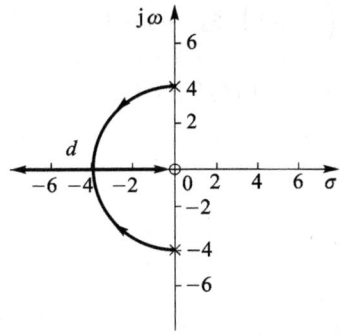

题图 4-15 概略根轨迹图

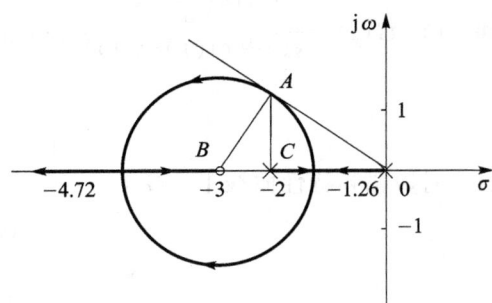

题图 4-16 概略根轨迹图

4-17　$K=14, T=-1/2$，应画 $0°$ 根轨迹。$d_1=-1.16, d_2=5.16$；与虚轴交点：$K=6$，$\omega=\sqrt{6}$，系统稳定的 K 值范围为：$0<K<6$。

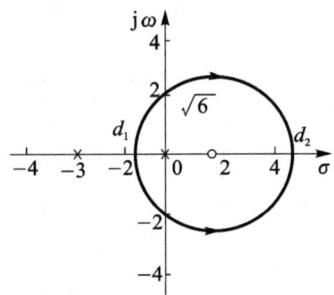

题图 4-17 概略根轨迹图

第 5 章思考与练习答案

5-1　略

5-2　频率特性 $\Phi(j\omega)=\dfrac{1}{j\omega+2}=\dfrac{2}{4+\omega^2}+j\dfrac{-\omega}{4+\omega^2}$

(1) $c_{ss}(t)=0.35\sin(2t-45°)$

(2) $c_{ss}(t)=0.4\sin(t+3.4°)-0.7\cos(2t-90°)$

5-3　频率特性 $\Phi(j\omega)=\dfrac{36}{(j\omega-4)(j\omega+9)}$

5-8　(1) $G(s)=\dfrac{25}{s\left(\dfrac{s}{40}+1\right)\left(\dfrac{s}{10}+1\right)}$；(2) $\omega_c=15.8$ rad/s

5-9　(a) $G(s)=\dfrac{10}{\dfrac{s}{10}+1}$；(b) $G(s)=1+\dfrac{s}{10}$；(c) $G(s)=\dfrac{0.1s}{\dfrac{s}{20}+1}$；(d) $G(s)=\dfrac{50}{s\left(\dfrac{s}{100}+1\right)}$；

(e) $G(s)=\dfrac{100}{s\left(\dfrac{s}{0.01}+1\right)\left(\dfrac{s}{100}+1\right)}$；(f) $G(s)=\dfrac{250}{(s+1)\left(\dfrac{s}{10}+1\right)\left(\dfrac{s}{100}+1\right)}$

5-10　(1) $G(s) = \dfrac{1\,312\left(\dfrac{s}{3}+1\right)}{s(s+1)(10s+1)}$；(2) $G(s) = \dfrac{21\left(\dfrac{s}{5}+1\right)(3s^2+s+1)}{s^2\left(\dfrac{s}{10}+1\right)(s^2+s+1)}$

5-11　对数幅频特性曲线Ⅰ　$G_1(s) = \dfrac{1\,000\left(\dfrac{s}{20}+1\right)}{s^2\left(\dfrac{s}{200}+1\right)}$；

对数幅频特性曲线Ⅱ　$G_1(s) = \dfrac{100\left(\dfrac{s}{20}+1\right)}{s\left(\dfrac{s}{10}+1\right)\left(\dfrac{s}{200}+1\right)}$；

对数幅频特性曲线Ⅲ　$G_1(s) = \dfrac{10}{\left(\dfrac{s}{5}+1\right)\left(\dfrac{s}{200}+1\right)}$

5-12

图序	开环传递函数	P	N	$Z=P-2N$	闭环稳定性
(1)	$G(s) = \dfrac{K}{(T_1 s+1)(T_2 s+1)(T_3 s+1)}$	0	-1	2	不稳定
(2)	$G(s) = \dfrac{K}{s(T_1 s+1)(T_2 s+1)}$	0	0	0	稳定
(3)	$G(s) = \dfrac{K}{s^2(Ts+1)}$	0	-1	2	不稳定
(4)	$G(s) = \dfrac{K(T_1 s+1)}{s^2(T_2 s+1)}$ $(T_1 > T_2)$	0	0	0	稳定
(5)	$G(s) = \dfrac{K}{s^3}$	0	-1	2	不稳定
(6)	$G(s) = \dfrac{K(T_1 s+1)(T_2 s+1)}{s^3}$	0	0	0	稳定
(7)	$G(s) = \dfrac{K(T_5 s+1)(T_6 s+1)}{s(T_1 s+1)(T_2 s+1)(T_3 s+1)(T_4 s+1)}$	0	0	0	稳定
(8)	$G(s) = \dfrac{K}{T_1 s-1}$ $(K>1)$	1	1/2	0	稳定
(9)	$G(s) = \dfrac{K}{T_1 s-1}$ $(K<1)$	1	0	1	不稳定
(10)	$G(s) = \dfrac{K}{s(Ts-1)}$	1	$-1/2$	2	不稳定

5-13　系统临界稳定

5-14　系统不稳定，有两个闭环极点在右半 s 平面

5-15　$T=0.84$

5-16 (1) $\omega_c=0.8$ rad/s, $\gamma=43°$

(2) $\omega_c=2.9$ rad/s, $\gamma=-11°$

5-17 (1) $\sigma=20\%$, $t_s=1.74$s, $\gamma=48°$;

(2) $\tau<0.23$

5-18 $\tau=0$ 时, $\omega_c=1.15$ rad/s, $\gamma=11.1°$, 系统稳定的 τ 值范围为 $0\leqslant\tau<0.168$

5-19 $G(s)=\dfrac{2}{(s+1)\left(\dfrac{s}{5}+1\right)\left(\dfrac{s}{10}+1\right)}$

(1) $K_p=2$, $K_v=0$, $K_a=0$; (2) $\gamma=89°$, $K_g=16.25$ dB

5-20 $5\leqslant K<11$

5-21 (1) $\omega_c=3.16$ rad/s, $\gamma=54°$;

(2) $M_r=1.23$, $\sigma=25.39\%$, $t_s=2.46$ s

5-22 $\omega_c=212.1$ rad/s, $\gamma=41.8°$

第6章思考与练习答案

6-1~6-8 略

6-9 图(a): $G(s)=\dfrac{20(s+1)}{s(0.1s+1)(10s+1)}$; 图(b): $G(s)=\dfrac{20}{s(0.01s+1)}$;

图(c): $G(s)=\dfrac{10^{\frac{K_0+K_c}{20}}(T_2s+1)(T_3s+1)}{(T_1s+1)\left(\dfrac{1}{\omega_1}s+1\right)\left(\dfrac{1}{\omega_3}s+1\right)(T_4s+1)\left(\dfrac{1}{\omega_2}s+1\right)}$

6-10 (1) $K_{\min}=6$, $\omega'_c=2.92$, $\gamma(\omega'_c)=4.05°$, $h'=1.34$ dB;

(2) $\omega''_c=3.85$, $\gamma(\omega''_c)=29.8°$, $h''=9.9$ dB

6-11 $G_c(s)=\dfrac{20s+1}{200s+1}$, $b=0.1$, $\gamma=47.5°$, $h=15$ dB

6-12 $G_c(s)=\dfrac{6.67s+1}{66.7s+1}$, $\omega'_c=2.57$, $\omega''_c=0.674$

6-13 (1) $G_c(s)=\dfrac{0.25s+1}{0.0059s+1}$; (2) $G_c(s)=\dfrac{2.62s+1}{10(23.5s+1)}$

6-14 校正前: $\omega'_c=2$, $\gamma(\omega'_c)=14.2°$; 校正后: $\omega''_c=0.8$, $\gamma(\omega''_c)=74.5°$

6-15 (1) $G_c(s)=\dfrac{16.42s+1}{113.8s+1}$; (2) $G_c(s)=2.12\dfrac{(16.42s+1)(3.2s+1)}{(113.8s+1)(0.07s+1)}$

6-16 $G_c(s)=\dfrac{(3.56s+1)(0.48s+1)}{(106.5s+1)(0.082s+1)}$

6-17 $G_c(s)=\dfrac{(0.33s+1)(0.11s+1)}{(2.67s+1)(0.011s+1)}$

6-18 $G_c(s)=\dfrac{0.2s+1}{0.044s+1}$, $\alpha=4.55$

6-19 $G_c(s)=\dfrac{3.3s+1}{20.4s+1}$

6-20 $G_c(s)=\dfrac{1}{27.8}\cdot\dfrac{43.1s+1}{15.5s+1}$

6-21　$G_c(s) = \dfrac{1}{K_0}G'_c(s) = \dfrac{(0.331s+1)}{(0.021s+1)}$

6-22　$K_n = 0.9, K_0 = 10$

6-23　$G_k(s) = \dfrac{4}{s(1+s/22.7)(1+s/40)}$, $\omega_c = 4$, $\gamma(\omega_c) = 74°$

6-24　$G_k(s) = \dfrac{200\left(\dfrac{s}{7.8}+1\right)}{s\left(\dfrac{s}{0.78}+1\right)\left(\dfrac{s}{100}+1\right)^2}$, $G_c(s) = \dfrac{0.128s}{0.128s+1}$, $\omega_c = 20$, $\gamma(\omega_c) = 48.3°$

6-25　$G_c(s) = \dfrac{K_c T_c s}{1+T_c s} = \dfrac{0.137 \times 0.73s}{0.73s+1} = \dfrac{0.1s}{0.73s+1}$, $G_k(s) = \dfrac{200(0.73s+1)}{s(20s+1)(0.0067s+1)}$

6-26　$G_c(s) = \dfrac{0.005s}{\dfrac{1}{7}s+1}$

6-27　$G_c(s) = \dfrac{0.00476s^2}{\dfrac{1}{7}s+1}$

6-28　$0 < K < 0.045$, $G_r(s) = \tau s$, $\tau > 2.2$

6-29　串联校正装置：$G_c(s) = \dfrac{\tau s+1}{s}$, $\tau > T$；复合校正装置：$G_r(s) = \tau s$, $\tau = \dfrac{1}{K}$

6-30　$G_n(s) = s(s+K_1 K_2)$, $K_2 = \sqrt{\dfrac{2}{K_1}}$, $K_1 > 0$, $K_2 > 0$

第 7 章思考与练习答案

7-1　(1) $\dfrac{T^2 z(z+1)}{(z-1)^3}$; (2) $\dfrac{z}{z-a}$; (3) $\dfrac{z(1-e^{-aT})}{(z-1)(z-e^{-aT})}$; (4) $\dfrac{Tze^{-aT}}{(z-e^{-aT})^2}$

7-2　(1) $\dfrac{z(1-e^{-5T})}{(z-1)(z-e^{-5T})}$; (2) $\dfrac{z[z+(e^{-T}-2e^{-2T})]}{(z-e^{-T})(z-e^{-2T})}$;

　　(3) $\dfrac{(T+e^{-T}-1)z^2 + (1-Te^{-T}-e^{-T})z}{(z-1)^2(z-e^{-T})}$

7-3　(1) $e(nT) = \dfrac{2}{3}[1-(0.5)^n]$; (2) $e(nT) = 1-e^{-anT}$;

　　(3) $e(nT) = \dfrac{8}{7}(0.8)^n - \dfrac{1}{7}(0.1)^n$

7-4　(1) $C(z) = \dfrac{GR(z)}{1+GH(z)}$; (2) $C(z) = \dfrac{G(z)R(z)}{1+GH(z)}$;

　　(3) $C(z) = \dfrac{G_1(z)G_2(z)R(z)}{1+G_1(z)G_2(z)H(z)}$

7-5　(a) $G(z) = \dfrac{0.4z}{z-e^{-0.2T}}$; (b) $G(z) = \dfrac{z(e^{-0.2T}-e^{-T})}{(z-e^{-T})(z-e^{-0.2T})}$;

　　(c) $G(z) = \dfrac{0.8z^2}{(z-e^{-T})(z-e^{-0.2T})}$;

(d) $G(z)=(1-z^{-1})\left[\dfrac{2Tz}{(z-1)^2}-\dfrac{20z}{z-1}-\dfrac{20z}{z-\mathrm{e}^{-0.1T}}\right]$

7-6　$C(z)=\dfrac{RG_1(z)G_2(z)}{1+G_2H_2(z)+G_2H_1(z)G_1(z)}$

7-7　$C(z)=\dfrac{D(z)G_hG_1G(z)}{1+D(z)G_hG_1G(z)}R(z)+\dfrac{NG(z)}{1+D(z)G_hG_1G(z)}$

7-8　满足稳定和稳态误差的参数取值为 $19\leqslant K\leqslant 21$

7-9　(1) $G(z)=\dfrac{0.37z+0.26}{(z-1)(z-0.37)}$，$\varPhi(z)=\dfrac{0.37z+0.26}{z^2-z+0.63}$；

　　(2) $C^*(t)=0.37\delta(t-T)+\delta(t-2T)+1.4\delta(t-3T)+1.4\delta(t-4T)+\cdots$

7-10　同时满足稳定及误差要求的 K 值为 $4<K<5$。

7-11　$G_c(z)=\dfrac{0.134(z-0.852)}{z-0.98}$

7-12　$D(z)=\dfrac{(z-0.368)(z-0.136)}{(z-1)(z^2+0.4z+0.146)}$，单位斜坡输入时系统的稳态误差 $e_{\mathrm{ssr}}=T$。

第 8 章思考与练习答案

8-1　$G(s)=\dfrac{2}{s(s+1)}$

8-2　图(a)：$N(A)=\dfrac{2K}{\pi}\left(\dfrac{\pi}{2}-\sin^{-1}\dfrac{a}{A}+\dfrac{a}{A}\sqrt{1-\left(\dfrac{a}{A}\right)^2}\right)$　$(A>a)$；

　　图(b)：$N(A)=\dfrac{3}{4}A^2$

8-3　图(a)：$G_1(s)[1+H_1(s)]$；图(b)：$\dfrac{G_1(s)H_1(s)}{1+G_1(s)}$

8-4　图(a)不稳定，不存在自振；图(b)不稳定，存在自振；图(c)不稳定，存在自振；图(d)不稳定，C 点为自振点；图(e)不稳定，B 点为自振点；图(f)不稳定，存在自振；图(g)不稳定；图(h)不稳定，B 点为自振点；图(i)不稳定，不存在自振；图(j)稳定；图(k)不稳定；图(l)不稳定，C 点为自振点。

8-5　图(a)：$N(A)=\dfrac{4M}{\pi A}\left[\sqrt{1-\left(\dfrac{a}{A}\right)^2}+\sqrt{1-\left(\dfrac{b}{A}\right)^2}\right]$　$(a>b)$；

　　图(b)：$N(A)=\dfrac{4M}{\pi A}\sqrt{1-\dfrac{(\Delta+h/k)^2}{A^2}}$

8-6　$K=1.5$，$\omega=0.702$，$A=2.5$

8-7　系统不稳定，自振荡的频率 $\omega=3.91\ \mathrm{rad/s}$，振幅 $A=0.8$。

8-8　系统稳定。

8-9　(1) $\dfrac{\dot{x}^2}{2}=Ax+c$　相轨迹为一簇抛物线。

　　(2) $\dot{e}=-e+c$　相轨迹为一簇斜率为 -1 的直线。

8-10　振荡收敛；稳定运行；最大稳态误差为 ± 0.1。

8-11　(1) $T_d=0$ 时，系统不稳定。

(2) $T_d=0.5$ 时，系统稳定，比例-微分控制能改善系统的稳定性和过渡过程的快速性。

(3) $T_d=2$ 时，开关线倾斜的更斜，系统的过渡过程更快。

8-12 (1) 相轨迹收敛于原点$(0,0)$，稳态误差 $e_{ssr}=0$。

(2) 加入速度反馈后，相轨迹单调的收敛于原点$(0,0)$，显然，速度反馈的加入，抑制了系统的振荡。

第9章思考与练习答案

9-1 $\dot{x}_1=-\dfrac{C_2+C_3}{R_1C}x_1-\dfrac{C_2}{C}x_3+\dfrac{C_2+C_3}{R_1C}u$，$\dot{x}_2=-\dfrac{C_3}{R_1C}x_1-\dfrac{C_2C-C_2C_3}{(C_2+C_3)C}x_3+\dfrac{C_3}{R_1C}u$，

$\dot{x}_3=\dfrac{1}{L}x_1-\dfrac{1}{L}x_2-\dfrac{R_2}{L}x_3$，$\boldsymbol{y}=\begin{bmatrix}1&0&0\\0&1&0\end{bmatrix}\begin{bmatrix}x_1\\x_2\\x_3\end{bmatrix}$，其中 $C=C_1C_2+C_2C_3+C_1C_3$

9-2 $\dot{\boldsymbol{x}}=\begin{bmatrix}-2&1\\-2&-1\end{bmatrix}\boldsymbol{x}+\begin{bmatrix}0\\1\end{bmatrix}u$，$\boldsymbol{y}=\begin{bmatrix}1&0\end{bmatrix}\boldsymbol{x}$

9-3 (1) 串联 $\dot{\boldsymbol{x}}=\begin{bmatrix}0&1&0\\0&0&1\\-3&-7&-5\end{bmatrix}\boldsymbol{x}+\begin{bmatrix}0\\0\\1\end{bmatrix}u$，$\boldsymbol{y}=\begin{bmatrix}8&6&1\end{bmatrix}\boldsymbol{x}$；

(2) 并联 $\dot{\boldsymbol{x}}=\begin{bmatrix}-1&1&0\\0&-1&0\\0&0&-3\end{bmatrix}\boldsymbol{x}+\begin{bmatrix}0\\1\\1\end{bmatrix}u$，$\boldsymbol{y}=\begin{bmatrix}\dfrac{3}{2}&\dfrac{5}{4}&-\dfrac{1}{4}\end{bmatrix}\boldsymbol{x}$

9-4 $\dot{\boldsymbol{x}}=\begin{bmatrix}0&0&1\\-2&-3&0\\0&2&1\end{bmatrix}\boldsymbol{x}+\begin{bmatrix}0\\2\\0\end{bmatrix}u$，$\boldsymbol{y}=\begin{bmatrix}1&0&0\end{bmatrix}\boldsymbol{x}$

9-5 $\dot{\boldsymbol{x}}=\begin{bmatrix}0&1\\-3&-4\end{bmatrix}\boldsymbol{x}+\begin{bmatrix}0\\1\end{bmatrix}u$，$\boldsymbol{y}=\begin{bmatrix}5&2\end{bmatrix}\boldsymbol{x}+u$

$\dot{\boldsymbol{x}}=\begin{bmatrix}-3&0\\0&-1\end{bmatrix}\boldsymbol{x}+\begin{bmatrix}1\\1\end{bmatrix}u$，$\boldsymbol{y}=\begin{bmatrix}\dfrac{1}{2}&\dfrac{3}{2}\end{bmatrix}\boldsymbol{x}+u$

9-6 $\dot{\boldsymbol{x}}=\begin{bmatrix}-1&1&0\\0&-1&0\\0&0&-2\end{bmatrix}\boldsymbol{x}+\begin{bmatrix}0\\1\\1\end{bmatrix}u$，$\boldsymbol{y}=\begin{bmatrix}5&-5&5\end{bmatrix}\boldsymbol{x}$

9-7 $\dot{\boldsymbol{x}}=\begin{bmatrix}2&1&0\\0&2&1\\0&0&2\end{bmatrix}\boldsymbol{x}+\begin{bmatrix}5\\-9\\21\end{bmatrix}u$，$\boldsymbol{y}=\begin{bmatrix}3&1&0\end{bmatrix}\boldsymbol{x}$

9-8 $e^{At}=\begin{bmatrix}e^{-t}&0\\0&e^t\end{bmatrix}$

9-9 $\boldsymbol{x}(t)=\begin{bmatrix}e^{-t}&0&0\\0&e^{-2t}&0\\0&0&e^{-3t}\end{bmatrix}\boldsymbol{x}(0)$

9-10　$x(t) = \begin{bmatrix} 2e^t - 1 \\ 2te^t + et - 1 \end{bmatrix}$

9-11　$A = \begin{bmatrix} 8 & -2 \\ -2 & -1 \end{bmatrix}$

9-12　$G(s) = \dfrac{2s^2 + 7s + 3}{(s-3)(s+2)(s+1)}$

9-13　(1) 系统状态图略；(2) $G(s) = \dfrac{1}{s+2}$；(3) $e^{At} = \begin{bmatrix} 1 & \dfrac{1}{2} - \dfrac{1}{2}e^{-2t} \\ 0 & e^{-2t} \end{bmatrix}$

9-14　$A = \begin{bmatrix} 0 & -2 \\ 1 & -3 \end{bmatrix}$

9-15　$\varphi(t) = \begin{bmatrix} 2e^{-t} - e^{-2t} & e^{-t} - e^{-2t} \\ -2e^{-t} + 2e^{-2t} & -e^{-t} + 2e^{-2t} \end{bmatrix}$, $A = \begin{bmatrix} 2 & 1 \\ -2 & -3 \end{bmatrix}$

9-16　$\begin{bmatrix} x_1(t) \\ x_2(t) \end{bmatrix} = \begin{bmatrix} e^{-2}t \\ -2e^{-2t} + e^{-2t} \end{bmatrix}$

9-17　$G_{xu}(s) = \begin{bmatrix} \dfrac{1}{s^2 + 2s + 3} \\ \dfrac{s}{s^2 + 2s + 3} \\ \dfrac{s^2}{s^2 + 2s + 3} \end{bmatrix}$, $G_{yu}(s) = \dfrac{s+1}{s^2 + 2s + 3}$

9-18　系统不能控也不能观, $G(s) = \dfrac{1}{s-1}$

9-19　$\begin{bmatrix} x_1[(k+1)T] \\ x_2[(k+1)T] \end{bmatrix} = \begin{bmatrix} 1 & \dfrac{1}{2}(1 - e^{-2T}) \\ 0 & e^{-2T} \end{bmatrix} \begin{bmatrix} x_1(kT) \\ x_2(kT) \end{bmatrix} + \begin{bmatrix} \dfrac{1}{2}\left(T + \dfrac{e^{-2T} - 1}{2}\right) \\ \dfrac{1}{2}(1 - e^{-2T}) \end{bmatrix} u(kT)$

9-20　$x(2) = \begin{bmatrix} 2 \\ -23 \\ 284 \end{bmatrix}$

9-21　能控 $\begin{cases} a_1 \neq 0 \\ b \neq 0 \end{cases}$, 能观 $\begin{cases} a_1 \neq 0 \\ c \neq 0 \end{cases}$

9-22　$\dot{\bar{x}} = \begin{bmatrix} 0 & -1 & 0 \\ 0 & 2 & 0 \\ 0 & 0 & 1 \end{bmatrix} \begin{bmatrix} x_c \\ x_{\bar{c}} \end{bmatrix} + \begin{bmatrix} 1 \\ 0 \\ 0 \end{bmatrix} u$, $\dot{x}_c = \begin{bmatrix} 0 & -1 \\ 0 & 2 \end{bmatrix} x_c + \begin{bmatrix} 1 \\ 0 \end{bmatrix} u$

9-23　$\dot{\bar{x}} = \begin{bmatrix} 0 & 1 & 0 \\ -2 & -2 & 0 \\ -2 & -2 & -1 \end{bmatrix} \begin{bmatrix} x_o \\ x_{\bar{o}} \end{bmatrix} + \begin{bmatrix} 0 \\ 1 \\ 1 \end{bmatrix} u$, $y = \begin{bmatrix} 1 & 0 & 0 \end{bmatrix} \begin{bmatrix} x_o \\ x_{\bar{o}} \end{bmatrix}$, 可观测因子为 $-1 \pm j$,

不可观测因子为 -1；$\dot{x}_o = \begin{bmatrix} 0 & 1 \\ -2 & -2 \end{bmatrix} x_o + \begin{bmatrix} 0 \\ 1 \end{bmatrix} u$, $y = \begin{bmatrix} 1 & 0 \end{bmatrix} x_o$

9-24　$\begin{cases} a \neq 2 \\ b \neq 1 \end{cases}$

9-25　$a \neq 1, a \neq 2, a \neq 4$

9-26　$a - b \neq 1$

9-27　(1) 稳定；(2) 稳定。

9-28　因为系统完全能控，所以可以用状态反馈任意配置极点，反馈阵 $\boldsymbol{K} = [2.8 \quad 2.2 \quad 2.2]$。

9-29　全维状态观测器：$\dot{\hat{x}} = \begin{bmatrix} -34 & 1 \\ -49 & -3 \end{bmatrix} x + \begin{bmatrix} 8.5 \\ 23.5 \end{bmatrix} y + \begin{bmatrix} 0 \\ 1 \end{bmatrix} u$；

降维状态观测器：$\dot{z}_1 = -10 z_1 - 36 y + u$，$\hat{\boldsymbol{x}} = \begin{bmatrix} \dfrac{1}{2} y \\ z_1 + \dfrac{7}{2} y \end{bmatrix} = P \hat{x}$

9-30　输出反馈不能使系统镇定，状态反馈能使系统镇定。

附录 2　拉普拉斯变换

一、拉普拉斯(Laplace)变换

拉普拉斯(Laplace)变换又名拉氏转换,是一个线性变换。拉氏变换可以用来求解线性微分方程,把微分方程化为容易求解的代数方程来处理,从而使计算简化,因而在工程实践中得到广泛应用。拉普拉斯变换的一个主要优点是能把描述系统运动方程的微分方程转换为传递函数,进而用系统的传递函数的零极点、频率特性等方法间接地分析和设计控制系统。这里不对拉普拉斯变换的全部理论作详细描述,仅列举一些结论,为讲述传递函数的概念提供数学基础。

1. 拉普拉斯变换的定义

函数 $f(t)$ 以 t 为实变量,$s=\sigma+j\omega$ 为复变量,若函数满足以下条件:① 当 $t<0$ 时,$f(t)=0$;② 在 $t\geqslant 0$ 的任意有限区间内,$f(t)$ 至少是分段连续的;③ 函数 $f(t)$ 的积分 $\int_0^\infty f(t)e^{-st}dt$ 存在且收敛;则定义函数 $f(t)$ 的拉普拉斯变换为

$$F(s)=\mathscr{L}[f(t)]=\int_0^\infty f(t)e^{-st}dt \tag{1}$$

式中,$f(t)$ 为原函数,$F(s)$ 为象函数,复变量 s 为拉普拉斯算子,$\mathscr{L}$ 表示拉普拉斯变换的符号。

例 1　单位阶跃函数的数学表达式为

$$f(t)=1(t)=\begin{cases}0 & (t<0)\\ 1 & (t\geqslant 0)\end{cases}$$

求其拉普拉斯变换。

解　由定义得单位阶跃函数的拉氏变换

$$F(s)=\int_{0^-}^{+\infty}f(t)e^{-st}dt=\int_{0^-}^{+\infty}1\cdot e^{-st}dt=-\frac{1}{s}e^{-st}\Big|_0^{+\infty}=\frac{1}{s}$$

例 2　求 $f(t)=e^{at}$ 的拉普拉斯变换。

解　$$F(s)=[e^{at}]=\int_{0^-}^{\infty}e^{at}e^{-st}dt=-\frac{1}{s-a}e^{-(s-a)t}\Big|_0^{\infty}=\frac{1}{s-a}$$

2. 拉普拉斯变换的基本定理

掌握拉普拉斯变换的常用定理,可以对复杂的函数进行拉普拉斯变换。这里仅给出相应的定理,方便查阅使用。

(1) 线性定理

若 $\mathscr{L}[f_2(t)]=F_2(s)$,$\mathscr{L}[f_1(t)]=F_1(s)$,且 a,b 均为常数,则有

$$\mathscr{L}[af_1(t)\pm bf_2(t)]=a\mathscr{L}[f_1(t)]\pm b\mathscr{L}[f_2(t)]=aF_1(s)\pm bF_2(s) \tag{2}$$

例 3　求 $f(t)=\sin\omega t$ 的拉普拉斯变换。

解　根据线性定理,有

$$F(s)=\mathscr{L}[\sin\omega t]=\mathscr{L}\left[\frac{1}{2j}(e^{j\omega t}-e^{-j\omega t})\right]=\frac{1}{2j}\left(\frac{1}{s-j\omega}-\frac{1}{s+j\omega}\right)=\frac{\omega}{s^2+\omega^2}$$

(2) 微分定理

若 $\mathscr{L}[f(t)] = F(s)$，则有

$$\mathscr{L}\left[\frac{\mathrm{d}f(t)}{\mathrm{d}t}\right] = sF(s) - f(0)$$

$$\mathscr{L}\left[\frac{\mathrm{d}^2 f(t)}{\mathrm{d}t^2}\right] = s[sF(s) - f(0)] - f'(0) = s^2 F(s) - sf(0) - f'(0)$$

$$\vdots$$

$$\mathscr{L}\left[\frac{\mathrm{d}^n f(t)}{\mathrm{d}t^n}\right] = s^n F(s) - s^{n-1} f(0) - \cdots - f^{n-1}(0)$$

当初始条件为零时，即式中 $f(t)$ 及其各阶导数在 $t=0$ 时的值都为零，则上式可写为

$$\mathscr{L}\left[\frac{\mathrm{d}^n f(t)}{\mathrm{d}t^n}\right] = s^n F(s) \tag{3}$$

例 4 求 $f(t) = \cos \omega t$ 的拉普拉斯变换。

解 由于

$$\frac{\mathrm{d}\sin \omega t}{\mathrm{d}t} = \omega \cos \omega t \Rightarrow \cos \omega t = \frac{1}{\omega} \frac{\mathrm{d}\sin \omega t}{\mathrm{d}t}$$

所以根据微分定理得

$$\mathscr{L}[\cos \omega t] = \mathscr{L}\left[\frac{1}{\omega} \cdot \frac{\mathrm{d}}{\mathrm{d}t} \sin \omega t\right] = \frac{s}{\omega} \cdot \frac{\omega}{s^2 + \omega^2} - 0 = \frac{s}{s^2 + \omega^2}$$

例 5 求 $f(t) = \delta(t)$ 的拉普拉斯变换。

解 由于 $\delta(t) = \frac{\mathrm{d}\varepsilon(t)}{\mathrm{d}t}$，且 $\mathscr{L}[\varepsilon(t)] = \frac{1}{s}$，根据微分定理得

$$\mathscr{L}[\delta(t)] = \mathscr{L}\left[\frac{\mathrm{d}\varepsilon(t)}{\mathrm{d}t}\right] = s \cdot \frac{1}{s} = 1$$

(3) 积分定理

如果 $\mathscr{L}[f(t)] = F(s)$，则有

$$\mathscr{L}\left[\int f(t)\mathrm{d}t\right] = \frac{1}{s}F(s) + \frac{1}{s}f^{(-1)}(0)$$

$$\mathscr{L}\left[\iint f(t)(\mathrm{d}t)^2\right] = \frac{1}{s^2}F(s) + \frac{1}{s^2}f^{(-1)}(0) + \frac{1}{s}f^{(-2)}(0)$$

$$\vdots$$

$$\mathscr{L}\left[\int \cdots \int f(t)(\mathrm{d}t)^n\right] = \frac{1}{s^n}F(s) + \frac{1}{s^n}f^{(-1)}(0) + \cdots + \frac{1}{s}f^{(-n)}(0) \tag{4}$$

式中，$f^{(-1)}(0)$ 是 $\int f(t)\mathrm{d}t$ 在 $t=0$ 时的值。

(4) 位移定理

如果 $\mathscr{L}[f(t)] = F(s)$，则

$$\mathscr{L}[\mathrm{e}^{-\alpha t} f(t)] = F(s + \alpha) \tag{5}$$

该定理表明原函数乘以指数函数 $\mathrm{e}^{-\alpha t}$，就等于其象函数在复数域中移位 α 值，因此也叫复数域中的位移定理。

(5) 延迟定理

如果 $\mathscr{L}[f(t)] = F(s)$，则

$$\mathscr{L}[f(t-\tau)] = \mathrm{e}^{-\tau s} F(s) \tag{6}$$

该定理表明,时间域中延迟时间 τ,则象函数乘以一个 $e^{-\tau s}$,延迟定理为实域中的位移定理。

(6) 相似定理

如果已知 $\mathscr{L}[f(t)] = F(s)$,则有

$$\mathscr{L}\left[f\left(\frac{t}{a}\right)\right] = aF(as) \tag{7}$$

式(7)表示,原函数 $f(t)$ 时间上缩小为原来的 $1/a$,则象函数在复平面上按 a 倍展宽;反之,若原函数展宽,则其象函数收缩,即

$$\mathscr{L}[f(at)] = \frac{1}{a}F\left(\frac{s}{a}\right) \tag{8}$$

(7) 初值定理

如果 $\mathscr{L}[f(t)] = F(s)$,则函数 $f(t)$ 的初值为

$$f(0^+) = \lim_{t \to 0^+} f(t) = \lim_{s \to \infty} sF(s) \tag{9}$$

这一定理用来求动态过程的初始值。

(8) 终值定理

如果 $\mathscr{L}[f(t)] = F(s)$,且 $\lim\limits_{t \to \infty} f(t)$ 存在,则时间函数 $f(t)$ 在 $t \to \infty$ 时的稳态值为

$$\lim_{t \to \infty} f(t) = \lim_{s \to 0} sF(s) \tag{10}$$

终值定理可以用来求取动态过程的稳态值,但限制条件是 $\lim\limits_{t \to \infty} f(t)$ 存在。

(9) 卷积定理

如果已知 $\mathscr{L}[f(t)] = F(s)$,$\mathscr{L}[g(t)] = G(s)$,则有

$$\mathscr{L}\left[\int_0^t f(t-\tau)g(\tau)\mathrm{d}\tau\right] = F(s)G(s) \tag{11}$$

式中,$\int_0^t f(t-\tau)g(\tau)\mathrm{d}\tau = f(t) * g(t)$,称为 $f(t)$ 和 $g(t)$ 的卷积。

二、拉普拉斯反变换

从原函数 $f(t)$ 通过积分变换求象函数 $F(s)$ 的过程,称为拉普拉斯变换;反之若已知象函数 $F(s)$,要求原函数 $f(t)$,则这种运算称为拉普拉斯反变换。反变换的公式为

$$f(t) = \frac{1}{2\pi \mathrm{j}} \int_{c-\mathrm{j}\infty}^{c+\mathrm{j}\infty} F(s) e^{st} \mathrm{d}s \tag{12}$$

由于该式为复变函数,很难直接计算,因此一般只作为拉普拉斯反变换的数学定义式,而实际中一般通过部分分式展开法将 $F(s)$ 分解为一些简单的有理式函数之和,然后通过查表的方法查出原函数。

一般来说,象函数 $F(s)$ 是复变量 s 的有理代数分式,即 $F(s)$ 可表示为

$$F(s) = \frac{B(s)}{A(s)} = \frac{b_0 s^m + b_1 s^{m-1} + \cdots + b_m}{s^n + a_1 s^{n-1} + \cdots + a_{n-1}s + a_n} \tag{13}$$

式中,$a_1, a_2, \cdots, a_n$ 以及 $b_1, b_2, \cdots, b_m$ 为实系数,m, n 为正整数,且 $m < n$。

分解 $F(s)$ 的分母,得

$$F(s) = \frac{B(s)}{A(s)} = \frac{b_0 s^m + b_1 s^{m-1} + \cdots + b_m}{(s+p_1)(s+p_2)\cdots(s+p_n)} \tag{14}$$

式中,$p_1, p_2, \cdots, p_n$ 是 $A(s)=0$ 的根,按照这些根的性质,分以下两种情况讨论。

(1) $A(s)=0$ 无重根

此时,$F(s)$可展开为 n 个简单的部分分式之和,即

$$F(s)=\frac{B(s)}{A(s)}=\frac{c_1}{s+p_1}+\frac{c_2}{s+p_2}+\cdots+\frac{c_n}{s+p_n}=\sum_{i=1}^{n}\frac{c_i}{s+p_i} \tag{15}$$

式中,c_i 为待定系数,称为 $F(s)$ 在 p_i 处的留数,即

$$c_i=\lim_{s\to -p_i}(s+p_i)\cdot F(s) \tag{16}$$

或

$$c_i=\frac{B(s)}{A(s)}(s+p_i)\Big|_{s=-p_i} \tag{17}$$

求出所有系数后,由拉氏变换的线性性质可得原函数的时域表达式为

$$f(t)=\mathscr{L}^{-1}[F(s)]=\mathscr{L}^{-1}\left[\sum_{i=1}^{n}\frac{c_i}{s+p_i}\right]=\sum_{i=1}^{n}c_i \mathrm{e}^{-p_i t} \tag{18}$$

式(18)表明,有理代数分式函数的拉氏反变换可表示为若干指数项之和。

例 6 求 $F(s)=\dfrac{4s+5}{s^2+5s+6}$ 的原函数。

解 将 $F(s)$进行因式分解后得

$$F(s)=\frac{4s+5}{s^2+5s+6}=\frac{c_1}{s+2}+\frac{c_2}{s+3}$$

根据式(17)求待定系数 c_1, c_2,得

$$c_1=\frac{4s+5}{s^2+5s+6}\cdot(s+2)\Big|_{s=-2}=-3, \quad c_2=\frac{4s+5}{s^2+5s+6}\cdot(s+2)\Big|_{s=-2}=7$$

将上式进行拉氏反变换得 $f(t)=-3\mathrm{e}^{-2t}+7\mathrm{e}^{-3t}$。

例 7 求 $F(s)=\dfrac{s-3}{s^2+2s+2}$ 的原函数。

本例为存在不同的共轭复数根的情况,可有两种解法。

解法一 将 $F(s)$进行因式分解后得

$$F(s)=\frac{s-3}{s^2+2s+2}=\frac{c_1}{s+1+\mathrm{j}}+\frac{c_2}{s+1-\mathrm{j}}$$

根据式(17)求解待定系数 c_1, c_2,得

$$c_1=\frac{s-3}{s^2+2s+2}\cdot(s+1+\mathrm{j})\Big|_{s=-1-\mathrm{j}}=-\frac{-4-\mathrm{j}}{2\mathrm{j}}$$

$$c_2=\frac{s-3}{s^2+2s+2}\cdot(s+1-\mathrm{j})\Big|_{s=-1+\mathrm{j}}=\frac{-4+\mathrm{j}}{2\mathrm{j}}$$

因此,原函数

$$f(t)=c_1\mathrm{e}^{-(1-\mathrm{j})t}+c_2\mathrm{e}^{-(1+\mathrm{j})t}=-\frac{-4-\mathrm{j}}{2\mathrm{j}}\mathrm{e}^{-(1-\mathrm{j})t}+\frac{-4+\mathrm{j}}{2\mathrm{j}}\mathrm{e}^{-(1+\mathrm{j})t}$$

再根据欧拉公式,可得 $f(t)=\mathrm{e}^{-t}(\cos t-4\sin t)$。

解法二 配方法

$$F(s)=\frac{s-3}{s^2+2s+2}=\frac{s+1}{(s+1)^2+1}+\frac{-4}{(s+1)^2+1}$$

又知
$$\mathscr{L}[\sin \omega t] = \frac{\omega}{s^2 + \omega^2}, \qquad \mathscr{L}[\cos \omega t] = \frac{s}{s^2 + \omega^2}$$

根据拉氏变换的位移定理得 $f(t) = e^{-t}(\cos t - 4\sin t)$。

(2) 若 $A(s) = 0$ 有重根

设 $A(s) = 0$ 有 r 重根，则 $F(s)$ 可写为

$$F(s) = \frac{B(s)}{(s+p_1)^r(s+p_{r+1})\cdots(s+p_n)}$$

$$= \frac{c_r}{(s+p_1)^r} + \frac{c_{r-1}}{(s+p_1)^{r-1}} + \cdots + \frac{c_1}{s+p_1} + \frac{c_{r+1}}{s+p_{r+1}} + \cdots + \frac{c_n}{s+p_n} \tag{19}$$

式中，p_1 为 $F(s)$ 的 r 重极点，$p_{r+1}, \cdots, p_n$ 为 $F(s)$ 的 $n-r$ 个非重极点；$c_1, \cdots, c_r, c_{r+1}, \cdots, c_n$ 为待定系数，其中，$c_{r+1}, \cdots, c_n$ 按式(16)计算，但 $c_1, \cdots, c_r$ 应按下式计算：

$$c_r = \lim_{s \to -p_1} (s+p_1)^r F(s)$$

$$c_{r-1} = \lim_{s \to -p_1} \frac{\mathrm{d}}{\mathrm{d}s}[(s+p_1)^r F(s)]$$

$$\vdots$$

$$c_{r-j} = \frac{1}{j!} \lim_{s \to -p_1} \frac{\mathrm{d}^j}{\mathrm{d}s^j}[(s+p_1)^r F(s)]$$

$$\vdots$$

$$c_1 = \frac{1}{(r-1)!} \lim_{s \to -p_1} \frac{\mathrm{d}^{(r-1)}}{\mathrm{d}s^{(r-1)}}[(s+p_1)^r F(s)] \tag{20}$$

将所有系数确定后，由拉氏反变换可得原函数的表达式为

$$f(t) = L^{-1}[F(s)]$$

$$= L^{-1}\left[\frac{c_r}{(s+p_1)^r} + \frac{c_{r-1}}{(s+p_1)^{r-1}} + \cdots + \frac{c_1}{s+p_1} + \frac{c_{r+1}}{s+p_{r+1}} + \cdots + \frac{c_n}{s+p_n}\right]$$

$$= \left[\frac{c_r}{(r-1)!}t^{r-1} + \frac{c_{r-1}}{(r-2)!}t^{r-2} + \cdots + c_2 t + c_1\right]e^{-p_1 t} + \sum_{i=r+1}^n c_i e^{-p_i t} \tag{21}$$

例 8 求 $F(s) = \dfrac{s+4}{s(s+1)^2}$ 的原函数。

解 将 $F(s)$ 进行因式分解后得

$$F(s) = \frac{s+4}{s(s+1)^2} = \frac{c_2}{(s+1)^2} + \frac{c_1}{s+1} + \frac{c_3}{s}$$

$$c_3 = \frac{s+4}{s(s+1)^2} \cdot s \bigg|_{s=0} = 4$$

$$c_2 = \frac{s+4}{s(s+1)^2} \cdot (s+1)^2 \bigg|_{s=-1} = -3$$

$$c_1 = \frac{\mathrm{d}}{\mathrm{d}s}\left[\frac{s+4}{s(s+1)^2} \cdot (s+1)^2\right] \bigg|_{s=-1} = -4$$

因此，$F(s)$ 的原函数为

$$f(t) = \mathscr{L}^{-1}\left[\frac{-3}{(s+1)^2} + \frac{-4}{s+1} + \frac{4}{s}\right] = -3t e^{-t} - 4e^{-t} + 4$$

附录3 常用函数的拉氏变换和Z变换表

序号	原函数 $x(t)$	拉氏变换 $X(s)$	Z变换 $X(z)$
1	$\delta(t)$	1	1
2	$\delta(t-KT)$	e^{-KTs}	z^{-k}
3	$1(t)$	$\dfrac{1}{s}$	$\dfrac{z}{z-1}$
4	t	$\dfrac{1}{s^2}$	$\dfrac{Tz}{(z-1)^2}$
5	t^n		
6	$\dfrac{1}{2}t^2$	$\dfrac{1}{s^3}$	$\dfrac{T^2 z(z+1)}{2(z-1)^3}$
7	e^{-at}	$\dfrac{1}{s+a}$	$\dfrac{z}{z-e^{-aT}}$
8	te^{-at}	$\dfrac{1}{(s+a)^2}$	$\dfrac{Tze^{-aT}}{(z-e^{-aT})^2}$
9	$1-e^{-at}$	$\dfrac{a}{s(s+a)}$	$\dfrac{z(1-e^{-aT})}{(z-1)(z-e^{-aT})}$
10	$\dfrac{1}{a}(1-e^{-at})$	$\dfrac{1}{s(s+a)}$	$\dfrac{z(1-e^{-aT})}{a(z-1)(z-e^{-aT})}$
11	$\dfrac{1}{a^2}(at-1+e^{-at})$	$\dfrac{a}{s^2(s+a)}$	$\dfrac{Tz}{(z-1)^2}-\dfrac{z(1-e^{-aT})}{a(z-1)(z-e^{-aT})}$
12	$1-(1+at)e^{-at}$	$\dfrac{a^2}{s(s+a)^2}$	$\dfrac{z}{z-1}-\dfrac{z}{z-e^{-aT}}-\dfrac{aTze^{-aT}}{(z-e^{-aT})^2}$
13	$e^{-at}-e^{-bt}$	$\dfrac{b-a}{(s+a)(s+b)}$	$\dfrac{z}{z-e^{-aT}}-\dfrac{z}{z-e^{-bT}}$
14	$1+\dfrac{b}{a-b}e^{-at}-\dfrac{a}{a-b}e^{-bt}$	$\dfrac{ab}{s(s+a)(s+b)}$	$\dfrac{z}{z-1}-\dfrac{bz}{(a-b)(z-e^{-aT})}-\dfrac{az}{(a-b)(z-e^{-bT})}$
15	$abt-(a+b)-\dfrac{b^2}{a-b}e^{-at}+\dfrac{a^2}{a-b}e^{-bt}$	$\dfrac{a^2b^2}{s^2(s+a)(s+b)}$	$\dfrac{zbTz}{(z-1)^2}-\dfrac{(a+b)z}{z-1}+\dfrac{a^2z}{(a-b)(z-e^{-bT})}-\dfrac{b^2z}{(a-b)(z-e^{-aT})}$

续表

序 号	原函数 $x(t)$	拉氏变换 $X(s)$	Z变换 $X(z)$
16	$\dfrac{e^{-at}}{(b-a)(c-a)}+\dfrac{e^{-bt}}{(a-b)(c-b)}+\dfrac{e^{-ct}}{(a-c)(b-c)}$	$\dfrac{1}{(s+a)(s+b)(s+c)}$	$\dfrac{z}{(b-a)(c-a)(z-e^{-aT})}+\dfrac{z}{(a-b)(c-b)(z-e^{-bT})}+\dfrac{z}{(a-c)(b-c)(z-e^{-cT})}$
17	$1-\dfrac{bc}{(b-a)(c-a)}e^{-at}-\dfrac{ca}{(c-b)(a-b)}e^{-bt}-\dfrac{ab}{(a-c)(b-c)}e^{-ct}$	$\dfrac{abc}{s(s+a)(s+b)(s+c)}$	$\dfrac{z}{z-1}-\dfrac{bcz}{(b-a)(c-a)(z-e^{-aT})}-\dfrac{caz}{(c-b)(a-b)(z-e^{-bT})}-\dfrac{abz}{(a-c)(a-b)(z-e^{-cT})}$
18	$\sin\omega_0 t$	$\dfrac{\omega_0}{s^2+\omega_0^2}$	$\dfrac{z\sin\omega_0 T}{z^2-2z\cos\omega_0 T+1}$
19	$\cos\omega_0 t$	$\dfrac{s}{s^2+\omega_0^2}$	$\dfrac{z(z-\cos\omega_0 T)}{z^2-2z\cos\omega_0 T+1}$
20	$1-\cos\omega_0 t$	$\dfrac{\omega_0^2}{s(s^2+\omega_0^2)}$	$\dfrac{z}{z-1}-\dfrac{z(z-\cos\omega_0 T)}{z^2-2z\cos\omega_0 T+1}$
21	$e^{-at}\sin\omega_0 t$	$\dfrac{\omega_0}{(s+a)^2+\omega_0^2}$	$\dfrac{ze^{-aT}\sin\omega_0 T}{z^2-2ze^{-aT}\cos\omega_0 T+e^{-2aT}}$
22	$e^{-at}\cos\omega_0 t$	$\dfrac{s+a}{(s+a)^2+\omega_0^2}$	$\dfrac{z^2-ze^{-aT}\cos\omega_0 T}{z^2-2ze^{-aT}\cos\omega_0 T+e^{-2aT}}$
23	$\dfrac{\omega_n}{\sqrt{1-\zeta^2}}e^{-\zeta\omega_n t}\cdot\sin\omega_n\sqrt{1-\zeta^2}\,t$	$\dfrac{\omega_n^2}{s^2+2\zeta\omega_n s+\omega_n^2}$ $(0<\zeta<1)$	
24	$\dfrac{-1}{\sqrt{1-\zeta^2}}e^{-\zeta\omega_n t}\cdot\sin(\omega_n\sqrt{1-\zeta^2}\,t-\varphi)$ $\varphi=\arctan\dfrac{\sqrt{1-\zeta^2}}{\zeta}$	$\dfrac{s}{s^2+2\zeta\omega_n s+\omega_n^2}$ $(0<\zeta<1)$	
25	$1-\dfrac{1}{\sqrt{1-\zeta^2}}e^{-\zeta\omega_n t}\cdot\sin(\omega_n\sqrt{1-\zeta^2}\,t+\varphi)$ $\varphi=\arctan\dfrac{\sqrt{1-\zeta^2}}{\zeta}$	$\dfrac{\omega_n^2}{s(s^2+2\zeta\omega_n s+\omega_n^2)}$ $(0<\zeta<1)$	
26	$1-\dfrac{T^2\omega_n^2}{1-2T\zeta\omega_n+T^2\omega_n^2}e^{-t/T}+\dfrac{1}{\sqrt{(1-\zeta^2)(1-2T\zeta\omega_n+T^2\omega_n^2)}}\times e^{-\zeta\omega_n^2}\times\sin(\omega_n\sqrt{1-\zeta^2}\,t+\varphi)$ $\varphi=\arctan\left(\dfrac{\sqrt{1-\zeta^2}}{-\zeta}\right)+\arctan\left[\dfrac{T\omega_n\sqrt{1-\zeta^2}}{1-T\zeta\omega_n}\right]$	$\dfrac{\omega_n^2}{s(Ts+1)(s^2+2\zeta\omega_n s+1)}$ $(0<\zeta<1)$	

续表

序号	原函数 $x(t)$	拉氏变换 $X(s)$	Z变换 $X(z)$
27	$t - \dfrac{2\zeta}{\omega_n} + \dfrac{1}{\sqrt{(1-\zeta^2)}} e^{-\zeta\omega_n t} \cdot \sin(\omega_n\sqrt{1-\zeta^2}\, t + \varphi)$ $\varphi = 2\arctan\left(\dfrac{\sqrt{1-\zeta^2}}{-\zeta}\right)$	$\dfrac{\omega_n^2}{s^2(s^2+2\zeta\omega_n s+\omega_n^2)}$ $(0<\zeta<1)$	
28	$\omega_n \dfrac{\sqrt{1-2a\zeta\omega_n+a^2\omega_n^2}}{1-\zeta^2} e^{-\zeta\omega_n t}\sin(\omega_n\sqrt{1-\zeta^2}\, t+\varphi)$ $\varphi = \arctan\dfrac{a\omega_n\sqrt{1-\zeta^2}}{1-a\zeta\omega_n}$	$\dfrac{\omega_n^2(1+as)}{s^2+2\zeta\omega_n s+\omega_n^2}$	

参考文献

[1] 胡寿松.自动控制原理[M].6版.北京:科学出版社,2018.
[2] 王万良.自动控制原理[M].2版.北京:高等教育出版社,2014.
[3] 王建辉,顾树生.自动控制原理[M].2版.北京:清华大学出版社,2014.
[4] 吴麒.自动控制原理[M].2版.北京:清华大学出版社,2015.
[5] 郁凯元.控制工程基础[M].北京:清华大学出版社,2010.
[6] 王显正.控制理论基础[M].2版.北京:科学出版社,2017.
[7] 胡寿松.自动控制原理习题解析[M].2版.北京:科学出版社,2013.
[8] 程鹏.自动控制原理(第二版)学习辅导与习题解答[M].北京:高等教育出版社,2011.
[9] 卢京潮.自动控制原理[M].北京:清华大学出版社,2013.
[10] 刘豹.现代控制理论[M].3版.北京:机械工业出版社,2011.
[11] 王笑武.现代控制理论基础[M].3版.北京:机械工业出版社,2013.
[12] 张嗣瀛,高立群.现代控制理论[M].2版.北京:清华大学出版社,2017.
[13] 胡寿松.自动控制原理题海与考研指导[M].2版.北京:科学出版社,2013.
[14] 刘超,高双.自动控制原理的MATLAB仿真与实践[M].北京:机械工业出版社,2015.